普通高等教育土建学科专业“十二五”规划教材
高等学校土木工程学科专业指导委员会规划教材
（按高等学校土木工程本科指导性专业规范编写）

理　论　力　学

韦　林　温建明　唐小弟　编著
冯　奇　薛　纭　审

中国建筑工业出版社

图书在版编目（CIP）数据

理论力学/韦林等编著. —北京：中国建筑工业出版社，2010.11
普通高等教育土建学科专业“十二五”规划教材. 高等学校土木工程学科专业指导委员会规划教材（按高等学校土木工程本科指导性专业规范编写）
ISBN 978-7-112-12670-5

Ⅰ.①理… Ⅱ.①韦… Ⅲ.①理论力学 Ⅳ.①031

中国版本图书馆 CIP 数据核字（2010）第 226986 号

本书主要讲述静力学、运动学和动力学三部分教学内容，根据教学知识单元安排分成 14 章。书中每章配有章节的知识点、重点、难点、工程背景介绍与学习指导，并还配有阶段测验题与工程实际案例的详解，书后附的教学光盘中有学生学习全部教学内容的电子教案和不同学时教学大纲的安排表，以及刚体静力学程序设计的配套教材。本书所有知识点通过教学内容的选择可安排在 51～68 学时的课堂教学。

本书是高等学校土木工程学科专业指导委员会制定的土木工程指导性专业规范的配套教材，可作为高等学校土木工程专业（含建筑工程、道路与桥梁工程、地下工程等方向）的理论力学教材。也可用作函授大学、网络学院、高等职业学校等同类专业的教材，并可供工程技术人员学习参考。

* * *

责任编辑：王 跃 吉万旺
责任设计：陈 旭
责任校对：王 颖 关 健

普通高等教育土建学科专业“十二五”规划教材
高等学校土木工程学科专业指导委员会规划教材
（按高等学校土木工程本科指导性专业规范编写）

理 论 力 学

韦 林 温建明 唐小弟 编著
冯 奇 薛 纭 审

*

中国建筑工业出版社出版、发行(北京西郊百万庄)
各地新华书店、建筑书店经销
北京天成排版公司制版
北京同文印刷有限责任公司印刷

*

开本：787×1092 毫米 1/16 印张：23 字数：550 千字
2011 年7 月第一版 2017 年 1 月第四次印刷
定价：**45.00** 元(含光盘)
ISBN 978-7-112-12670-5
(19954)

本系列教材编审委员会名单

主　　　任： 李国强

常务副主任： 何若全

副　主　任： 沈元勤　高延伟

委　　　员：（按拼音排序）

白国良　房贞政　高延伟　顾祥林　何若全　黄　勇
李国强　李远富　刘　凡　刘伟庆　祁　皑　沈元勤
王　燕　王　跃　熊海贝　阎　石　张永兴　周新刚
朱彦鹏

组 织 单 位： 高等学校土木工程学科专业指导委员会
中国建筑工业出版社

出 版 说 明

从2007年开始高校土木工程学科专业教学指导委员会对全国土木工程专业的教学现状的调研结果显示，2000年至今，全国的土木工程教育情况发生了很大变化，主要表现在：一是教学规模不断扩大。据统计，目前我国有超过300余所院校开设了土木工程专业，但是约有一半是2000年以后才开设此专业的，大众化教育面临许多新的形势和任务；二是学生的就业岗位发生了很大变化，土木工程专业本科毕业生中90%以上在施工、监理、管理等部门就业，在高等院校、研究设计单位工作的大学生越来越少；三是由于用人单位性质不同、规模不同、毕业生岗位不同，多样化人才的需求愈加明显。《土木工程指导性专业规范》（以下简称《规范》）就是在这种背景下开展研究制定的。

《规范》按照规范性与多样性相结合的原则、拓宽专业口径的原则、规范内容最小化的原则和核心内容最低标准的原则，对专业基础课提出了明确要求。2009年12月高校土木工程学科专业教学指导委员会和中国建筑工业出版社在厦门召开了《规范》研究及配套教材规划会议，会上成立了以参与《规范》编制的专家为主要成员的系列教材编审委员会。此后，通过在全国范围内开展的主编征集工作，确定了20门专业基础课教材的主编，主编均参与了《规范》的研制，他们都是各自学校的学科带头人和教学负责人，都具有丰富的教学经验和教材编写经历。2010年4月又在烟台召开了系列规划教材编写工作会议，进一步明确了本系列规划教材的定位和编写原则：规划教材的内容满足建筑工程、道路桥梁工程、地下工程和铁道工程四个主要方向的需要；满足应用型人才培养要求，注重工程背景和工程案例的引入；编写方式具有时代特征，以学生为主体，注意90后学生的思维习惯、学习方式和特点；注意系列教材之间尽量不出现不必要的重复等编写原则。为保证教材质量，系列教材编审委员会还邀请了本领域知名教授对每本教材进行审稿，对教材是否符合《规范》思想，定位是否准确，是否采用新规范、新技术、新材料，以及内容安排、文字叙述等是否合理进行全方位审读。

本系列规划教材是贯彻《规范》精神、延续教学改革成果的最好实践，具有很好的社会效益和影响，住房和城乡建设部已经确定本系列规划教材为《普通高等教育土建学科专业"十二五"规划教材》。在本系列规划教材的编写过程中得到了住房和城乡建设部人事司及主编所在学校和学院的大力支持，在此一并表示感谢。希望使用本系列规划教材的广大读者提出宝贵意见和建议，以便我们在规划和出版专业课教材时得以改进和完善。

高等学校土木工程学科专业指导委员会
中国建筑工业出版社
2011年6月

前　　言

本书是按照《土木工程专业规范》(2010版)所规定的理论力学知识单元及知识点要求编写全部内容，并参考力学教学指导委员会编制的力学基础课教学基本要求(2008年试行版)有所扩充。整个教学学时通过教学内容的选择可安排在51～68学时。

本书分为14章教学，在内容编写中合并了类同的章节，增加有关工程应用的图片和实例，力求使教学内容由浅入深、循序渐进、论述简明、说理清楚，配置的例题与练习题有明显的工程与生活实际背景。

理论力学是工科类量大面广的基础技术课程，除了是工科类的本科生必修课程外，另外还有大量的函授生、网络生、大专生与自考生的教学课程要求。因此本书在每章开始时配有章节的知识点、重点、难点与工程背景介绍，在结束时提供章节的学习指导，使学习中便于复习和自学，并在每阶段学习完成后本书还配有阶段测验题，以便在学习过程中学生可以自测课程掌握的程度。此外，本书在附录中还配有工程实际案例的详解，可以对本书知识点在工程实践的具体应用进一步掌握。同时在附光盘中给出所有知识点在教学学时安排的建议，以及刚体静力学程序设计的课外配套教材，使得在学习中有所帮助与参考。同时配有相应的辅导用书，便于学生课外的辅助学习。

该教材附光盘中配有学生课外学习和复习用的电子教案，电子教案中每章、节配有图、文、音并茂的所有课堂教学内容以辅助学生课外的学习，学生可以不受时间约束、不受地点限制按个人的要求反复使用电子教案来指导自己的理论力学学习，从而在教学使用中取得良好的效果。书中带＊的章节和习题是选学的内容，学生可根据自己的学习要求选择。

参加本书编写的有同济大学基础力学研究部韦林(静力学部分、运动学部分)、温建民(动力学部分)，由韦林教授负责全书统稿，中南林业科技大学唐小弟教授负责全书内容的校核。同济大学冯奇、上海应用技术学院薛纭二位教授认真、细致、负责地审阅了全书，并在本书编写的整个过程中提出了许多宝贵意见和建议，在此表示衷心的感谢。

本书是高等学校土木工程学科专业教学指导委员会制定的土木工程指导性专业规范的配套教材，在本书的编写中使用了同济大学航空航天与力学学院基础力学研究部同事们多年教学积累的教学材料与教材内容，同时他们对本书内容提出了许多宝贵意见，在此一并表示感谢。

由于编者水平有限，书中错误与不妥之处，望读者不吝指正。

编者
2010年10月

目　录

绪论 …… 1
第1章　静力学基本知识 …… 2
本章知识点 …… 2
1.1　力的概念 …… 3
1.2　静力学公理 …… 4
1.2.1　两力平衡公理(公理一) …… 4
1.2.2　力的平行四边形公理(公理二) …… 4
1.2.3　加减平衡力系公理(公理三) …… 5
1.2.4　作用与反作用公理(公理四) …… 6
1.3　约束和约束反力 …… 6
1.3.1　柔体约束 …… 7
1.3.2　刚体约束 …… 7
1.4　物体的受力分析和受力图 …… 11
小结及学习指导 …… 15
思考题 …… 16
习题 …… 17
第2章　平面任意力系 …… 20
本章知识点 …… 20
2.1　平面汇交力系的合成与平衡 …… 21
2.1.1　平面汇交力系合成与平衡的几何法 …… 22
2.1.2　平面汇交力系合成与平衡的解析法 …… 23
2.2　平面力偶系的合成与平衡 …… 27
2.2.1　力对点之矩 …… 27
2.2.2　力偶和力偶矩 …… 28
2.2.3　平面力偶的等效条件 …… 29
2.2.4　平面力偶系的合成和平衡条件 …… 30
2.3　力的平移定理 …… 31
2.4　平面任意力系的简化与平衡 …… 33
2.4.1　平面任意力系向一点简化，力系的主矢和主矩 …… 33
2.4.2　平面任意力系的平衡 …… 34
2.5　静定与超静定概念，物体系统的平衡 …… 39
2.5.1　静定与超静定概念 …… 39
2.5.2　物体系统的平衡 …… 40
2.6　平面静定桁架 …… 45
2.6.1　节点法 …… 46
2.6.2　截面法 …… 48
2.6.3　节点法与截面法的联合应用 …… 48
2.6.4　平面桁架零内力杆的判定 …… 49
小结及学习指导 …… 51
思考题 …… 52
习题 …… 53
第3章　空间任意力系 …… 62
本章知识点 …… 62
3.1　力对点之矩与力对轴之矩关系 …… 63
3.1.1　力的投影与力的分解 …… 63
3.1.2　力对点之矩矢 …… 64
3.1.3　力对轴的矩 …… 65
3.1.4　力对点之矩矢与对轴的矩之间的关系 …… 65
3.1.5　空间力偶矢是自由矢量 …… 66
3.2　空间任意力系的简化与平衡 …… 66
3.3　重心 …… 74
小结及学习指导 …… 80
思考题 …… 80
习题 …… 81
第4章　摩擦 …… 88
本章知识点 …… 88
4.1　滑动摩擦 …… 89

4.1.1 静摩擦定律 …… 89
4.1.2 摩擦角 …… 91
4.1.3 自锁现象 …… 92
4.2 滚动摩阻 …… 96
小结及学习指导 …… 99
思考题 …… 100
习题 …… 101
第5章 点的运动 …… 104
本章知识点 …… 104
5.1 点的运动矢量法 …… 105
5.1.1 点的运动方程 …… 105
5.1.2 点的速度 …… 105
5.1.3 点的加速度 …… 106
5.2 点的运动直角坐标法 …… 106
5.2.1 点的运动方程 …… 106
5.2.2 点的速度 …… 107
5.2.3 点的加速度 …… 107
5.3 点的运动自然坐标法 …… 109
5.3.1 点的运动方程 …… 109
5.3.2 自然轴系 …… 110
5.3.3 点的速度 …… 111
5.3.4 点的加速度 …… 111
5.3.5 匀变速曲线运动 …… 113
小结及学习指导 …… 117
思考题 …… 117
习题 …… 118
第6章 刚体的基本运动和平面运动 …… 122
本章知识点 …… 122
6.1 刚体的基本运动 …… 123
6.1.1 刚体的平移 …… 123
6.1.2 刚体的定轴转动 …… 124
6.2 定轴轮系的传动比 …… 128
6.2.1 带轮传动 …… 128
6.2.2 齿轮传动 …… 129
*6.3 以矢积表示点的速度和加速度 …… 131
6.3.1 角速度、角加速度的矢量表示 …… 131
6.3.2 以矢积表示转动刚体上一点的速度与加速度 …… 131
6.4 刚体的平面运动方程 …… 132
6.4.1 刚体的平面运动方程 …… 133
6.4.2 平面图形上各点的速度关系 …… 134
6.4.3 平面图形上各点的加速度关系 …… 141
小结及学习指导 …… 145
思考题 …… 147
习题 …… 148
第7章 点的合成运动 …… 155
本章知识点 …… 155
7.1 点的合成运动概念 …… 156
7.2 点的速度合成定理 …… 157
7.3 牵连运动为平移时点的加速度合成定理 …… 162
*7.4 牵连运动为转动时点的加速度合成定理 …… 165
小结及学习指导 …… 170
思考题 …… 171
习题 …… 172
第8章 动力学基本方程 …… 177
本章知识点 …… 177
8.1 质点动力学基本定律 …… 178
8.2 质点运动微分方程 …… 179
小结及学习指导 …… 186
思考题 …… 186
习题 …… 188
第9章 动量定理 …… 192
本章知识点 …… 192
9.1 动量定理 …… 193
9.1.1 动量 …… 193
9.1.2 冲量 …… 194
9.1.3 质点系动量定理 …… 195
9.1.4 质点系动量守恒定律 …… 199
9.2 质心运动定理 …… 201
小结及学习指导 …… 204
思考题 …… 205
习题 …… 207

第 10 章　动量矩定理 …… 212
本章知识点 …… 212
10.1　转动惯量 …… 213
10.1.1　转动惯量的一般公式 …… 213
10.1.2　回转半径 …… 214
10.1.3　转动惯量的平行移轴定理 …… 216
10.2　质点系的动量矩 …… 217
10.2.1　质点系的动量矩 …… 217
10.2.2　运动刚体的动量矩 …… 218
10.3　质点系动量矩定理 …… 220
10.3.1　质点系对固定点O的动量矩定理 …… 220
10.3.2　质点系相对于质心的动量矩定理 …… 222
10.3.3　质点系动量矩守恒定律 …… 223
10.4　刚体定轴转动微分方程 …… 225
10.5　刚体平面运动微分方程 …… 227
小结及学习指导 …… 231
思考题 …… 232
习题 …… 234
第 11 章　动能定理 …… 243
本章知识点 …… 243
11.1　力的功 …… 244
11.1.1　常力的功 …… 244
11.1.2　内力的功 …… 245
11.1.3　作用于转动刚体的力及力偶的功 …… 247
11.1.4　理想约束力的功 …… 248
11.1.5　摩擦力的功 …… 248
11.2　动能、动能定理 …… 249
11.2.1　动能 …… 249
11.2.2　质点系动能定理 …… 251
11.3　势力场与势能 …… 256
11.3.1　势力场与有势力 …… 256
11.3.2　势能 …… 256
11.4　机械能守恒定律 …… 258
11.5　动力学普遍定理的综合运用 …… 260
小结及学习指导 …… 265
思考题 …… 266
习题 …… 267
第 12 章　达朗伯原理 …… 277
本章知识点 …… 277
12.1　惯性力、质点系的达朗伯原理 …… 277
12.1.1　惯性力 …… 277
12.1.2　质点的达朗伯原理 …… 278
12.1.3　质点系的达朗伯原理 …… 280
12.2　刚体惯性力系的简化 …… 283
12.2.1　一般质点系的惯性力系简化 …… 283
12.2.2　运动刚体的惯性力系简化 …… 284
小结及学习指导 …… 289
思考题 …… 290
习题 …… 290
第 13 章　虚位移原理 …… 296
本章知识点 …… 296
13.1　质点系的自由度、约束与广义坐标 …… 297
13.1.1　约束和约束方程 …… 297
13.1.2　自由度和广义坐标 …… 298
13.2　虚位移和理想约束 …… 299
13.2.1　虚位移的概念 …… 299
13.2.2　虚位移的分析方法 …… 300
13.2.3　理想约束 …… 301
13.3　虚位移原理 …… 302
小结及学习指导 …… 310
思考题 …… 311
习题 …… 311
第 14 章　单自由度的振动 …… 316
本章知识点 …… 316
14.1　单自由度系统的自由振动 …… 317
14.1.1　单自由度系统自由振动微分方程的建立及其解 …… 318

14.1.2 无阻尼自由振动的特例分析及固有频率的能量法 …… 322
14.2 单自由度系统的强迫振动 …… 326
小结及学习指导 …… 333
思考题 …… 334
习题 …… 335
附录A 阶段测验题 …… 340
A1 第一阶段测验题(静力学基本知识、平面任意力学、平面桁架) …… 340
A2 第二阶段测验题(空间任意力学、摩擦) …… 341
A3 第三阶段测验题(点的运动、刚体的基本运动、刚体的平面运动) …… 342
A4 第四阶段测验题(点的合成运动、运动学综合应用) …… 343
A5 第五阶段测验题(动力学基本方程、动量定理、动量矩定理) …… 344
A6 第六阶段测验题(动能定理、动力学三定理综合应用) …… 346
A7 第七阶段测验题(达朗伯原理、虚位移原理) …… 347
A8 第八阶段测验题(单自由度的振动) …… 348
附录B 工程实际案例 …… 350
B1 案例1:T字形杠杆式吊装中的力学问题 …… 350
B2 案例2:汽车是如何被提升到楼层 …… 354
参考文献 …… 357

绪　论

理论力学是现代工程技术的重要理论基础，它在工科院校中是一门重要的技术基础课程。它为学习一系列后继课程提供基础知识。例如，材料力学、结构力学、弹塑性力学、流体力学、机械原理和振动理论等课程都要以理论力学为基础。此外，在很多专业课程中，也要用到理论力学的知识。由于理论力学揭示了自然界和工程中普遍存在的一般规律，亦将直接用来指导工程实践和推动工程技术的进一步发展。因此，学习理论力学对于解决工程技术问题也有一定的指导作用。

理论力学是研究物体机械运动一般规律的科学。机械运动虽然是最简单的运动形式，但是在自然界和工程技术中是随时随地可以遇到的。可见，理论力学所研究的运动规律，可以用来解释很多自然现象，更重要的是它还为解决一系列工程技术问题提供了必要的基础。例如，房屋、桥梁、铁路、水坝、机械等的设计，飞行器和火箭运动原理的研究都要用到理论力学的知识。因此，理论力学是工程技术的重要理论基础之一。它与其他有关专业知识结合在一起，可以帮助我们解决许多工程实际问题，促进科学技术的发展。

理论力学所研究的内容是以伽利略和牛顿所总结的关于机械运动的基本定律为基础的，是属于经典力学的范畴。在 19 世纪初，由于物理学的重大发展，产生了相对论力学和量子力学学科，表明经典力学的应用范围是有局限性的，经典力学的规律不适用于速度接近于光速的情况，也不适用于微观粒子的运动。但是，在工程实际问题中，我们所遇到的机械运动一般都是宏观物体的运动，而且物体运动速度远小于光速。所以，在研究一般工程上的力学问题时，应用经典力学来分析所得的结果是足够精确的。

任何一门学科的研究，都离不开人类认识的客观规律。理论力学也毫不例外，它的研究方法是从实践出发，经过抽象化、综合归纳，建立一些基本概念、定律或公理，再用数学演绎和逻辑推理得到定理和结论，然后再通过实践来证实并发展这些理论。

为了便于研究，理论力学通常分为以下三部分内容：

静力学——研究作用于物体上的力系简化与平衡条件；

运动学——研究物体运动的几何性质；

动力学——研究物体的运动与其所受力之间的关系。

第1章 静力学基本知识

本章知识点

【知识点】力的概念，静力学公理与定理(两力平衡公理、力的平行四边形公理、加减平衡力系公理、作用与反作用公理、三力平衡汇交定理、力的可传性原理)，约束与约束反力(柔体约束、刚体约束)，物体的受力分析和受力图。

【重点】掌握约束的概念和各种常见约束力的性质，能熟练地画出单个刚体及刚体系的受力图。

【难点】正确画出刚体系统的受力图。

静力学中主要研究刚体在力作用下平衡的规律。所谓刚体就是指在任何外力作用下都不变形的物体，真正不变形的物体实际上是不存在的，所以，刚体只是在理论力学中研究物体运动或平衡的规律时被抽象化的理想模型。

刚体的平衡就是指刚体的运动状态不变，它包括刚体相对于地面保持静止或作匀速直线运动两种情况。平衡的规律在工程实践中有广泛的应用。如各种建筑(图 1-1a)、桥梁(图 1-1b)、屋架、巷道支架、水坝、机械等的设计与强度校核，往往要先经过静力学分析，计算出结构中各构件(如杆、柱、销、梁、轴等)所受的力，然后再考虑选择什么材料和尺寸才能承受这些力。静力学学习重点是力的基本性质、受力分析的方法和物体的平衡规律。静力学部分应着重培养应用静力学的理论与方法去分析和解决实际工程问题的能力。

(a) (b)

图 1-1

1.1 力的概念

力的概念是人们在日常生活和长期的生产劳动中逐步形成的。最初，人们对力的认识是由人们在推、提、拉、掷物体等活动中，由于感到肌肉紧张而产生的。后来，当人们仔细地观察和分析了物体间相互的作用，以及研究了物体状态改变的原因以后，才建立起力的科学定义。随着生产力的发展，人们创造了各种机械，逐步使用畜力、水力、风力、蒸汽压力，逐渐认识到万有引力、弹性恢复力、摩擦力以及电磁力等。这种作用的结果使物体的运动状态发生改变或使物体发生变形，因此对力的概念才逐渐完善。综上所述，力是物体之间的相互机械作用，这种作用有两种效应：使物体产生运动状态变化和形状变化，分别称为运动效应(外效应)和变形效应(内效应)，在理论力学中，仅讨论力的运动效应。

力对物体作用的效应取决于力的三要素：力的大小、方向和作用点。

1. 力的大小，度量力的大小通常采用国际单位 CSI 制，为牛顿单位。牛顿简称牛(N)，1000 牛顿简称千牛(kN)。

2. 力的方向，就是力作用的方位和指向。例如，我们说火箭垂直朝上发射，这里垂直是方位，朝上是指向。

3. 力的作用点，就是力作用的部位。实际上，当两个物体直接接触而产生力的作用时，力是分布在一定的面积上的。如用手去推车时，力分布在手与车相接触的面积上。只是当接触面积相对地较小的时候，可以抽象地看作集中于一点，这样的力称为集中力，这个点称为力的作用点。不能看作集中力的称为分布力，分布力又可以分为面分布力和体分布力。面分布力分布于物体相接触的表面上，如雪作用在房面上是面分布力。而体分布力则分布于物体内部的每一点上，地球吸引物体的重力就是体分布力的具体例子。

像力这样具有大小与方向的物理量，总是可以用一个几何图像“矢”来表示。“矢”是带有箭头的线段，本书中用某一粗体字母表示该矢，而用细体字表示该矢的大小，如图 1-2 所示，按一定线段长度的比例尺表示这个力的大小，线段的方位以及箭头指向表示它的方向，线段的起点 A 或终点 B 表示力的作用点。通过力的作用点沿力方位的直线称为力的作用线(如图 1-2 所示的直线)。

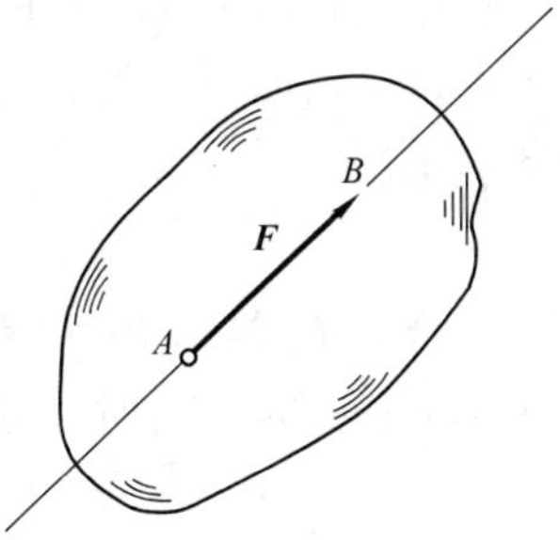

图 1-2　力的作用线

由一些力组成的一群力称为力系，如果某一力系作用到原来平衡的任一刚体上，而刚体仍然处于平衡，则此力系称为平衡力系。

静力学除研究平衡问题外，还研究力系的合成或简化，即研究如何将作用在物体上的许多力(称为力系)用和它作用效果相等的最简单力系来代替，从而便于寻求各种力系对物体作用的总效应，也便于求得静平衡的条件。

1.2 静力学公理

要研究力系的简化和平衡条件，需要对力的一些基本性质有进一步的了解。下面介绍力的四个公理是整个静力学理论体系的基础。

1.2.1 两力平衡公理(公理一)

作用在同一刚体上的两个力，它们使刚体处于平衡的必要和充分条件是：这两个力的等值，反向，共线。

设一刚体受到 $\boldsymbol{F}_1$、$\boldsymbol{F}_2$ 两个力作用而平衡，如图 1-3 所示，则这两个力的作用线必定与两力作用点 A、B 的连线重合；此时，这两个力的大小相等，指向相反，构成一平衡力系。

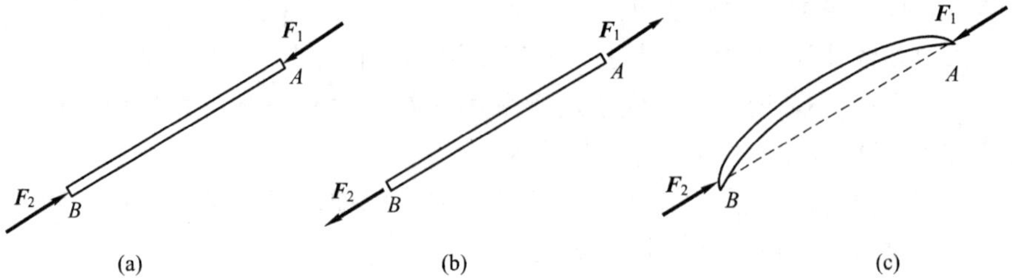

图 1-3 二力平衡

图 1-3(a)所示的两个力将使杆有压缩趋势，称为压杆。图 1-3(b)所示的两个力将使杆有拉伸趋势，称为拉杆。在工程结构中，常有仅在其上仅作用两个力的平衡杆(构件)，通常称为二力杆(二力构件)，如图 1-3(c)所示。

1.2.2 力的平行四边形公理(公理二)

作用在物体上同一点的两个力可合成为作用在该点的一个合力，其大小和方向可由这两个力矢为邻边所作的平行四边形的对角线表示。现以矢量方程式表示为：

$$\boldsymbol{F}_R = \boldsymbol{F}_1 + \boldsymbol{F}_2$$

即合力 $\boldsymbol{F}_R$ 等于 $\boldsymbol{F}_1$ 和 $\boldsymbol{F}_2$ 这两力的矢量和，这称为力的平行四边形公理，如图 1-4(a)所示。有时，也可用三角形法则表示两个力合成一个合力的矢量

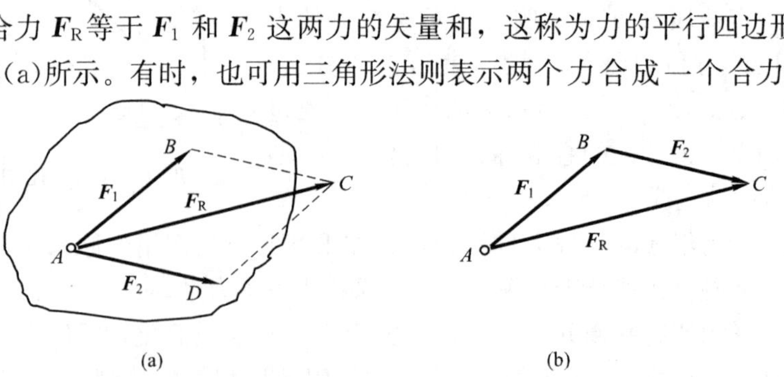

图 1-4 力的平行四边形公理与三角形公理

$\boldsymbol{F}_R$，如图 1-4(b)所示。三角形法则与分力的次序无关，即也可先作 $\boldsymbol{F}_2$，再从 $\boldsymbol{F}_2$ 的终点作 $\boldsymbol{F}_1$，所得结果相同。

工程中还会常常调整分力的大小和方向，使其合力沿指定方向作用，从而满足施工上的一定要求。如巷道掘进中常用的气腿凿岩机，气腿的支撑合力 $\boldsymbol{F}_R$ 可以分解为铅垂方向的托力 $\boldsymbol{F}_s$(以平衡凿岩机重量)和沿凿岩方向的轴推力 $\boldsymbol{F}_N$(图 1-5)。如托力 $\boldsymbol{F}_s$ 过大或过小，都将导致钎杆与炮孔不平行，容易夹钎，影响效率。而轴推力过大，钎头回转阻力增大，直接影响凿岩效率；轴推力过小，钎杆容易跳动，影响效率。因此，在凿岩过程中，应该及时控制两个分力的值，使合力值 $\boldsymbol{F}_R$ 在最大状态下工作，达到最大的凿岩速度。

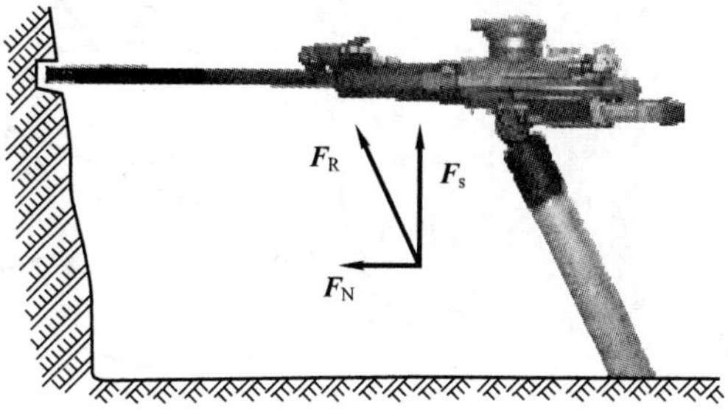

图 1-5

1.2.3　加减平衡力系公理(公理三)

在刚体上某一已知力系加上或减去任何一个平衡力系后与原力系等效，这称为：加减平衡力系公理。根据这一公理和公理一可以得到作用于刚体上的力的一个重要推论：即作用于刚体上的力，可以沿其作用线任意移动，而不改变对刚体的效应。这一性质称为力的可传性原理。

例如作用力 $\boldsymbol{F}_A$ 作用于小车上 A 点，B 为其作用线上任意一点(如图 1-6 所示)，今在 AB 线的 B 点加上等值、反向的两个力 $\boldsymbol{F}_B$ 与 $\boldsymbol{F}'_B$，并令其大小都等于 $\boldsymbol{F}_A$，由于 $\boldsymbol{F}_B$ 与 $\boldsymbol{F}'_B$ 为平衡力系，所以加上去之后不改变 $\boldsymbol{F}_A$ 对刚体的原有效应，同时看到，在 $\boldsymbol{F}_B$、$\boldsymbol{F}'_B$、$\boldsymbol{F}_A$ 三个力组成的力系中，$\boldsymbol{F}_A$ 与 $\boldsymbol{F}'_B$ 也是一个平衡力系。因此，除去这两个力，也不改变 $\boldsymbol{F}_A$ 对刚体的原有效应。除去 $\boldsymbol{F}_A$ 与 $\boldsymbol{F}'_B$，后，剩下一个作用于 B 点的 $\boldsymbol{F}_B$，$\boldsymbol{F}_B$ 与 $\boldsymbol{F}_A$ 具有相同的作用线，相同的大小与相同的指向，这就相当于把原来作用于 A 点的力 $\boldsymbol{F}_A$，沿着作用线传到了任意一点 B。力 $\boldsymbol{F}_A$ 推车或拉车将得到同样的效果，是这一原理的实践验证。

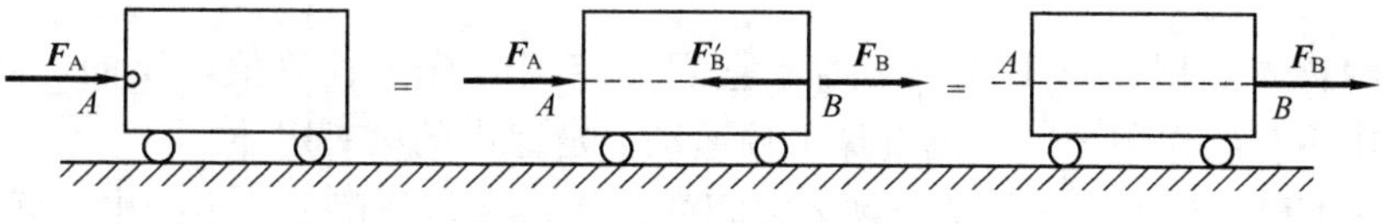

图 1-6　力的可传性原理

根据这个原理可以看到，就力对刚体的效应而言，或者说，不考虑力对物体的内效应时，力为滑动矢量。应该注意的是，力的可传性原理，只适用于刚体。如果考虑到力对物体的内效应，亦即考虑到物体的变形时，力就不能任意移动，也就是说力的可传性原理不适用。根据力的可传性原理，公理二的条件对于刚体可放松，则对于刚体而言，二力作用线相交于汇交点，即可按平行四边形法则相加。

根据上述公理可以得到作用于刚体上力的另一个重要推论：刚体受三力作用而平衡，若其中两力相交，则此三力共面共点，这一性质称为三力平衡汇交定理。

求证如下：设刚体受到 $\boldsymbol{F}_1$、$\boldsymbol{F}_2$、$\boldsymbol{F}_3$ 三力作用而平衡，其中 $\boldsymbol{F}_1$、$\boldsymbol{F}_2$ 的作用线通过力的可传性力交于 O 点，如图 1-7 所示。我们知道，这两个力的合力 $\boldsymbol{F}_R$ 应通过两力的交点，于是刚体在 $\boldsymbol{F}_3$ 与 $\boldsymbol{F}_R$ 作用下平衡。据两力平衡必须共线的条件知道，$\boldsymbol{F}_3$ 作用线必须与 $\boldsymbol{F}_R$ 的作用线重合，亦即 $\boldsymbol{F}_3$ 的作用线也必定通过 O 点。于是 $\boldsymbol{F}_1$、$\boldsymbol{F}_2$、$\boldsymbol{F}_3$ 应共面共点而组成平面共点力系。

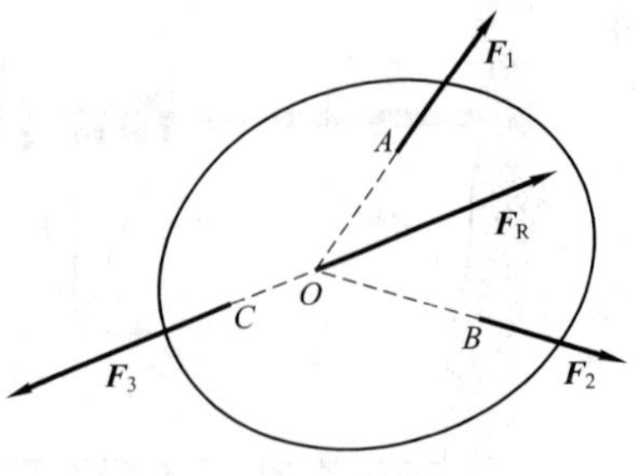

图 1-7

结构或机构中，仅受三力作用而保持平衡的构件称为三力构件。根据三力平衡定理，当知道三力构件上任两个力的方向时，第三个力的方向便可确定。如图 1-8 中简易吊车之横梁 AB，当其自重不计时，只受三个力作用：吊车载荷 $\boldsymbol{P}$、拉杆 BC 的拉力 $\boldsymbol{F}_B$ 与支座 A 的约束反力 $\boldsymbol{F}_A$。由于力 $\boldsymbol{P}$ 与 $\boldsymbol{F}_B$ 的作用线相交于 D 点，根据三力平衡定理知 $\boldsymbol{F}_A$ 的作用线也必通过 D 点。

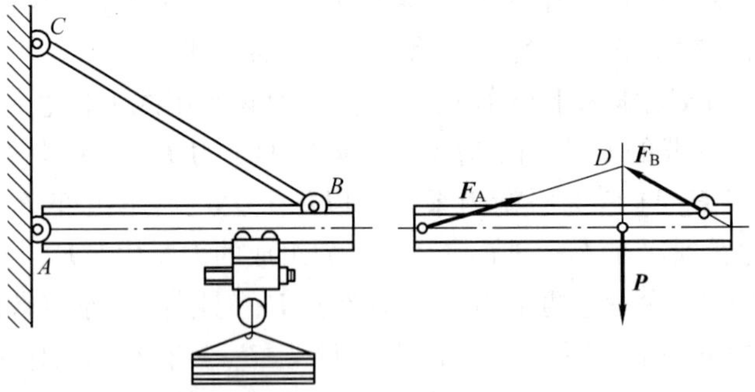

图 1-8

1.2.4　作用与反作用公理（公理四）

两物体上相互作用的一对力，它们必定同时存在且等值，反向，共线。这是作用与反作用公理，也就是牛顿运动三定律中的第三定律。

我们已经知道，力是两个物体之间的作用。这条公理进一步指出了两物体间所发生的作用一定是相互的，亦即当物体 A 对物体 B 且有一个作用力的同时，物体 B 对物体 A 一定有一个反作用力存在。当然，作用力与反作用力这两个等值、反向、共线的力是分别作用在两个物体上的，因此，这不是一对平衡力。

1.3　约束和约束反力

当一个物体不受任何限制在空间自由运动（例如，可在空中自由飞行的小鸟)，则此物体称为自由体；反之，如一个物体受到一定的限制，使其在空间沿某些方向的运动成为不可能，则此物体称为非自由体。那些阻碍着非自由体运动的限制，在力学中称为约束。当物体沿着约束所阻碍的方向有运动趋势时，约束对该物体就有阻碍运动的力作用，这种作用力称为约束反力，简称反力。约束反力的方向总是与约束所能阻碍物体运动的方向相反。在力系中有些力能主动地使物体运动或使物体有运动趋势，这种力称为主动力。例如物体的重力、水压力、风力等都是主动力，工程中也称为荷载，通常主动力都是已知的，而约束反力通常是未知的。在静力学中这些未知量都需用平衡条件来求出。并且约束反力的作用点就是约束与被约束物体之间的接触点。

工程上常见的几种约束及其约束反力的特性介绍如下：

1.3.1 柔体约束

由绳索(或链条)等柔软物体所构成的约束，柔体约束只能阻止物体上与绳索连接的一点沿绳索中心线离开绳索方向的运动。所以，绳索对物体的约束反力一定作用在物体与绳索的连接点上，方位沿绳索的中心线，其指向背离物体。也就是说，绳索只能承受拉力，而不能承受压力或其他方向的力。图 1-9(a)、(b)中皮带传动机构所示的 $\boldsymbol{F}_1$ 和 $\boldsymbol{F}_2$ 分别为皮带索的约束反力，图 1-9(c)中的 $\boldsymbol{F}_A$ 和 $\boldsymbol{F}_B$ 分别为悬挂绳索 AD 和 BC 对重物 $\boldsymbol{P}$ 的约束反力。

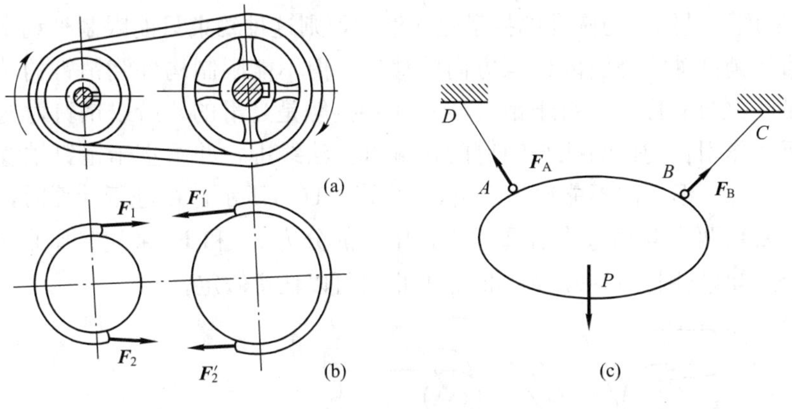

图 1-9 柔性约束

1.3.2 刚体约束

1. 光滑接触

在相互接触的物体上，如果接触处很光滑，摩擦力很小可忽略不计，则这种接触称为光滑接触。

这类约束只能限制物体沿光滑面接触点的法线方向往约束内部的运动，但不能限制物体在切线方向运动。所以光滑接触面的约束反力通过接触点，方向沿光滑面接触点处的法线并指向被约束的物体(即为压力)。

如图 1-10(a)所示的圆球搁置在光滑面上，则光滑面对圆球的约束反力 $\boldsymbol{F}$

如图示。又如图 1-10(b)中轨道对光滑车轮的支承力 $\boldsymbol{F}_A$、$\boldsymbol{F}_B$ 指向约束的车轮。再如图 1-10(c)所示直杆 AB 在 B、C 处分别受光滑水平面和铅垂面的约束，其约束反力分别垂直于水平面和铅垂面，如图示 $\boldsymbol{F}_B$、$\boldsymbol{F}_C$。而直杆搁置在 A 点上，对直杆的约束反力则垂直于直杆的光滑线，指向直杆的内部如图示 $\boldsymbol{F}_A$。

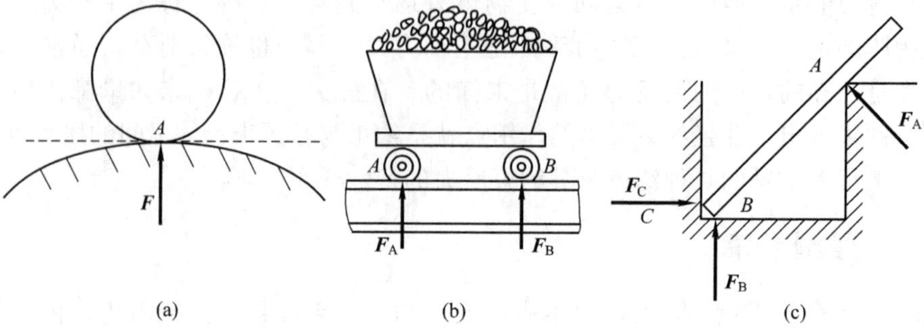

图 1-10　光滑接触

2. 圆柱形铰链与铰链支座

工程上常用一圆柱形销钉将两个或更多的构件连接在一起。采用的办法是在连接处各钻一直径相同的圆孔，用圆柱形销钉插入使之连接在一起，这样就构成所谓圆柱形铰链约束，如图 1-11(a)、(b)所示，图 1-11(c)是图 1-11(b)的简图。设销钉与圆孔的接触是光滑的，则这种约束只能限制被约束构件在垂直于销钉轴线平面内任意方向的移动，但不能限制构件绕销钉的转动和沿其轴线方向的移动。由于销钉与构件的接触是光滑的，所以销钉对构件的约束反力作用在构件圆孔与销钉的接触点公法线上，并垂直于销钉轴线与通过销钉中心，但方向不能预先定出，如图 1-11(d)所示，在进行计算时，为了方便通常用两个互相垂直且通过销钉中心的分力 $\boldsymbol{F}_x$ 和 $\boldsymbol{F}_y$ 来代替原来 $\boldsymbol{F}$ 和 θ 这两个未知量(图 1-11e)。$\boldsymbol{F}_x$ 和 $\boldsymbol{F}_y$ 的指向可以任意假定。

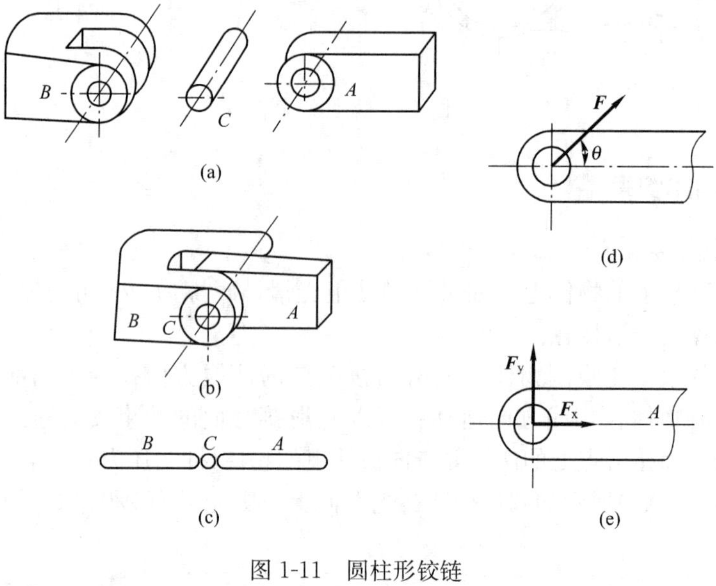

图 1-11　圆柱形铰链

对于桥梁、屋架、管道等结构物，用圆柱形铰链连接的两个构件中，如果有一个固定不动，就构成铰链支座，也称固定铰支座，如图 1-12(a)所示。这种支座约束的性质与圆柱形铰链约束的性质相同，其约束反力可用 $\boldsymbol{F}_{Ax}$ 和 $\boldsymbol{F}_{Ay}$ 表示，如图 1-12(c)所示。

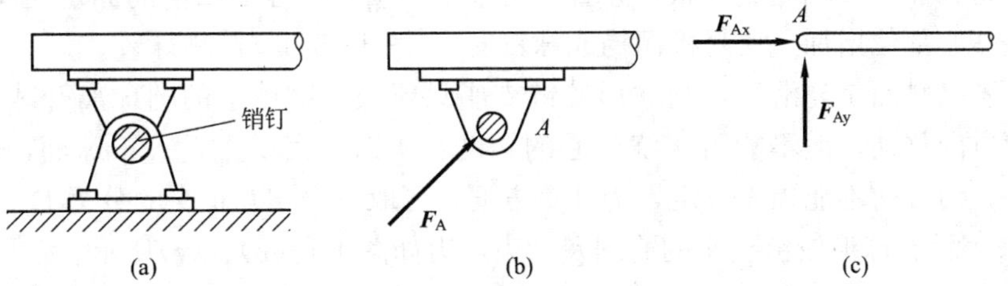

图 1-12　固定铰支座

3. 辊轴支座

为了保证构件由于热胀冷缩和受变形时既能发生微小转动，又能发生微小移动，在工程上常采用辊轴支座，如图 1-13(a)所示。设各接触处为光滑，则这种支座只能阻止构件上的 A 点在垂直于支承面方向向下运动。在附加特殊装置后，也能阻止其向上运动。因此，辊轴支座的约束反力垂直于支承面且通过销钉中心，其大小和指向待定。辊轴支座的简图及其约束反力的表示如图 1-13(b)、(c)所示，图中辊轴支座反力 $\boldsymbol{F}_A$ 的指向是假定的，其正确性可根据以后的计算结果来判定。

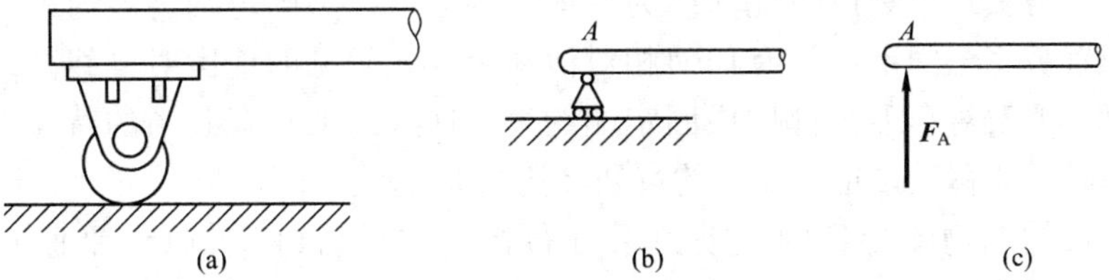

图 1-13　辊轴支座

4. 链杆

直杆(不计自重)的两端分别用光滑销钉与其他两物体连接起来，即称为链杆约束(图 1-14a)。链杆的杆中不受其他力作用，根据两力平衡公理可知销

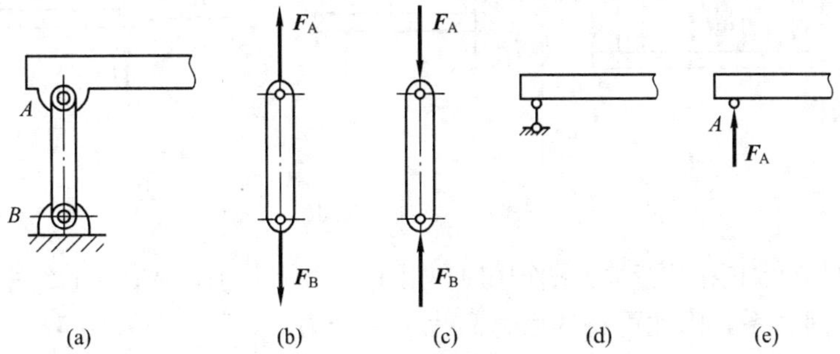

图 1-14　链杆

钉 A，B 对链杆的力一定是大小相等。方向相反且沿着链杆的中心线，即链杆为两力杆。作用在链杆上力的指向是可假定的，链杆的简图及约束反力如图 1-14(d)、(e)所示。

5. 球铰支座

将物体的一端制成球状，并置于与基础固结具有球形凹窝的固定支座中，又在球心部位增加一块封板而构成球铰支座(图 1-15a)，简称球铰。

若接触面是光滑的，则球形铰链支座只能限制物体上的圆球离开球心的任何方向移动，但不能阻止绕球心的转动。所以约束反力垂直于球面，通过球心，但方向不能预先决定，为计算方便，可取三个相互正交的分力 $\boldsymbol{F}_x$、$\boldsymbol{F}_y$、$\boldsymbol{F}_z$ 来表示。球形铰链支座的简图及约束反力如图 1-15(b)、(c)所示。

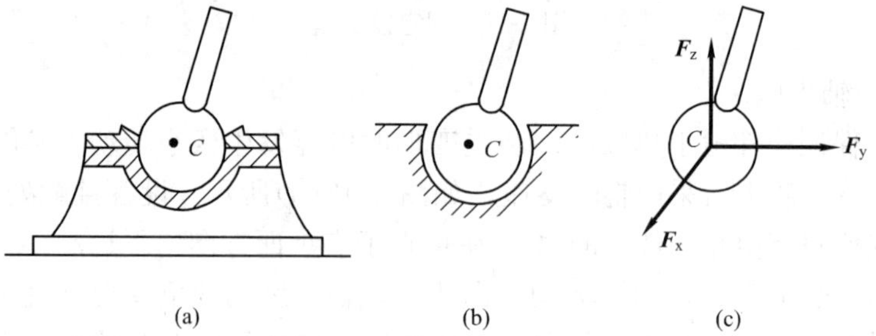

图 1-15　球铰支座

6. 固定端约束

约束与被约束物体彼此固结为一体的约束，称为固定端。被约束物体的空间位置被完全固定而没有任何相对活动余地。常见的地面对电线杆、墙对悬臂梁、刀架对车刀等都构成固定端约束。这些约束具有共同的特点：被约束物体既不能移动，也不能在约束处绕任意轴转动。

当被约束物体受到的主动力系分布在同一平面(例如 Oxy 平面)内时，则物体所受到的约束力系也只能作用在该平面内。平面固定端约束除了限制物体在水平和铅垂方向的移动外，还限制物体绕夹持点转动。于是，一般用它们沿 x、y 坐标轴的两个分力 $\boldsymbol{F}_{Ax}$、$\boldsymbol{F}_{Ay}$ 和一个约束反力偶 $\boldsymbol{M}_A$ 表示(图 1-16)。

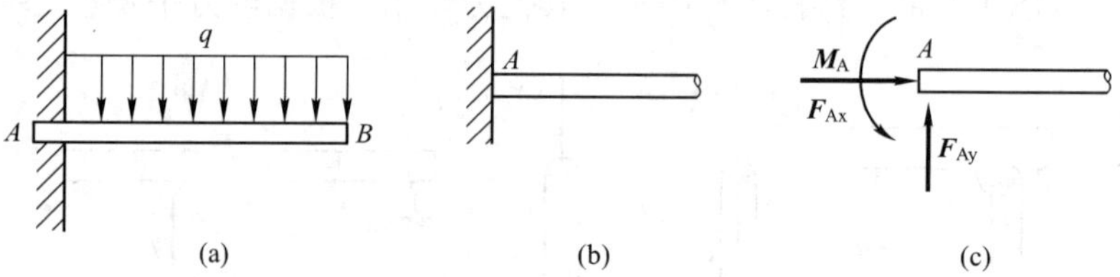

图 1-16　平面固定端

当物体受到空间主动力系作用时(如图 1-17a)，物体所受到的约束力系也是一个空间力系，因此可将约束力简化为一个力 $\boldsymbol{F}_A$ 和一个力偶 $\boldsymbol{M}_A$，一般用它们沿坐标轴的 $\boldsymbol{F}_x$、$\boldsymbol{F}_y$、$\boldsymbol{F}_z$、$\boldsymbol{M}_x$、$\boldsymbol{M}_y$、$\boldsymbol{M}_z$ 六个分量表示(如图 1-17c)。

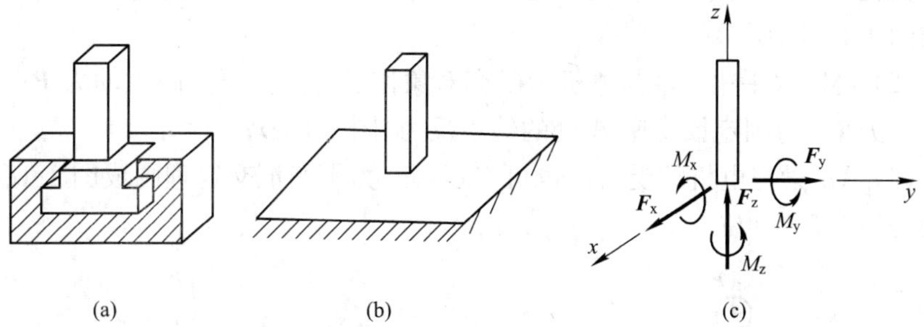

图 1-17　空间固定端

除了以上介绍的几种约束外，还有一些其他形式的约束，以后在学习遇到时再介绍。事实上，在工程问题中需要对实际约束的构造及其性质进行分析，分清主次，略去一些次要因素，就可能将实际约束简化为属于上述约束形式之一。

1.4　物体的受力分析和受力图

在研究静力学问题时，一般都需要根据已知条件和待求量从与问题有关的许多物体中，选取某一物体(或几个物体的组合)作为研究对象，分析物体受哪些力作用，即对物体进行受力分析。为了分析物体的受力情况，往往设想把研究的物体所受到的约束全部解除，单独画出所研究的物体，并将解除的约束用相应的约束反力来代替，而且画上作用在物体上所有的主动力，这样的图形称为受力图，或称示力图。

物体的受力图是描述某一物体(或物体系统)的全部受力情况的简图。画受力图时，必须注意以下几点：

(1) 明确研究对象。根据求解需要选取单个物体或多个物体的组合为研究对象，把所要研究的对象从周围物体的联系中分离出来，单独画出它的简图，这种简图又称分离体图。

(2) 将所研究的对象画上已知的主动力，并根据约束的类型，正确画约束反力。切不可按主动力的方向去主观臆测约束反力的方向。

(3) 当分析两物体间相互的作用力时，应遵循作用与反作用公理。若作用力的方向一旦假定，则反作用力的方向与之相反，并作用在两个被分离的物体上。

(4) 在以整体结构为研究对象时，仅画外部物体对研究对象的作用外力，不必画出成对的内力。

(5) 受力图是力学分析中重要的环节，若受力图画错了，分析和计算必然导致错误的结果。因此，应认真对待，反复练习。

【例题 1-1】 重 P 的电机由梁 AB、杆 BC 组成的托架与墙壁来支承，如图 1-18(a)所示。梁、杆自重不计，试分别画出各刚体的受力图。

【解】（1）首先以简单的二力杆 BC 为研究对象，假设杆受压，画出受力图如图 1-18(b)所示；

（2）再以水平梁 AB 与电机为研究对象作受力图，可先画主动力 $\boldsymbol{P}$；再画反作用力 $\boldsymbol{F}'_{BC}$与固定铰支座 A 处的约束反力(图 1-18c)；

（3）AB 梁与电机的受力图也可以运用三力平衡汇交定理画成图 1-18(d)，D 点是三力汇交点；

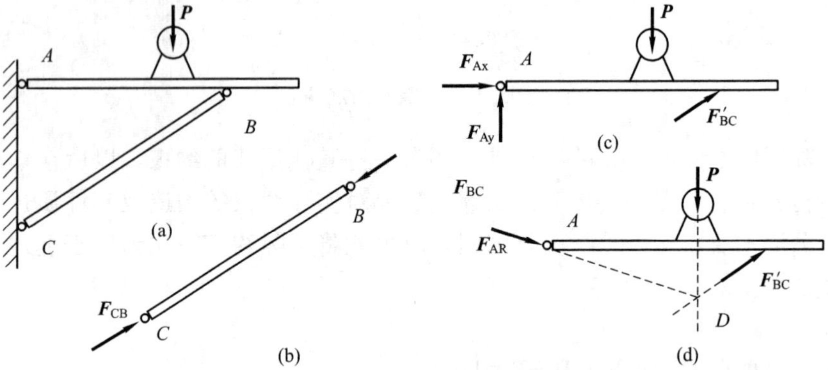

图 1-18　例题 1-1 图

（4）各约束反力的指向可先假设，以后按平衡条件确定实际指向。对整体受力图 A、C 点的约束反力表示是相同的。

【例题 1-2】 图 1-19(a)所示为上弦杆 AC、BC 和横杆 DE 组成的简单屋架。C、D 和 E 处都是铰链连接，屋架的支承情况和所受载荷 $\boldsymbol{P}$、$\boldsymbol{W}$ 如图所示。不计各杆自重，试分别画出横杆 DE、上弦杆 AC 和 BC 以及整个屋架的受力图。

【解】（1）考虑横杆 DE。DE 杆的两端是铰链连接，中间不受力作用，且不计杆的自重，可视为二力杆，所以 $\boldsymbol{F}_D$、$\boldsymbol{F}_E$ 的作用线必定沿着 D、E 的连线。其受力图如图 1-19(c)所示。

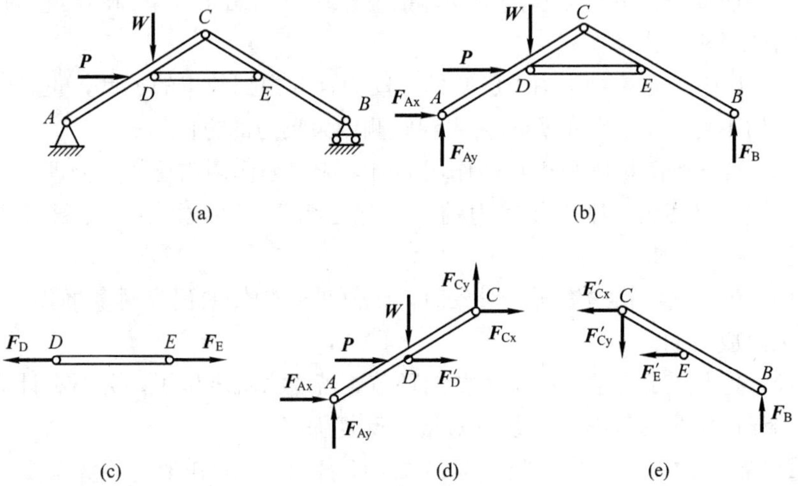

图 1-19　例题 1-2 图

（2）考虑上弦杆 AC。A 处为铰链支座，其约束反力可用 $\boldsymbol{F}_{Ax}$、$\boldsymbol{F}_{Ay}$ 表示，指向假设如图 1-19(d)所示；C 处为铰链，其约束反力可用 $\boldsymbol{F}_{Cx}$、$\boldsymbol{F}_{Cy}$ 表示，指向假设如图；而 D 处应为 $\boldsymbol{F}_D$ 的反作用力 $\boldsymbol{F}'_D$，方向与 $\boldsymbol{F}_D$ 相反。杆上作用主动力 $\boldsymbol{P}$ 与 $\boldsymbol{W}$。AC 杆的受力图如图 1-19(d)所示。

（3）考虑上弦杆 BC。其受力图如图 1-19(e)所示。注意 $\boldsymbol{F}_{Cx}$ 和 $\boldsymbol{F}'_{Cx}$、$\boldsymbol{F}_{Cy}$ 和 $\boldsymbol{F}'_{Cy}$ 以及 $\boldsymbol{F}_E$ 和 $\boldsymbol{F}'_E$ 分别是作用力与反作用力的关系。

（4）考虑整个屋架。其受力图如图 1-19(b)所示。注意铰链支座 A 和辊轴支座 B 的约束力方向应与图 1-19(d)、(e)中相应约束反力方向一致。在整体受力图中，物体系统内部各物体之间相互作用的力是内力，根据作用与反作用定律，内力总是成对出现的，彼此等值、反向、共线。在以系统为研究对象时，成对的内力并不影响平衡，因此在系统受力图上不必画出内力。

【例题 1-3】 支撑托架由杆 AC、CD 与滑轮 B 铰接组成。重物重 $\boldsymbol{P}$，用绳子挂在滑轮上。如杆、滑轮及绳子的自重不计，如图 1-20(a)所示的结构，忽略各处的摩擦，试分别画出滑轮 B、重物、杆 AC、CD 及整体的受力图。

【解】（1）以滑轮 B 及绳索为研究对象，画受力图如图 1-20(b)所示。在 B 处为光滑铰链约束，画上铰链销钉对轮孔的约束反力 $\boldsymbol{F}_{Bx}$、$\boldsymbol{F}_{By}$；在 E、H 处分别有铅垂固定面和重物对绳索的拉力 $\boldsymbol{F}_E$、$\boldsymbol{F}_H$。

（2）以重物 H 为研究对象，画受力图如图 1-20(c)所示。其上受重力 $\boldsymbol{P}$，在 H 处受绳索的拉力 $\boldsymbol{F}'_H$，它与 $\boldsymbol{F}_H$ 是作用与反作用的关系。

（3）在系统中以二力杆 CD 为研究对象，画受力图如图 1-20(d)所示。假设 CD 杆受拉。

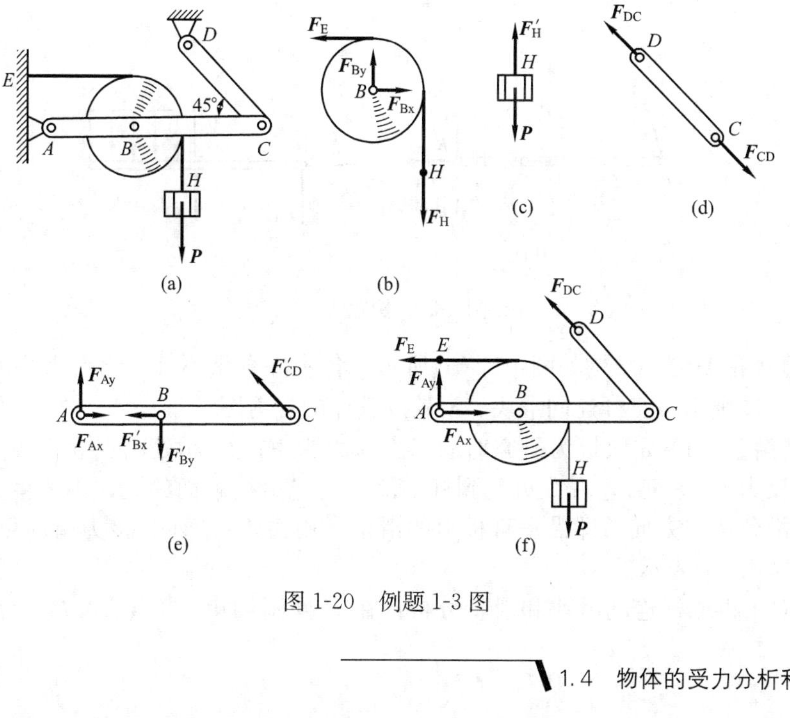

图 1-20　例题 1-3 图

(4) 以 AC 杆(包括销钉)为研究对象，画受力图如图 1-20(e)所示。在 A 处为固定铰支座，故画上约束反力 $\boldsymbol{F}_{\mathrm{Ax}}$、$\boldsymbol{F}_{\mathrm{Ay}}$；在 B 处画上 $\boldsymbol{F}'_{\mathrm{Bx}}$、$\boldsymbol{F}'_{\mathrm{By}}$，它们分别与 $\boldsymbol{F}_{\mathrm{Bx}}$、$\boldsymbol{F}_{\mathrm{By}}$ 互为作用力与反作用力。在 C 处画上 $\boldsymbol{F}'_{\mathrm{CD}}$，它与 $\boldsymbol{F}_{\mathrm{CD}}$ 是作用与反作用的关系。

(5) 以整体为研究对象，画受力图。系统上所受的外力有：主动力 $\boldsymbol{P}$，约束反力如图 1-20(b)、(e)表示。对整个系统来说其受力图如图 1-20(f)所示，注意在 B、C、H 三处均受内力作用，在受力图上不必画出。

【例题 1-4】 在连续梁 DC 的 B 处作用一集中力 $\boldsymbol{F}$，梁的右端作用着分布荷载 q。梁的支承如图 1-21(a)所示。如各梁的自重不计，各处所受的约束如图所示，试分别画出各梁的受力图。

【解】 (1) 在 B 处受集中力 $\boldsymbol{F}$ 作用，一般可假定此力作用于销钉上。在把梁分离时可以将销钉 B 放置在左边梁上，也可放置在右边梁上，现考虑销钉在左边 DB 梁上为研究对象，在销钉上画上主动力 $\boldsymbol{F}$，再画上 BC 梁对销钉 B 的约束反力 $\boldsymbol{F}_{\mathrm{Bx}}$、$\boldsymbol{F}_{\mathrm{By}}$；梁一端 D 处为辊轴支座(或滚动铰支座)，画上约束反力 $\boldsymbol{F}_{\mathrm{D}}$，且 $\boldsymbol{F}_{\mathrm{D}}$ 与光滑斜面垂直，同时画上固定铰支座 A 约束反力 $\boldsymbol{F}_{\mathrm{Ax}}$、$\boldsymbol{F}_{\mathrm{Ay}}$；其受力图如图 1-21(b)所示。

(2) 再以 BC 梁为研究对象，画出受力图，其中分布载荷 q 作用在梁的 CE 处。在 B 端先画上销钉 B 对 BC 梁的作用力 $\boldsymbol{F}'_{\mathrm{Bx}}$、$\boldsymbol{F}'_{\mathrm{By}}$；另外，$E$ 处为辊轴支座，画上与光滑水平面垂直的约束反力 $\boldsymbol{F}_{\mathrm{E}}$。其受力图如图 1-21(c)所示。

(3) 对销钉若没有特定要求，不必将销钉单独取出分析。

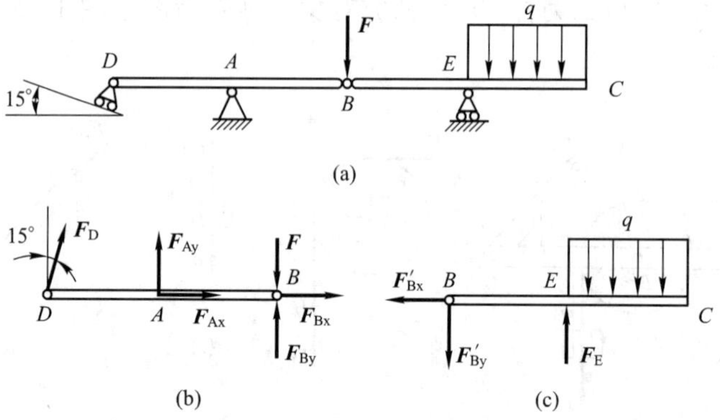

图 1-21　例题 1-4 图

【例题 1-5】 结构如图 1-22(a)所示，各构件自重不计，当受水平力 $\boldsymbol{F}$ 作用后，试画出板、杆连同滑块、滑轮及整体的受力图。

【解】 (1) 先取板为研究对象：主动力为 $\boldsymbol{F}$；在 A 处画上固定铰支座的约束反力 $\boldsymbol{F}_{\mathrm{Ax}}$、$\boldsymbol{F}_{\mathrm{Ay}}$；在 C 处受到杆上滑块的光滑接触面约束，则约束力的作用线沿公法线方向，即沿垂直板上的滑槽，用力 $\boldsymbol{F}_{\mathrm{C}}$ 表示，该力指向可假设，如图 1-22(b)表示。

(2) 再取杆连同滑块和滑轮分析：在 B 处画约束反力 $\boldsymbol{F}_{\mathrm{Bx}}$、$\boldsymbol{F}_{\mathrm{By}}$；滑块 C

处约束反力为反作用力 F'_C，滑轮 D 点为光滑接触面约束，故其约束力的作用线均应沿公法线方向为 F_D(图 1-22c)。

(3) 最后，考虑整体受力情况：在整体受力图上只需画出原已画的全部外力，内力不必画出。整体受力图如图 1-22(d)所示。

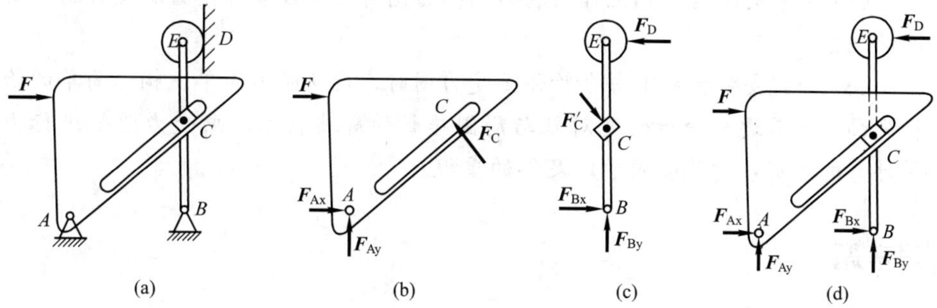

图 1-22　例题 1-5 图

小结及学习指导

1. 在静力学中主要研究以下两个问题：

(1) 力系的简化；

(2) 力系的平衡条件。其中以研究力系的平衡条件为静力学的主要问题。

2. 力的概念是力学中基本概念之一。力对物体的作用决定于下列三个要素：(1) 力的大小；

(2) 力的方向；

(3) 力的作用点。

3. 静力学公理是研究静力学的理论基础，深刻理解这些公理的意义，对讨论物体的受力分析、力系的简化和平衡条件等问题都是很重要的。

4. 在静力学中所遇到的约束，都是与非自由体相互连接或直接接触的物体所形成。约束对物体的作用可用相应的约束反力来代替，要注意约束反力的方向总是与约束所能阻碍物体运动的方向相反。工程上常见的几种约束及其约束反力的特性要理解透彻才有可能正确地对物体进行受力分析和画受力图。

5. 画受力图的步骤与注意事项：

(1) 明确研究对象，即确定要画哪一个物体或物体系统的受力图；

(2) 设想将研究的对象从所受到的约束中解除，将所研究的物体从周围物体的联系中分离出来单独画出；

(3) 将已解除的约束，根据约束的特性，在研究的对象上画上相应的约束反力，并在研究对象上画上它所受的主动力；

(4) 正确运用两力平衡公理和三力平衡汇交定理、加减平衡力系原理等来确定某些约束反力的方位，使受力图简化；

(5) 在画某一个物体或物体系统的受力图时只要画上其他物体作用于该物

体或物体系统上的力，而不要画入该物体或物体系统作用于其他物体上的力；

(6) 在画约束反力时，应根据约束的特性来画，不能凭主观想象，要了解根据约束的特性能确定约束反力的哪些未知量，哪些未知量单凭约束的特性还不能确定；

(7) 在分别画两个相互作用物体的受力图时，应注意作用力和反作用力之间的关系；

(8) 如需要将物系中每个物体画受力图时，应从受力简单、构件简单的物体先画，然后逐一分析研究对象与周围接触的那些物体，画受力图是进行力学计算的依据，对此必须予以足够的重视。

思考题

1-1 如 $\boldsymbol{F}_1$ 与 $\boldsymbol{F}_2$ 分别代表两力，试问 $\boldsymbol{F}_1=-\boldsymbol{F}_2$，$\boldsymbol{F}_1=\boldsymbol{F}_2$ 和 $\boldsymbol{F}_1=\boldsymbol{F}_2$，这三个等式所代表的意义是什么？

1-2 分力一定小于合力，对不对，为什么？试举例说明。

1-3 一杆两点上受力如图 1-23 所示，若此杆平衡，则此杆是二力杆吗？

1-4 当求图 1-24 所示中铰链 C 的约束反力时，可否将作用在杆 AC 上 D 点的力 $\boldsymbol{F}$ 沿其作用线移动至 E 点，变成力 $\boldsymbol{F}'$？

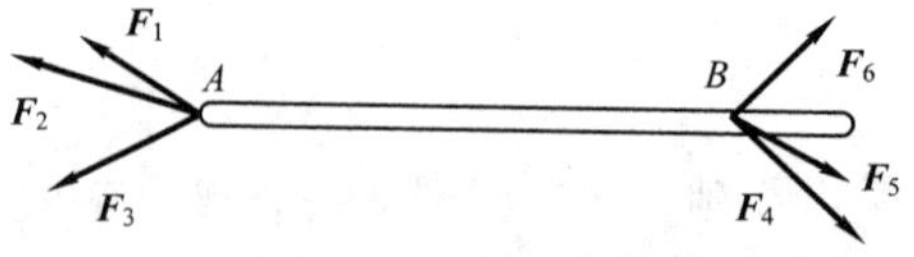

图 1-23 思考题 1-3 图

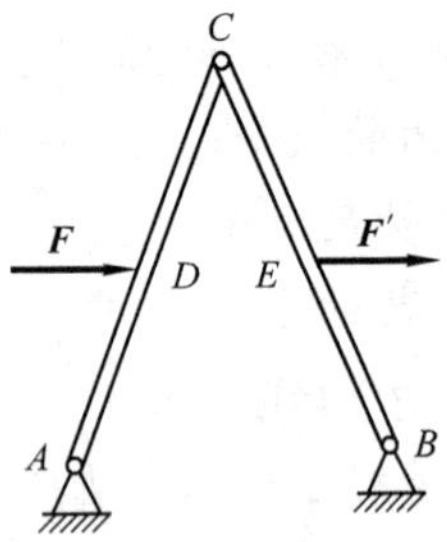

图 1-24 思考题 1-4 图

1-5 不计杆自重的人字形梯子(图 1-25a)。试检查图 1-25(b)、(c)、(d)所示的各受力图是否正确，如有错误请改正。

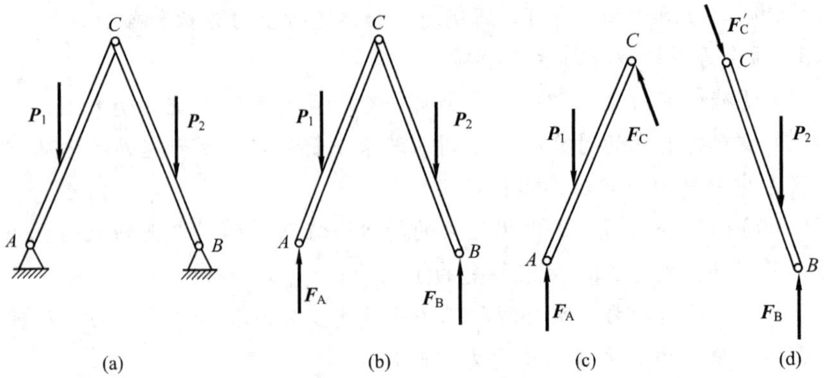

图 1-25 思考题 1-5 图

1-6 图 1-26(a)所示杆 AB 放置在光滑半圆槽内。判断物体处于平衡时图 1-26(b)、(c)所示受力图是否正确，请说明理由并更正错误的受力图。

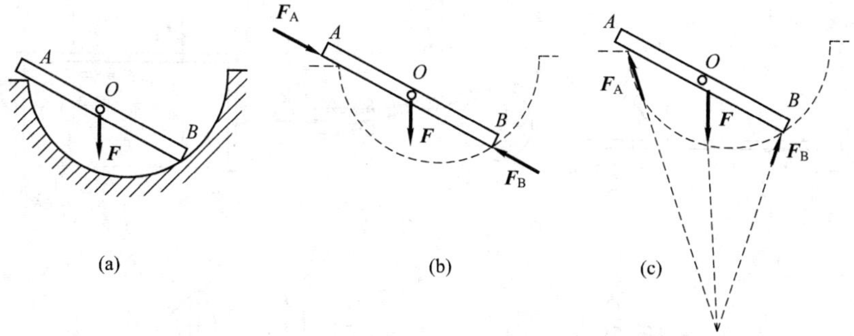

图 1-26　思考题 1-6 图

习题

1-1 试分别画出图 1-27 所示指定物体的受力图。物体的重量除图上注明者外，均略去不计。假定接触处都是光滑的。

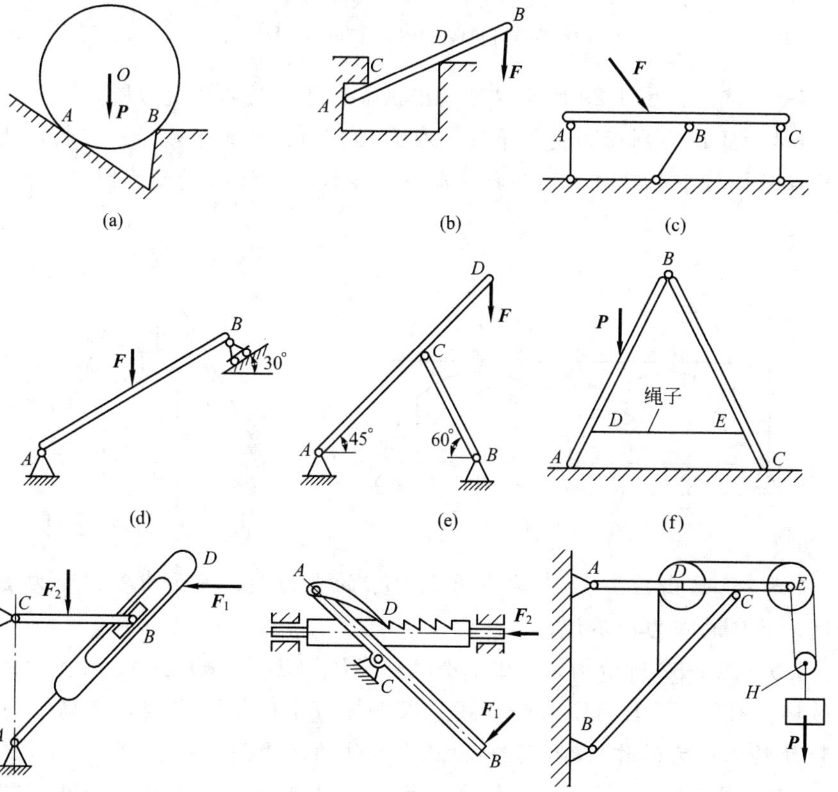

图 1-27　习题 1-1 图

(a)圆柱体 O；(b)杆 AB；(c)梁 ABC；(d)梁 AB；(e)杆 AD、BC、整体；(f) 整体、AB、CB；(g) 滑槽 AD、杆 CD；(h) 杆 AB、棘牙 AD；(i) 各杆与圆盘、重物

1-2　试分别画出图 1-28 所示各物体系统中每个物体以及整体的受力图。物体的重量除图上注明外，均略去不计，所有接触处均为光滑。

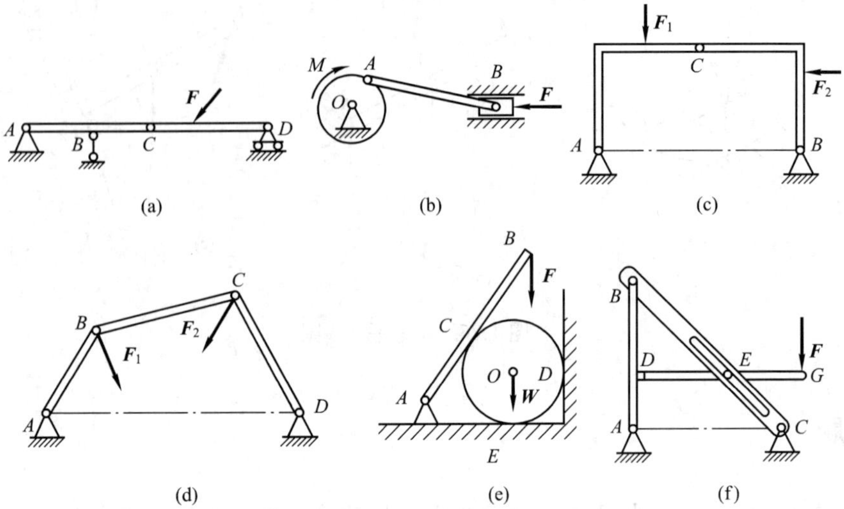

图 1-28　习题 1-2 图
(a)组合梁；(b)曲柄连杆滑块机构；(c)三铰拱；
(d)四连杆机构；(e)圆柱和杆；(f)构架

1-3　试画出图 1-29 所示双跨三铰拱各构件与整体的受力图。

1-4　图 1-30 所示为支承吊架，在 B 处销钉上用绳子起吊一重物，试分别画出在不计杆重与计杆重的两种情况下，各杆与销钉 B 的受力图。

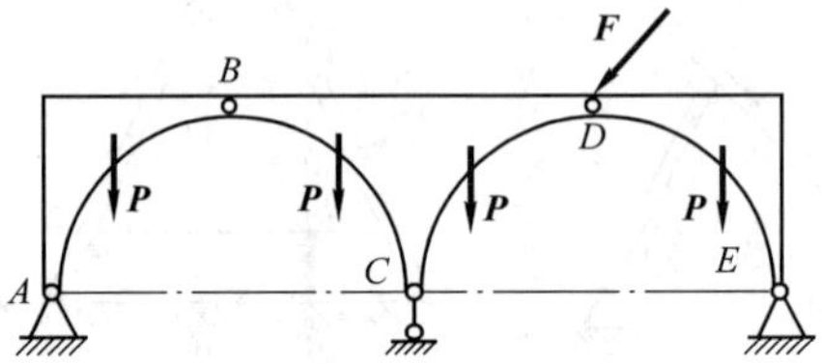

图 1-29　习题 1-3 图

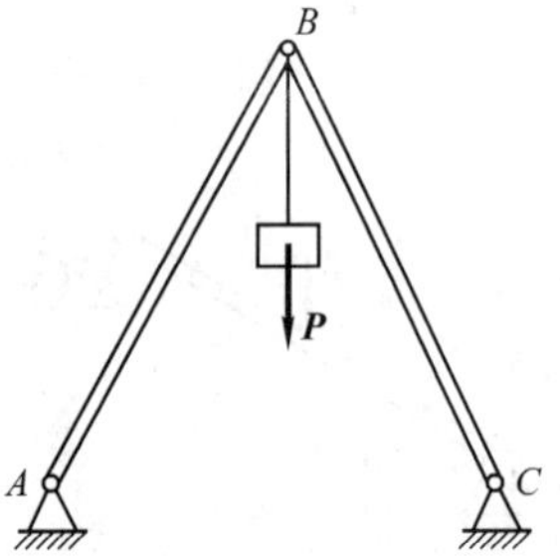

图 1-30　习题 1-4 图

1-5　请画出图 1-31 中构件 AB、BC 的受力图，并画出整体受力图的受力图。物体的重力均不计。

1-6　图 1-32 所示构架，由三个构件 AB、CB 和 GD 组成。G、E 和 B 处为铰链。线段 CG 与 AE 为竖直线。根据三力平衡汇交定理，试确定 A、E、G 和 B 约束反力的作用线，并画出三个构件的受力图。

1-7　图 1-33(a)所示为车轮刹车构架，现可简化机构的图为图 1-33(b)，画出刹车构架受力图。

1-8　图 1-34(a)所示为叉车的叉架托起两根空心钢管状况，现可简化叉架的图为图 1-34(b)，已知每根钢管重为 $\boldsymbol{P}$ 值，画出每根钢管的受力图。

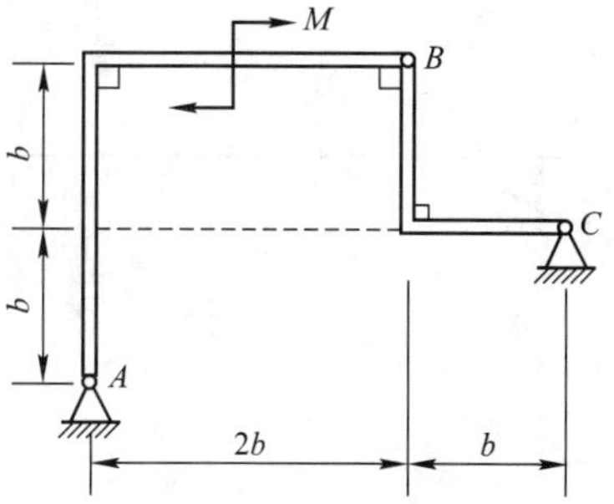

图 1-31　习题 1-5 图

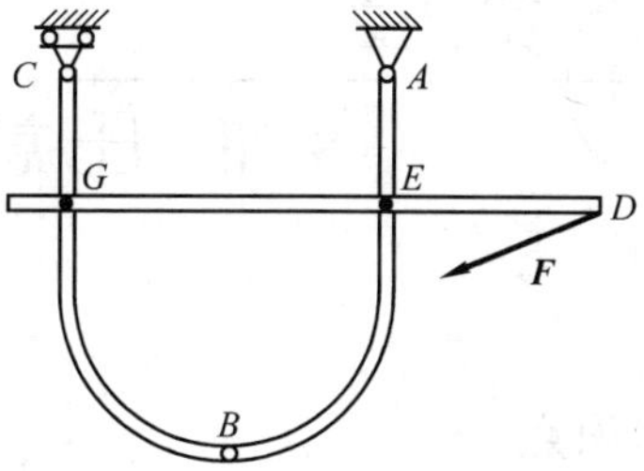

图 1-32　习题 1-6 图

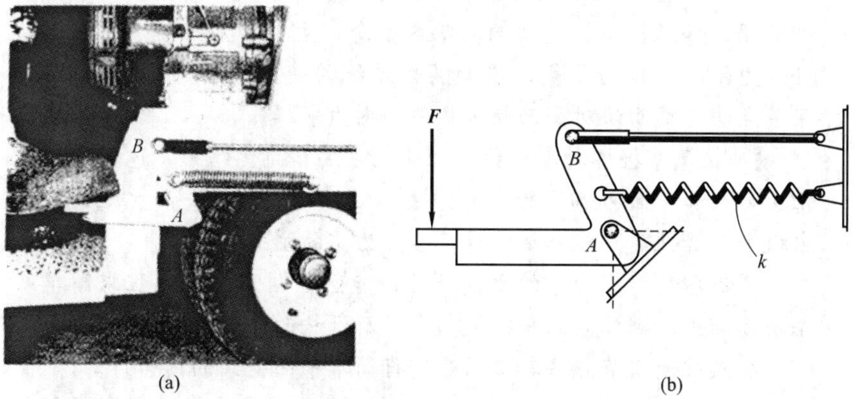

图 1-33　习题 1-7 图

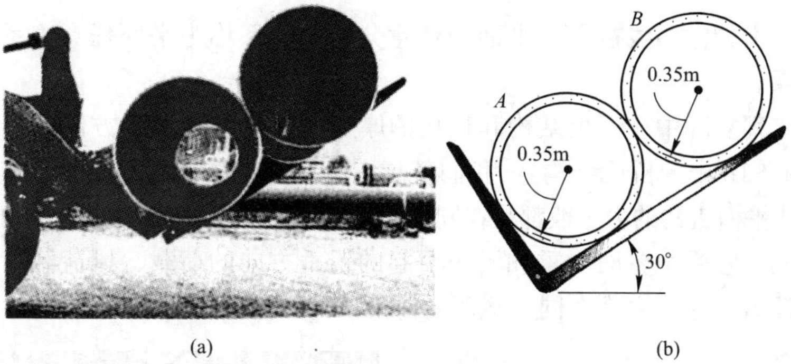

图 1-34　习题 1-8 图

第2章 平面任意力系

本章知识点

【知识点】平面汇交力系和平面力偶系的合成与平衡，力的平移定理，静定与超静定结构的基本概念，主矢和主矩概念，平面任意力系的简化与平衡，平面物体系统的受力分析与平衡求解，用节点法与截面法对平面简单桁架的内力求解。

【重点】掌握各种类型力系的简化方法和简化结果，包括平面汇交力系和平面力偶系的计算方法。掌握力系的主矢和主矩的基本概念及其性质。能熟练地计算各类力系的主矢和主矩。

掌握各种类型力系的平衡条件；能熟练利用平衡方程求解单个刚体和平面刚体系的平衡问题。了解结构的静定与超静定概念。

能熟练使用节点法与截面法进行简单平面桁架的内力计算。

【难点】熟练使用平衡方程对平面刚体系统约束反力求解的解题方法与技巧，这必须通过一定量的习题求解才会逐步掌握。

所有力的作用线在同一平面内任意分布的力系称为平面任意力系，简称平面力系。

在工程实际中有不少结构和机构的厚度相对于其余两个方向的尺寸小得多(如图 2-1b 中的桥梁结构)，我们就称它为平面结构或平面机构，作用在平面结构或平面机构的力一般都是在同一平面内构成一平面任意力系。例如图 2-2 所示屋架，它受由屋面自重和雪压引起的铅垂方向的荷载、风荷载以及两端的支座反力，这些力都在同一平面内构成。

(a) (b)

图 2-1

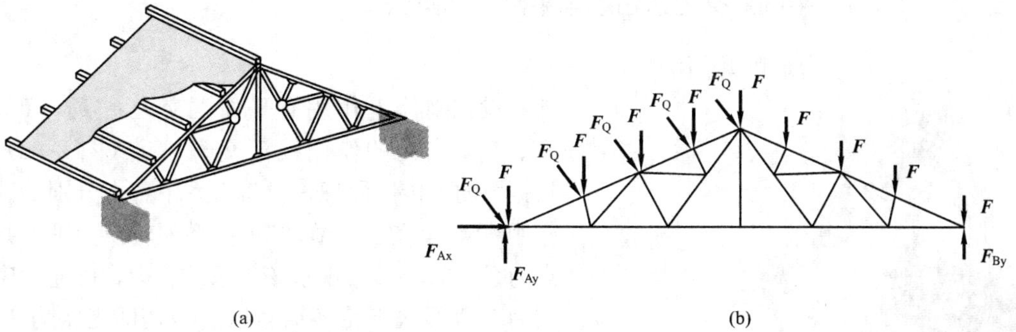

图 2-2

还有些结构所承受的力本来不是平面任意力系，但如果结构本身和它所承受的力都具有同一个对称平面，那么，作用在该结构上的力系也可简化成为在对称平面内的平面任意力系。例如，图 2-1(a)、图 2-3(a)所示的重力坝，设其受力情况沿坝的长度不变，往往取单位 1m 长的坝段来考虑，将该段上作用的水压力、坝身自重及地基反力等都简化到中心对称平面内得到一个平面任意力系，如图 2-3(b)所示。

又如图 2-4 中的载重汽车，它所承受的荷载、迎风阻力和前后轮的约束反力就可以简化为在汽车对称平面内的平面任意力系。

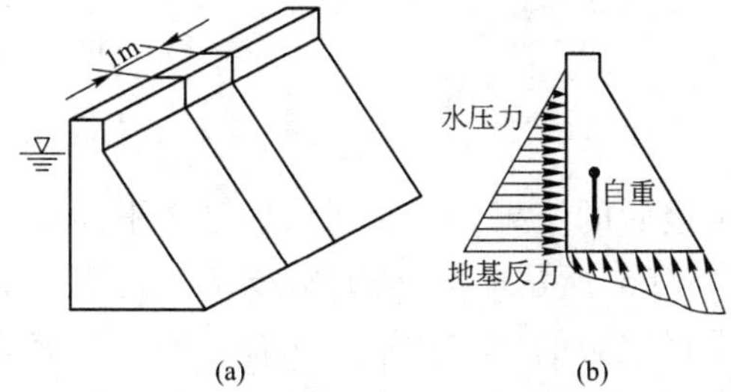

图 2-3

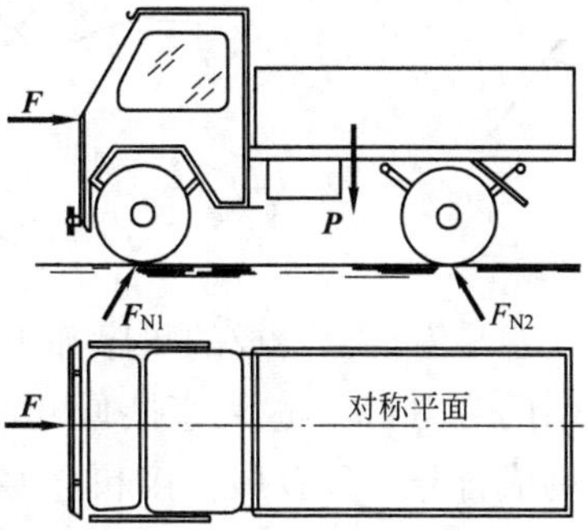

图 2-4

本章主要研究平面力系的简化和平衡问题，由于平面任意力系在工程中极为常见，而分析和解决平面任意力系问题的方法又具有普遍性，因此，本章在静力学中占有很重要的地位。

2.1 平面汇交力系的合成与平衡

平面汇交力系是指各力的作用线在同一平面内并且相交于一点的力系，如图 2-5 中钢索的起吊点。它是平面任意力系的一种特殊力系，可分别用几何法和解析法研究它的合成和平衡问题。

2.1.1 平面汇交力系合成与平衡的几何法

1. 合成的几何法

图 2-5

设在刚体上作用有平面汇交力系 $\boldsymbol{F}_1$、$\boldsymbol{F}_2$、$\boldsymbol{F}_3$、$\boldsymbol{F}_4$，各力的作用线汇交于 A 点(图 2-6a)，根据力的可传性原理，可将力系中各力分别沿其作用线移到汇交点 A，则该力系便转换为平面共点力系(图 2-6b)。现求该力系的合力，可连续应用力三角形法则将各力依次合成，即先将力 $\boldsymbol{F}_1$ 与 $\boldsymbol{F}_2$ 合成，求得它们的合力 $\boldsymbol{F}_{R1}$；然后将 $\boldsymbol{F}_{R1}$ 与 $\boldsymbol{F}_3$ 合成得合力 $\boldsymbol{F}_{R2}$，最后再将力 $\boldsymbol{F}_{R2}$ 与 $\boldsymbol{F}_4$ 合成，求得总的合力 $\boldsymbol{F}_R$，就是整个汇交力系的合成(图 2-6c)。即矢量合成为：

$$\boldsymbol{F}_R=\boldsymbol{F}_1+\boldsymbol{F}_2+\boldsymbol{F}_3+\boldsymbol{F}_4=\sum_{i=1}^{n}\boldsymbol{F}_i \tag{2-1}$$

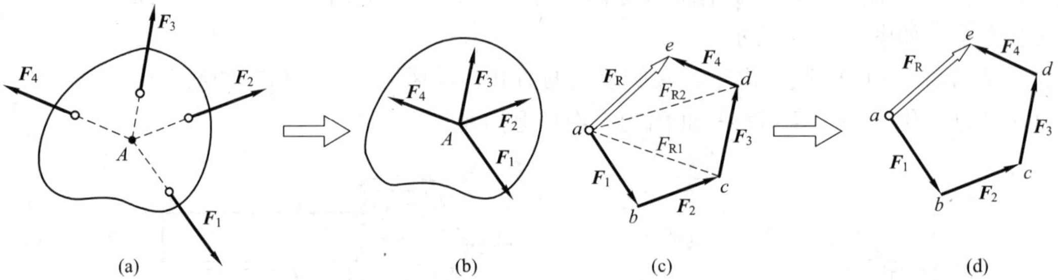

图 2-6

容易看出，合成的顺序并不影响最后的结果。由于所求为已知平面汇交力系的合力 $\boldsymbol{F}_R$，故可直接画出如图 2-6(d)所示的力多边形 $abcde$，这表示最后构成各分力矢首尾相接和合力矢是封闭边的力多边形，而合力通过汇交点 A，这种求合力矢的几何作图法称为力多边形法则。上述方法可以推广到汇交力系有 n 个力的合成情形。

2. 平衡的几何条件

由于平面汇交力系可用其合力来代替，显然，平面汇交力系平衡的必要与充分条件是：该力系的合力等于零。则

$$\boldsymbol{F}_R=\sum_{i=1}^{n}\boldsymbol{F}_i=0 \tag{2-2}$$

在平衡情形下，力多边形中代表力系中最后一力的终点与代表力系中第一力的力矢起点重合，此时的力多边形称为封闭的力多边形。于是，平面汇交力系平衡的几何条件是：该力系的力多边形自行封闭。

【例题 2-1】 梁 AB 支承情况如图 2-7(a)所示。已知 $F=20\text{kN}$，$a=2\text{m}$，梁自重不计，求支座 A、B 的反力。

【解】 以梁 AB 为研究对象，根据铰链支座约束的特性，已知 $\boldsymbol{F}_A$ 其作用线的方位本属未定，但因梁只受三个力作用而处于平衡，故 $\boldsymbol{F}_A$ 其作用线必通过 $\boldsymbol{F}$ 与 $\boldsymbol{F}_B$ 的交点 D，作出受力图如图 2-7(b)所示。用 1cm=5kN 的比例尺作出力三角形如图 2-7(c)所示。根据力三角形自行闭合的条件可定出 $\boldsymbol{F}_A$ 与 $\boldsymbol{F}_B$ 的指向。用比例尺和量角器可量得：

$$F_A=19.5\text{kN},\quad \alpha=20°30',\quad F_B=9.2\text{kN}$$

这种解题方法称为几何法，虽然比较简易，但要求作图准确，否则会引起较大的误差。

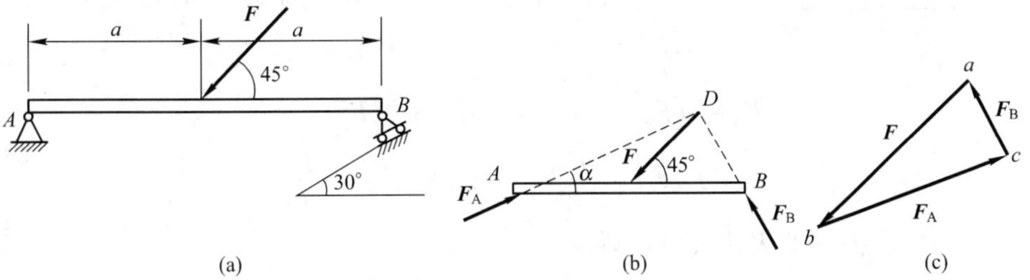

图 2-7 例题 2-1 图

2.1.2 平面汇交力系合成与平衡的解析法

1. 力在坐标轴上的投影

设力 $\boldsymbol{F}$ 作用于物体的 A 点(图 2-8)，在力 $\boldsymbol{F}$ 作用线所在的平面内取直角坐标系 $Oxyz$，从力 $\boldsymbol{F}$ 的两端 A 和 B 分别向 x 轴作垂线，得到轴上垂足 a、b 和投影线段 ab，现用 F_x 表示 x 方向的投影值，力在轴上的投影是代数量。投影角 α、β 可以是锐角，也可以是钝角。由夹角的余弦即知道力投影的正负号。但在实际计算时，常采用力 $\boldsymbol{F}$ 与轴为锐角的夹角来计算，其正负号则根据直观判断。当投影 a 到 b 的方向与轴正向一致时，力的投影值取正值；反之，取负值。同样，可用 F_y 表示 y 方向的投影值。显然：

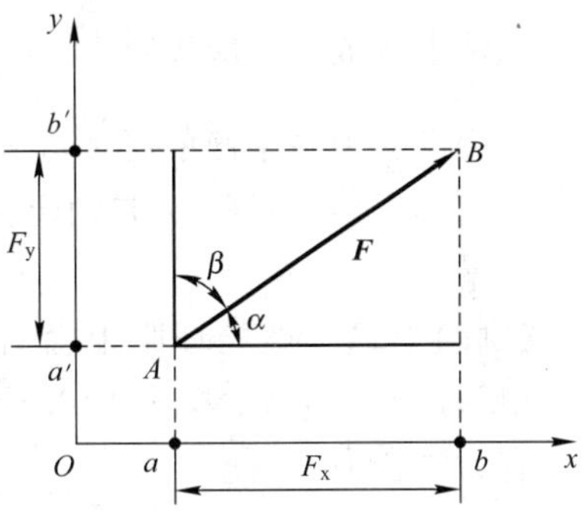

图 2-8

$$F_x=F\cos\alpha,\quad F_y=F\sin\alpha=F\cos\beta \tag{2-3}$$

当力 $\boldsymbol{F}$ 沿正交轴 Ox、Oy 分解为两个分力 $\boldsymbol{F}_x$ 和 $\boldsymbol{F}_y$ 时，其分力与投影值之间有下列关系：

$$\boldsymbol{F}_x=F_x\boldsymbol{i},\quad \boldsymbol{F}_y=F_y\boldsymbol{j}$$

其中，$\boldsymbol{i}$、$\boldsymbol{j}$ 是 x、y 轴的单位矢量，显然各分力为矢量。

2. 平面汇交力系合成的解析法

设有一平面汇交力系，在此力系合力的力多边形 $abcde$ 所在平面内取直角坐标系 Oxy(图 2-9)，从各顶点分别作 x 轴和 y 轴的垂线，求得各分力和合

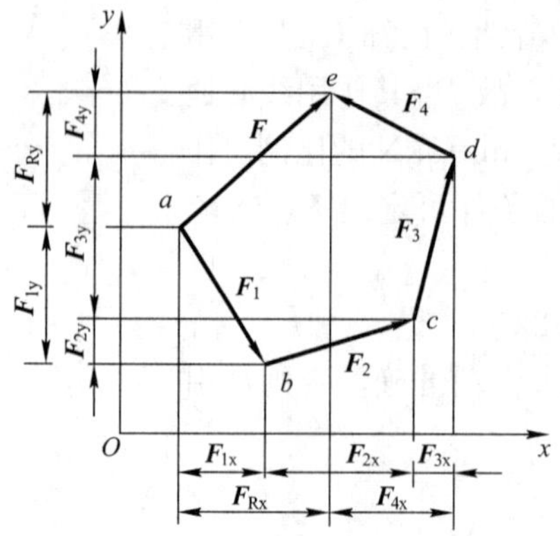

图 2-9

力在 x 轴上的投影 F_{1x}、F_{2x}、F_{3x}、F_{4x} 和 F_{Rx} 和这些力在 y 轴上的投影 $\boldsymbol{F}_{1y}$、$\boldsymbol{F}_{2y}$、$\boldsymbol{F}_{3y}$、$\boldsymbol{F}_{4y}$ 和 $\boldsymbol{F}_{Ry}$，从图上可见：

$$\left.\begin{aligned}F_{Rx}=F_{1x}+F_{2x}+F_{3x}+F_{4x}=\sum F_{ix}\\F_{Ry}=F_{1y}+F_{2y}+F_{3y}+F_{4y}=\sum F_{iy}\end{aligned}\right\}\tag{2-4}$$

式(2-4)表示合力在任一轴上的投影，等于各分力在同一轴上投影的代数和，这称为合力投影定理。

现在利用合力投影定理来求平面汇交力系的合力：

$$\left.\begin{aligned}\boldsymbol{F}_R=\sqrt{F_{Rx}^2+F_{Ry}^2}=\sqrt{\sum F_{ix}^2+\sum F_{iy}^2}\\\cos(\boldsymbol{F}_R,\ \boldsymbol{i})=\frac{F_{Rx}}{F_R},\quad \cos(\boldsymbol{F}_R,\ \boldsymbol{j})=\frac{F_{Ry}}{F_R}\end{aligned}\right\}\tag{2-5a}$$

同样合力矢的表达式也可写成：

$$\boldsymbol{F}_R=F_{Rx}\boldsymbol{i}+F_{Ry}\boldsymbol{j}=\sum F_{ix}\boldsymbol{i}+\sum F_{iy}\boldsymbol{j}\tag{2-5b}$$

3. 平面汇交力系平衡的解析法

由式(2-2)知，平面汇交力系平衡的必要与充分条件是：合力等于零，由式(2-5a)应有：

$$\boldsymbol{F}_R=\sum F_{ix}i+\sum F_{iy}\boldsymbol{j}=\boldsymbol{0}$$

欲使上式成立，应满足：

$$\left.\begin{aligned}\sum F_{ix}=0\\\sum F_{iy}=0\end{aligned}\right\}\tag{2-6}$$

平面汇交力系平衡的必要与充分条件是：各力在两个坐标轴上投影的代数和分别等于零，式(2-6)是两个独立的平衡方程，可求解平面汇交力系内两个未知量。

【例题 2-2】 螺栓环眼上套有四根钢丝绳，分别已知受力 $F_1=0.5\text{kN}$，$F_2=1\text{kN}$，$F_3=0.4\text{kN}$，$F_4=0.3\text{kN}$。其方向如图 2-10 所示。用解析法求图示所有力的合力。

【解】 以 A 为原点作直角坐标系 Axy。各分力的投影值为：

$$F_{1x}=F_1\cos180°=-0.5\text{kN},$$
$$F_{2x}=F_2\cos45°=0.7071\text{kN},$$
$$F_{3x}=F_3\cos30°=0.3464\text{kN},\quad F_{4x}=F_4\cos90°=0,$$
$$F_{1y}=0,\quad F_{2y}=-F_2\sin45°=-0.7071\text{kN},$$
$$F_{3y}=F_3\cos60°=0.2\text{kN},\quad F_{4y}=F_4=0.3\text{kN}$$

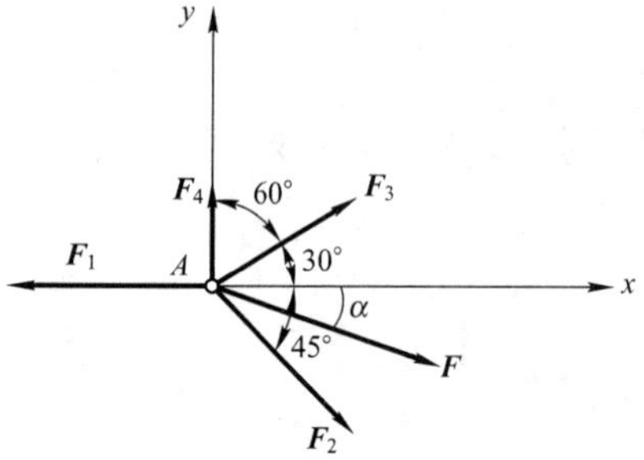

图 2-10 例题 2-2 图

按合力投影定理：

$$F_{Rx}=\sum F_{ix}=-0.5+0.7071+0.3464+0$$
$$=0.5535\text{kN}$$
$$F_{Ry}=\sum F_{iy}=0-0.7071+0.2+0.3=-0.2071\text{kN}$$

可求得合力的值与方向夹角：

$$F_R=\sqrt{F_{Rx}^2+F_{Ry}^2}=\sqrt{(0.5535)^2+(0.2071)^2}=0.591\text{kN},$$

$$\cos\alpha=\frac{F_{Rx}}{F_R}=0.9366,\quad \alpha=20°31'$$

【例题 2-3】 简易起重机(图 2-11a)用钢丝绳吊起重量 $P=2000\text{N}$ 的重物。滑轮的大小和各杆自重不计，A、B、C 三处简化为铰链连接。求杆 AB 和 AC 受到的力。

【解】 取滑轮 A(包括跨在其上的绳子)和重物为研究对象，画出受力图如图 2-11(b)所示，受力有 F、P、F_{AB}、F_{AC}，由于滑轮的大小不计，则形成汇交点 A 的平面汇交力系，按绳索的约束条件 $F=P$，取坐标系 Oxy 的平衡方程。

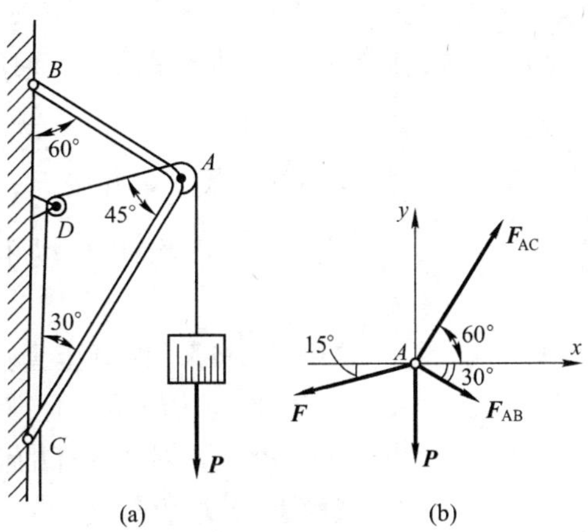

图 2-11　例题 2-3 图

$\sum F_{ix}=0\quad -F\cos15°+F_{AC}\cos60°+F_{AB}\cos30°=0$

$\sum F_{iy}=0\quad -P-F\sin15°+F_{AC}\sin60°-F_{AB}\sin30°=0$

取上述两个方程联立解得：

$$F_{AB}=414\text{N}(压力),\quad F_{AC}=3146\text{N}(压力)$$

【例题 2-4】 图 2-12(a)所示压榨机 ABC，在 A 铰处作用水平力 F，B 为固定铰链。由于水平力 F 的作用，使 C 块压紧物体 D。如 C 块与墙壁光滑接触，压榨机的尺寸如图所示，求物体 D 所受的挤压力。

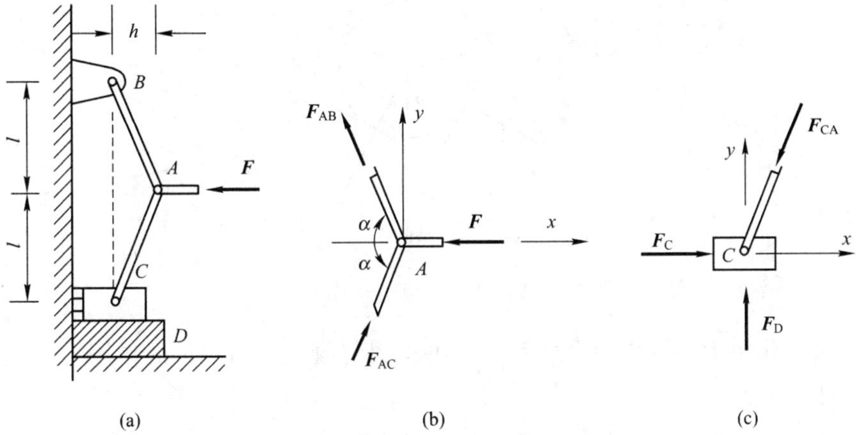

图 2-12　例题 2-4 图

【解】 1. 对 A、C 两点分析，它们是平面汇交力系，故分别取点 A、点 C 为两个研究对象。首先，取铰链 A 为研究对象，由于杆 AB 和杆 AC 是二力杆，可假设均受轴向压力，如图 2-12(b)所示，建立 Oxy 直角坐标系如图所示，列平衡方程：

$$\sum F_{ix}=0;\quad -F_{AB}\cos\alpha+F_{AC}\cos\alpha-F=0\qquad(a)$$

$$\sum F_{iy}=0;\quad F_{AB}\sin\alpha+F_{AC}\sin\alpha=0 \tag{b}$$

从式(b)可得：$F_{AB}=-F_{AC}$，代入式(a)得： $F_{AC}=\dfrac{F}{2\cos\alpha}$ (c)

2. 再取 C 块为研究对象，两个接触面为光滑接触，所以，约束为正压力，受力图如图 2-12(c)表示，同样取直角坐标系，由于题意为仅求 D 处的约束压力，所以只要列 y 方向的平衡方程即可。

$$\sum F_{iy}=0;\quad F_D-F_{CA}\sin\alpha=0$$

将式(3)代入，并按 $F_{CA}=F_{AC}$ 条件，得：$F_D=\dfrac{F}{2}\tan\alpha=\dfrac{Fl}{2h}$

力 F_D 表示物体 D 受的压榨力与推力 F 和几何尺寸 α、l、h 的函数关系。

【例题 2-5】 混凝土管搁置如图 2-13(a)所示，已知管子重 $P=5\text{kN}$。设 A、B、C 处均为铰接，且撑架自重及摩擦不计，求杆 AC 的内力和铰 B 的约束反力，以及管对 AB 杆的作用力大小。

【解】 若取整体为研究对象，则不是一个平面汇交力系的平衡问题，同时混凝土管对杆 AB 的作用力也无法求出。因此，可分别考虑管 O 及杆 AB 的平衡，从而应用平面汇交力系的平衡方程求解。

首先取管 O 为研究对象。其受力图如图 2-13(b)所示。其中 F_D、F_E 两力的大小未知，取所示坐标系 Oxy，列平衡方程：

$$\sum F_{ix}=0\quad F_D-P\sin30^\circ=0\quad 解得：\boldsymbol{F}_D=2.5\text{kN}$$

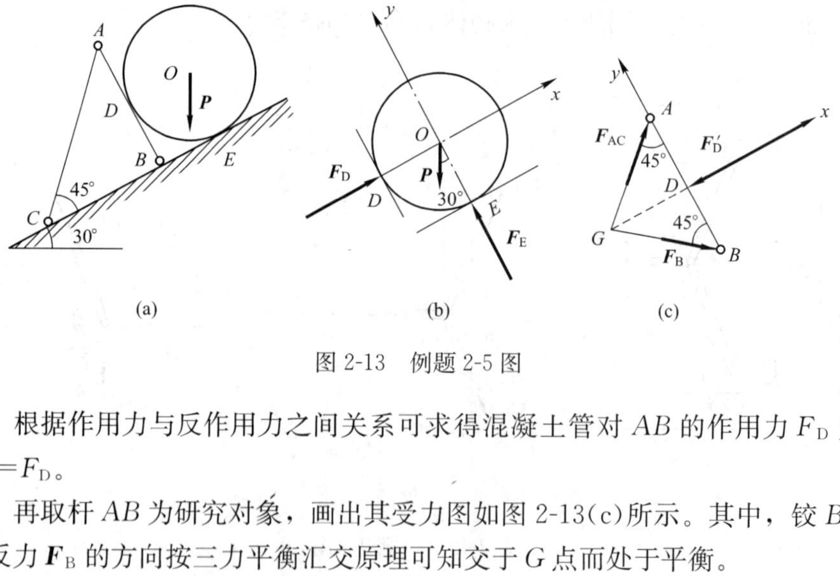

图 2-13 例题 2-5 图

根据作用力与反作用力之间关系可求得混凝土管对 AB 的作用力 F_D 为：$F'_D=F_D$。

再取杆 AB 为研究对象，画出其受力图如图 2-13(c)所示。其中，铰 B 约束反力 $\boldsymbol{F}_B$ 的方向按三力平衡汇交原理可知交于 G 点而处于平衡。

取所示坐标系 Oxy，列平衡方程：

$$\sum F_{ix}=0\quad F_{AC}\sin45^\circ+F_B\sin45^\circ-F'_D=0$$

$$\sum F_{iy}=0\quad F_{AC}\cos45^\circ-F_B\cos45^\circ=0\quad 可得：\quad F_{AC}=F_B=1.77\text{kN}$$

求得 F_{AC} 为正值，可见杆 AC 受的是压力。

通过以上几个例题分析，可将解平面汇交力系平衡问题的一般步骤小结如下：

1. 根据题意选取研究对象。

2. 分析研究对象的受力情况，作出受力图。在作受力图时约束反力应按约束的性质画出。要注意正确运用两力平衡公理和三力平衡汇交定理来确定某些约束反力的方位。在分别取相互连接的两个物体为研究对象时，要注意该两物体在连接处相互作用的力应符合作用力与反作用力之间的关系。

3. 在应用解析法的平衡方程求解未知量时，应适当选取投影轴，尽量使每一平衡方程中只出现一个未知量，避免解联立方程。在列平衡方程时，要正确计算各力在轴上的投影，特别要注意正负号。对于未知的约束反力，其指向根据约束的特性不能定出时，可先行假定，然后从求解结果的正负号来判断所假定的指向是否正确。若算得结果为正，则表示此力实际的指向与假定的一致；若为负，则表示此力实际的指向与假定的相反。

2.2 平面力偶系的合成与平衡

2.2.1 力对点之矩

在一般情况下，力对物体作用可以产生移动和转动两种效应。已经知道，力的移动效应取决于力的大小和方向；为了度量力的转动效应，先介绍力对点之矩的概念，简称力矩。例如图 2-14 中斜立钟楼的重力会对支撑点产生转动效应的力矩作用。

力矩概念的产生是来源于实践的，人们在长期的生产实践中广泛使用像杠杆、滑轮、绞盘或辘轳这样一些机械来提升或搬动很重的物体。力矩的概念就是在使用这些机械的过程中逐渐建立起来的。

例如当用扳手扳动螺帽时(图 2-15)，由经验可知，扳手使螺帽绕螺帽中心 O 点转动的效应，不仅与作用在扳手上的力 $\boldsymbol{F}$ 的大小成正比，而且与 O 点到该力作用线的垂直距离 h 成正比。我们用 $\boldsymbol{F}$ 与 h 的乘积 $\boldsymbol{F}\times h$ 并冠以适当的正负号来度量力 $\boldsymbol{F}$ 使物体绕 O 点转动的效应，称为力 $\boldsymbol{F}$ 对一点之矩，简称力矩，以符号 $M_O(\boldsymbol{F})$ 表示，即

图 2-14

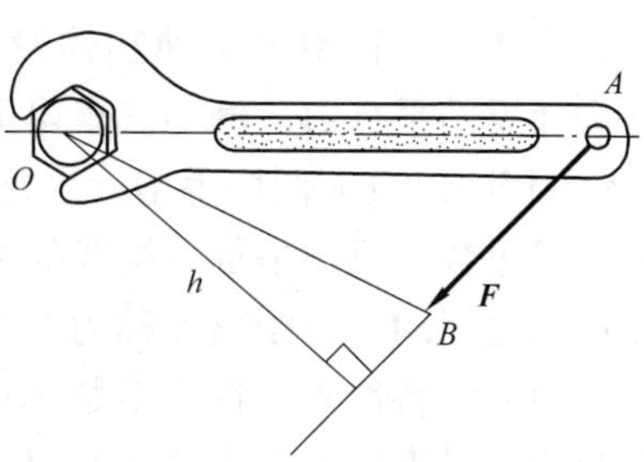

图 2-15

$$M_O(\boldsymbol{F})=\pm F\times h \tag{2-7}$$

O点称为力矩中心，简称矩心。矩心O到力$\boldsymbol{F}$作用线的垂直距离h称为力臂。正负号表示力矩的转向。通常规定：若力$\boldsymbol{F}$使静止的物体绕O点转动的方向是逆时针的则取正号；反之取负号。

由图2-15可知，力$\boldsymbol{F}$对O点之矩的大小也可用力$\boldsymbol{F}$的矢量$\overline{AB}$为底边、矩心O为顶点所构成的$\triangle OAB$面积的两倍来表示，即

$$M_O(\boldsymbol{F})=\pm 2\triangle OAB\text{的面积} \tag{2-8}$$

力矩的单位为：牛·米(N·m)或千牛·米(kN·m)；在工程单位中，力矩的单位为公斤·米(kg·m)或吨·米(t·m)。在平面问题中力矩是代数值。

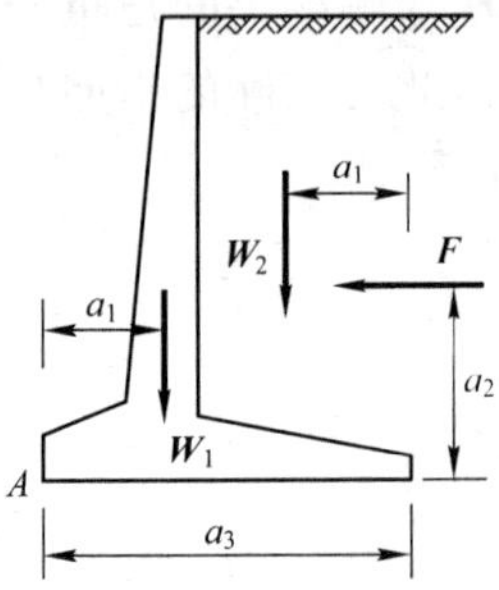

图2-16 例题2-6图

【例题2-6】 图2-16所示挡土墙，已知挡土墙重$W_1=75$kN，$a_1=1$m，$a_2=1.6$m，$a_3=3$m，铅直土压力$W_2=120$kN。水平土压力$F=90$kN。试求三力对前趾A点的矩之和，并判断挡土墙是否会倾倒。

【解】 挡土墙重力W_1对A点的矩为：

$$M_A(W_1)=-W_1\times 1=-75\text{kN}\cdot\text{m}$$

因为重力W_1使挡土墙绕A点顺时针转向转动，故其力矩为负值。

土压力$\boldsymbol{W}_2$对A点的矩为：

$$M_A(\boldsymbol{W}_2)=-W_2\times 2=-240\text{kN}\cdot\text{m}$$

水平土压力$\boldsymbol{F}$使挡土墙绕A点逆时针转向转动，它对A点的矩为：

$$M_A(\boldsymbol{F})=F\times 1.6=90\times 1.6=144\text{kN}\cdot\text{m}$$

所以，三力对前趾A点的矩之和为：

$$\sum M_A(\boldsymbol{F}_i)=M_A(\boldsymbol{W}_1)+M_A(\boldsymbol{W}_2)+M_A(\boldsymbol{F})=-75-240+144=-171\text{kN}\cdot\text{m}$$

由于水平土压力$\boldsymbol{F}$欲使挡土墙绕A点倾倒，故力$\boldsymbol{F}$对A点的力矩称为倾复力矩；同时，重力$\boldsymbol{W}_1$、$\boldsymbol{W}_2$则阻止墙绕A点倾覆，故称为稳定力矩。计算结果，稳定力矩大于倾覆力矩，即

$$M_A(\boldsymbol{W}_1)+M_A(\boldsymbol{W}_2)>M_A(\boldsymbol{F})$$

所以，挡土墙不会倾倒。

2.2.2 力偶和力偶矩

在实际工程中为了使物体发生转动，常常在物体上施加一对大小相等、方向相反的平行力。例如汽车司机转动方向盘(图2-17a)，钳工用丝锥攻螺纹(图2-17b)以及人们用手指旋水龙头等，都是这样加力的。两个大小相等、作用线不重合的反向平行力组成的力系，称为力偶，可记作$M_O(\boldsymbol{F},\boldsymbol{F}')$，力偶中两力之间的垂直距离$h$称为力偶臂，力偶所在的平面称为力偶的作用面。

力偶的特性表现在它对物体的作用只能产生转动效应，而决不会产生移动效应。可以用力偶中的一对反向力对其作用面内任一点的力矩代数和来度量力偶对物体作用的转动效应。需要指出力偶没有合力，它不能用一个力来

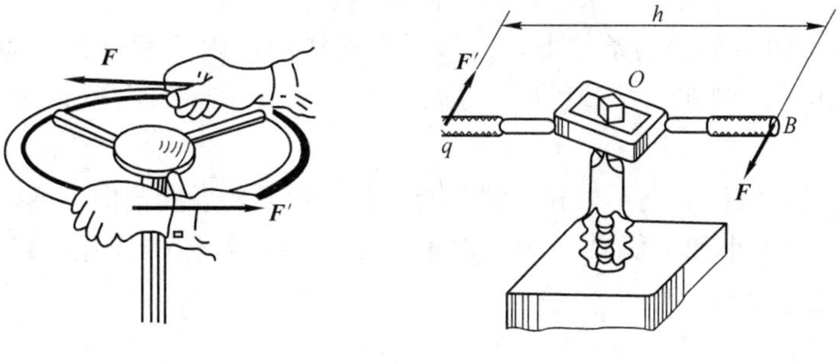

图 2-17

代替，力偶只能用力偶来平衡。如图 2-18 所示直升飞机的双旋翼产生的两个驱动力偶必须转向相反地旋转，才能使直升机在空间静止平衡。

设物体上作用着一对反向的 **F**，其力偶臂为 h，如图 2-19 所示。该力偶对作用面内任一点 O 的矩为：

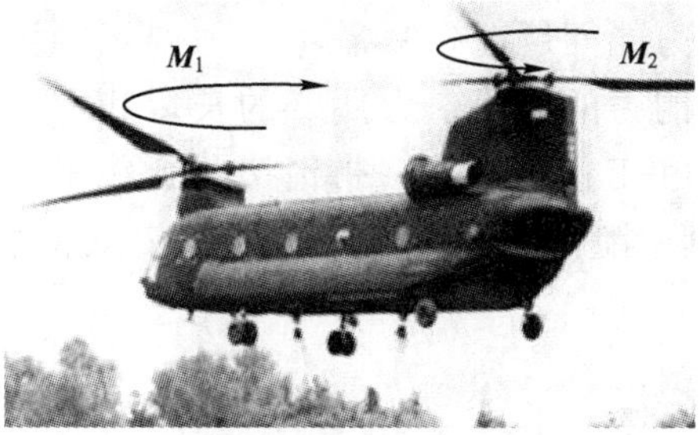

图 2-18 CH-47 纵列双旋翼

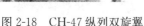

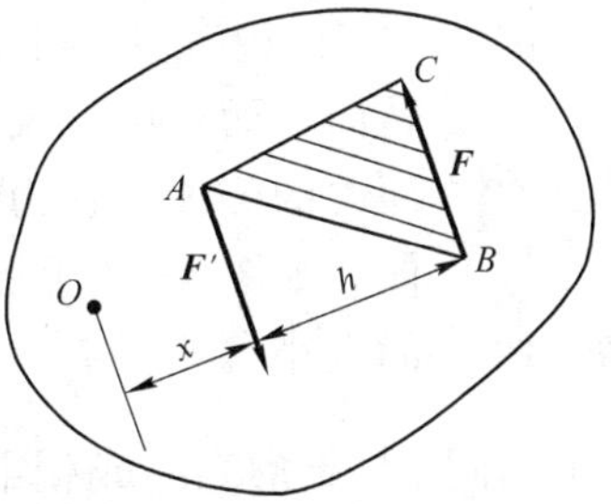

图 2-19

$$M_O(\boldsymbol{F}, \boldsymbol{F}') = M_O(\boldsymbol{F}) + M_O(\boldsymbol{F}') = F(h+x) - F'h = Fh$$

由于 O 点是任意选取的，故以上结果表明：力偶对作用面内任一点的转矩和恒等于力偶中一力的大小和力偶臂的乘积，它与力偶的旋转方向有关而与矩心的位置无关。乘积 Fh 加上适当的正负号称为力偶矩，所以平面力偶的力偶矩可用代数量表示，如以 M 表示力偶矩，则

$$M = \pm F \times h \qquad (2\text{-}9)$$

式中正负号的规定是：逆时针转向为正，顺时针转向为负。力偶矩的单位和力矩相同，也是牛·米(N·m)。

由图 2-19 可见，力偶矩的大小也同样可以用三角形的面积的 2 倍来表示，即：

$$M = \pm 2\triangle ABC \text{的面积} \qquad (2\text{-}10)$$

2.2.3 平面力偶的等效条件

由于力偶对物体作用的转动效应取决于力偶矩，可见位于同平面内的两个力偶如果力偶矩的大小相等、转向相同，则这两个力偶等效，这就是平面力偶的等效条件。从这个条件得到力偶等效变换的重要性质：

1. 在力偶矩不变的条件下，力偶可在其作用面内任意移转，而不改变它对物体的作用。例如图 2-20 所示力偶，可以在其平面内由位置 A 搬移到位置 B。

2. 力偶矩值仅取决于力和力偶臂的乘积，则只要力偶矩值不变，可同时改变力偶中的力大小和力偶臂长短，而不改变力偶对物体的作用。例如图 2-21 所示力偶是等效的。

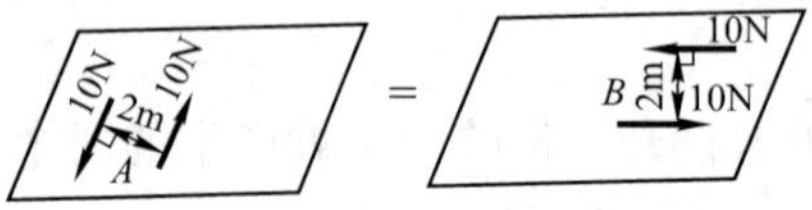

图 2-20

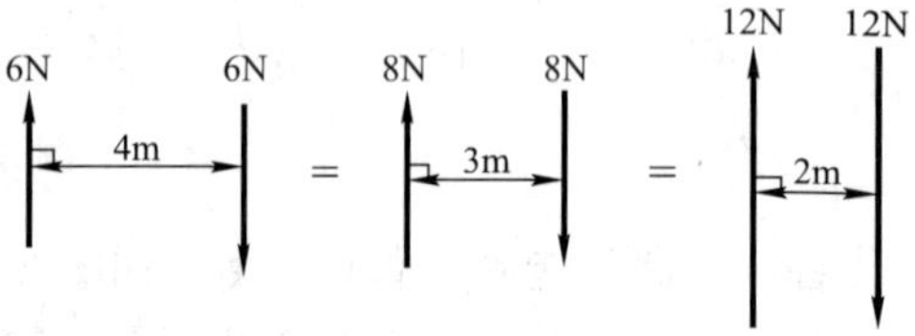

图 2-21

综上所述可得如下结论：

作用在同平面内的力偶对刚体的运动效应完全决定于力偶矩的大小和转向。因此，在讨论有关同平面的力偶问题时，只需考虑力偶矩的大小和转向，而不必论及力偶的力的大小、力偶臂的长短和力偶在平面内的位置。在力学中和工程上常用一带箭头的弧线来表示力偶，如图 2-22 所示。其中箭头表示力偶的转向，M 表示力偶矩的大小。

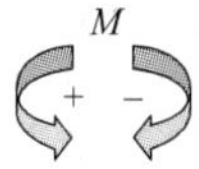

图 2-22

2.2.4 平面力偶系的合成和平衡条件

作用在物体上同一平面内的许多力偶称为平面力偶系，它也是平面任意力系的一种特殊力系。由于平面力偶矩值是代数量，所以如在同一平面内有 n 个力偶作用，它们的合力偶矩可表示为：

$$M = M_1 + M_2 + M_3 + \cdots = \sum_{i=1}^{n} M_i \tag{2-11}$$

即平面力偶系合成的结果是一个合力偶，合力偶矩等于力偶系中各力偶矩的代数和。

当平面力偶系的合力偶矩等于零时，则物体处于平衡状态。因此，平面力偶系平衡的必要与充分条件是：合力偶矩等于零，由式(2-12)表示：

$$M = \sum_{i=1}^{n} M_i = 0 \tag{2-12}$$

式(2-12)是一个独立的平衡方程，可求解平面力偶系内一个未知量。

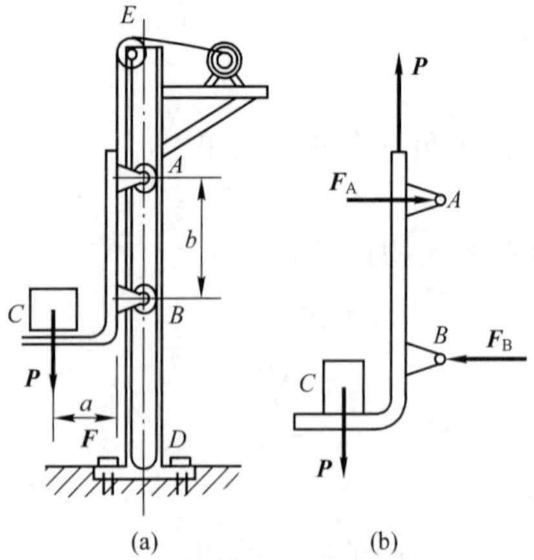

图 2-23 例题 2-7 图

【例题 2-7】 卷扬机结构如图 2-23 所示。重物放在小平台车 C 上。小平台车装有 A、B 轮，可沿光滑垂直导轨 ED 上下运动来起吊重物。已知重物重$\boldsymbol{P}$=

2000N，$a=30\text{cm}$，$b=80\text{cm}$，设在图示位置系统处于平衡。试求导轨加给 A、B 两轮的约束反力。

【解】 取小平台车为研究对象，显然起吊钢索对小平台车的拉力其大小等于 $\boldsymbol{P}$，这个 $\boldsymbol{P}$ 与重力 $\boldsymbol{P}$ 组成一个力偶矩，因力偶仅能用力偶平衡，故导轮 A、B 受有压力 $\boldsymbol{F}_A$、$\boldsymbol{F}_B$ 必构成一力偶。根据平面力偶系平衡条件：

$$\sum M_i=0 \quad -F_A\times AB+P\times 30=0$$

则：

$$F_A=F_B=\frac{30\times 2000}{80}=750\text{N}$$

【例题 2-8】 如图 2-24(a)所示梁 AB 上作用有两个平行力 $\boldsymbol{F}$、$\boldsymbol{F}'$ 和一个力偶。已知 $l=5\text{m}$，$a=1\text{m}$，$F=F'=30\text{kN}$，力偶矩的大小 $M=20\sqrt{2}\text{kN}\cdot\text{m}$(转向为顺时针)，不计梁重，试求支座 A、B 的约束反力。

【解】 研究对象取 AB 梁，受力分析如图 2-24(b)所示，已知两个力($\boldsymbol{F}$、$\boldsymbol{F}'$)组成的力偶以及力偶矩 M，根据力偶只能与力偶平衡的等效条件，支座 A、B 的约束反力 $\boldsymbol{F}_A$、$\boldsymbol{F}_B$ 必组成一力偶，而力 $\boldsymbol{F}_B$ 的方位垂直于辊轴支座的支承面，指向可假设，因此可确定力 $\boldsymbol{F}_A$ 的方向。

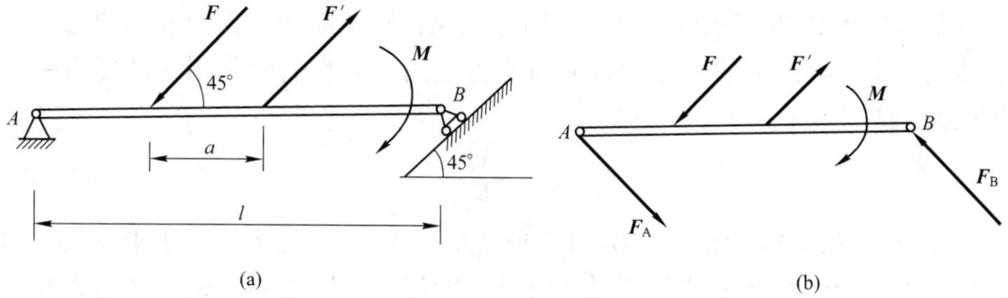

图 2-24 例题 2-8 图

列出平面力偶系的如下平衡方程：

$$\sum M_i=0 \quad Fa\cos45^\circ-M+F_B l\cos45^\circ=0$$

解得：

$$F_B=\frac{M-Fa\cos45^\circ}{l\cos45^\circ}=\frac{2\sqrt{2}-30\times1\times\frac{\sqrt{2}}{2}}{5\times\frac{\sqrt{2}}{2}}=2\text{kN}$$

则 $F_A=F_B=2\text{kN}$，求得的结果为正值，说明 $\boldsymbol{F}_A$、$\boldsymbol{F}_B$ 所假设的指向是正确的。

2.3 力的平移定理

力可以沿其作用线移动，那么当力在同一刚体上作平行移动时情况又如何呢？设作用于刚体 A 点的力 $\boldsymbol{F}$(图 2-25)，若欲将其等效地平行移动到刚体上的任一点 B，可在 B 点上加一对大小相等、方向相反且共线、作用线与 $\boldsymbol{F}$

平行的一对平衡力 $\boldsymbol{F}'$、$\boldsymbol{F}''$，并令 $F=F'=F''$。根据加减平衡力系公理，这并不改变力 $\boldsymbol{F}$ 对刚体的作用效应。现在将这三个力看成是一个作用于 B 点的力 $\boldsymbol{F}'$ 和一个附加力偶（$\boldsymbol{F}'$、$\boldsymbol{F}''$），这就完成了将力 $\boldsymbol{F}$ 从 A 点平行移动到 B 点的过程。附加力偶（$\boldsymbol{F}'$、$\boldsymbol{F}''$）的力偶矩大小为：

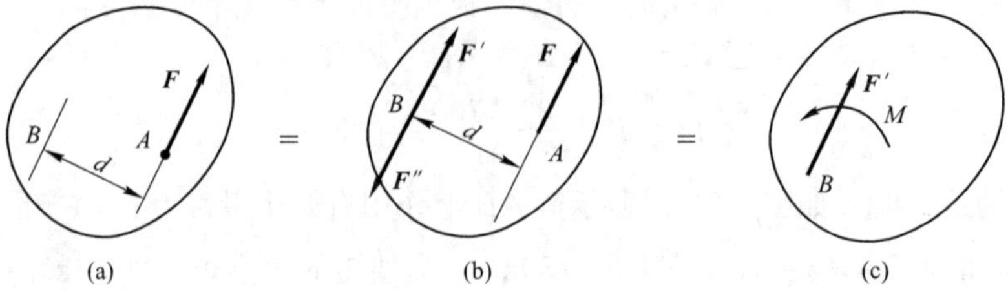

图 2-25

$$M=\boldsymbol{F}\times d=M_{\mathrm{B}}(\boldsymbol{F}) \tag{2-13a}$$

由此可得力的平移定理：作用于刚体上的力，可以等效地平移到同一刚体上任一指定点，但必须同时附加一力偶，其力偶矩等于原来的力对此指定点的矩。

显然，图 2-25 所示的逆过程也同样成立：同平面的一个力和力偶总可以合成为一个力，此力的大小和方向与原力相同，但它们的作用线却要相距一定的距离，即

$$d=\frac{|M|}{F} \tag{2-13b}$$

需要注意的是，力的平移定理中所说的“等效”，是指力对于刚体的运动效应不变，当研究变形体问题时，力是不能移动的。力的平移定理是力系简化的理论依据。

下面应用力的平移定理来解释图 2-17 用扳手和丝锥攻螺纹时为什么需要使用力偶，而不允许用一只手单边加力转动扳手？设在用扳手和丝锥攻螺纹时，如果只用一只手在扳手一端 A 加力 $\boldsymbol{F}$（图 2-26a），由力的平移定理可知，这相当于在 O 点加上一力 $\boldsymbol{F}_1$（$\boldsymbol{F}_1$ 的大小和方向等于力 $\boldsymbol{F}$）和一个附加力偶，此附加力偶的力偶矩 M 的大小为 $F\times d$，转向为顺时针（图 2-26b）。这个附加力偶可以使丝锥转动起到攻丝的作用，但作用在 O 点的 $\boldsymbol{F}_1$ 力将引起丝锥弯曲，影响加工精度甚至折断丝锥。因此这样操作是不允许的。

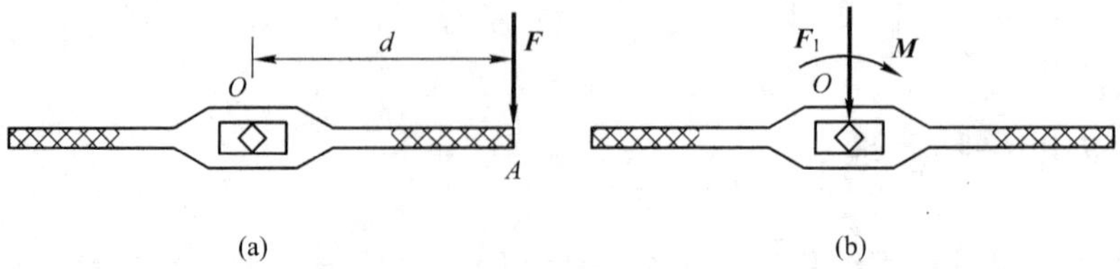

图 2-26

2.4 平面任意力系的简化与平衡

2.4.1 平面任意力系向一点简化，力系的主矢和主矩

设在刚体上作用有一平面任意力系，如欲将此力系合成，当然可以应用力的平行四边形公理将力系中各力两两合成，直到求得最简单的结果。但是这种方法很繁琐。这里我们将介绍另一种较为简便并具有普遍性的方法，称为力系向一点简化。

设在刚体上作用有平面任意力系 $\boldsymbol{F}_1$，$\boldsymbol{F}_2$，…，$\boldsymbol{F}_n$，其作用点分别为 A_1，A_2，…，A_n(图 2-27a)。为简化该力系，可根据力的平移定理将力系中各力分别平移到作用面内任意一点 O，O 点称为简化中心。按力的平移定理每一个力都会形成一个作用于 O 点的力和一个附加力偶，而整个平面任意力系则分为两个基本力系：一个是汇交于 O 点的平面汇交力系 $\boldsymbol{F}_1$，$\boldsymbol{F}_2$，…，$\boldsymbol{F}_n$；另一个是附加力偶系，其力偶矩分别为：M_1，M_2，…，M_n(图 2-27b)。

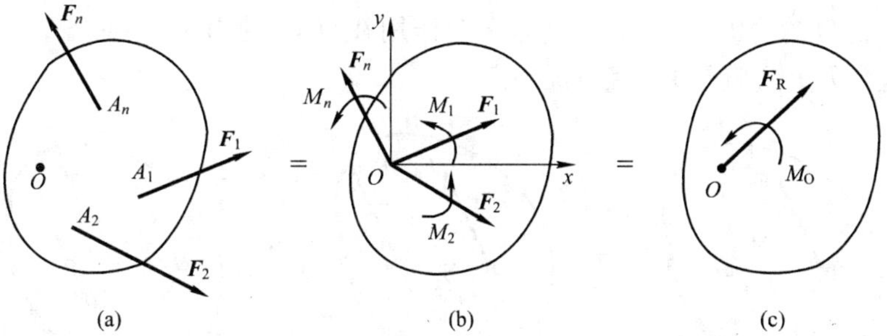

图 2-27

该平面汇交力系中各力的大小和方向分别与原力系中对应的各力相同，并可合成一个力矢 $\boldsymbol{F}_R$，即称为主矢：

$$\boldsymbol{F}_R=\boldsymbol{F}_1+\boldsymbol{F}_2+\cdots\boldsymbol{F}_n=\sum\boldsymbol{F}_i \tag{2-14}$$

而各附加力偶的力偶矩分别等于原力系中各力对简化中心 O 点的矩，并可合成一个合力偶 M_O，即称为主矩：

$$M_O=M_O(\boldsymbol{F}_1)+M_O(\boldsymbol{F}_2)+\cdots M_O(\boldsymbol{F}_n)=\sum M_O(\boldsymbol{F}_i) \tag{2-15}$$

从式(2-14)和式(2-15)两式可见，选取不同的简化中心，主矢不会改变，因为它总是等于平面任意力系中各力的矢量和，也就是说主矢与简化中心的位置无关。但主矩一般与简化中心的位置有关，因为在一般情况下选取不同的简化中心，力系中各力对简化中心的力矩是不同的，所以力系中的各力对不同的简化中心之矩的代数和一般也是不相同的，所以凡是提到力系的主矩，都必须标明简化中心。

对平面任意力系取坐标系 Oxy 时，则力系主矢的解析表达式为：

$$\boldsymbol{F}_R=\boldsymbol{F}_{Rx}+\boldsymbol{F}_{Ry}=\sum F_{ix}\boldsymbol{i}+\sum F_{iy}\boldsymbol{j} \tag{2-16}$$

其中 $\boldsymbol{i}$、$\boldsymbol{j}$ 是 x、y 轴的单位矢量，于是主矢 $\boldsymbol{F}_R$ 的大小与方向余弦为：

$$\boldsymbol{F}_R=\sqrt{(\sum F_{ix})^2+(\sum F_{iy})^2}$$

$$\cos(\boldsymbol{F}_R,\ \boldsymbol{i})=\frac{\sum F_{ix}}{F_R},\quad \cos(\boldsymbol{F}_R,\ \boldsymbol{j})=\frac{\sum F_{iy}}{F_R}$$

则力系主矩的解析表达式为：

$$M_O=\sum M_O(\boldsymbol{F}_i)$$

平面任意力系对简化中心 O 简化的最后结果为主矢 $\boldsymbol{F}_R$ 与主矩 M_O，现可进一步讨论。

1. 当 $\boldsymbol{F}_R\neq 0$，$M_O=0$，此时力系简化为一个力，则力系是一个合力，此合力的作用线通过简化中心，合力的大小与方向由力系主矢 $\boldsymbol{F}_R$ 决定。

2. 当 $\boldsymbol{F}_R=0$，$M_O\neq 0$，此时力系简化为一个力偶，此力偶的力偶矩等于力系对简化中心主矩 M_O，在平面力系中主矩是代数值。

3. 当 $\boldsymbol{F}_R\neq 0$，$M_O\neq 0$(图 2-28a)，这时根据力的平移定理的逆过程，可以将力偶矩 M_O所代表的力偶用力 $\boldsymbol{F}'_R$ 和 $\boldsymbol{F}''_R$表示（图 2-28b)，并满足 $F_R=F''_R=F'_R$与平移的距离 $d=\frac{|M_O|}{F_R}$的条件。然后再去掉平衡力系 $\boldsymbol{F}_R$、$\boldsymbol{F}''_R$，于是就将作用于点 O 的力 $\boldsymbol{F}_R$ 和 M_O合成为一个作用在点 O'的力 $\boldsymbol{F}'_R$，如图 2-28(c)所示。这个力 $\boldsymbol{F}'_R$ 就是原力系的合力。

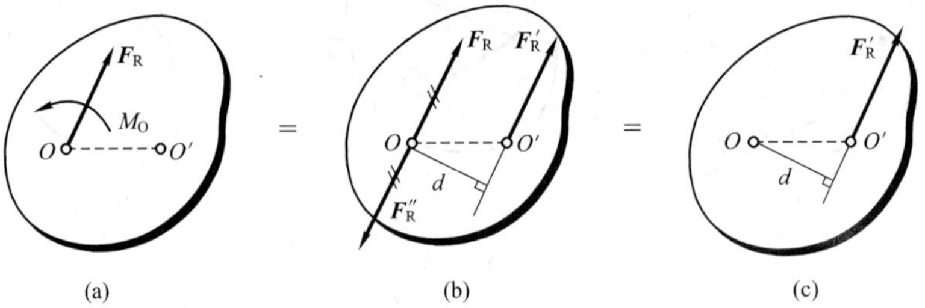

图 2-28

由图 2-28(c)可见，合力 $\boldsymbol{F}'_R$对点 O 的矩为：

$$M_O(\boldsymbol{F}'_R)=F'_R d=M_O$$

由式(2-15)$M_O=\sum M_O(\boldsymbol{F}_i)$，可得：

$$M_O(\boldsymbol{F}_R)=\sum M_O(\boldsymbol{F}_i) \tag{2-17}$$

这个结果称作平面任意力系的合力矩定理，表述为平面任意力系的合力对作用面内任一点的矩等于力系中各力对同一点的矩的代数和。合力矩定理在工程结构受力计算中是很有用的定理。

4. 当 $\boldsymbol{F}_R=0$，$M_O=0$，在这种情况下力系平衡，该平面任意力系平衡的必要与充分条件是力系的主矢、主矩均等于零，即

$$\boldsymbol{F}_R=\sum F_{ix}\boldsymbol{i}+\sum F_{iy}\boldsymbol{j}=0,\quad M_O=\sum M_O(\boldsymbol{F}_i)=0 \tag{2-18}$$

2.4.2 平面任意力系的平衡

如平面任意力系的主矢和对任一简化中心的主矩都等于零，则该任意力

系处于平衡。反之，欲使平面任意力系平衡，必须主矢和对任一点简化中心的主矩都等于零。因此，平面任意力系平衡的必要与充分条件是力系的主矢和力系对任一点的主矩都等于零，即

$$\boldsymbol{F}_{R}=\sum F_{ix}\boldsymbol{i}+\sum F_{iy}\boldsymbol{j}=0,\quad M_{O}=\sum M_{O}(\boldsymbol{F}_{i})=0$$

以上平衡条件可以用解析式表示，由式(2-6)和式(2-12)知，当式(2-18)满足时，必有

$$\sum F_{ix}=0,\quad \sum F_{iy}=0,\quad \sum M_{O}(\boldsymbol{F}_{i})=0 \tag{2-19}$$

于是平面任意力系的平衡必要与充分的解析条件可叙述为力系中各力在力系平面内任意两个坐标轴上的投影的代数和都等于零，以及各力对任一点之矩的代数和等于零。

式(2-19)中的三个方程称为平面任意力系的平衡方程，这是平面任意力系平衡方程的基本形式。其中前两个称为投影方程，而后一个称为力矩方程。根据这三个独立的方程可以求解三个未知数。上述平面任意力系的平衡方程虽然是根据直角坐标系导出的，但在写投影方程时，两投影轴不一定取得互相垂直，而可以任取两个不互相平行的轴 x'、y' 作为投影轴。写力矩平衡方程时，矩心也不一定要取在两投影轴的交点，而可以任意选取一点。

前述式 (2-19)是平面任意力系的标准平衡方程，但这并不是唯一的形式，还可将平衡方程写成为一个投影式和两个力矩式称为二力矩式，或三个都是力矩式称为三力矩式。但应用这些形式时一定要注意限制条件。这可以表示为以下两种形式：

1. 二力矩、一个投影的平衡方程式

$$\sum F_{ix}=0,\quad \sum M_{A}(\boldsymbol{F}_{i})=0,\quad \sum M_{B}(\boldsymbol{F}_{i})=0$$

这个两力矩的平衡方程中 A、B 两点的连线 AB 不能与 x 轴垂直。

2. 三力矩平衡方程式

$$\sum M_{A}(\boldsymbol{F}_{i})=0,\quad \sum M_{B}(\boldsymbol{F}_{i})=0,\quad \sum M_{C}(\boldsymbol{F}_{i})=0$$

这个三力矩的平衡方程中 A、B、C 三点不能共线。

对各种研究对象可使用标准的平衡方程求解，也可使用两力矩的平衡方程或三力矩的平衡方程求解。但无论用何种平衡方程求解一个物体的平衡问题，一个物体仅包含有三个独立的方程。因此对一个受平面任意力系作用的平衡物体，也只能列出三个独立的平衡方程，求解三个未知数。任何第四个平衡方程都是前三个方程的线性组合，而不是独立的。至于在实际应用中采用哪一种形式的平衡方程，完全决定于计算是否简便，要力求避免解联立方程的麻烦。

【例题 2-9】 挡水渠的截面尺寸如图 2-29(a)所示。为了便于计算，取挡水渠单位长度 1m 来考虑。已知：挡水渠自重 $\boldsymbol{F}_1=594\text{kN}$，$\boldsymbol{F}_2=297\text{kN}$，$h=8\text{m}$，$a=1.5\text{m}$，$a_1=1\text{m}$，求各力向底面 O 点最后的简化结果。

【解】 此题为平面任意力系的简化问题，为便于计算，首先将侧向水压力合成一个合力，由物理学知：静止压力垂于挡水渠面，水的压强 $q=\gamma y'$，γ 是水的重度，等于 9.8kN/m^2，y'是以水平面朝下的坐标位置。该水压力作用

的力分布情况的图形称为分布荷载图(可见图 2-29a)。某一单位长度或单位面积上所受的力称为荷载集度(又称分布荷载)。面荷载集度的单位为 N/m^2 或 kN/m^2，线荷载集度的单位为 N/m 或 kN/m。在取挡水渠单位长度 1m 来考虑时，平面图的荷载集度是线荷载集度。其荷载集度 q 的分布线与挡水渠面垂直。设距原点 y' 处的荷载集度为 $q(y')$，长度为 dy' 线段的荷载为 $dF=q(y')dy'$。即等于 dy 长度上荷载图的面积 dA，而 $q(y')=\frac{\gamma y'(1\times dy')}{dy'}=\gamma y'$，因而按合力投影定理在线段上荷载的合力大小为：

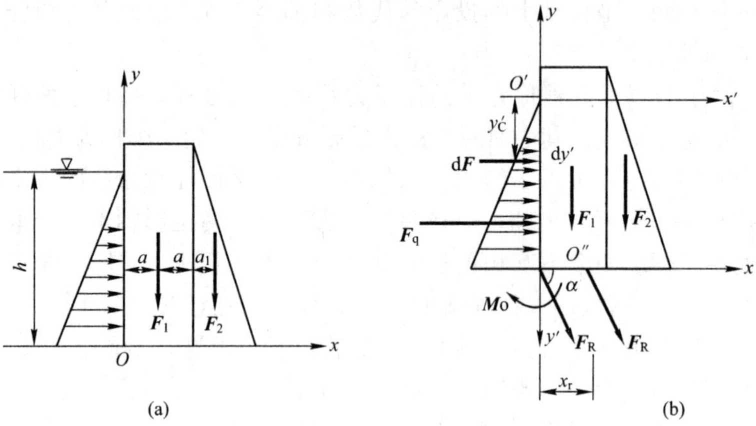

图 2-29 例题 2-9 图

$$F_q=\int_A dF=\int_A q(y')dy=\int_0^h \gamma y'dy'=\frac{1}{2}h^2\gamma=314kN$$

该合力表示整个载荷图的面积。合力作用的坐标位置可以应用合力矩定理计算。

$$F_q y'_C=\int_A y'dF=\int_0^h \gamma y'^2 dy'$$

方程的左端是合力对 O' 点之矩，右端是各分力对 O' 点之矩和。代入已求得 F_q 值并积分，可得 $y'_C=\frac{2}{3}h$，这表示合力从 O' 朝下作用的距离。从上述方程式明显地看出：合力值的大小就等于三角形线荷载集度水压力的面积，合力的作用点就在三角形水压力面积的形心处。

建立对 O 点简化中心的主矢和主矩

$$F_{Rx}=\sum F_{ix}=F_q=314kN,\quad F_{Ry}=\sum F_{iy}=-F_1-F_2=-891kN$$

主矢为： $F_R=\sqrt{F_{Rx}^2+F_{Ry}^2}=945kN$， $\tan\alpha=\left|\frac{891}{945}\right|$， $\alpha=70°35'$

主矩为：$M_O=\sum M_O(F_2)=-F_q\left(h-\frac{2}{3}h\right)-1.5F_1-(3+1)F_2=-2917.38kN\cdot m$

求最后简化结果。因 $\boldsymbol{F}_R\neq 0$，$M_O\neq 0$ 及按式(2-12a)简化中心距离条件与合力矩定理，得：

$$x_r=\frac{M_O}{F_{Ry}}=3.28m$$

［讨论］

1. 水压力是线荷载集度的一种情况，从上述积分求解中可知：沿直线平行分布线荷载与该直线垂直时，分布荷载的合力大小等于荷载图的面积，合力作用线通过荷载图面积的形心。

2. 最后简化结果仅存在主矢值，因该简化位置 O'' 仍在水渠体内，从工程角度要求来表示该水渠在 $h=8\text{m}$ 深的静压水作用下将不会倾翻。

【例题 2-10】 图 2-30(a)所示的一水平梁 AB，受到一个均布荷载和一个力偶作用，已知均布荷载的集度 $q=1\text{kN/m}$，力偶矩的大小 $M=0.5\text{kN}\cdot\text{m}$，长度 $l=4.5\text{m}$。不计梁本身的重量，求支座 A、B 的反力。

【解】 取梁 AB 为研究对象，作出受力图如图 2-30(b)所示。A 处支座反力，用它的两个分量 F_{Ax}、F_{Ay} 来表示；B 处反力 $\boldsymbol{F}_{\text{B}}$ 垂直于支承面，图中所有反力的指向都是假定的。均布荷载可用一合力 $\boldsymbol{F}$ 来代替，其大小 $F=q\times l=4.5\text{kN}$，方向铅垂向下；作用在 AB 梁的中点。作用在梁上的力组成一个平衡的平面任意力系，其中有三个未知数，即 F_{Ax}、F_{Ay}、F_{B}，应用平面任意力系的平衡方程式(2-19)可求出这三个未知数。

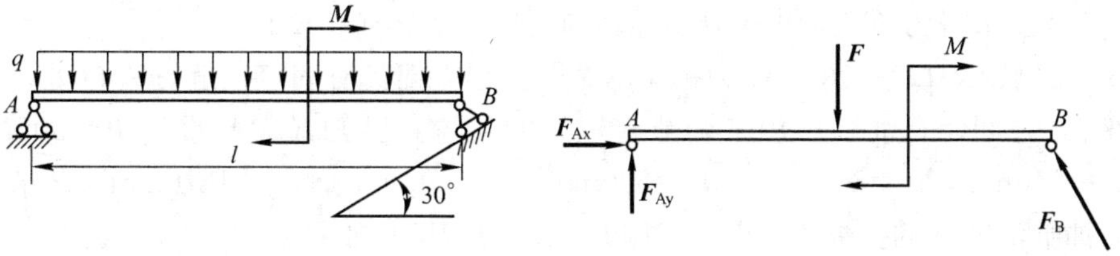

图 2-30　例题 2-10 图

首先取 $\boldsymbol{F}_{\text{Ax}}$、$\boldsymbol{F}_{\text{Ay}}$ 的交点 A 为矩心，列力矩方程：

$$\sum M_{\text{A}}(\boldsymbol{F}_i)=0-F\times 0.5l-M+F_{\text{B}}l\sin 60^\circ=0$$

$$F_{\text{B}}=\frac{4.5\times 0.5\times 4.5+0.5}{4.5\times\sin 60^\circ}=2.727\text{kN}$$

然后列出 x、y 投影方程，将 F_{B} 之值代入式内，得：

$$\sum F_{ix}=0,\quad F_{\text{Ax}}-F_{\text{B}}\times\cos 60^\circ=0,\quad F_{\text{Ax}}=1.364\text{kN}$$

$$\sum F_{iy}=0,\quad F_{\text{Ay}}+F_{\text{B}}\sin 60^\circ-F=0,\quad F_{\text{Ay}}=2.138\text{kN}$$

在列平衡方程时，应注意到力偶在任一轴上投影的代数和等于零；而对平面上任意点的矩为一常量，即等于力偶矩。因此，在列投影方程时，不必考虑力偶；而在列力矩方程时，可直接将力偶的力偶矩列入。最后求得 F_{Ax}、F_{Ay}、F_{B} 均为正值，说明它们所假定的指向符合实际情况。

【例题 2-11】 图 2-31(a)所示电线杆，A 端埋入地基受固定端约束。在电线杆上的 B 端受有电线的拉力 $F_1=10\text{kN}$，在 C 处受有钢丝绳的拉力 $F_2=12\text{kN}$，$\boldsymbol{F}_1$ 和 $\boldsymbol{F}_2$ 都在图示平面内，已知：$l=8\text{m}$，$b=5\text{m}$，$\alpha=45^\circ$，$\beta=5^\circ$。求固定端 A 的约束反力。

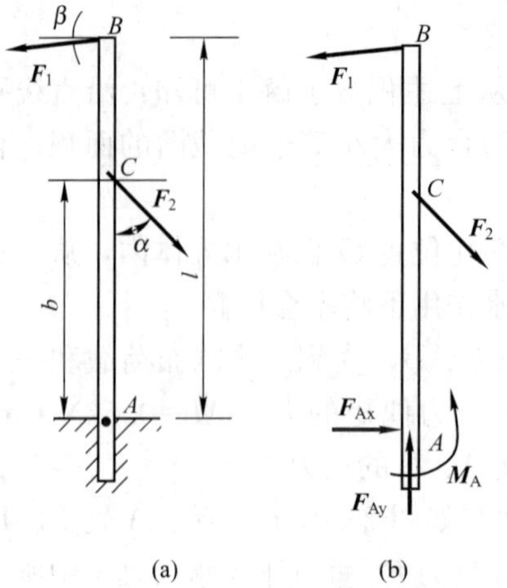

图 2-31 例题 2-11 图

【解】 取电线杆为研究对象，作出受力图如图 2-31(b)所示。由于 A 端为固定端约束，其约束反力包括一个水平反力 F_{Ax}，一个铅垂反力 F_{Ay}；和一个力偶 M_A，图中所有反力的指向和力偶的转向都是假定的。作用在电线杆上的力组成一平衡的平面任意力系，应用平衡方程，可求出 F_{Ax}、F_{Ay}、M_A 这三个未知数。

$\sum \boldsymbol{F}_{ix}=0 \quad \boldsymbol{F}_{Ax}-\boldsymbol{F}_1\cos5°+\boldsymbol{F}_2\sin45°=0$

求解：$\boldsymbol{F}_{Ax}=10\times\cos5°-12\times\sin45°=1.477\text{kN}$

$\sum \boldsymbol{F}_{iy}=0 \quad \boldsymbol{F}_{Ay}-\boldsymbol{F}_1\sin5°-\boldsymbol{F}_2\cos45°=0$

求解：$\boldsymbol{F}_{Ay}=10\times\sin5°+12\times\cos45°=9.36\text{kN}$

$\sum M_A(\boldsymbol{F}_i)=0 \quad M_A+8\boldsymbol{F}_1\cos5°-\boldsymbol{F}_2\sin45°=0$

求解：$M_A=-80\times\cos5°+60\times\sin45°=-37.3\text{kN}$

M_A 求得为负值，表示其实际转向与假定的转向相反。

【例题 2-12】 图 2-32 为铲车示意图。起重架具有固定铰链支座 O 处，在 A、B 之间装有油缸可用来调节起重架的位置。已知最大起重量 $\boldsymbol{P}=50\text{kN}$，$a_1=140\text{mm}$，$a_2=200\text{mm}$，$a_3=530\text{mm}$，$a_4=700\text{mm}$，$a_5=1270\text{mm}$，试求倾斜油缸活塞杆的拉力 $\boldsymbol{F}$，以及支座 O 的反力。尺寸如图 2-32(b)所示。

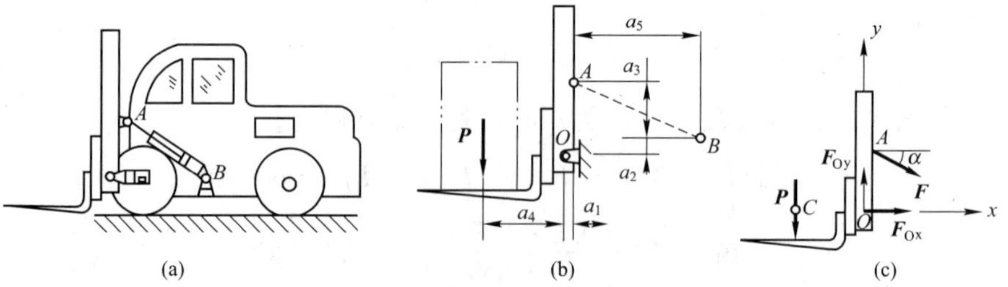

图 2-32 例题 2-12 图

【解】 取铲车架为研究对象。它所受的力有：最大起重量 $\boldsymbol{P}$，活塞杆拉力 $\boldsymbol{F}$ 以及支座 O 反力 F_{Ox}、F_{Oy}。受力图及坐标轴均如图 2-32(c)所示。

先根据图示的几何尺寸求出 AB 油缸与水平线之间夹角 α。$\alpha=\arctan\dfrac{530}{1270}=22°36'$。列平衡方程式：

$$\sum M_O=0 \quad -F\cos22°36'\times730-F\sin22°36'\times140+700\times P=0$$

$$F=\frac{700\times50}{\cos22°36'\times730+\sin22°36'\times140}=48.1\text{kN}$$

$$\sum F_{ix}=0 \quad F_{Ox}+\boldsymbol{F}\cos22°36'=0, \quad F_{Ox}=-44.5\text{kN}$$

$$\sum F_{iy}=0 \quad F_{Oy}-F\sin22°36'-P=0, \quad F_{Oy}=68.6\text{kN}$$

F_{Ox}负号表示假设方向与实际方向相反。

通过以上的例题分析，我们把求解平面任意力系的平衡问题的解题步骤及注意事项归纳如下：

1. 根据题意选取研究对象。

2. 分析研究对象的受力情况，作出受力图。注意在画铰链支座或销钉的约束反力时，一般将它分解为水平和铅垂两个分力；在画固定端支座的约束反力时，除了画上水平和铅垂的两个分力外，还必须画上约束反力偶。

3. 选取适当的投影轴和矩心。选取投影轴和矩心的原则是使所建立的平衡方程包含的未知数越少越好，力求使所建立的每一个平衡方程中只包含一个未知数，避免解联立方程。根据这个原则，投影轴的选择，可选得与尽可能多的未知力垂直，使这些未知力在此轴上的投影等于零，可使所建立的投影方程包含的未知数最少，但也要照顾到计算各力投影的方便；矩心的选择，可选在尽可能多的未知力交点上，这样通过矩心的未知力的力矩等于零，可使所建立的力矩方程包含的未知数最少，但也要照顾计算各力的力臂方便。

4. 列出平衡方程，求解未知数。如研究对象上有力偶作用，则在列投影方程时可以不必考虑力偶。在计算力偶对任一点的力矩时，只要计算力偶的力偶矩。

使用标准的平衡方程求解研究对象，还是使用两力矩的平衡方程或三力矩的平衡方程求解，这完全决定于计算简便性，应尽量避免求解联立方程。

如例题 2-12 中可使用$\sum M_A(\boldsymbol{F}_i)=0$来代替$\sum F_x=0$求解 F_{Ox}的约束反力，又可使用$\sum M_C(\boldsymbol{F}_i)=0$来代替$\sum F_y=0$求解 F_{Oy}的约束反力(图 2-32c)。当然求解出所有的约束反力后，也可通过第四个非独立方程来作为校核方程使用。

如建立校核方程

$$\sum M_C(\boldsymbol{F}_i)=0 \quad -F\cos22°36'\times730-F\sin22°36'\times(140+700)+700\times F_{Oy}=0$$

代入已求得 F、F_{Oy}后，该校核方程必须满足。

2.5 静定与超静定概念，物体系统的平衡

2.5.1 静定与超静定概念

平面任意力系的每一个物体存在 3 个独立的平衡方程，因此，平衡方程能求解的未知约束力数目也是确定的。如果所研究对象的未知约束力数目恰好等于独立的平衡方程数，那么未知约束力就可全部由平衡方程求得，这类问题称为静定问题，相应的结构称为静定结构；如果研究结构的未知约束力的数目超过独立平衡方程的数目，仅仅运用静力学平衡方程不可能完全求得那些未知量，这类问题称为超静定问题或静不定问题，相应的结构称为超静定结构。

图 2-33 是超静定问题的几个例子。以图 2-33(a)为例，此为平面汇交力系，应有两个独立的平衡方程，但有 3 个未知的绳索约束反力，因此为超静

定问题。图 2-33(b)为平面任意力系，应有 3 个独立的平衡方程，但根据约束类型，有 5 个未知的约束力，因此也为超静定问题。

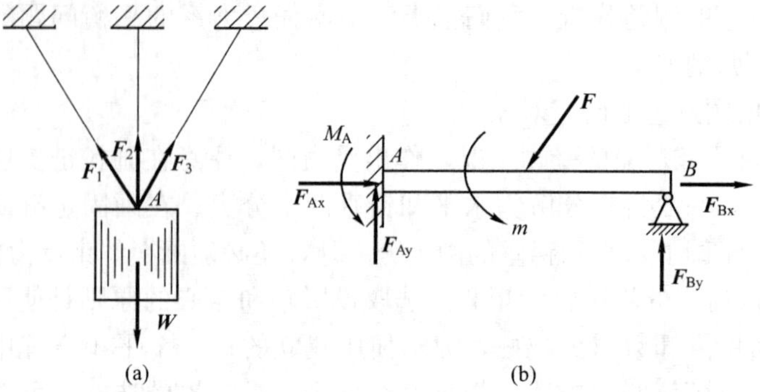

图 2-33

未知约束力数与独立的平衡方程数的差，即为超静定次数。如图 2-33(a)为超静定 1 次，而图 2-33(b)为超静定 2 次。

工程中有许多结构被工程师按工程需要设计为超静定结构。在求解超静定问题时，除了建立静力学平衡方程式之外，还应根据物体的变形协调条件建立补充方程，联立起来才能求解，这将在材料力学和结构力学中加以研究。在理论力学中仅限于讨论静定问题。

当未知约束力数小于独立的平衡方程数时，其运动状态一般都是变化的，工程中将这样的力学系统称为运动机构，这种情况在工程结构的平衡设计中是应该避免的。

2.5.2 物体系统的平衡

前面所讨论的物体是单个物体的平衡问题，但是工程中都是由几个物体通过一定的约束组成的系统，力学上统称为物体系统。在物体系统中，一个物体受力和其他物体相联系，因此研究物体系统的平衡问题，不仅要求出系统所受的外力，而且还要求出系统内部各物体之间相互作用的内力。这就需要将系统中某些物体取出来单独研究才能求出全部未知力。当物体系统平衡时，组成系统的每个物体也都是平衡的。设系统由 n 个物体组成，每个受平面力系作用的物体，最多可列出 3 个独立平衡方程，而整个系统就共有不超过 $3\times n$ 个独立平衡方程。若系统中未知数目等于所能列出的独立平衡方程的数目时，则该系统是静定的，否则可能就是超静定的。

【例题 2-13】 多跨梁 ABC 上作用一个集中力 $\boldsymbol{F}_P$ 和三角形分布荷载，最大荷载集度为 $q=\dfrac{2F_P}{a}$。试求 A、C 处的约束力。

【解】 多跨梁由 AB、BC 两部分梁铰接而成，可列 6 个独立的平衡方程，未知约束力为 M_A、F_{Ax}、F_{Ay}、$\boldsymbol{F}_C$ 以及 B 处的内约束力 F_{Bx}、F_{By} 共 6 个，因此是静定问题。但题意仅求 A、C 处的 4 个约束力。

先看整体受力图 2-34(a)，总的三角形分布荷载合力大小为$\frac{1}{2}\times q\times 2a$，作用在距 C 点$\frac{2a}{3}$处，建立整体平衡方程得：

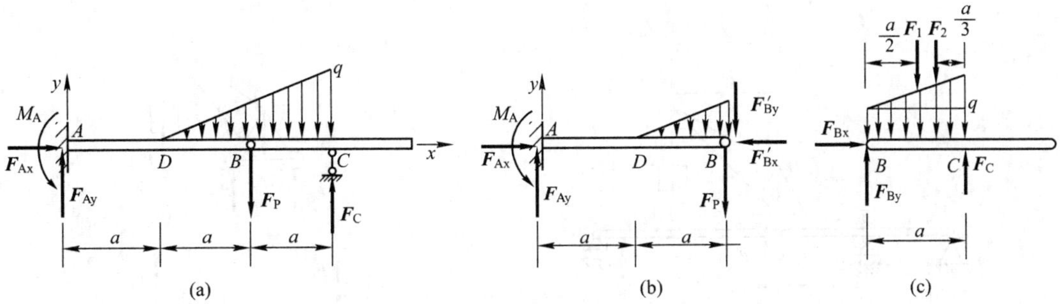

图 2-34 例题 2-13 图

$$\sum F_{ix}=0 \quad F_{Ax}=0$$

$$\sum F_{iy}=0 \quad F_{Ay}+F_C-F_P-\frac{1}{2}q\times 2a=0$$

$$\sum M_A(\boldsymbol{F}_i)=0 \quad M_A+F_C\times 3a-F_P\times 2a-\frac{1}{2}q\times 2a\cdot\times\frac{7a}{3}=0$$

上述后 2 个方程由于有 3 个未知力，故无法求全 A、C 处约束力。现可通过分解物体来补充方程，分别作 AB、BC 两部分梁受力图(图 2-34*b*、*c*)，其中作用于B处铰的集中力 $\boldsymbol{F}_P$，可放在 BC 梁受力图的 B 处，也可留在 AB 梁受力图上。应该选与 $\boldsymbol{F}_C$ 力有关的结构和受力简单的 BC 梁为分析对象(图 2-34c)，其上作用梯形分布荷载可看做是一个矩形分布荷载(简化为合力 $\boldsymbol{F}_1$)和一个三角形分布荷载(简化为合力 $\boldsymbol{F}_2$)的叠加，其中

$$F_1=\frac{q}{2}\times a=F_P,\quad F_2=\frac{1}{2}\times\frac{q}{2}\times a=\frac{1}{2}F_P$$

力 $\boldsymbol{F}_1$ 作用在矩形中心处，即距 B 点$\frac{a}{2}$处；力 $\boldsymbol{F}_2$ 作用在距三角形长边$\frac{1}{3}$处，即距 C 点$\frac{1}{3}a$ 处。于是，由图 2-34(b)得：

$$\sum M_B(\boldsymbol{F}_i)=0 \quad F_C\times a-F_1\times\frac{a}{2}-F_2\times\frac{2a}{3}=0 \quad F_C=\frac{5}{6}\boldsymbol{F}_P$$

代入前面方程可得： $F_{Ay}=\frac{13}{6}\boldsymbol{F}_P$， $M_A=\frac{25}{6}aF_P$

接着也可以通过其他的平衡方程求解 B 处的约束力，实际上可对整体与 AB、BC 两部分梁分别写出 3 个平衡方程，但无论如何这 9 个平衡方程中真正独立的平衡方程仅为 6 个，只可求解 6 个未知量。至于使用哪些平衡方程应根据题意与受力分析按简便计算的原则来确定。以上答案是否正确，可选择整体对 B 点取矩建立校核方程进行判别。

【例题 2-14】 起重机位于图 2-35(a)所示多跨桥梁上。起吊重物 $\boldsymbol{P}=10\text{kN}$，起重机重 $W=50\text{kN}$，其重心位于铅垂线 EC 上，桥梁自重不计，已知

图中尺寸：$a=3\text{m}$，$b=1\text{m}$，$c=4\text{m}$，求支座 A、B、D 的反力。

【解】 系统由起重机、梁 AC 和梁 CD 组成，作出起重机、梁 AC、梁 CD 的受力图如图 2-35(b)、(c)、(d)所示。在分析起重机的受力情况时，应注意起重机是处于平衡状态且 $\boldsymbol{F}_D$ 和 $\boldsymbol{F}_F$ 平行。

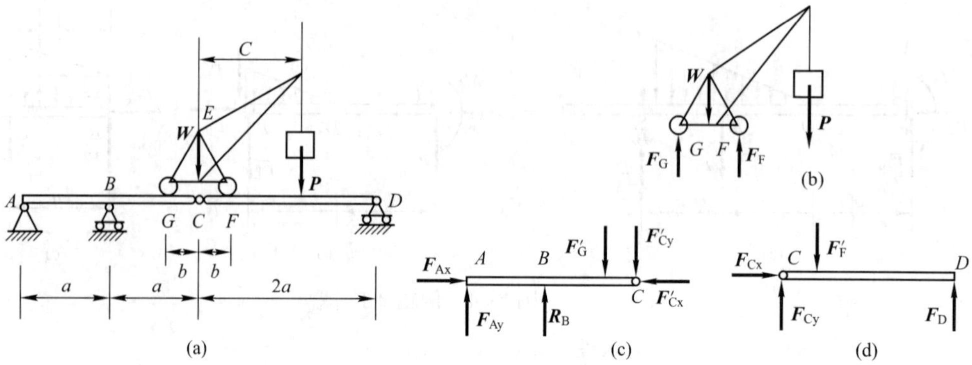

图 2-35 例题 2-14 图

1. 首选起重机为研究对象，取图 2-35(b)受力图，列出平衡方程：

$\sum M_G(\boldsymbol{F}_i)=0$　$F_F\times 2-W\times 1-P\times 5=0$，将已知值代入解得 $F_F=50\text{kN}$

$\sum M_F(\boldsymbol{F}_i)=0$　$-F_G\times 2+W\times 1-P\times 3=0$，将已知值代入解得 $F_G=10\text{kN}$

2. 取梁 CD 为研究对象，取图 2-35(d)受力图列出平衡方程：

$$\sum F_{ix}=0 \quad F_{Cx}=0$$

$\sum M_C(\boldsymbol{F}_i)=0$　$F'_F\times b+F_D\times 2a=0$，将已知值 F_F 代入，解得 $F_D=\dfrac{50}{6}=8.33\text{kN}$

$\sum F_{iy}=0$　$F_{Cy}-F'_F+F_D=0$，将已知值 F_F、F_D 代入，解得 $F_{Cy}=\dfrac{250}{6}=41.7\text{kN}$

3. 再取梁 AC 为研究对象，取图 2-35(c)受力图列出平衡方程：

$\sum F_{ix}=0$　$F_{Ax}-F_{Cx}=0$，将已知值 F_{Ax}代入，解得 $F_{Cx}=0$

$\sum M_A(\boldsymbol{F}_i)=0$　$F_B\times a-F'_G\times 5-F'_{Cy}\times 2a=0$，将已知值代入，解得 $F_B=100\text{kN}$

$\sum \boldsymbol{F}_{iy}=0$　$F_{Ay}-F'_G+F_B-F'_{Cy}=0$，将已知值代入，解得 $F_{Ay}=-48.3\text{kN}$

4. 取整个系统为研究对象，列出平衡方程校核上面计算结果，请读者自行校核。

5. 由于水平方向的力都等于零，则所有的力系都是垂直方向，这种力系称为：平面平行力系。

【例题 2-15】 刚架结构由三杆 AE、BE 和 CD 组成，杆 CD 上的销钉 D 可在杆 BE 的光滑槽内滑动。刚架的尺寸与荷载如图 2-36(a)所示。已知：F、q、l。试求 A、B 两处的力。

【解】 取整体为研究对象，画出受力图如图 2-36(b)所示。整体有 4 个未知量，现可写出 3 个平衡方程后，再通过分解物体建立补充方程求解。但为避免建立联立方程，可分别选取 A、B 为矩心建立二力矩平衡方程，这样可先求出两个未知量。

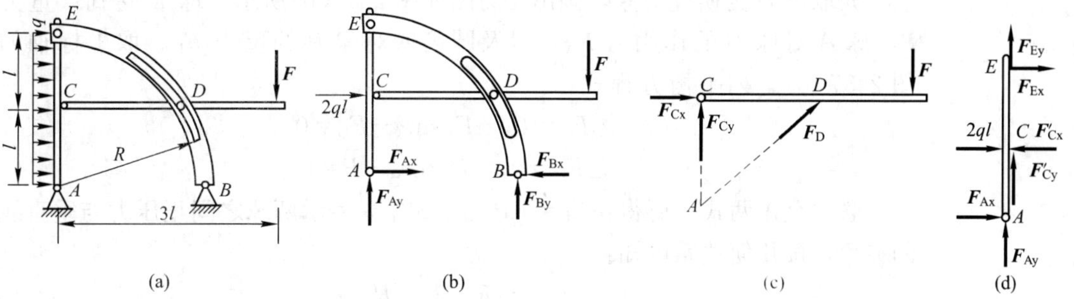

图 2-36　例题 2-15 图

$\sum M_A(\boldsymbol{F}_i)=0$，　$F_{By}\times R-2ql\times l-F\times 3l=0$，得：$F_{By}=ql+\frac{3}{2}\boldsymbol{F}$

$\sum M_B(\boldsymbol{F}_i)=0$，　$F_{Ay}\times R+2ql\times l+F\times l=0$，得：$F_{Ay}=-\left(ql+\frac{1}{2}\boldsymbol{F}\right)$

取 CD 杆为研究对象，画出受力图如图 2-36(c)所示。D 处为光滑接触，此力 $\boldsymbol{F}_D$ 沿圆的法向(过 A 点)，选择对 $\boldsymbol{F}_D$ 与 $\boldsymbol{F}_{Cy}$ 的交点 A 取矩。

$\sum M_A(\boldsymbol{F}_i)=0$，　$F_{Cx}\times l+F\times 3l=0$，得：$F_{Cx}=-3F$

然后取 AE 杆为研究对象，画出受力图如图 2-36(d)所示，其中均布荷载合力 $2ql$ 作用在 C 点处。

$\sum M_E(\boldsymbol{F}_i)=0$，　$F_{Ax}\times 2l+2ql\times l-F'_{Cx}\times l=0$，得：$F_{Ax}=-\left(ql+\frac{3}{2}F\right)$

再取整体为研究对象，建立投影方程：

$$\sum \boldsymbol{F}_{ix}=0,\quad -F_{Bx}+F_{Ax}+2ql=0，得：F_{Bx}=ql-\frac{3}{2}F$$

上述求解是通过 5 个平衡方程求出 5 个约束反力，当然通过分析也可以用其他平衡方程求解。

【例题 2-16】 无底的圆柱形空筒放在光滑的固定面上，内放两个重球，设每个球重为 $\boldsymbol{P}$，半径为 r，圆筒的半径为 R，若不计各接触面之间的摩擦，试求圆筒不致翻倒的最小重量 $\boldsymbol{F}_{\min}$。($r<R<2r$)

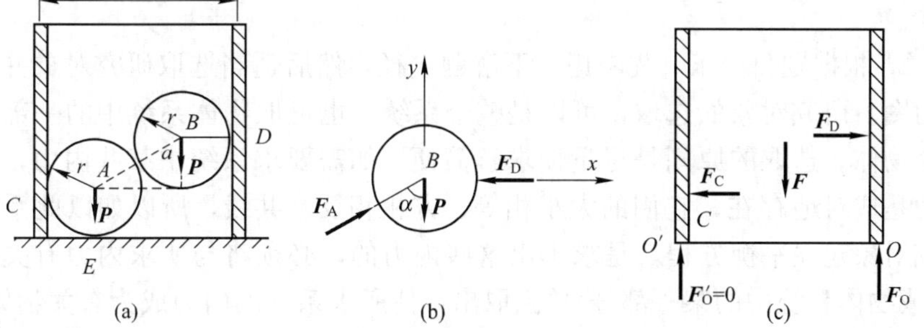

图 2-37　例题 2-16 图

【解】 当圆筒处于将翻未翻的平衡临界情况时，圆筒所受各力对支点 O' 的力矩总和为零，即可利用该平衡方程式可求得最小重量 $\boldsymbol{F}_{\min}$。

先取球 B 为研究对象，画出受力图如图 2-37(b)所示。球 B 受到：重力 $\boldsymbol{P}$，球 A 对球 B 的作用力 $\boldsymbol{F}_A$，以及圆筒壁对球 B 的反力 $\boldsymbol{F}_D$。取坐标轴如图 2-37(b)。列平衡方程式：

$$\sum F_{ix}=0, \quad F_A\sin\alpha-F_D=0$$

$$\sum F_{iy}=0, \quad F_A\cos\alpha-P=0$$

联立上述两式，可得：$F_D=P\tan\alpha$，式中 α 表示两球之间正压力与垂直线的夹角，按几何关系可知：

$$\sin\alpha=\frac{2R-2r}{2r}=\frac{R-r}{r}$$

再取圆筒为研究对象，画出受力图如图 2-37(c)所示，其上所受的力有重力 $\boldsymbol{F}$，球对圆筒壁压力 $\boldsymbol{F}_D$、$\boldsymbol{F}_C$，以及固定面对圆筒的反力 $\boldsymbol{F}_O$、$\boldsymbol{F}_{O'}$。当圆筒处于将翻未翻的临界平衡状态时 $F_{O'}=0$。列平衡方程式：

$$\sum F_{ix}=0, \quad -F_C+F_D=0, \quad F_C=F_D=F'_D=P\tan\alpha$$

$$\sum M_O(\boldsymbol{F}_i)=0, \quad -F_D(r+2r\cos\alpha)+F_Cr+F_{min}R=0$$

$$F_{min}=\frac{F_D2r\cos\alpha}{R}=\frac{P\sin\alpha 2r}{R}=\frac{P\left(\frac{R-r}{r}\right)2r}{R}=2P\left(1-\frac{r}{R}\right)$$

工程实例中有许多类似此题需用平衡方程来讨论平衡条件的问题。

通过以上的例题分析，现将求解平面物体系统平衡问题的解题步骤及注意事项归纳如下：

1. 分析物体系统由几个物体组成，其中有几个未知数，可建立几个独立平衡方程。若未知数的数目等于独立平衡方程数，则应用平衡方程即能求出所有未知数。但在具体求解前，应根据题意分析一下哪些未知量是必须求解的，哪些未知量是不要求解的，而不要盲目地将所有的未知量全部求出，从而增加了解题的工作量。应该注意，对于由 n 个物体组成的物体系统，如作用在其中每个物体上的力系都是平面任意力系，则每个物体可建立三个独立平衡方程，总共可建立 $3n$ 个独立平衡方程。如其中有些物体所受的力系为平面力偶系或平面汇交力系等，则所建立的独立平衡方程将相应地减少。

2. 根据题目要求，先考虑一下解题途径，然后适当选取研究对象并作出受力图。研究对象的选取，可以是整个系统，也可取物体系统中的一部分或单个物体。选取的原则是尽量使求解简便。如需要求系统中某些内力，则因内力是成对地存在，它们的大小相等、方相相反、共线，所以如以此系统为研究对象建立平衡方程，是求不出这些内力的，必须将与所求内力有关的物体(或物体系统中的某一部分)单独取出，使所求系统的内力成为有关物体(或物体系统中的某一部分)的外力，然后进行求解。一般总是取受力简便、构件简单的物体部分首先分析。

3. 对所选取的研究对象建立平衡方程。为使求解简便，在建立平衡方程时，应妥善地选取投影轴和矩心。一般应将矩心取在多个未知力作用线的交点上，以减少方程中的未知数，简化计算。避免解联立方程。

每个物体有三个独立平衡方程，一般的平衡方程形式为两个投影方程与一个力矩方程：

$$\sum F_{ix}=0,\quad \sum F_{iy}=0,\quad \sum M_O(\boldsymbol{F}_i)=0$$

但实际应用时也可按题意灵活地选取一个投影方程与两个力矩方程或三个力矩方程来求解平衡问题，使用哪种解题步骤应按题意灵活地选取研究对象，尽可能选受力简单而又与待求量有关的刚体为研究对象。若有几个解题方案，应通过对比与分析确定最佳求解方案。

4. 由平衡方程解出所需求解的未知量。

5. 应用不独立的平衡方程，校核计算结果。

2.6 平面静定桁架

桁架是一种常见的工程结构。所谓桁架，就是由一些杆件在两端相互连接起来的几何形状不变的结构。在工程实际中，起重机、铁路桥梁(图 2-38)、屋架(图 2-39)、起重机钢架、电视塔、飞机等的一些结构都可采用桁架结构。它受力后几何形状不变。各杆件处于同一平面内的桁架称为平面桁架。桁架中各杆件彼此连接的地方称为节点。

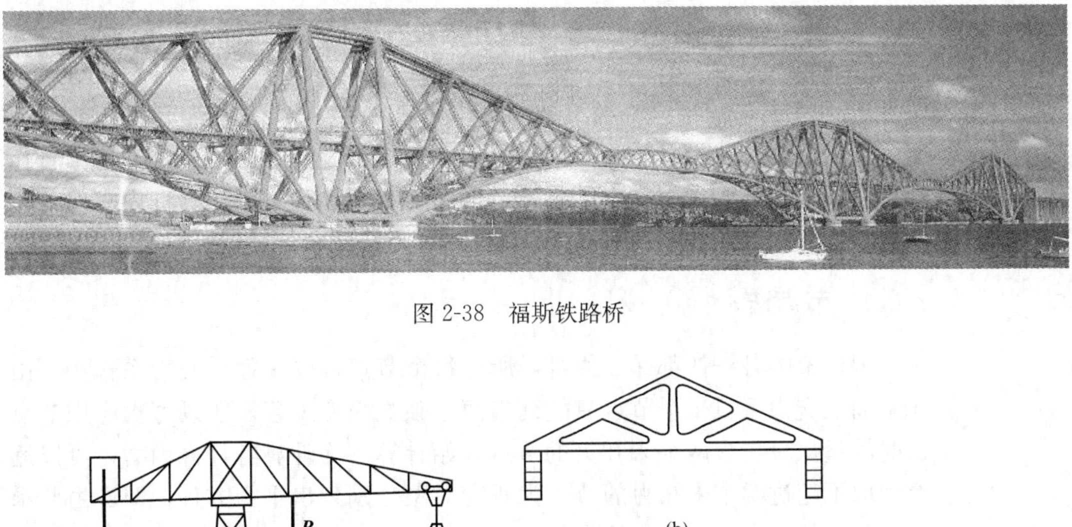

图 2-38 福斯铁路桥

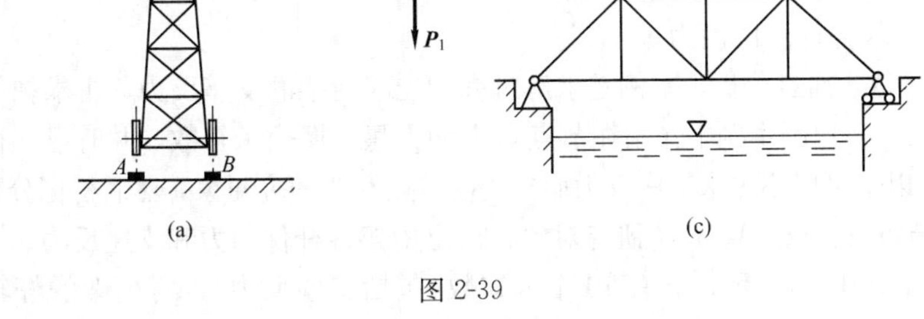

图 2-39

工程结构中应用桁架的好处在于可以减轻结构的重量，节省材料，由于组成桁架的各杆件只受拉力或压力；这就充分发挥了材料的作用。

为简化平面桁架计算，工程中采用以下几个假设：

1. 所有杆件都是直杆，其轴线位于同一平面内。
2. 这些直杆都在两端用光滑铰链连接。
3. 所有荷载及支座约束力都集中作用在节点上，而且与桁架共面。
4. 各杆件的重量或略去不计，或平均分配在杆件两端的节点上，故每一杆件都可看成是二力杆。

这样的桁架称为理想桁架。实际桁架与上述假设是有差别的。例如，实际桁架中各杆件多半是铆接(图 2-40a)或焊接(图 2-40b)，杆件的中心线也不可能绝对是直线等。但是这些假设却反映了实际桁架中最主要的性质，计算结果也能符合工程要求。

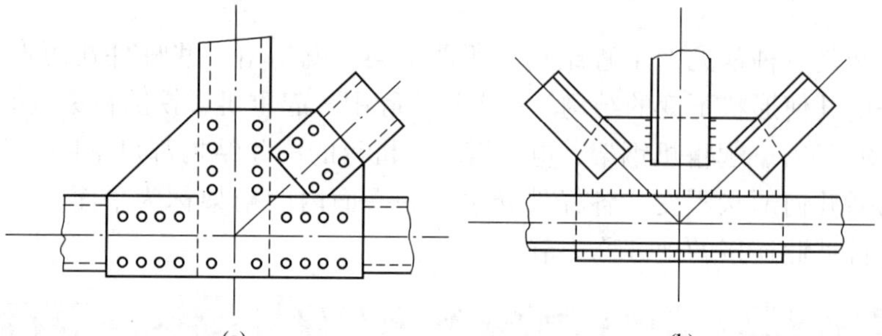

图 2-40　桁架节点

在桁架的初步设计中，需要求出桁架在承受外载荷时各杆件的内力，作为确定截面尺寸和选用材料的参考。下面介绍两种计算桁架杆件内力的常用方法节点法和截面法。当然也可应用这两种方法联合计算桁架中杆件的内力。

2.6.1　节点法

因桁架中各杆件都是二力杆，所以每个节点都受平面汇交力系作用。由于平面汇交力系对每个节点只能列出两个独立平衡方程，所以每次应用节点法时尽量从只包含两个未知力的节点开始计算。为计算各杆件内力，可以逐个地取不超过两个未知力的节点为研究对象分别列出平衡方程，即可由此求出全部杆件的内力，这就是节点法。

【例题 2-17】　平面悬臂桁架如图 2-41(a)所示，已知：$a=2\text{m}$，$F=10\text{kN}$。求各杆件的内力。

【解】　通过分析，本例题求解过程：先求桁架的支座反力，再求桁架各杆件的内力。但因本例中作用在节点 C 上的力只有两个未知数，并有已知荷载力 $\boldsymbol{F}$，所以也可以不先求支座反力而先选取节点 C 为研究对象，然后根据分析依次选取节点 E、D、A、B 为研究对象，求出桁架各杆件内力和支座反力。

图 2-41(b)所示，共有 10 个未知数(包括支座反力)，对桁架的杆轴力可

全假设为拉力。而每个节点可列出 2 个独立平衡方程，现有 5 个节点总共可列出 10 个独立的平衡方程，求出所有的未知数。现具体求解如下：

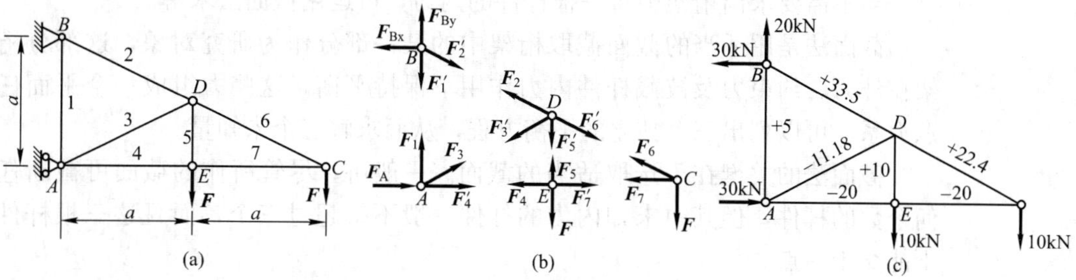

图 2-41 例题 2-17 图

1. 取不超过两个未知量的节点 C，列出的平衡方程

$\sum F_{iy}=0$，$F_6\sin\alpha-F=0$，而 $\sin\alpha=\dfrac{1}{\sqrt{5}}$，$\cos\alpha=\dfrac{2}{\sqrt{5}}$，于是可求得：$F_6=10\sqrt{5}=22.4\text{kN}$

$\sum F_{ix}=0$，$-F_6\cos\alpha-F_7=0$， 解得：$F_7=-10\sqrt{5}\times\dfrac{2}{\sqrt{5}}=-20\text{kN}$

2. 分析与 C 节点相邻的节点，取不超过两个未知量的节点 E 列出平衡方程

$$\sum F_{ix}=0,\quad -F_4+F_7'=0,\quad \text{解得：}F_4=-20\text{kN}$$
$$\sum F_{iy}=0,\quad F_5-F=0,\quad \text{解得：}F_5=F=10\text{kN}$$

3. 再取节点 D 列出平衡方程

$$\sum F_{ix}=0,\quad F_6'\cos\alpha-F_2\cos\alpha-F_3\cos\alpha=0$$
$$\sum F_{iy}=0,\quad -F_5'-F_6'\sin\alpha-F_3\sin\alpha+F_2\sin\alpha=0$$

解得：$F_3=-5\sqrt{5}=-11.18\text{kN}$，$F_2=15\sqrt{5}=33.5\text{kN}$

4. 列出节点 A 的平衡方程

$\sum F_{iy}=0$， $F_1+F_3\sin\alpha=0$， 解得：$F_1=5\sqrt{5}\times\dfrac{1}{\sqrt{5}}=5\text{kN}$

$\sum F_{ix}=0$， $F_A+F_3\cos\alpha+F_4'=0$， 解得：$F_A=5\sqrt{5}\times\dfrac{2}{\sqrt{5}}+20=30\text{kN}$

5. 列出节点 B 的平衡方程

$\sum F_{ix}=0$， $-F_{Bx}+F_2'\cos\alpha=0$， 解得：$F_{Bx}=15\sqrt{5}\times\dfrac{2}{\sqrt{5}}=30\text{kN}$

$\sum F_{iy}=0$， $F_{By}-F_1'-F_2'\sin\alpha=0$， 解得：$F_{By}=5+15\sqrt{5}\times\dfrac{1}{\sqrt{5}}=20\text{kN}$

至此，桁架杆件内力及支座反力都已全部求出，如再取桁架整体为研究对象，则所建立的平衡方程是不独立的，但可以用来作为校核，现将求得结果在图 2-41(c)中标出，其中力的单位为 kN，正号表示杆件受拉力，负号表示杆件受压力。

2.6.2 截面法

当不需要求出桁架中每一根杆件的内力，可运用截面法求解。

截面法是用适当的截面截取桁架中的某一部分作为研究对象，这部分桁架在外力、约束力及被截杆件内力作用下保持平衡，这些力组成一个平面任意力系，可以列出三个独立的平衡方程，从而求解三个未知量。

截面法的关键在于选取适当的截面。一般讲，尽管所作的截面可截断任何个数的杆件，但其中未知内力的杆件一般不得超过三个，而且这三根杆件不能交于一点。

【例题 2-18】 图 2-42 所示为单跨桁架桥，求图 2-42(a)所示桁架中 1、2、3 杆的内力。

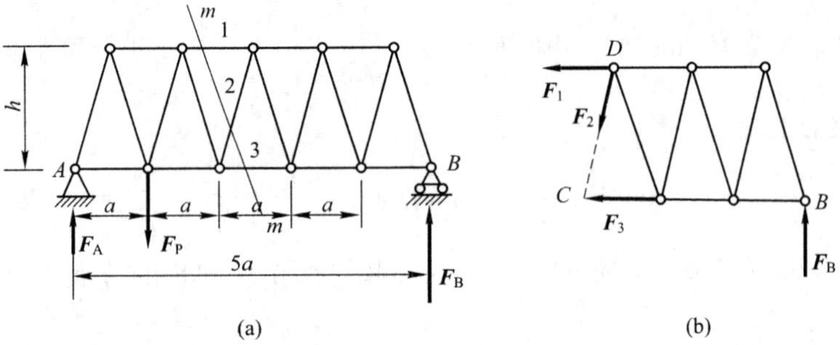

图 2-42　例题 2-18 图

【解】 先选桁架整体求出，求出 y 方向的约束反力有：

$$\sum M_A(\boldsymbol{F}_i)=0,\quad F_B\times 5a-F_P\times a=0,\quad F_B=\frac{1}{5}F_P$$

$$\sum F_{iy}=0,\quad F_A+F_B-F_P=0,\quad F_A=\frac{4}{5}F_P$$

选截面 m-m，将桁架分割成两部分，取受力较简单的右半部分(图 2-42b)，这部分桁架在支座约束力 $\boldsymbol{F}_B$ 及杆的内力 $\boldsymbol{F}_1$、$\boldsymbol{F}_2$、$\boldsymbol{F}_3$ 作用下保持平衡，由于正好是 3 个未知量，可直接求得。

$$\sum F_{iy}=0,\quad F_B-F_2\times\frac{h}{\sqrt{h^2+(a/2)^2}}=0,\quad F_2=\frac{F_P\sqrt{4h^2+a^2}}{10h}$$

$$\sum M_C(\boldsymbol{F}_i)=0,\quad F_B\times 3a+F_1\times h=0,\quad F_1=-\frac{3aF_P}{5h}$$

$$\sum M_D(\boldsymbol{F}_i)=0,\quad F_B\times\frac{5}{2}a-F_3\times h=0,\quad F_3=-\frac{aF_P}{2h}$$

当然也可取左半部分来代替上述的分析。

2.6.3 节点法与截面法的联合应用

当遇到结构比较复杂时，为便于求解简便，此时可灵活考虑联合应用节点法和截面法求解。

【例题 2-19】 图 2-43(a)为一平面组合桁架。已知力 $\boldsymbol{F}$ 值，求 AB 杆的内力。

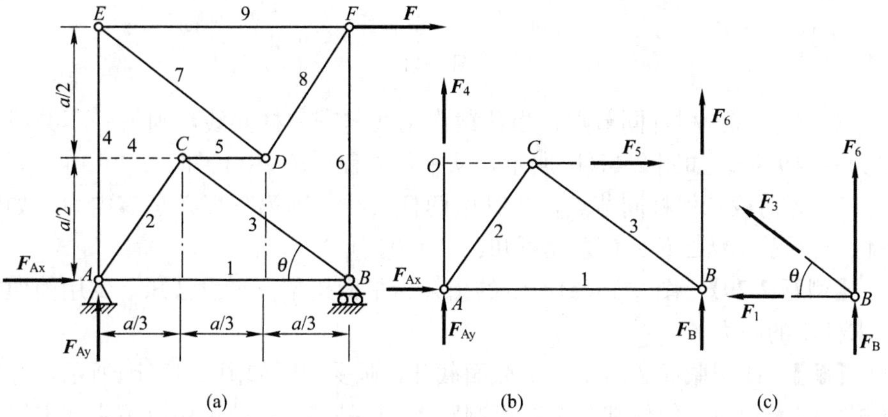

图 2-43　例题 2-19 图

【解】 在这个桁架上，就找不到一个只包含两根杆子的节点，因此，如果全部用节点法来求内力，将要解联立方程，从而引起极大的麻烦。事实上，这个桁架是由两个简单桁架，即 ABC 和 DEF 用 AE、CD、BF 三根杆连接而成的。这样的桁架称为组合桁架。计算组合桁架的内力时，如用截面法求出连接杆的内力后，其他各杆内力，就可以方便地求得。

在本例题中，我们先取整个桁架为对象，应用平面任意力系的平衡方程求得支座 A、B 上的约束反力：

$$F_{Ax}=-F,\quad F_{Ay}=-F,\quad F_B=F$$

然后，截开连接杆 AE、CD、BF，以下半个桁架为对象，如图 2-43(b)所示。从而有平衡方程：

$$\sum M_O(\boldsymbol{F}_i)=0,\quad F_{Ax}\frac{a}{2}+F_Ba+F_6a=0,\quad 解得：F_6=-\frac{1}{2}F$$

还有两个投影方程，可以求出 F_4 和 F_5。

最后，以节点 B 为对象，从图 2-43(c)所示就可以求得：

$$\sum F_{iy}=0,\quad F_B+F_6+F_3\sin\theta=0,\quad 解得：F_3=-\frac{F}{2\sin\theta}$$

$$\sum F_{ix}=0,\quad F_1+F_3\cos\theta=0,\quad 解得：F_1=-F_3\cos\theta=\frac{P}{2\tan\theta}=\frac{2}{3}F$$

2.6.4　平面桁架零内力杆的判定

零内力杆(亦称零杆)即不受力的杆件称为零内力杆，零力杆不是冗杆，不能除去，因为它只在特定荷载下才不受力，当荷载改变，该杆可能受力。可以利用以下 3 种方法对零内力杆的判定：

1. 无荷载两根杆非共线同节点，则此两杆皆为零内力杆。如图 2-44(a)所示，由 $\sum F_x=0$ 和 $\sum F_y=0$ 平衡方程可知：$F_1=F_2=0$。

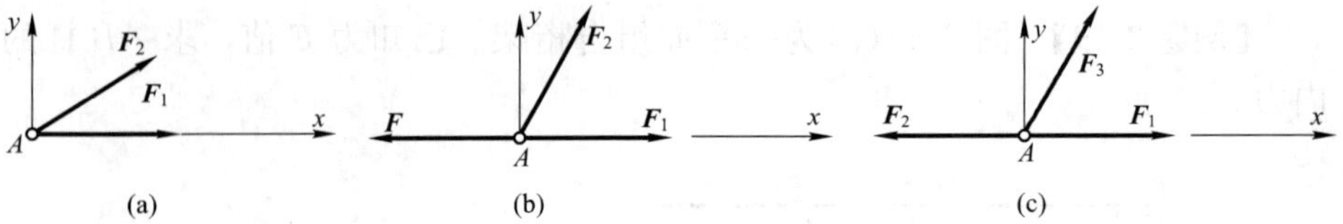

图 2-44

2. 有荷载两根杆同节点，当荷载作用线与其一杆共线，则另一不共线杆必为零内力杆。如图 2-44(b)所示，从平衡方程$\sum F_y=0$可知：$F_2=0$。

3. 无荷载三根杆同节点，当其中两杆共线，则第三杆必是零内力，如图 2-44(c)所示，从$\sum F_y=0$方程可知：$F_3=0$。

【例题 2-20】 图 2-45(a)所示的桁架为平面桁架，$\boldsymbol{F}$为已知，试用简便方法求杆 1 的内力。

【解】 使用截面法沿Ⅰ—Ⅰ截面截开，画受力图如图 2-45(b)所示，存在四根杆的未知力，但仔细分析，可判别$\boldsymbol{F}_{DB}$杆是零杆，故可用以下步骤求解：

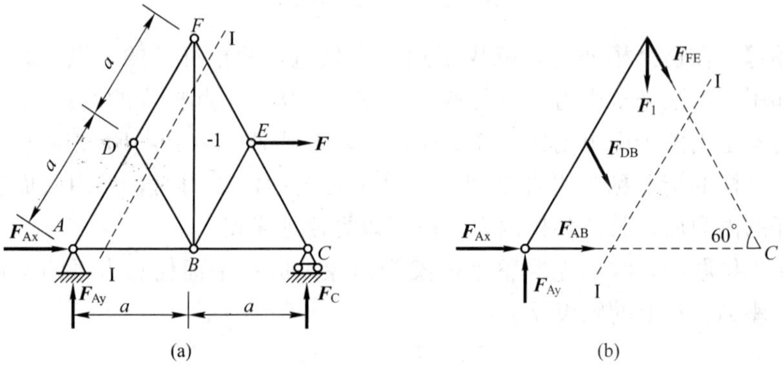

图 2-45 例题 2-20 图

1. 取整个桁架为研究对象，建立对 C 点的力矩方程：

$$\sum M_C(\boldsymbol{F}_i)=0,\ -2aF_{Ay}-\frac{\sqrt{3}}{2}Fa=0,\quad 解得：F_{Ay}=-\frac{\sqrt{3}}{4}F$$

2. 取Ⅰ-Ⅰ截面的上半部分，建立对力F_{FE}、F_{AB}的汇交点 C 的力矩方程：

$$\sum M_C(\boldsymbol{F}_i)=0,\ -2aF_{Ay}+F_1a=0,\quad 解得：F_1=-\frac{\sqrt{3}}{2}F$$

在求解桁架的内力前，可以按零杆判别条件将零杆寻找出来，这样简便求解过程。

通过上面例题的求解过程，我们把求解平面桁架杆件内力的解题步骤及注意事项归纳如下：

(1) 一般先以整体为研究对象，可以求出桁架的支座反力。

(2) 在求解之前，最好将桁架中所有零力杆判别出来。

(3) 根据题目要求选取节点解析法或截面法求解杆件的内力。如果采用节点解析法，则从只包含两个未知数的节点着手，逐个地选取桁架的节点为研究对象，作出受力图，应用平面汇交力系的平衡方程，求各杆件的内力；如果采用截面法则适当选取截面，假想将桁架的某些杆件截断，使桁架分成两部分，取其中的一部分作为研究对象，作出受力图，应用平面任意力系的平衡方程，求解被截断杆件的内力，最好被截断杆件的内力不要超过三个。此外，在求解桁架中某些杆件的内力时，为使求解简捷，也可以联合应用节点法和截面法。

(4) 应该注意，在计算杆件的内力时，总是假定杆件受拉力，即杆件对节点的力其指向背离节点；若求得结果某一杆件内力为负值，就表示该杆件的内力是压力，但在考虑该杆件的另一端节点时，仍将该杆件的内力当做拉力来建立平衡方程。

(5) 最后也可以通过不独立的平衡方程作为校核方程。

小结及学习指导

1. 本章主要研究平面力系的简化与平衡。在工程实际中有很多问题都可以简化为平面力系来处理。因此，本章的理论应用很广泛，是本课程的重点内容之一。

2. 力系简化的方法是建立在力的平移定理基础上。根据力的平移定理，可将平面力系简化为作用于简化中心的一个平面汇交力系和一个附加平面力偶系。此平面汇交力系可合成为作用在简化中心的一个力，这个力的矢量称为原力系的主矢，它等于力系中各力的矢量和而与简化中心的选择无关；此附加平面力偶系可以合成为一个力偶，这个力偶的力偶矩称为力系对简化中心的主矩，它等于力系中各力对简化中心之矩的代数和，一般与简化中心的选择有关。

3. 平面力系平衡的必要和充分条件是主矢、主矩都等于零。由此可导出平面力系的平衡方程；而平面汇交力系与平面力偶系是平面力系的特例。

4. 在求解物体系统的平衡问题时应注意：

(1) 分析物体系统由几个物体组成，总共有几个未知数，可建立几个独立平衡方程。如未知数的数目等于独立平衡方程的数目则应用静力学的平衡方程可求出所有的未知数，该问题为静定问题。如未知数的数目大于独立平衡方程的数目则仅用静力学的平衡方程不能求出所有的未知数，该问题为超静定问题。对超静定问题本课程不予讨论。

(2) 仔细地考虑选取哪些物体(它可以是单个物体或物体系统中的一部分或整个系统)作为研究对象，建立哪些平衡方程，以达到求解简便的目的。

(3) 对选取的研究对象，作出受力图后根据所作的受力图来建立平衡方程。显然，如受力图错了则不可能获得正确的求解结果。

5. 平面桁架是平面力系在工程结构中的具体应用。节点法类同平面汇交力系求解和截面法类同物体系统的平衡方程求解，所以解题的方法仍与平面力系的解题步骤相同。

本章的平衡知识在工程中有很广泛的应用，这也是静力学的重点内容，所以必须通过一定量的习题训练才会有所掌握。

思考题

2-1 设两个力 $\boldsymbol{F}_1$、$\boldsymbol{F}_2$ 在同一轴上的投影相等，问这两个力是否一定相等？若这两个力的大小相等，问其在同一轴上的投影是否一定相等？若某一个力在某轴上的投影为零，则该力是否一定为零？

2-2 平面汇交力系在具体应用平衡方程时，投影轴 x、y 是否一定要取得互相垂直？为什么？

2-3 组成力偶的两力在任一轴上投影的代数和是否恒等于零，为什么？

2-4 如图 2-46 所示滑轮用轴承 O 支承，在滑轮上绕一绳子，在绳的一端挂一重量为 $\boldsymbol{P}$ 的物体。不计滑轮和绳的重量以及轴承 O 处的摩擦。为使系统保持平衡，在滑轮上作用一力偶矩为 m 的力偶，是否可以说力 $\boldsymbol{P}$ 与该力偶组成一平衡力系？如不能，那么系统为什么能保持平衡？

2-5 如图 2-47 所示不计自重的三角板用三根链杆连接，A、B 链杆相互平行，C 链杆沿三角板的边 AC，力偶矩为 m 的力偶作用在三角板平面 ABC 内。试从力偶的性质判断链杆 C 的反力应等于多少？

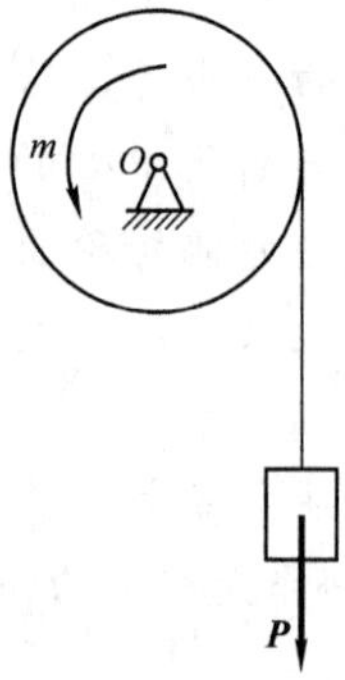

图 2-46 思考题 2-4 图

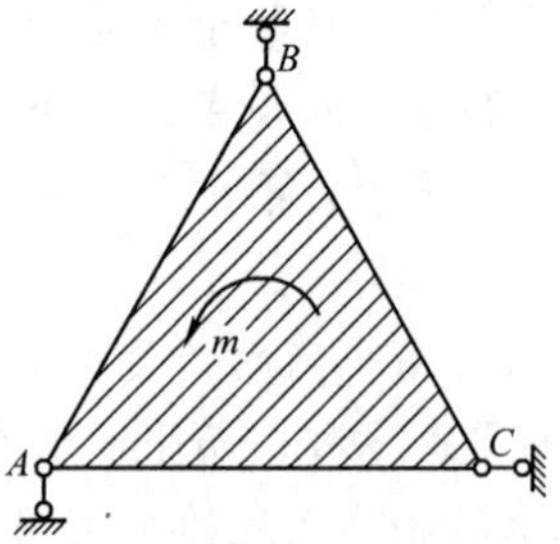

图 2-47 思考题 2-5 图

2-6 平面任意力系中主矢是否表示整个力系的合力？

2-7 平面任意力系的平衡方程是否可表示为三个投影方程？

2-8 试判断图 2-48 所示各平衡问题哪些是静定的，哪些是静不定的？各物体自重不计，已知主动力和几何尺寸。

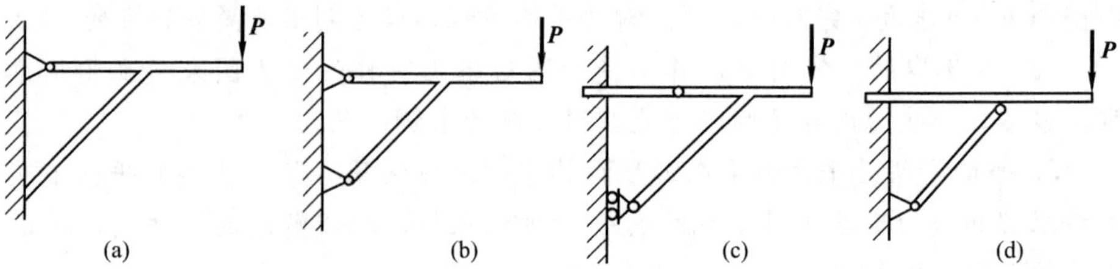

图 2-48 思考题 2-8 图

2-9 试直接判别下列图 2-49 所示桁架中，哪些杆件是零杆。

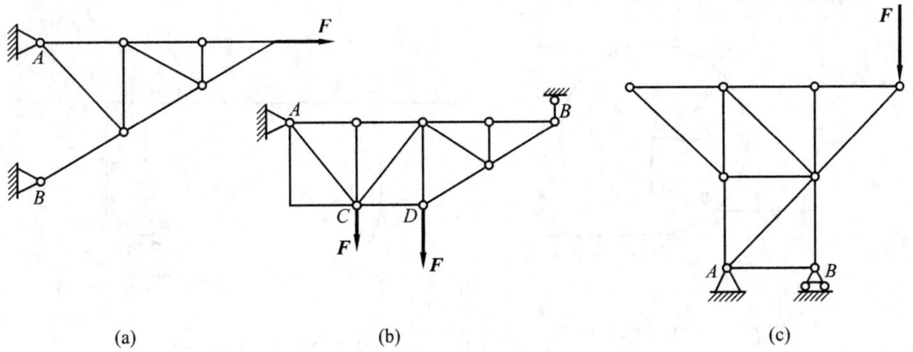

图 2-49 思考题 2-9 图

习题

2-1 如图 2-50 所示，已知 $F_1=3\text{kN}$，$F_2=6\text{kN}$，$F_3=4\text{kN}$，$F_4=5\text{kN}$，试用解析法和几何法求此四个力的合力。

[**答案**：$F_R=10.97\text{kN}$，$\alpha=31.74°$]

2-2 如图 2-51 所示两个支架，在销钉上作用竖直力 $\boldsymbol{P}$，各杆自重不计。试求杆 AB 与 AC 所受的力。

[**答案**：(a) $F_{AC}=-1.155P$（压力），$F_{AB}=0.5774P$（拉力）；(b) $\boldsymbol{F}_{AC}=-0.5\boldsymbol{P}$（压力），$\boldsymbol{F}_{AB}=0.866\boldsymbol{P}$（拉力）]

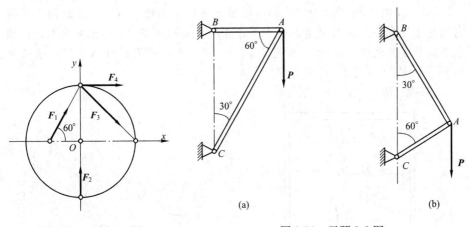

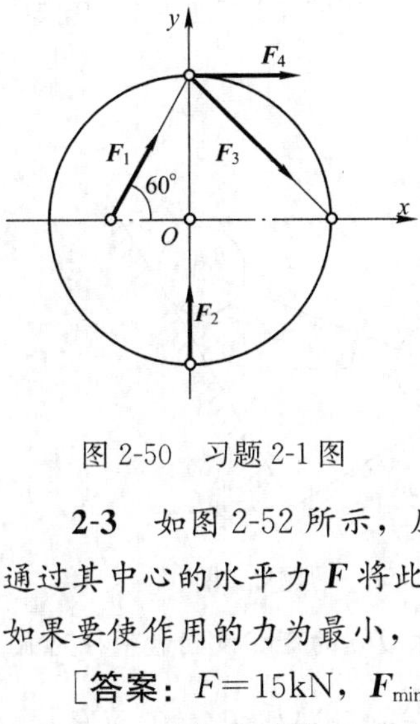

图 2-50 习题 2-1 图

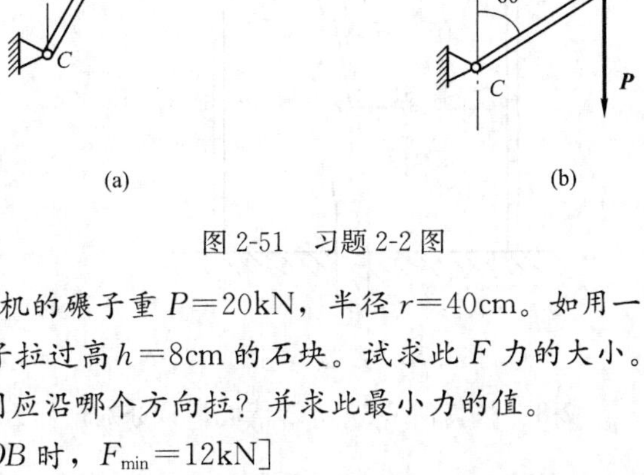

图 2-51 习题 2-2 图

2-3 如图 2-52 所示，压路机的碾子重 $P=20\text{kN}$，半径 $r=40\text{cm}$。如用一通过其中心的水平力 $\boldsymbol{F}$ 将此碾子拉过高 $h=8\text{cm}$ 的石块。试求此 F 力的大小。如果要使作用的力为最小，试问应沿哪个方向拉？并求此最小力的值。

[**答案**：$F=15\text{kN}$，$\boldsymbol{F}_{min}\perp OB$ 时，$F_{min}=12\text{kN}$]

2-4 刚架受力和尺寸如图 2-53 所示，试求支座 A 和 B 的约束反力 $\boldsymbol{F}_A$ 和

$\boldsymbol{F}_B$。设刚架自重不计。

[**答案**：$F_A=1.118P$，$F_B=0.5P$]

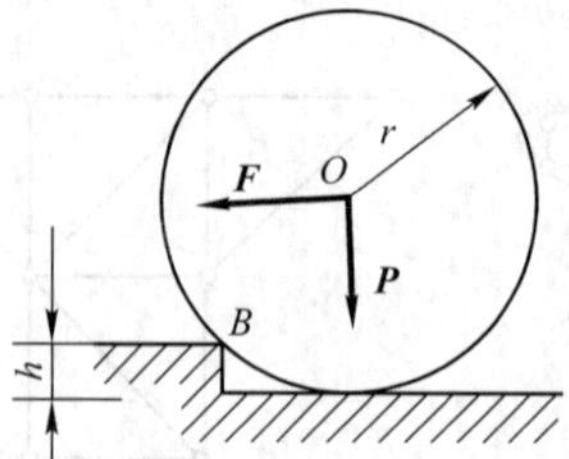

图 2-52 习题 2-3 图

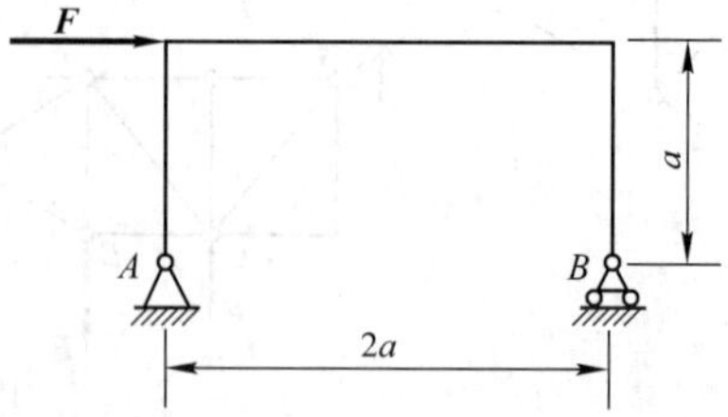

图 2-53 习题 2-4 图

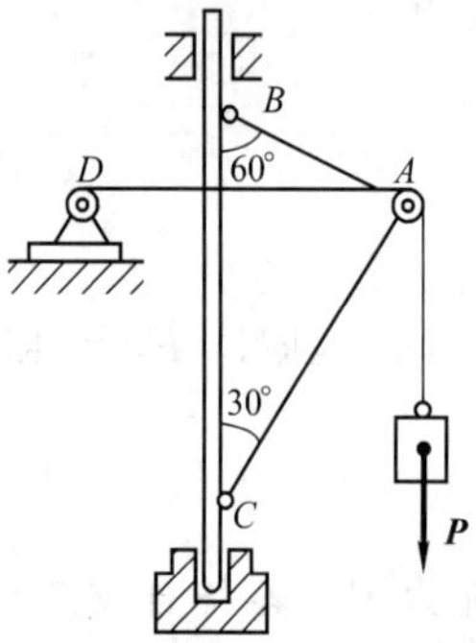

图 2-54 习题 2-5 图

2-5 如图 2-54 所示，起重机支架的 AB、AC 杆用铰链支承在可旋转的立柱上，并在 A 点用铰链互相连接。由绞车 D 水平引出钢丝饶过滑轮 A 起吊重物。如重物重 $P=20\text{kN}$，滑轮的尺寸和各杆的自重忽略不计。试求 AB 和 AC 两杆所受的力。

[**答案**：$F_{AC}=-27.3\text{kN}$(压力)，$F_{AB}=-7.32\text{kN}$(压力)]

2-6 图 2-55 所示为一拔桩架，ACB 和 CDE 均为柔索，在 D 点用力 $\boldsymbol{F}$ 向下拉，即可将桩向上拔。若 AC 和 CD 各为铅垂和水平，$\varphi=4°$，$F=400\text{N}$，试求桩顶受到的力。

[**答案**：$F_A=81.8\text{kN}$]

2-7 在图 2-56 所示杆 AB 的两端用光滑铰与两轮中心 A、B 连接，并将它们置于互相垂直的两光滑斜面上。设两轮重量均为 $\boldsymbol{P}$，杆 AB 重量不计，试求平衡时 θ 角之值。如轮 A 重量 $P_A=300\text{N}$，欲使平衡时杆 AB 在水平位置 ($\theta=0°$)，轮 B 重量 $\boldsymbol{P}_B$ 应为多少？

[**答案**：$\theta=30°$，$P_B=100\text{N}$]

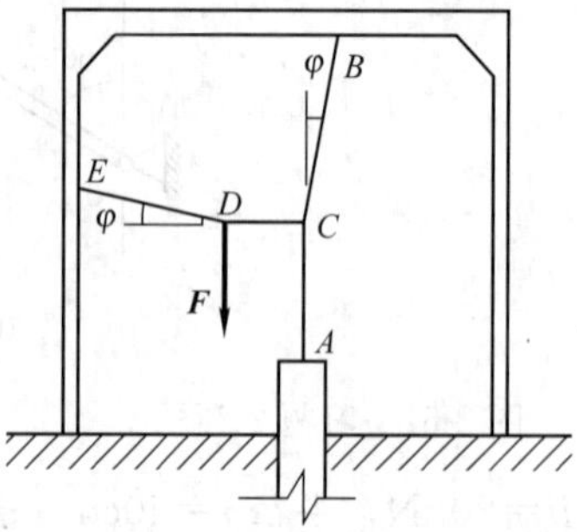

图 2-55 习题 2-6 图

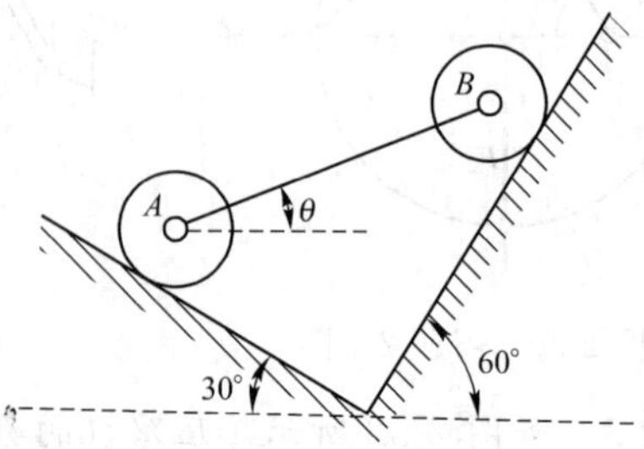

图 2-56 习题 2-7 图

2-8 根据图 2-57 所示情况，试分别计算力 $\boldsymbol{F}$ 对 O 点的矩。设圆盘半径为 R。

[**答案**：(a)$M_O(\boldsymbol{P})=\boldsymbol{P}R$；(b)$M_O(P)=-\dfrac{\sqrt{2}PR}{2}$；(c)$M_O(\boldsymbol{P})=0.5PR$]

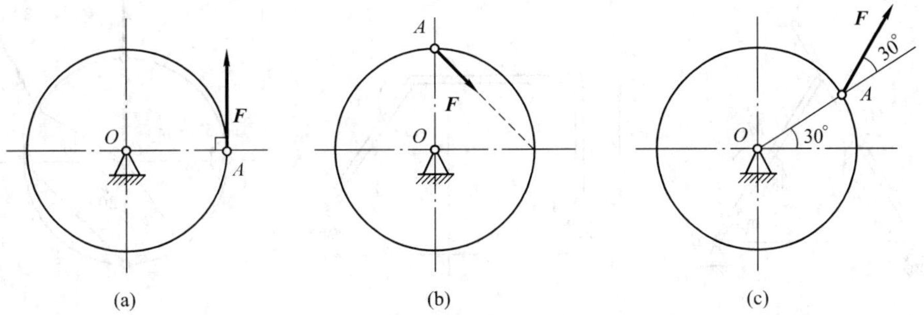

图 2-57　习题 2-8 图

2-9　如图 2-58 所示，已知：$F=300\text{N}$，$r_1=0.2\text{m}$，$r_2=0.5\text{m}$，力偶矩 $m=8\text{N}\cdot\text{m}$。试求力 $\boldsymbol{F}$ 和力偶矩 m 对 A 点及 O 点的矩的代数和。

[**答案：** $\sum M_{\text{A}}(\boldsymbol{P})=-7\text{N}\cdot\text{m}$，$\sum M_{\text{O}}(\boldsymbol{P})=68\text{N}\cdot\text{m}$]

2-10　T 字形杆 AB 由铰链支座 A 及杆 CD 支持，如图 2-59 所示。在 AB 杆的一端 B 作用一力偶（$\boldsymbol{F}$，$\boldsymbol{F}'$），其力偶矩的大小为 $50\text{N}\cdot\text{m}$，$AC=2CB=0.2\text{m}$，$\alpha=30°$，不计杆 AB、CD 的自重。求杆 CD 及支座 A 的反力。

[**答案：** $\boldsymbol{F}_{\text{A}}=F_{\text{CD}}=500\text{N}$]

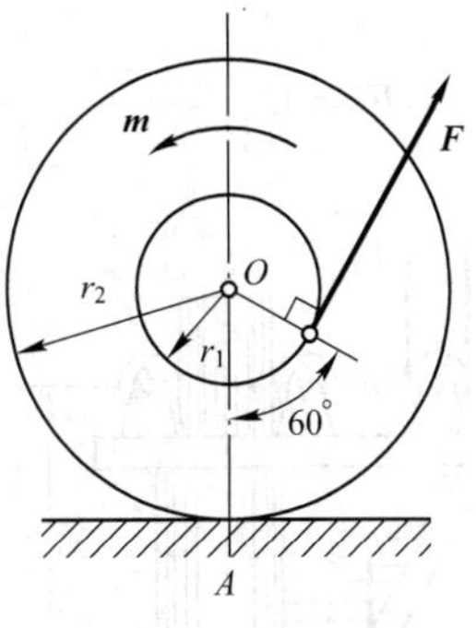

图 2-58　习题 2-9 图

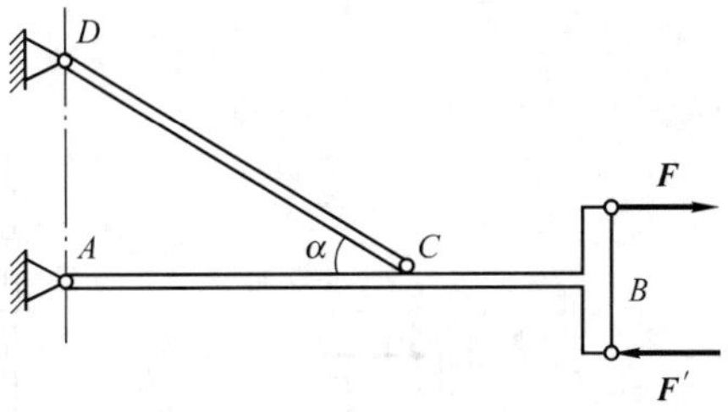

图 2-59　习题 2-10 图

2-11　如图 2-60 所示，杆 AB 与杆 DC 在以 C 处为光滑接触，两杆分别受力偶矩 M_1 与 M_2 作用。试问 M_1 与 M_2 的比值为多大，才能在 $\varphi=60°$ 位置平衡？

[**答案：** $\dfrac{M_1}{M_2}=2$]

2-12　三铰刚架如图 2-61 所示。已知：$M=60\text{kN}\cdot\text{m}$，$l=2\text{m}$。试求：(1)支座 A、B 的反力；(2)如将该力偶移到刚架左半部，两支座的反力是否改变？为什么？

[**答案：** (1)$F_{\text{A}}=F_{\text{B}}=21.2\text{kN}$；(2)略]

2-13　图 2-62 所示圆盘的半径为 $r=0.5\text{m}$。将作用于圆盘上的力系向圆心 O 点简化，试求力系的主矢和主矩的大小。

[**答案：** $F'_{\text{R}}=32.83\text{N}$，$M_{\text{O}}=19.57\text{N}\cdot\text{m}$]

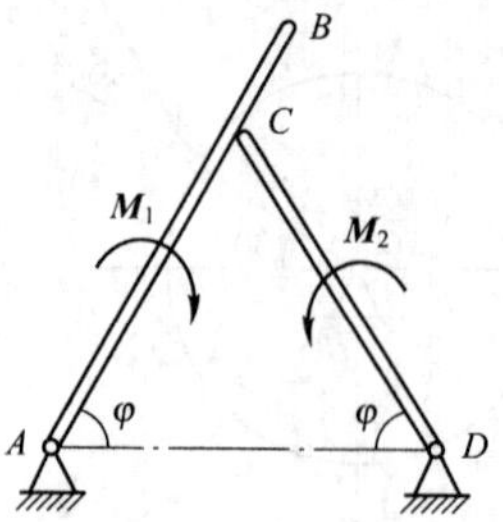

图 2-60 习题 2-11 图

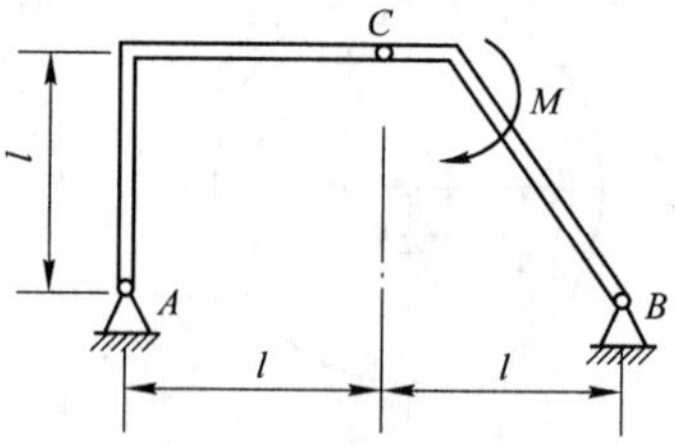

图 2-61 习题 2-12 图

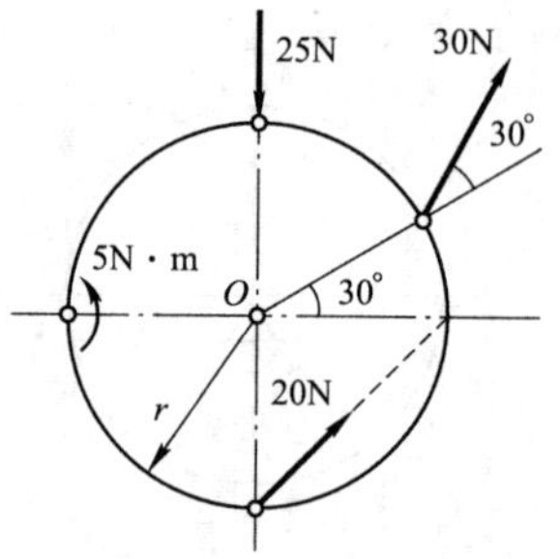

图 2-62 习题 2-13 图

2-14 如图 2-63 所示一绞盘有三个等长的柄，长度为 l，其间夹角 φ 均为 120°，每个柄端各作用一垂直于柄的力 $\boldsymbol{F}$。试求：(1)向中心点 O 简化的结果；(2)向 BC 连线的中点 D 简化的结果。这两个结果说明什么问题？

[**答案**：(1)$F'_{\mathrm{R}}=0$，$M=3Fl$；(2)$F'_{\mathrm{R}}=0$，$M=3Fl$]

2-15 图 2-64 所示为电炉电极的升降机构。滑架可沿立柱上下移动，滑架上有 A、B、C、D 四个滚轮，设滑架本身重为 W，电极重为 $\boldsymbol{P}$，其余尺寸如图，滑轮与立柱间的摩擦略去不计。试求当滑架平衡时，提升的绳子的张力 $\boldsymbol{F}_{\mathrm{T}}$ 和滚轮对立柱的压力。(设 $\boldsymbol{P}\times b>\boldsymbol{W}\times a$)

$$\left[\text{答案：} F_{\mathrm{T}}=\frac{P-W}{2},\ F_{\mathrm{B}}=F_{\mathrm{D}}=\frac{Pb-Wa}{h},\ F_{\mathrm{A}}=F_{\mathrm{C}}=0\right]$$

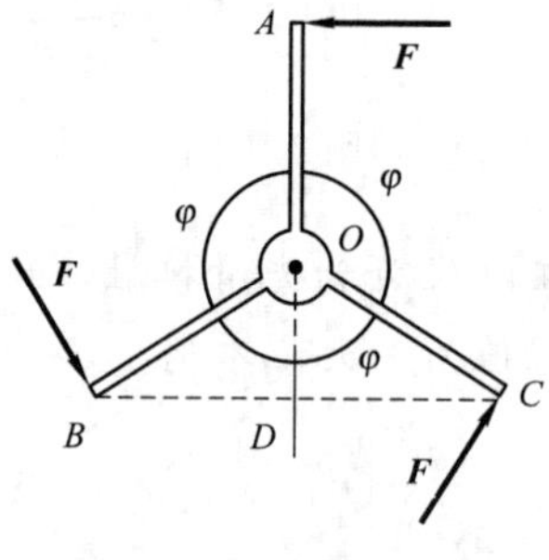

图 2-63 习题 2-14 图

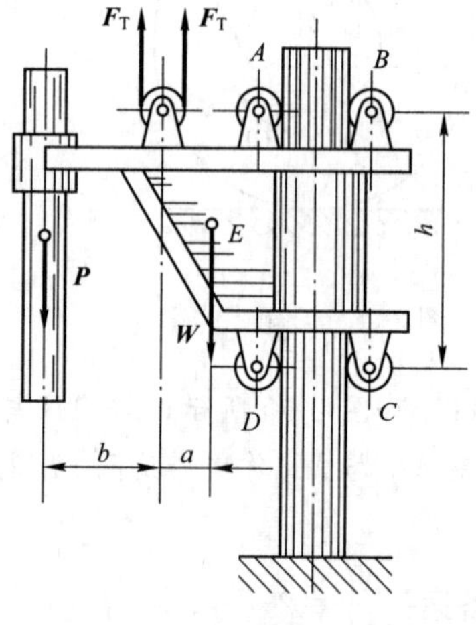

图 2-64 习题 2-15 图

2-16 梁架 AB 所受的载荷及支承情况如图 2-65 所示。已知：$q=1.2\mathrm{kN/m}$，$\boldsymbol{P}=3\mathrm{kN}$，$M=6\mathrm{kN\cdot m}$。试求支座 A、B 的反力。

$$\left[\text{答案：(a)} F_{\mathrm{Ax}}=0,\ F_{\mathrm{Ay}}=-\frac{1}{2}\left(F+\frac{M}{l}\right),\ F_{\mathrm{B}}=\frac{1}{2}\left(3F+\frac{M}{l}\right);\ \text{(b)} F_{\mathrm{Ax}}=0,\right.$$

$$\left.F_{\mathrm{Ay}}=-\frac{1}{2}\left(F+\frac{M}{l}-\frac{5}{2}ql\right),\ F_{\mathrm{B}}=\frac{1}{2}\left(3F+\frac{M}{l}-\frac{1}{2}ql\right)\right]$$

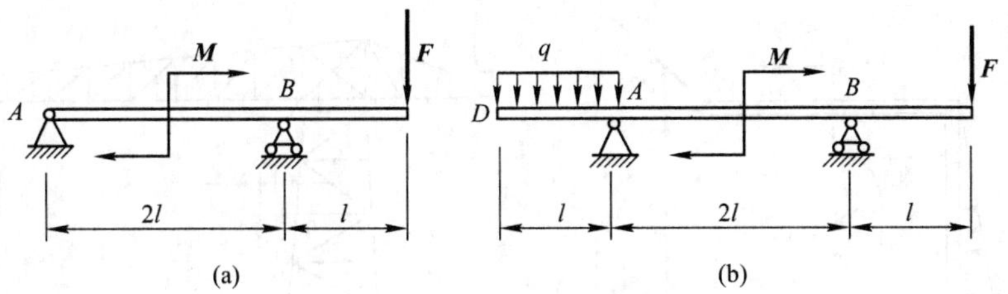

图 2-65　习题 2-16 图

2-17　挡水闸门板 AB 的长 $l=2\text{m}$，宽 $b=1\text{m}$，如图 2-66 所示。已知：$\varphi=60°$，水的密度 $\rho=1000\text{kg/m}^3$，试求能拉开闸门板的铅垂力 $\boldsymbol{F}$。

［**答案：**$F=22.63\text{kN}$］

2-18　如图 2-67 所示，当飞机作稳定航行时，所有作用在它上面的力必须相互平衡。已知：飞机重为 $P=30\text{kN}$，螺旋桨的牵引力 $F=4\text{kN}$。尺寸 $a=0.2\text{m}$，$b=0.1\text{m}$，$c=0.05\text{m}$，$l=5\text{m}$。求阻力 F_x、机翼升力 F_{y1} 和尾部的升力 F_{y2}。

［**答案：**$F_x=4\text{kN}$，$F_{y1}=28.73\text{kN}$，$F_{y2}=1.269\text{kN}$］

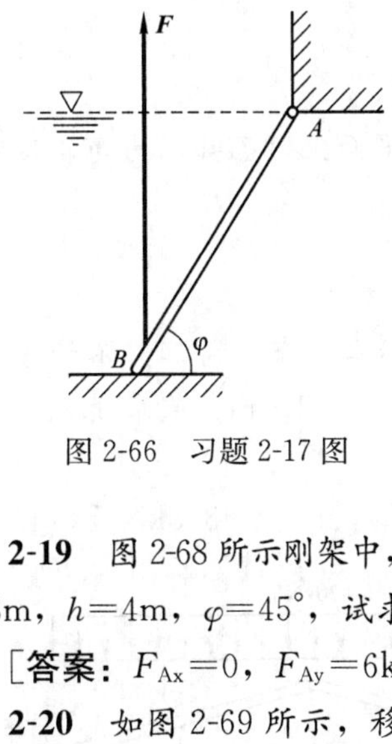

图 2-66　习题 2-17 图

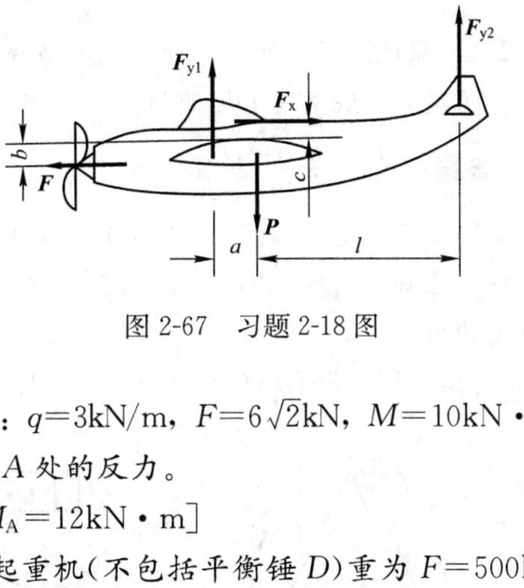

图 2-67　习题 2-18 图

2-19　图 2-68 所示刚架中，已知：$q=3\text{kN/m}$，$F=6\sqrt{2}\text{kN}$，$M=10\text{kN}\cdot\text{m}$，$l=3\text{m}$，$h=4\text{m}$，$\varphi=45°$，试求支座 A 处的反力。

［**答案：**$F_{Ax}=0$，$F_{Ay}=6\text{kN}$，$M_A=12\text{kN}\cdot\text{m}$］

2-20　如图 2-69 所示，移动式起重机(不包括平衡锤 D)重为 $F=500\text{kN}$，作用在 C 点，它距右轨为 $e=1.5\text{m}$。已知：最大起重量 $P_1=250\text{kN}$，$l=10\text{m}$，$b=3\text{m}$。欲使跑车 E 在满载或空载时，起重机均不会翻倒，试求平衡锤最小重量 $\boldsymbol{P}_2$ 及平衡锤到左轨的最大距离 x。

［**答案：**$\boldsymbol{P}_2=333.3\text{kN}$，$x=6.75\text{m}$］

2-21　多跨梁如图 2-70 所示，已知：$q=5\text{kN/m}$，$l=2\text{m}$，$\varphi=30°$。试求 A，C 处的约束力。

［**答案：**(a) $F_A=-10\text{kN}$，$F_B=25\text{kN}$，$F_D=5\text{kN}$；(b) $F_{Ax}=5.774\text{kN}$，$F_{Ay}=10\text{kN}$，$M_A=40\text{kN}\cdot\text{m}$，$F_C=11.547\text{kN}$］

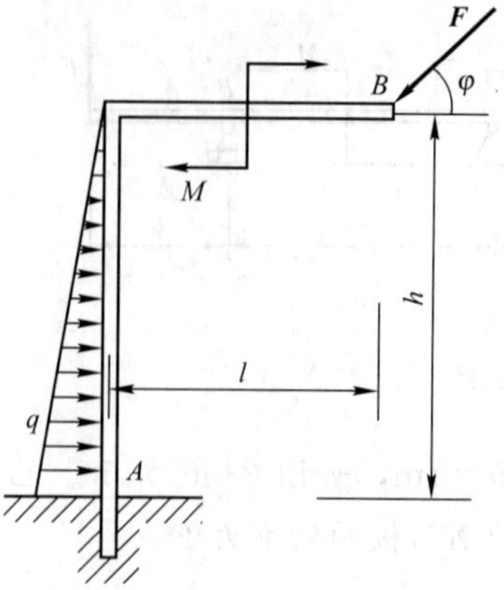

图 2-68 习题 2-19 图

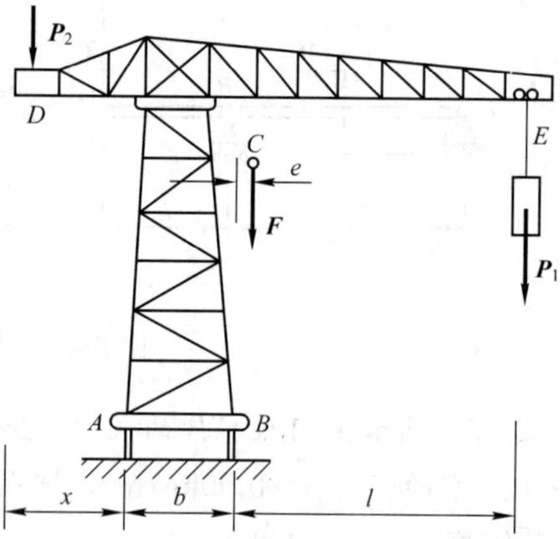

图 2-69 习题 2-20 图

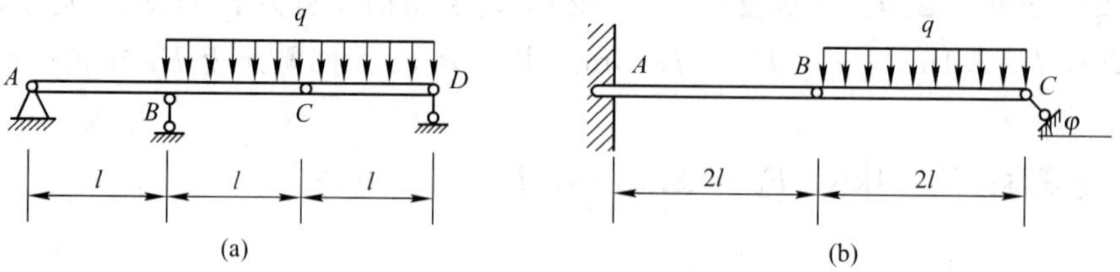

图 2-70 习题 2-21 图

2-22 如图 2-71 所示，梯子放置在光滑水平面上，已知：力 $\boldsymbol{F}$，尺寸 l，h，b，角度 φ。试求绳 DE 的拉力。

［**答案**：$F_{DE}=\dfrac{b\cos\varphi}{2h}F$］

2-23 厂房屋架如图 2-72 所示，其上受有铅垂均布载荷，若不计各构件的自重，已知：$a_1=4.37\text{m}$，$a_2=9\text{m}$，$b_1=1\text{m}$，$b_2=1.2\text{m}$。试求 1、2、3 三杆所受的力。

［**答案**：$F_1=367\text{kN}$(拉)，$F_2=-81.9\text{kN}$(压)，$F_3=-358\text{kN}$(拉)］

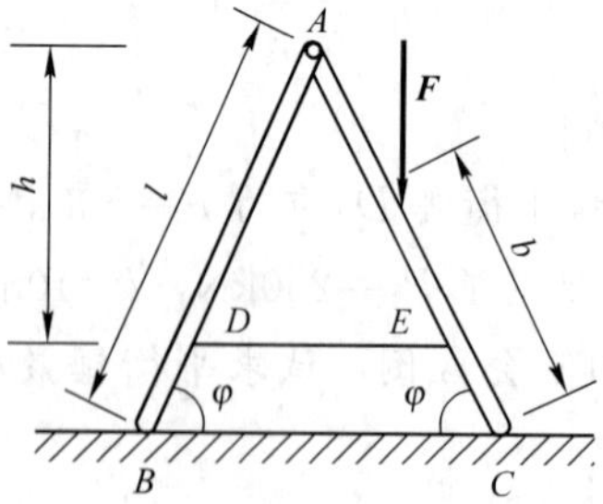

图 2-71 习题 2-22 图

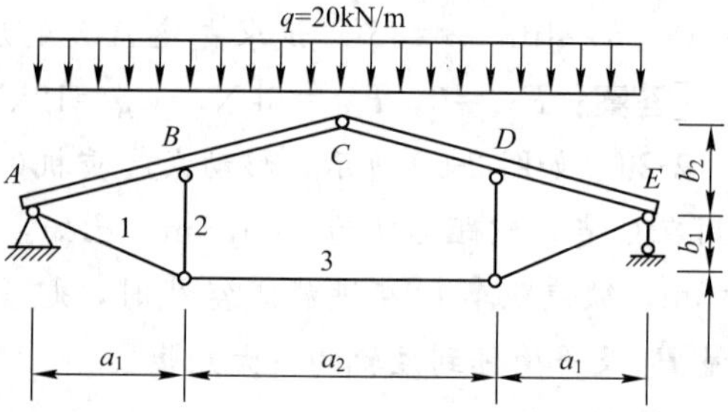

图 2-72 习题 2-23 图

2-24 曲柄连杆活塞机构在图 2-73 所示位置时，活塞上受力 $F=400\text{N}$，已知：$l=10\text{cm}$。试问在曲柄上应加多大的力偶矩 M 才能使机构平衡。

［**答案**：$M=6000\text{N}\cdot\text{cm}$］

2-25 图 2-74 所示多跨梁，已知：l=2m，φ=60°，F=150kN。试求 1、2、3、4 杆的力。

[**答案**：F_1=−62.5kN(压)，F_2=−57.7kN(压)，F_3=−57.7kN(压)，F_4=12.5kN(拉)]

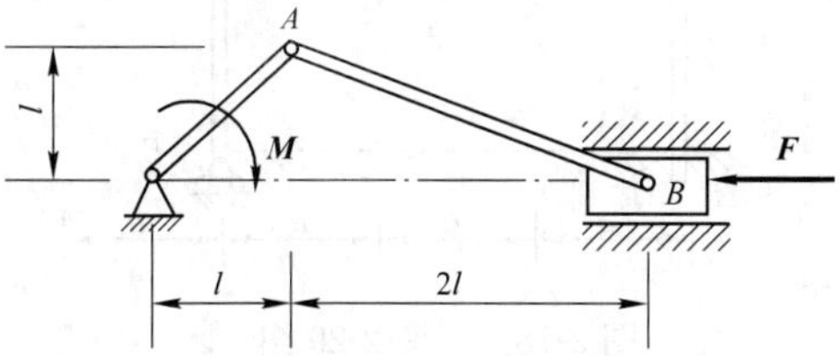

图 2-73　习题 2-24 图

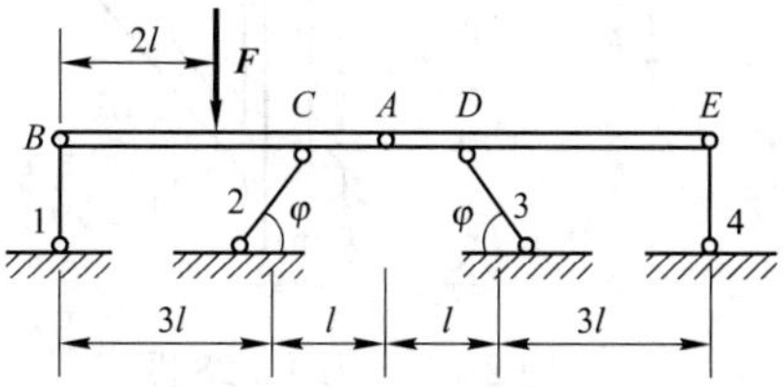

图 2-74　习题 2-25 图

2-26 构架如图 2-75 所示，已知：力 F=10kN，l=2.5m，h=2m。试求支座 A 的反力。

[**答案**：(a)F_{Ax}=−5kN，F_{Ay}=−10kN；(b)F_{Ax}=$13\frac{1}{3}$kN，F_{Ay}=13kN]

2-27 构架如图 2-76 所示，已知：F=8kN，l=2m，b=1.5m。试求支座 A、E 处的反力。

[**答案**：F_{Ax}=7kN，F_{Ay}=−1kN，F_{Ex}=−7kN，F_{Ey}=9kN]

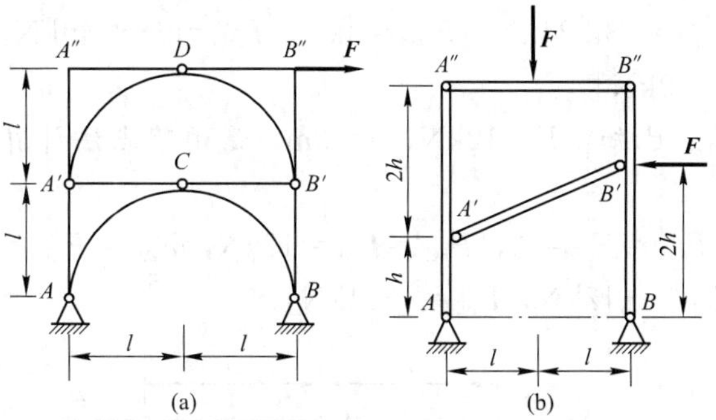

图 2-75　习题 2-26 图

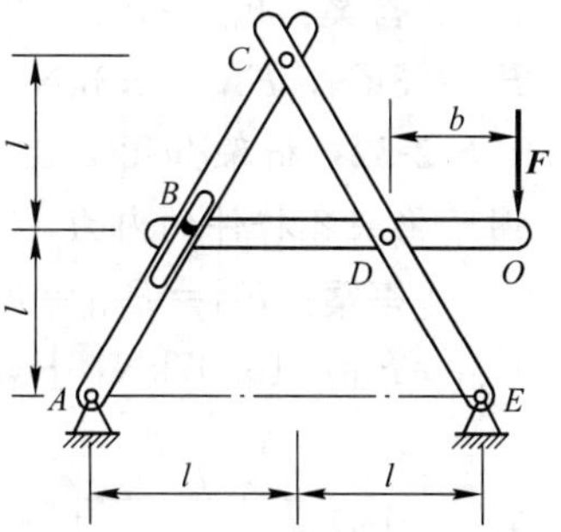

图 2-76　习题 2-27 图

2-28 图 2-77 所示为一台秤，空载时台秤及其支架 BCE 的重量与杠杆 AB 的重量恰好平衡，其时杠杆 AOB 处于水平位置；当秤台上有重物时，在 AO 上加一秤锤，设秤锤重量为 $\mathbf{P}$，$OB=a$，求 AO 上的刻度 x 与重量 Q 之间的关系。

[**答案**：$Q=\frac{x}{a}P$]

2-29 图 2-78 所示结构由刚体 AB、BD、DEF 所组成。A 处为固定端；C、E 处均为辊轴支座；B 和 D 都是铰链，已知：F=50kN，q=20kN/m，m=40kN·m，a=2m。求 A 处的反力。

[**答案**：F_{Ax}=35.4kN，F_{Ay}=55.4kN，M_A=141.6kN·m]

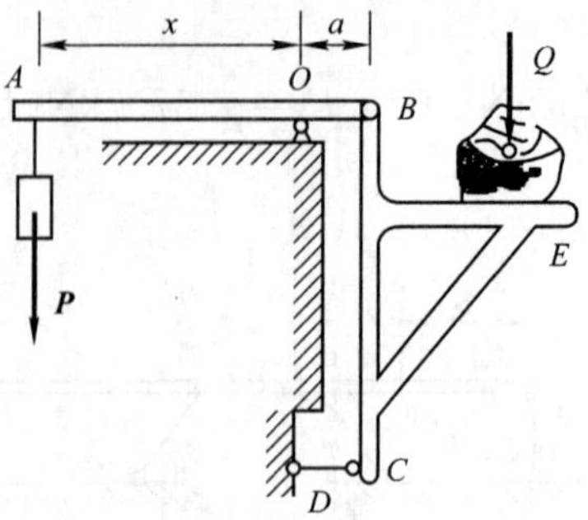

图 2-77 习题 2-28 图

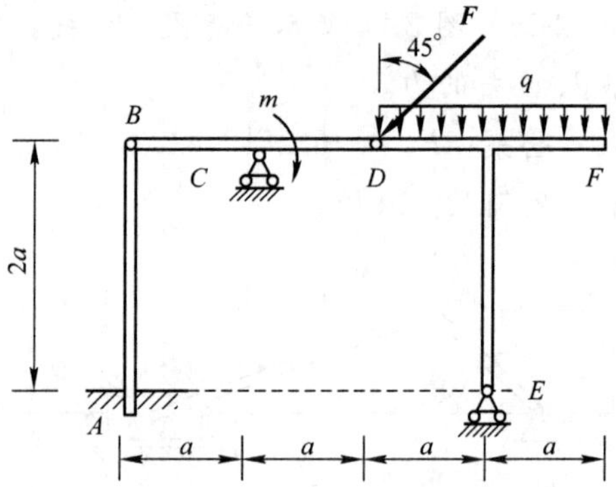

图 2-78 习题 2-29 图

2-30 平面桁架荷载与尺寸如图 2-79所示，试用节点法计算各杆的内力。

［**答案**：$F_{ED}=2F$，$F_{DC}=-2.24F$，$F_{EC}=F$，$F_{CB}=-2F$，$F_{BE}=0$，$F_{EA}=2.24F$］

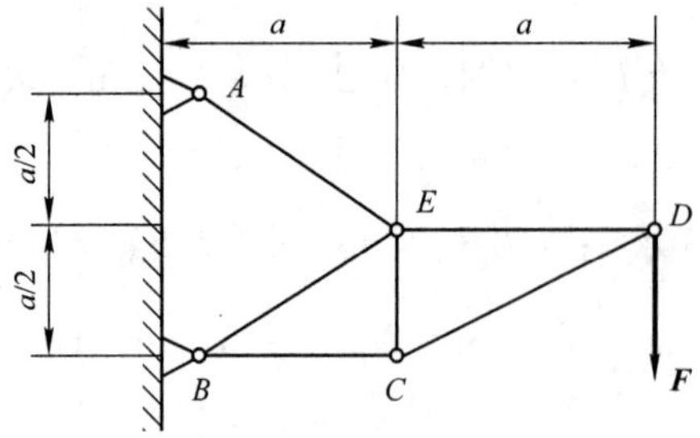

图 2-79 习题 2-30 图

2-31 桁架如图 2-80 所示。已知：$F=3\text{kN}$，$l=3\text{m}$。试用节点法计算各杆的力。

［**答案**：$F_{BC}=F_{CE}=0$，$F_{BE}=-4.24\text{kN}$，$F_{DE}=3\text{kN}$，$F_{AD}=-8.49\text{kN}$，$F_{BD}=3\text{kN}$，$F_{AB}=-3\text{kN}$，$F_{OD}=9\text{kN}$］

2-32 桁架如图 2-81 所示。已知：$F=12\text{kN}$，$a=3\text{m}$。试用节点法计算图示桁架各杆件的内力。

［**答案**：$F_{CJ}=F_{DH}=F_{DE}=F_{EG}=F_{EF}=0$，$F_{FG}=\boldsymbol{F}_{AJ}=12\text{kN}$，$F_{AC}=F_{CD}=F_{GH}=F_{HJ}=16.97\text{kN}$，$F_{DG}=F_{DJ}=-12\text{kN}$，$F_{BD}=-24\text{kN}$］

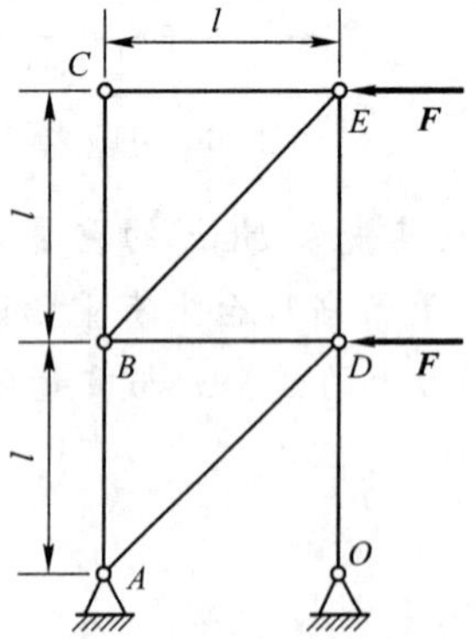

图 2-80 习题 2-31 图

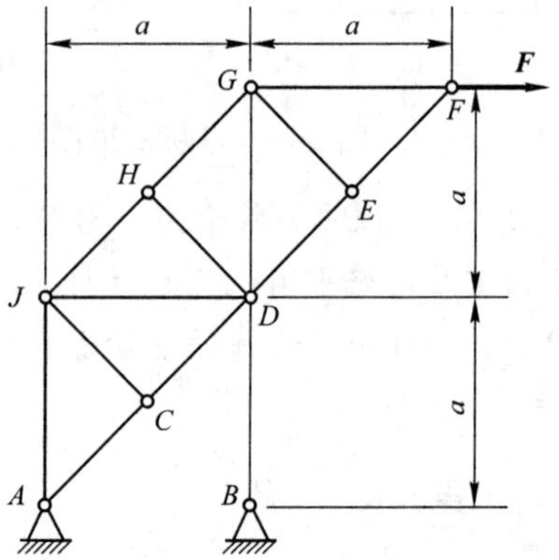

图 2-81 习题 2-32 图

2-33 桁架如图 2-82 所示。已知：$P=20\text{kN}$，$l=1.5\text{m}$，$h=4\text{m}$。试求杆件 CC'、AA'和 $A'B'$的内力。

［**答案**：$F_{CC'}=30\text{kN}$，$F_{A'B'}=12.5\text{kN}$，$F_{AA'}=70\text{kN}$］

2-34　桁架如图 2-83 所示。已知力 **F**，尺寸 l。试求杆件 BC、DE 的内力。

$$\left[\textbf{答案}：F_{BC}=\frac{F}{2}，F_{DE}=\frac{F}{2}\right]$$

2-35　杆 AC、CD 在 C 处铰接，并支撑如图 2-84 所示，受分布荷载 $q=3\text{kN/m}$ 作用，已知尺寸 $a=2\text{m}$，$b=3\text{m}$，忽略各杆自重。试求支座 A 的约束力及杆 1、2 的内力。

［**答案**：$F_1=-20\text{kN}$，$F_2=-28.84\text{kN}$］

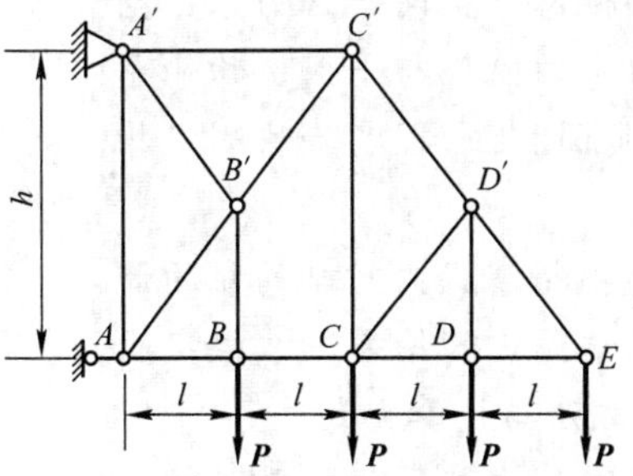

图 2-82　习题 2-33 图

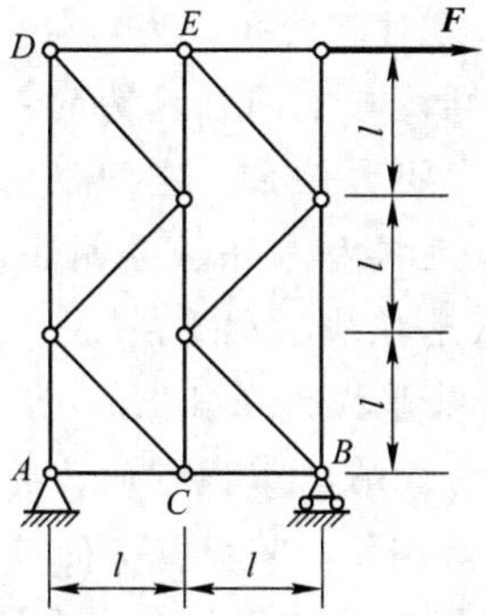

图 2-83　习题 2-34 图

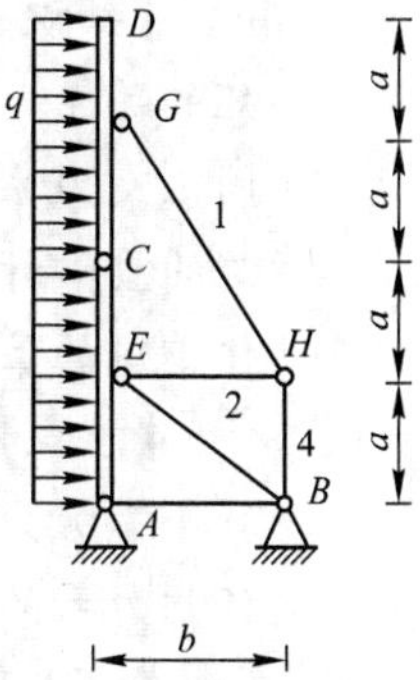

图 2-84　习题 2-35 图

第3章 空间任意力系

本章知识点

【知识点】力对点之矩，力对轴之矩，力对点之矩与力对轴之矩的关系，力螺旋与空间任意力的投影概念，空间平行力系、空间汇交力系、空间力偶系、空间任意力系的简化与平衡、物体系统的重心计算(直接积分法、分割法、负面积法)，实验法测定物体重心的位置(悬挂法、称重法)。

【重点】熟练掌握力在轴上的投影，熟练掌握力对轴的矩的计算，掌握力偶的性质，掌握空间力系任意简化的结果，掌握空间任意力系的平衡方程，掌握重心的确定方法与计算公式。

【难点】熟练建立空间任意力系的主矢、主矩简化结果与对简化结果分析，使用空间平衡方程对空间任意力系的刚体系统约束反力求解的解题方法。

作用在物体上的力系，如所有力的作用线在空间任意分布，则这种力系称为空间任意力系，简称空间力系。显然，图 3-1 所示的房屋与桥梁结构被空间任意力系作用着，而前面讨论的各种力系都属于空间任意力系的特殊情况。本章将研究空间任意力系的简化与平衡条件。而空间汇交力系、空间力偶系可作为空间任意力系的特殊情况来处理，在研究空间任意力系的问题时，需要将力对点之矩用矢量表示，此外还涉及一个新的概念：力对轴的矩。正确计算力对轴的矩是求解空间任意力系问题的重要环节。

(a) (b)

图 3-1

3.1 力对点之矩与力对轴之矩关系

在研究平面任意力系的问题时，各力与矩心都在同一平面内，如果将力与矩心所构成的平面称为力矩平面，则对于平面任意力系而言，各力对点之矩具有同一力矩平面，这时，只要知道力矩的大小和力矩转向，就足以表明力使物体绕矩心转动的效应。因此，在平面任意力系中，我们只需将力对点之矩用代数量来表示就可以了。但在研究空间任意力系的问题时，情况就不同了。这是因为空间任意力系中各力的作用线与矩心所组成的平面在空间具有不同的方位，在研究力系中每一个力对物体绕矩心转动的效应时不仅要考虑力矩的大小和转向，而且还要考虑力的作用线与矩心所组成的平面在空间的方位，即力矩平面的方位。因此，在空间任意力系中力对点之矩的概念应包括三个因素：即力矩的大小、力矩在其力矩平面内的转向和力矩平面的方位。这三个因素不可能用一个代数量来表示，而需要用矢量来表示。为了表达空间力矩矢量值应首先讨论空间力矢的投影值。

3.1.1 力的投影与力的分解

设有一力 $\boldsymbol{F}$ 作用于物体的 O 点上，为了确定此力的大小、方向，过 O 点作空间坐标系 $Oxyz$，如图 3-2(a)所示。若力 $\boldsymbol{F}$ 与 x、y、z 轴正向的夹角分别为 α、β、γ，则 $\boldsymbol{F}$ 在空间直角坐标轴上的投影计算式为：

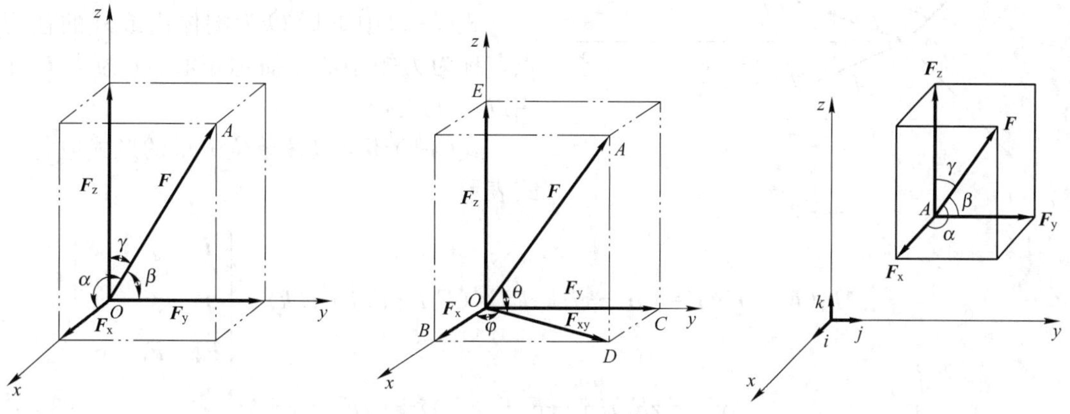

图 3-2

$$F_x = F \times \cos\alpha, \quad F_y = F \times \cos\beta, \quad F_z = F \times \cos\gamma \tag{3-1}$$

力 $\boldsymbol{F}$ 与 x、y、z 轴正向的夹角 α、β、γ 可以是锐角，也可以是钝角。但在实际计算时，常采用力 $\boldsymbol{F}$ 与轴为锐角的夹角来计算，其正负号则根据直观判断：当投影方向与轴的正向一致时为正，否则为负。

当 $\boldsymbol{F}$ 力与三个坐标轴的夹角不全知道，或者不易直接确定时，常用二次投影法求该力在坐标轴上的投影(图 3-2b)。先将力 $\boldsymbol{F}$ 投影到 Oxy 平面(要注意的是，空间力 $\boldsymbol{F}$ 在 Oxy 平面上的投影 $\boldsymbol{F}_{xy}$ 仍是矢量），再将 $\boldsymbol{F}_{xy}$ 投影到 x、y 轴上。于是得到力 $\boldsymbol{F}$ 在三个坐标轴上的投影为：

$$F_x = F\times\cos\theta\cos\varphi,\quad F_y = F\times\cos\theta\sin\varphi,\quad F_z = F\times\sin\theta \tag{3-2}$$

若已知力 $\boldsymbol{F}$ 在 x、y、z 轴上的投影 F_x、F_y、F_z，则可求得 $\boldsymbol{F}$ 力的大小及方向余弦

$$F=\sqrt{F_x^2+F_y^2+F_z^2},\quad \cos\alpha=\frac{F_x}{F},\quad \cos\beta=\frac{F_y}{F},\quad \cos\gamma=\frac{F_z}{F} \tag{3-3}$$

将一个力分解为沿直角坐标轴 x、y、z 的分力。根据矢量运算法则，力 $\boldsymbol{F}$ 的矢量分解公式为：

$$\boldsymbol{F}=F_x\boldsymbol{i}+F_y\boldsymbol{j}+F_z\boldsymbol{k} \tag{3-4}$$

式中，$\boldsymbol{i}$、$\boldsymbol{j}$、$\boldsymbol{k}$ 是沿直角坐标轴正向的单位矢量(图 3-2c)，力 $\boldsymbol{F}$ 的分解与力在轴上的投影是两个不同的概念。一个力可分解成两个或两个以上的分力，力沿坐标轴分解的分力是矢量，因此，力的分解应满足矢量运算法则；而力在坐标轴上的投影是该力的起点与终点分别向该坐标轴作垂线而截得的线段，它是代数量。

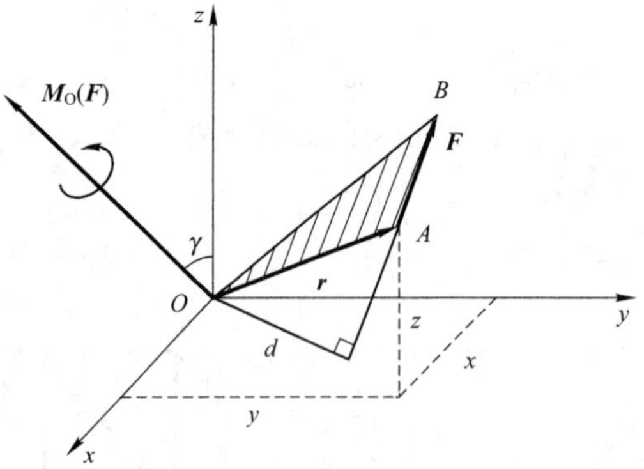

图 3-3

3.1.2 力对点之矩矢

空间力 $\boldsymbol{F}$ 对某一点 O 的矩是矢量，如图 3-3所示，表示为：

$$\boldsymbol{M}_O(\boldsymbol{F})=\boldsymbol{r}\times\boldsymbol{F} \tag{3-5}$$

式(3-5)中下标 O 为物体内或外的任意点，称为力矩中心，简称矩心；$\boldsymbol{r}$ 为力 $\boldsymbol{F}$ 作用点 A 的矢径。

式(3-5)还可以按单位矢量的形式或行列式表示

$$\boldsymbol{M}_O(\boldsymbol{F})=\boldsymbol{r}\times\boldsymbol{F}=(x\boldsymbol{i}+y\boldsymbol{j}+z\boldsymbol{k})\times(F_x\boldsymbol{i}+F_y\boldsymbol{j}+F_z\boldsymbol{k})=\begin{vmatrix}\boldsymbol{i} & \boldsymbol{j} & \boldsymbol{k}\\ x & y & z\\ F_x & F_y & F_z\end{vmatrix}$$

$$=(yF_z-zF_y)i+(zF_x-xF_z)j+(xF_y-yF_x)k \tag{3-6a}$$

空间力矩方向按右手法则 $\boldsymbol{r}\times\boldsymbol{F}$ 确定，OAB 三角形平面为力矩平面。

力矩的矢量表达式包含了力 $\boldsymbol{F}$ 对 O 点之矩的全部要素：

(1) 其大小

$$|\boldsymbol{M}_O(\boldsymbol{F})|=F\times d=2\Delta OAB \tag{3-6b}$$

(2) 方向按右手法则($\boldsymbol{r}\times\boldsymbol{F}$)确定；

(3) 作用在点 O。

由此可知，同一力 $\boldsymbol{F}$ 对于不同点的矩显然是不同的，即力矩矢 $\boldsymbol{M}_O(\boldsymbol{F})$ 与矩心的位置有关。因此，矩矢是定位矢，其矢端只能画在矩心 O 点处。

此外，由于力是滑动矢量，当力 $\boldsymbol{F}$ 沿其作用线移动时，其大小、方向及由 O 点到力作用线的距离都不变，力 $\boldsymbol{F}$ 与矩心 O 构成的力矩平面方位也不变，因而上述力矩矢的三要素均没有发生变化。

3.1.3 力对轴的矩

通过矩心 O 点作任一轴 z，则力 $\boldsymbol{F}$ 对 z 轴的矩等于 $\boldsymbol{F}$ 在垂直于 z 轴的平面上的投影 $\boldsymbol{F}_{xy}$ 对 z 轴和平面的交点 O 的矩（图 3-4），即

$$\boldsymbol{M}_z(\boldsymbol{F})=\boldsymbol{M}_O(\boldsymbol{F}_{xy})=2\triangle Oab \qquad (3\text{-}6c)$$

因为 $\triangle Oab$ 为 $\triangle OAB$ 在包括 $\triangle Oab$ 的平面上的投影，由几何学中的定理知

$$\triangle OAB\times\cos\gamma=\triangle Oab$$

γ 为两个三角形平面之间的夹角，也就是 $\boldsymbol{M}_O(\boldsymbol{F})$ 矢与 z 轴之间夹角，将式(3-6b)和式(3-6c)代入上述关系式，可写出

$$|\boldsymbol{M}_O(\boldsymbol{F})|\times\cos\gamma=M_z(\boldsymbol{F}) \qquad (3\text{-}7)$$

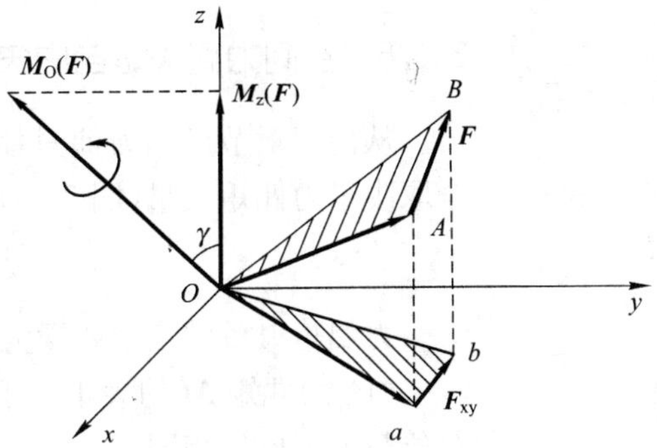

图 3-4

由此得定理：力对一点的矩矢在通过该点的任意轴上的投影等于这力对该轴的矩。

3.1.4 力对点之矩矢与对轴的矩之间的关系

对比式(3-6a)与式(3-7)，可见式(3-6a)中各单位矢量 $\boldsymbol{i}$、$\boldsymbol{j}$、$\boldsymbol{k}$ 前面三个系数表示 $\boldsymbol{M}_O(\boldsymbol{F}_i)$ 在三个坐标轴上的投影值，可分别写成：

$$M_x(\boldsymbol{F})=yF_z-zF_y,\quad M_y(\boldsymbol{F})=zF_x-xF_z,\quad M_z(\boldsymbol{F})=xF_y-yF_x \qquad (3\text{-}8)$$

由此可知，同一力 $\boldsymbol{F}$ 对于不同点的矩显然是不同的，即力矩矢 $\boldsymbol{M}_O(\boldsymbol{F})$ 与矩心的位置有关。因此，矩矢是定位矢，其矢端只能画在矩心 O 点处。此外，由于力是滑动矢量，当力 $\boldsymbol{F}$ 沿其作用线移动时，其大小、方向及由 O 点到力作用线的垂直距离都不变，力 $\boldsymbol{F}$ 与矩心 O 构成的力矩平面方位也不变，因而上述力矩矢的三要素均没有发生变化。

【例题 3-1】 如图 3-5 所示，作用于 AB 杆端 B 点的力 $\boldsymbol{F}$ 大小为 50N，$OA=20$cm，$AB=18$cm，$\varphi=45°$，$\theta=60°$。试求力 $\boldsymbol{F}$ 对 O 点的矩 $\boldsymbol{M}_O(\boldsymbol{F})$ 及对各坐标轴的矩。

【解】 若直接从几何关系中求出 $\boldsymbol{F}$ 与 O 点的距离 d，显然比较繁琐。因此可以采用以下方法。

直接运用式(3-2)求力的投影值：

$F_x=F\cos\theta\cos\varphi=17.7$N，$F_y=F\cos\theta\sin\varphi=17.7$N，

$F_z=F\sin\theta=43.3$N

B 点坐标为：$x=0$、$y=18$cm、$z=20$cm。则按

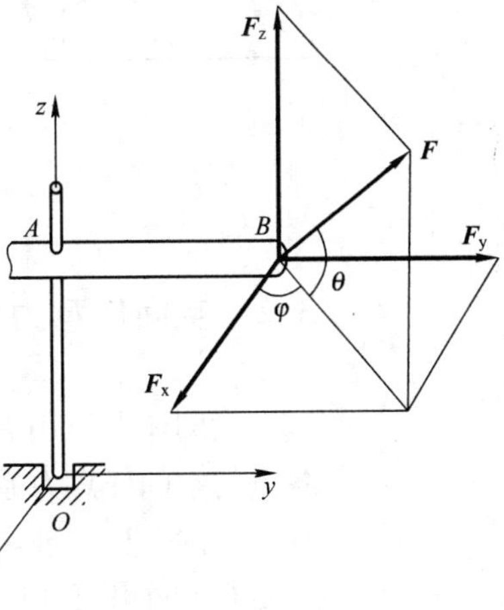

图 3-5 例题 3-1 图

式(3-6)求解

$$M_x(\boldsymbol{F})=yF_z-zF_y=425i,\quad M_y(\boldsymbol{F})=zF_x-xF_z=354\boldsymbol{j},$$

$$M_z(\boldsymbol{F})=xF_y-yF_x=-318\boldsymbol{k}$$

$$|\boldsymbol{M}_O(\boldsymbol{F})|=\sqrt{M_x(\boldsymbol{F})^2+M_y(\boldsymbol{F})^2+M_z(\boldsymbol{F})^2}=638.3\text{N}\cdot\text{cm}$$

$\boldsymbol{M}_O(\boldsymbol{F})$的方向可用方向余弦表达。

3.1.5 空间力偶矢是自由矢量

从前面章节已知力偶只使刚体产生转动效应。因此力偶对刚体的作用完全取决于力偶矩矢量(图 3-6a)，表示为：

$$\boldsymbol{M}=\boldsymbol{r}_{BA}\times\boldsymbol{F} \tag{3-9}$$

力偶矩矢量的三个要素为：

(1) 力偶矩 $\boldsymbol{M}$ 的大小等于力偶的力与力偶臂的乘积$M=F\times d$，力偶矩的单位与力矩单位相同。

(2) 其方位垂直于力偶所在的平面(图 3-6b)。

(3) 力偶矩矢量 $\boldsymbol{M}$ 的指向符合右手螺旋法则(图 3-6c)。

由于只要力偶矩矢保持不变，力偶可在其作用面内及彼此平行的平面内任意搬移而不改变其对物体的效应。由此可见，只要不改变力偶矩矢 $\boldsymbol{M}$ 的大小和方向，不论将 $\boldsymbol{M}$ 画在物体上的什么地方都一样，可见力偶矩矢是自由矢量。

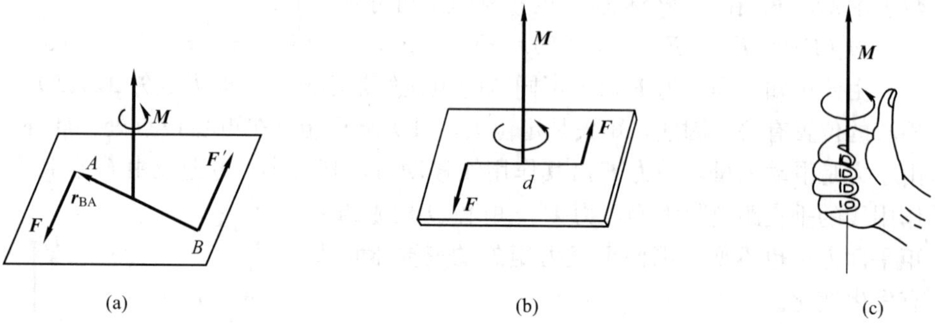

图 3-6

3.2 空间任意力系的简化与平衡

设刚体上作用有空间任意力系(图 3-7a)，考虑作用于 A_1、A_2、…、A_n 各点的空间任意力系 $\boldsymbol{F}_1$、$\boldsymbol{F}_2$、…、$\boldsymbol{F}_n$ 向任意点 O 简化，根据力的可传性原理、力的平移定理，可将各力平行移动到 O 点，并各自附加一力偶(图 3-7b)，于是得到作用于 O 点的一个汇交力系 $\boldsymbol{F}_1$、$\boldsymbol{F}_2$、…、$\boldsymbol{F}_n$ 和一个附加的力偶系分别以其力偶矩矢 $\boldsymbol{M}_1$、$\boldsymbol{M}_2$、…、$\boldsymbol{M}_n$ 表示，附加的各力偶矩矢应分别垂直于对

应之各力与 O 点所决定的平面，并分别等于各力对于 O 点的矩，即

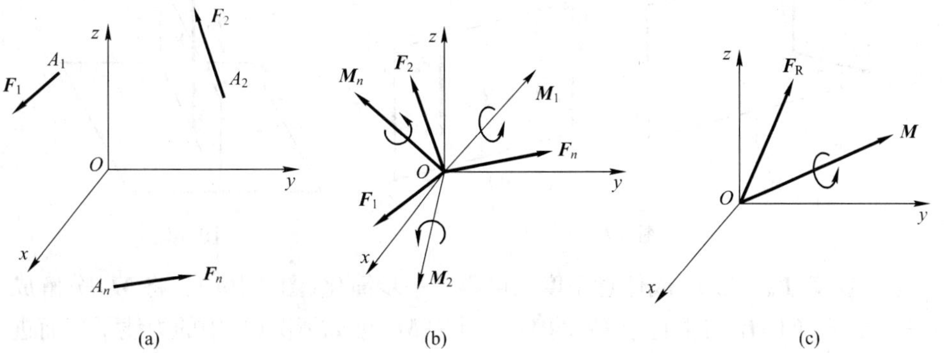

图 3-7

$$M_1 = M_O(F_1), \quad M_2 = M_O(F_2), \cdots, M_n = M_O(F_n)$$

汇交力系 $\boldsymbol{F}_1$、$\boldsymbol{F}_2$、…、$\boldsymbol{F}_n$ 可合成为一个力 $\boldsymbol{F}_R$，等于各力的矢量和，即

$$\boldsymbol{F}_R = \boldsymbol{F}_1 + \boldsymbol{F}_2 + \cdots + \boldsymbol{F}_n = \sum \boldsymbol{F}_i \qquad (3\text{-}10)$$

原力系各力的矢量和 $\boldsymbol{F}_R = \sum \boldsymbol{F}_i$ 称为该力系的主矢量，简称主矢。

附加的力偶系 $\boldsymbol{M}_1$、$\boldsymbol{M}_2$、…、$\boldsymbol{M}_n$ 可以合成为一个合力偶，其力偶矩矢 $\boldsymbol{M}$ 等于各附加力偶矩的矢量和，即

$$\boldsymbol{M} = \boldsymbol{M}_O(\boldsymbol{F}_1) + \boldsymbol{M}_O(\boldsymbol{F}_2) + \cdots + \boldsymbol{M}_O(\boldsymbol{F}_n) = \sum \boldsymbol{M}_O(\boldsymbol{F}_i) \qquad (3\text{-}11)$$

合力偶矩 $\boldsymbol{M}$ 称为原力系对于简化中心的主矩(图 3-7c)。与平面任意力系时的结果相似，空间任意力系对于给定的力系，主矢是唯一的，它与简化中心的位置无关的。而主矩则随简化中心而变，因而主矩一般将随简化中心位置不同而改变。

空间任意力系向任意一点简化，一般得一个主矢一个主矩，但可能有以下四种情况：

1. 当 $\boldsymbol{F}_R \neq 0$，$\boldsymbol{M}_O = 0$，此时力系简化为一个合力，则合力的作用线通过简化中心，合力的大小与方向由力系主矢 $\boldsymbol{F}_R$ 决定。

2. 当 $\boldsymbol{F}_R = 0$，$\boldsymbol{M}_O \neq 0$，原力系简化为一个合力偶，其力偶矩等于原力系对简化中心的主矩。

3. 当 $\boldsymbol{F}_R \neq 0$，$\boldsymbol{M}_O \neq 0$，可分三种情况讨论：

(1) 若 $\boldsymbol{F}_R \perp \boldsymbol{M}_O$；这表明 $\boldsymbol{M}_O$ 所代表的力偶与主矢 $\boldsymbol{F}_R$ 在同一平面内(图 3-8a)。根据力的平移定理的逆过程，还可再进一步简化为一个作用于另一点 O_1 的合力 $\boldsymbol{F}'_R$，$\boldsymbol{F}'_R$ 离 $\boldsymbol{F}_R$ 的距离 $d = \dfrac{M_O}{F_R}$(图 3-8b)。

(2) 若 $\boldsymbol{F}_R /\!/ \boldsymbol{M}_O$；这样的一个力和力偶组合称为力螺旋(图 3-9)，这也是空间任意力系简化的一种最终结果，不能再进一步简化了。拧螺栓就是力螺旋的一个例子。当 $\boldsymbol{M}_O$ 与 $\boldsymbol{F}_R$ 方向一致时，称为右手螺旋，否则称为左手螺旋。

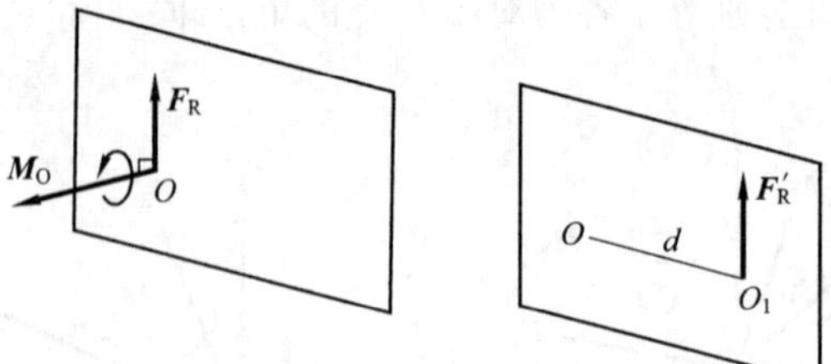

(a) (b)

图 3-8

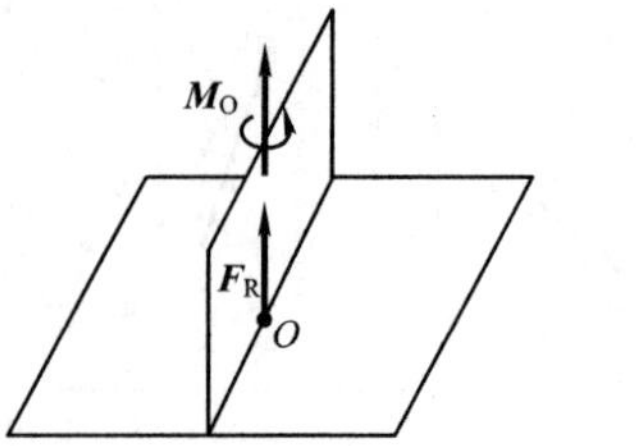

图 3-9

(3) 若 $\boldsymbol{F}_R$ 与 $\boldsymbol{M}_O$ 成任意角度；可再进一步简化(图 3-10a)。将 $\boldsymbol{M}_O$ 分解成平行于 $\boldsymbol{F}_R$ 的 $\boldsymbol{M}_1$ 与垂直于 $\boldsymbol{F}_R$ 的 $\boldsymbol{M}_2$，其中 $\boldsymbol{M}_2$ 可如情况(1)中的力线平移而进一步简化为一个作用于 O' 点的力 $\boldsymbol{F}'_R$，而 $\boldsymbol{M}_1$ 搬移后，则如情况(2)中与 $\boldsymbol{F}'_R$ 组成一个力螺旋(图 3-10b)。这是空间任意力系简化的最一般情况。

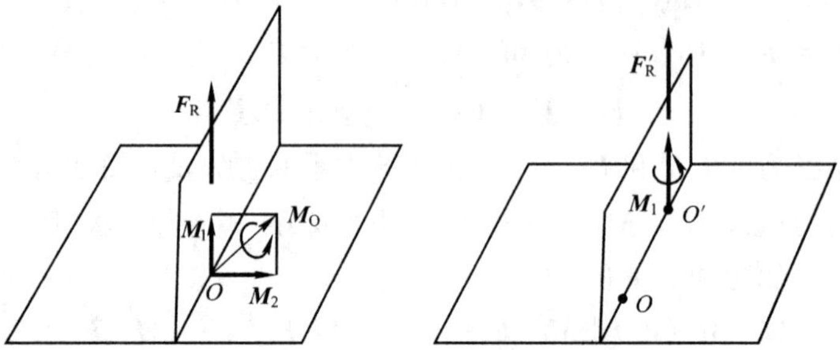

(a) (b)

图 3-10

4. 主矢 $\boldsymbol{F}_R=0$，主矩 $\boldsymbol{M}_O=0$，这就是力系平衡情况，或称为零力系。当空间任意力系的主矢及对任一简化中心的主矩都等于零时，该力系成为平衡力系。因此，空间任意力系平衡的充要条件是：该力系的主矢量与力系对任一点的主矩都等于零。上述条件可用代数方程表示：

$$\sum F_{ix}=0,\quad \sum F_{iy}=0,\quad \sum F_{iz}=0$$

$$\sum M_x(\boldsymbol{F}_i)=0,\quad \sum M_y(\boldsymbol{F}_i)=0,\quad \sum M_z(\boldsymbol{F}_i)=0 \tag{3-12}$$

这就是空间任意力系的平衡方程。这一组平衡方程表示，力系中所有力在直角坐标轴的每一轴上投影代数和等于零，所有的力对每一轴之矩的代数和等于零。这六个方程是彼此独立的，对空间任意力系的平衡问题，运用这一组方程可求解六个未知量。

若作用于刚体上的空间任意力系各力作用线汇交于一点，则为空间汇交力系，如图 3-11(a)所示的整个桥梁结构被若干根钢索悬挂着。它的平衡方程为：

$$\sum F_{ix}=0,\quad \sum F_{iy}=0,\quad \sum F_{iz}=0 \tag{3-13}$$

同样对于空间力偶系，如图 3-11(b)所示的双旋翼直升机被空间力偶系作用使之在空中平衡。它的平衡方程为：

$$\sum M_x(\boldsymbol{F}_i)=0,\quad \sum M_y(\boldsymbol{F}_i)=0,\quad \sum M_z(\boldsymbol{F}_i)=0 \tag{3-14}$$

(a) (b)

图 3-11

【例题 3-2】 悬挂重物刚架如图 3-12 所示。杆 AO 的自重不计，用铰与铅垂墙板连接，点 O 用两根等长绳索与 B、C 相连，且平面 BOC 是水平的。若在 O 点挂一重物，其重 $\boldsymbol{P}=1000\text{N}$，求杆 OA 与两根绳索所受的力。

【解】 这是空间汇交力系的平衡问题。现取汇交点 O 作受力图，坐标如图 3-12(b)所示。使用投影方程与式(3-13)可得：

$$\sum F_{iz}=0,\quad F_{\text{OA}}\cos45^\circ-P=0\quad \text{可得：} F_{\text{OA}}=1414\text{N(压)}$$

$$\sum F_{ix}=0,\quad -F_{\text{OC}}\sin45^\circ+F_{\text{OB}}\sin45^\circ=0\quad \text{可得：} F_{\text{OC}}=F_{\text{OB}}$$

$$\sum F_{iy}=0,\quad -2F_{\text{OB}}\cos45^\circ+F_{\text{OA}}\cos45^\circ=0\quad \text{可得：} F_{\text{OC}}=F_{\text{OB}}=707\text{N}$$

投影方程中的投影轴并不一定垂直正交，可根据解题需要选取，如按图 3-12(c)中 x' 轴重合 CO 线来建立平衡方程，也是可以的。

$$\sum F_{x'}=0,\quad -F_{\text{OC}}+F_{\text{OA}}\sin45^\circ\times\sin45^\circ=0\quad \text{可得：} F_{\text{OC}}=707\text{N}$$

这个方程虽然在求力 F_{OA} 在 x' 轴上的投影使用了二次投影方法，但可直接求得 F_{OC} 值。

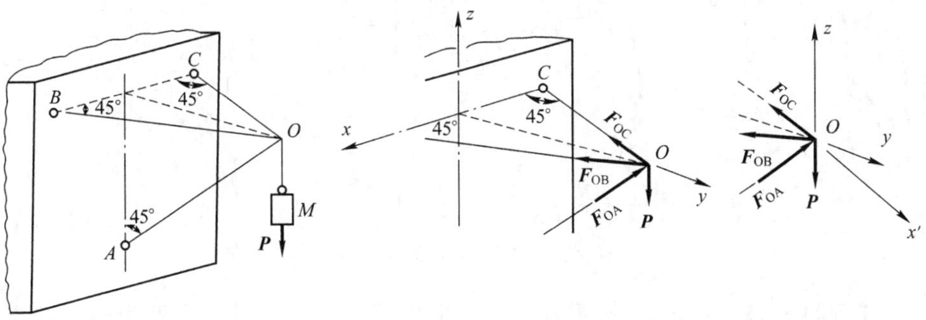

(a) (b) (c)

图 3-12 例题 3-2 图

【例题 3-3】 如图 3-13(a)所示为桥梁施工的简易悬索起吊装置，主索 DE 悬挂在 2 个三脚支架的顶端，骑马滑轮 M 可在主索上滚动。主索 DE 和杆 AD、EH 均在同一铅垂面内，平面 DBC 和 EFG 都与水平地面垂直。各杆两端均为铰链连接。已知被吊构件重 $W=3\text{kN}$，三脚支架的尺寸 $a=8\text{m}$，$b=6\text{m}$，$c=3\text{m}$，主索水平夹角 $\alpha=5°$。当骑马滑轮在主索的中点时，试求主索的拉力和三脚架中各杆的反力。不计主索和各杆的自重。

【解】 先选骑马滑轮连同一小段主索为研究对象，其受力图如图 3-13(b)所示，为平面汇交力系，列出平衡方程

$$\sum F_{iy}=0,\quad F_{T2}\cos5°-F_{T1}\cos5°=0,\quad F_{T2}=F_{T1}$$

$$\sum F_{ix}=0,\quad F_{T1}\sin5°+F_{T2}\sin5°-W=0,\quad F_{T1}=F_{T2}=17.21\text{kN}$$

再选节点 D 为研究对象。作用在 D 节点上的力有三脚架各杆的反力 $\boldsymbol{F}_{AD}$、$\boldsymbol{F}_{BD}$、$\boldsymbol{F}_{CD}$，以及主索的拉力 $\boldsymbol{F}'_{T1}$，这些力组成空间汇交力系，如图 3-13(c)所示。在图示坐标系中，注意到 $\boldsymbol{F}_{AD}$、$\boldsymbol{F}'_{T1}$ 在 Oyz 平面内，它们在 x 轴上的投影等于零；$\boldsymbol{F}_{BD}$、$\boldsymbol{F}_{CD}$ 在 Oxz 平面内，它们在 y 轴上的投影等于零，于是

$$\sum F_{ix}=0,\quad -F_{BD}\sin\theta+F_{CD}\sin\theta=0,\quad F_{BD}=F_{CD} \tag{a}$$

$$\sum F_{iy}=0,\quad F'_{T1}\cos5°-F_{AD}\sin\gamma=0 \tag{b}$$

$$\sum F_{iz}=0,\quad -F_{AD}\cos\gamma+F_{BD}\cos\theta+F_{CD}\cos\theta-F'_{T1}\sin5°=0 \tag{c}$$

在图 3-13(c)中，由△AOD 和△BOD 可得

$$\sin\gamma=\frac{OA}{DA}=\frac{6}{\sqrt{36+64}}=0.6,\quad \cos\gamma=\frac{OD}{DA}\frac{8}{\sqrt{36+64}}=0.8,\quad \cos\theta=\frac{8}{\sqrt{9+64}}=0.936$$

代入式(b)、式(c)，得

$$F_{BD}=F_{CD}=13.01\text{kN},\quad F_{AD}=28.6\text{kN}$$

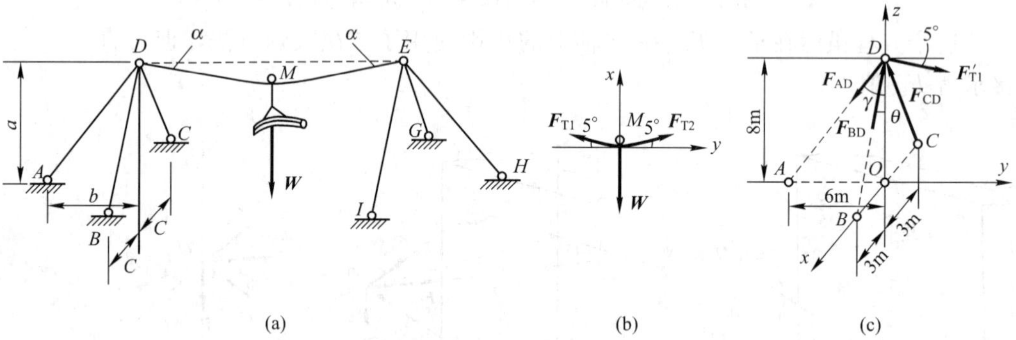

图 3-13 例题 3-3 图

【例题 3-4】 图 3-14 所示水平悬臂曲轴梁的自重不计，C 处为固定端支座，沿 CB 段有分布力偶作用，每单位长度的力偶矩的大小为 M_O，在 A 端作用有矩为 M 的力偶。试求固定端 C 的反力。

【解】 C 处为固定端支座，按约束性质有 3 个方向的约束反力和 3 个方向的约束力偶矩，受力状态如图 3-14(b)所示，但由于荷载为力偶矩作用，按力偶仅能被力偶平衡等效性，定义这是空间力偶系题。

故有：$\sum F_x \equiv 0$，$F_{Cx}=0$，$\sum F_y \equiv 0$，$F_{Cy}=0$，$\sum F_z \equiv 0$，$F_{Cz}=0$

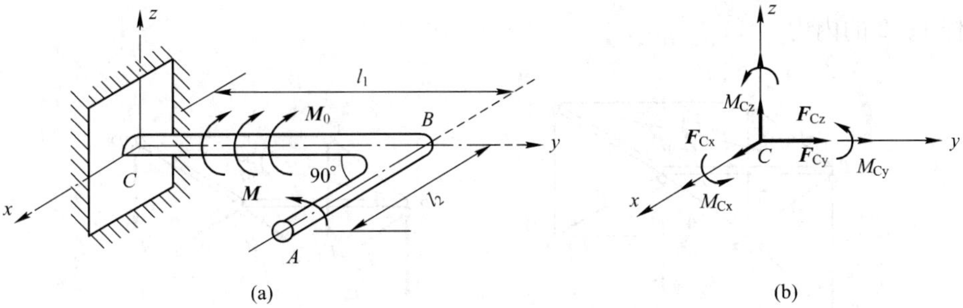

图 3-14　例题 3-4 图

按式(3-14)建立三个力矩的平衡方程，注意按右手法则确定力偶矩的正、负号。

$$\sum M_x(\boldsymbol{F}_i)=0,\quad M_{Cx}+M=0,\quad M_{Cx}=-M$$

$$\sum M_y(\boldsymbol{F}_i)=0,\quad M_{Cy}-M_O\times l_1=0,\quad M_{Cy}=M_O\times l_1$$

$$\sum M_z(\boldsymbol{F}_i)=0,\quad M_{Cz}=0$$

【例题 3-5】 图 3-15 所示为一小型起重机，已知：$a_1=0.9\text{m}$，$a_2=2\text{m}$，$a_3=0.6\text{m}$，$b_1=0.2\text{m}$，$b_2=1.3\text{m}$，机身重 $\boldsymbol{P}=12.5\text{kN}$，作用在 C_1 处。试求起吊重物 $\boldsymbol{W}=5\text{kN}$ 时，地面对车轮的反力。

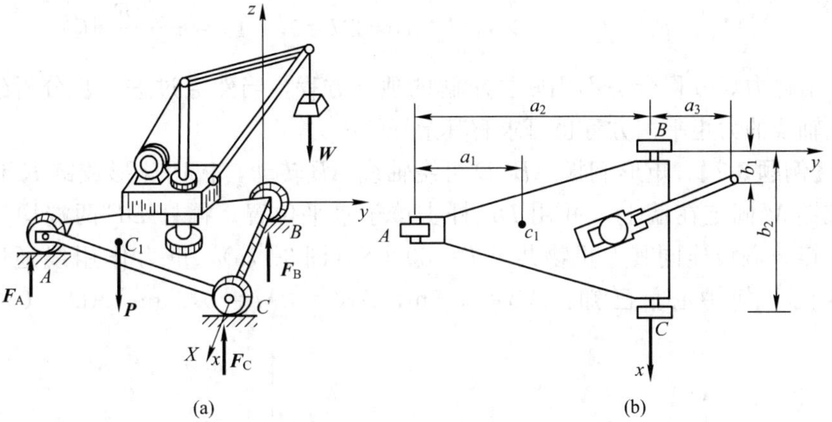

图 3-15　例题 3-5 图

【解】 取小型起重机为研究对象。受有主动力 $\boldsymbol{W}$，$\boldsymbol{P}$，约束反力 $\boldsymbol{F}_A$，$\boldsymbol{F}_B$，$\boldsymbol{F}_C$。取 $Oxyz$ 坐标如图 3-15(a)所示。这 5 个力全是互相平行的，故称为空间平行力系，这种力系因 $\sum \boldsymbol{F}_x \equiv 0$，$\sum \boldsymbol{F}_y \equiv 0$，$\sum M_z \equiv 0$，故仅有三个独立的平衡方程，可解 3 个约束反力。写出平衡方程：

$$\sum M_x(\boldsymbol{F})=0,\quad -5a_3+P\times(a_2-a_1)-a_2\times F_A=0,\quad \text{可得：} F_A=5.38\text{kN}$$

$$\sum M_y(\boldsymbol{F})=0,\quad -F_C\times b_2+12.5\times\frac{b_2}{2}-F_A\times\frac{b_2}{2}+5b_1=0,\quad \text{可得：} F_C=4.33\text{kN}$$

$$\sum \boldsymbol{F}_{iz}=0,\quad F_A+F_A+F_C-P-W=0,\quad \text{可得：} F_B=7.79\text{kN}$$

【例题 3-6】 图 3-16 所示正方形薄板自重不计。已知：边长为 l，在板面作用有力 $\boldsymbol{F}$ 和力偶矩为 M 的力偶，由 $ABCDA'B'C'D'$ 组成一正方体。试求链杆 1、2 的内力。

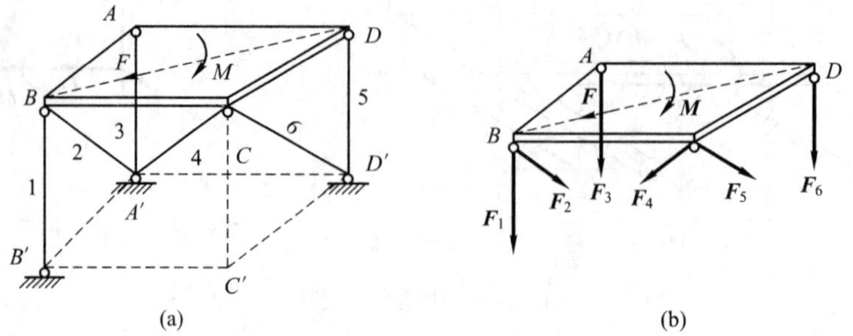

图 3-16 例题 3-6 图

【解】 取正方形板为研究对象，作受力图如图 3-16(b)所示，据此可写 6 个平衡方程，但现仅需求两个内力，因此可取两个力矩方程求解。通过分析建立对 CC' 与 $A'D'$ 力矩轴的下列两个力矩平衡方程：

$$\sum M_{CC'}(\boldsymbol{F}_i)=0,\quad -M-F_2\cos45°l+F\cos45°l=0,\quad F_2=-\frac{\sqrt{2}M}{L}+F$$

$$\left(\text{如 } F>\frac{\sqrt{2}M}{L}\text{，则杆受压}\right)$$

$$\sum M_{A'D'}(\boldsymbol{F}_i)=0,\quad F_1\times l+F\times\cos45°l=0,\quad F_1=-\frac{\sqrt{2}F}{2}(\text{压})$$

上述力矩方程全是不用联立求解的独立方程，当然通过进一步分析建立其他轴线的力矩平衡方程也可求解其余杆的内力。

【例题 3-7】 矩形搁板 $ABCD$ 可绕轴线 AB 转动，板用球形铰链 K 和蝶形铰链 M 固定在墙上，并用 DE 杆支撑于水平位置。撑杆 DE 两端均为铰链连接。搁板连同其上重物共重 $P=800(\text{N})$(图 3-17a)，重力作用线通过矩形板的几何中心。已知：$AB=1.5\text{m}$，$AK=BM=0.25\text{m}$，$AD=0.6\text{m}$，

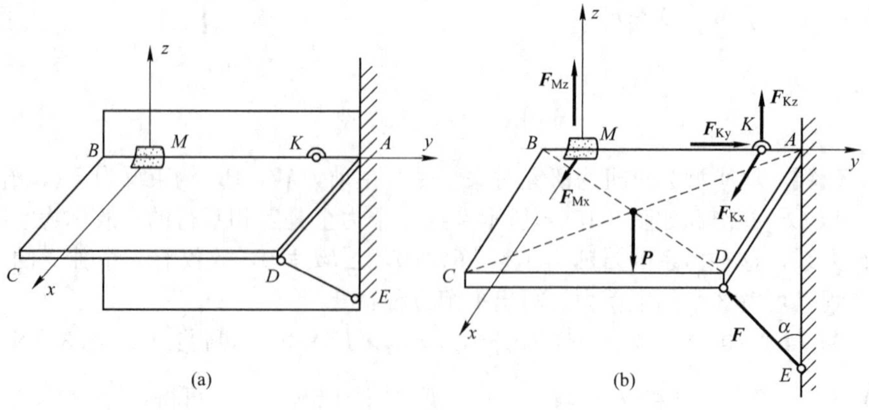

图 3-17 例题 3-7 图

$DE=0.75\text{m}$，不计杆重。求撑杆 DE 所受的力 F 以及铰链 K 和 M 的约束反力。

【解】 取矩形搁板为研究对象。球形铰链 K 具有 3 个方向的约束反力和蝶形铰链 M 具有 x、z 2 个方向的约束反力，故板受有主动力 $\boldsymbol{P}$ 和约束反力 F_{Mx}、F_{Mz}、F_{Kx}、F_{Ky}、F_{Kz}，以及杆的反力 $\boldsymbol{F}$ 作用，受力图见图 3-17(b)。空间任意力系的 6 个平衡方程可解 6 个未知量。建立方程如下：

$$\sum F_{iy}=0,\quad F_{Ky}=0$$

$$\sum M_y(\boldsymbol{F}_i)=0,\quad P\times\frac{AD}{2}-F\times\cos\alpha\times AD=0$$

因为：$\cos\alpha=\dfrac{AE}{DE}$，$AE=\sqrt{DE^2-AD^2}=0.45\text{m}$，则 $2F\ \dfrac{0.45}{0.75}=800$，$F=666.7\text{N}$

$$\sum M_x(\boldsymbol{F}_i)=0,\quad F_{Kz}\times KM-P\times\frac{KM}{2}+F\frac{AE}{DE}AM=0$$

则：$$F_{Kz}=400-666.7\times\frac{0.45}{0.75}\times1.25=-100\text{N}$$

$\sum F_{iz}=0,\quad F_{Kz}+F_{Mz}-P+F\dfrac{AE}{DE}=0$，　则：$F_{Mz}=800-666.7\times\dfrac{0.45}{0.75}+100=500\text{N}$

$$\sum M_z(\boldsymbol{F}_i)=0,-F_{Kx}\times KM-F\frac{AD}{DE}AM=0,\quad \text{则：}F_{Kx}=-666.7\text{N}$$

$$\sum F_{ix}=0,\quad F_{Kx}+F_{Mx}+F\frac{AD}{DE}=0,\quad \text{则：}F_{Mx}=133.3\text{N}$$

负号说明此力与图示方向相反。6 个平衡方程先使用哪个方程可通过解题分析确定，应尽量避免解联立方程。约束反力如等于零值也必须通过求解方程表达。

【例题 3-8】 水电站中的水涡轮如图 3-18 所示，作用于水涡轮的主动力偶矩为 $M_z=1\text{kN}\cdot\text{m}$，在锥齿轮 B 的外侧受有切向力 $\boldsymbol{F}_\tau$(沿 x 轴负向)，水涡轮总重为 $\boldsymbol{F}_P=10\text{kN}$，其作用线沿轴 Cz，$a=3\text{m}$，$b=1\text{m}$，锥齿轮的半径 $OB=0.5\text{m}$，其余尺寸如图。试求当系统平衡时，作用于锥齿轮 B 处的切向力 $\boldsymbol{F}_\tau$，以及止推轴承 C、轴承 A 处的约束力。

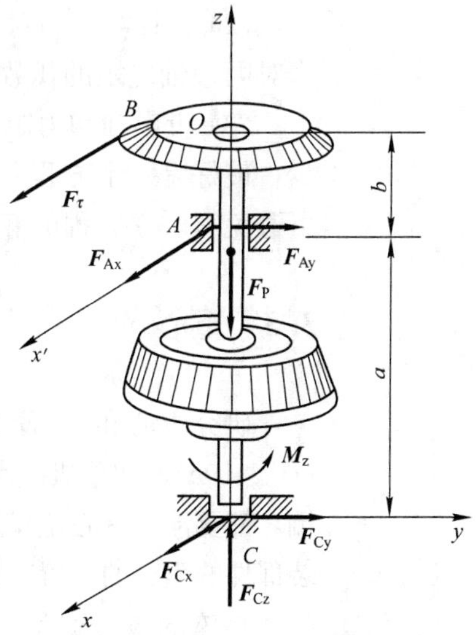

图 3-18　例题 3-8 图

【解】 受力图如图 3-18 所示，止推轴承 C 处有三个相互垂直的约束力 F_{Cx}、F_{Cy}、F_{Cz}，普通轴承 A 处是两个约束力 F_{Ax}、F_{Ay}。根据受力图列方程：

$$\sum M_z(\boldsymbol{F}_i)=0,\quad M_z-F_\tau\times OB=0,\quad F_\tau=2\text{kN}$$

$$\sum \boldsymbol{F}_{iz}=0,\quad F_{Cz}-F_p=0,\quad F_{Cz}=10\text{kN}$$

$$\sum M_x(\boldsymbol{F}_i)=0,\quad -F_{Ay}\times3=0,\quad F_{Ay}=0$$

$$\sum M_y(\boldsymbol{F}_i)=0,\quad -F_\tau\times4+F_{Ax}\times3=0,$$

$$F_{Ax}=\frac{4}{3}F_\tau=\frac{8}{3}\text{kN}$$

$$\sum F_{ix}=0,\quad F_{Cx}+F_{Ax}-F_\tau=0,\quad F_{Cx}=-\frac{2}{3}\text{kN}$$

$$\sum F_{iy}=0,\quad F_{Cy}+F_{Ay}=0,\quad F_{Cy}=0$$

6 个方程求得 6 个未知量。

这 6 个方程中，3 个为力的投影形式，3 个为力矩形式。为了求解方便，我们也可将力的投影式改为多力矩式，则成为四力矩式、五力矩式甚至六力矩式。例如，在求 $\boldsymbol{F}_{Cy}$时，我们可选过 A 点而与 x 轴平行的 x'轴为矩轴，有

$$\sum M_{x'}(\boldsymbol{F}_i)=0,\quad F_{Cy}\times3=0,\quad 得\ F_{Cy}=0$$

其他的方程读者可自行推得，但无论建立多少个平衡方程，每个空间物体真正独立的平衡方程仅有 6 个，如何确定空间任意力系的平衡方程独立性是非常复杂的理论，但只要建立的平衡方程中仅有一个未知量，这个方程必定是独立的方程。

通过以上例题的求解过程，我们可将求解空间力系的平衡问题的解题步骤及注意事项归纳如下：

解题步骤：

(1) 根据题意，选取研究对象，作出受力图。

(2) 计算未知数的数目，并根据相应力系的类型判断所能建立的独立平衡方程数目。如未知数的数目等于独立平衡方程的数目，则应用平衡方程可求得所有的未知数。

(3) 适当选取投影轴和力矩轴，列出平衡方程，求解未知数。

注意事项：

(1) 看清各力在空间的位置，正确计算力在轴上的投影和力对轴之矩。

(2) 在计算一力对轴之矩时，常借助于合力矩定理，即通过计算该力的分力对同一轴之矩的代数和来求得该力对该轴之矩。

(3) 投影轴和力矩轴的选取应尽量使所建立的平衡方程所包含的未知数最少，最好是一个方程只包含一个未知数，通常可先使用力矩方程求解，这样可避免解联立方程的麻烦。

3.3 重心

研究重心的位置在工程中具有很大的实用意义。倾斜的房屋结构(图 3-19a)、起重机、水坝、挡土墙、飞行物等的设计，为了保证结构物不致倾倒，都要涉及重心位置问题。又如在施工中吊装大型部件时，也必须考虑被吊装部件的重心的位置，以合理安排起吊点，保证吊装过程的安全(图 3-19b)。

物体的重力就是地球对它的吸引力。如果把物体看成是由许多质点组成，则物体的重力就是分布在这些质点上的一个力系。由于地球的半径比

(a)

(b)

图 3-19

所研究的物体大得多，因此可以足够准确地认为这个力系是一个铅垂的空间平行力系。此空间平行力系的合力就是物体的重力，重力的作用点称为物体的重心。

如以 $\Delta \boldsymbol{W}_i$ 表示作用于第 i 质点的重力，其物体合力 $\boldsymbol{W}$ 的大小是物体的重量，而合力 $\boldsymbol{W}$ 的作用线总通过物体上一个确定的点 C，即物体的重心。这样，合力 $\boldsymbol{W}$ 的大小（即整个物体的重量）为 $W=\sum \Delta W_i$，而物体重心的坐标 x_C、y_C、z_C 则可由空间任意力系的合力矩定理求得。

如图 3-20 物体的重力对某一坐标轴的矩，等于其各微元部分的重力对同一轴矩的代数和。

以 x 轴取矩为例：$-W\times y_C=-\Delta W_1\times y_1-\Delta W_2\times y_2-\cdots-\Delta W_n\times y_n$，同样可建立其他的合力矩定理方程，整理后可得重心位置方程：

$$x_C=\frac{\sum \Delta W_i x_i}{W},\quad y_C=\frac{\sum \Delta W_i y_i}{W},\quad z_C=\frac{\sum \Delta W_i z_i}{W} \tag{3-15}$$

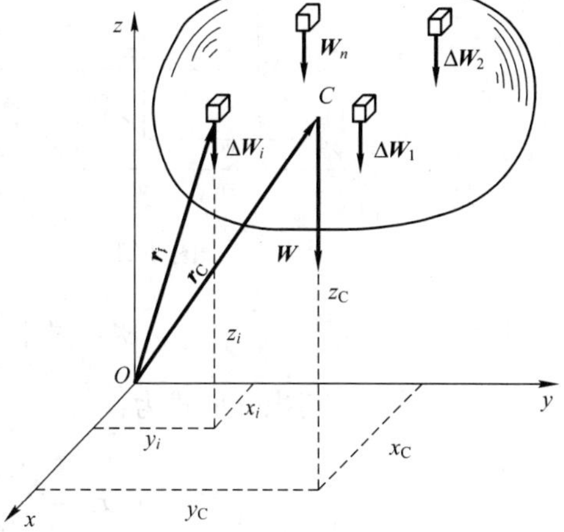

图 3-20

也可表示成重心位置矢径方程的形式：

$$\boldsymbol{r}_C=x_C\boldsymbol{i}+y_C\boldsymbol{j}+z_C\boldsymbol{k}=\frac{\sum \Delta W_i}{W}(x_i\boldsymbol{i}+y_i\boldsymbol{j}+z_i\boldsymbol{k})$$

$$=\frac{\sum \Delta W_i \boldsymbol{r}_i}{W}$$

即
$$\boldsymbol{r}_C=\frac{\sum \Delta W \boldsymbol{r}_i}{\boldsymbol{W}} \tag{3-16}$$

如果物体是均质的，其重度 γ 为常量，以 ΔV_i 表示微小体积，物体总体积为 $V=\sum \Delta V_i$。将 $\Delta W_i=\gamma \Delta V_i$ 代入式(3-16)，其重心（或形心）坐标公式还可以用体积的形式来表示

$$x_C=\frac{\sum \Delta V_i x_i}{V},\quad y_C=\frac{\sum \Delta V_i y_i}{V},\quad z_C=\frac{\sum \Delta V_i z_i}{V} \tag{3-17a}$$

其积分形式为：

$$x_C=\frac{\int x\mathrm{d}V}{\int \mathrm{d}V},\quad y_C=\frac{\int y\mathrm{d}V}{\int \mathrm{d}V},\quad z_C=\frac{\int z\mathrm{d}V}{\int \mathrm{d}V} \tag{3-17b}$$

当物体是均质等厚的薄壳结构(薄板)，例如厂房的顶壳、薄壁容器、飞机机翼等，其厚度与其表面积 A 相比是很小的，如图 3-21 所示。则其重心公式为：

$$x_C=\frac{\sum \Delta A_i x_i}{A},\quad y_C=\frac{\sum \Delta A_i y_i}{A},\quad z_C=\frac{\sum \Delta A_i z_i}{A} \tag{3-18a}$$

其积分形式为：

$$x_C=\frac{\int x\mathrm{d}A}{\int \mathrm{d}A},\quad y_C=\frac{\int y\mathrm{d}A}{\int \mathrm{d}A},\quad z_C=\frac{\int z\mathrm{d}A}{\int \mathrm{d}A} \tag{3-18b}$$

如果物体是均质等截面的细长线段，例如结构中的梁、柱，悬索桥的钢索，高压输电架上的电缆等，其截面尺寸与其长度 l 相比是很小的，如图 3-22 所示，则重心公式为：

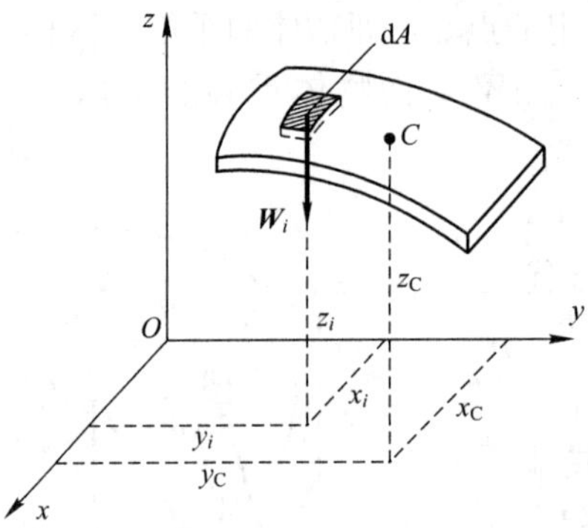

图 3-21

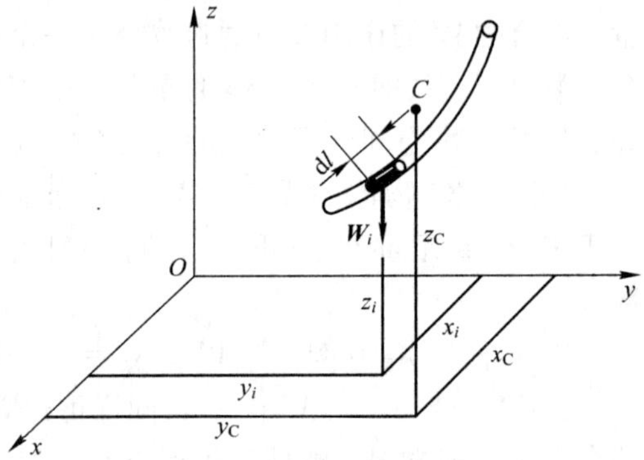

图 3-22

$$x_C=\frac{\sum \Delta l_i x_i}{l},\quad y_C=\frac{\sum \Delta l_i y_i}{l},\quad z_C=\frac{\sum \Delta l_i z_i}{l} \tag{3-19a}$$

其积分形式为：

$$x_C=\frac{\int x\mathrm{d}l}{\int \mathrm{d}l},\quad y_C=\frac{\int y\mathrm{d}l}{\int \mathrm{d}l},\quad z_C=\frac{\int z\mathrm{d}l}{\int \mathrm{d}l} \tag{3-19b}$$

简单形体的形心可查阅表 3-1。

简单形体的形心 **表 3-1**

图形	形心坐标	图形	形心坐标
圆弧 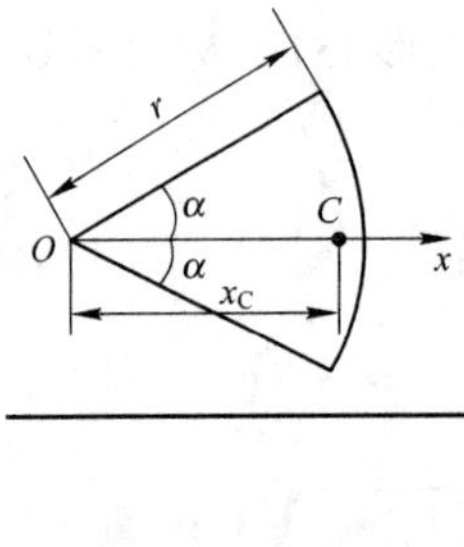	$x_C=\frac{r\sin\alpha}{\alpha}$ (α 以弧度计，下同) 半圆弧：$\alpha=\frac{\pi}{2}$ $x_C=\frac{2r}{\pi}$	三角形 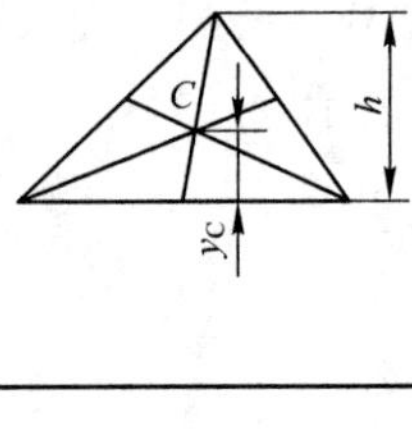	在中线交点 $y_C=\frac{1}{3}h$

续表

图形	形心坐标	图形	形心坐标
梯形 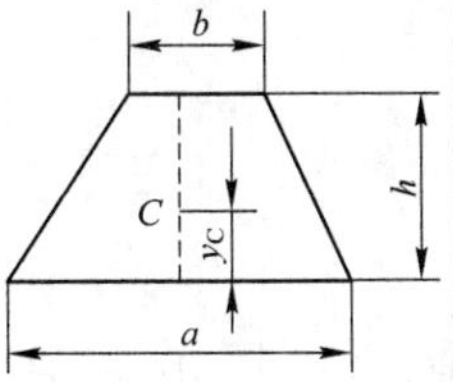	在上、下底中点的连线上 $y_C=\frac{h(a+2b)}{3(a+b)}$	抛物线 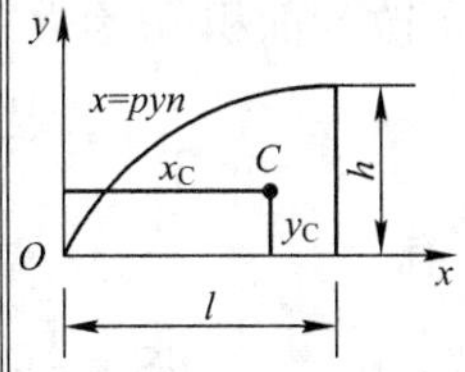	$x_C=\frac{n+1}{2n+1}l$　$y_C=\frac{n+1}{2(n+2)}h$ $\left(A=\frac{n}{n+1}lh\right)$ 当 $n=2$ 时 $x_C=\frac{3}{5}l$　$y_C=\frac{3}{8}h$
扇形 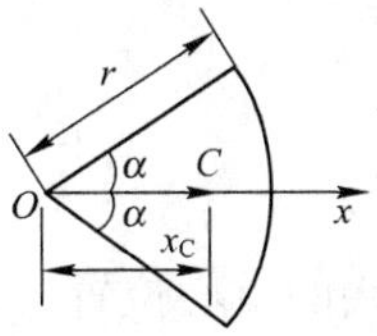	$x_C=\frac{2r\sin\alpha}{3\alpha}(A=r^2\alpha)$ 半圆：$\alpha=\frac{\pi}{2}$ $x_C=\frac{4r}{3\pi}$	半球体 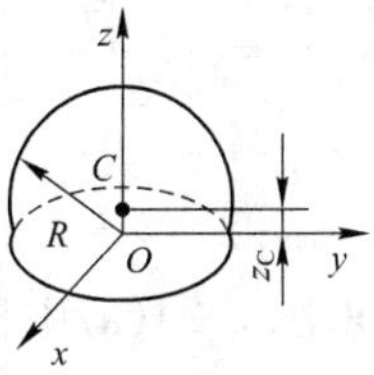	$z_C=\frac{3}{8}R$ $\left(V=\frac{2}{3}\pi R^2\right)$
椭圆 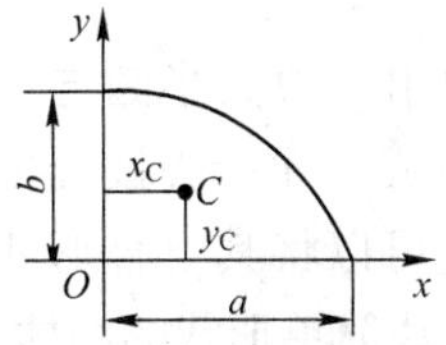	$x_C=\frac{4a}{3\pi}$ $y_C=\frac{4b}{3\pi}$ $\left(A=\frac{1}{4}\pi ab\right)$	锥体 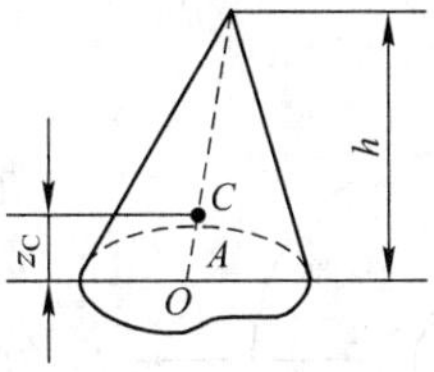	在顶点与底面中心 O 的连线上 $z_C=\frac{1}{4}h$ $\left(V=\frac{1}{3}Ah\text{，}A\text{是底面积}\right)$

注：α 以弧度计算。

通常求物体重心有以下几种方法：

(1) 直接积分法：当物体的形状易于用坐标的函数关系表达时，其重心的坐标可由积分形式求得。

(2) 分割法：可将有规则的物体分成若干个简单形状的物体，按表 3-1 查找各简单形状的物体重心，将待求重心的物体分成若干个重心已知的简单物体，按公式计算组合物体重心。

(3) 负面积法：如果物体中有孔或空缺，则可首先假想将孔或空缺中填满正的质量，按分割法分割，然后再将孔或空缺填满负的质量作为整体分割的一块，代入公式参与计算。

【例题 3-9】 如图 3-23 所示为均质扇形薄板，求该扇形面积的重心位置。

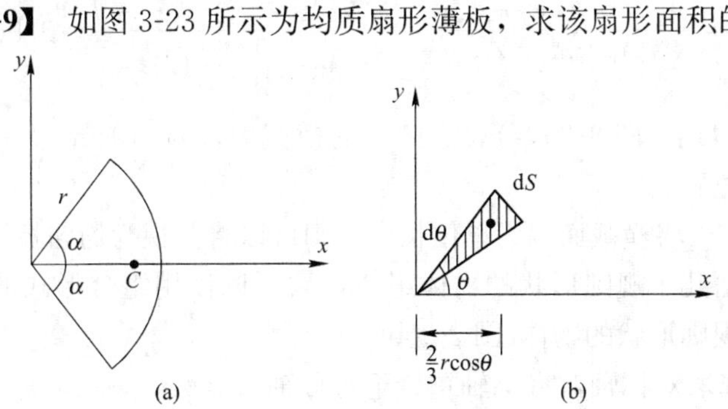

(a)　　(b)

图 3-23　例题 3-9 图

【解】 (1) 由于图形具有对称轴，故取 x、y 轴后，有 $y_C=0$，所以只需求 x_C 就可。

(2) 此扇形可用极坐标函数表示，所以用式(3-18)直接积分形式求重心位置，但体积 V 参数可改为面积 A 参数。

$$x_C=\frac{1}{A}\int_A x\,\mathrm{d}A$$

作图 3-23(b)，有

微小面积表达式：$\mathrm{d}A=\frac{1}{2}r\mathrm{d}S=\frac{1}{2}r^2\mathrm{d}\theta$，积分后总面积值：$A=\int_{-\alpha}^{\alpha}\mathrm{d}A=r^2\alpha$

代入重心积公式：$x_C=\frac{1}{r^2\alpha}\int_{-\alpha}^{\alpha}\frac{2}{3}r\cos\theta\left(\frac{1}{2}r^2\right)$

当 $\alpha=\frac{\pi}{2}$ 时，$x_C=\frac{4r}{3\pi}$

【例题 3-10】 试求图 3-24(a)中机械振动打桩机的偏心块的重心位置。已知：$R=10\text{cm}$，$r=1.7\text{cm}$，$b=13\text{cm}$。

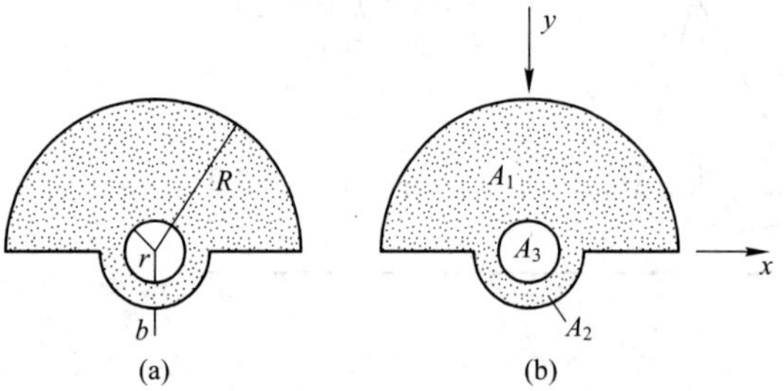

图 3-24 例题 3-10 图

【解】 (1) 偏心块由一块大半圆与一块小半圆的均质薄板组成，而中心被开了一半径为 r 的圆孔。现可以将其组合形式分割成 A_1、A_2、A_3 三块简单形状的物体。其中 A_3 物体是空缺物体，可使用负面积法来求重心。在求解前先取对称轴，使 $x_C=0$，仅需求 y_C 值。

(2) 可由表 3-1 扇形形心求得。

$A_1=\frac{1}{2}\pi\times10^2=50\pi$，$y_1=\frac{4R}{3\pi}=\frac{40}{3\pi}$（利用例题 3-9 的结果）

$$A_2=\frac{1}{2}\pi(1.7+1.3)^2=\frac{9}{2}\pi,\quad y_2=-\frac{4(r+b)}{3\pi}=-\frac{4}{\pi}$$

$$A_3=-\pi\times1.7^2,\quad y_3=0$$

A_3 的面积应为负值面积。代入式(3-14)有：

$$y_C=\frac{A_1y_1+A_2y_2+A_3y_3}{A_1+A_2+A_3}=\frac{50\pi\times\frac{40}{3\pi}+\frac{9}{2}\pi\left(-\frac{4}{\pi}\right)}{50\pi+\frac{9}{2}\pi-1.7^2\pi}=3.9\text{cm}$$

【例题 3-11】 图 3-25(a)表示槽钢的横截面，$a=10\text{cm}$，$b=20\text{cm}$。求此截面的重心位置。

【解】 (1) 将横截面取为单位长度，则可以将其视为均匀板块的物体。由于横截面是由几个规则形状的物体组成，故可以使用组合形式的分割法将其分成三块有规则形状的物体(图 3-25b)。

(2) 先选取对称轴，将 x 轴重合于对称轴，显然，$y_C=0$。可求得

$A_1=30\times10=300\text{cm}^2$，$x_1=15\text{cm}$，$A_2=20\times10=200\text{cm}^2$，$x_2=5\text{cm}$，

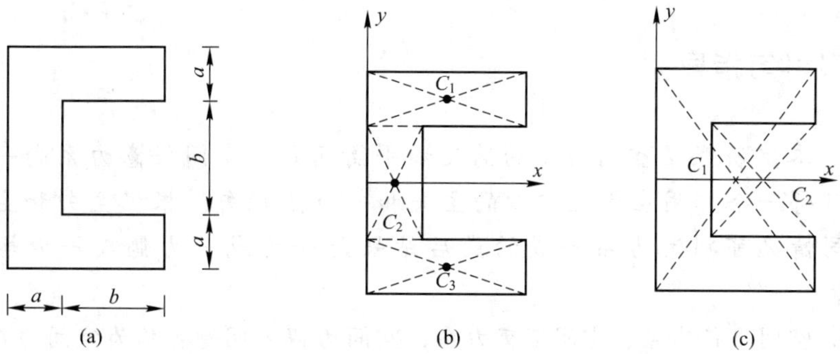

图 3-25　例题 3-11 图

$A_3=30\times10=300\text{cm}^2$，　$x_3=15\text{cm}$ 代入公式(3-14)中求 x_C，得：

$$x_C=\frac{A_1x_1+A_2x_2+A_3x_3}{A_1+A_2+A_3}=\frac{300\times15+200\times5+300\times15}{300+200+300}=12.5\text{cm}$$

如将槽钢分成图 3-25(c)的形式后，可以用负面积法解重心位置。现计算如下：

$$A_1=30\times40=1200\text{cm}^2,\quad x_1=15\text{cm};$$
$$A_2=-20\times20=-400\text{cm}^2,\quad x_2=20\text{cm}$$

按负面积法求 x_C：

$$x_C=\frac{1200\times15-400\times20}{1200-400}=12.5\text{cm}$$

工程中对于形状不规则或非均质物体，可采用实验法测定物体重心的位置，常用的方法有以下两种：

悬挂法：将所需确定重心的物体悬挂于任一点 A(图 3-26a)，根据二力平衡条件，重心 C 必在过悬挂点的铅垂线上(图 3-26a 中虚线)；然后再在该物体上另选一个悬挂点 B，作第二次悬挂，同样可以画出过 B 点的铅垂线，此两线的交点 C 即为该物体的重心位置。

称重法：先用秤称出物体受的总重力 $\boldsymbol{P}$，然后将物体的一端支承于固定点 A，另一端支承于磅秤(图 3-27)。量出 A、B 两点间的水平距离，磅秤上的读数为 B 点的反力 $\boldsymbol{F}_B$，物体重心的位置由下式求出：

$$\sum M_A(\boldsymbol{F}_i)=0,\quad F_B\times l-P\times x_c=0,\quad x_C=\frac{F_B}{P}l$$

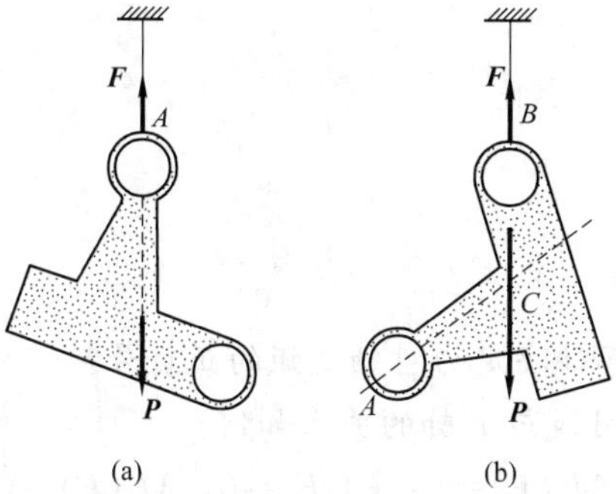

图 3-26

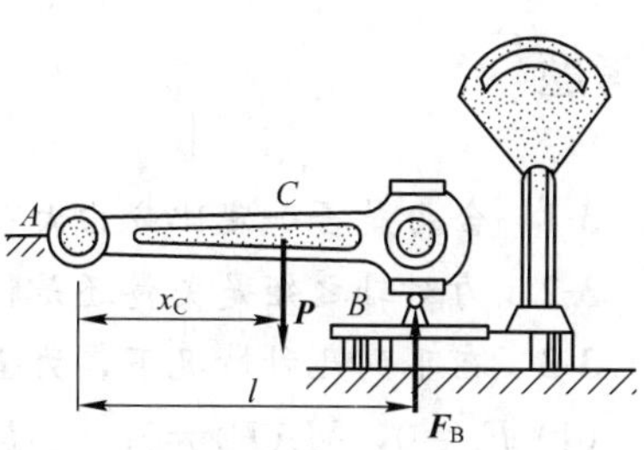

图 3-27

小结及学习指导

1. 本章研究了空间力系的简化和平衡问题。空间任意力系向一点简化，可得一个作用在简化中心的主矢和一个主矩矢。根据主矢和主矩矢的不同情况可判定力系合成的最后结果是一力或一力偶或一力螺旋或平衡。

2. 空间平行力系、空间汇交力系、空间力偶系问题可作为空间力系的特殊情况来处理。

3. 力对轴之矩是一个重要的概念，在计算某一力 $\boldsymbol{F}$ 对某一轴 z 之矩时，可先将力 $\boldsymbol{F}$ 投影到与 z 轴垂直的平面上，求得此力的投影 $\boldsymbol{F}_{xy}$，然后取这个投影的大小 F_{xy} 与这个投影到轴的垂直距离 d 的乘积，并加以适当的正负号，就可以求出力 $\boldsymbol{F}$ 对 z 轴之矩。也可利用式(3-6a)给予力对轴之矩的计算。

4. 空间力系平衡的必要和充分条件是主矢、主矩都等于零。由此可导出空间力系的六个独立平衡方程：

$$\sum F_{ix}=0, \quad \sum F_{iy}=0, \quad \sum F_{iz}=0$$

$$\sum M_{x}(\boldsymbol{F}_i)=0, \quad \sum M_{y}(\boldsymbol{F}_i)=0, \quad \sum M_{z}(\boldsymbol{F}_i)=0$$

应用空间平衡方程求解平衡问题是本章的重点。在解题时为了简化计算要适当地选取投影轴和力矩轴。投影轴选取的原则是要与尽可能多的未知力相垂直；力矩轴选取的原则是要轴与尽可能多的未知力相交或平行。为了求解方便，以减少方程中的未知数，尽量避免解联列方程，一般可先用力矩平衡方程求解，再用投影平衡方程求出其他未知量。有时也可使用多力矩式平衡方程求解，同时要注意所建立的平衡方程必须都是彼此独立的。

5. 在求物体重心时，实际上是在求组成物体的各微小部分的重力所组成的平行力系的中心。对于简单形状均质物体的重心，一般可应用积分法进行计算或直接从有关工程手册查得，至于复合形状均质物体的重心可应用分割法或负体积法(或负面积法)来求得。当物体具有对称面或对称轴时，则只要计算重心在对称面或对称轴上的位置。

思考题

3-1 合力是否一定比分力大？

3-2 力对轴之矩是矢量还是标量？怎样决定力对轴之矩的正负号？

3-3 在下列几种情况下，力 $\boldsymbol{F}$ 的作用线与 x 轴的关系如何？

(1) $F_x=0$，$M_x(\boldsymbol{F})\neq0$；(2)$F_x\neq0$，$M_x(\boldsymbol{F})=0$；(3)$F_x=0$，$M_x(\boldsymbol{F})=0$。

3-4 在正立方体的顶角 A、B 和 C 处，分别作用力 $\boldsymbol{F}_1$、$\boldsymbol{F}_2$ 和 $\boldsymbol{F}_3$，如

图3-28所示。试指出此三个力分别对x、y、z轴的矩中哪些等于零？

3-5 如图3-29所示，正立方体两个侧面上作用着两个力偶($\boldsymbol{F}_1$、$\boldsymbol{F}'_1$)与($\boldsymbol{F}_2$、$\boldsymbol{F}'_2$)，其力偶矩大小相等。试问此两个力偶是否等效？为什么？

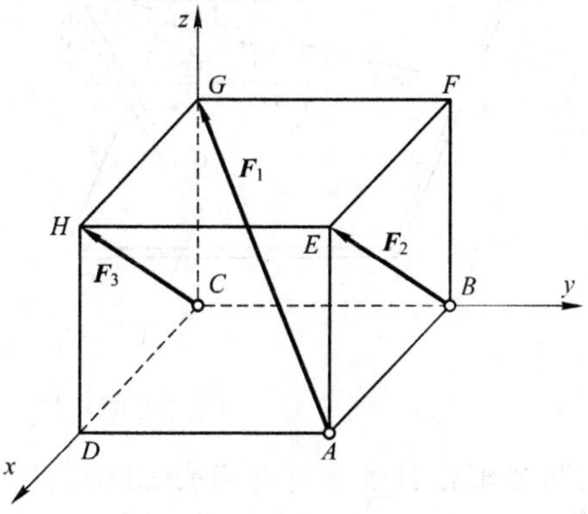

图3-28　思考题3-4图

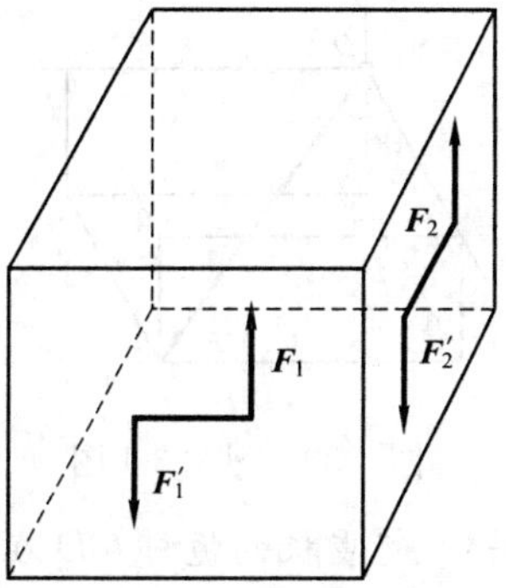

图3-29　思考题3-5图

3-6 设一空间任意力系向O点简化的主矢为$\boldsymbol{F}_R$、主矩为$\boldsymbol{M}_O$，试问该力系向另一简化中心A简化，所得的主矩$\boldsymbol{M}_A$与$\boldsymbol{M}_O$之间的关系如何？在什么条件下，$\boldsymbol{M}_A$与$\boldsymbol{M}_O$才是一样的？

3-7 空间任意力系向两个不同的点简化，试问下述情况是否可能：(1)主矢相等、主矩也相等；(2)主矢不相等、主矩相等；(3)主矢相等、主矩不相等；(4)主矢、主矩都不相等。

3-8 空间平行力系简化的最后结果有哪些可能？有否可能简化为一个力螺旋？为什么？

3-9 计算物体重心时，如果选取两个不同的坐标，则得出的重心坐标是否不同？如果不同，是否意味着物体的重心相对物体的位置不是确定的？

3-10 “物体的重心即是形心”，这句话正确吗？在什么条件下重心与形心重合？

习题

3-1 如图3-30所示，已知力$\boldsymbol{F}$在直角坐标轴y、z方向上的投影$F_y=12N$，$F_z=-5$N。若$\boldsymbol{F}$与x轴正向之间的夹角为$\alpha=30°$，求此力$\boldsymbol{F}$的大小和方向。问此时力$\boldsymbol{F}$在x轴上的投影是多少？

[**答案**：$F=26$N，$F_x=22.52$N]

3-2 挂物架如图3-31所示。已知$P=10$kN，$\varphi=45°$，$\theta=15°$。试求三根直杆的力。

[**答案**：$F_{DA}=F_{DB}=-26.4$kN(压力)，$F_{DC}=33.5$kN(拉力)]

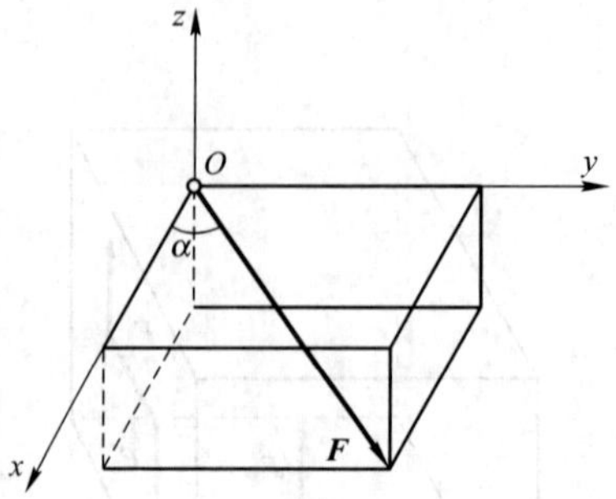

图 3-30 习题 3-1 图

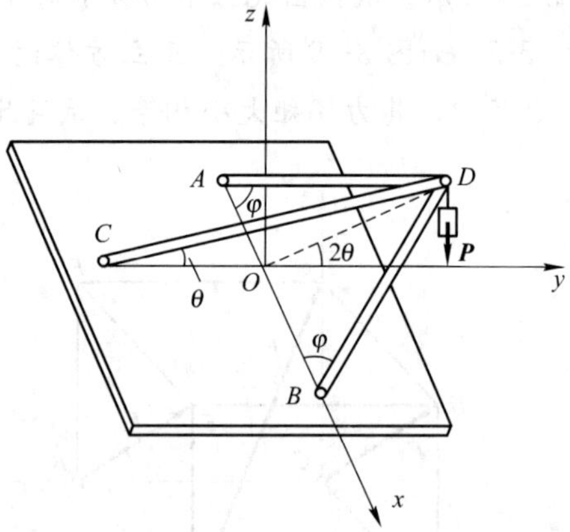

图 3-31 习题 3-2 图

3-3 起重机的桅杆 OD 在 O 处用球形铰链支承，并用索 BD 及 CD 系住，如图 3-32 所示。图 3-32(b)表示其在水平面上的投影。起重机所在平面 OAD 可在$\angle C''OB''$的范围内任意转动，y 轴平分$\angle BOC$。已知：物重为 $\boldsymbol{P}$，角 $\varphi=45°$，$\theta=75°$，试求当 OAD 平面与 yz 平面呈 β 角时，索 DB、DC 的力及桅杆所受的力。

［**答案**：$F_{DB}=1.366P(\cos\beta+\sin\beta)$，$F_{DC}=1.366P(\cos\beta-\sin\beta)$，$F_{OD}=P(-1.93\cos\beta+0.366)$］

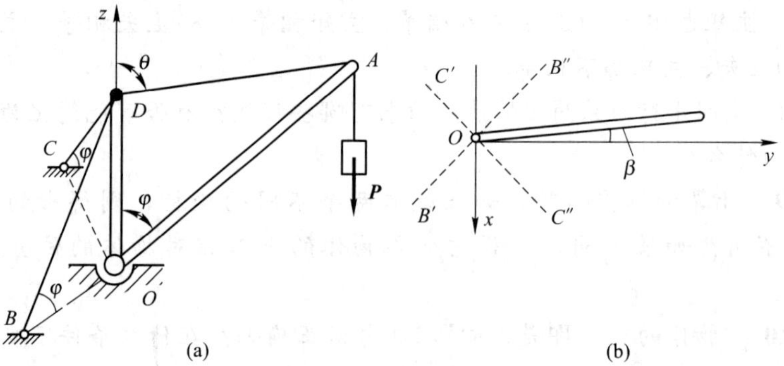

图 3-32 习题 3-3 图

3-4 支承由 6 根杆铰接而成，如图 3-33 所示。等腰三角形 $A'AA''$、$B'BB''$在顶点 A、B 及 ODB 在 D 处均成直角，且$\triangle A'AA''=\triangle B'BB''$。若节点 A 上在 $ABCD$ 平面内作用一力 $F=20\text{kN}$，试求各杆的力。

［**答案**：$F_1=F_2=-10\text{kN}$(压力)，$F_3=-10\sqrt{2}\text{kN}$(压力)，$F_4=F_5=10\text{kN}$(拉力)，$\boldsymbol{F}_6=-20\text{kN}$(压力)］

3-5 如图 3-34 所示桅杆，A 端为球形铰链支座，B 端用风缆 BC 和 BD 系住。已知作用在桅杆端的集中载荷 $P=80\text{kN}$ 和 $W=35\text{kN}$，不计桅杆自重。试求风缆 BC、BD 的拉力和球形铰支座 A 的约束反力。

［**答案**：$F_{BC}=F_{BD}=8.34\text{kN}$，$F_A=122.4\text{kN}$］

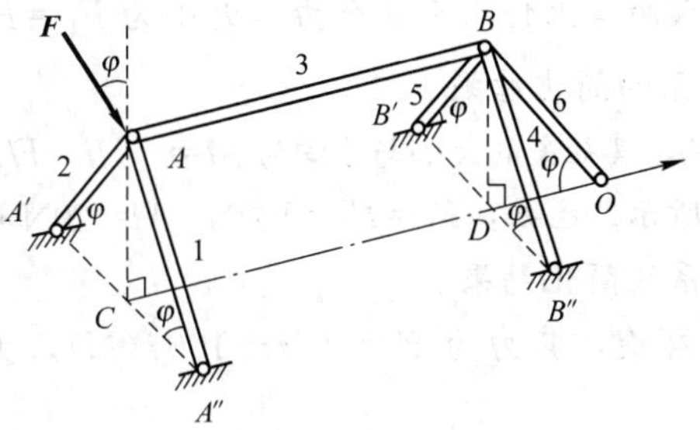

图 3-33　习题 3-4 图

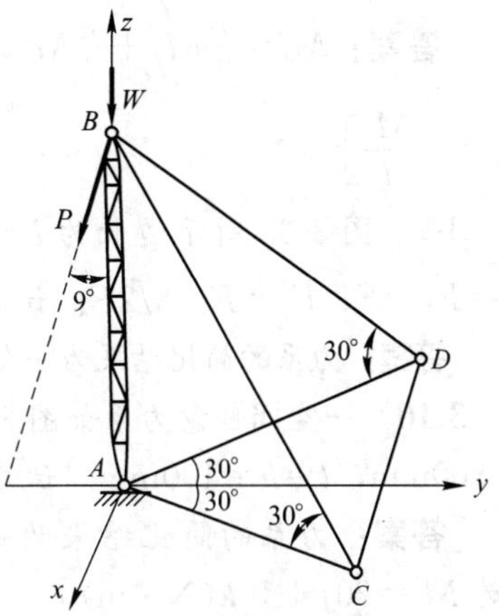

图 3-34　习题 3-5 图

3-6　求图 3-35 所示三个力偶($\boldsymbol{F}_1$，$\boldsymbol{F}_1'$)、($\boldsymbol{F}_2$，$\boldsymbol{F}_2'$)、($\boldsymbol{F}_3$，$\boldsymbol{F}_3'$)的合成结果。已知各力偶的力的大小为 $F_1=F_1'=400\text{N}$，$F_2=F_2'=200\text{N}$，$F_3=F_3'=200\text{N}$。图中尺寸以 cm 计。

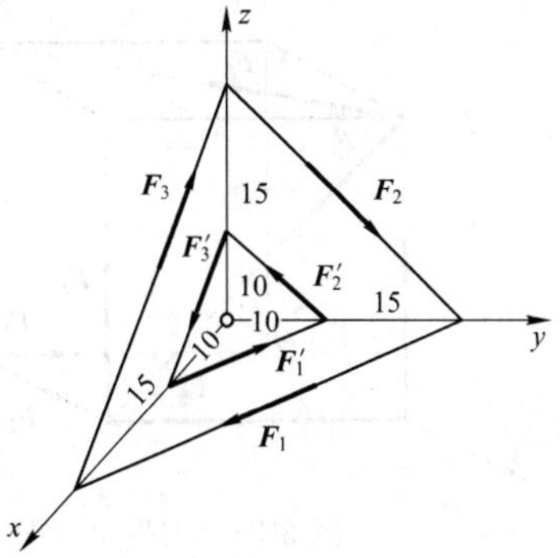

图 3-35　习题 3-6 图

[**答案**：$M=3000\sqrt{3}\text{N}\cdot\text{cm}$，$\cos\alpha=\cos\beta=-0.4082$，$\cos\gamma=-0.8165$，$\alpha=\beta=114.1°$，$\gamma=144.7°$]

3-7　图 3-36 所示 3 根转动轴连接在一个齿轮箱上，转动轴是铅垂的，而转动轴 B 和 C 是水平的，在 3 根轴上各作用一力偶，其力偶矩分别为 $m_1=600\text{N}\cdot\text{m}$，$m_2=m_3=800\text{N}\cdot\text{m}$，转向如图所示。求这 3 个力偶的和力偶。

[**答案**：$M=1000\text{N}\cdot\text{m}$，$\alpha=90°$，$\beta=143.13°$，$\gamma=53.13°$]

3-8　如图 3-37 所示曲杆 $ABCD$ 有两个直角，且平面 ABC 与平面 BCD 垂直。三个力偶的力偶矩分别为 M_1、M_2、M_3，其作用平面分别垂直于直杆段 AB、BC 和 CD，尺寸为 l、b、h。试求曲杆平衡时 M_1 值和支座 A、D 处的力(力以 N 计，长度以 m 计)。

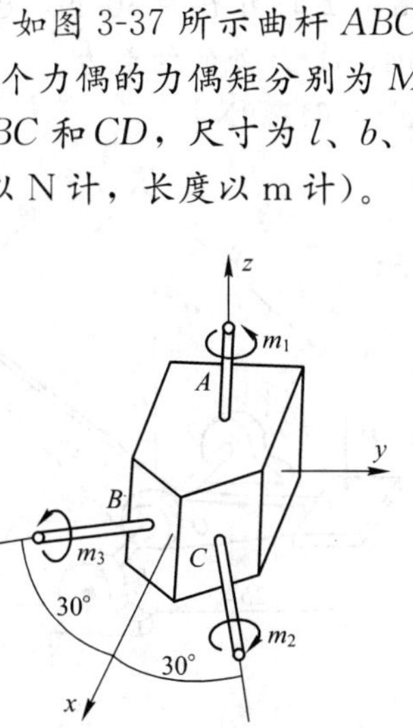

图 3-36　习题 3-7 图

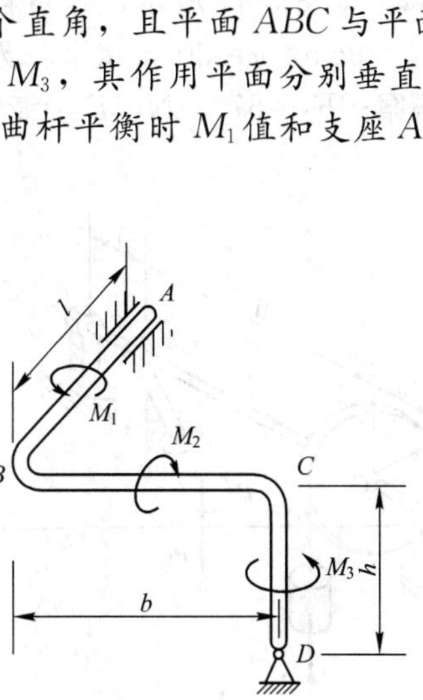

图 3-37　习题 3-8 图

[**答案:** $M_1=\frac{b}{l}M_2+\frac{h}{l}M_3$, $\boldsymbol{F}_{Ay}=\frac{M_3}{l}$, $\boldsymbol{F}_{Az}=\frac{M_2}{l}$, $\boldsymbol{F}_{Dx}=0$, $\boldsymbol{F}_{Dy}=-\frac{M_3}{l}$, $\boldsymbol{F}_{Dz}=-\frac{M_2}{l}$]

3-9 图 3-38 所示边长为 l 的正六面体上作用有 6 个力，大小为 $F_1=F_2=F_3=F_4=F$，$F_5=F_6=\sqrt{2}F$。试求力系的简化结果。

[**答案:** 力系的简化结果为一合力偶，其矩矢的大小与方向为 $\boldsymbol{M}=-Fl\boldsymbol{i}-Fl\boldsymbol{j}$]

3-10 一空间任意力系如图 3-39 所示。已知：$\boldsymbol{F}_1=\boldsymbol{F}_2=100\text{N}$，$M=20\text{N}\cdot\text{m}$，$b=300\text{mm}$，$l=h=400\text{mm}$。试求力系的简化结果。

[**答案:** 力系的简化结果为一力螺旋，其力为 $\boldsymbol{F}=100\boldsymbol{i}+100\boldsymbol{j}(\text{N})$，力偶矩为 $\boldsymbol{M}'=20\boldsymbol{j}+10\boldsymbol{k}(\text{N}\cdot\text{m})$]

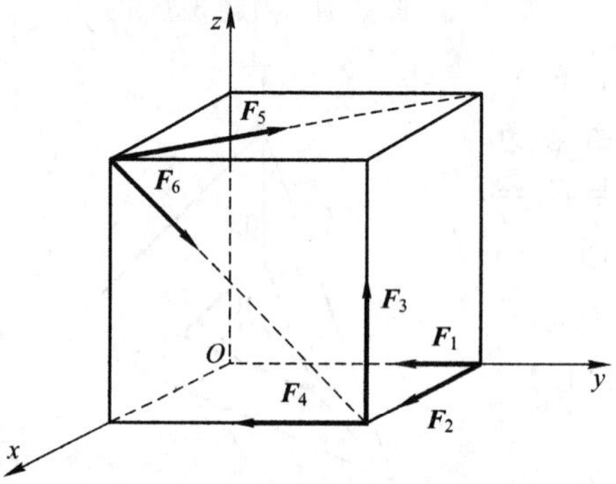

图 3-38 习题 3-9 图

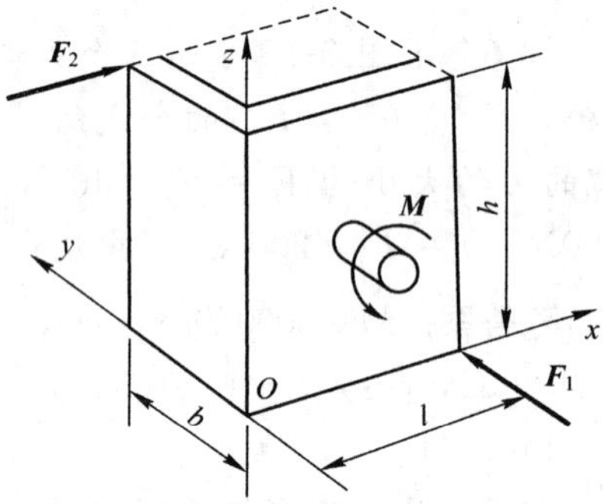

图 3-39 习题 3-10 图

3-11 如图 3-40 所示，水平轴放置在轴承 A、B 上，轮子 C 与重锤 E 与轴固接。已知：$r=200\text{mm}$，$P_1=1000\text{N}$，$P_2=250\text{N}$，$l=100\text{mm}$，平衡时 $\varphi=30°$，试求重锤 E 的重心到轴 AB 的距离 b 以及轴承处的约束力。

[**答案:** $b=100\text{mm}$，$F_{Ax}=\boldsymbol{F}_{Bx}=0$，$F_{Az}=300\text{N}$，$F_{Bz}=950\text{N}$]

3-12 如图 3-41 所示，作用在曲柄脚踏板上的力 $F_1=300\text{N}$，已知：$b=15\text{cm}$，$h=9\text{cm}$，$\varphi=30°$，试求拉力 $\boldsymbol{F}_2$ 及轴承 A、B 处的约束力。

[**答案:** $F_2=577.4\text{N}$，$F_{Az}=265.5\text{N}$，$F_{Bz}=611.9\text{N}$]

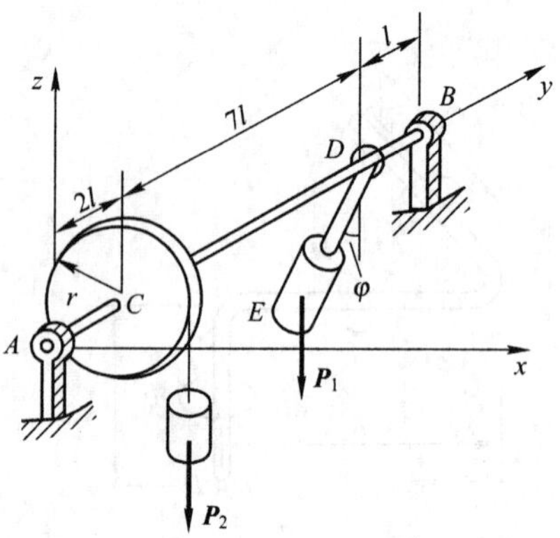

图 3-40 习题 3-11 图

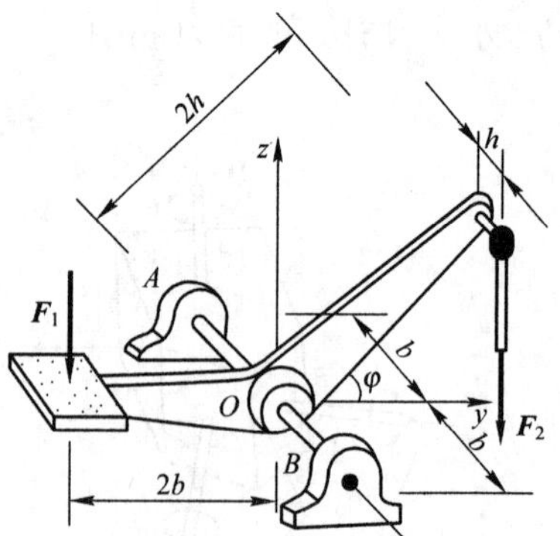

图 3-41 习题 3-12 图

3-13 如图 3-42 所示，矩形板用 6 根杆支承于水平位置，在点 A、B 分别作用一力 $\boldsymbol{F}$（沿 AD 向）与 $\boldsymbol{F}'$（沿 BC 向），已知：$F=F'=1\text{kN}$，$b=1.5\text{m}$，$h=2\text{m}$。试求各杆的力。

［**答案**：$F_1=F_2=0$，$F_3=1.667\text{kN}$，$F_4=-1.667\text{kN}$，$F_5=-1.333\text{kN}$，$F_6=1.333\text{kN}$］

3-14 一起重装置如图 3-43 所示，已知：链轮的半径为 r_1，鼓轮的半径为 r_2（链轮与鼓轮固接成一体），且 $r_1=2r_2$；链轮和鼓轮共重 $P_1=2\text{kN}$，被吊物体重 $P_2=10\text{kN}$，$\boldsymbol{F}_1 /\!/ \boldsymbol{F}_2$ 并沿 x 轴向，且 $F_1=2F_2$，尺寸 h。试求平衡时链条的拉力及 A、B 轴承处的约束力。

［**答案**：$F_1=10\text{kN}$，$F_2=5\text{kN}$，$F_{Ax}=-9\text{kN}$，$F_{Ay}=-2\text{kN}$，$F_{Az}=2\text{kN}$，$F_{Bx}=-6\text{kN}$，$F_{By}=-8\text{kN}$］

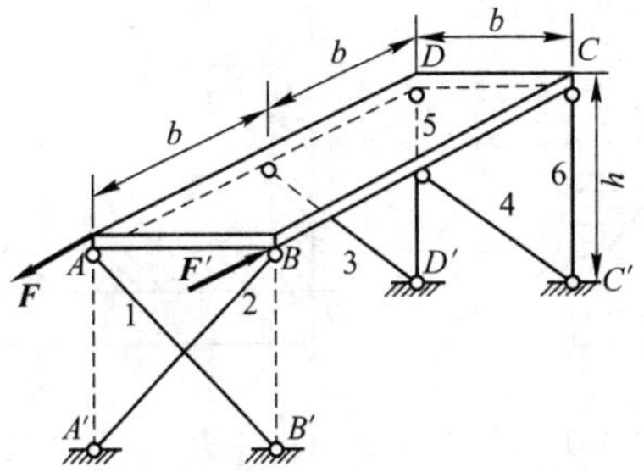

图 3-42　习题 3-13 图

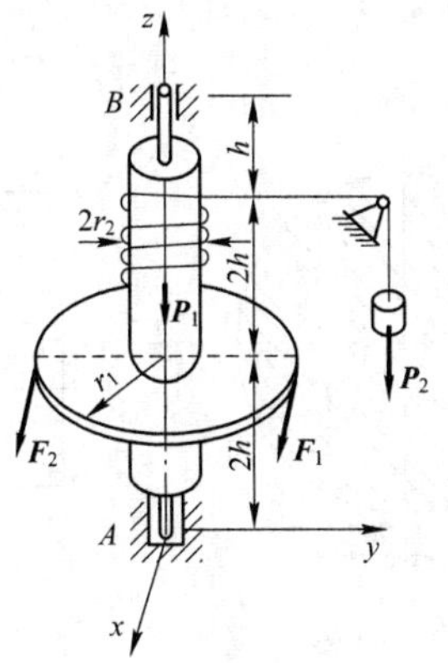

图 3-43　习题 3-14 图

3-15 正方形薄板用 6 根链杆支撑于水平位置，图形 $ABCDEFGH$ 为立方体，其边长为 a。薄板自重不计。已知力 $\boldsymbol{P}$ 和力偶矩为 $\boldsymbol{M}$ 的力偶。试求图 3-44(a)、(b)、(c)中 1、2 链杆的约束力。

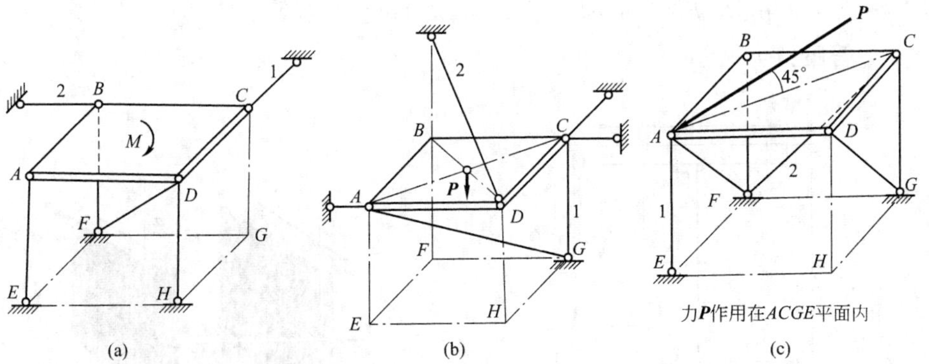

图 3-44　习题 3-15 图

［**答案**：(a)$F_1=\dfrac{M}{a}$，$F_2=\dfrac{M}{a}$；(b)$F_1=-\dfrac{P}{2}$，$F_2=0$；(c)$F_1=-\dfrac{P}{2}(1+\sqrt{2})$，$F_2=-\dfrac{\sqrt{2}P}{2}$］

3-16　如图3-45所示，在半径为R的圆面积内挖去一半径为r的圆孔，求剩余面积形心的位置。

$$\left[\text{答案：} x_C=-\frac{r^2R}{2(R^2-r^2)}，\ y_C=0\right]$$

3-17　在图3-46所示正方形$OABD$中，已知其边长为l，试在其中求出一点E，使此正方形在被截去等腰三角形OEB后，E点即为剩余面积的重心。

$$\left[\text{答案：} x_C=\frac{l}{2}，\ y_C=\begin{cases}0.634l\\ 2.366l(\text{不合})\end{cases}\right]$$

3-18　平面图形如图3-47所示。已知：$l=30\text{cm}$，$h=20\text{cm}$，$d=3\text{cm}$。试求平面图形的重心。

[**答案：**$x_C=10.12\text{cm}$，$y_C=5.117\text{cm}$]

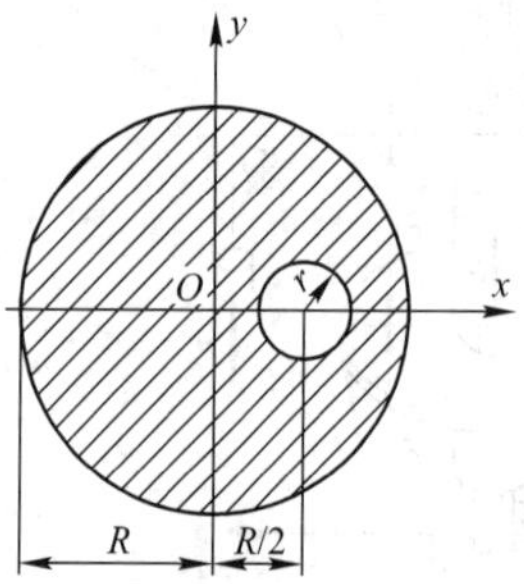

图3-45　习题3-16图

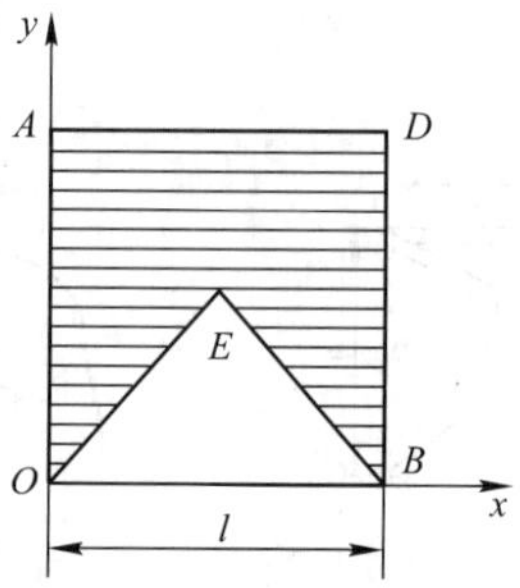

图3-46　习题3-17图

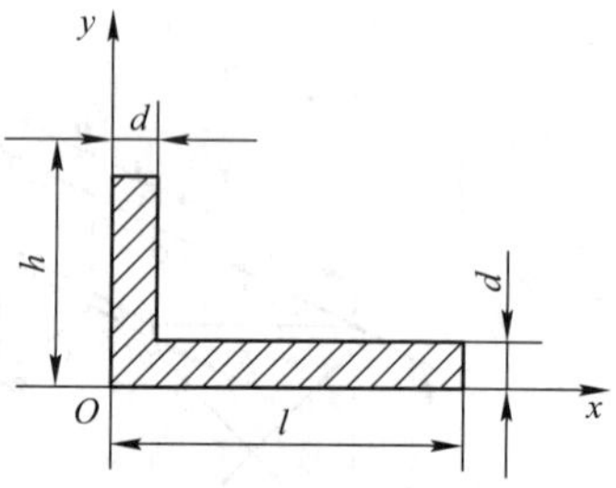

图3-47　习题3-18图

3-19　不计拐角处焊缝A和B的尺寸，已知：$a=15\text{mm}$，$b=150\text{mm}$，圆盘半径$r=50\text{mm}$。确定图3-48所示横截面的形心轴x_C的位置y_C。

[**答案：**$y_C=154\text{mm}$]

3-20　如图3-49所示为铝支柱的横截面，每一部分的厚度均为10mm，已知：$a=30\text{mm}$，$b=80\text{mm}$，$c=100\text{mm}$，确定其形心位置y_C。

[**答案：**$y_C=53\text{mm}$]

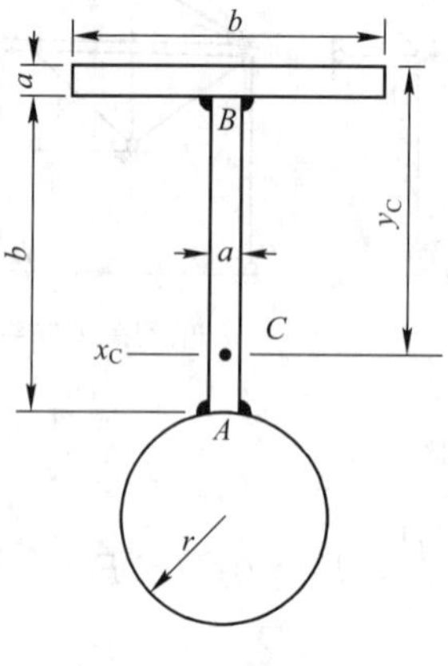

图3-48　习题3-19图

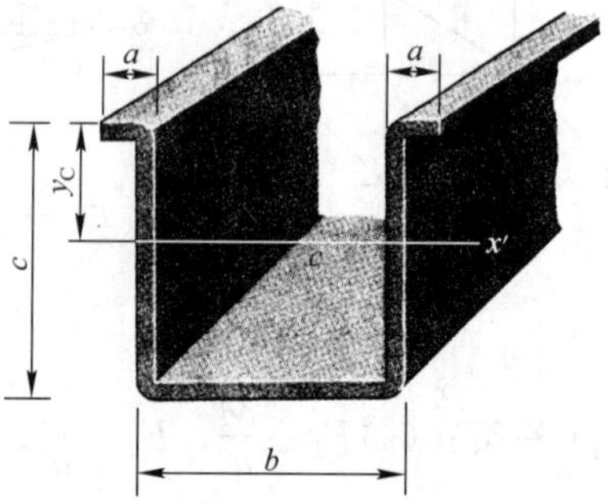

图3-49　习题3-20图

3-21 如图 3-50 所示，桁架由 5 部分组成，每一部分的长度 $l=4\text{m}$，夹角 $\beta=60°$，质量为 7kg/m。如果每个接头处节点板的质量和厚度都忽略不计，确定图示起重机绳索的位置 d，使得吊起时桁架不旋转。

［**答案**：$d=3\text{m}$］

3-22 两混凝土基础尺寸如图 3-51 所示，试分别求其重心的位置坐标。图中长度单位为 m。

［**答案**：(a)$x_C=2.05\text{m}$，$y_C=1.15\text{m}$，$z_C=0.95\text{m}$；(b)$x_C=0.512\text{m}$，$y_C=1.41\text{m}$，$z_C=0.717\text{m}$］

3-23 图 3-52 所示机床重 $P=50\text{kN}$，宽 $l=2.4\text{m}$。当水平放置时($\theta=0°$)秤上读数 $\boldsymbol{F}_1=15\text{kN}$；当 $\theta=20°$时，秤上读数 $\boldsymbol{F}_2=10\text{kN}$，试确定机床的重心位置。

［**答案**：重心离底面高度为 0.659m，离 A 端距离为 1.68m］

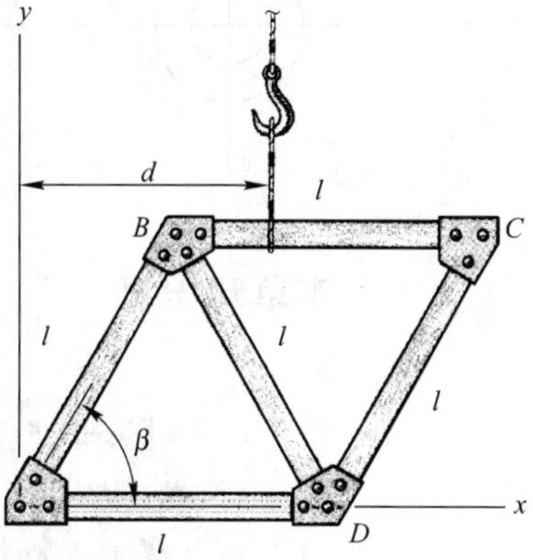

图 3-50　习题 3-21 图

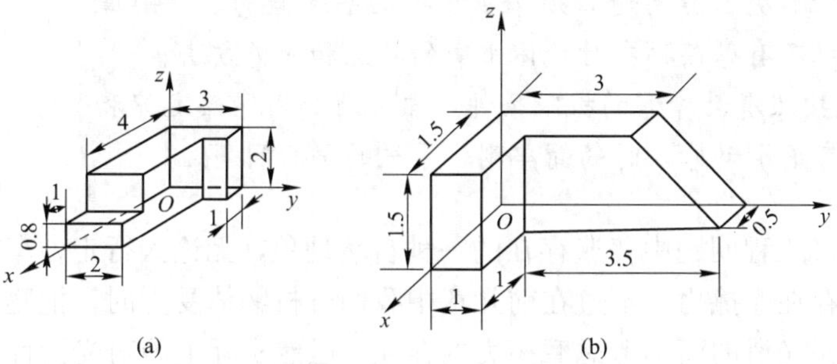

图 3-51　习题 3-22 图

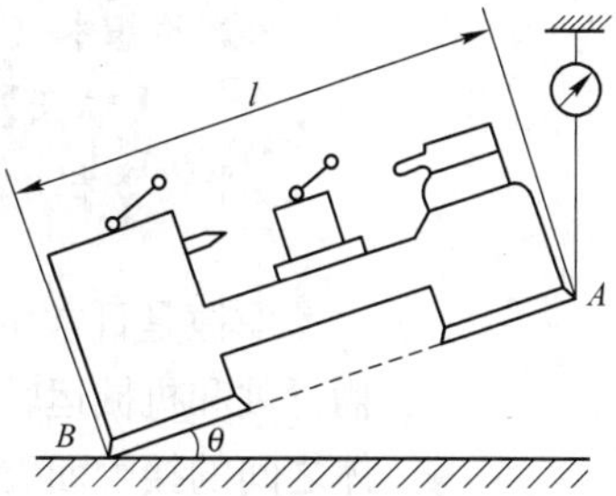

图 3-52　习题 3-23 图

第4章
摩　　擦

本章知识点

【知识点】滑动摩擦的摩擦定律，考虑滑动摩擦时物体的平衡问题，摩擦角和自锁现象，滚动摩阻的概念。

【重点】掌握滑动摩擦、摩擦力和摩擦角、自锁的概念，了解滚动摩阻的概念。能熟练地求解考虑滑动摩擦时简单刚体系的平衡问题，要正确解决这类问题必须掌握摩擦的基本概念，了解摩擦的基本规律以及有摩擦存在时物体平衡的特点和分析方法。

【难点】能按照滑动摩擦的极限条件，熟练地应用摩擦定律和平衡方程求解考虑滑动摩擦时的简单刚体系统的平衡问题。

摩擦是日常生活和工程问题中普遍存在的一种自然现象，无论人行走，车辆行驶和机械运转都存在摩擦力。不过在前几章中我们分析物体受力时，把物体之间的接触面看成是光滑的而不考虑摩擦力的存在。虽然实际上绝对光滑面是不存在的，但是在有些问题中接触面比较光滑或有较好的润滑条件，以致摩擦力很小，因而摩擦力居于次要地位，将它忽略不计非但不影响问题的本质，而且使问题简化，这在近似计算中是允许的。然而在另一些问题中，摩擦却不能不加考虑。例如在摩擦力作用下汽车可爬上斜坡，并通过刹车系统的摩擦力来制动车轮，同样螺旋千斤顶依靠摩擦力来顶升车辆进行维修等(图 4-1)。当下雪时，路面摩擦力很小，车辆难于行驶，因此在车轮上安装铁链，路面

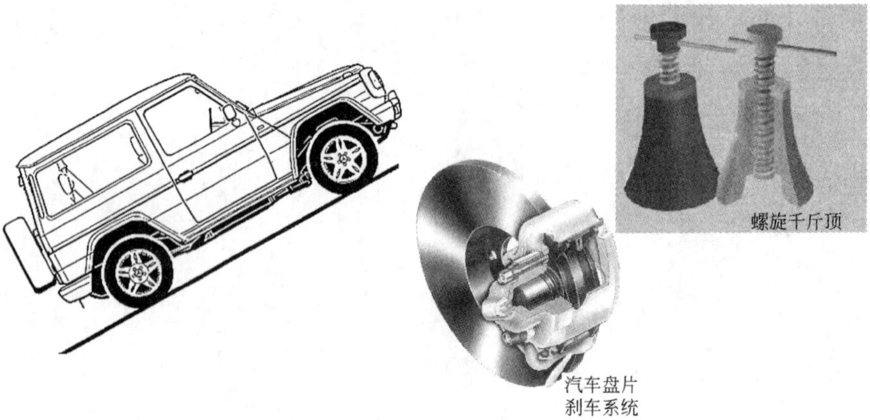

图 4-1

上铺沙子，目的在于增加摩擦力。这些都是利用摩擦有利的一面。但摩擦也有它不利的一面，它会引起机械发热，零件磨损，使机器精度降低，缩短使用寿命，同时还会阻碍机械的运动，消耗能量，使机械效率降低。因此研究摩擦的目的是为了能有效地发挥其有利的方面，减少或限制其不利的方面。

按照物体的接触部分相互运动的情况来分，摩擦可分为滑动摩擦和滚动摩阻两类。

4.1 滑动摩擦

当两物体的接触表面有相对滑动或有相对滑动趋势时，沿接触表面彼此作用着阻碍相对滑动的力，称为滑动摩擦力，简称摩擦力。由于摩擦力总是阻碍两物体相对滑动，因此它的方向总是与两物体的相对滑动或相对滑动的趋势方向相反。例如图 4-2 所示的重力坝依靠摩擦力 $\boldsymbol{F}$ 来防止水压力作用下坝体向后的滑动；房屋基础使用的摩擦桩是依靠桩身表面与土体间的摩擦力来支承上面结构物的重量向下的滑动。

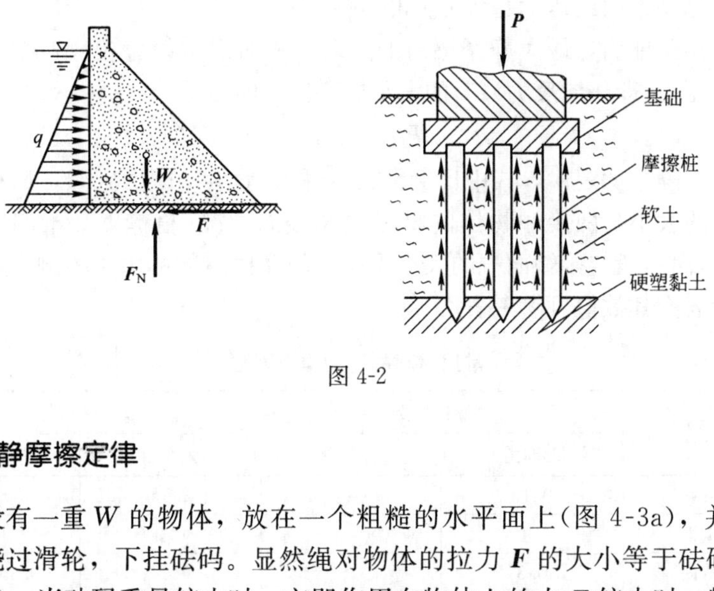

图 4-2

4.1.1 静摩擦定律

现设有一重 W 的物体，放在一个粗糙的水平面上(图 4-3a)，并由绳系着，绳绕过滑轮，下挂砝码。显然绳对物体的拉力 $\boldsymbol{F}$ 的大小等于砝码的重量(图 4-3b)。当砝码重量较小时，亦即作用在物体上的力 $\boldsymbol{F}$ 较小时，物体有向右滑动的趋势，但仍保持平衡。根据平衡条件，此时平面对物体的约束力，除铅垂向上的 $\boldsymbol{F}_N$ 外，还必须有水平向左阻碍运动的摩擦力 $\boldsymbol{F}_s$ 作用，并且 $\boldsymbol{F}_s=\boldsymbol{F}$ 。这种在两个接触物体之间有相对滑动趋势时所产生的摩擦力称为静滑动摩擦力，简称静摩擦力。如果逐渐增加砝码重量，即增大力 $\boldsymbol{F}$，在一定范围内物体仍保持平衡，这表明，在此范围内摩擦力 $\boldsymbol{F}_s$ 随着力 $\boldsymbol{F}$ 的增大而不断增大。若 $\boldsymbol{F}$ 值继续增加达到一定值时，物体不再保持平衡而开始滑动。这说明摩擦力与一般约束力有所不同，它有一个最大值，当达到这个最大值后，就不再增加，这个最大值称为最大静滑动摩擦力。若 $\boldsymbol{F}$ 继续增大，则平衡就被破坏，物体开始滑动。物体运动时，摩擦力继续存在，这个摩擦力称为动滑动摩擦力。

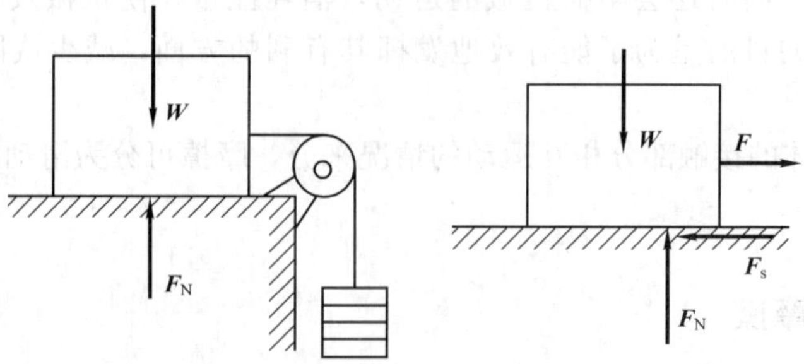

图 4-3

由此看到，作用于物体上的摩擦力，可以分为：(1)静滑动摩擦力 $\boldsymbol{F}_s$，它作用于静止的物体上，它的大小和方向可以根据平衡条件来决定。(2)最大静滑动摩擦力 $\boldsymbol{F}_{max}$，它是静滑动摩擦力的极限，此时物体处于将滑而未滑的临界状态。(3)动滑动摩擦力 $\boldsymbol{F}_d$ 作用于已经滑动的物体上。滑动摩擦力方向始终与物体运动方向或运动趋势方向相反。

大量实验证明，最大静摩擦力的方向与相对滑动趋势相反，大小与两物体间的正压力(即法向反力)$\boldsymbol{F}_N$ 的大小成正比，即

$$F_{max}=f_sF_N \tag{4-1}$$

这就是静摩擦定律，式中比例常数 f_s 称为静滑动摩擦因数，简称静摩擦因数，它的大小与两接触物体的材料以及表面情况(粗糙度、干湿度、温度等)有关，而一般与接触面积的大小无关。静摩擦因数可用实验测定，对于一般的光滑表面其数值可参考表 4-1。

常用材料的滑动摩擦因数 **表 4-1**

材料名称	静摩擦因数		动摩擦因数	
	无润滑	有润滑	无润滑	有润滑
钢—钢	0.15	0.1～0.2	0.15	0.05～0.1
钢—软钢			0.2	0.1～0.2
钢—铸铁	0.3		0.18	0.05～0.15
钢—青铜	0.15	0.1～0.15	0.15	0.1～0.15
软钢—铸铁	0.2		0.18	0.05～0.15
软钢—青铜			0.18	0.07～0.15
铸铁—铸铁		0.18	0.15	0.07～0.12
铸铁—青铜			0.15～0.2	0.07～0.15
青铜—青铜		0.1	0.2	0.07～0.1
皮革—铸铁	0.3～0.5	0.15	0.6	0.15
橡皮—铸铁			0.2	0.5
木材—木材	0.4～0.6	0.1	0.2～0.5	0.07～0.15

静滑动摩擦力达到最大值时，若主动力再继续加大，接触面之间产生相对滑动，此时接触面之处仍有阻力存在，这种阻力称为动滑动摩擦力。同样大量实验表明：动滑动摩擦力的大小正比于两接触物体间的正压力，即

$$F_d = f_d F_N \tag{4-2}$$

式中 f_d 是动摩擦因数。动摩擦力与静摩擦力不同，没有变化范围。在一般情况下 $f_d < f_s$，这说明推动物体从静止开始滑动比较费力，但是一旦滑动起来后，要维持物体继续滑动就比较省力了。

从上述讨论可知，物体在静止时应满足：$0 \leqslant F \leqslant F_{max}$ 条件，随着主动力变化，达到临界将滑未滑状态时，摩擦力也达到相应的最大静滑动摩擦力 $\boldsymbol{F}_{max}$ 状态。

应该指出，摩擦定律是近似的实验定律，它远不能反映出摩擦的复杂性，然而在一般工程计算中，应用它已能满足要求，因此公式(4-1)还是被广泛采用。

4.1.2 摩擦角

摩擦角是研究滑动摩擦问题的另一个重要物理量，我们仍以图 4-3 所示的物体来阐明它的力学概念。当物体静止时，把它所受的法向反力 $\boldsymbol{F}_N$ 和摩擦力 $\boldsymbol{F}_s$ 合成一全反力 $\boldsymbol{F}_R$，它与接触面的法线成某一角度 φ，如图 4-4 所示，由此得 $\tan\varphi = \frac{F_s}{F_N}$。

当 $\boldsymbol{F}_s$ 达到它的极限值 $\boldsymbol{F}_{max}$ 时，φ 角也达到它的极限值 φ_f，于是有下面的关系：

$$\tan\varphi_f = \frac{F_{max}}{F_N} = \frac{f_s F_N}{F_N} = f_s \tag{4-3}$$

φ_f 称为接触面的摩擦角(图 4-4)。上面的公式表示，摩擦角的正切值等于静摩擦因数。

仍旧考虑物体在水平面上滑动时的情况。已经知道，当物体上有水平向右的 $\boldsymbol{F}$ 力作用时，物体上受到的向左的摩擦力 $\boldsymbol{F}_s$，而 $\boldsymbol{F}_s$ 与 $\boldsymbol{F}_N$ 的合力 $\boldsymbol{F}_R$ 偏向法线的右方。当物体达到向右滑动的临界状态时，$\boldsymbol{F}_R$ 达到它的极限位置，亦即它向右偏过最大角度 φ_f。可以设想，只要改变 $\boldsymbol{F}$ 的方向，就可以使物体向任意一个方向滑动，而对应于每一个方向，都有一个 $\boldsymbol{F}_R$ 的极限位置。所有这些 $\boldsymbol{F}_R$ 的作用线组成一个锥面，称为摩擦锥。如果各个方向的静摩擦因数相同，则这个锥面就是一个顶角为 $2\varphi_f$ 的圆锥面，如图 4-5 所示。

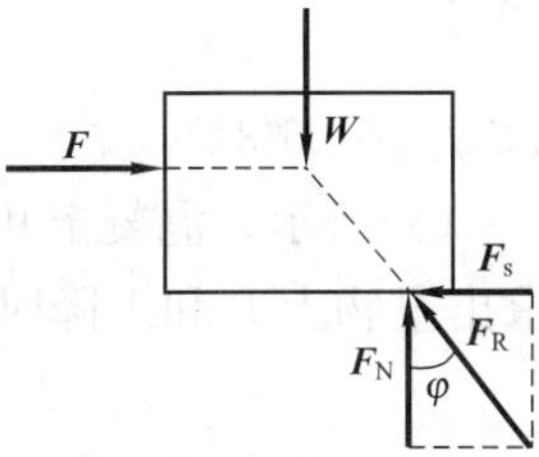

图 4-4

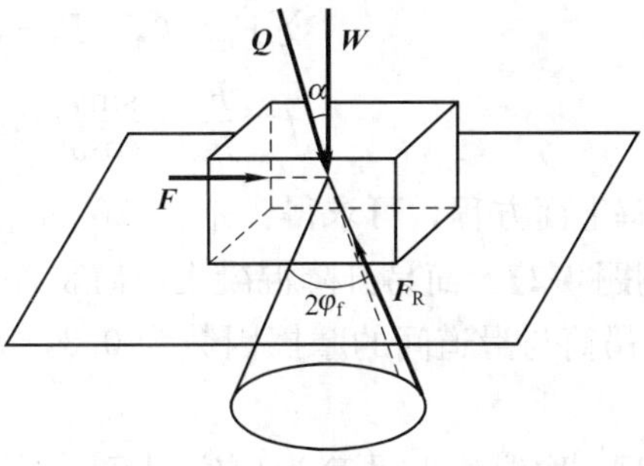

图 4-5

4.1.3 自锁现象

物体平衡时，静摩擦力总是小于或等于最大摩擦力，因而全反力 $\boldsymbol{F}_R$ 与接触面法线间的夹角总是小于或等于摩擦角 φ_f。也就是说，物体平衡时，$\boldsymbol{F}_R$ 的作用线总是在摩擦锥以内或者正好位于锥面上。

如果把作用于物体上的主动力 $\boldsymbol{F}$ 和 $\boldsymbol{W}$ 合成为一力 $\boldsymbol{Q}$，则它与接触面法线间的夹角为 α，如图 4-5 所示。当物体平衡时，应满足下列条件：

$$\varphi=\alpha\leqslant\varphi_f \tag{4-4}$$

所以，在我们所考虑的物体上，如果所有主动力的合力 $\boldsymbol{Q}$ 位于摩擦锥之内时，则无论这个力有多大，物体总处于平衡，这种现象称为自锁。

当所有主动力的合力位于摩擦锥面上时，物体处于平衡与滑动之间的临界状态；位于摩擦锥以外时，物体就要滑动。

从上面的讨论可以看到，一般来说，当物体上有摩擦力作用时，允许主动力在一定的范围内变动，而物体仍能保持平衡。物体平衡时主动力的大小或者位置变动的范围称为平衡范围。

【例题 4-1】 如图 4-6(a)所示，砂石与皮带输送机的皮带之间的静摩擦因数 $f=0.6$，试问输送带的最大倾角 α 为多大？

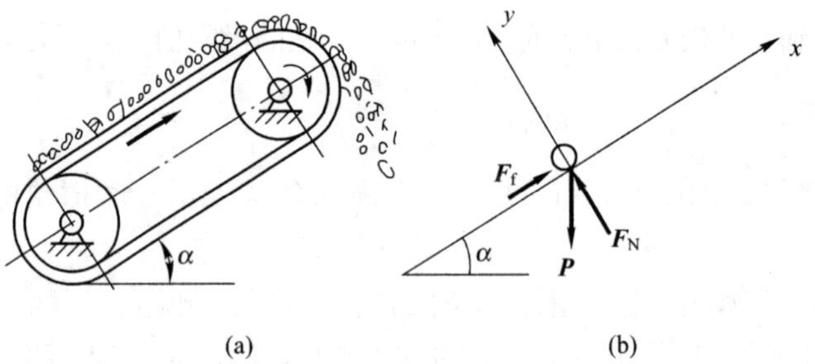

图 4-6 例题 4-1 图

【解】 这是摩擦角应用的问题，当 $\alpha>$摩擦角时砂石料将从皮带上滚落，故按题意最大倾角 α 应等于砂石与皮带之间的摩擦角。现取砂石为研究对象，受力如图 4-6(b)所示，列出平衡方程(考虑临界情况)：

$$\sum F_{ix}=0,\quad F_N-P\cos\alpha=0$$

$$\sum F_{iy}=0,\quad F_f-P\sin\alpha=0$$

$$f=\frac{F_f}{F_N}=\frac{\sin\alpha}{\cos\alpha}=\tan\alpha=0.5$$

求解上面方程，可求得：$\alpha_{max}=26°34'$，则 $\alpha\leqslant\alpha_{max}=26°34'$

【例题 4-2】 简易升降混凝土吊筒装置如图 4-7(a)所示，混凝土和吊筒共 25kN，吊筒与滑道间的摩擦因数为 0.3，分别求出重物上升和下降时绳子的张力。

【解】 取混凝土吊筒为研究对象，受力有 $\boldsymbol{P}$、$\boldsymbol{F}$、$\boldsymbol{F}_N$、$\boldsymbol{F}_f$，取坐标系如图 4-7(b)所示。这是平面汇交力系，列出平衡方程：

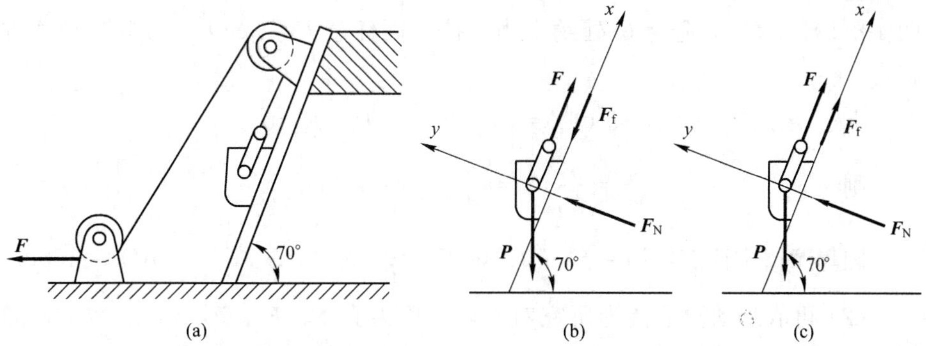

(a) (b) (c)

图 4-7　例题 4-2 图

(1) 当吊筒被拉上升时(图 4-7b)

$$\sum F_{ix}=0,\quad F_1-F_f-P\sin 70^\circ=0$$

$$\sum F_{iy}=0,\quad F_N=P\cos 70^\circ$$

吊筒被拉上升至临界状态时按静摩擦定律有：$F_f=f\times F_N$

联立上面方程，可求得上升时绳子的张力 $\boldsymbol{F}_1=26\text{kN}$。

(2) 当拉力减小到吊筒在自重作用下被拉下降时(图 4-7c)

$$\sum F_{ix}=0,\quad F_1+F_f-P\sin 70^\circ=0$$

$$\sum F_{iy}=0,\quad F_N=P\cos 70^\circ$$

同样有临界状态时按静摩擦定律：$F_f=f\times F_N$

同理可求得下降时绳子的张力 $F_2=21\text{kN}$。

显然，通过计算吊筒要满足平衡时拉索张力的平衡范围条件为：$21\text{kN}\leqslant F\leqslant 26\text{kN}$，所以在求解有摩擦力的物体时，除应用静摩擦定律作为平衡方程的补充方程外，还要注意是否有上下的平衡状态。

【例题 4-3】 如图 4-8(a)所示，起重绞车的制动器由带制动块的手柄和制动轮所组成。已知制动轮半径 $R=50\text{cm}$，鼓轮半径 $r=30\text{cm}$，制动轮和制动块间的摩擦因数 $f=0.4$，提升的重量 $P=1000\text{N}$，手柄 $l=300\text{cm}$，$a=60\text{cm}$，$b=10\text{cm}$，不计手柄和制动轮的重量，求能够制动所需 $\boldsymbol{F}$ 力的最小值。

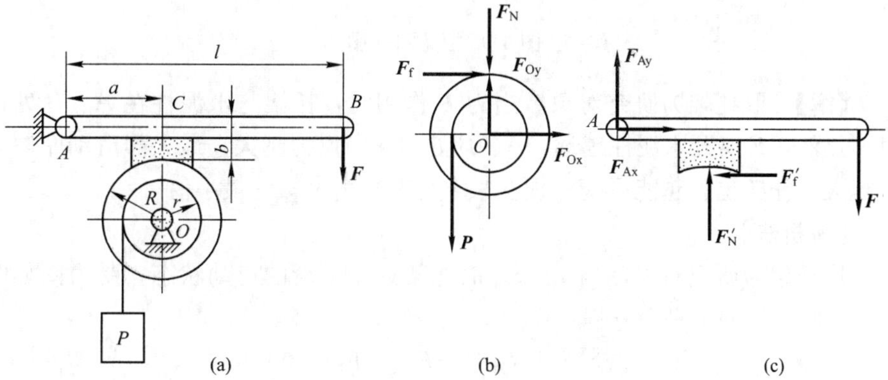

(a) (b) (c)

图 4-8　例题 4-3 图

【解】 (1) 先取制动轮为研究对象，作用力有 $\boldsymbol{P}$、$\boldsymbol{F}_f$、$\boldsymbol{F}_N$、F_{Ox}、F_{Oy}，如图 4-8(b)所示。为避免 O 处约束力，按平面任意力系取 O 点的力矩平衡方程为：

$$\sum M_O(\boldsymbol{F}_i)=0,\quad P\times r-F_f\times R=0$$

则
$$F_f=\frac{r}{R}\times\boldsymbol{P}=\frac{30}{50}\times 1000=600\text{N}$$

因静摩擦定律有：$F_f=f\times F_N$；则 $F_N=\dfrac{r}{Rf}\times P=\dfrac{30}{50\times 0.4}\times 1000=1500\text{N}$

(2) 再取制动器手柄为研究对象，作用力有 $\boldsymbol{F}$、$\boldsymbol{F}'_f$、$\boldsymbol{F}'_N$、F_{Ax}、F_{Ay}，如图 4-8(c)所示。为避免 A 处约束力，取 A 点的力矩平衡方程为：

$$\sum M_A(\boldsymbol{F}_i)=0,\quad F_N\times a- F_f\times b-F\times l=0$$

则 $F=\dfrac{1}{l}(F_Na-F_fb)=\dfrac{1}{300}\times(1500\times 60-600\times 10)=280\text{N}$

所以够制动所需 F 力的最小值为 280N。

这是两个平衡物体，可列出有 6 个平衡方程与静摩擦定律的补充方程，故可解 7 个未知量，它们是：$\boldsymbol{F}_f$、$\boldsymbol{F}_N$、F_{Ox}、F_{Oy}、$\boldsymbol{F}$、F_{Ax}、F_{Ay}。但题意仅求制动的 $\boldsymbol{F}$ 力，则通过分析应使用最简便方程求解，这与任意力系的解题要求是相同的。

【例题 4-4】 活动托架套在直径为 d 的固定水泥圆柱上，如图 4-9(a)所示。已知托架 $h=20\text{cm}$。托架和圆柱之间的静摩擦因数 $f_s=0.25$，不计托架自重。求托架不致下滑时，作用力 $\boldsymbol{F}$ 与水泥柱轴线之间应有的距离 x。

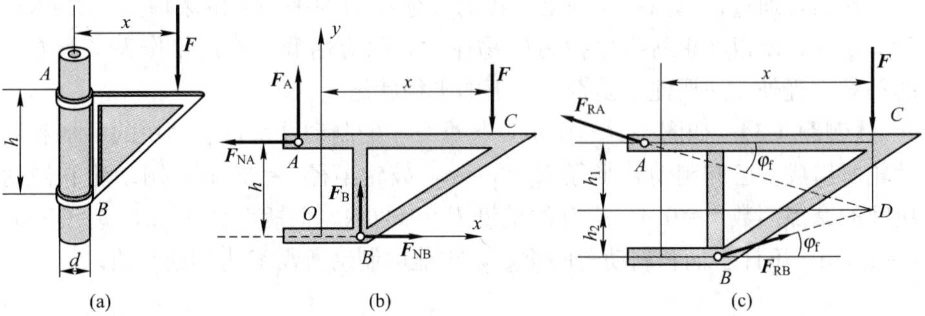

图 4-9　例题 4-4 图

【解】 取托架为研究对象。当力 $\boldsymbol{F}$ 作用时，托架与水泥柱在 A、B 处接触。显然，$\boldsymbol{F}$ 离开水泥柱越远，A、B 处的法向反力越大，最大静滑动摩擦力也越大，托架也就越能平衡。现在来求托架平衡时 x 的最小值 x_{min}。

[**解析法**]

取托架为研究对象，当 $x=x_{min}$ 时托架处于下滑的待动状态。受力图如图 4-9(b)所示。列出平衡方程：

$$\sum F_{ix}=0,\quad -F_{NA}+F_{NB}=0$$
$$\sum F_{iy}=0,\quad F_A+F_B-\boldsymbol{F}=0$$

$$\sum F_{iO}=0,\quad hF_{NA}-\frac{d}{2}(F_A-F_B)-xF=0$$

根据摩擦条件可列出补充方程：

$$F_A=f_s\times F_{NA},\quad F_B=f_s\times \boldsymbol{F}_{NB}$$

从投影方程可解：

$$F_{NA}=F_{NB}=2F$$

解以上方程，可得：$x_{min}=\dfrac{h}{2f}$，要保证托架不致下滑，必须使 $x\geqslant x_{min}$。

显然，x 值与作用力 $\boldsymbol{F}$ 和圆柱直径 d 无关，代入具体值后得 $x=40$cm。

［几何法］

以 $\boldsymbol{F}_{RA}$、$\boldsymbol{F}_{RB}$分别表示作用于 A、B 处的全反力。欲使托架在 $\boldsymbol{F}_{RA}$、$\boldsymbol{F}_{RB}$、$\boldsymbol{F}$ 三力作用下保持平衡，则根据三力平衡汇交定理可知，此三力必汇交于一点；另一方面应注意 $\boldsymbol{F}_{RA}$、$\boldsymbol{F}_{RB}$与法线的夹角不得大于摩擦角 φ_f，由图 4-9(c)可知，在极限情况下 $\boldsymbol{F}_{RA}$、$\boldsymbol{F}_{RB}$、$\boldsymbol{F}$ 三力汇交于 D 点，此时 $\boldsymbol{F}_{RA}$、$\boldsymbol{F}_{RB}$与法线夹角等于 φ_f，显然只要 $\boldsymbol{F}$ 力作用在 D 点外侧，托架总能平衡，这就确定了 x 的最小值 x_{min}。由图示几何关系可知：

$$h=h_1+h_2=\left(x+\frac{a}{2}\right)\tan\varphi_f+\left(x-\frac{a}{2}\right)\tan\varphi_f$$

解得

$$x=\frac{h}{2\tan\varphi_f}=40\text{cm}$$

【例题 4-5】 一矩形匀质物体，重 $W=480$N，置于水平面上，力 $\boldsymbol{F}_1$ 的作用方位如图 4-10(a)所示。已知接触面间的静摩擦因数 $f_s=\dfrac{1}{3}$，$l=1$m。试问此物体在 $\boldsymbol{F}_1$ 作用下是先滑动还是先倾倒，并计算物体保持平衡的最大拉力。

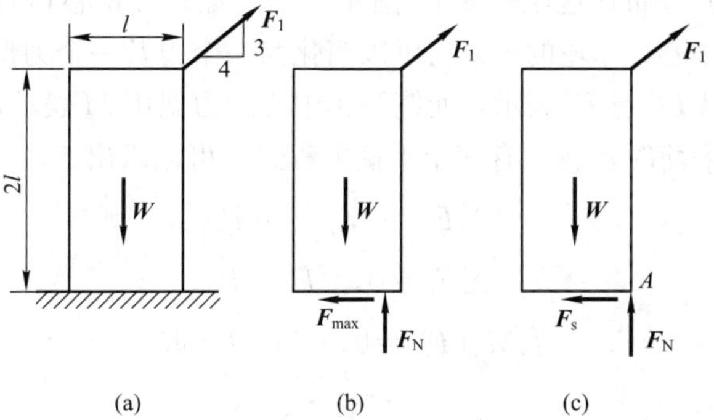

图 4-10　例题 4-5 图

【解】 先设物体即将滑动，受力分析如图 4-10(b)所示。

$$\sum F_{ix}=0,\quad \frac{4}{5}F_1-F_{max}=0 \tag{a}$$

$$\sum F_{iy}=0,\quad F_N+\frac{3}{5}F_1-W=0 \tag{b}$$

$$F_{max}=f_sF_N \tag{c}$$

式(a)、式(b)、式(c)联立得 $F_1=\dfrac{1}{3}\text{W}=160\text{N}$

再设物体将发生倾倒，受力分析如图 4-10(c)所示，$\boldsymbol{F}_N$ 力移至 A 点。

$$\sum M_A(\boldsymbol{F}_i)=0,\quad -F_1\frac{4}{5}2l+W\frac{l}{2}=0,\quad F_1=\frac{5}{16}W=150\text{N}$$

物体保持平衡的最大拉力应为：

$$F_1\leqslant 150\text{N}$$

对于置于斜平面上，而重心相对滑动面较高的物体，不但要考虑是否会滑动，还要考虑是否会倾覆，也就是其平衡受到两个方面的制约。

4.2 滚动摩阻

在工程中常常用滚动代替滑动可以大大地减少摩擦阻力，提高工作效率，减轻劳动强度。在搬运大件笨重的物体时，常在物体底下垫上一些滚子，而不直接在地上拖拉，原因是垫上滚子以后推动起来可以省力。在车辆上装上轮子，机轴中用滚珠轴承代替滑动轴承，这些都是以滚动代替滑动提高效率的例子。说明用滚动代替滑动遇到的阻力要小得多。那么使物体滚动所遇到的阻力如何计算？滚动为什么比滑动省力？现就以圆柱形车轮的滚动为例来分析。

设在有一个受自重 $\boldsymbol{P}$ 载荷作用，半径为 R 的车轮，如果根据刚体的假定，车轮与地面均不变形，则车轮与地面接触处在图 4-11(a)上就成为一点，那么，在这种情况下，只要在轮心有一个极小的水平力作用，车轮就要滚动。但实际上，在推车或拉车时，须加一定的力，才能使车轮滚动。这是因为，实际上车轮与地面的接触处已不再是一点，而是一段变形弧线。地面对车轮的约束力，也就分布在这段弧线上(图 4-11b)。如果过轮心 O 作垂线与地面的交点 A 为简化中心，车轮的约束力可以简化为一个力及一个力偶。现把简化到这点上的力仍以 $\boldsymbol{F}_N$ 与 $\boldsymbol{F}_s$ 表示，而绕简化中心的力偶用 M 表示，如图 4-11(c)所示。当轮子平衡时，我们有三个平衡方程式，可以求出 $\boldsymbol{F}_N$、$\boldsymbol{F}_s$ 以及 M。

$$\sum F_{ix}=0,\quad F_s=F$$

$$\sum F_{iy}=0,\quad F_N=P$$

$$\sum M_A(\boldsymbol{F}_i)=0,\quad M=F\times R$$

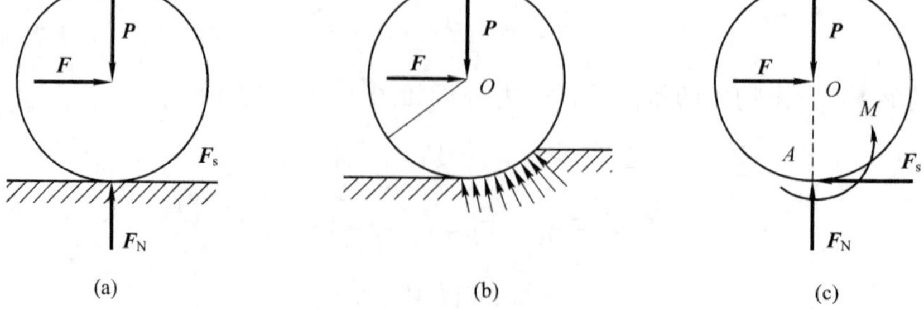

图 4-11

可以看到，当$\boldsymbol{F}$逐渐增加时，$\boldsymbol{F}_s$与M均增加，但均有极限值。当M达到它的极限值时，轮子开始滚动，在实际情况下，车轮与接触面间有足够大的静滑动摩擦因数，使轮子在滚动前不发生滑动，即当达到它的极限值M_f时，$\boldsymbol{F}_s$还小于它的极限值$\boldsymbol{F}_{max}$，这样的滚动称为纯滚动。

力偶矩M称为滚动阻力偶。静滚动阻力偶M_f，根据实验结果得到与$\boldsymbol{F}_{max}$类似的近似公式：

$$M_f=\delta\times F_N \tag{4-5}$$

亦即M_f与正压力$\boldsymbol{F}_N$成正比，比例常数δ称为滚阻系数，它决定于接触物体的材料等各种物理因素。可以看到，滚阻系数δ与静摩擦因数f_s相当；不过f_s是一个无量纲的常数，而δ则是一个具有因次为长度的常数，它具有一定的物理意义。δ的实验数值如表4-2所示。

滚 阻 系 数 **表4-2**

材料名称	δ(mm)	材料名称	δ(mm)
铸铁与铸铁	0.5	软钢与钢	0.5
钢质车轮与钢轨	0.05	有滚珠轴承的料车与钢轨	0.09
木与钢	0.3～0.4	无滚珠轴承的料车与钢轨	0.21
木与木	0.5～0.8	钢质车轮与木面	1.5～2.5
软木与软木	1.5	轮胎与路面	2～10
淬火钢珠与钢	0.01		

【例题4-6】 如图4-12(a)所示碾子的半径$r=50$cm，重$P=10$kN，它与水平面之间的滚阻系数$\delta=0.05$cm，滑动摩擦因数$f_s=0.2$。问使碾子滚动，作用在圆心上所需水平力$\boldsymbol{F}$的最小值为多大？在此$\boldsymbol{F}$最小值作用下碾子是否会产生滑动？

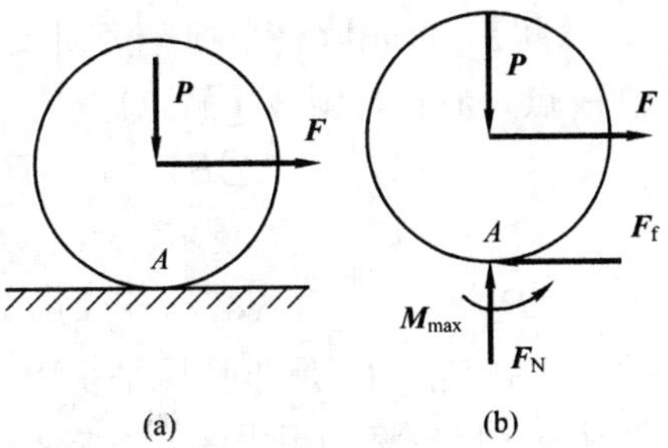

图4-12 例题4-6图

【解】 以碾子为研究对象，作出受力图如图4-12(b)所示。图中M_{max}表示碾子到达滚动的待动状态时滚动摩擦力偶矩的最大值；$\boldsymbol{F}_f$表示能阻碍碾子滑动所需的摩擦力。列出平衡方程

$$\sum F_{ix}=0,\quad F-F_f=0$$
$$\sum F_{iy}=0,\quad F_N-P=0$$
$$\sum M_{iA}=0,\quad M_{max}-Fr=0$$

由式(4-5)可得补充方程：

$$M_{man}=\delta\times \boldsymbol{F}_N$$

解以上方程，并将已知值代入可得：

$$F_N=P=10\text{kN},\quad M_{max}=\delta\times F_N=\delta\times P=0.05\times10=0.5\text{kN}\cdot\text{cm},$$
$$F=\frac{M_{max}}{r}=\frac{0.5}{50}=0.01\text{kN},\quad F_f=F=0.01\text{kN}$$

而最大静滑动摩擦力 $F_{max}=f_s \times F_N=0.2\times 10=2kN>F$，所以碾子不会产生滑动。

由以上的计算可知，只要 F 略大于 0.01kN，就可使碾子滚动，但如要使碾子滑动则 $\boldsymbol{F}$ 值必须超出静滑动摩擦力的最大值 $F_{max}=2kN$，它远远超过使碾子滚动所需的 F 值。

【例题 4-7】 如图 4-13 所示，总重为 G 的拖车在牵引力 $\boldsymbol{F}$ 作用下要爬上倾角为 θ 的斜坡。设车轮半径为 r，轮胎与路面的滚阻系数为 δ，其他尺寸如图所示。求拖车所需的牵引力。

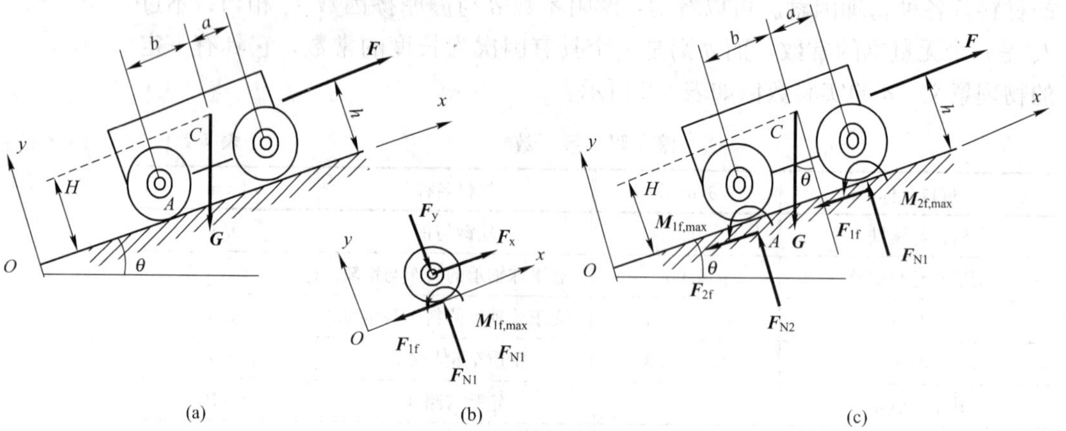

图 4-13　例题 4-7 图

【解】 首先取整个拖车为研究对象，建立三个平面力系的平衡方程，其中 A 点是后轮与斜坡接触点。

$$\sum F_{ix}=0,\quad F-F_{1f}-F_{2f}-G\sin\theta=0$$

$$\sum F_{iy}=0,\quad F_{N1}+F_{N2}-G\cos\theta=0$$

$$\sum M_A(\boldsymbol{F}_i)=0,\quad -G\cos\theta\times b+G\sin\theta\times H+F_{N1}(a+b)-F\times h+M_{1f,max}+M_{2f,max}=0$$

其中 $\boldsymbol{F}_{1f}$、$\boldsymbol{F}_{2f}$ 是非临界平衡摩擦力，方向可先假定。$M_{1f,max}$、$M_{2f,max}$ 是临界时前、后轮滚动阻力偶，按临界极限条件应满足：

$$M_{1f,max}=\delta F_{N1},\quad M_{2f,max}=\delta F_{N2}$$

上面是有 5 个求解方程，但有 7 个未知量：$\boldsymbol{F}$、$\boldsymbol{F}_{1f}$、$\boldsymbol{F}_{2f}$、$\boldsymbol{F}_{N1}$、$\boldsymbol{F}_{N2}$、$\boldsymbol{M}_{1f,max}$、$\boldsymbol{M}_{2f,max}$，因此需再补充两求解方程。

再取［前轮］$\sum M_O=0$，$M_{1f,max}-F_1 r=0$，O 是前轮轮心。同样由后轮可得 $M_{2f,max}-F_2 r=0$

联立求解后，可得：$F=G\left(\sin\theta+\dfrac{\delta}{r}\cos\theta\right)$

如小车总重 $G=10kN$，$\delta=0.05cm$，$r=40cm$，$\theta=30°$时，代入上式可得 $F=5.01kN$。

通过以上例题的求解过程，我们可将求解摩擦的平衡问题的解题步骤归纳如下：

(1) 根据题意判明是属于哪一类的问题，所求的未知量是一个极限值还是一个变化范围。

(2) 选取分离体。如所求的未知量是一个极限值，则考虑平衡的临界状态，如例题 4-4。如所求的未知量是一个变化范围，如例题 4-2 应根据题意的实际情况假设一个或两个平衡的临界状态。

(3) 画受力图。首先画出主动力与一般的约束反力，再根据平衡状态的相对滑动趋势，定出摩擦力方向。如两个平衡的临界状态应画出这两种情况的受力图。如按题意是属于非临界平衡情况，则摩擦力的指向可假定，而其大小由平衡方程确定。

(4) 列方程。当列出与力系相应的平衡方程后，在求解平衡范围这类问题时，有两种分析方法。第一种方法，考虑临界状态，将摩擦力补充方程写成等式，即 $F_f = f_s \times F_N$，或 $M_f = \delta \times F_N$，由此求出临界状态的平衡条件与范围。第二种方法，考虑非临界平衡状态，将摩擦力补充方程写成不等式，即 $F_f \leqslant F_{fmax}$，或 $M_f \leqslant M_{fmax}$，由此可直接得出解答的范围。

(5) 对有摩擦的物体平衡问题可采用两种解法：

[几何法] 几何法就是利用摩擦角的概念建立平衡的几何条件。其解题要点是将最大摩擦力及法向反力合成，以全反力表示。然后根据受力情况分析平衡状态。

[解析法] 解析法就是利用力系的平衡方程式与表述摩擦力大小的等式 $F_{fmax} = f_s \times F_N$，或 $M_{fmax} = \delta \times F_N$ 或不等式 $\boldsymbol{F}_{fmax} \leqslant f_s \times F_N$，或 $M_{fmax} \leqslant \delta \times F_N$ 联立求解。

小结及学习指导

1. 由于摩擦力是阻碍两物体相对滑动的力，所以它的方向总是与相对滑动方向或相对滑动趋势的方向相反。在判别相对滑动或相对滑动趋势的方向时，可暂不考虑接触面之间的摩擦而根据作用在物体上的主动力情况来进行判定。

2. 物体处于静止时全反力 $\boldsymbol{F}_R$ 与法向反力 $\boldsymbol{F}_N$ 的夹角为 φ，当物体到达滑动的临界待动状态时，角 φ 到达了最大值 φ_f 角，称为摩擦角。如物体上所有主动力的合力的作用线在摩擦锥以内时，则不论此主动力的合力的大小如何，物体总能保持平衡，即发生自锁现象。

3. 当考虑摩擦的平衡问题时，物体处于滑动临界平衡状态，需应用补充方程 $F_f = f_s F_N$；当物体处于滚动临界平衡状态时，需应用补充方程 $M_f = \delta \times F_N$，但是，即将发生的运动类型是滑动，是倾翻还是滚动应给予分析确定。

4. 当物体有相对滚动趋势时，由于物体都不是绝对的刚体，在接触处都发生变形，会产生阻碍物体滚动的作用。这种作用可用一个力偶来表示，称为滚动阻力偶 M。当物体尚未发生滚动时，满足 $M \leqslant M_f$；当物体处于滚动临界状态或已经发生滚动时 $M_f = \delta \times F_N$。

思考题

4-1 能否说“只要物体处于平衡状态，静滑动摩擦力的大小就为 $F_s=f_sF_N$”?

4-2 图 4-14 中物块 A 的重量为 $\boldsymbol{P}$，它与水平面间的静摩擦因数为 f_s。图 4-14(a)表示施加的是推力，图 4-14(b)表示施加的是拉力。试分析哪一种施力更省力？为什么？

4-3 如图 4-15 所示，试分析后轮驱动的汽车在行驶时，地面对前轮(从动轮，相当在轮心上作用有一水平推力)和后轮(驱动轮，相当在轮上作用有一力偶矩)摩擦力的方向。

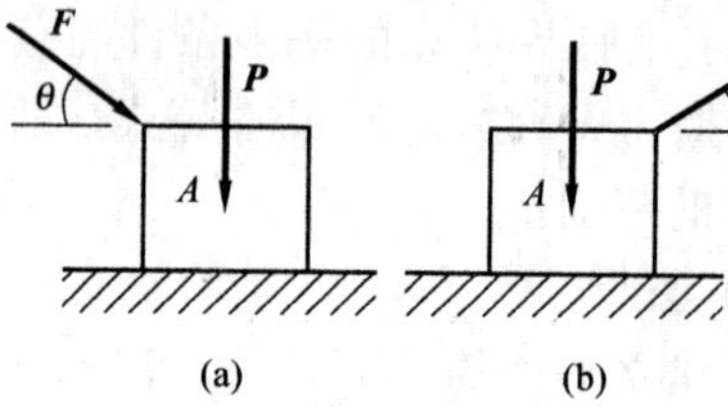

图 4-14 思考题 4-2 图

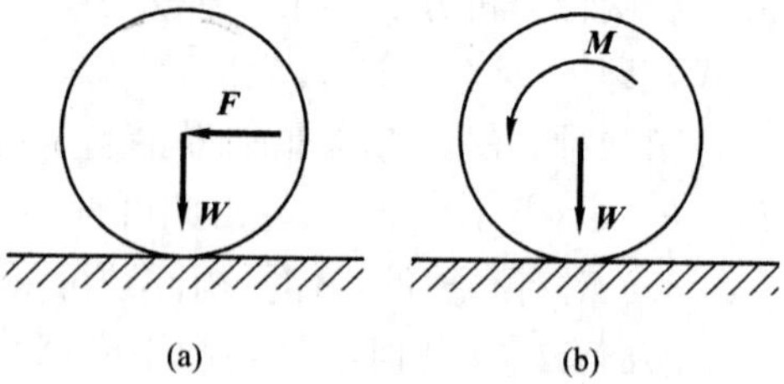

图 4-15 思考题 4-3 图

4-4 如图 4-16 所示，有人试图用双手夹起一叠书，手施加给书的水平力为 $F=225\text{N}$，手与书间摩擦因数为 $f_s=0.45$，书与书之间摩擦因数为 $f_d=0.4$；如果每本书的质量为 0.95kg，试求最多能夹住几本书。

4-5 物块 A 重为 $\boldsymbol{P}$，放在粗糙的水平面上，其摩擦角 $\varphi_f=20°$。若一力 $\boldsymbol{F}$ 作用于摩擦角之外(图 4-17)，并已知 $\theta=30°$，$F=P$。试问物块能否保持平衡？为什么？

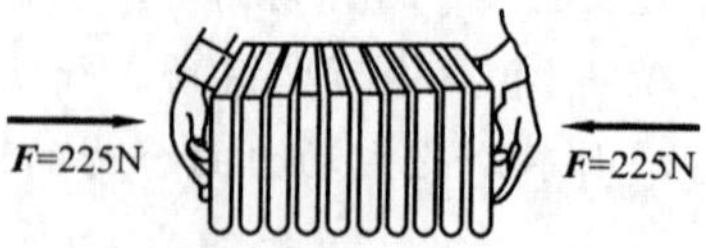

图 4-16 思考题 4-4 图

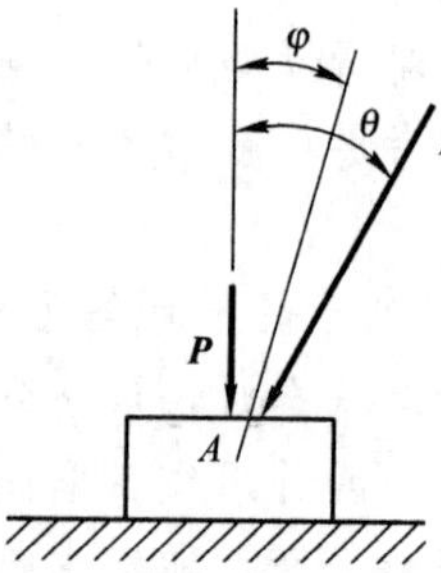

图 4-17 思考题 4-5 图

4-6 如图 4-18 所示，钢楔劈物，钢楔自重不计，接触面间的摩擦角为 φ_f。劈入后欲使钢楔不滑出，试问钢楔两个平面间的夹角 θ 应为多大？

4-7 水平梯子放在直角 V 形槽内，如图 4-19 所示，梯子与两个槽面的摩擦角均为 ϕ。如人在梯子上走动，试问不使梯子滑动，人的活动应限制在什么范围内？梯重不计。

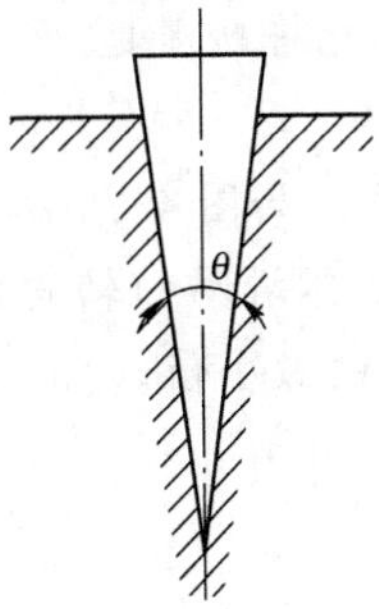

图 4-18　思考题 4-6 图

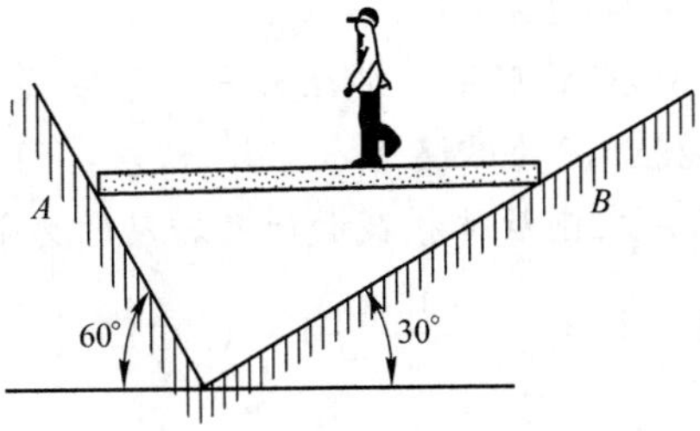

图 4-19　思考题 4-7 图

习题

4-1　如图 4-20 所示，物块重 $W=100\text{N}$，放在与水平面呈 30°的斜面上，物块受一水平力 $\boldsymbol{F}$ 作用。设物块与斜面间的静摩擦因数 $f_s=0.2$。求物块在斜面上平衡时所需力 $\boldsymbol{F}$ 的大小。

[**答案**：$33.83\text{N}\leqslant F\leqslant 87.88\text{N}$]

4-2　图 4-21 所示物块 A 与 B 的重量相等，与接触面的静摩擦因数均为 $f_s=0.5$。试求当系统平衡时的最小角度 $\theta_{\min}$。

[**答案**：$\theta_{\min}=36.87°$]

4-3　楔块顶重装置如图 4-22 所示。已知重物块 B 重为 W，与楔块之间的静摩擦因数为 f_s，楔块顶角为 θ。试求：(1)顶住重块所需力 $\boldsymbol{F}$ 的大小；(2)使重块不向上滑所需力 $\boldsymbol{F}$ 的大小；(3)不加力 $\boldsymbol{F}$ 能处于自锁的角 θ 的值。

[**答案**：(1)$F=\dfrac{\sin\theta-f_s\cos\theta}{\cos\theta+f_s\sin\theta}W$，(2)$F=\dfrac{\sin\theta+f_s\cos\theta}{\cos\theta-f_s\sin\theta}W$，(3)$\theta\leqslant\arctan f_s$]

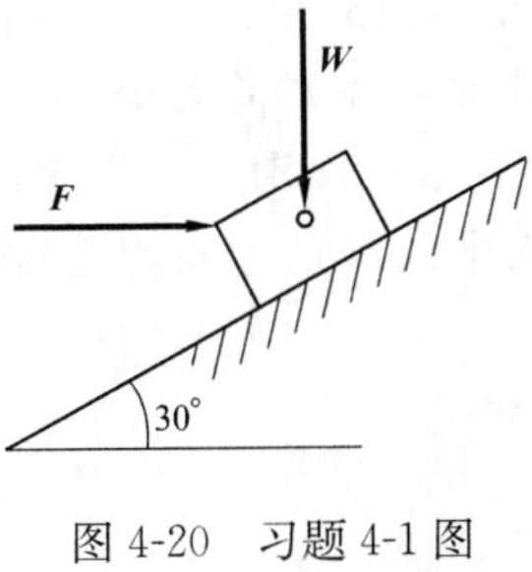

图 4-20　习题 4-1 图

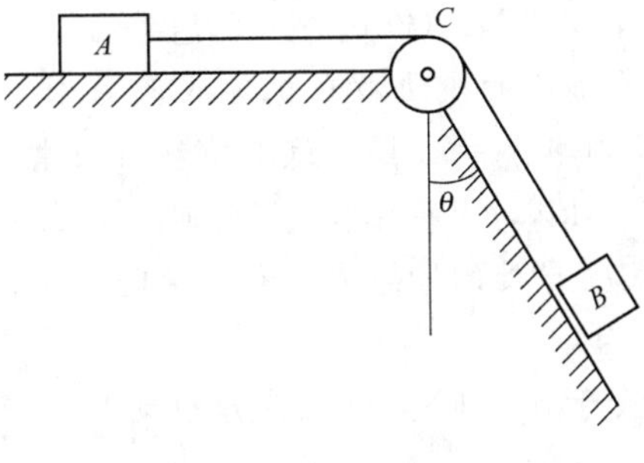

图 4-21　习题 4-2 图

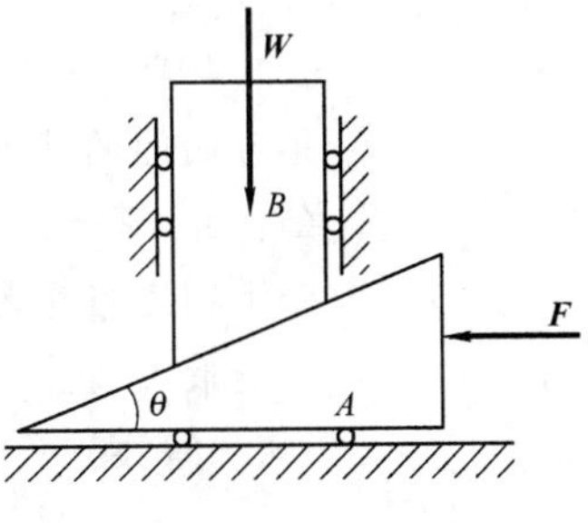

图 4-22　习题 4-3 图

4-4　机构如图 4-23 所示。已知物块 A、B 均重 $W=100\text{N}$，杆 AC 平行于倾角 $\theta=30°$的斜面，杆 CB 平行于水平面；两物块与支承面间的静摩擦因 $f_s=0.5$。试求不致引起物块移动的最大竖直力 $\boldsymbol{P}$ 的大小。

[**答案**：$P_{\max}=40.6\text{N}$]

4-5　用砖夹夹砖如图 4-24 所示。已知：$l=25\text{cm}$，$h=3\text{cm}$，砖重 $\boldsymbol{W}$ 与提砖合力 $\boldsymbol{F}$ 共线，并作用在砖夹的对称中心线上，且 $F=W$。若砖与砖夹间的

静摩擦因数均为 $f_s=0.5$ ，试问距离 b 应为多大才能将砖提起？

［**答案**：$b \leqslant 11\text{cm}$］

4-6　放在V形槽内半径为 R、重为 W 的圆柱体如图4-25所示。若圆柱体与V形槽面间的摩擦角 $\varphi_f<\theta$，试求：(1)使圆柱体滑动的轴向力 $\boldsymbol{F}$ 的最小值；(2)作用在圆柱体横截面使其转动的力偶矩 M 的最小值。

$$\left[\textbf{答案：}(1)F_{\min}=\frac{\tan\varphi_f}{\cos\theta}W\text{；}(2)M_{\min}=\frac{\sin 2\varphi_f}{2\cos\theta}WR\right]$$

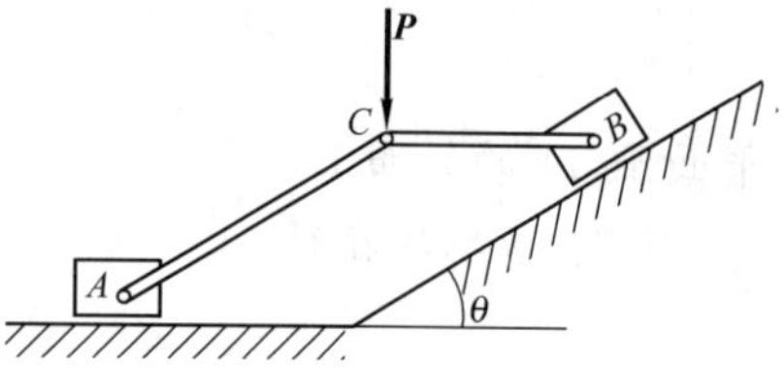

图4-23　习题4-4图

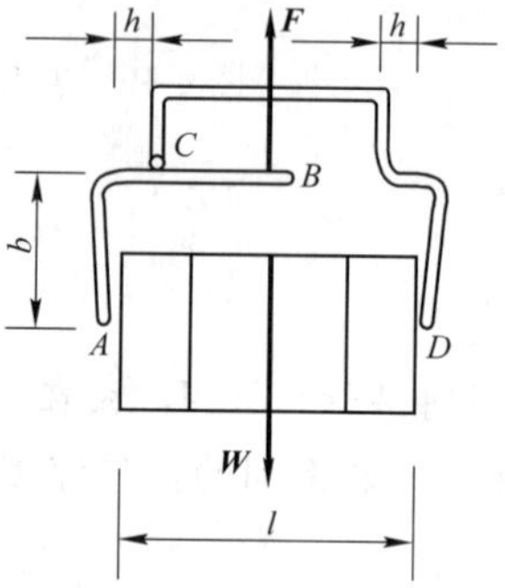

图4-24　习题4-5图

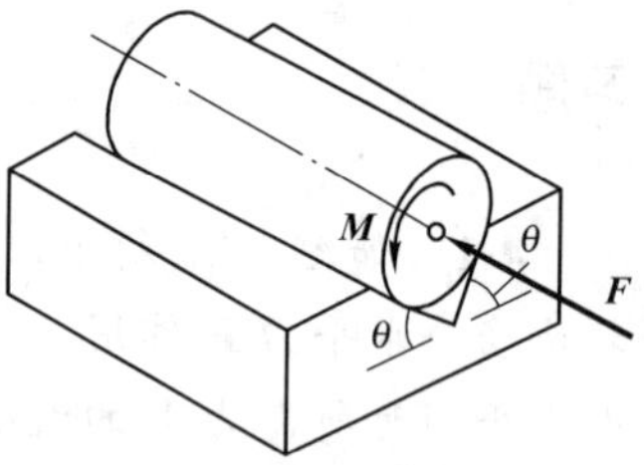

图4-25　习题4-6图

4-7　匀质矩形物体 $ABCD$ 如图4-26所示，已知：$b=10\text{cm}$，$h=40\text{cm}$，重 $P=50\text{N}$，与斜面间的静摩擦因数 $f_s=0.4$ ，斜面的斜率为3/4，绳索 AE 段为水平。试求使物体保持平衡的最小重量 $W_{\min}$。

［**答案**：$W_{\min}=13.46\text{N}$］

4-8　如图4-27所示为一制动系统。已知：$l=6\text{cm}$，$r=10\text{cm}$，静滑动摩擦因数 $f_s=0.4$，在鼓轮上作用有一力偶矩 $M=500\text{N}\cdot\text{cm}$ 的力偶。试求鼓轮未转时 B 处液压缸施加的最小力：(1)施加的力偶为顺时针转向；(2)施加的力偶为逆时针转向。

［**答案**：(1)$F_B=320\text{N}$；(2)$F_B=425\text{N}$］

4-9　一倾斜角为6°的楔块放在机器底座 A 处，如图4-28所示。已知各接触面间的静摩擦因数 $f_s=0.15$，试求推动楔块滑动时所需力 $\boldsymbol{F}$ 的大小，已知：$a=50\text{cm}$，$P=4\text{kN}$，$W=1\text{kN}$，问此时机器底座是否沿地面滑动。提示：必须判定当机器底座 B 处的摩擦力达最大值时，机器底座 A 处的摩擦力是否也达最大值。

［**答案**：F 略大于0.75kN，机器底座滑动］

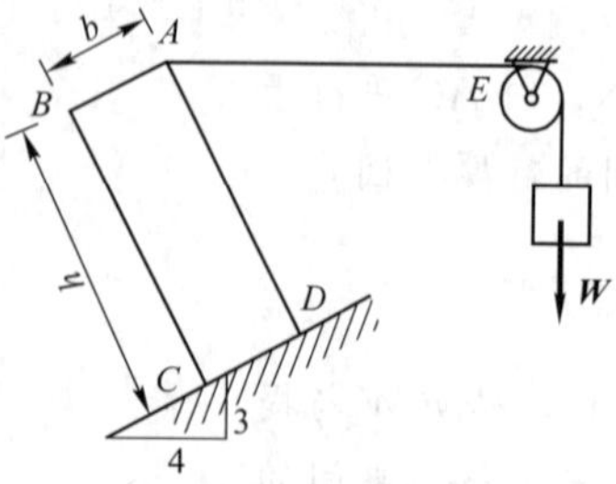

图4-26　习题4-7图

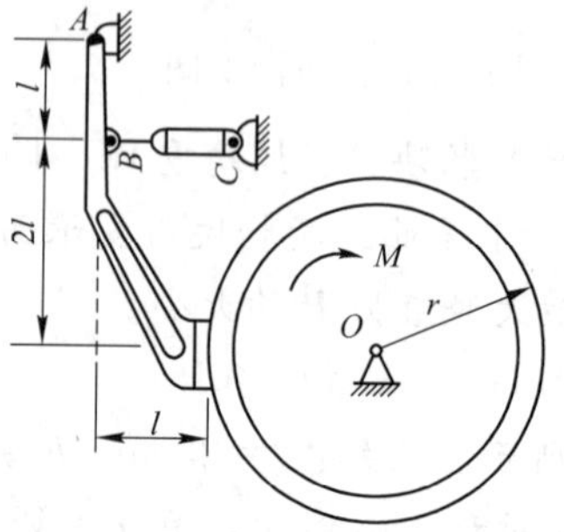

图4-27　习题4-8图

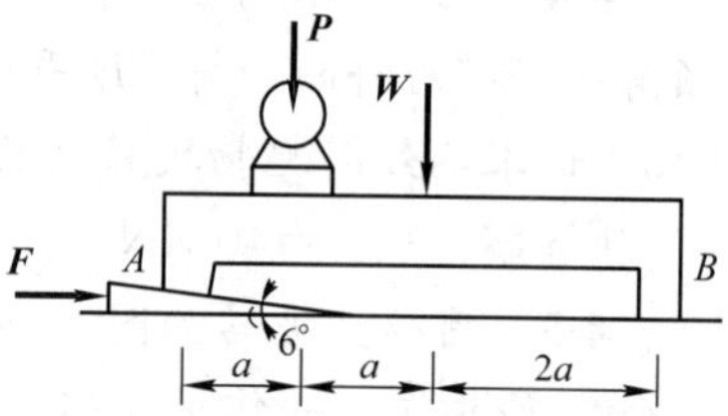

图4-28　习题4-9图

4-10 机构如图 4-29 所示。已知在 AD 杆上作用有一力偶矩 $M_A=40\text{N}\cdot\text{m}$ 的力偶，滑块和 AD 杆间的摩擦因数 $f_s=0.3$。试求系统在 $\theta=30°$ 位置保持平衡时的力偶矩 M_C。

[**答案**：$49.61\text{N}\cdot\text{m}\leqslant M_C\leqslant 70.39\text{N}\cdot\text{m}$]

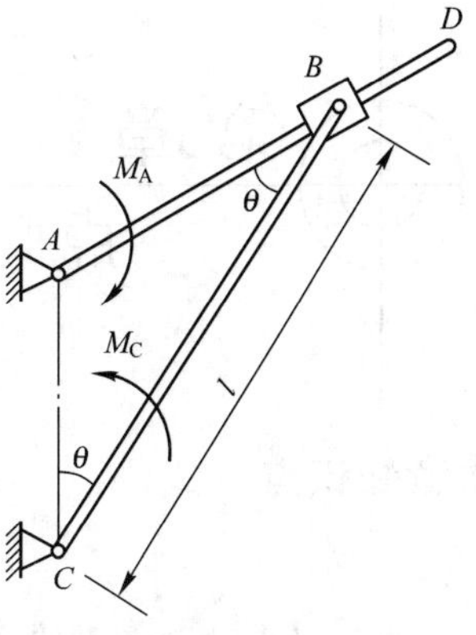

图 4-29　习题 4-10 图

4-11 如图 4-30 所示的拖车总重为 $W=20\text{kN}$，以匀速沿水平路面行驶。设车轮半径为 $r=40\text{cm}$，轮胎与路面间的滚阻系数为的 $\delta=0.20\text{cm}$，其他尺寸为 $a=150\text{cm}$，$b=300\text{cm}$，$h=50\text{cm}$，求拖车所需的牵引力 $\boldsymbol{F}$ 的大小。

[**答案**：$F=0.1\text{kN}$]

4-12 如图 4-31 所示，圆柱滚子的直径为 0.6m，重 3000N，由于力 $\boldsymbol{F}$ 的作用而沿水平面作等速滚动。如滚阻系数 $\delta=0.5\text{cm}$，而力 $\boldsymbol{F}$ 与水平面所成的角 $\alpha=30°$，求所需的力 $\boldsymbol{F}$ 的大小。

[**答案**：$P=57.3\text{N}$]

4-13 如图 4-32 所示，滚子与鼓轮一起重量为 $\boldsymbol{P}$，滚子与地面间的滚阻系数为 δ，在与滚子固连半径为 r 的鼓轮上挂一重为 W 的物体，问 W 等于多少时，滚子将开始滚动？

$\left[\textbf{答案}：W=\dfrac{\delta P}{r-\delta}\right]$

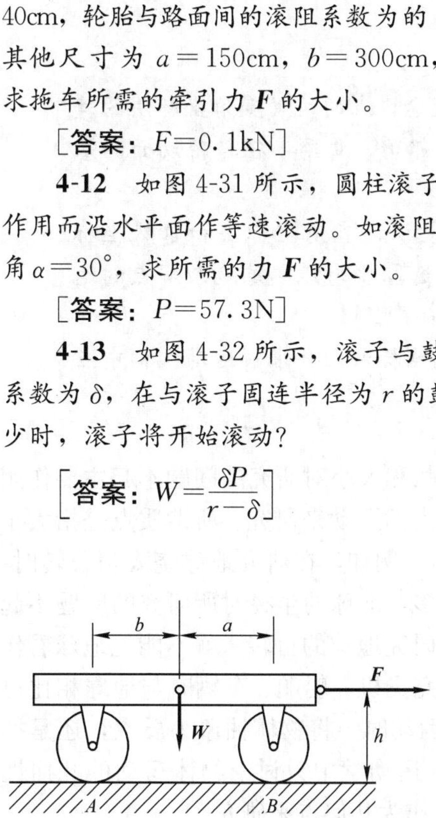

图 4-30　习题 4-11 图

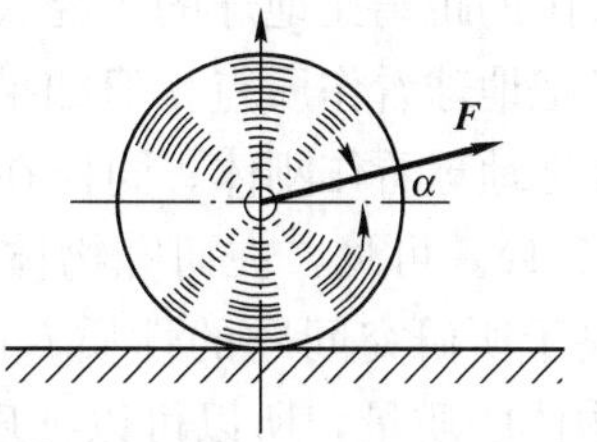

图 4-31　习题 4-12 图

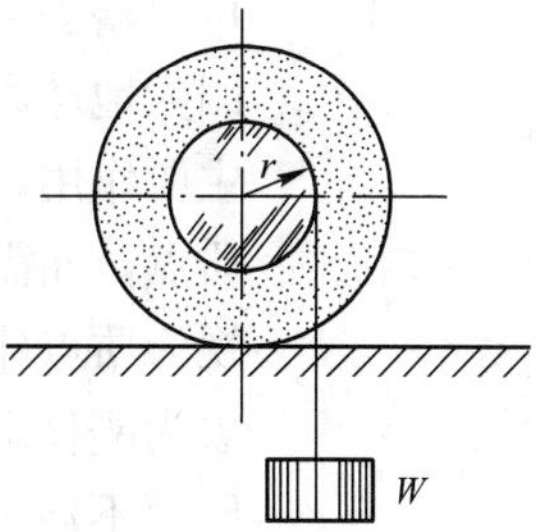

图 4-32　习题 4-13 图

第5章 点的运动

本章知识点

【知识点】点的运动矢量法的概念，点的运动直角坐标法的建立，点的运动自然坐标法的建立，邻角，曲率半径与密切面的基本概念，点的速度和加速度的概念。

【重点】掌握描述点运动的矢量法、直角坐标法和自然坐标法，按照这三种常用方法的特点与选取要求能熟练地求解点的运动轨迹、点的速度和加速度有关的问题。

【难点】使用直角坐标法和自然坐标法综合求解运动机构中点的位移、速度、加速度值。

在研究物体的运动时，如果物体的形状和大小对研究的问题不起主要作用时，我们可将物体的运动抽象成为一个质点的运动来研究。所谓质点是指大小可以略去不计，但仍具有一定质量的物体。例如，在研究地球绕太阳公转时，因为地球离太阳的距离比地球的半径大得多，地球的半径对所研究的问题不起主要作用，可把地球看作质点。但如果要研究地球的自转，就不能把地球看作质点，而需要把地球看作刚体。同样在研究飞机、船舶、车辆时与地球相比可视为质点(图 5-1)。可见，在研究物体的运动时，将物体抽象为质点，还是抽象为刚体取决于所研究问题的性质。由于运动学中只讨论物体运动的几何性质而不涉及物体的质量，所以可以把质点作为几何点来研究。

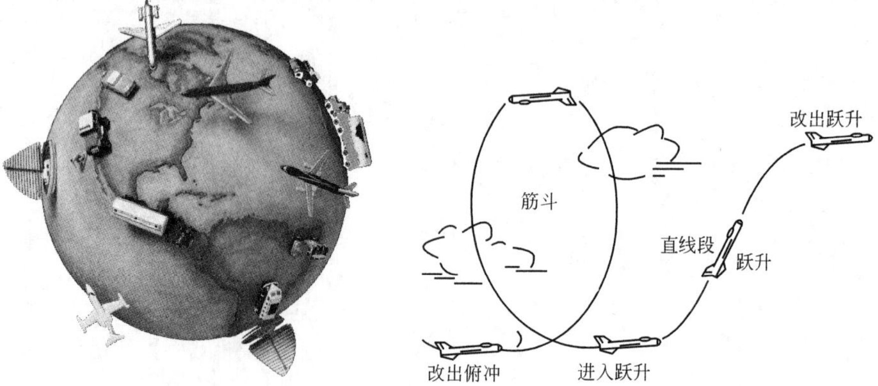

(a)　　(b)

图 5-1

运动学仅从几何学的观点来研究物体的运动规律，而不探究是什么物理因素(如作用力、物体的质量等)导致物体的运动状态发生变化。物体运动的几何性质是指：物体在空间的位置随时间变化的规律，包括其运动的轨迹、速度和加速度等。

运动学中将研究点在某一个参考系中的几何位置随时间变动的规律，包括点的运动方程、运动轨迹、速度和加速度等。点的运动知识是分析刚体运动的基础。

5.1 点的运动矢量法

5.1.1 点的运动方程

选择一固定点 O 为参考点。设动点 M 在空间曲线运动，由 O 点向 M 点作矢量 $\boldsymbol{r}$，称为 M 点相对于 O 点的位置矢径(图 5-2)，则动点 M 在某瞬时 t 的位置，可由该矢量来确定。显然，当点 M 运动时，矢径 $\boldsymbol{r}$ 的大小和方向随时间 t 而变化，所以矢径 $\boldsymbol{r}$ 是时间 t 的单值连续矢函数，即

$$\boldsymbol{r}=\boldsymbol{r}(t) \tag{5-1}$$

式(5-1)称为动点的以矢径表示的运动方程。

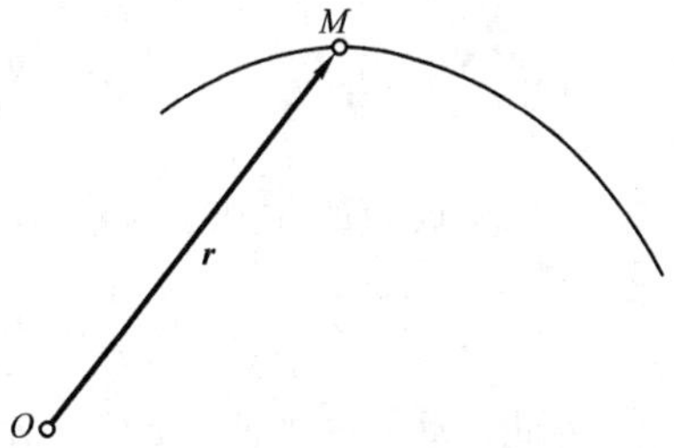

图 5-2 动点 M 位置的矢量描述

当动点运动时，矢径末端点所描绘出的曲线，称为矢径 $\boldsymbol{r}$ 的矢端曲线，也就是动点 M 的运动轨迹。

5.1.2 点的速度

在曲线运动中，点的运动快慢和方向随时在变化，因此引入速度向量的概念。动点的速度是描述点在某一瞬时运动快慢和方向的物理量。

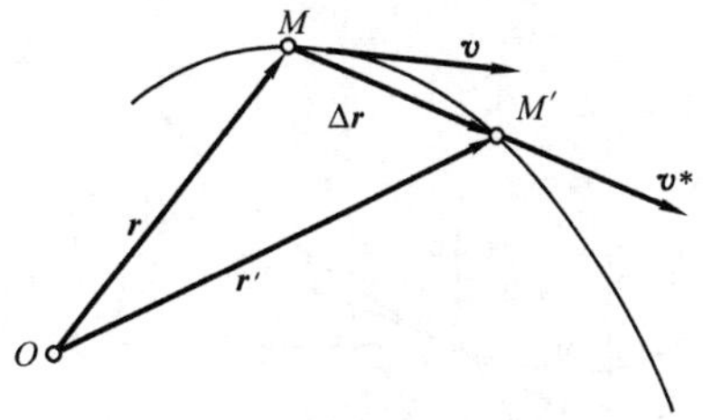

图 5-3 动点 M 速度的矢量描述

设动点在不同时刻 t 和 $t+\Delta t$，在参考系中从 M 运动到 M'(图 5-3)，则动点矢径由 $\boldsymbol{r}$ 变为 $\boldsymbol{r}'$。将位置矢径 $\boldsymbol{r}$ 之差记作 $\Delta\boldsymbol{r}$，按矢量的合成方法即

$$\Delta\boldsymbol{r}=\boldsymbol{r}'-\boldsymbol{r}$$

将位移矢量 $\Delta\boldsymbol{r}$ 除以位移所经历的时间间隔 Δt，定义为点在 Δt 时间间隔内的平均速度 $\boldsymbol{v}^*$，则 $\boldsymbol{v}^*=\dfrac{\Delta\boldsymbol{r}}{\Delta t}$。当 Δt 趋近于零时，平均速度的极限值就定义为动点在 t 时刻的瞬时速度，简称为动点的速度，动点的速度是矢量，记作 $\boldsymbol{v}$，即

$$\boldsymbol{v}=\lim_{\Delta t\to 0}\frac{\Delta\boldsymbol{r}}{\Delta t}=\frac{\mathrm{d}\boldsymbol{r}}{\mathrm{d}t}=\dot{\boldsymbol{r}} \tag{5-2}$$

因此，动点的速度 $\boldsymbol{v}$ 就等于动点的位置矢径 $\boldsymbol{r}$ 对时间 t 的一阶导数，其方

向就是 Δt 趋于零时，$\Delta \boldsymbol{r}$ 的极限方向，也即沿着动点的轨迹在该点的切线，指向运动前进的方向。

速度矢量 $\boldsymbol{v}$ 的模 $|\boldsymbol{v}|$ 为速度的大小，在国际单位制中，速度的单位为米/秒(m/s)。

5.1.3 点的加速度

在曲线运动中，速度是向量，它的大小和方向都随时间而变化，所以引入加速度向量是描述动点的速度大小和方向变化的物理量。

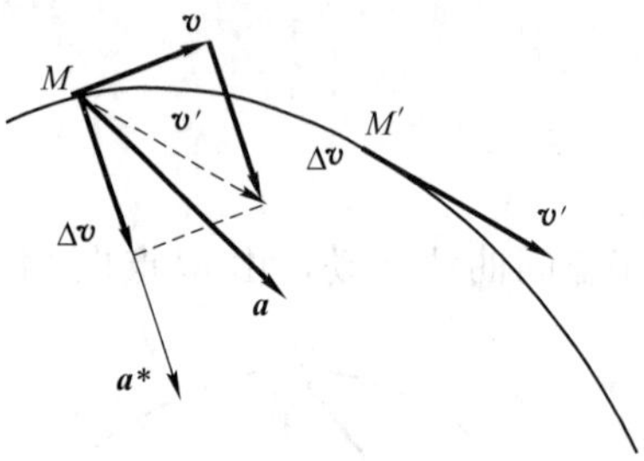

图 5-4 动点 M 的加速度的矢量描述

如图 5-4 所示，设动点在 M 和 M' 的速度分别为 $\boldsymbol{v}$ 和 $\boldsymbol{v}'$，$\Delta \boldsymbol{v}=\boldsymbol{v}'-\boldsymbol{v}$ 是速度的变化量，$\Delta \boldsymbol{v}$ 与其对应的时间间隔 Δt 的比值，定义为点在 Δt 时间间隔内的平均加速度 $\boldsymbol{a}^*$，则 $\boldsymbol{a}^*=\dfrac{\Delta \boldsymbol{v}}{\Delta t}$。当 Δt 趋近于零时，其极限值定义为动点在 t 时刻的瞬时加速度，简称为点的加速度，点的加速度也是矢量，记作 $\boldsymbol{a}$，即

$$\boldsymbol{a}=\lim_{\Delta t\to 0}\frac{\Delta \boldsymbol{v}}{\Delta t}=\frac{\mathrm{d}\boldsymbol{v}}{\mathrm{d}t}=\ddot{\boldsymbol{r}} \tag{5-3}$$

因此，动点的加速度 $\boldsymbol{a}$ 等于动点的速度对于时间 t 的一阶导数，亦是位置矢径 $\boldsymbol{r}$ 对于时间的二阶导数。加速度的方向沿 Δt 趋近于零时 $\Delta \boldsymbol{v}$ 的极限方向。

加速度矢量 $\boldsymbol{a}$ 的模 $|\boldsymbol{a}|$ 即为加速度的大小，在国际单位制中，加速度单位为米/秒^2($\mathrm{m/s^2}$)。

用矢量法描述动点的运动，只需要选择一个参考点，不需要建立参考坐标系就可以说明动点的运动方程，导出点的速度与加速度计算式。这种方法形式简洁，便于理论推导。但在具体建立动点的运动方程，计算动点的速度和加速度时，通常采用直角坐标法或自然法。

5.2 点的运动直角坐标法

5.2.1 点的运动方程

在固定点 O 上建立固定的直角坐标系 $Oxyz$，如图 5-5 所示，此时动点 M 的位置矢径成为坐标系 $Oxyz$ 中的一个矢量，其起点始于坐标原点，端点在 M。

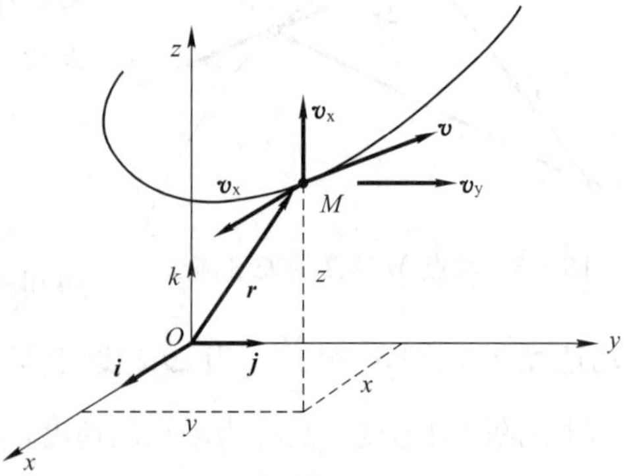

图 5-5 直角坐标与矢径 $\boldsymbol{r}$ 的关系、合速度与分速度

当动点 M 作空间曲线运动时，将动点的矢径运动方程(5-1)向三个坐标轴投影可得：

$$\boldsymbol{r}(t)=x(t)\boldsymbol{i}+y(t)\boldsymbol{j}+z(t)\boldsymbol{k} \tag{5-4}$$

式中　$\boldsymbol{i}$、$\boldsymbol{j}$、$\boldsymbol{k}$——分别为三个坐标轴上的单位矢量。

由于矢径 $\boldsymbol{r}$ 是时间 t 的单值连续函数，所以 x、y、z 也是时间 t 的单值连续函数。因此用直角坐标法描述的点的运动方程为：

$$x=f_1(t),\quad y=f_2(t),\quad z=f_3(t) \tag{5-5}$$

若已知函数 $f_1(t)$、$f_2(t)$、$f_3(t)$，则动点在空间的位置就完全确定。

式(5-5)是以时间 t 为参变量的空间曲线方程，如果从这些方程中消去时间 t，则动点的轨迹可用下列两式表示，即

$$F_1(x,\ y)=0,\quad F_2(y,\ z)=0 \tag{5-6}$$

式(5-6)的两个方程分别表示两个柱形曲面，它们的交线就是动点的轨迹(图 5-6)。

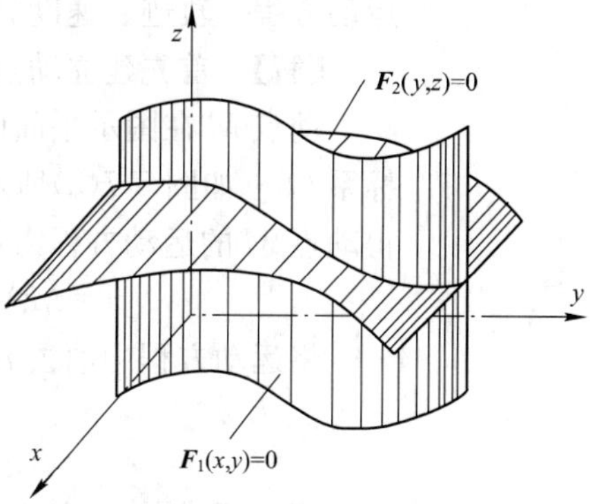

图 5-6　曲线的轨迹

5.2.2　点的速度

将式(5-4)代入到式(5-2)中，注意到 $\boldsymbol{i}$、$\boldsymbol{j}$、$\boldsymbol{k}$ 为常矢量，有

$$\boldsymbol{v}=\frac{\mathrm{d}\boldsymbol{r}}{\mathrm{d}t}=\frac{\mathrm{d}x}{\mathrm{d}t}\boldsymbol{i}+\frac{\mathrm{d}y}{\mathrm{d}t}\boldsymbol{j}+\frac{\mathrm{d}z}{\mathrm{d}t}\boldsymbol{k} \tag{5-7}$$

由此可得动点 M 的速度 $\boldsymbol{v}$ 在直角坐标上的投影 v_x、v_y、v_z 分别为：

$$v_x=\frac{\mathrm{d}x}{\mathrm{d}t},\quad v_y=\frac{\mathrm{d}y}{\mathrm{d}t},\quad v_z=\frac{\mathrm{d}z}{\mathrm{d}t} \tag{5-8}$$

故动点的速度在直角坐标轴上的投影等于动点的各对应坐标对时间的一阶导数。

动点的合速度大小和方向余弦可由下面两式得到

$$v=\sqrt{v_x^2+v_y^2+v_z^2} \tag{5-9}$$

$$\cos(\boldsymbol{v},\ \boldsymbol{i})=\frac{v_x}{v},\quad \cos(\boldsymbol{v},\ \boldsymbol{j})=\frac{v_y}{v},\quad \cos(\boldsymbol{v},\ \boldsymbol{k})=\frac{v_z}{v} \tag{5-10}$$

5.2.3　点的加速度

将式(5-7)代入式(5-3)得：

$$\boldsymbol{a}=\frac{\mathrm{d}\boldsymbol{v}}{\mathrm{d}t}=\frac{\mathrm{d}^2x}{\mathrm{d}t^2}\boldsymbol{i}+\frac{\mathrm{d}^2y}{\mathrm{d}t^2}\boldsymbol{j}+\frac{\mathrm{d}^2z}{\mathrm{d}t^2}\boldsymbol{k} \tag{5-11}$$

由此可得动点 M 的加速度 $\boldsymbol{a}$ 在直角坐标上的投影 a_x、a_y、a_z 分别为：

$$a_x=\frac{\mathrm{d}^2x}{\mathrm{d}t^2},\quad a_y=\frac{\mathrm{d}^2y}{\mathrm{d}t^2},\quad a_z=\frac{\mathrm{d}^2z}{\mathrm{d}t^2} \tag{5-12}$$

故动点的加速度在直角坐标轴上的投影等于动点的各对应坐标对时间的二阶导数。

同理，动点的合加速度大小和方向余弦可由下面两式得到

$$a=\sqrt{a_x^2+a_y^2+a_z^2} \tag{5-13}$$

$$\cos(\boldsymbol{a},\ \boldsymbol{i})=\frac{a_x}{a},\quad \cos(\boldsymbol{a},\ \boldsymbol{j})=\frac{a_y}{a},\quad \cos(\boldsymbol{a},\ \boldsymbol{k})=\frac{a_z}{a} \tag{5-14}$$

【例题 5-1】 如图 5-7(a)所示直杆 MC，在杆上分别用销钉与滑块 A、B 相连，此两滑块可以分别在互相垂直的两直槽中运动，已知 $MA=d$，$MB=b$，角 φ 随时间 t 的变化规律为 $\varphi=\omega t$，其中 ω 为常量。求杆 MC 的端点 M 的运动方程、轨迹、速度和加速度。

【解】 首先建立动点 M 的运动方程。

动点 M 在图示平面内作平面曲线运动。选取 O 点为坐标原点，作直角坐标系 Oxy 如图 5-7(a)所示。在任意瞬时 t，与 x 轴的夹角为 $\varphi=\omega t$，于是可求得动点 M 的运动方程为：

$$x=MA\cos\varphi=d\cos\omega t,\quad y=MB\sin\varphi=b\sin\omega t$$

将运动方程中消去 t，可得动点 M 的轨迹方程。现将上式改写成为：

$$\frac{x}{d}=\cos\omega t,\quad \frac{y}{b}=\sin\omega t$$

将上两式平方相加，得

$$\left(\frac{x}{d}\right)^2+\left(\frac{y}{b}\right)^2=1$$

这就是动点 M 的轨迹方程。它是以 d、b 为半轴的椭圆方程。可见，M 点的轨迹为一椭圆，如图 5-7(b)所示，故图示机构称为椭圆规。

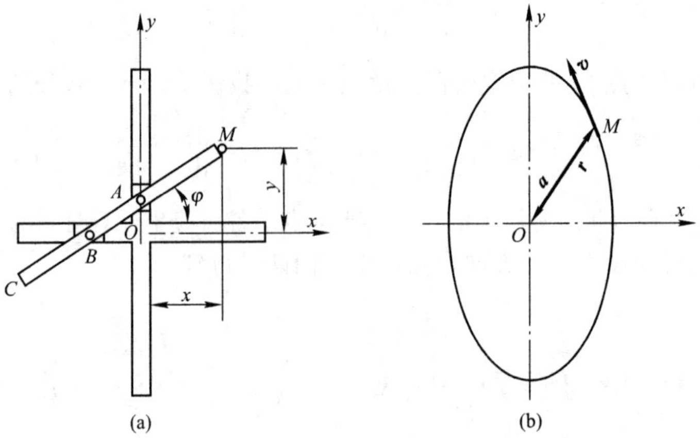

图 5-7 例题 5-1 图

现求动点 M 的速度和加速度。动点 M 的速度 v 在 x、y 轴上的投影分别为速度的大小为：

$$v_x=\frac{dx}{dt}=-d\omega\sin\omega t$$

$$v_y=\frac{dy}{dt}=b\omega\cos\omega t$$

则点 M 的速度大小为：

$$v=\sqrt{v_x^2+v_y^2}=\omega\sqrt{d^2\sin^2\omega t+b^2\cos^2\omega t}$$

其方向余弦为：

$$\cos(\boldsymbol{v},\boldsymbol{i})=\frac{v_x}{v}=\frac{-d\sin\omega t}{\sqrt{d^2\sin^2\omega t+b^2\cos^2\omega t}},\quad \cos(\boldsymbol{v},\boldsymbol{j})=\frac{v_y}{v}=\frac{b\cos\omega t}{\sqrt{d^2\sin^2\omega t+b^2\cos^2\omega t}}$$

速度的方向沿轨迹在 M 点的切线，如图 5-7(b)所示。

又 $$a_x=\frac{dv_x}{dt}=-d\omega^2\cos\omega t=-\omega^2 x,\quad a_y=\frac{dv_y}{dt}=-b\omega^2\sin\omega t=-\omega^2 y$$

则点 M 的加速度大小为：

$$a=\sqrt{a_x^2+a_y^2}=\omega^2\sqrt{x^2+y^2}=\omega^2 r$$

其中 r 为 M 点的矢径 $\boldsymbol{r}$ 的大小。由此可见加速度的大小与 r 成正比。加速度的方向余弦为：

$$\cos(\boldsymbol{a},\ \boldsymbol{i})=\frac{a_x}{a}=-\frac{x}{r},\quad \cos(\boldsymbol{a},\ \boldsymbol{j})=\frac{a_y}{a}=-\frac{y}{r}$$

由于矢径 $\boldsymbol{r}$ 的方向余弦为 $\cos(\boldsymbol{r},\ \boldsymbol{i})=\frac{x}{r}$，$\cos(\boldsymbol{r},\ \boldsymbol{j})=\frac{y}{r}$，可见加速度 $\boldsymbol{a}$ 的方向余弦与 $\boldsymbol{r}$ 的方向余弦数值相同而符号相反。因此，加速度 $\boldsymbol{a}$ 的方向与 $\boldsymbol{r}$ 的方向相反，如图 5-7(b)所示。

【例题 5-2】 具有铅垂滑槽的物块 B，其滑槽中心线的运动方程为 $x=0.05t^2$，并带动销钉 M 沿着固定抛物线形状的滑槽运动(图 5-8)。已知抛物线方程 $y=x^2/4$，其中 x、y 以米(m)计。试求(1)当 $t=5$s 时，销钉 M 的加速度；(2)$a_x=a_y$ 的时间。

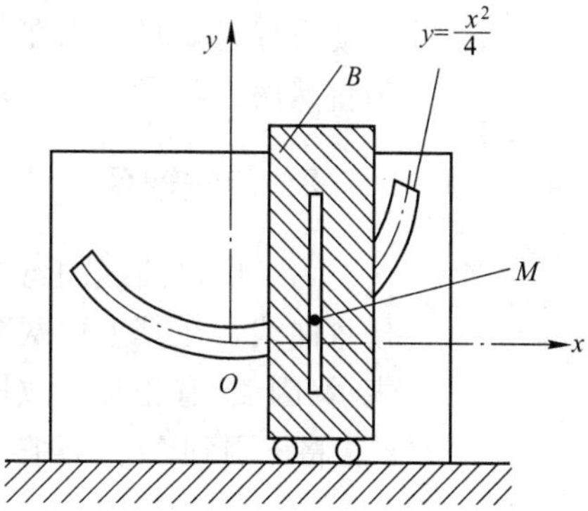

图 5-8 例题 5-2 图

【解】 由于销钉 M 被物块 B 带动而作平面曲线运动，所以其 x 方向的运动方程为：$x=0.05t^2$。

将上式对时间求一阶和二阶导数，得销钉 M 的速度和加速度在 x 轴上的投影为：$v_x=0.1t$，$a_x=0.1\text{m/s}^2$。

又因为固定曲线槽的抛物线方程 $y=x^2/4$，即为销钉 M 的轨迹方程，故将此方程对时间求一阶导数，可得 $v_y=\frac{x}{2}v_x$，代入 x 和 v_x 的函数式，上式可写成：$v_y=0.0025t^3$，将式对时间再求一次导数，可得加速度在 y 轴上的投影为：$a_y=0.0075t^2$。则 $t=5$s 时销钉 M 的 a_y 和 a 的大小及方位(与 y 轴正向的夹角)为：$a_y=0.0075\times5^2=0.1875\text{m/s}^2$。

$$a=\sqrt{a_x^2+a_y^2}=\sqrt{0.1^2+0.1875^2}=0.2125\text{m/s}^2$$

$$\theta=\arctan\frac{a_x}{a_y}=\arctan\frac{0.1}{0.1875}=28.07°$$

为求 $a_x=a_y$ 的瞬时，则得 $0.1=0.0075t^2$，即 $t=3.65$s。

5.3 点的运动自然坐标法

5.3.1 点的运动方程

工程中不少问题属于轨迹已知的情形，如飞轮上任一点的轨迹都是圆周，火车的轨迹为铁道所限制等，对这种轨迹已知的问题，用自然法来确定动点的位置是比较方便的。

设动点 M 在已知轨迹上运动，如在轨迹上任选一个参照点 O 作为确定动点位置的原点，并规定轨迹的正负方向如图 5-9 所示，则动点 M 在任一瞬时 t 在轨迹上的位置，可用 M 点到原点 O 的弧长 s 来表示，s 称为弧坐标。s 是代数量，有正负号，正号表示 M 点在轨迹上原点 O 正向的一边，负号表示在轨迹上原点 O 负向的一边。当动点 M 运动时，其弧坐标 s 随时间而变化，可表示为时间 t 的单值连续函数，即

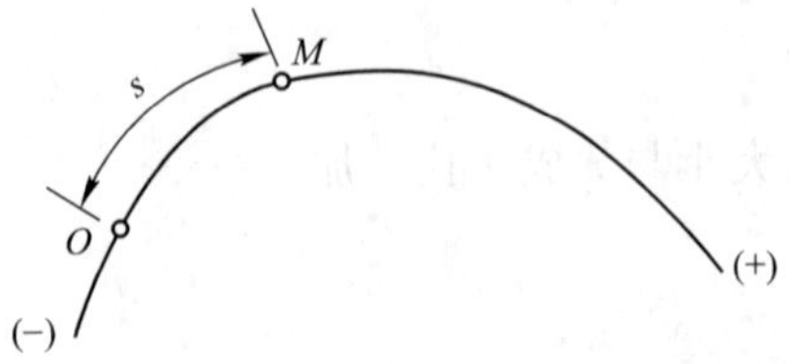

图 5-9 动点 M 位置的弧坐标描述

$$s=f(t) \tag{5-15}$$

上式表示点沿已知轨迹的运动规律，称为点的弧坐标形式的运动方程。这就是动点沿已知轨迹的运动方程。可见，当动点的运动轨迹和沿此轨迹的运动方程已知时，则在任一瞬时动点在空间的位置就完全确定，这一方法称为自然法。

5.3.2 自然轴系

为了度量曲线的弯曲程度，我们引入曲率和曲率半径的概念。设轨迹为任意曲线，在其上取两个相邻点 M 与 M'，如图 5-10(a)所示。弧长MM'以 Δs 表示(因 Δs 有正负，故取绝对值)。曲线在 M 点与 M' 点有相应的切线为 $\boldsymbol{\tau}$ 与 $\boldsymbol{\tau}'$。将 $\boldsymbol{\tau}'$引到 M 点，它与 $\boldsymbol{\tau}$ 之间的夹角用 $|\Delta\theta|$ 表示(这里绝对值的符号表示恒取正值)，称为对应于弧$\overline{MM'}$的邻角。则比值 $\left|\dfrac{\Delta\theta}{\Delta s}\right|$ 称为弧$\overline{MM'}$的平均曲率，它表示这段弧的平均弯曲程度，以 K^* 表示，有

$$K^*=\left|\frac{\Delta\theta}{\Delta s}\right|$$

为了表示曲线在 M 点处的弯曲程度，可令点 M'趋近于 M 点，即令 $\Delta s\rightarrow 0$，则平均曲率趋近于一极限值。

$$K=\lim_{\Delta t\to 0}K^*=\lim_{\Delta t\to 0}\left|\frac{\Delta\theta}{\Delta s}\right|=\frac{\mathrm{d}\theta}{\mathrm{d}s}$$

称为曲线在 M 点处的曲率。曲率的倒数称为曲线在 M 点处的曲率半径，用 ρ 表示，有

$$\rho=\frac{1}{K}=\frac{\mathrm{d}s}{\mathrm{d}\theta}$$

曲率半径具有长度的量纲，它的几何意义是：一半径为 ρ 的弧线，其弯曲程度和该曲线在 M 点处的弯曲程度一样。显然，直线的曲率为零，而曲率半径 $\rho=\infty$；圆周的曲率是常量，曲率半径就是圆的半径。

下面介绍自然轴系的概念。

设点 M 的运动轨迹为一空间曲线，在点 M 的邻近处再取点 M'，其间的弧长为 Δs，曲线在这两点的切向单位矢量分别为 $\boldsymbol{\tau}$ 和 $\boldsymbol{\tau}'$，其正向与弧坐标正向一致，如图 5-10(a)所示。将 $\boldsymbol{\tau}'$平移到点 M，则 $\boldsymbol{\tau}$ 与 $\boldsymbol{\tau}'$两矢量决定出一个平

面。当M'无限趋近点M时，这个平面将趋近于某个极限位置，此极限位置称为曲线在点M的密切面。显然，在空间曲线上M点附近无限小的一段曲线可近似为在密切面内的平面曲线。对于空间曲线，密切面的方位将随M点的位置而改变，至于平面曲线，密切面就是曲线所在的平面。

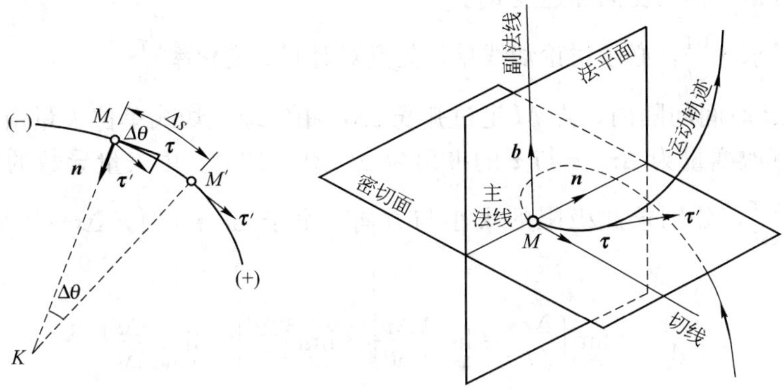

图 5-10　自然轴系

为了描述空间曲线的几何性质，还要建立自然轴系的概念。如图 5-10(b)，过点M并与切线垂直的平面叫做法平面，法平面与密切面的交线称为主法线，以指向曲线内凹一侧为正向，其单位矢量用$\boldsymbol{n}$表示。法平面内过点M且垂直于切线及主法线的直线称为副法线，副法线的单位矢量为$\boldsymbol{b}$，其正向由右手法则确定，即

$$\boldsymbol{b}=\boldsymbol{\tau}\times\boldsymbol{n} \tag{5-16}$$

因而，曲线在M点的切线、主法线和副法线构成一正交轴系，称为曲线在点M的自然轴系，$\boldsymbol{\tau}$、$\boldsymbol{n}$与$\boldsymbol{b}$三根轴称为自然轴。应当注意，随着点M在轨迹上运动$\boldsymbol{\tau}$、$\boldsymbol{n}$与$\boldsymbol{b}$的方向也在不断变动，自然轴系是沿曲线而变化的游动投影轴系。

5.3.3　点的速度

点M矢径$\boldsymbol{r}$可以写成如下的复合函数形式：

$$\boldsymbol{r}=\boldsymbol{r}(s(t)) \tag{5-17}$$

根据公式(5-2)，点M的速度为：

$$\boldsymbol{v}(t)=\frac{\mathrm{d}\boldsymbol{r}}{\mathrm{d}t}=\frac{\mathrm{d}\boldsymbol{r}}{\mathrm{d}s}\frac{\mathrm{d}s}{\mathrm{d}t}=\dot{s}\boldsymbol{\tau}=v\boldsymbol{\tau} \tag{5-18}$$

式中，$\boldsymbol{\tau}=\frac{\mathrm{d}\boldsymbol{r}}{\mathrm{d}s}$，由于$\left|\frac{\mathrm{d}\boldsymbol{r}}{\mathrm{d}s}\right|=\lim\limits_{\Delta s\to 0}\left|\frac{\Delta\boldsymbol{r}}{\Delta s}\right|=1$，所以$\boldsymbol{\tau}=\frac{\mathrm{d}\boldsymbol{r}}{\mathrm{d}s}$是单位矢量，并沿点$M$的切向(图 5-11)。

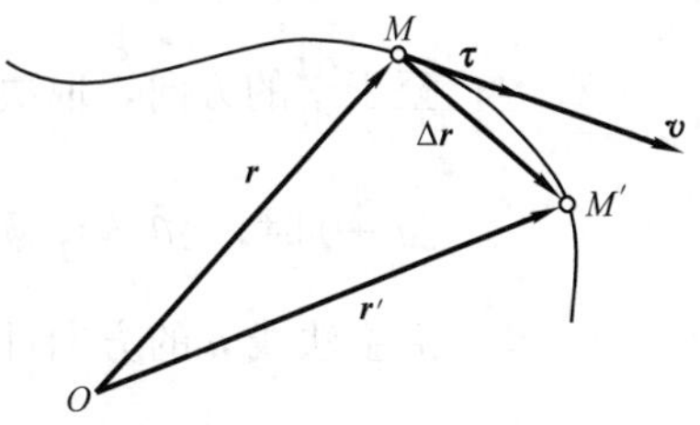

图 5-11　动点M的速度分析

5.3.4　点的加速度

根据公式(5-3)，点M的加速度为：

$$\boldsymbol{a}=\frac{\mathrm{d}\boldsymbol{v}}{\mathrm{d}t}=\frac{\mathrm{d}(v\boldsymbol{\tau})}{\mathrm{d}t}=\dot{v}\boldsymbol{\tau}+v\frac{\mathrm{d}\boldsymbol{\tau}}{\mathrm{d}t}$$

上式右边第一项$\dot{v}\boldsymbol{\tau}$是加速度沿切线方向的一个分量，$\boldsymbol{\tau}$是切线的单位矢量，$\dot{v}$表示速度大小的变化，它称为切向加速度$\boldsymbol{a}_\tau$。右边第二项$v\dfrac{\mathrm{d}\boldsymbol{\tau}}{\mathrm{d}t}$中$\dfrac{\mathrm{d}\boldsymbol{\tau}}{\mathrm{d}t}$表示速度方向对时间的变化率。通过以下的推导，可知它是加速度沿主法线方向的一个分量，称为法向加速度$\boldsymbol{a}_\mathrm{n}$。

为了求$v\dfrac{\mathrm{d}\boldsymbol{\tau}}{\mathrm{d}t}$，必须讨论切线单位矢量对时间的变化率$\dfrac{\mathrm{d}\boldsymbol{\tau}'}{\mathrm{d}t}$。

在Δt时间间隔内，点M走过弧长Δs，相应地，切线单位矢量由$\boldsymbol{\tau}$变化为$\boldsymbol{\tau}'$，其改变量为$\Delta\boldsymbol{\tau}$，$\boldsymbol{\tau}$与$\boldsymbol{\tau}'$的夹角为$\Delta\theta$(图 5-12a)。由矢量导数的定义知$\dfrac{\mathrm{d}\boldsymbol{\tau}}{\mathrm{d}t}=\lim\limits_{\Delta t\to 0}\dfrac{\Delta\boldsymbol{\tau}}{\Delta t}$，分别求此极限的大小与方向。由于$\Delta t\to 0$时，$\Delta s\to 0$和$\Delta\theta\to 0$，故

$$\left|\frac{\mathrm{d}\boldsymbol{\tau}}{\mathrm{d}t}\right|=\lim_{\Delta t\to 0}\left|\frac{\Delta\boldsymbol{\tau}}{\Delta t}\right|=\lim_{\Delta\theta\to 0}\left|\frac{\Delta\boldsymbol{\tau}}{\Delta\theta}\right|\times\lim_{\Delta s\to 0}\left|\frac{\Delta\theta}{\Delta s}\right|\times\lim_{\Delta t\to 0}\left|\frac{\Delta s}{\Delta t}\right|$$

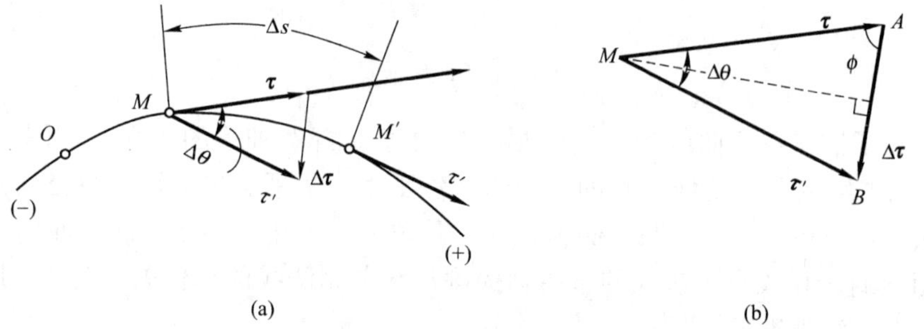

图 5-12 动点M的加速度分析

因为$\lim\limits_{\Delta s\to 0}\left|\dfrac{\Delta\theta}{\Delta s}\right|=\dfrac{1}{\rho}=K$是曲线的曲率，则$\rho$是曲率半径。

由：$\lim\limits_{\Delta\theta\to 0}\left|\dfrac{\Delta\boldsymbol{\tau}}{\Delta\theta}\right|=\lim\limits_{\Delta\theta\to 0}\left|\dfrac{1\times\sin\dfrac{\Delta\theta}{2}}{\dfrac{\Delta\theta}{2}}\right|=1$，及 $\lim\limits_{\Delta t\to 0}\left|\dfrac{\Delta s}{\Delta t}\right|=|v|$，得：$\left|\dfrac{\mathrm{d}\boldsymbol{\tau}}{\mathrm{d}t}\right|=\left|\dfrac{v}{\rho}\right|$

至于$\dfrac{\mathrm{d}\boldsymbol{\tau}}{\mathrm{d}t}$的方向，取决于$\dfrac{\Delta\boldsymbol{\tau}}{\Delta t}$的极限方向。因$\Delta\boldsymbol{\tau}$与$\boldsymbol{\tau}$之间的夹角$\phi=\dfrac{\pi}{2}-\dfrac{\Delta\theta}{2}$，当$\Delta t\to 0$时，$\Delta\theta\to 0$，$\phi\to\dfrac{\pi}{2}$，即$\dfrac{\mathrm{d}\boldsymbol{\tau}}{\mathrm{d}t}$的极限方向在密切面内，且垂直于$\boldsymbol{\tau}$，也就是沿主法线$\boldsymbol{n}$的方向(图 5-12b)。于是得：

$$\frac{\mathrm{d}\boldsymbol{\tau}}{\mathrm{d}t}=\frac{v}{\rho}\boldsymbol{n}$$

即法向加速度为：

$$\boldsymbol{a}_\mathrm{n}=v\frac{\mathrm{d}\boldsymbol{\tau}}{\mathrm{d}t}=\frac{v^2}{\rho}\boldsymbol{n}=\frac{\dot{s}^2}{\rho}\boldsymbol{n}$$

于是，有

$$\boldsymbol{a}=\boldsymbol{a}_\tau+\boldsymbol{a}_\mathrm{n}=\frac{\mathrm{d}v}{\mathrm{d}t}\boldsymbol{\tau}+\frac{v^2}{\rho}\boldsymbol{n} \tag{5-19}$$

注意到 $\boldsymbol{\tau}$ 和 $\boldsymbol{n}$ 均处于密切面内，所以加速度 $\boldsymbol{a}$ 也处于密切面内，取得 $a_b=0$。可见(图 5-13)，合加速度位于密切面内，其大小和方向($\boldsymbol{a}$ 与主法线 $\boldsymbol{n}$ 的夹角 φ)由下式决定：

$$\left.\begin{aligned} a&=\sqrt{a_\tau^2+a_n^2}=\sqrt{\left(\frac{dv}{dt}\right)^2+\left(\frac{v^2}{\rho}\right)^2} \\ \tan\varphi&=\frac{|a_\tau|}{a_n} \end{aligned}\right\} \tag{5-20}$$

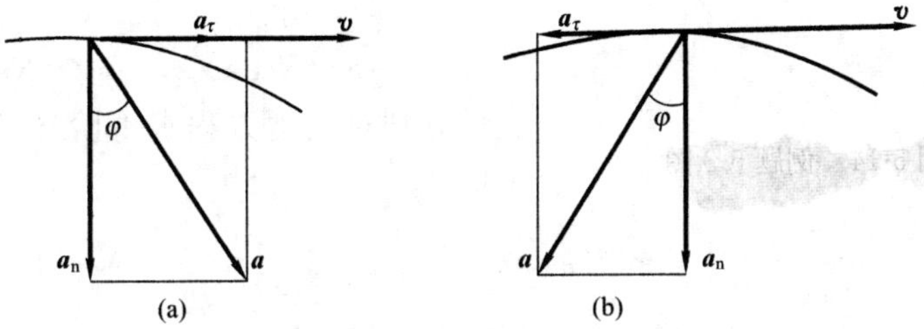

图 5-13　动点 M 的加速度图

5.3.5　匀变速曲线运动

如动点的切向加速度的代数值保持不变，即 $a_\tau=$常数，而法向加速度的值不为零，则动点的运动称为匀变速曲线运动，现在来求它的运动规律。

设动点作匀变速曲线运动，已知其切向加速度 a_τ(大小为常量)，当 $t=0$ 时速度为 v_0，弧坐标为 s_0；由上述推导知

$$dv=a_\tau dt$$

它在任意瞬时 t 的速度 v 可由下面的积分式求得：

$$\int_{v_0}^{v} dv=\int_0^t a_\tau dt$$

则：

$$v=v_0+a_\tau t \tag{5-21}$$

又由式(5-18)及上式知：

$$ds=vdt=(v_0+a_\tau t)dt$$

它在任意瞬时 t 的弧坐标 s 可由下面的积分式求得：

$$\int_{s_0}^{s} ds=\int_0^t (v_0+a_\tau t)dt$$

则

$$s=s_0+v_0t+\frac{1}{2}a_\tau t^2 \tag{5-22}$$

由式(5-21)及式(5-22)消去时间 t 可得：

$$v^2=v_0^2+2a_\tau(s-s_0) \tag{5-23}$$

式(5-21)～式(5-23)就是匀变速曲线运动的三个常用公式。在应用上述公式时，要注意其中各量除时间 t 外都是代数量，要根据弧坐标的正方向给以应有的正负号。对于一般的变速曲线运动或直线运动，则需要对速度函数或加速度函数根据初始条件进行积分。

【例题 5-3】　摇杆滑道机构如图 5-14 所示。滑块 M 由摇杆 O_2A 带动，并

沿半径为 R 的固定圆弧槽 BC 运动。摇杆 O_2A 的转轴 O_2 在圆弧槽所在的圆周上。若摇杆与 O_2O 线的夹角按 $\varphi=\omega t$ 的规律运动，式中 ω 为常数，试求其速度和加速度。

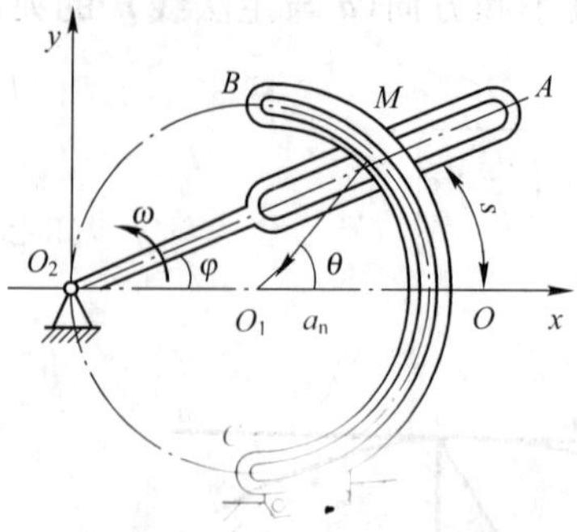

图 5-14 例题 5-3 图

【解】

［直角坐标系法］

如图 5-14 所示，建立运动方程，因 $\theta=2\varphi=2\omega t$，有：

$$x_M=R+R\cos 2\omega t,\quad y_M=R\sin 2\omega t$$

分别对运动方程求一阶导数，得到速度值：

$$v_{Mx}=\frac{dx_M}{dt}=-2R\omega\sin 2\omega t,\quad v_{My}=\frac{dy_M}{dt}=2R\omega\cos\omega t$$

分别对运动方程求二阶导数，得加速度值：

$$a_{Mx}=\frac{dv_{Mx}}{dt}=-4R\omega^2\cos 2\omega t,\quad a_{My}=\frac{dv_{My}}{dt}=-4R\omega^2\sin 2\omega t$$

［自然轴系法］

因滑块 M 是沿已知圆弧轨迹 BC 运动，故运用自然法求解较方便。

取滑块 M 的起始位置为弧坐标的原点 O，并规定其正向与角 φ 的正向一致（图 5-14）。由 $\theta=2\varphi=2\omega t$，则从图示几何关系，可得滑块 M 的运动方程为：

$$s=R\theta=2R\omega t$$

将上式对时间求一阶导数，得滑块 M 的速度：

$$v=\frac{ds}{dt}=2\omega R=\text{const}(\text{常量})$$

现求得 v 为正值，说明其方向沿圆周切线的正方向。

滑块 M 的切向和法向加速度分别为：

$$a_\tau=\frac{dv}{dt}=0,\quad a_n=\frac{v^2}{R}=\frac{(2\omega R)^2}{R}=4\omega^2 R$$

以上结果说明，滑块作匀速率圆周运动，反应速度方向改变的加速度是法向加速度，法向加速度的方向沿着圆弧在 M 点的法线，并指向圆心 O_1，如图 5-14 所示。

【例题 5-4】 列车在 A 处进入半径 $R=1000$m 的圆弧轨道作匀加速行驶（图 5-15）。圆弧轨道 AB 长 500m。列车在 A 处的速度为 $v_0=60$km/h，在 B 处的速度为 $v=80$km/h。试求列车在 A 和 B 处的加速度。

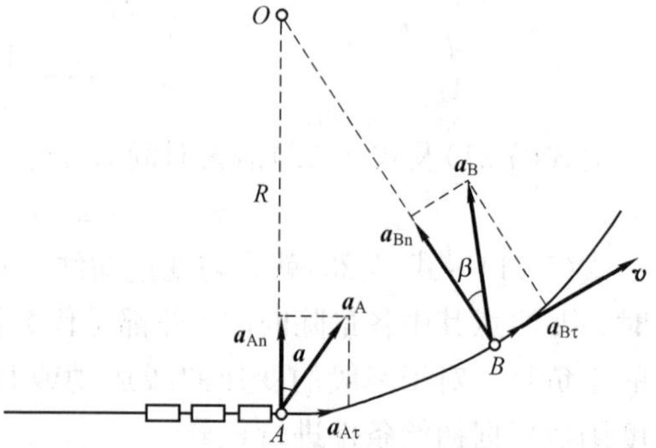

图 5-15 例题 5-4 图

【解】 将列车视为动点。因列车作匀加速曲线运动，所以切

向加速度 a_τ=常量。根据题意，应用公式(5-23)：

$$v^2-v_0^2=2a_\tau(s-s_0)$$

由已知条件：

$$v_0=\frac{60\times1000}{3600}=\frac{50}{3}\text{m/s}$$

$$v=\frac{80\times1000}{3600}=\frac{200}{9}\text{m/s}$$

$$s-s_0=500\text{m}$$

代入上式得切向加速度为：

$$a_\tau=a_{A\tau}=a_{B\tau}=-\frac{v^2-v_0^2}{2(s-s_0)}=\frac{1}{2\times500}\times\left[\left(\frac{200}{9}\right)^2-\left(\frac{50}{3}\right)^2\right]=0.216\text{m/s}^2$$

列车在 A 处的法向加速度为：

$$a_{An}=-\frac{v_0^2}{R}=\frac{2500}{1000\times9}=0.278\text{m/s}^2$$

而其全加速度的大小：

$$a_A=\sqrt{a_{A\tau}^2+a_{An}^2}=\sqrt{(0.216)^2+(0.278)^2}=0.352\text{m/s}^2$$

a_A 与法线的夹角 α 由下式得出：

$$\tan\alpha=\frac{|a_{Ar}|}{a_{An}}=\frac{0.216}{0.278}=0.777$$

$$a=37°51'$$

同理，可求得列车在 B 处的法向加速度为：

$$a_{Bn}=\frac{v^2}{R}=\frac{40000}{1000\times81}=0.494\text{m/s}^2$$

其全加速度的大小为：

$$a_B=\sqrt{a_{B\tau}^2+a_{Bn}^2}=\sqrt{(0.216)^2+(0.494)^2}$$
$$=0.539\text{m/s}^2$$

a_B 与法线的夹角 β 由下式得出：

$$\tan\beta=\frac{|a_{B\tau}|}{a_{Bn}}=\frac{0.216}{0.494}=0.437$$

$$\beta=23°36'$$

【例题 5-5】 车轮沿着一直线轨道作无滑动的滚动。若车轮的半径为 r，其轮心 C 作匀速直线运动，速度为 $\boldsymbol{v}_C$（图 5-16）。试用直角坐标和弧坐标表示车轮边缘上一点 M 的运动方程，并求该点在 t 瞬时的速度和加速度。

【解】 本题问题中没有要求建立点 M 的运动方程，但由于点在平面内的运动轨迹未知，所以仍要先建立点 M 的运动方程。

取 M 点与地面相接触时为坐标原点，且定为初瞬时，建立如图 5-16 所示的坐标系 Oxy。

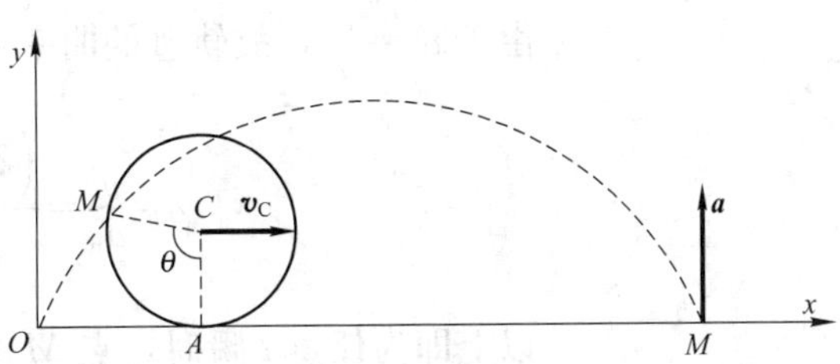

图 5-16 例题 5-5 图

本机构在地面约束下，只需一个运动

参变量就可描述点 M 的运动，独立坐标可取 θ 或 x_C。根据只滚动不滑动(即纯滚动)的条件，有 $\overline{OA}=\widehat{AM}$，其中，$\overline{OA}=v_C t$，$\widehat{AM}=r\theta$ 则 $\theta=\frac{\overline{OA}}{r}=\frac{v_C}{r}t$。

1. 建立点 M 的运动方程

$$x=r\theta-r\sin\theta=v_C t-r\sin\frac{v_C}{r}t,\quad y=r(1-\cos\theta)=r\left(1-\cos\frac{v_C}{r}t\right)$$

这也是 M 点轨迹的参数方程，它表示轨迹为一旋轮线。

2. 求速度与加速度

速度：

$$v_x=\dot{x}=v_C\left(1-\cos\frac{v_C}{r}t\right),\quad v_y=\dot{y}=v_C\sin\frac{v_C}{r}t=2v_C\sin\frac{v_C}{2r}t\cos\frac{v_C}{2r}t$$

合速度的大小为：

$$v=\sqrt{v_x^2+v_y^2}=2v_C\left|\sin\frac{v_C}{2r}t\right|$$

合速度的方向为：

$$\cos(\boldsymbol{v},\boldsymbol{i})=\frac{v_x}{v}=\sin\frac{v_C}{2r}t,\quad \cos(\boldsymbol{v},\boldsymbol{j})=\frac{v_y}{v}=\cos\frac{v_C}{2r}t$$

加速度：

$$a_x=\ddot{x}=\frac{v_C^2}{r}\sin\frac{v_C}{r}t,\quad a_y=\ddot{y}=\frac{v_C^2}{r}\cos\frac{v_C}{r}t$$

合加速度为：

$$a=\sqrt{a_x^2+a_y^2}=\frac{v_C^2}{r}$$

合加速度的方向为：

$$\cos(\boldsymbol{a},\boldsymbol{i})=\frac{a_x}{a}=\sin\frac{v_C}{r}t=\sin\theta,\quad \cos(\boldsymbol{a},\boldsymbol{j})=\frac{a_y}{a}=\cos\frac{v_C}{r}t=\cos\theta$$

取动点 M 的起始点 O 作为弧坐标原点，将式(1)积分，可得用弧坐标表示的 M 点的运动方程：

$$s=\int_0^t 2r\omega\sin\frac{\omega t}{2}\mathrm{d}t=4r\left(1-\cos\frac{\omega t}{2}\right),\quad (0\leqslant\omega t\leqslant 2\pi)$$

将式(a)求导可求得切向加速度：$a_\tau=\dot{v}=r\omega^2\cos\frac{\omega t}{2}$。

法向加速度：$a_n=\sqrt{a^2-a_\tau^2}=r\omega^2\sqrt{1-\cos^2\frac{\omega t}{2}}=r\omega^2\sin\frac{\omega t}{2}$

由于 $a_n=\frac{v^2}{\rho}$，故轨迹的曲率半径为：

$$\rho=\frac{v^2}{a_n}=\frac{\left(2r\omega\sin\frac{\omega t}{2}\right)^2}{r\omega^2\sin\frac{\omega t}{2}}=4r\sin\frac{\omega t}{2}$$

以上即为任意 t 瞬时，点 M 的速度、加速度方程。若先定出点 M 与地面接触的时间中的一个值，即可求 M 点与地面接触的速度和加速度。因为 $y=$

0，即 $\cos\frac{v_C}{r}t=1$，则$\frac{v_C}{r}t=2\pi$，得：$t=\frac{2\pi r}{v_C}$。代入速度、加速度表达式得：

$$v_x=0,\ a_x=0;\quad v_y=0,\ a_y=\frac{v_C^2}{r}$$

可见在纯滚动的轮上点 M 与地面接触时的速度恒为零，而加速度竖直向上，为旋轮线的切线方向，即有切向加速度，预示着在下一时刻，点 M 有速度(竖直离开地面)。

通过本章例题的分析，现将求解点的运动的解题方法和步骤大致归纳如下：

(1) 分析动点的运动情况，根据题意来考虑选择描述点的运动表示法。如果动点的运动轨迹未知，则一般选用直角坐标法；如果动点的运动轨迹已知，则选用自然法较为简便。

(2) 如果动点的运动方程未直接给出，则应根据题意来建立。在建立运动方程时，不要将动点放在特殊位置(例如初瞬时的位置)而应将动点放在任意瞬时 t 的位置。

(3) 如果已知(或根据题意建立)直角坐标表示的运动方程，则运用求导数的方法可求出动点的速度和加速度在直角坐标轴上的投影，由此可求出动点的速度和加速度的大小和方向。反之，如果已知动点的加速度(或根据题意建立)在直角坐标轴上的投影，需求动点的速度和运动方程时，则应根据题意分析动点运动的起始条件，即 $t=0$ 时，动点的坐标和速度在直角坐标轴上的投影并运用积分法求解。

(4) 如果已知动点的运动轨迹及沿轨迹轴上速度表达式，则运用自然法与直角坐标法联合求解。

小结及学习指导

学习了描述点的运动的三种表示法之后，应注意根据问题的性质不同，加以分别选用。一般在理论推导中都采用矢量法，而在具体问题的计算中通常采用直角坐标法或自然法。若已知点的轨迹，选用自然坐标系；若轨迹未知，可选用直角坐标系。如已知机构的运动情况，可建立动点的运动方程，通过导数就可获得速度方程、加速度方程。反之，通过加速度方程的积分也可以得到速度方程与运动方程。在自然坐标系解题中要注意切向加速度、法向加速度的方向与曲率半径值。

应该注意，在直角坐标法中是用直角坐标来确定动点的位置，而在自然法中是用沿动点轨迹的弧坐标，来确定动点的位置，并要注意自然轴系是随动点运动而改变，它不能用来确定动点的位置，但可用来表达动点的速度和加速度的方向。

思考题

5-1 某点作曲线运动，有下列几种已知条件：

(1) 在 $t=3\mathrm{s}$ 时，加速度的大小 $a=4\mathrm{m/s^2}$；

(2) 加速度的大小 $a=4\mathrm{m/s^2}=$常量；

(3) 加速度的大小 $a=2t^2\mathrm{m/s^2}$；

(4) 切向加速度的代数值 $a_t=2t^2\mathrm{m/s^2}$。

试问在上列几种条件下能否求出点的运动方程？若能，请列出必要的公式并写出最后结果；若不能，应说明理由。

5-2 已知动点在 Oxy 平面内的运动方程为：$x=x(t)$，$y=y(t)$，是否可以先求出矢径的大小 $r=\sqrt{x^2+y^2}$，然后用 $v=\dfrac{\mathrm{d}r}{\mathrm{d}t}$及 $a=\dfrac{\mathrm{d}v}{\mathrm{d}t}$求出点的速度和加速度？为什么？

5-3 切向加速度和法向加速度的物理意义有何不同？

5-4 试指出图 5-17 所示的 8 种情况，哪种是可能的？哪种是不可能的？为什么？

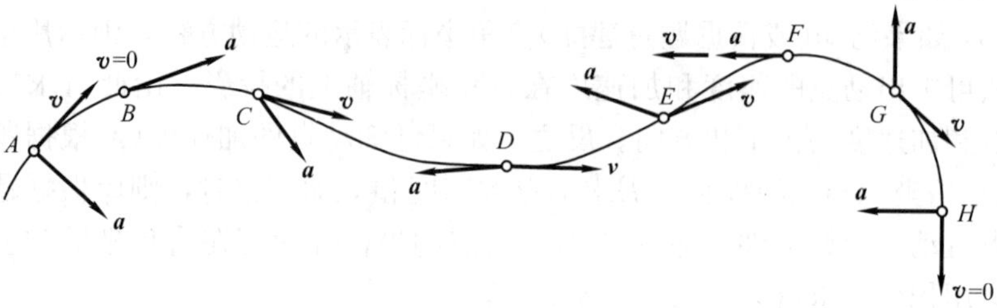

图 5-17 思考题 5-4 图

5-5 点 M 沿螺线自外向内运动如图 5-18 所示。它走过的弧长与时间的一次方成正比，问点的加速度是越来越大还是越来越小？这点越跑越快还是越来越慢？

5-6 当点作曲线运动时，点的加速度 a 是恒矢量，如图 5-19 所示。问点是否作匀变速运动？

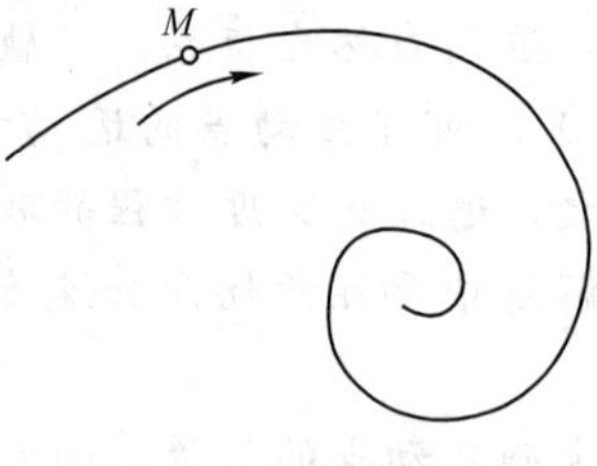

图 5-18 思考题 5-5 图

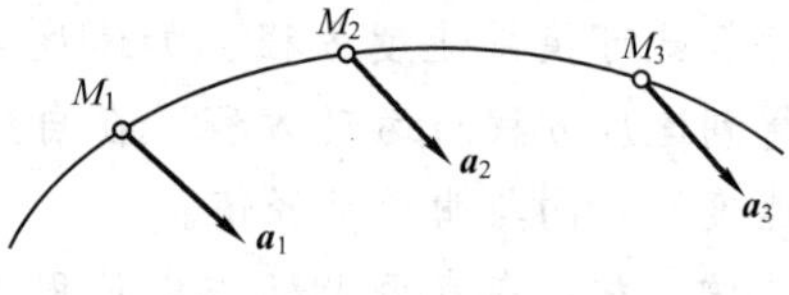

图 5-19 思考题 5-6 图

5-7 作直线移动的刚体，其上各点的速度与加速度都相等；而作曲线移动的刚体，其上各点的速度相等，但加速度不等。这种说法对吗？

习题

5-1 如图 5-20 所示，从水面上方高 $h=20\mathrm{m}$ 的岸上一点 D，用长 $l=40\mathrm{m}$

的绳系住一船 B。今在 D 处以匀速 $v=3\text{m/s}$ 牵拉绳，使船靠岸，试求 $t=5\text{s}$ 时，船的速度 v_B。

［答案：$v_B=5\text{m/s}$］

5-2 某起重机以 $v_1=1\text{m/s}$ 的速度沿水平向朝右行驶，并以 $v_2=2\text{m/s}$ 的速度向上提升一重物，重物离顶点高度 $h=10\text{m}$。取图 5-21 所示重物开始提升时的位置为坐标原点 O，试求重物的运动方程、轨迹方程、重物的速度以及到达顶点的时间。

［答案：$x=t(\text{m})$，$y=2t(\text{m})$，$y=2x(\text{m})$，$v=\sqrt{5}\text{m/s}$，$t=5\text{s}$］

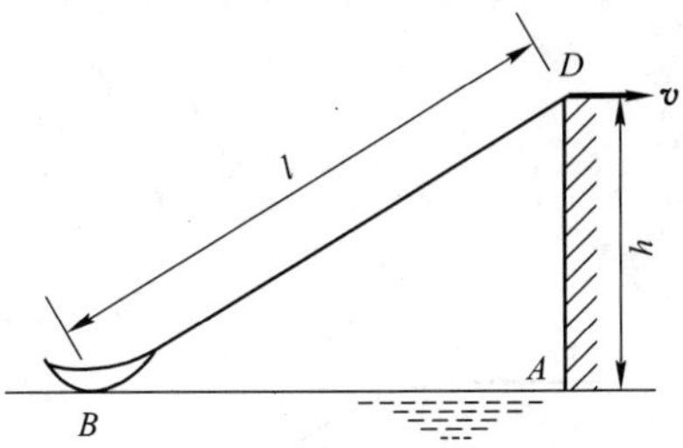

图 5-20　习题 5-1 图

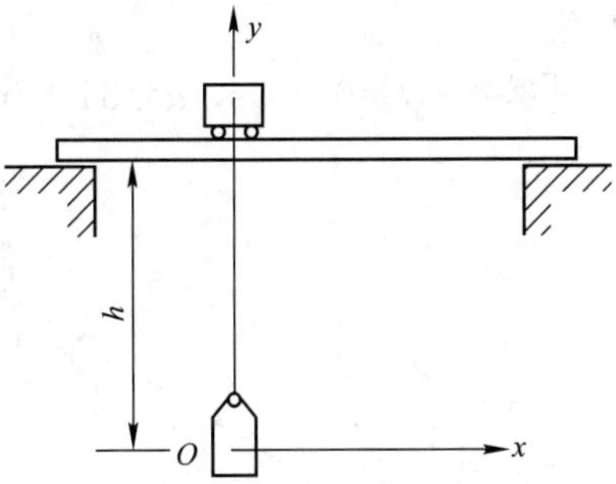

图 5-21　习题 5-2 图

5-3 如图 5-22 所示送料机构中，摇杆 OA 作摆动，摆动规律为 $\varphi=\frac{\pi}{3}\sin t$（单位为 s）；通过滑块 A 使送料杆 AB 作水平往复运动，设 $l=18\sqrt{3}$（cm），试求送料杆的运动方程和 $\varphi=\frac{\pi}{6}$ 时的速度。

$\left[\text{答案：}x=18\sqrt{3}\tan\left(\frac{\pi}{3}\sin t\right),\ v=6\sqrt{3}\pi\cdot\cos t\cdot\sec^2\left(\frac{\pi}{3}\sin t\right),\ \text{当}\ \varphi=\frac{\pi}{6}\right.$

$\left.\text{时},\ v=37.7(\text{cm/s})\right]$

5-4 如图 5-23 所示，杆 AB 长 l，滑块 A 和 C 各沿 y 和 x 轴作直线运动，$BC=b$，$\theta=kt$（k 为常数）。试写出 B 点的运动方程，并求其轨迹。

$\left[\text{答案：}x=l\sin kt,\ y=b\cos kt,\ \frac{x^2}{l^2}+\frac{y^2}{b^2}=1\right]$

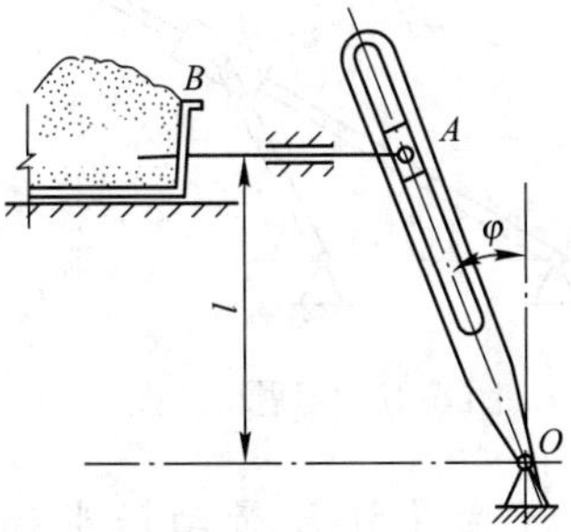

图 5-22　习题 5-3 图

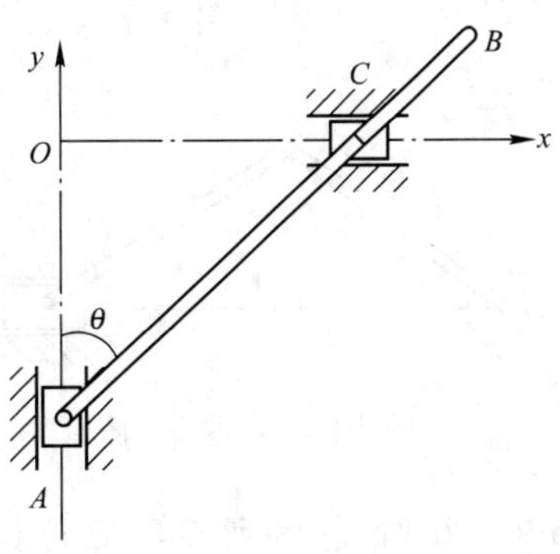

图 5-23　习题 5-4 图

5-5 如图 5-24 所示，雷达在距离火箭发射台为 l 的 O 处观察铅直上升的火箭发射，测得角 θ 的规律为 $\theta=kt$（k 为常数）。写出火箭的运动方程，并计算当 $\theta=\frac{\pi}{6}$ 和 $\theta=\frac{\pi}{3}$ 时，火箭的速度和加速度。

$\left[\text{答案：}\theta=\frac{\pi}{6}\text{时，}v=\frac{4}{3}lk\text{，}a=\frac{8\sqrt{3}}{9}lk^2\text{；}\theta=\frac{\pi}{3}\text{时，}v=4lk\text{，}a=8\sqrt{3}lk^2\right]$

5-6 动点沿图 5-25 所示半径 $R=1\text{m}$ 的圆周按 $v=20-ct$ 的规律运动，式中 v 以 m/s 计，t 以 s 计，c 为常数。若动点经过 A、B 两点时的速度分别为 $v_A=10\text{m/s}$，$v_B=5\text{m/s}$。试求动点从 A 到 B 所需要的时间和在 B 点时的加速度。

［**答案**：$t=0.209\text{s}$，$a=34.57\text{m/s}^2$］

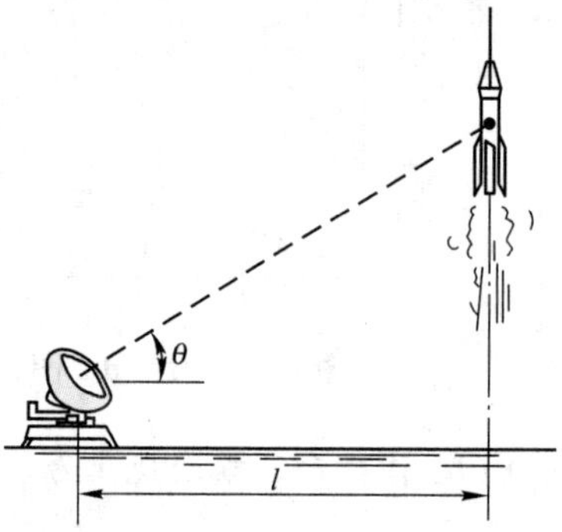

图 5-24 习题 5-5 图

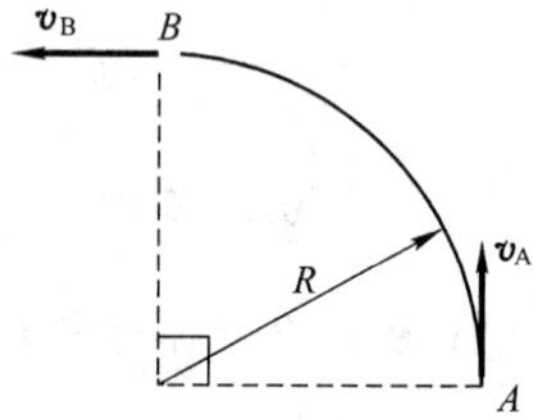

图 5-25 习题 5-6 图

5-7 在图 5-26 所示曲柄连杆机构中，$OA=AB=l$，试证连杆 AB 上任一点 M 的轨迹是一个椭圆。若 $l=60\text{cm}$，AM 长 $b=40\text{cm}$，$\varphi=4t$（t 以 s 计），试求 $\varphi=0$ 时 M 点的加速度。

［**答案**：$a=1600\text{cm/s}^2$］

5-8 摇杆机构如图 5-27 所示。已知：$OA=OB=100\text{mm}$，BC 绕 B 轴转动，并通过滑块 A 在 BC 上滑动而带动 OA 杆绕轴 O 转动。角度 φ 与时 t 的关系是 $\varphi=2t^3$（rad）。求 OA 杆上 A 点的运动方程，速度值。

［**答案**：$s=0.4t^3$，$v=0.12t^2$］

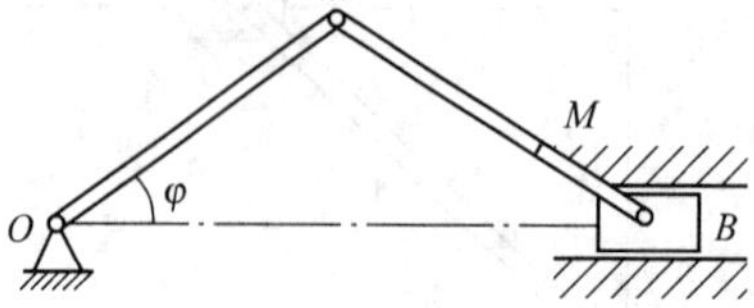

图 5-26 习题 5-7 图

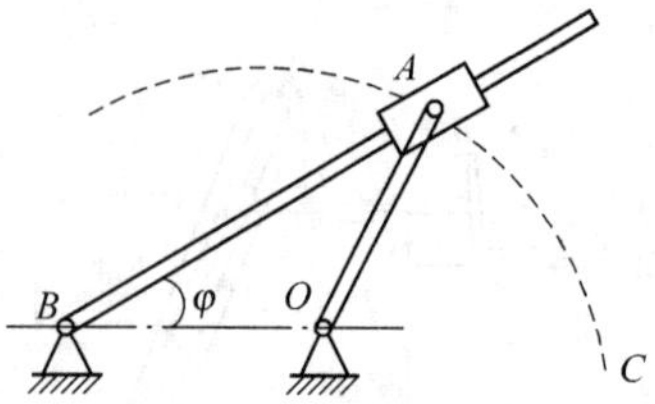

图 5-27 习题 5-8 图

5-9 如图 5-28 所示，运动机构中销钉 A 由导杆 B 带动沿半径 $R=250\text{mm}$ 的固定圆弧槽运动，导杆 B 沿丝杆以匀速 $v_O=2\text{m/s}$ 向上运动。试求

$\theta=30°$时，销钉 A 的切向加速度和法向加速度。

［**答案**：$a_n=21.33\text{m/s}^2$，$a_\tau=12.33\text{m/s}^2$］

5-10 图 5-29 所示机构中铅直导杆以不变速度 v_O 向右运动，并带动销子 A 沿抛物线槽 $x=\dfrac{y^2}{3}$ 运动，式中 x、y 以 m 计。试求在 $y=2\text{m}$ 处轨迹的曲率半径 ρ 和销子 A 在该位置的切向加速度。

［**答案**：$\rho=6.944\text{m}$，$a_\tau=0.1688v_O^2\text{m/s}^2$］

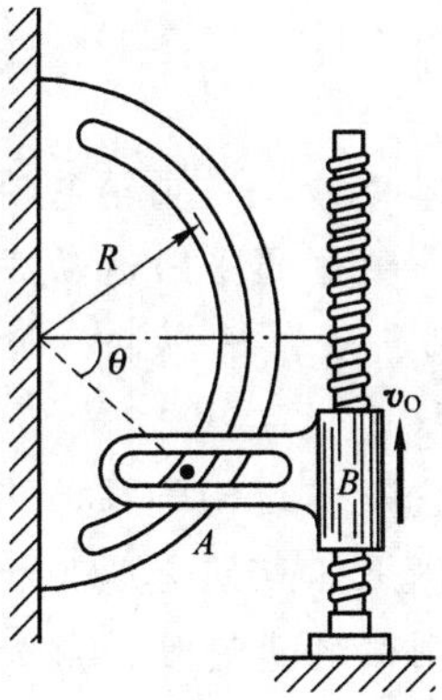

图 5-28　习题 5-9 图

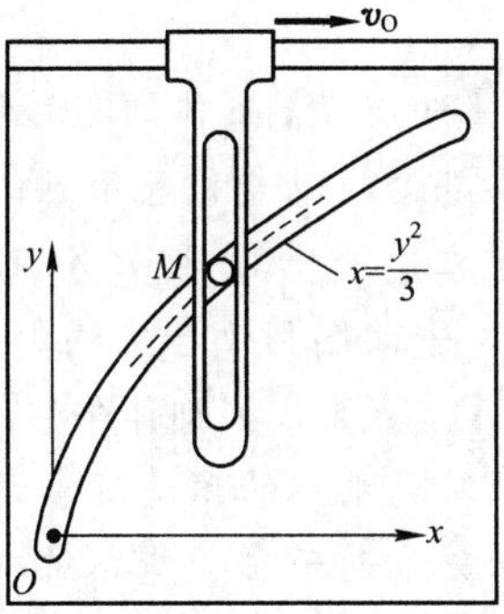

图 5-29　习题 5-10 图

第6章 刚体的基本运动和平面运动

本章知识点

【知识点】刚体的平移和定轴转动的基本概念，定轴轮系的传动比概念，以矢积表示点的速度和加速度，刚体的平面运动方程的建立，平面图形上各点的速度关系（基点法、投影法、瞬心法），平面图形上各点的加速度关系（基点法）。

【重点】掌握刚体平移和定轴转动的概念及其运动特征，掌握定轴转动刚体的角速度、角加速度以及刚体上各点的速度和加速度的矢量表示法。能熟练求解与定轴转动刚体的角速度、角加速度以及刚体上各点的速度和加速度有关的问题。

掌握刚体平面运动的概念及其特征，熟练掌握速度瞬心的概念及其确定方法。能熟练求解与平面运动刚体的角速度、角加速度以及刚体上各点的速度和加速度有关的问题。

能综合判定平面机构各构件的运动特征，并会对其进行与角速度、角加速度以及各点的速度和加速度有关问题的分析。

掌握刚体的平移和定轴转动的计算方法，熟练掌握基点法、投影法、瞬心法三个方法求解平面刚体上各点的速度，掌握基点法求解平面刚体上各点的加速度。

【难点】综合应用速度求解方法求刚体上各点的速度值，通过速度矢量图建立对应的加速度矢量图求点的加速度值与刚体角加速度值。

本章研究刚体的基本运动规律和刚体的平面运动。这些是工程上常见的运动形式，如图 6-1 所示的抽油摆式机构和齿轮传动机构。

学习本章时，首先在点的运动规律研究基础上，研究两种最简单的刚体运动，即刚体的平行移动和刚体的定轴转动。这两种运动是刚体的基本运动，是研究复杂刚体运动的基础。然后再通过运动合成的方法将平面运动分解为刚体的平移和定轴转动两种基本运动，应用合成运动的概念，阐明平面运动刚体上各点的速度和加速度的计算方法。

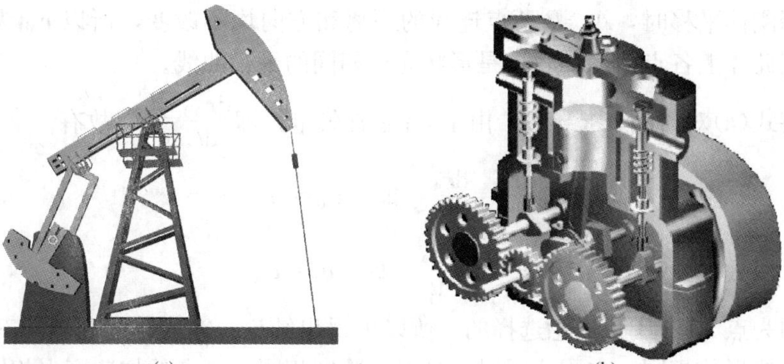

(a) (b)

图 6-1

6.1 刚体的基本运动

6.1.1 刚体的平移

在工程实际中，可观察到如下的刚体运动：沿直线轨道行驶车辆的车厢(图 6-2a)，摆式筛砂机筛子的运动(图 6-2b)。这些运动都具有一个共同的特征，即在刚体运动过程中，刚体上任一直线始终与初始位置保持平行，刚体的这种运动被称为平行移动，简称为移动或平动、平移。

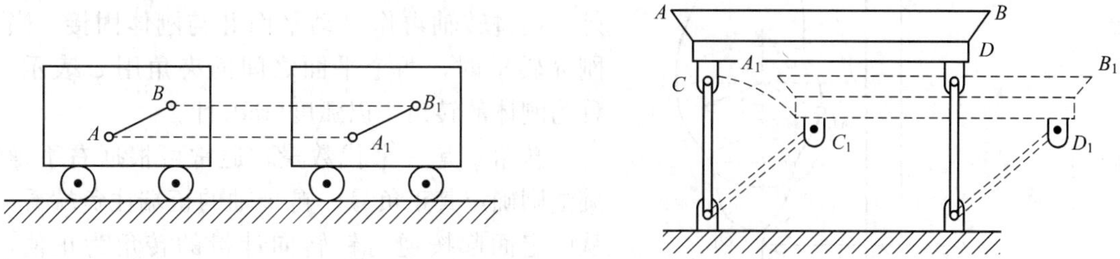

(a) (b)

图 6-2 刚体平移的实例

刚体在作平移时，若体内各点的轨迹是直线(图 6-2a 中的车厢)，则称为直线移动；若体内各点的轨迹为曲线(图 6-2b 中的筛子)，则称为曲线移动。现根据刚体平移的特征来研究体内各点的运动轨迹、速度与加速度之间的关系。

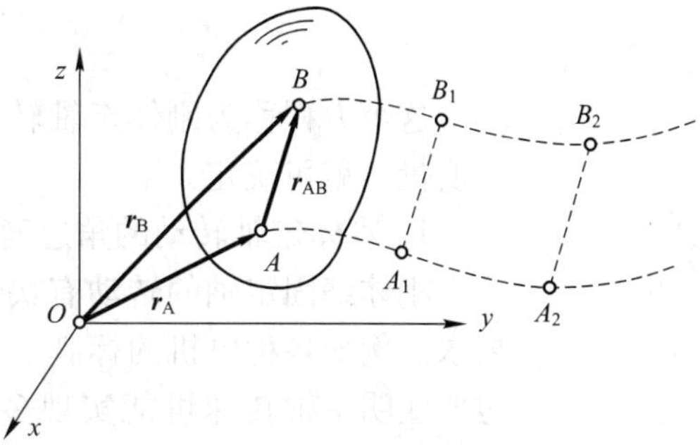

图 6-3 刚体平移的描述

在平移的刚体内，任选两点 A 和 B，并从定坐标作矢量 $\boldsymbol{r}_A$ 和 $\boldsymbol{r}_B$，则两条矢端曲线就是两点的轨迹。由图 6-3 可知：

$$\boldsymbol{r}_B=\boldsymbol{r}_A+\boldsymbol{r}_{AB} \tag{6-1a}$$

当刚体平移时，A、B 两点连线的距离和方向均不改变，所以 $\boldsymbol{r}_{AB}$ 为常矢量。因此体上各点的运动轨迹是形状完全相同的平行曲线。

将式(a)对时间 t 求导数，由于 $\boldsymbol{r}_{AB}$ 是常矢量，即 $\frac{d\boldsymbol{r}_{AB}}{dt}=0$，故有

$$\frac{d\boldsymbol{r}_B}{dt}=\frac{d\boldsymbol{r}_A}{dt} \quad 即 \quad \boldsymbol{v}_B=\boldsymbol{v}_A \tag{6-1b}$$

$$\frac{d\boldsymbol{v}_B}{dt}=\frac{d\boldsymbol{v}_A}{dt} \quad 即 \quad \boldsymbol{a}_B=\boldsymbol{a}_A \tag{6-2}$$

因为点 A 和 B 是任意选择的，所以可得出结论：当刚体平移时，其上各点的轨迹形状相同，在同一瞬时，各点的速度相同，各点的加速度也相同。

综上所述，只要知道平移刚体上任一点的运动，就等于知道整个刚体的运动，因此刚体的移动可以归结为点的运动问题来研究。

6.1.2　刚体的定轴转动

在工程实际中，可观察到齿轮、发电机转子等的运动，都具有一个共同的特点，即刚体运动时，体内或其扩展部分，有一条直线始终保持不动。这条固定的直线就是转轴，这种刚体运动，称为定轴转动，简称为转动。下面讨论定轴转动刚体的运动方程，并介绍角速度、角加速度概念。

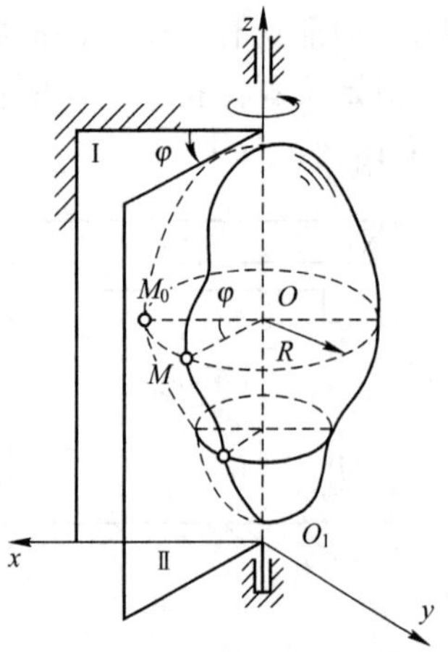

图 6-4　刚体定轴转动的描述

为确定转动刚体的位置，取其转轴为 z 轴，如图 6-4 所示，通过轴线作一固定平面Ⅰ，此外，通过转轴再作一动平面Ⅱ与刚体固接，当刚体转动时，两个平面之间的夹角用 φ 表示，称为刚体的转角，以弧度(rad)计。

转角 φ 是一个代数量，通常可根据右手螺旋法则确定其正负号。自 z 轴的正端往负端看，从固定面起按逆时针转向计量的转角为正值，反之为负值。

当刚体转动时，转角 φ 是时间 t 的单值连续函数，即

$$\varphi=f(t) \tag{6-3}$$

这个方程称为刚体定轴转动的运动方程，定轴转动刚体的位置只需一个参变量 φ 就可确定。

1. 刚体定轴转动的角速度

刚体绕固定轴的转动有快慢的不同，这是因为各种机械工作时有不同的要求。例如各种电机的标牌上要说明它一分钟内能转多少转，机床的标牌上也要注明主轴转速可能实现多少挡变换等。所以转动的快慢是个重要因素。为了描述刚体转动的快慢程度，引入角速度的概念。设在 $t'-t$ 的 Δt 时间内，刚体的转角由 φ 改变到 $\varphi+\Delta\varphi$，转角的增量 $\Delta\varphi$ 称为角位移。在 Δt 趋近于零时，比值 $\Delta\varphi/\Delta t$ 的极限，称为刚体在瞬时 t 的角速度，以 ω 表示，则

$$\omega=\lim_{\Delta t\to 0}\frac{\Delta\varphi}{\Delta t}=\frac{\mathrm{d}\varphi}{\mathrm{d}t}=\dot{\varphi} \tag{6-4}$$

即刚体的角速度等于转角对时间的一阶导数。式(6-4)中 ω 是代数量，ω 的大小表示刚体转动的快慢，ω 的正、负表示刚体转动的方向。

ω 的常用单位为弧度/秒(rad/s)，在工程上，转动的快慢还用每分钟 n 转来表示，称为转速，其单位为转/分(r/min)。角速度与转角的关系为：

$$\omega=\frac{2\pi n}{60}=\frac{\pi n}{30} \tag{6-5}$$

2. 刚体定轴转动的角加速度

若角速度在转动中保持为常量，这种转动就称为匀角速转动。通常旋转机械在正常工作时大都是作匀角速转动，角速度在转动中若是变量，则称为变角速转动。机器在启动或停止过程中，角速度由小变大或由大变小就是变角速转动。如果要研究启动或停止的时间长短和过程特点，就必须知道角速度每瞬时是怎样改变的，也就是必须知道其角加速度。为了描述角速度的变化，引入角加速度的概念。设在 $t'-t$ 的 Δt 时间内，刚体的角速度由 ω 改变到 $\omega+\Delta\omega$，角速度的增量 $\Delta\omega$。在 Δt 趋近于零时，比值 $\Delta\omega/\Delta t$ 的极限，称为刚体在瞬时 t 的角加速度，以 α 表示，则

$$\alpha=\lim_{\Delta t\to 0}\frac{\Delta\omega}{\Delta t}=\frac{\mathrm{d}\omega}{\mathrm{d}t}=\dot{\omega}=\ddot{\varphi} \tag{6-6}$$

即刚体的角加速度等于角速度对时间的一阶导数。式(6-6)中 α 也是代数量，其正、负号的意义需要与 ω 的正、负号联系起来看，同号时表示刚体加速转动，异号时表示刚体减速转动。α 的常用单位为弧度/秒^2(rad/s^2)。

3. 转动刚体上各点的速度与加速度

由以上讨论可知，转角、角速度和角加速度都是描述刚体整体运动的特征量。当转动刚体的运动确定后，就可以研究刚体内各点的速度和加速度。

刚体作定轴转动时，体内各点都在垂直于转动轴的平面内作圆周运动，圆心就在转动轴上。现研究图 6-5 所示定轴转动刚体上一点 M 的速度与加速度，将点 M 轨迹圆所在的平面画出来，若取转角 φ 为零时，M 点所在位置 M_O 为弧坐标 s 的原点，以转角 φ 的正向为弧坐标的正向，设轨迹圆的半径为 ρ，则 M 点的运动方程为：

$$s=\rho\varphi \tag{6-7}$$

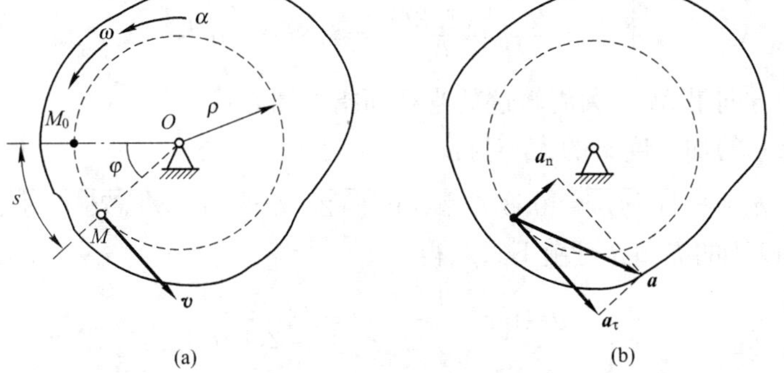

图 6-5 转动刚体上点 M 的速度与加速度

如图 6-5(a)所示，速度为：

$$v=\frac{\mathrm{d}s}{\mathrm{d}t}=\rho\frac{\mathrm{d}\varphi}{\mathrm{d}t}=\rho\omega \tag{6-8}$$

如图 6-5(b)所示，加速度为：

$$\left.\begin{aligned}a_{\tau}&=\frac{\mathrm{d}v}{\mathrm{d}t}=\rho\frac{\mathrm{d}\omega}{\mathrm{d}t}=\rho\alpha\\a_{\mathrm{n}}&=\frac{v^2}{\rho}=\frac{(\rho\omega)^2}{\rho}=\rho\omega^2\end{aligned}\right\} \tag{6-9}$$

合加速度的大小与方向为：

$$\left.\begin{aligned}a&=\sqrt{a_{\tau}^2+a_{\mathrm{n}}^2}=\rho\sqrt{\alpha^2+\omega^4}\\\tan\theta&=\frac{|a_{\mathrm{t}}|}{a_{\mathrm{n}}}=\frac{\rho|\alpha|}{\rho\omega^2}=\frac{|\alpha|}{\omega^2}\end{aligned}\right\} \tag{6-10}$$

【例题 6-1】 如图 6-6 所示，卷扬机滑轮的半径为 $r=0.5\mathrm{m}$，重物 A 以 $x=0.6t^2$ 的规律下降(x 以 m 计)。重物通过不可伸长的绳子带动滑轮绕水平轴 O 转动。求滑轮的角速度、角加速度以及滑轮边缘上任一点 M 的加速度。

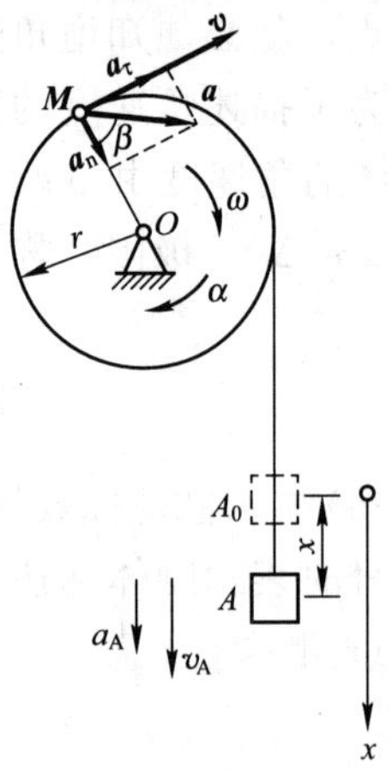

图 6-6　例题 6-1 图

【解】 根据重物的运动方程，可求出它的速度和加速度分别为：

$$v_{\mathrm{A}}=\frac{\mathrm{d}x}{\mathrm{d}t}=1.2t\quad \mathrm{m/s},\quad a_{\mathrm{A}}=\frac{\mathrm{d}v_{\mathrm{A}}}{\mathrm{d}t}=1.2\mathrm{m/s^2}$$

$a_{\mathrm{A}}=$常量，可见重物是以等加速运动下降。由于绳子不可伸长，且设绳子与滑轮之间无相对滑动，所以滑轮边缘上任一点 M 的速度 v 的大小等于重物速度的大小；M 点的切向加速度的大小 a_{τ} 等于重物加速度的大小。于是可分别求得：

$$v=v_{\mathrm{A}}=1.2t,\quad a_{\tau}=a_{\mathrm{A}}=1.2\mathrm{m/s^2}$$

M 点的速度 v 和切向加速度 $\boldsymbol{a}_{\tau}$ 的方向沿该点圆周的切线，指向可分别根据重物的速度和加速度的指向定出，如图 6-6 所示。由式(6-8)、式(6-9)可分别求出滑轮的角速度 ω 和角加速度 α，即

$$\omega=\frac{v}{r}=\frac{1.2t}{0.5}=2.4t\quad \mathrm{rad/s},\quad \alpha=\frac{a_{\tau}}{r}=\frac{1.2}{0.5}=2.4\mathrm{rad/s^2}$$

根据 v、a_{τ} 的指向可分别定出 ω、α 都是顺时针转向。

滑轮边缘上任一点 M 的法向加速度 $\boldsymbol{a}_{\mathrm{n}}$ 的大小：

$$a_{\mathrm{n}}=\frac{v^2}{r}=\frac{(1.2t)^2}{0.5}=2.88t^2\quad \mathrm{m/s^2}$$

$\boldsymbol{a}_{\mathrm{n}}$ 的方向沿 M 点圆周轨迹的半径而指向圆心 O。

M 点总的加速度 $\boldsymbol{a}$ 的大小为：

$$a=\sqrt{a_{\tau}^2+a_{\mathrm{n}}^2}=r\sqrt{\alpha^2+\omega^4}=0.5\sqrt{(2.4)^2+(2.4t)^4}=0.5\sqrt{5.76+33.2t^4}\quad \mathrm{m/s^2}$$

$\boldsymbol{a}$ 与 OM 的夹角 β 可由下式求得：

$$\beta=\tan^{-1}\frac{|a_{\tau}|}{a_{\mathrm{n}}}=\tan^{-1}\frac{1.2}{2.88t^2}$$

【例题 6-2】 如图 6-7 所示单摆，以 $\varphi=\varphi_0\cos\frac{2\pi}{T}t$ 的运动规律，绕固定轴 O 摆动，其中 φ_0 为摆的振幅，T 为摆动周期。设摆的重心 C 到转轴 O 的距离为 l，求在初瞬时（$t=0$）和摆经过平衡位置（$\varphi=0$）时其重心 C 的速度与加速度。

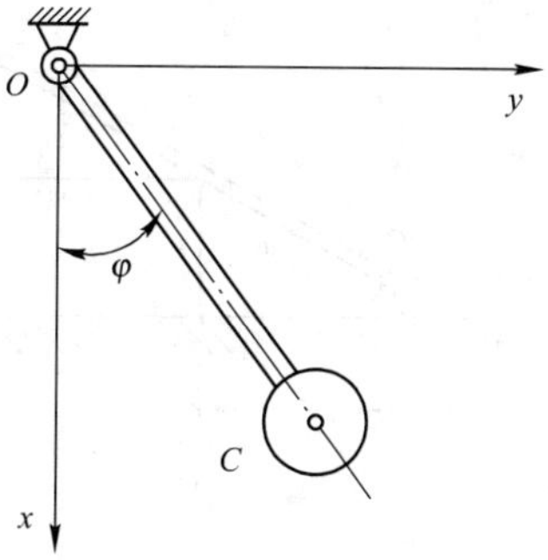

图 6-7 例题 6-2 图

【解】 将单摆的运动规律方程式对时间求一阶导数，得

$$\omega=\frac{d\varphi}{dt}=-\frac{2\pi\varphi_0}{T}\sin\frac{2\pi}{T}t$$

再将上式对时间求一次导数，得

$$\alpha=\frac{d\omega}{dt}=-\frac{4\pi^2\varphi_0}{T^2}\cos\frac{2\pi}{T}t$$

当 $t=0$ 时，摆的角速度和角加速度分别为：

$$\omega_0=0,\quad \alpha_0=-\frac{4\pi^2\varphi_0}{T^2}$$

于是，由已知公式可分别求得重心 C 在初瞬时的速度和加速度为：

$$v_0=l\omega_0=0,\quad a_{\tau0}=l\alpha_0=-\frac{4\pi^2\phi_0 l}{T^2},\quad a_{n0}=l\omega_0^2=0$$

初瞬时的合加速度为：

$$a_0=l\sqrt{\alpha_0^2+\omega_0^2}=\frac{4\pi^2\varphi_0 l}{T^2}$$

由 $a_{n0}=0$ 及 $a_{\tau0}<0$ 可知，加速度 $\boldsymbol{a}_0$ 沿摆的重心的运动轨迹的切线方向，指向 φ 角减小的一方。

当 $\varphi=0$ 时，$\cos\frac{2\pi}{T}t=0$，即 $\frac{2\pi}{T}t=\frac{\pi}{2}$ 或 $\frac{3\pi}{2}$，这时 $\sin\frac{2\pi}{T}t=\pm1$。

所以当摆经过平衡位置时，其角速度和角加速度分别为：

$$\omega=\mp\frac{2\pi\varphi_0}{T},\quad \alpha=0$$

在此瞬时，重心 C 的速度和加速度分别为：

$$v=l\omega=\mp\frac{2\pi\varphi_0 l}{T},\quad a_\tau=0,\quad a_n=l\omega^2=\frac{4\pi^2\varphi_0^2 l}{T^2}$$

$$a=a_n=\frac{4\pi^2\varphi_0^2 l}{T^2}$$

重心 C 的法向方向加速度就是全加速度。在 ω 和 v 的表达式中，正号表示摆由左边向右边摆动；负号则相反。

【例题 6-3】 如图 6-8 所示机构中，滑块 B 以 $x=0.2+0.02t^2$ m 向右运动，其中 t 以 s 计。试求当 $x=0.3$m 时，杆 OA 的角速度和角加速度。

【解】 由于滑块 B 的平移运动带动了杆 OA 的定轴转动，所以杆 OA 的转角 φ 的正切可表示为：

$$\tan\varphi=\frac{h-b}{x}$$

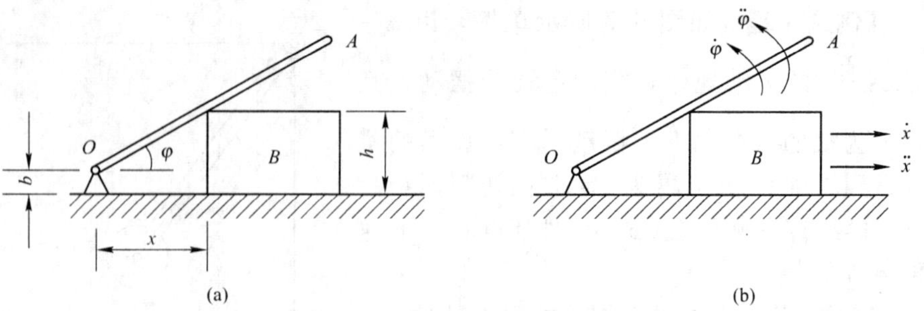

图 6-8 例题 6-3 图

上式对时间求一阶导数，得

$$\frac{\dot{\varphi}}{\cos^2\varphi}=-\frac{(h-b)}{x^2}\dot{x}$$

因为

$$\cos\varphi=\frac{x}{\sqrt{(h-b)^2+x^2}}$$

所以杆 OA 的角速度方程为：

$$\dot{\varphi}=-\frac{(h-b)\dot{x}}{(h-b)^2+x^2} \tag{a}$$

再将上式对时间求一阶导数，得杆的角加速度方程为：

$$\ddot{\varphi}=-\frac{(h-b)\{\ddot{x}[(h-b)^2+x^2]-2x\dot{x}^2\}}{[(h-b)^2+x^2]^2} \tag{b}$$

由滑块 B 的运动方程可知，当 $x=0.3\text{m}$ 时，经历的时间为：

$$t=\sqrt{\frac{x-0.2}{0.02}}\bigg|_{x=0.3}=2.236\text{s}$$

于是，该瞬时滑块 B 的速度和加速度分别为：

$$\dot{x}=0.04t=0.0894\text{m/s},\quad \ddot{x}=0.04\text{m/s}^2$$

将上式($x=0.3\text{m}$)的$\dot{x}$、$\ddot{x}$值代入到式(a)、式(b)中，得

$$\dot{\varphi}=-0.1375\text{rad/s},\quad \ddot{\varphi}=-6.4788\times10^{-2}\text{rad/s}^2$$

其转向如图 6-8(b)所示。

6.2 定轴轮系的传动比

6.2.1 带轮传动

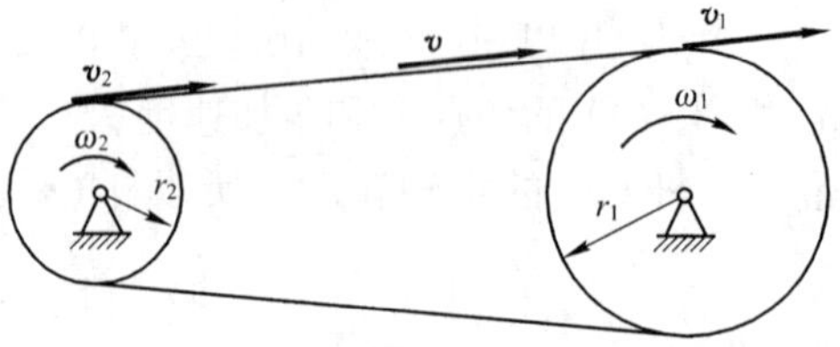

图 6-9

在机床中，常用电动机通过传动带使变速器的轴转动。如图 6-9 所示的带轮传动装置中，主动轮和从动轮的半径分别为 r_1、r_2，角速度分别为 ω_1、ω_2。如不考虑传动带的厚度，并假定传动带与

带轮之间无相对滑动，则应用绕定轴转动刚体上各点速度的公式，可得到下列关系式：

$$v=v_1=v_2=r_1\omega_1=r_2\omega_2$$

于是带轮的传动比公式为：

$$i_{12}=\frac{\omega_1}{\omega_2}=\frac{r_2}{r_1} \tag{6-11}$$

6.2.2 齿轮传动

齿轮传动是工程上常用的传动方式，可用来升降转速、改变转动方向。其中又以圆柱齿轮传动最为常见，图 6-10(a)、(b)分别为齿轮外啮合和内啮合的简图。

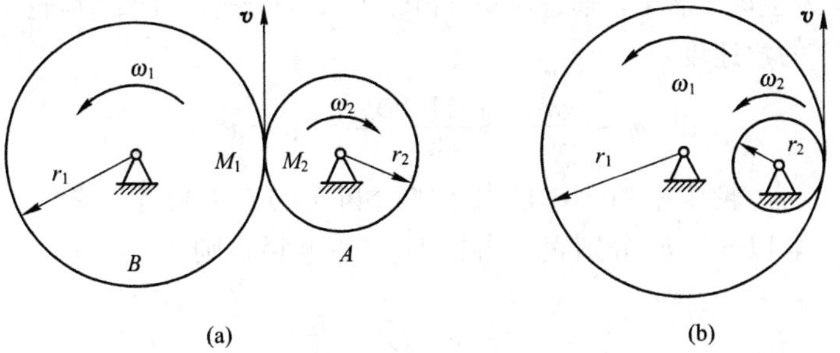

图 6-10

在定轴轮系传动中，齿轮的啮合可视为两齿轮节圆之间无相对滑动，图 6-10(a)中设主动轮 A 和从动轮 B 的节圆半径分别为 r_1、r_2，角速度分别为 ω_1、ω_2。因为两齿轮的接触点 M_1 和 M_2 具有相同的切线速度 $\boldsymbol{v}$，所以有

$$v=r_1\omega_1=r_2\omega_2$$

工程上常把主动轮的角速度与从动轮角速度之比称作传动比，用 i_{12} 表示，于是有

$$i_{12}=\pm\frac{\omega_1}{\omega_2}=\pm\frac{r_2}{r_1} \tag{a}$$

式中“+”表示啮合齿轮的角速度方向相同，为内啮合情况；“－”表示啮合齿轮的角速度方向相反，为外啮合情况。

另外，传动比还可用啮合齿轮的转速 n 和齿数 Z 来表示，转速的单位是转/分钟(r/min)，所以

$$\omega=\frac{n\pi}{30} \tag{b}$$

设齿轮 A、B 的齿数为 Z_1、Z_2，由齿数与节圆半径的关系可得：

$$\frac{Z_1}{Z_2}=\frac{r_1}{r_2} \tag{c}$$

把式(b)、式(c)两式代入式(a)，最后得到：

$$i_{12}=\pm\frac{\omega_1}{\omega_2}=\pm\frac{n_1}{n_2}=\pm\frac{r_2}{r_1}=\pm\frac{Z_2}{Z_1} \tag{6-12}$$

由此可见，互相啮合的齿轮的角速度(或转速)与齿轮半径(或齿数)成反比。

【例题 6-4】 轮胎式起重机卷筒传动装置如图 6-11 所示。电动机通过齿轮 1 带动齿轮 2，再通过与齿轮 2 固定在同一轴上的齿轮 3 带动与齿轮 4 固定在同一轴上的卷筒 4。已知卷筒的直径 $D=60$cm，齿轮 1 的转速 $n_1=1080$r/min，各齿轮的齿数：$Z_1=19$、$Z_2=80$、$Z_3=21$、$Z_4=79$。求齿轮 3 的角速度和卷筒边缘上一点速度的大小。

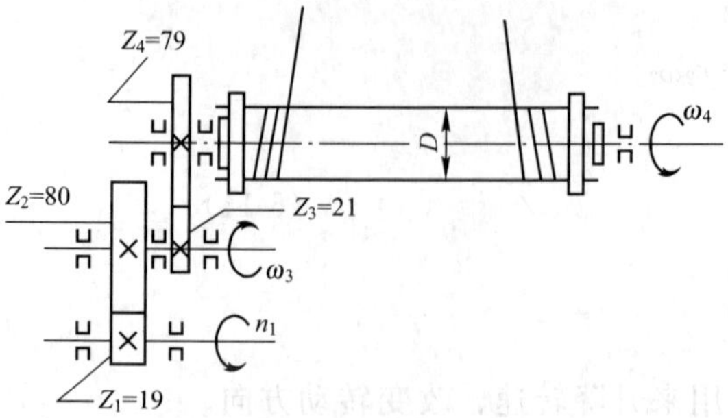

图 6-11　例题 6-4 图

【解】 各齿轮与卷筒分别绕各自的转动轴作定轴转动。因齿轮 1 的转速为已知，所以先从齿轮 1 着手，通过对啮合齿轮 1、2 的分析，可求出齿轮 2 的角速度。

齿轮 1 的角速度：

$$\omega_1=\frac{\pi n_1}{30}=\frac{\pi\times1080}{30}=36\pi\quad \text{rad/s}$$

齿轮 1 与齿轮 2 相啮合，且由于啮合齿轮的齿距相等，它们的齿数与半径成正比。如以 r_1、r_2 分别表示齿轮 1、2 的半径，则

$$\frac{r_2}{r_1}=\frac{Z_2}{Z_1}$$

故齿轮 2 的角速度：

$$\omega_2=\frac{r_1}{r_2}\omega_1=\frac{Z_1}{Z_2}\omega_1=\frac{19}{80}\times36\pi=26.9\text{rad/s}$$

齿轮 2 与齿轮 3 固定在同一轴上，

$$\omega_3=\omega_2=26.9\text{rad/s}$$

所以齿轮 3 的角速度：

转向如图 6-11 所示。

再通过对啮合齿轮 3、4 的分析并注意齿轮 4 的半径 r_4 与齿轮 3 的半径 r_3 之比$\frac{r_4}{r_3}=\frac{Z_4}{Z_3}$，可求出齿轮 4 的角速度：

$$\omega_4=\frac{r_3}{r_4}\omega_3=\frac{Z_3}{Z_4}\omega_3=\frac{21}{79}\times26.9=7.15\text{rad/s}$$

转向如图 6-11 所示。

卷筒边缘上任一点速度的大小：

$$v=\frac{D}{2}\omega_4=\frac{60}{2}\times7.15=215\text{cm/s}$$

通过以上例题的分析，对刚体的基本运动的解题步骤可大致归纳如下：

(1) 分析题目中各刚体的运动情况，分清哪些是已知量，哪些是未知量。

(2) 如刚体作平移，刚体上各点不仅轨迹形状相同，且同一瞬时各点的速度和加速度也相同，则只要求得该刚体内任一点的运动，也就确定了其他各点的运动。

(3) 如刚体作定轴转动，则在建立了该刚体的转动方程 $\varphi=f(t)$之后，可运用求导的方法求出刚体的角速度 ω 和角加速度 α，反之，如已知转动刚体的角加速度 α 和运动的初始条件，则可用积分方法，求出刚体的角速度 ω，转动方程 $\varphi=f(t)$。确定了刚体作定轴转动的角速度和角加速度之后，即可利用式(6-8)和式(6-9)来求出刚体内任一点的速度；切向加速度和法向加速度。

(4) 如平移与定轴转动互相转换或一个物体的定轴转动转换为另一个物体的定轴转动，应根据主动件与从动件在连接点无相对滑动或两个物体在连接点处的速度与切向加速度相等的条件，求出从动件的运动规律。

(5) 如所解的题目中有很多刚体组成，则先要弄清各刚体作哪一种运动，然后从运动已知的刚体开始进行分析，特别注意两刚体相互连接的点或接触点。通过研究两刚体相互连接点或接触点的运动，可求出这两刚体运动之间的关系。

*6.3 以矢积表示点的速度和加速度

在前面的讨论中，我们把刚体作定轴转动的角速度 ω 和角加速度 α 都作为标量，因此所得转动刚体内任一点的速度和加速度的表达式都是代数表达式。为了得到刚体作定轴转动时刚体内任一点的速度和加速度的矢量表达式，这就需要将刚体的角速度和角加速度用矢量表示。

6.3.1 角速度、角加速度的矢量表示

在一般情况下，描述刚体的转动时，必须说明转动轴的位置，以及刚体绕此轴转动的快慢和转向。这些要素正好可以用一个滑动矢量 $\boldsymbol{\omega}$ 来表示。$\boldsymbol{\omega}$ 矢量位于转动轴上，其模等于角速度的绝对值，其指向按右手螺旋法则确定，即以右手四指表示刚体绕轴的转向，大拇指的指向表示 $\boldsymbol{\omega}$ 的指向，如图 6-12 所示。若设转动轴为 z 轴，$\boldsymbol{k}$ 为 z 轴上的单位矢量，则角速度矢可表示为：

$$\boldsymbol{\omega}=\omega\boldsymbol{k} \tag{6-13}$$

角加速度矢量 $\boldsymbol{\alpha}$ 可定义为 $\boldsymbol{\omega}$ 矢量对时间 t 的一阶导数，注意到 $\boldsymbol{k}$ 是一常矢量，得

$$\boldsymbol{\alpha}=\frac{\mathrm{d}\boldsymbol{\omega}}{\mathrm{d}t}=\frac{\mathrm{d}\omega}{\mathrm{d}t}\boldsymbol{k}=\alpha\boldsymbol{k} \tag{6-14}$$

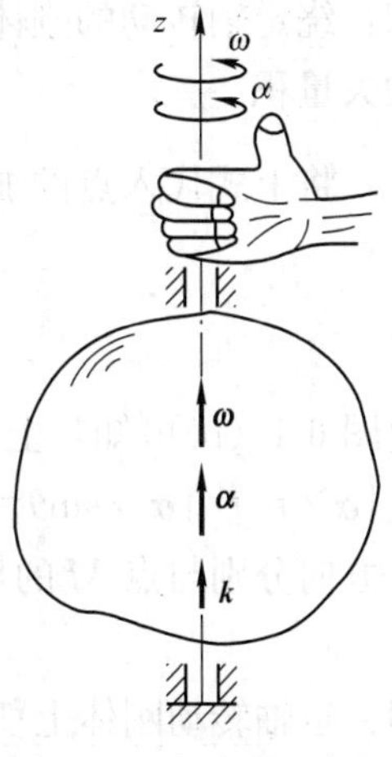

图 6-12 角速度、角加速度的矢量表示

可见，刚体绕定轴转动时，角加速度矢量也是沿着转动轴的一个滑动矢量(图 6-12)。当刚体加速转动时，$\boldsymbol{\alpha}$ 与 $\boldsymbol{\omega}$ 同向，减速则反向。

6.3.2 以矢积表示转动刚体上一点的速度与加速度

速度 $\boldsymbol{v}$ 和加速度 $\boldsymbol{\alpha}$ 可以用 $\boldsymbol{\omega}$、$\boldsymbol{\alpha}$ 和 $\boldsymbol{r}$ 组成的矢积来表示。设 M 是定轴转动刚体上的一点，从转轴上任一点 O 作 M 点的矢径 $\boldsymbol{r}=\overline{OM}$(图 6-13a)，并以

θ表示$\boldsymbol{r}$与z轴的夹角，点C表示M点轨迹圆的圆心，ρ表示该圆的半径。注意到刚体在转动过程中，点M矢径$\boldsymbol{r}$的模不变，但其方向不断改变。

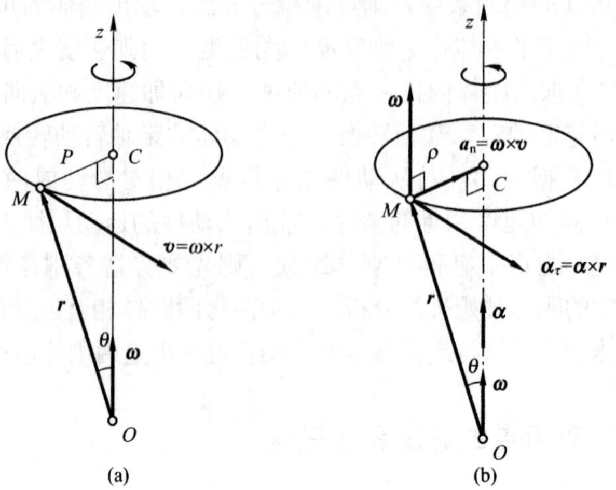

图 6-13 速度、加速度的矢积表示

$$|\boldsymbol{v}|=|\boldsymbol{\omega}|\rho=|\boldsymbol{\omega}|\times|\boldsymbol{r}|\sin\theta=|\boldsymbol{\omega}\times\boldsymbol{r}|$$

且矢积$\boldsymbol{\omega}\times\boldsymbol{r}$的方向，按右手法则，正好与$\boldsymbol{v}$的方向相同。因此点$M$的速度可写成：

$$\boldsymbol{v}=\boldsymbol{\omega}\times\boldsymbol{r} \tag{6-15}$$

即：绕定轴转动的刚体上任意点的速度矢等于刚体的角速度矢与该点的矢径的矢量积。

将上式代入点的加速度矢量表示式$\boldsymbol{a}=\dfrac{\mathrm{d}\boldsymbol{v}}{\mathrm{d}t}$中，可得点$M$的加速度为：

$$\boldsymbol{a}=\frac{\mathrm{d}\boldsymbol{\omega}}{\mathrm{d}t}\times\boldsymbol{r}+\boldsymbol{\omega}\times\frac{\mathrm{d}\boldsymbol{r}}{\mathrm{d}t}=\boldsymbol{\alpha}\times\boldsymbol{r}+\boldsymbol{\omega}\times\boldsymbol{v} \tag{6-16}$$

由图 6-13(b)可知，上式右边两项的大小分别为：

$$|\boldsymbol{\alpha}\times\boldsymbol{r}|=|\boldsymbol{\alpha}|r\sin\theta=|\boldsymbol{\alpha}|\rho=|\boldsymbol{a}_\tau|,\quad |\boldsymbol{\omega}\times\boldsymbol{v}|=|\boldsymbol{\omega}||\boldsymbol{v}|\sin90^\circ=\omega^2\rho=|\boldsymbol{a}_n|$$

其方向分别与点M的切向加速度$\boldsymbol{a}_t$和法向加速度$\boldsymbol{a}_n$一致，因此得：

$$\boldsymbol{a}_\tau=\boldsymbol{\alpha}\times\boldsymbol{r},\quad \boldsymbol{a}_n=\boldsymbol{\omega}\times\boldsymbol{v} \tag{6-17}$$

即：定轴转动刚体上任一点的切向加速度等于刚体的角加速度矢与该点矢径的矢积；法向加速度等于刚体的角速度矢与该点速度矢的矢积。

6.4 刚体的平面运动方程

所谓刚体的平面运动，即：在运动过程中，刚体内所有的点至某一固定平面的距离始终保持不变，也就是说刚体内的各个点都在平行于这固定平面的某一平面内运动。具有这种特征的运动称为刚体的平面运动。

例如，曲柄连杆机构中的连杆AB(图 6-14a)和车轮沿直线轨道的滚动

(图 6-14b)就符合上述对平面运动的定义。

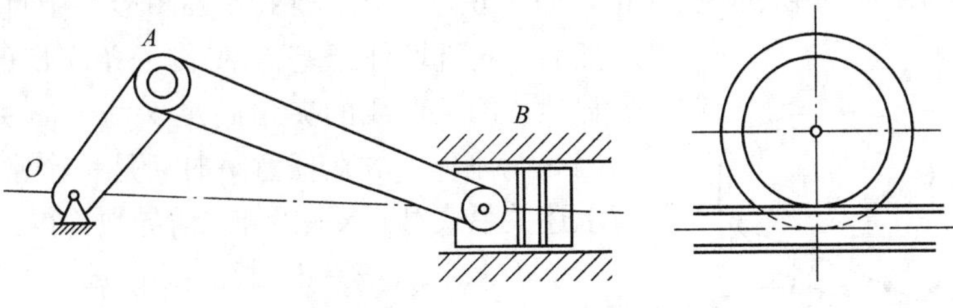

图 6-14

6.4.1 刚体的平面运动方程

设一刚体作平面运动，体内每一点都处在与固定平面Ⅰ平行的平面内运动(图 6-15)。若作一平面Ⅱ与平面Ⅰ平行，并与刚体相交，截出一平面图形 S，可见，平面图形 S 被限于在平面Ⅱ中运动。而刚体内垂直于平面 S 的任意一条直线 A_1A_2 则作移动。由于移动直线上各点的运动规律是相同的，所以直线 A_1A_2 的运动可用其与图形 S 的交点 A 的运动来代表。

为了确定代表刚体的平面图形的位置，我们只需确定平面图形内任意线段的位置。图 6-16 所示为一平面图形 S，其上任意线段 AB 的位置可用 A 点的坐标 x_A、y_A 和 AB 与 x 轴的夹角 φ 来表示。也就是说图形 S 的位置取决于三个独立参变量 x_0、y_0 及 φ。通常称 A 点为基点。当图形运动时，x_A、y_A 和 φ 角都随时间而变化，且都是时间 t 的单值连续函数，刚体的平面运动可表示为：

$$x_A=f_1(t),\quad y_A=f_2(t),\quad \varphi=f_3(t) \tag{6-18}$$

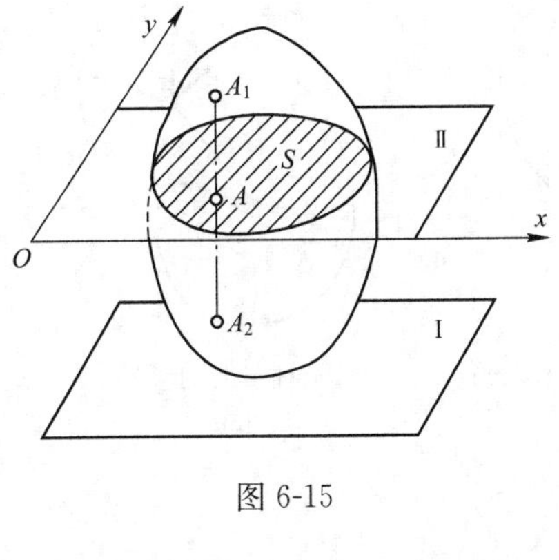

图 6-15

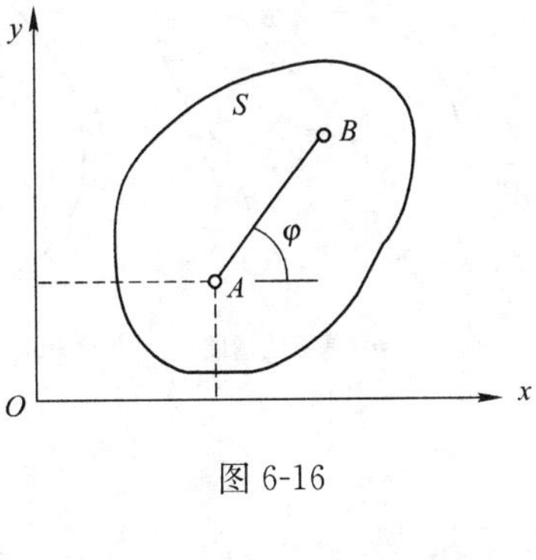

图 6-16

如函数 $f_1(t)$、$f_2(t)$、$f_3(t)$都已知，则对于每一瞬时 t，都可以求出 x_A、y_A 及角 φ，图形在该瞬时的位置也就确定了。这组方程称为**刚体平面运动方程**。

在平面运动方程中，若 φ 保持不变，则刚体简化为随 A 的移动；若 x_A、y_A保持不变，则刚体简化为绕 A(过 A 点的 S 平面法线为轴)的定轴转动。因此，刚体的平面运动可以分解为随基点 A 的平移和绕基点 A 的转动。

现仍对平面图形 S 进行讨论，如图 6-17 所示，保持平面图形 S 中直线 AB。然后，再选取任意基点 A' 作一条 $A'B'$ 的直线。显然，两条直线的夹角满足 $\theta=\varphi-\varphi'$ 关系式。因 S 为刚体，故在任意瞬时 θ 是一个常量。将上述关系式对 t 求一阶和二阶导数，得：

$$\omega=\dot{\varphi}=\dot{\varphi}',\quad \alpha=\ddot{\varphi}=\ddot{\varphi}'$$

上式表示在同一瞬时，图形绕任一基点的转动，不但其角速度都是相同的，而且角加速度也都是相同的。

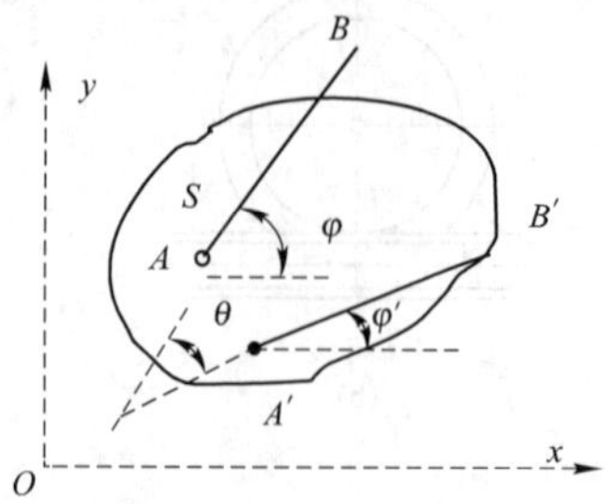

图 6-17

6.4.2 平面图形上各点的速度关系

平面运动刚体上任一点速度关系的分析方法，常用的有：基点法、速度投影定理、速度瞬心法。

1. 基点法(速度合成法)

从上面的分析已经知道，刚体图形 S 的平面运动可以分解为随基点 A 的移平和绕基点 A 的转动。那么图形上任一点的速度也应是随同基点的平移速度和该点随同刚体绕基点转动速度的合成。

根据刚体平移和绕定轴转动时速度的分布规律，在图形上任取一点 A 为基点，若已知基点 A 的速度 v_A 及图形的角速度 ω，则图形上任一点 B 的速度 v_B 可视为随同基点 A 平移的速度 v_A(图 6-18a)和 B 点随同图形绕基点 A 的转动速度 v_{BA}(图 6-18b)的矢量和(图 6-18c)，即

$$\boldsymbol{v}_B=\boldsymbol{v}_A+\boldsymbol{v}_{BA} \tag{6-19}$$

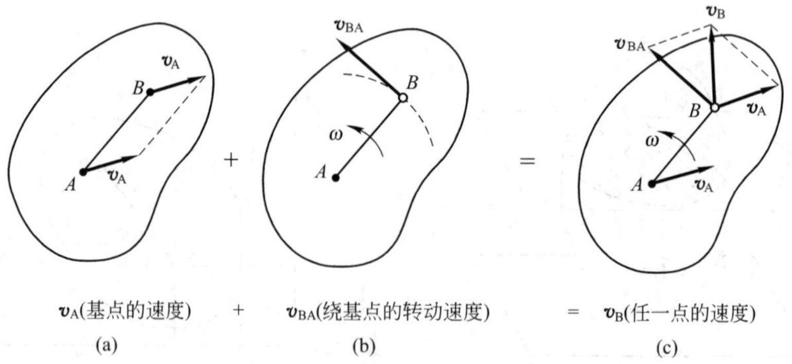

图 6-18

其中：$v_{BA}=AB\cdot\omega$，方向垂直于连线 AB，指向与角速度转向一致。上式是一个平面矢量式，故在矢量所在平面内，可列写出两个独立的投影式，以求解两个速度未知量。由此得到如下结论：刚体作平面运动时，在任一瞬时其上任一点的速度等于基点的速度与该点相对于基点作圆周运动的速度的矢量和。这种方法称为基点法，它是刚体平面运动速度分析的基本方法。

2. 速度投影法

将式(6-19)的两边分别投影到 A、B 两点的连线上(图 6-19)，因 $\boldsymbol{v}_{BA}$ 垂直于 AB，故其在连线上的投影等于零，所以有

$$(\boldsymbol{v}_B)_{AB}=(\boldsymbol{v}_A)_{AB} \qquad (6\text{-}20)$$

上式表明：平面图形上任意两点的速度，在该两点连线上的投影相等。这一公式亦称为速度投影定理。若已知刚体上一点速度的大小和方向，又知道另一点的速度方位，应用速度投影定理式(6-20)可方便地求出该点速度的大小和指向。

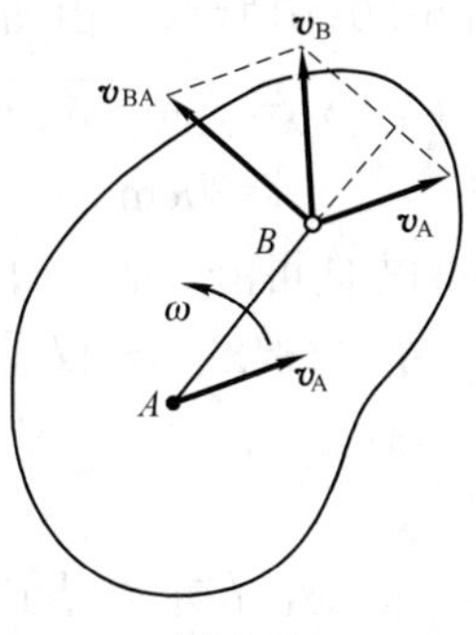

图 6-19

下面通过实例来说明基点法和速度投影定理的应用。

【例题 6-5】 椭圆规的构造如图 6-20(a)所示。滑块 A、B 分别可以在相互垂直的直槽中滑动，并用长为 $l=20$cm 的连杆 AB 连接。已知 $v_A=20$cm/s，方向如图所示。试求 $\varphi=30°$时滑块 B 和连杆中点 C 的速度。

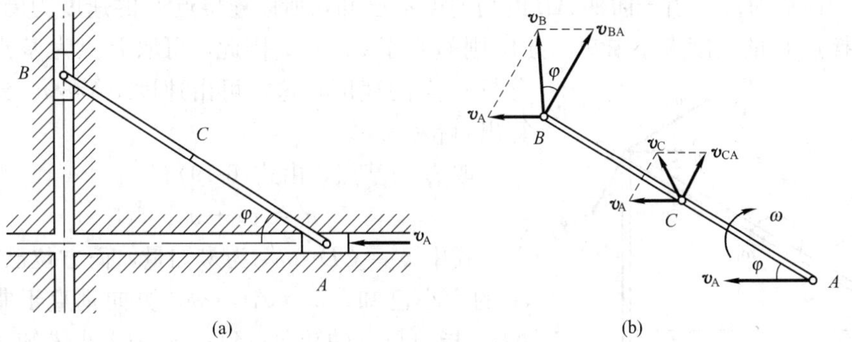

图 6-20　例题 6-5 图

【解】 因连杆 AB 作平面运动，其中 A 点的速度是已知的，一般选速度已知点为基点，故取点 A 为基点，求 B 点的速度。注意到 B 点速度的方位已知，B 点相对于 A 点的速度方位也已知(应垂直于 AB 连线)，根据式(6-19)，在大小与方位六个量中，有四个量已知；所以可以在 B 点作出速度平行四边形，如图 6-20(b)所示。由图中的几何关系有

$$v_B=v_A\cot\varphi=20\cot30°=34.64\text{cm/s}$$

$$v_{BA}=\frac{v_A}{\sin\varphi}=\frac{20}{\sin30°}=40\text{cm/s}$$

又因 $v_{BA}=\omega\cdot\overline{AB}=\omega\cdot l$，故可求得连杆 AB 的角速度大小为：

$$\omega=\frac{v_{BA}}{l}=\frac{40}{20}=2\text{rad/s}$$

转向如图 6-20(b)所示。当连杆的角速度 ω 求得后，就可取 A 点或 B 点为基点去分析连杆上任意一点的速度。现仍取 A 点为基点，来求解 C 点的速度。即有

$$\boldsymbol{v}_C=\boldsymbol{v}_A+\boldsymbol{v}_{CA}$$

此式中，$\boldsymbol{v}_C$的大小与方向均为未知，而$\boldsymbol{v}_{CA}$的大小与方向均已知，为：

$$v_{CA}=\omega\times\overline{AC}=\omega\frac{l}{2}=\left(2\times\frac{20}{2}\right)=20\text{cm/s}$$

方向垂直于 AC，如图 6-20(b)所示。在 C 点作出速度平行四边形，如图 6-20(b)所示。由图中的几何关系有

$$v_C=\sqrt{v_A^2+v_{CA}^2-2v_Av_{CA}\cos2\varphi}=\sqrt{20^2+20^2-2\times20\times20\times\cos60^\circ}$$
$$=20\text{cm/s}$$

$\boldsymbol{v}_C$的方向可由 $\boldsymbol{v}_C$与 $\boldsymbol{v}_A$的夹角 θ 表示。因 $\boldsymbol{v}_A$、$\boldsymbol{v}_C$和 $\boldsymbol{v}_{CA}$的大小都相等，故 $\theta=60^\circ$。

应当指出，若仅需求 B 点的速度，则应用速度投影定理是较为方便的。

有
$$v_B\cos(90^\circ-\varphi)=v_A\cos\varphi$$
得
$$v_B=v_A\cot\varphi$$

但是，在求 C 点速度时，必须要知道连杆的角速度 ω，故本题选用速度基点法分析 B 点的速度，是为了同时解得 ω 和 v_B。

【例题 6-6】 图 6-21 所示的四杆机构中，已知曲柄长 $AB=20$cm，转速 $n=50$r/min，摇杆长 $CD=40$cm，求在图示位置时摇杆 CD 的角速度 ω_{CD}及连杆 BC 的角速度 ω_{BC}。

【解】 在此机构中，连杆 BC 作平面运动，摇杆 CD 作定轴转动，先取连杆为研究对象。由于曲柄 AB 的角速度 ω 已知，所以连接点 B 的速度为已知；连接点 C 的速度大小未知，方位则垂直于 CD 杆。因此，可取 B 点为基点来分析 C 点的速度，这样可由速度 v_{CB}和 v_C 分别算出 ω_{CD}和 ω_{BC}。

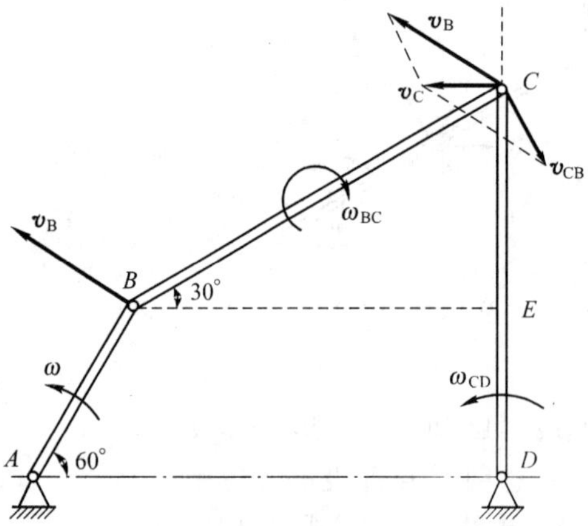

图 6-21　例题 6-6 图

取 B 为基点，由式(6-19)有

$$\boldsymbol{v}_C=\boldsymbol{v}_B+\boldsymbol{v}_{CB}$$

式中 $v_C=CD\cdot\omega_{CD}$为未知量，而方位已知；v_B 的大小已知，$v_B=AB\cdot\omega$，方向垂直于曲柄 AB，指向与 ω 的转向一致；v_{CB}的大小未知，而方位总是垂直于连杆 BC，指向待定。按速度矢量的平行四边形，由 v_B 可确定 v_C、v_{CB}的大小和指向。作速度矢量图(图 6-21)。

现取与 v_C 矢量垂直的 CD 线作投影轴线，建立方程：

CD：
$$v_B\cos60^\circ-v_{CB}\cos30^\circ=0$$

则：$$v_{CB}=\frac{v_B\cos60^\circ}{\cos30^\circ}=\frac{AB\times\omega\times0.5}{\frac{\sqrt{3}}{2}}=\frac{20\times\frac{50\pi}{30}\times0.5}{\frac{\sqrt{3}}{2}}=60.4\text{cm/s}$$

再取与 v_{CB}矢量垂直的 CB 线作投影轴线，建立方程：

CB：$v_C\cos30^\circ=v_B\cos60^\circ$，　则：$v_C=\dfrac{v_B\cos60^\circ}{\cos30^\circ}=v_{CB}=60.4$cm/s

由图 6-21 的几何关系知：$BC=2CE=2(CD-ED)=2(CD-AB\sin60^\circ)=45.4$cm，所以连杆 BC 的角速度

$$\omega_{BC}=\frac{v_{CB}}{BC}=\frac{60.4}{45.4}=1.34\text{rad/s}$$

根据 v_{CB} 的指向确定 ω_{BC} 应是顺时针转向，如图 6-21 所示。

摇杆 CD 的角速度

$$\omega_{CD}=\frac{v_C}{CD}=\frac{60.4}{40}=1.51\text{rad/s}$$

根据 v_C 的指向，确定 ω_{CD} 应是逆时针转向。

【例题 6-7】 拖拉机后轮的半径 $r=75\text{cm}$，以转速 $n=60\text{r/min}$ 沿直线路面滚动，而无滑动(即作纯滚动)，求拖拉机前进的速度和轮缘上 A、B 两点的速度(图 6-22a)。

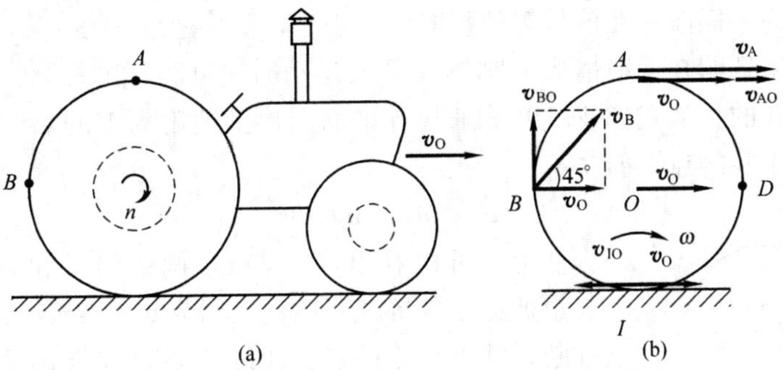

图 6-22　例题 6-7 图

【解】 拖拉机沿直线路面行驶时，其后轮作平面运动。显然，拖拉机前进的速度就是后轮轮心 O 点的速度 v_O。

由于后轮在地面上无滑动，所以后轮与地面的一对接触点应具有相同的速度；但因地面上的点总是不动的，即其速度为零，所以后轮上的接触点 I 的速度 v_I 也一定为零(图 6-22b)。O 点的速度可通过 I 点求出。

取 O 点为基点，由式(6-14)有 $\boldsymbol{v}_O=\boldsymbol{v}_I+\boldsymbol{v}_{IO}$，式中速度 v_{IO} 是 I 点相对于基点 O 作圆周运动的速度，其大小为：

$$v_{IO}=IO\times\frac{\pi n}{30}=471\text{cm/s}$$

方向垂直于 IO，指向由 ω 的转向确定，如图 6-22 所示。

因为 $v_I=0$，由矢量方程知 $v_O=-v_{IO}$；所以轮心 O 点的速度：

$v_O=r\dfrac{\pi n}{30}=471\text{cm/s}=17\text{km/h}$，亦即拖拉机前进的速度。

同理，要求后轮边缘上 B 点的速度，仍取 O 点为基点

$$\boldsymbol{v}_B=\boldsymbol{v}_O+\boldsymbol{v}_{BO}$$

式中 v_B 的大小和方向均已知，v_{BO} 的大小为：

$$v_{BO}=BO\times\omega=r\omega$$

方向垂直于 BO，指向由 ω 的转向来确定。

在 B 点作速度平行四边形，由 v_O 和 v_{BO} 决定 v_B 的大小及方向。

$$v_B=\sqrt{v_O^2+v_{BO}^2}=\sqrt{2}v_O=24\text{km/h}$$

其方向与水平线 BO 呈 45°角，指向右上方，见图 6-22(b)。

至于轮缘上最高点 A 的速度，由于 v_{AO} 与 v_O 平行且指向相同，故

$$v_A = v_O + v_{AO} = 34\text{km/h}$$

方向垂直于 AO，如图 6-22(b)所示。

3. 速度瞬心法

求解平面图形内任一点速度时可使用速度基点法，但应用这种方法求许多点的速度时就显得很麻烦。因为每一点的速度都要由基点的速度和该点随图形绕基点转动的速度这两部分的合成。但如果能选取平面图形上在某一瞬时速度等于零的点作为基点，则在该瞬时图形上其他各点随基点作平移的速度都等于零，就可以避免矢量合成的麻烦。我们把刚体上某瞬时速度为零的那个点称为平面图形在该瞬时的瞬时速度中心，简称速度瞬心。

下面来证明在一般情形下刚体作平面运动时速度为零的点(即速度瞬心)是确实存在的。从式(6-14)出发来找寻平面图形上速度为零的点。现设 B 点为速度等于零的点，即

$$\boldsymbol{v}_B = \boldsymbol{v}_A + \boldsymbol{v}_{BA} = 0$$

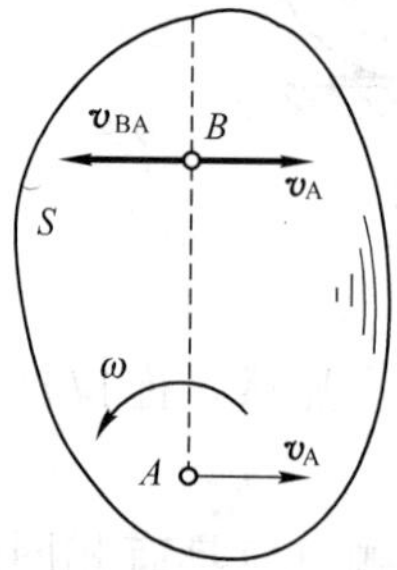

图 6-23

从上式可以看出，$\boldsymbol{v}_A$ 与 $\boldsymbol{v}_{BA}$ 两个矢量和为零，则两个矢量彼此必须等值反向；又因为 $\boldsymbol{v}_{BA} = \boldsymbol{\omega} \times \boldsymbol{r}_{BA}$，所以可以推断，速度为零的点在通过 A 点，并与 $\boldsymbol{v}_A$ 垂直的连线上，其位置为 $r_{AB} = \dfrac{v_A}{\omega}$，如图 6-23 所示。

根据上面的证明，速度瞬心确实是存在的。若在该瞬时取速度瞬心 I 为基点，由于基点速度为零，故图形内任一点的速度就等于图形绕速度瞬心 I 转动时该点的速度。

由此得出结论：平面图形内各点的速度的大小与该点至速度瞬心的距离成正比，方向与该点同速度瞬心的连线相垂直。图形上各点的速度分布情况与图形在该瞬时以角速度 ω 绕速度瞬心 I 转动时一样，这种情形称为瞬时转动。

利用速度瞬心求解平面图形上任一点速度的方法，称为速度瞬心法。应用此方法的关键是如何快速确定速度瞬心的位置。下面讨论几种按不同的已知运动条件确定速度瞬心位置的方法。

(1) 已知某瞬时平面运动刚体上两点 A 和 B 的速度方位，且当它们互不平行时，$\boldsymbol{v}_A$ 与 $\boldsymbol{v}_B$ 垂线的交点则为该刚体的速度瞬心，如图 6-24(a)所示。

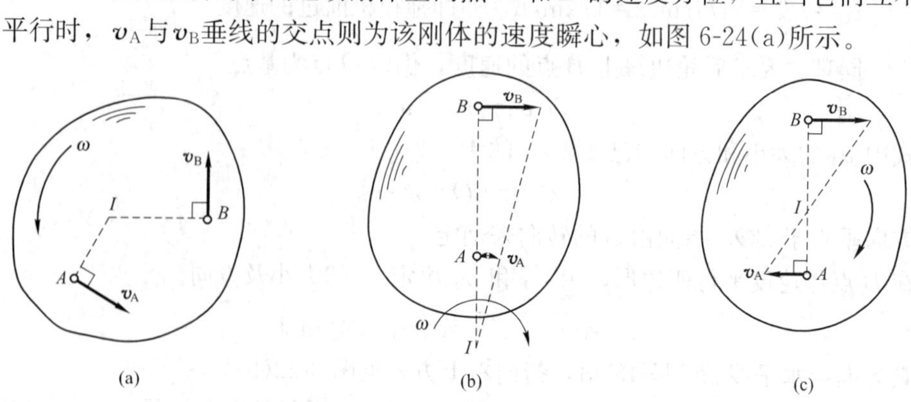

图 6-24

(2) 若当平面图形上两点 A、B 速度方位互相平行时，且均垂直于 AB 的连线，则有：

1) 两速度同指向，但速度大小不等，如图 6-24(b)所示，根据 AB 延长线上各点的速度呈线形分布，故此速度瞬心必位于 AB 延长线与 $\boldsymbol{v}_A$、$\boldsymbol{v}_B$ 两速度矢的终端连线的交点 I 上。

2) 两速度反指向，如图 6-24(c)所示，速度瞬心必位于 A、B 两点之间，故 AB 连线与 $\boldsymbol{v}_A$、$\boldsymbol{v}_B$ 两速度矢的终端连线的交点即为瞬心 I。

(3) 若平面图形上两点 A、B 速度方位平行，如图 6-25(a)、(b)所示，则速度瞬心必然在无穷远处，因而图形的角速度为零、各点的速度均相等。这种情况称之为**瞬时平移**。应当注意，瞬时平移是平面运动中的特有形式，虽此瞬时各点速度相等，但各点的加速度并不相同，据此可以断定在下一瞬时各点的速度也必定不再相同，这是瞬时平移与平移的根本差别。

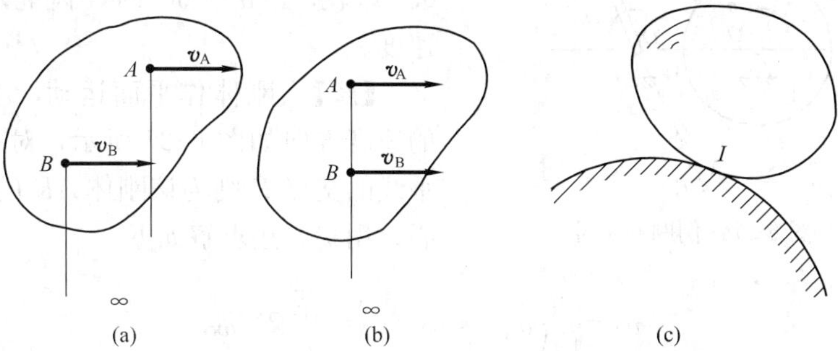

图 6-25

(4) 沿某一固定平面作只滚不滑运动的物体(又称作纯滚动)，如图 6-25(c)所示，则每一瞬时图形上与固定面的接触点 I 即为该物体的速度瞬心。

必须指出，速度瞬心在刚体上的位置不是固定的，而是随时间变化的。例如例题 6-7 所示的车轮，在不同的瞬时，轮缘上的点逐个相继与地面接触而成为各瞬时车轮的速度瞬心。由于速度瞬心的位置在不断变化，可见速度瞬心是有加速度的，否则，瞬心位置固定不变，那就与定轴转动毫无区别。同样，刚体作瞬时平移时，虽然各点速度相同，但各点的加速度是不同的。否则，刚体就是作平移。

【例题 6-8】 例题 6-5 椭圆规的机构，试用瞬心法求 $\varphi=30°$ 时滑块 B 和连杆中点 C 的速度。

【解】 对 $\boldsymbol{v}_A$ 与 $\boldsymbol{v}_B$ 垂线的交点 I 为该刚体 AB 的速度瞬心，如图 6-26 所示。由图中的几何关系有

$$v_A = IA \times \omega_{AB} = l\sin\varphi$$

故可求得连杆 AB 的角速度大小为：

$$\omega_{AB} = \frac{v_A}{l\sin\varphi} = \frac{20}{20\times0.5} = 2\text{rad/s}$$

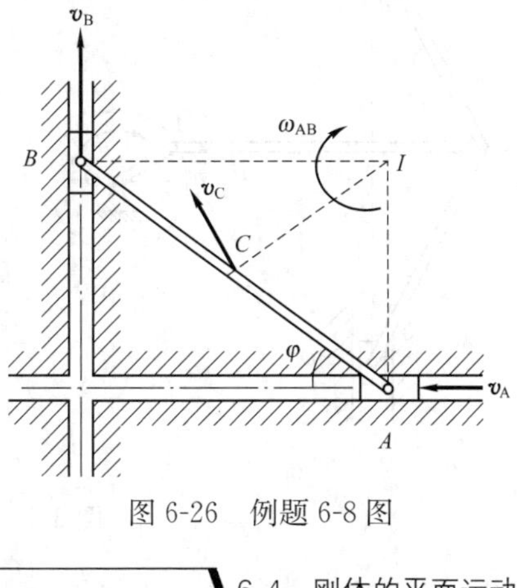

图 6-26 例题 6-8 图

当连杆的角速度 ω_{AB} 求得后，就可从瞬心 I 点去分析连杆上任意一点的速度 B 点或 C 点。

B 点速度：

$$v_B = l\cos\varphi \times \omega_{AB} = 20 \times \frac{\sqrt{3}}{2} \times 2 = 34.64\text{cm/s}$$

C 点速度：

$$v_C = CI \times \omega_{AB} = 10 \times 2 = 20\text{cm/s}$$

显然在求同一刚体上多点速度时，使用瞬心法求解将更加简便。

【例题 6-9】 伞齿轮刨床中，刨刀的运动传递机构如图 6-27 所示，曲柄 OA 绕 O 轴转动，通过齿条 AB 带动齿轮Ⅰ绕 O_1 轴摆动，曲柄 $OA=R$，以匀角速 ω_O 转动，齿轮Ⅰ半径 $O_1C=r=0.5R$，求当 $\alpha=60°$ 时，齿轮Ⅰ的角速度。

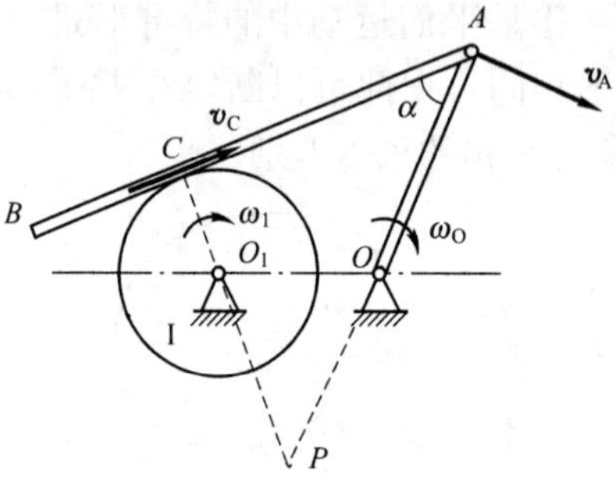

图 6-27　例题 6-9 图

【解】 刚体作平面运动，A、C 点的速度方向如图 6-27 所示，对 $\boldsymbol{v}_A$ 与 $\boldsymbol{v}_C$ 垂线的交点 P 则为该刚体 AB 的速度瞬心，用瞬心法求解如下：

$$v_C = \frac{PC}{PA} v_A = \sin\alpha \times v_A = \frac{\sqrt{3}}{2} R \times \omega_O$$

齿轮Ⅰ的角速度：$\omega_1 = \dfrac{v_C}{O_1C} = \sqrt{3}\omega_O$（顺时针）。

【例题 6-10】 曲柄肘杆式压床如图 6-28(a)所示。已知：曲柄 OA 长 $r=15$cm，转速 $n=400$r/min；连杆 AB 长 $l=76$cm，肘杆 CB 与连杆 BD 的长度均为 $b=53$cm。当曲柄与水平线夹角 $\varphi=30°$ 时，连杆 AB 处于水平位置，而肘杆 CB 与铅直线的夹角 $\theta=\varphi$，试求机构在图示位置时：(1)连杆 AB、BD 的角速度；(2)冲头 D 的速度。

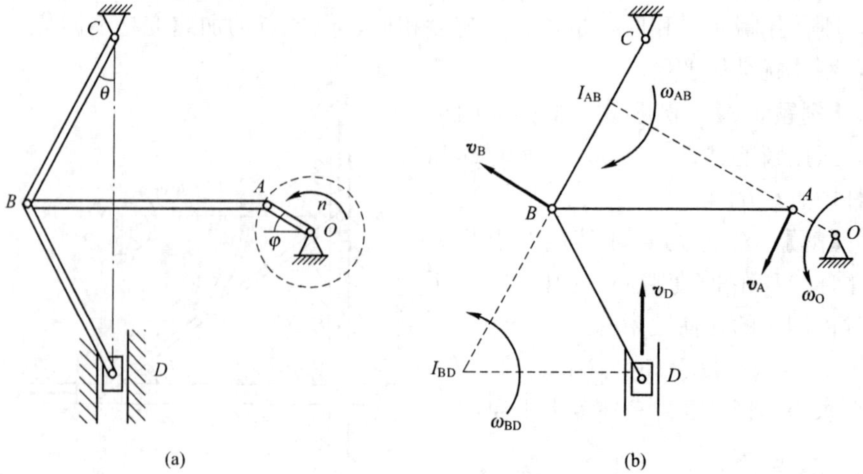

图 6-28　例题 6-10 图

【解】 曲柄OA和杆CB均作定轴转动，连杆AB和BD作平面运动。从运动已知的曲柄开始，依次分析各相邻杆件连接点的运动，并分别找出连杆AB和BD的速度瞬心，即可求得各杆的角速度和冲头D的速度。

先分析AB杆，即机构的$OABC$部分。因为OA杆和BC杆均作定轴转动，所以A、B两点的速度方位已知，通过A、B两点分别作$\boldsymbol{v}_A$、$\boldsymbol{v}_B$的垂线，由此找出AB杆的速度瞬心为I_{AB}。根据几何关系，连杆AB的角速度为：

$$\omega_{AB}=\frac{v_A}{\overline{I_{AB}A}}=\frac{v_A}{l\times\cos\varphi}$$

式中$v_A=\omega_O r=\frac{n\pi}{30}r=\frac{400\pi}{30}\times15=200\pi\quad cm/s$，代入得

$$\omega_{AB}=\frac{200\pi}{76\cos30^\circ}=9.55rad/s$$

其转向由$\boldsymbol{v}_A$的指向确定为顺时针，如图6-10所示。接着就可得B点速度的大小为：

$$v_B=\omega_{AB}\times\overline{I_{AB}B}=\omega_{AB}\times l\sin\varphi=9.55\times76\times\sin30^\circ=363cm/s$$

其方向如图所示。

再分析BD连杆。因B、D两点的速度方位均已知，由此找出BD杆的速度瞬心为I_{BD}。根据几何关系，连杆BD的角速度为：

$$\omega_{BD}=\frac{v_B}{\overline{I_{BD}B}}=\frac{v_B}{b}=\frac{363}{53}=6.85rad/s$$

其转向为逆时针，如题图示。最后可求得D点的速度大小为：

$$v_D=v_B=363cm/s$$

其方向为铅直向上。

根据以上的例题分析，现将求解平面机构(各构件在同一面内的机构)中各点速度的解题步骤大致归纳如下：

(1) 弄清题意，分析平面机构中各构件的运动情况。分清哪些刚体作平移？哪些刚体作定轴转动？哪些刚体作平面运动？

(2) 从运动已知的刚体开始进行分析，注意两刚体的连接点或接触点，通过研究这种点的运动，有助于去解决相邻刚体的运动。

(3) 用速度基点法或速度投影定理或速度瞬心法求解未知量。注意：在这些方法中速度基点法是最基本的方法；速度投影定理实质上是速度合成法的矢量表达式在平面运动图形上任意两点连线上的一个投影式；而速度瞬心法实质上是取平面图形上速度为零的一点作为基点的速度合成法。在应用速度基点法时，所作的速度平行四边形应注意动点的绝对速度必须是速度平行四边形的对角线；在应用速度投影定理时应注意所取的两点应在同一个平面图形上；在应用速度瞬心法时关键是在求出瞬心的位置。

6.4.3 平面图形上各点的加速度关系

平面图形在其所在平面内的运动可以看成随同基点A的平移和绕基点A的转动的合成，与平面图形上一点的速度分析法相似，图6-29上点的加速度可以

是随基点 A 的平移加速度和随同图形绕基上 A 的相对转动加速度矢量和。下面我们来分别进行分析和讨论。

平移加速度：因为运动是随同基点 A 的平移，所以 B 点的平移加速度等于基点 A 的加速度 $\boldsymbol{a}_A$，如图 6-29(a)所示。

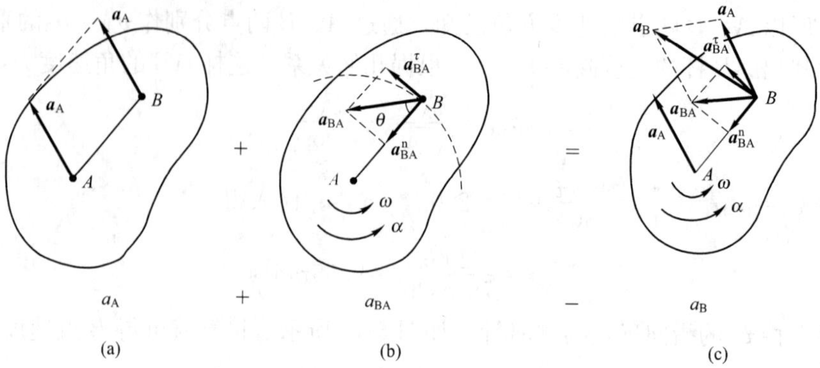

图 6-29

相对转动加速度：相对转动运动是 B 点相对于基点 A 的圆周运动，所以 B 点对 A 点的相对转动加速度 $\boldsymbol{a}_{BA}$ 由切向加速度 $\boldsymbol{a}_{BA}^{\tau}$ 与法向加速度 $\boldsymbol{a}_{BA}^{n}$ 两个分量组成(图 6-29b)，其中 $\boldsymbol{a}_{BA}^{\tau}$ 的大小为 $a_{BA}^{\tau}=AB\cdot\alpha$，方向垂直于连线 AB，指向由角加速度 θ 的转向来确定；$\boldsymbol{a}_{BA}^{n}$ 的大小为 $a_{BA}^{n}=AB\cdot\omega^2$，方向沿连线 AB 指向基点 A。这样，相对转动加速度的大小为：

$$a_{BA}=AB\sqrt{\omega^4+\alpha^2}$$

方向由相对转动加速度 $\boldsymbol{a}_{BA}$ 与 AB 连线的夹角 α 来决定，θ 角可以由下式求出：

$$\tan\theta=\frac{a_{BA}^{\tau}}{a_{BA}^{n}}=\frac{|\alpha|}{\omega^2}$$

在同一瞬时，对于图形上各点来说，θ 角是相同的。由 B 点加速度的合成定理可得：

$$\boldsymbol{a}_B=\boldsymbol{a}_A+\boldsymbol{a}_{BA}^{\tau}+\boldsymbol{a}_{BA}^{n} \tag{6-21}$$

即：平面图形上任一点的加速度等于基点的加速度与该点相对于基点作圆周运动的切向加速度和法向加速度的矢量和。

上式是一个平面矢量式，故在矢量所在平面内，可列写出两个独立的投影式，以求解两个加速度的未知量。

【例题 6-11】 类同例题 6-7，拖拉机后轮半径为 R 的车轮沿直线轨迹只滚不滑运动，如图 6-30(a)所示。已知某瞬时轮心的速度为 $\boldsymbol{v}_O$ 及加速度为 $\boldsymbol{a}_O$，试求该瞬时轮缘上 I 点的加速度。

【解】 车轮作平面运动，I 点为速度瞬心，即 $v_I=0$，因为 $\omega=\dfrac{v_O}{R}$ 在任何瞬时都成立，则

$$\alpha=\frac{d\omega}{dt}=\frac{1}{R}\times\frac{dv_O}{dt}=\frac{a_O}{R}$$

ω 与 α 的转向可由已知条件确定，如图 6-30(b)所示。

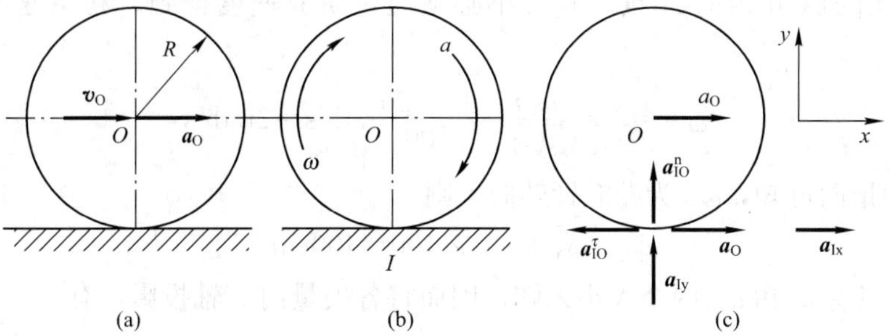

图 6-30 例题 6-11 图

轮心 O 的加速度已知，以 O 点为基点研究 I 点加速度如下：

$$a_I = a_O + a_{IO}^n + a_{IO}^\tau$$

式中 $a_{IO}^n = \omega^2 R = \dfrac{v_O^2}{R}$，$a_{IO}^\tau = \alpha R = a_O$，因为 $\boldsymbol{a}_I$ 的大小和方位均未知，故用两个分量 $\boldsymbol{a}_{Ix}$、$\boldsymbol{a}_{Iy}$ 表示，将这些矢量分别向 x、y 轴投影，有

$$a_{Ix} = a_O - a_{IO}^\tau = 0, \quad a_{Iy} = a_{IO}^n = \frac{v_O^2}{R}$$

可见，I 点在 x 方向加速度为零，但 y 方向加速度不为零，因此，尽管 I 点的速度为零，但其加速度 $\boldsymbol{a}_I$ 并不等于零，$a_I = a_{Iy} = \dfrac{v_O^2}{R}$，方向铅直向上。

【例题 6-12】 曲柄 OA 长 $r=20$cm，以匀角速度 $\omega_O=10$rad/s 绕 O 轴转动；此曲柄通过长 $l=100$cm 连杆 AB 使滑块 B 沿铅垂滑槽运动，如图 6-31(a)所示。试求曲柄与连杆相互垂直并与水平线呈 $\varphi=45°$ 瞬时：(1)连杆的角加速度；(2)滑块 B 的加速度。

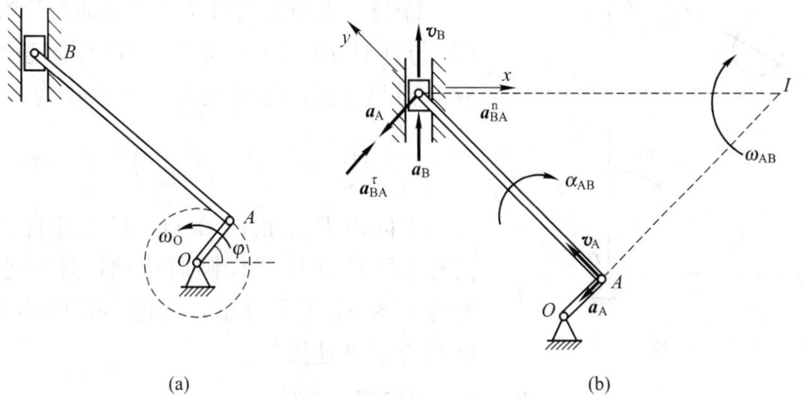

图 6-31 例题 6-12 图

【解】 连杆 AB 作平面运动，选 A 为基点来研究 B 点，则 B 点的加速度为：

$$\boldsymbol{a}_B = \boldsymbol{a}_A + \boldsymbol{a}_{BA}^\tau + \boldsymbol{a}_{BA}^n$$

式中 $\boldsymbol{a}_B$ 的方位沿滑槽的中心线，其指向假设向上(可随意假设，本题参照速度的指向假设，这样容易得出点是作加速运动还是作减速运动)，大小未知；$\boldsymbol{a}_A$ 的大小与方位均已知；$\boldsymbol{a}_{BA}^\tau$ 的方位垂直于 AB，指向如图 6-31(b)；$\boldsymbol{a}_{BA}^n$

的方向沿 BA 并指向 A 点，其大小必须通过研究速度得到。利用速度瞬心法，有

$$\omega_{\mathrm{AB}}=\frac{v_{\mathrm{A}}}{IA}=\frac{\omega_{\mathrm{O}} r}{AB}=\frac{10\times20}{100}\mathrm{rad/s}=2\mathrm{rad/s}$$

由 $\boldsymbol{v}_{\mathrm{A}}$的指向可知，$\omega_{\mathrm{AB}}$为顺时针转向，则

$$a_{\mathrm{BA}}^{\mathrm{n}}=\omega_{\mathrm{AB}}^{2}l=2^{2}\times100=400\mathrm{cm/s^{2}}$$

这样，只有 $\boldsymbol{a}_{\mathrm{B}}$和 $\boldsymbol{a}_{\mathrm{BA}}^{\tau}$两个大小未知，因而将各矢量向 x 轴投影，有

$$0=-a_{\mathrm{A}}\sin\varphi+a_{\mathrm{BA}}^{\tau}\sin\varphi+a_{\mathrm{BA}}^{\mathrm{n}}\cos\varphi$$

得

$$a_{\mathrm{BA}}^{\tau}=\frac{a_{\mathrm{A}}\sin\varphi-a_{\mathrm{BA}}^{\mathrm{n}}\cos\varphi}{\sin\varphi}=\frac{2000\sin45^{\circ}-400\cos45^{\circ}}{\sin45^{\circ}}=1600\mathrm{cm/s^{2}}$$

由此得连杆 AB 的角加速度的大小为：

$$\alpha_{\mathrm{AB}}=\frac{a_{\mathrm{BA}}^{\tau}}{l}=\frac{1600}{100}=16\mathrm{rad/s^{2}}$$

根据 $\boldsymbol{a}_{\mathrm{BA}}^{\tau}$的指向可知 α_{AB}为顺时针转向。再将各矢量向 y 轴投影，有

$$a_{\mathrm{B}}\sin\varphi=-a_{\mathrm{BA}}^{\mathrm{n}}$$

得

$$a_{\mathrm{B}}=-\frac{a_{\mathrm{BA}}^{\mathrm{n}}}{\sin\varphi}=-\frac{400}{\sin45^{\circ}}=-565.7\mathrm{cm/s^{2}}$$，其负号表示 $\boldsymbol{a}_{\mathrm{B}}$实际指向向下，与假设的反向。

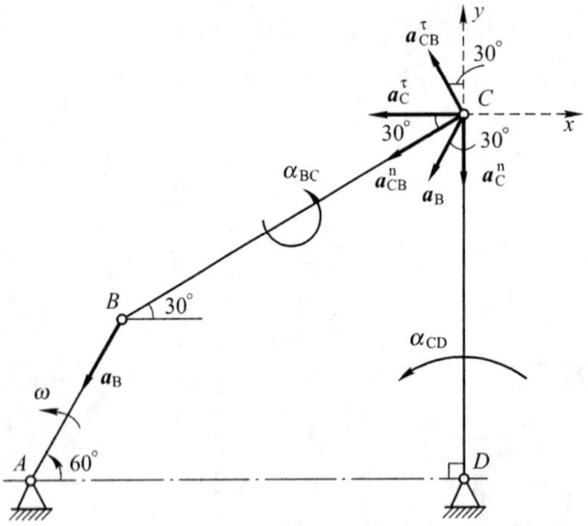

图 6-32 例题 6-13 图

【例题 6-13】 求例题 6-6 中曲柄摇杆机构在图 6-32 所示位置时连杆 BC 的角加速度 α_{BC} 及摇杆 CD 的角加速度 α_{CD}。

【解】 先研究连杆 BC 的运动，B 为曲柄 AB 与连杆 BC 的连接点，AB 作匀速转动，故 B 点只有法向加速度 a_{B}，其大小为：

$$a_{\mathrm{B}}=AB\times\omega^{2}=20\times\left(\frac{50\pi}{30}\right)^{2}=548\mathrm{cm/s^{2}}$$

方向由 B 点指向 A 点。C 为连杆 BC 与摇杆 CD 的连接点作圆周运动，其加速度一般有 $\boldsymbol{a}_{\mathrm{C}}^{\tau}$和 $\boldsymbol{a}_{\mathrm{C}}^{\mathrm{n}}$两个分量，因此，若取 B 基点，则 C 点的加速度为：

$$\boldsymbol{a}_{\mathrm{C}}^{\tau}+\boldsymbol{a}_{\mathrm{C}}^{\mathrm{n}}=\boldsymbol{a}_{\mathrm{B}}+\boldsymbol{a}_{\mathrm{CB}}^{\mathrm{n}}+\boldsymbol{a}_{\mathrm{CB}}^{\tau} \quad \text{(a)}$$

式中所有加速度的方位都是已知的，除 $\boldsymbol{a}_{\mathrm{C}}^{\tau}$及 $\boldsymbol{a}_{\mathrm{CB}}^{\tau}$的指向待定外，其余的指向也都已知；$\boldsymbol{a}_{\mathrm{B}}$ 的大小已求出，而 $\boldsymbol{a}_{\mathrm{C}}^{\mathrm{n}}$和 $\boldsymbol{a}_{\mathrm{CB}}^{\mathrm{n}}$的大小可通过 ω_{CD}和 ω_{BC}。来确定，因此只有 $\boldsymbol{a}_{\mathrm{C}}^{\tau}$及 $\boldsymbol{a}_{\mathrm{CB}}^{\tau}$的大小两个未知量，可由方程式(a)解出。

因从例题 6-6 中已求得：$\omega_{\mathrm{CD}}=1.34(\mathrm{rad/s})$和 $\omega_{\mathrm{BC}}=1.51\mathrm{rad/s}$，所以

$$a_{\mathrm{CB}}^{\mathrm{n}}=BC\times\omega_{\mathrm{BC}}^{2}=45.4\times1.34^{2}=80.4\mathrm{cm/s^{2}}$$

$$a_{\mathrm{C}}^{\mathrm{n}}=CD\times\omega_{\mathrm{CD}}^{2}=40\times1.51^{2}=91.2\mathrm{cm/s^{2}}$$

现在用解析法求 $\boldsymbol{a}_C^\tau$ 和 $\boldsymbol{a}_{CB}^\tau$ 的大小，为此先假设 $\boldsymbol{a}_C^\tau$ 和 $\boldsymbol{a}_{CB}^\tau$ 的指向，加速度矢量图如图 6-32 所示。把加速度矢量方程式(a)投影到 y 上，可得

$$-a_C^n = -a_B\cos30° + a_{CB}^\tau\cos30° - a_{CB}^n\sin30°$$

于是

$$a_{CB}^\tau = a_B - \frac{a_C^n - a_{CB}^n\sin30°}{\cos30°} = 548 - \frac{91.2 - 80.4\times0.5}{0.866} = 489\text{cm/s}^2$$

同理，把矢量方程式(a)投影到 x 轴上，可得

$$-a_C^\tau = -a_B\sin30° - a_{CB}^\tau\sin30° - a_{CB}^n\cos30°$$

于是

$a_C^\tau = (a_B + a_{CB}^\tau)\sin30° + a_{CB}^n\cos30° = (548+489)\times0.5 + 80.4\times0.866 =$ 588cm/s^2

所求得的 a_C^τ 和 a_{CB}^τ 都是正值，说明图上假设的指向是对的。

在求出 a_C^τ 和 a_{CB}^τ 后，进一步可求得：

$$\alpha_{BC} = \frac{a_{CB}^\tau}{BC} = \frac{489}{45.4} = 10.8\text{rad/s}^2,\quad \alpha_{CD} = \frac{a_C^\tau}{CD} = \frac{588}{40} = 14.7\text{rad/s}^2$$

它们都是逆时针转向。

从以上例题可以看出：平面运动刚体上各点的加速度分析的步骤与速度分析的基点法基本相似。只是在分析加速度之前，应首先分析有关点的速度和有关构件的角速度，以便求出有关点的法向加速度。然后对应速度矢量图作出加速度矢量图。最后通过矢量方程的解析投影式求解未知量。

小结及学习指导

本章研究刚体的基本运动即刚体的平移和定轴转动的过程，既研究了它们整体的运动，也研究了其中各点的运动。同时本章从刚体平面运动的定义出发，讨论了刚体作平面运动的研究方法，即如何将刚体的平面运动简化为平面图形的运动，进而将平面图形的运动分解为随同基点的平移和绕基点的转动；还着重分析了平面图形上各点的速度和加速度。

1. 刚体作定轴转动时，刚体内(或其延展部分)有一直线始终保持不动。刚体内除转动轴上的点以外，各点都在垂直于转动轴的平面内作圆周运动。刚体在每一瞬时的位置可根据转动方程 $\varphi = f(t)$ 来确定。转动的角速度 $\omega = \frac{d\phi}{dt}$，角加速度 $\alpha = \frac{d\omega}{dt}$。应该注意 φ、ω、α 是描述刚体的整体运动的物理量，在学习时，应把这些量与整个刚体的运动联系起来。转动刚体内任一点的运动与刚体整体的运动有着紧密的联系，但应分清描述刚体运动的物理量是 φ、ω、α，而描述点的运动的物理量是点的弧坐标 S、速度 $\boldsymbol{v}$、加速度 $\boldsymbol{a}$。刚体内任一点速度的代数值以及加速度在轨迹切线上和主法线上的投影分别由下式决定：

$$v = \rho\omega,\quad a_\tau = \rho\alpha,\quad a_\tau = \rho\omega^2$$

式中 ρ 为刚体内所研究的点到转动轴的垂直距离。速度 v 的方向沿该点

圆周的切线，顺着ω的转向指向前方；切向加速度$\boldsymbol{a}_\tau$的方向沿该点圆周的切线，顺着α的转向指向前方；法向加速度$\boldsymbol{a}_n$的方向始终指向该点圆周的中心。

转动刚体内任一点的速度$\boldsymbol{v}$、切向加速度$\boldsymbol{a}_\tau$和法向加速度$\boldsymbol{a}_n$可用矢积表示如下：

$$\boldsymbol{v}=\boldsymbol{\omega}\times\boldsymbol{r},\quad \boldsymbol{a}_\tau=\boldsymbol{\alpha}\times\boldsymbol{r},\quad \boldsymbol{a}_n=\boldsymbol{\omega}\times\boldsymbol{v}$$

其中角速度$\boldsymbol{\omega}$、角加速度$\boldsymbol{\alpha}$矢量沿着转动轴，指向按右手法则确定，起点可以在转动轴上的任意点。$\boldsymbol{r}$为从转动轴上的任意点到所研究的点所作的矢径。

2. 对刚体基本运动题求解时，首先要搞清机构中各刚体的运动情况，如刚体作平移时，刚体上各点不仅轨迹形状相同，且同一瞬时各点的速度和加速度也相同。如刚体作定轴转动时，当已知转动规律求整个刚体转动的角速度ω，角加速度α及转动刚体上任一点的速度v及加速度a，则只需将转动方程对时间t求导，当已知ω、α或a_n、a_τ、ρ求转动方程，则应按初始条件进行积分的求解。如平移与定轴转动互相转换或一个物体的定轴转动转换为另一个物体的定轴转动，应根据主动件与从动件在连接点无相对滑动或两个物体在连接点处的速度与切向加速度相等的条件，求出从动件的运动规律。

3. 本章又讨论了刚体作平面运动的研究方法，即如何将刚体的平面运动简化为平面图形的运动，进而将平面图形的运动分解为随同基点的平移和绕基点的相对转动；还着重分析了平面图形上各点的速度和加速度。

4. 平面图形随基点移动的速度和加速度与基点的选择有关，而图形绕基点转动的角速度和角加速度则与基点的选择无关。

5. 在分析平面图形上各点的速度时，最基本的方法是速度基点法，而速度投影定理和速度瞬心法均由速度合成法的矢量表达式导出。但在具体应用时通常用速度瞬心法。

6. 平面图形在每一瞬时速度瞬心的位置应根据题设条件来确定，而不可以任选一点作为速度瞬心。在求得某一瞬时平面图形的速度瞬心的位置后，则在该瞬时平面图形上各点的速度就等于平面图形绕速度瞬心转动各点相对于速度瞬心的相对速度。但应注意平面图形的速度瞬心的加速度一般都不等于零，因此速度瞬心一般不是加速度瞬心。

7. 在分析平面机构时，应注意在每一瞬时，每个构件都有它自己的速度瞬心和角速度，决不能相互混淆。切莫用某一平面图形的速度瞬心和角速度来求另一平面图形上任一点的速度。

8. 平面图形上任一点的加速度，可应用加速度基点法求解。在求解时一般总是选取加速度已知的点作为基点，由于速度瞬心的加速度一般不等于零，所以往往不以速度瞬心为基点来求平面图形上其他各点的加速度。

9. 刚体的平面运动在解题中作运动分析时应着重注意以下几个问题：

(1) 速度的分析中基点法是基本方法，可求出刚体转动的角速度与任一点的速度，它的矢量式是：$\boldsymbol{v}_B=\boldsymbol{v}_A+\boldsymbol{v}_{AB}$，但有时运算较繁。瞬心法是较常用方法，它可求出上述结果，但必需是求瞬心的几何关系与瞬心到所分析点的几何尺寸易于求得，才较方便。速度投影定理用于研究点的速度方向已知时，而仅求速度大小时较为方便，但不能求得刚体的角速度，它的表达式是：$(\boldsymbol{v}_B)_{AB}=(\boldsymbol{v}_A)_{BA}$。因此解题时应灵活应用。

(2) 加速度的分析。由于难以预先找到加速度为零的一点来取为基点，所以通常就用基点法求解加速度，它的矢量式是：$\boldsymbol{a}_A^n+\boldsymbol{a}_A^\tau=\boldsymbol{a}_B^\tau+\boldsymbol{a}_B^n+\boldsymbol{a}_{AB}^n+\boldsymbol{a}_{AB}^\tau$。

(3) 在解题过程中，首先对运动已知的刚体进行分析，选已知点作为基点，按速度基点法列出它的速度矢量图，再按速度矢量图作对应加速度矢量图，如某项运动是转动的，其切向加速度方向同速度方向，法向加速度方向应与切向垂直，并指向转动中心。当矢量图是一个平面矢量图时，对应的矢量等式只能求解两个未知量，且通常是选用合矢量投影定理进行速度、加速度的具体计算时，如某个矢量的大小、方向全是未知时，可利用正交的矢量投影定理来求得该矢量的投影值，然后按正交合成方法求得其合矢量值。求出刚体上一点的速度和加速度，同时可求出此刚体转动的角速度和角加速度，依此类推，求出后继第二个刚体的运动，直到求得题意需求的结果。

思考题

6-1 作直线移动的刚体，其上各点的速度与加速度都相等；而作曲线移动的刚体，其上各点的速度相等，但加速度不等。这种说法对吗？

6-2 画出图 6-33 所示 M 点的速度和加速度。

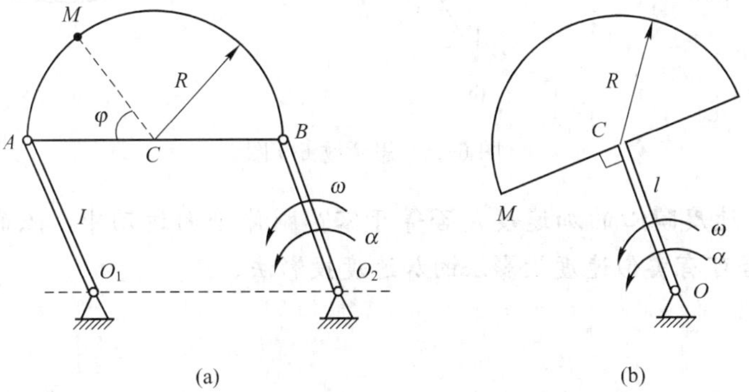

图 6-33 思考题 6-2 图

6-3 刚体绕定轴转动时，角加速度为正，表示加速转动；角加速度为负，表示减速转动。这种说法对吗？为什么？

6-4 如图 6-34 所示为一外啮合的齿轮，其啮合点分别为 A 和 B。请判别下列运算是否正确？为什么？

$$\boldsymbol{v}_A=\boldsymbol{v}_B，所以\frac{dv_A}{dt}=\frac{dv_B}{dt}，则\ \boldsymbol{a}_A=\boldsymbol{a}_B。$$

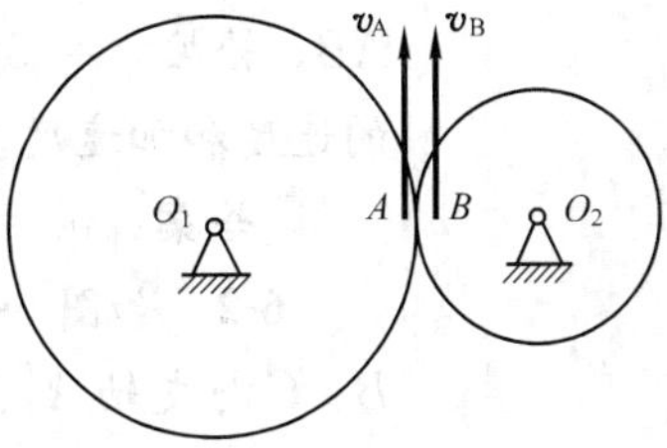

图 6-34 思考题 6-4 图

6-5　什么称为刚体平面运动？怎样将刚体平面运动分为平移和转动？

6-6　确定平面运动刚体的位置，至少需要哪几个独立运动参变量？

6-7　为什么平面运动刚体的角速度和角加速度与基点的选择无关？

6-8　设$\boldsymbol{v}_A$和$\boldsymbol{v}_B$是平面图形内的两点速度，试判别图 6-35 所示的四种情况中哪一种是可能的？

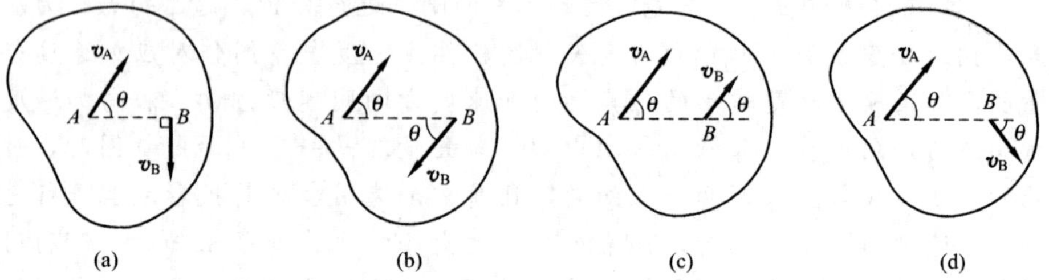

图 6-35　思考题 6-8 图

6-9　轮O沿固定面作无滑动的滚动，其ω、α如图 6-36 所示。试计算下列三种情况中轮心O的加速度。

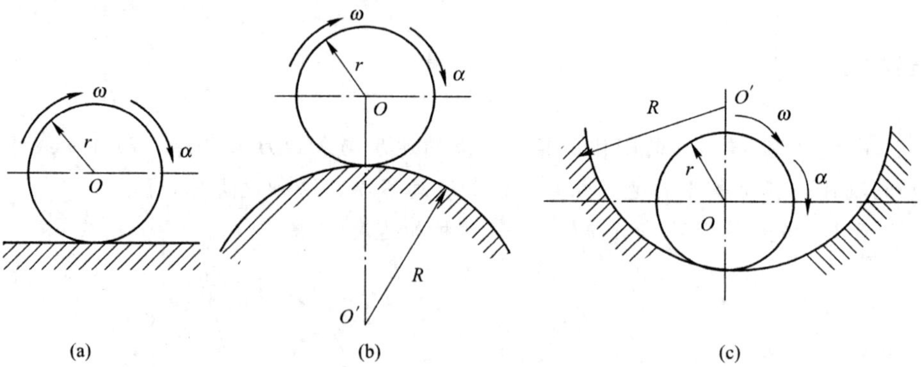

图 6-36　思考题 6-9 图

6-10　速度瞬心的加速度是否等于零？刚体平面运动中，点的加速度求解时，是否可有类似速度投影法的加速度投影法。

习题

6-1　机构如图 6-37 所示，已知：$O_1A=O_2B=AM=r=0.2\text{m}$，$O_1O_2=AB$。轮按$\varphi=15\pi t$（$\varphi$以 rad 计）的规律转动，试求$t=0.5\text{s}$时，$AB$杆上$M$点的速度和加速度。

［**答案**：$v_M=9.42\text{m/s}$，$a_M=444.1\text{m/s}^2$］

6-2　如图 6-38 所示，揉茶机的揉桶由三根曲柄支持，曲柄的转动轴A、B、C与支轴A'、B'、C'恰成等边三角形。已知：曲柄均长$l=15\text{cm}$，并均以匀转速$n=45\text{r/min}$转动。试求揉桶中心O点的速度和加速度。

［**答案**：$v_O=70.69\text{cm/s}$，$a_O=333.1\text{cm/s}^2$］

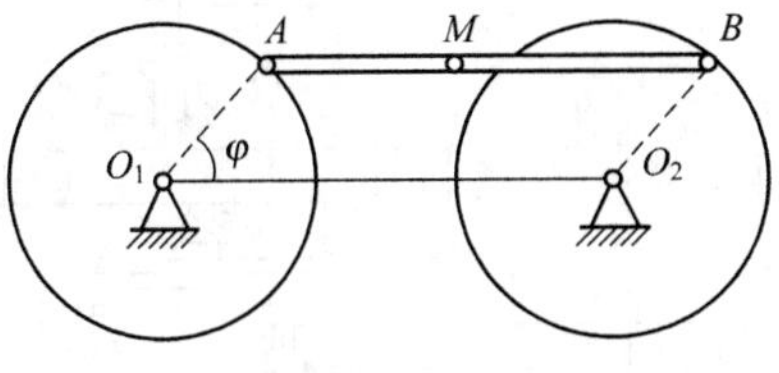

图 6-37　习题 6-1 图

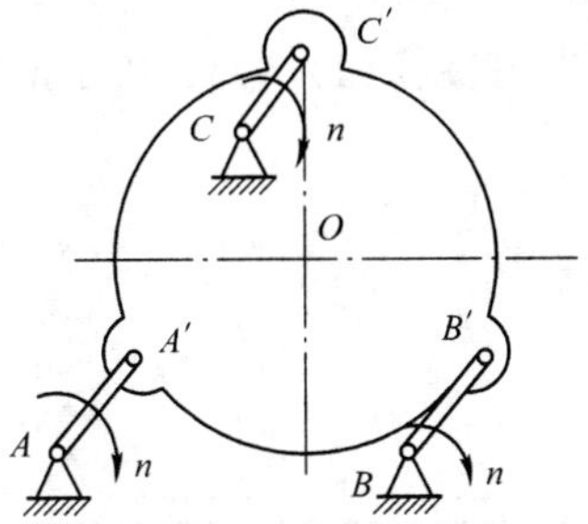

图 6-38　习题 6-2 图

6-3　飞轮由静止开始作匀加速转动，在 $t_1=10\text{min}$ 时其转速达到 $n_1=120\text{r/min}$，并以此转速转动 t_2 时间后，再作匀减速转动，经 $t_3=6\text{min}$ 后停止，飞轮总共转过 $n=3600\text{r/min}$。试求其转动的总时间。

［**答案**：$t=38\text{min}$］

6-4　如图 6-39 所示，钢材放在滚子式传送带上运输，滚子直径均为 20cm，由电机驱动。若要使钢材在半分钟内匀速移动 50m，滚子转速应为多少？设钢材与滚子之间无相对滑动。

［**答案**：$n=159\text{r/min}$］

6-5　圆盘给矿料机如图 6-40 所示，已知电动机转速为 $n=690\text{r/min}$，减速器传动比为 32，固定在减速器输出轴在圆盘上的齿轮齿数为 $Z_1=80$。求给料圆盘的转速。

［**答案**：$n_2=7.5\text{r/min}$］

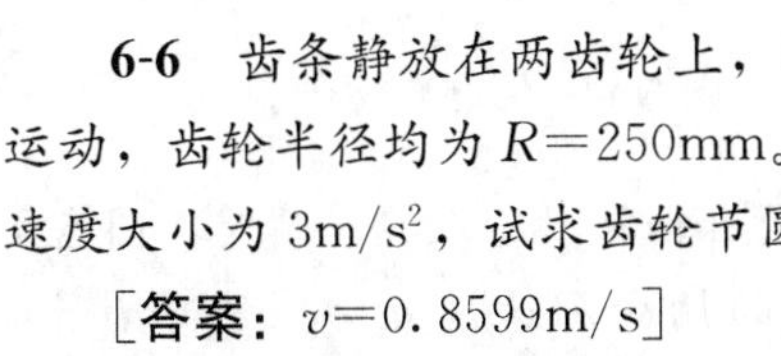

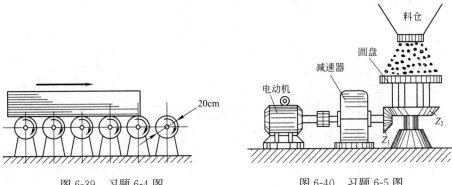

图 6-39　习题 6-4 图

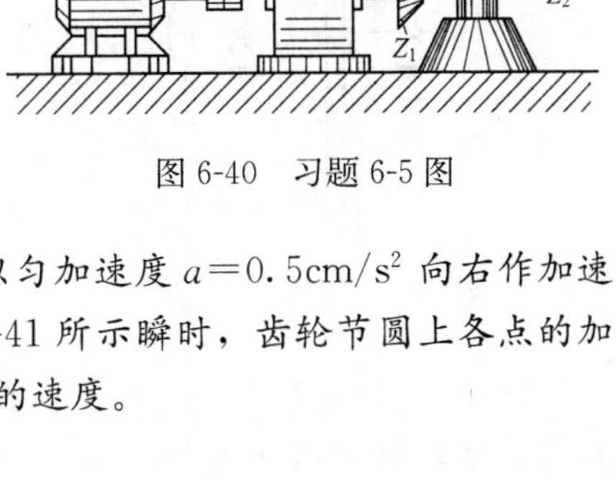

图 6-40　习题 6-5 图

6-6　齿条静放在两齿轮上，现齿条以匀加速度 $a=0.5\text{cm/s}^2$ 向右作加速运动，齿轮半径均为 $R=250\text{mm}$。在图 6-41 所示瞬时，齿轮节圆上各点的加速度大小为 3m/s^2，试求齿轮节圆上各点的速度。

［**答案**：$v=0.8599\text{m/s}$］

6-7　摩擦轮无级变速机构如图 6-42 所示。已知：轮Ⅰ输入转数 $n_1=600\text{r/min}$，$r_1=15\text{cm}$，$r_2=10\text{cm}$。试求：(1)摩擦轮Ⅰ与导轮接触点 A 的速度；(2)摩擦轮Ⅱ的转速；(3)欲使 $n_2=150\text{r/min}$，怎样调节导轮的

位置。

[答案：(1)v_A=942.5cm/s；(2)n_2=900r/min；(3)r_1'=5cm，r_2'=20cm]

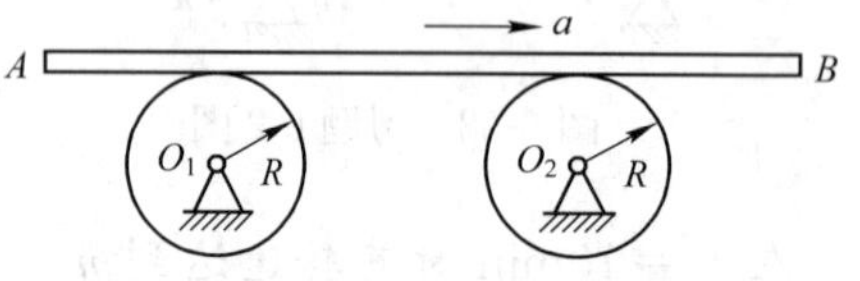

图6-41　习题6-6图

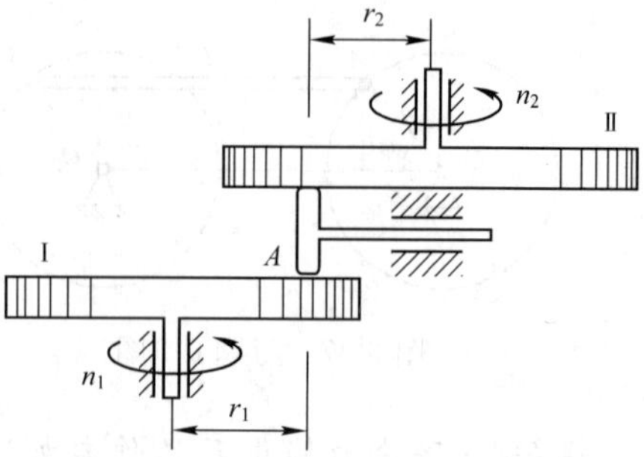

图6-42　习题6-7图

6-8　千斤顶机构如图6-43所示。已知：把柄A与齿轮1固结，转速为30r/min，齿轮1～4齿数分别为$z_1=6$，$z_2=24$，$z_3=8$，$z_4=32$；齿轮5的半径为r_5=4cm。试求齿条B的速度。

[答案：v_B=0.785cm/s]

6-9　如图6-44所示，摩擦传动机构的主动轴Ⅰ的转速为n=600r/min。轴Ⅰ的轮盘与轴Ⅱ的轮盘接触，接触点按箭头A所示方向。已知：r=5cm，R=15cm，距离d的变化规律为$d=10-0.5t$，式中d以cm计，t以s计。试求：(1)以距离d表示轴Ⅱ的角加速度；(2)当$d=r$时，轮B边缘上一点的全加速度大小。

[答案：(1)$\alpha_2=\dfrac{50\pi}{d^2}$rad/s²；(2)$a$=59217.7cm/s²]

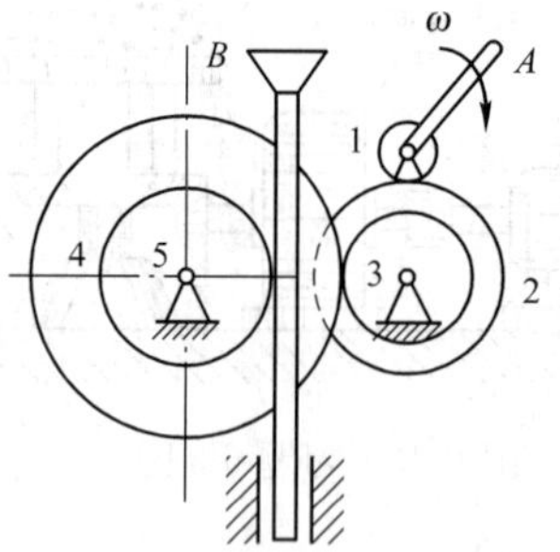

图6-43　习题6-8图

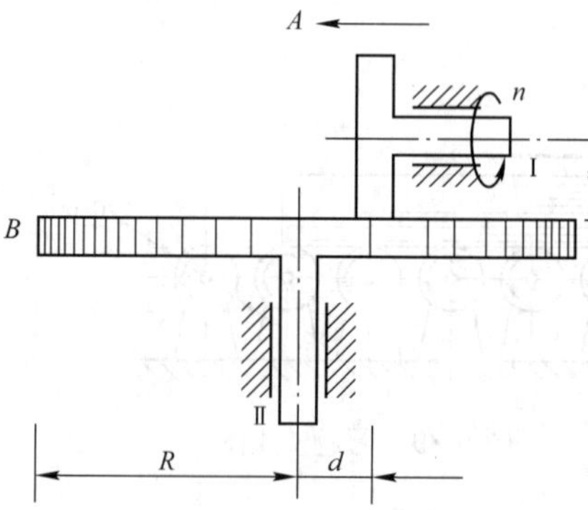

图6-44　习题6-9图

6-10　如图6-45所示，水平圆盘绕竖直的z轴转动。在某一瞬时，圆盘上B点的速度$\boldsymbol{v}_B=0.4\boldsymbol{i}$(m/s)，其上另一点A的切向加速度$\boldsymbol{a}_\tau=1.8\boldsymbol{j}$(m/s²)，$OB=r$=100mm，$OA=R$=150mm。试求该瞬时圆盘的角速度$\boldsymbol{\omega}$和B点的全加速度$\boldsymbol{a}_B$的矢量表示式。

[答案：$\boldsymbol{\omega}=-4\boldsymbol{k}$rad/s，$\boldsymbol{a}_B=-1.2\boldsymbol{i}-1.6\boldsymbol{j}$m/s²]

6-11 轮Ⅰ、Ⅱ的半径分别为 $r_1=15\text{cm}$，$r_2=20\text{cm}$，铰接于杆 AB 两端。两轮在半径 $R=45\text{cm}$ 的曲面上运动，在图 6-46 所示瞬时，A 点的加速度 $a_A=120\text{cm/s}^2$，并与 OA 线呈 $\varphi=60°$ 角。试求：(1) AB 杆的角速度与角加速度；(2) B 点的加速度。

［**答案**：(1) $\omega=1\text{rad/s}$，$\alpha=1.73\text{rad/s}^2$；(2) $a_B=130\text{cm/s}^2$］

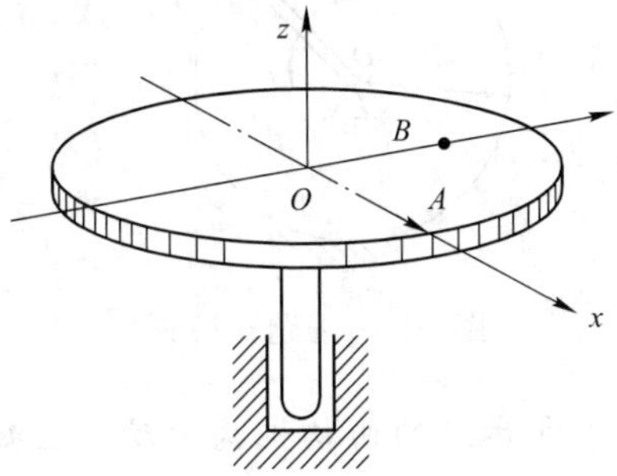

图 6-45　习题 6-10 图

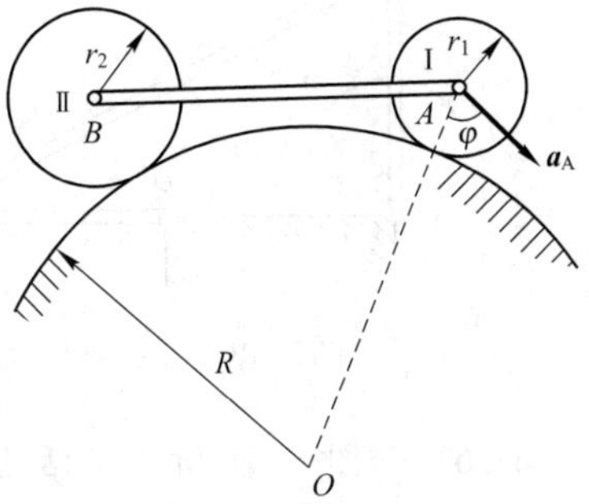

图 6-46　习题 6-11 图

6-12 滑轮提升装置如图 6-47 所示。已知：$v_A=0.4\text{m/s}$，$v_B=0.2\text{m/s}$，$R=20\text{cm}$。试求轮心 O 的角速度及物 M 的速度。

［**答案**：$\omega=0.5\text{rad/s}$，$v_M=30\text{cm/s}$］

6-13 曲柄连杆机构如图 6-48 所示。已知：曲柄 OA 长 $r=40\text{cm}$，连杆 AB 长 $l=100\text{cm}$，$n=180\text{r/min}$。试求 $\theta=0°$ 及 $\theta=90°$ 时，连杆的角速度及其中点 M 的速度。

［**答案**：$\theta=0°$ 时，$\omega_{AB}=7.54\text{rad/s}$，$v_M=377\text{cm/s}$；$\theta=90°$ 时，$\omega_{AB}=0$，$v_M=754\text{cm/s}$］

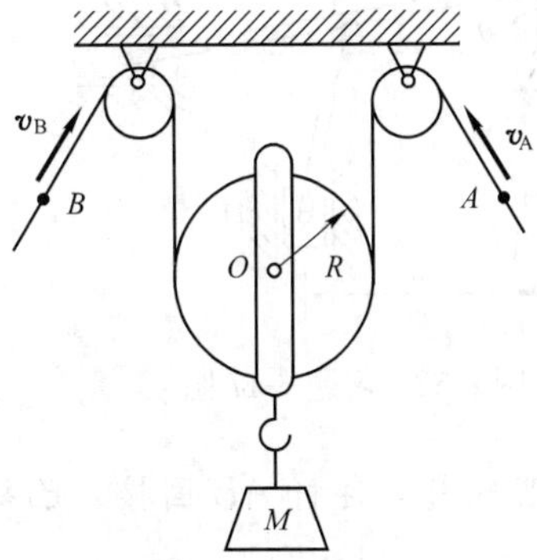

图 6-47　习题 6-12 图

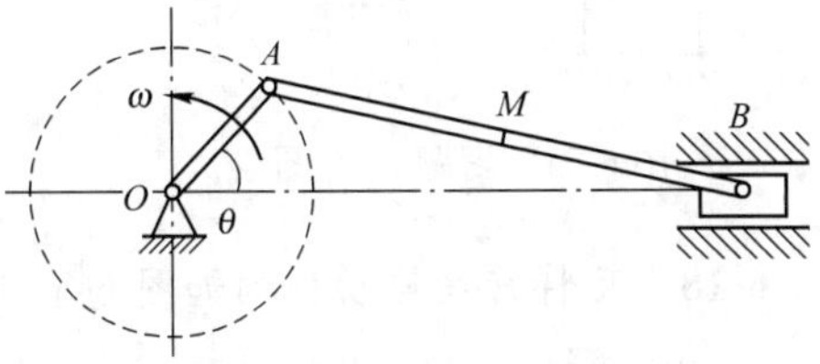

图 6-48　习题 6-13 图

6-14 四连杆机构如图 6-49 所示。已知：OA、O_1B 长度均为 r，连杆 AB 长 $2r$，曲柄 OA 的角速度 $\omega=3\text{rad/s}$，试求当 $\varphi=90°$、O_1B 位于 O_1O 的延长线上时，连杆 AB 和曲柄 O_1B 的角速度。

［**答案**：$\omega_{AB}=3\text{rad/s}$，$\omega_{O_1B}=5.2\text{rad/s}$］

6-15 行星轮机构如图 6-50 所示。已知：曲柄 OA 的匀角速度 $\omega=$

2.5rad/s，行星轮Ⅰ在定齿轮上作纯滚动，$r_1=5$cm，$r_2=15$cm。试求行星轮Ⅰ上B、C、D、$E(CE\perp BD)$各点的速度。

［**答案**：$v_B=0$，$v_C=v_E=70.7$cm/s，$v_D=100$cm/s］

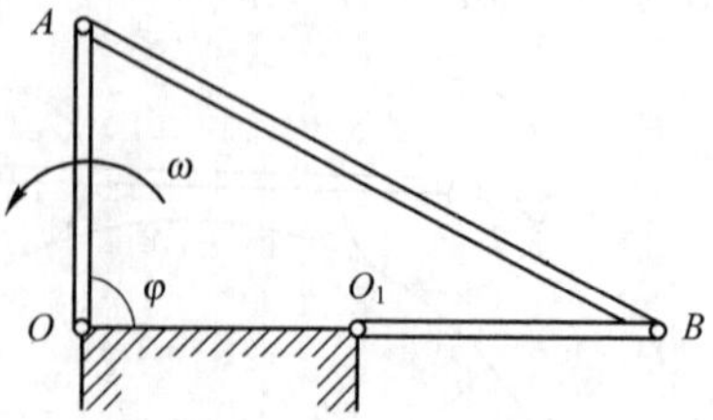

图6-49　习题6-14图

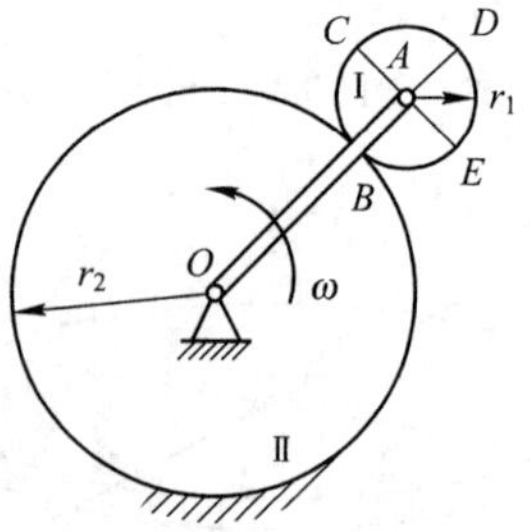

图6-50　习题6-15图

6-16　如图6-51所示，活塞由具有齿条和齿扇的曲柄机构带动，已知：曲柄OA长$r=10$cm。试求$\varphi=30°$，$\theta=2\varphi$，$\omega=2$rad/s时活塞的速度。

［**答案**：$v=34.64$cm/s］

6-17　机构如图6-52所示。已知：曲柄的匀角速度$\omega=20$rad/s，长$OA=40$cm，连杆AB长$l=40\sqrt{37}$cm，C为连杆的中点，$b=120$cm。试求当曲柄OA在两铅直位置与两水平位置时，滑块D的速度。

［**答案**：(1)$\theta=0°$或$180°$，$v_D=400$cm/s；(2)$\theta=90°$或$270°$，$v_D=0$］

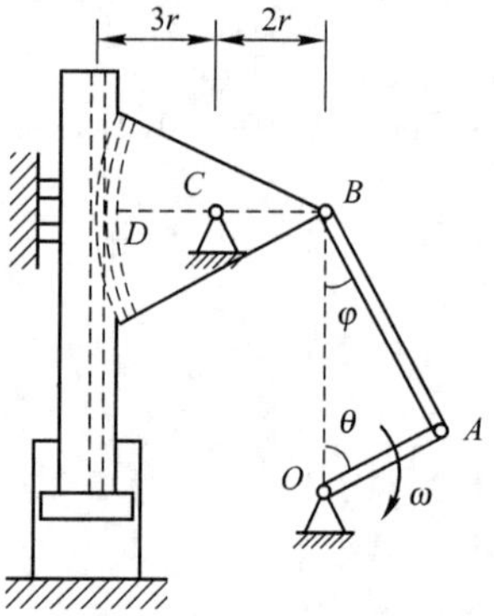

图6-51　习题6-16图

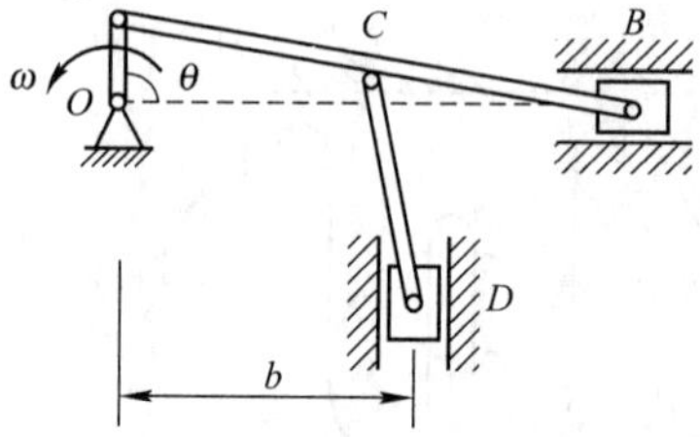

图6-52　习题6-17图

6-18　瓦特行星传动机构如图6-53所示。齿轮Ⅱ与连杆AB固接。已知：$r_1=r_2=30\sqrt{3}$cm，OA长$r=75$cm，AB长$l=150$cm。试求$\varphi=60°$，$\theta=90°$，$\omega_O=6$rad/s时，曲柄O_1B及齿轮Ⅰ的角速度。

［**答案**：$\omega_{O_1B}=3.75$rad/s，$\omega_1=6$rad/s］

6-19　土石破碎机构如图6-54所示。已知：曲柄O_1A的匀角速度$\omega=5$rad/s，$b=200$mm。试求当O_1A与O_2B位于水平、$\theta=30°$、$\varphi=90°$瞬时，钢板CD的角速度。

［**答案**：$\omega_{CD}=1.25$rad/s］

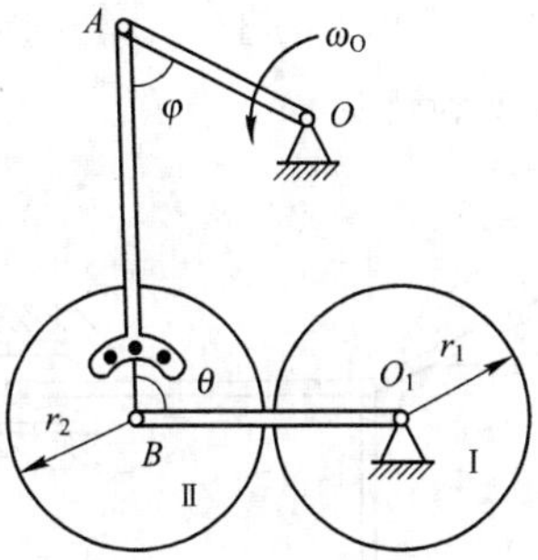

图 6-53　习题 6-18 图

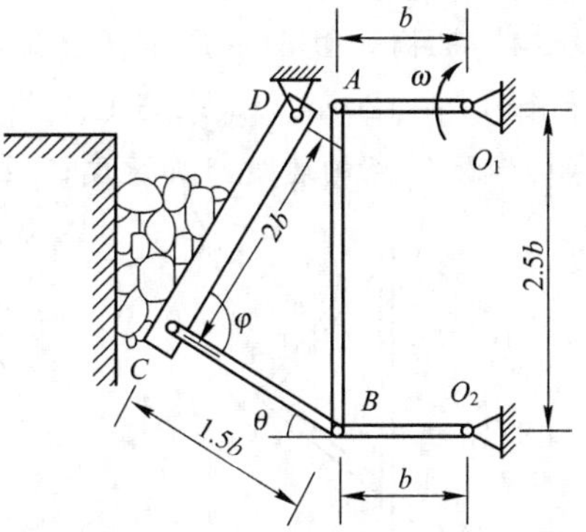

图 6-54　习题 6-19 图

6-20　机构如图 6-55 所示。已知：O_2B 长为 b，O_1A 长为$\sqrt{3}b$。试求当杆 O_1A 竖直、杆 AC 和 O_2B 水平、$\theta=30°$，杆 O_1A 与杆 O_2B 的角速度分别为 ω_1 和 ω_2 时，C 点的速度大小。

［**答案**：$v_C=b\sqrt{4\omega_1^2+\omega_2^2+2\omega_1\omega_2}$］

6-21　在图 6-56 所示行星齿轮机构中，齿轮半径均为 $r=12\text{cm}$。试求当杆 OA 的角速度 $\omega=2\text{rad/s}$、角加速度 $\alpha=8\text{rad/s}^2$ 时，齿轮Ⅰ上 B 和 C 两点的加速度。

［**答案**：$a_B=96\text{cm/s}^2$，$a_C=480\text{cm/s}^2$］

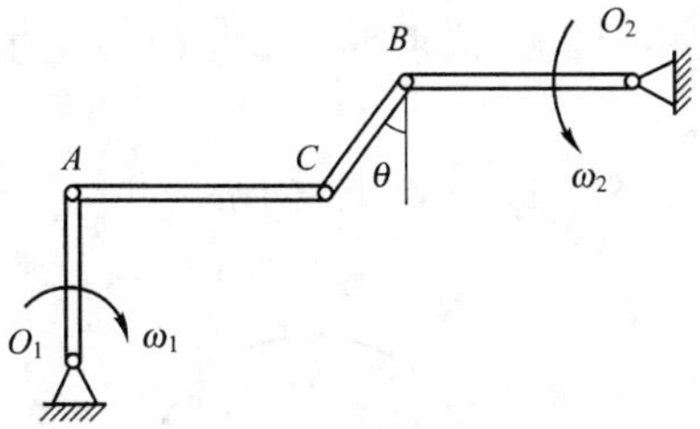

图 6-55　习题 6-20 图

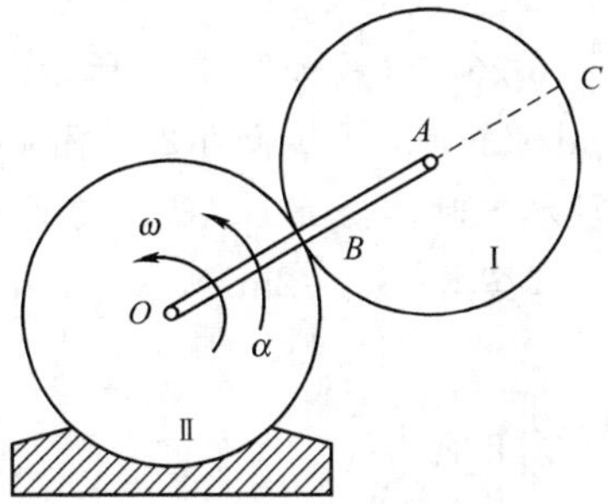

图 6-56　习题 6-21 图

6-22　一机车沿水平轨道向右运行，其速度为 $v_O=15\text{m/s}$，加速度 $a_O=6\text{m/s}^2$。车轮外半径 $R=30\text{cm}$，内半径 $r=15\text{cm}$，车轮沿轨道作纯滚动。试求图 6-57 所示位置连杆 BC 中点 A 的速度和加速度。

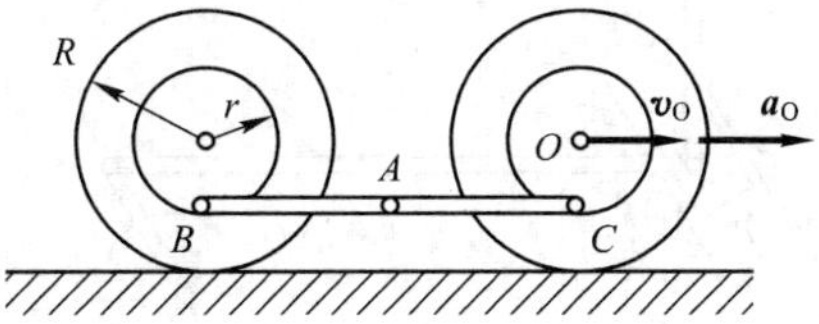

图 6-57　习题 6-22 图

［**答案**：$v_A=750\text{cm/s}$，$a_A=375\text{m/s}^2$］

6-23　反平行四边形机构如图 6-58 所示。已知：AB 与 CD 等长为 $l=40\text{cm}$，BC 与 AD 等长为 $b=20\text{cm}$，曲柄 AB 以匀角速度 $\omega=3\text{rad/s}$ 绕 A 点转动。试求当 $CD\perp AD$ 时，杆 BC 的角速度与角加速度。

[**答案**：$\omega_{BC}=8\text{rad/s}$，$\alpha_{BC}=20\text{rad/s}^2$]

6-24　机构如图6-59所示。已知：OA长$r=20\text{cm}$，O_1B长为$5r$，AB与BC等长为$l=120\text{cm}$。试求当OA与O_1B竖直、$\omega_O=10\text{rad/s}$、$\alpha_O=5\text{rad/s}^2$时：(1)B和C点的速度与加速度；(2)BC杆的角加速度。

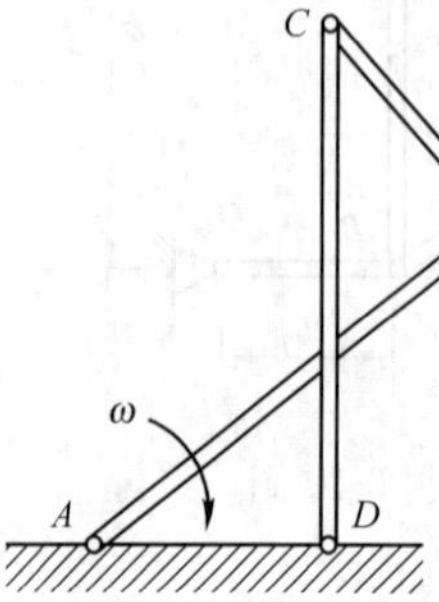

图6-58　习题6-23图

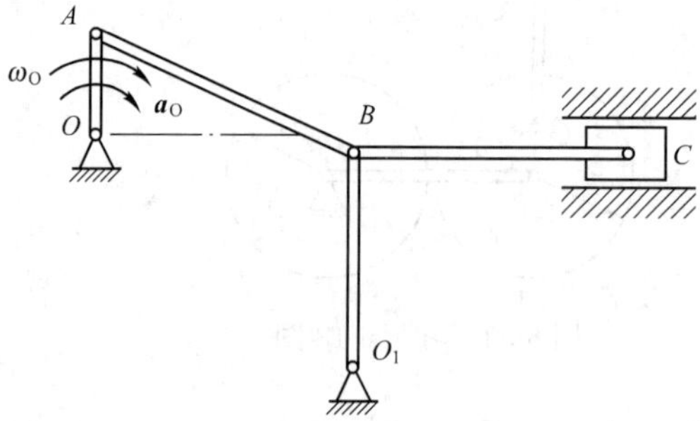

图6-59　习题6-24图

[**答案**：(1) $v_B=200\text{cm/s}$，$a_B^n=400\text{cm/s}^2$，$a_B^\tau=371\text{cm/s}^2$，$v_C=v_B=200\text{cm/s}$，$a_C=a_B^\tau=371\text{cm/s}^2$；(2)$\alpha_{BC}=3.33\text{rad/s}^2$]

6-25　机构如图6-60所示。已知：OA长为r，以匀角速度ω_O转动，AB长为$6r$，BC长为$3\sqrt{3}r$，$\theta=60°$。试求当$\varphi=\theta$、$AB\perp BC$瞬时，滑块C的速度和加速度。

$$\left[\textbf{答案}：v_C=\frac{3}{2}r\omega，a=\frac{\sqrt{3}}{12}r\omega_O^2\right]$$

6-26　机构如图6-61所示。已知：曲柄OA长$2r=1\text{m}$，以匀角速度$\omega=2\text{rad/s}$转动，AB长为$2r$，固定圆弧槽半径$R=2r$。试求当OA与O_1B竖直、AB水平时，轮上B、C点的速度与加速度。

[**答案**：$v_B=2\text{m/s}$，$a_B=8\text{m/s}^2$，$v_C=2.828\text{m/s}$，$a_C=11.31\text{m/s}^2$]

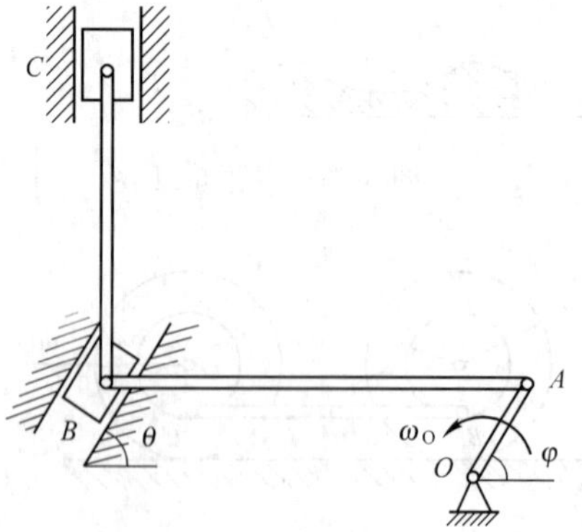

图6-60　习题6-25图

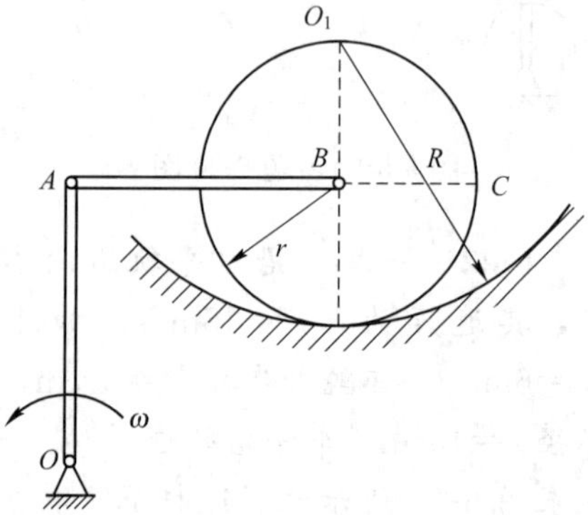

图6-61　习题6-26图

第7章 点的合成运动

本章知识点

【知识点】动点，静系，动系，绝对运动，相对运动，牵连运动，牵连重合点，点的速度合成运动定理，牵连运动平移时点的加速度合成定理，科氏加速度，牵连运动转动时点的加速度合成定理。

【重点】掌握运动合成与分解的基本概念和方法。掌握点的速度合成定理与牵连运动平移时的加速度合成定理及其应用，了解牵连运动转动时的加速度合成定理及其应用。

【难点】合理选取动点、动系、分析三种运动状态，画出速度矢量图，求解速度与角速度。从速度矢量图对应画出加速度矢量图(科氏加速度)，求点的加速度值与刚体角加速度值。

在研究点和刚体的运动时，都是以地面为参考体的，然而在实际问题中，还常常要在相对于地面运动着的参考系上观察和研究物体的运动，在不同参考系上观察同一物体运动往往结果是不同的。例如在舰艇上和地面上分别跟踪飞行中的导弹得到运动轨迹是不同的(图 7-1a)。又例如直升飞机旋转叶片端点在驾驶员看到是圆周转动的，但地面上观察却是螺旋形运动的(图 7-1b)。当无风时，站在地面上的人看到的雨点是铅垂下落的，但坐在行驶着的车辆上的人所看到的雨点却是向后倾斜下落的。

在不同的参考系中，观察同一物体的运动，彼此间有怎样的差别和联系呢？这是本章要研究的问题，在本章中将研究同一动点相对于两个不同参考

(a) (b)

图 7-1

系的运动之间的关系。为此，提出动点的运动分解与合成的概念，并依此推得点的速度合成定理和加速度合成定理，从而建立动点相对于两个不同参考系的各运动量(速度、加速度等)之间的定量关系。

7.1 点的合成运动概念

在工程上，我们一般是从地面上观察物体的运动的，现把固连于地面的参考系称为静参考系(简称静系)，而把相对于地面运动的参考系称为动参考系(简称动系)。物体相对于静参考系与相对于动参考系的运动之间的关系，显然要取决于动参考系相对于静参考系的运动情况。下面我们来具体分析一个实例。

图7-2是工厂内常见的桥式起重机(亦称行车)，当起吊重物时，若桥架在图示位置保持不动，而卷扬小车沿桥架作直线平移，同时将吊钩上的重物铅垂向上提升，则重物 A 在铅垂平面内作平面曲线运动，如果我们把重物 A 叫做动点，把动参考系 $O'x'y'$ 固连在卷扬小车上，把静参考系 Oxy 固连在桥架(或地面)上。则重物 A 相对于静系的运动(平面曲线运动)，可以看成是动点相对于动系卷扬小车的运动(铅垂向上的直线运动)和动点随同卷扬小车一起运动(水平向右的直线平移)两者合成的结果，显然，重物 A 相对于静系的复杂曲线运动，经过这样的分解后，可形成两个研究起来就比较简单的运动。

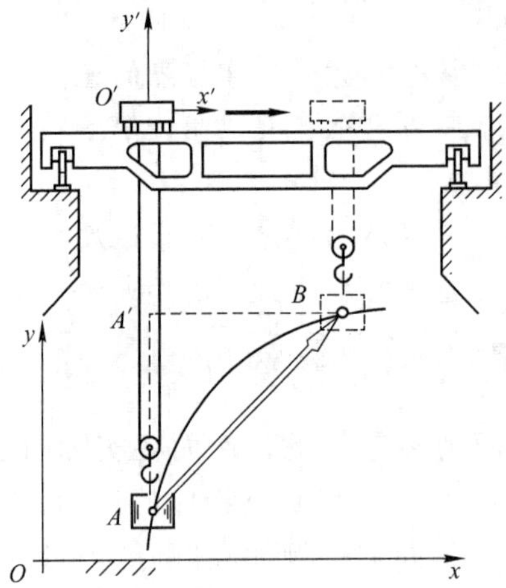

图 7-2

为了区别以上几种运动，可定义：动点 A 相对于静系的运动称为**绝对运动**；卷扬小车的动参考系相对于静系(桥架)的运动称为**牵连运动**；动点(重物 A)相对于动系(卷扬小车)的运动称为**相对运动**。这样，重物 A 的绝对运动就是它的牵连运动和相对运动的合成运动。

在分析点和刚体的复杂运动中，上述三种运动都是极为重要的基本概念，现用图7-3表示。

应该指出，绝对运动、相对运动都是指一个点的运动，它可能是直线运动，也可能是曲线运动。而牵连运动是指动参考系的运动，因而是刚体的运动，它可能是平移，也可能是转动或其他较为复杂的运动。应用运动合成的关键问题是选择一个恰当的动点与动参考系，并掌握绝对运动、相对运动以及牵连运动三者(包括速度和加速度)之间的定量关系。

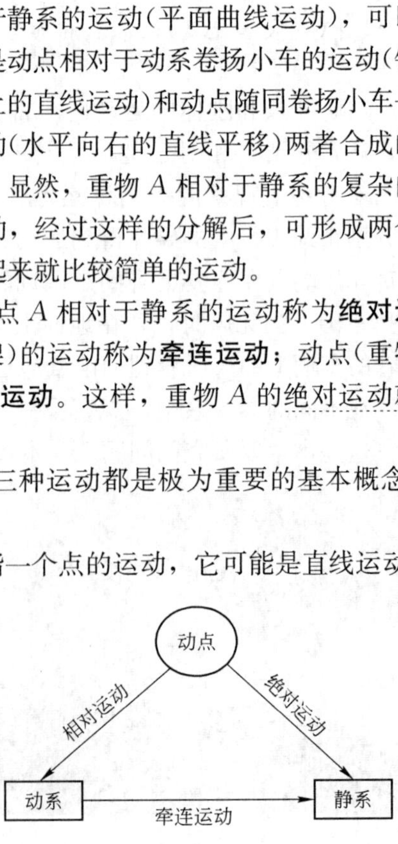

图 7-3

7.2 点的速度合成定理

现建立点的相对速度、牵连速度和绝对速度三者之间的关系。

设有一动点 M 沿平面 P 内一曲线槽 AB 运动，平面 P 又相对于静参考系 Oxy 运动(图 7-4)。动参考系 $O'x'y'$ 固连于平面 P 上，随平面 P 一起运动。设在瞬时 t 平面 P 在位置Ⅰ，这时动点 M 位于曲线槽 AB 上，经过时间间隔 Δt 后，动参考系随平面 P 运动到位置Ⅱ，槽 AB 亦随之运动到位置 $A'B'$，动点 M 相对于静参考系沿曲线 MM' 运动到 M' 点，曲线 MM' 称为动点的绝对轨迹，相应地 $\overline{MM'}$ 称为动点的绝对位移。显然动点沿 $A'B'$(亦即 AB)的运动是相对运动，曲线 $M''M'$ 为其相对轨迹，$\overline{M''M'}$ 为其相对位移；平面 P 的运动是牵连运动，曲线 MM'' 是 t 瞬时动系上与动点的重合点 M 的轨迹，其位移 $\overline{MM''}$ 称为动点的牵连位移。

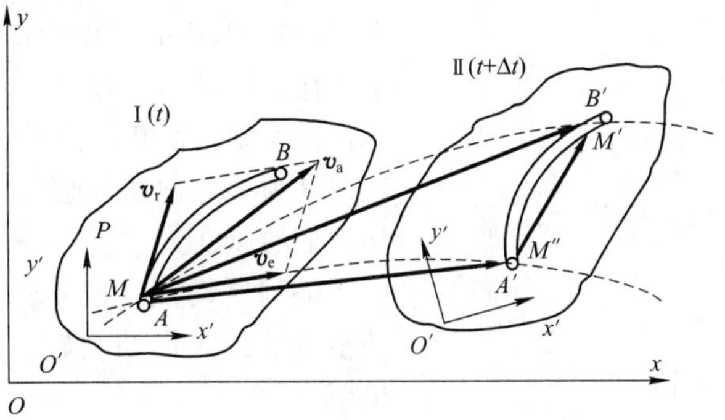

图 7-4

由图可见：$$\overline{MM'}=\overline{M''M'}+\overline{MM''}$$

将上式分别除以 Δt，并取 $\Delta t\to 0$ 时极限得：

$$\lim_{\Delta t\to 0}\frac{\overline{MM'}}{\Delta t}=\lim_{\Delta t\to 0}\frac{\overline{M''M'}}{\Delta t}+\lim_{\Delta t\to 0}\frac{\overline{MM''}}{\Delta t}$$

按速度的定义，动点 M 在瞬时 t 的绝对速度为 $\boldsymbol{v}_{\mathrm{a}}=\lim\limits_{\Delta t\to 0}\dfrac{\overline{MM'}}{\Delta t}$，其方向沿绝对轨迹 $\overline{MM'}$ 的切线；

相对速度为 $\boldsymbol{v}_{\mathrm{r}}=\lim\limits_{\Delta t\to 0}\dfrac{\overline{M''M'}}{\Delta t}$，其方向沿相对轨迹 $\overline{M''M'}$ 的切线；

牵连速度为曲线 AB 上与动点相重合的点在瞬时 t 相对于静参考系运动的速度，即 $\boldsymbol{v}_{\mathrm{e}}=\lim\limits_{\Delta t\to 0}\dfrac{\overline{MM''}}{\Delta t}$，其方向是沿着 $\overline{MM''}$ 曲线的切线。

将以上结果代入原式，得

$$\boldsymbol{v}_{\mathrm{a}}=\boldsymbol{v}_{\mathrm{r}}+\boldsymbol{v}_{\mathrm{e}} \tag{7-1}$$

它表明：在任一瞬时，动点的绝对速度等于其相对速度与牵连速度的矢量和，这就是速度合成定理。

这里应该注意：牵连运动是动参考系的运动，它代表一个刚体的运动，而不是某一个点的运动，而动点的牵连速度则是指动参考系上在瞬时 t 与动点重合的那个点相对于静系的速度，当牵连运动为平移时，由于在同一瞬时动参考系上所有各点的速度都相同，不论动点在动系中处在什么位置，动点的牵连速度都等于该瞬时动系平移的速度，但牵连运动是转动时，由于在同一瞬时动参考系上各点的速度都不相同，因此，必须根据该瞬时动参考系上与动点相重合的那个确切位置来确定牵连速度。在某瞬时，那个动系上与动点相重合的一点称为动点在此瞬时的牵连点；牵连点的速度和加速度称为动点在该瞬时的牵连速度和牵连加速度。

速度合成定理无论相对运动是任意的曲线运动或无论牵连运动是刚体的任何一种运动形式，这个定理都能适用。

下面通过例题说明速度合成定理的应用。

【例题 7-1】 图 7-5 所示为自动切料机构，切刀 B 的推杆 AB 与滑块 A 相连，A 在凸轮 $abed$ 的斜槽中滑动。当凸轮作水平往复运动时，使推杆沿导套 D 作上下往复运动，切断料棒 EF。若凸轮的运动速度为 v_1，斜槽的倾角为 α，求此瞬时切刀上的速度。

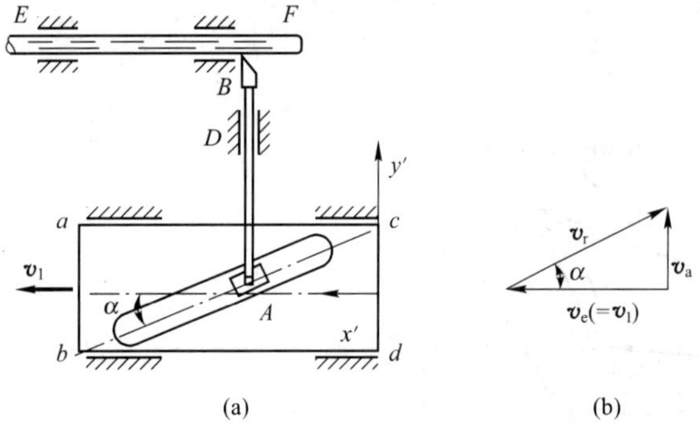

图 7-5 例题 7-1 图

【解】 动点：取切刀杆上的 A 点。动参考系：取移动凸轮。定参考系：取机架。

通过分析，相对运动：A 点相对于凸轮沿 bc 线的直线运动。牵连运动：凸轮相对于机架的水平直线平移，故牵连速度为凸轮运动的速度 v_1。绝对运动：动点 A 相对于机架作上下直线运动。

应用速度合成定理

$$\boldsymbol{v}_a=\boldsymbol{v}_r+\boldsymbol{v}_e$$

可作出速度多边形如图 7-5(b)所示，因而绝对速度：

$$v_a=v_e\tan\alpha=v_1\tan\alpha$$

由于切刀作平移，所以刀口的速度与刀杆上 A 点运动速度相同，方向垂直向上。

另可求得相对速度：$v_r=\dfrac{v_e}{\cos\alpha}=\dfrac{v_1}{\cos\alpha}$

【例题 7-2】 图 7-6(a)为牛头刨床的结构简图，小齿轮由电动机带动，大齿轮通过与小齿轮啮合而绕轴 O 转动，滑块 A 用销钉连接在大齿轮上而随大齿轮运动，通过滑槽使摇杆 O_1B 摆动，摇杆又拨动滑块 B 使滑枕作往复直线平移，从而形成刨削动作。设已知曲柄长 $OA=r=30\text{cm}$，$OO_1=l=60\text{cm}$，大齿轮匀速转动，转速 $n=30\text{r/min}$，求当 $\varphi=60°$时摇杆的角速度。

【解】 图 7-6(a)中的大齿轮及摇杆 O_1B 都是作定轴转动的刚体，它们与滑块 A 的联系可用图 7-6(b)的曲柄摇杆机构简图表示。

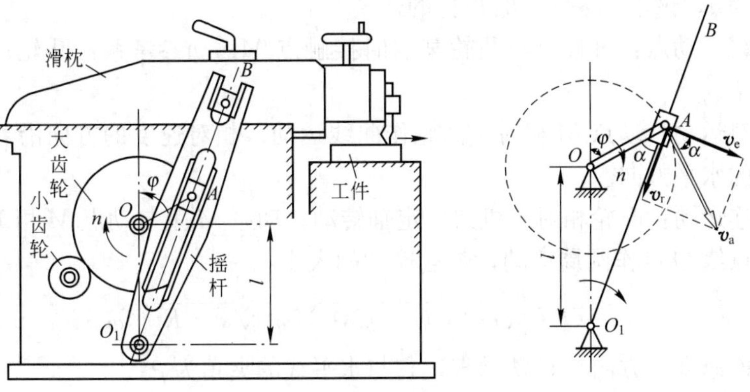

(a) (b)

图 7-6 例题 7-2 图

取曲柄上 A 点为动点，摇杆 O_1B 为动参考系，静参考系固连在车床身上。则动点的绝对运动为圆周运动，牵连运动为转动，而相对运动为滑块相对于滑槽的直线运动。故绝对速度方向垂直于曲柄 OA，大小可由已知条件求出，相对速度的方向沿摇杆 O_1B，大小未知。该瞬时动点 A 的牵连速度为摇杆 O_1B 上与动点重合之点的速度，方向垂直于 O_1B，大小为未知量。

根据速度合成定理作出该瞬时 A 点的速度平行四边形，如图 7-6(b)所示。已知：$v_a = r\omega = \frac{rn\pi}{30}$，由几何关系可得：

$$v_e = v_a \cos\alpha = \frac{rn\pi}{30}\cos\alpha \tag{a}$$

由余弦定理得：$O_1A = \sqrt{r^2 + l^2 - 2rl\cos(180° - 60°)} = 79.4\text{cm}$

再由正弦定理得 $$\frac{O_1A}{\sin(180° - 60°)} = \frac{l}{\sin\alpha}$$

解得：$\sin\alpha = \frac{1}{O_1A}\sin 60° \approx 0.6544$，则 $\alpha = 40.8°$

将求得值代入式(a)得

$$v_e = \frac{30 \times 30\pi}{30}\cos 40.8° \approx 71.3\text{cm/s}$$

设摇杆 O_1B 在该瞬时的角速度为 ω_1，则

$$\omega_1 = \frac{v_e}{O_1A} = \frac{71.3}{79.4} = 0.91/\text{s}$$

由图 7-6(b)可以看出 ω_1 其转向应为顺时针。

【例题 7-3】 图 7-7 所示为平底顶杆凸轮机构，顶杆 AB 可沿导轨上下移动，偏心凸轮绕 O

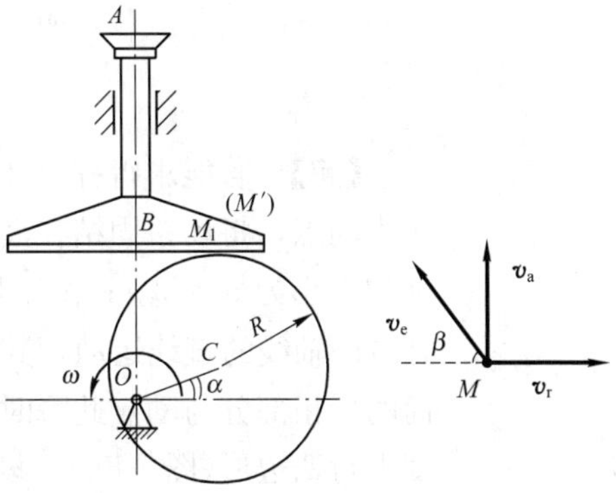

(a) (b)

图 7-7 例题 7-3 图

轴转动，O 轴位于顶杆的轴线上，工作时顶杆的平底始终接触凸轮表面。设凸轮半径为 R，偏心距 $OC=e$，凸轮绕 O 轴转动的角速度为 ω，OC 与水平线的夹角为 α，试求当 $\alpha=0°$ 时顶杆的速度。

【解】 动点：推杆上与凸轮某瞬时接触点 M；动参考系：凸轮；定参考系：机架。

相对运动：动点 M 相对于凸轮作曲线运动；相对速度的方向沿着平底顶杆底边的水平方向。

牵连运动：凸轮相对于机架作定轴转动；动系 M' 上与动点 M 相重合的一点牵连点绕 O 点作圆周运动，牵连速度的大小：

$$v_e=OM\times\omega=\sqrt{OC^2+CM^2}\times\omega=\sqrt{e^2+R^2}\times\omega$$

牵连速度的方向与 OM 垂直，它与水平线的夹角为 β

$$\sin\beta=\frac{e}{\sqrt{e^2+R^2}}$$

绝对运动：动点 M 与顶杆共同作上下直线运动。

由速度合成定理 $\boldsymbol{v}_a=\boldsymbol{v}_r+\boldsymbol{v}_e$ 作出速度矢量多边形如图 7-7(b)所示。

$$v_a=v_e\sin\beta=\sqrt{e^2+R^2},\quad \omega\frac{e}{\sqrt{e^2+R^2}}=\omega e$$

【例题 7-4】 摆动式机构如图 7-8(a)所示。杆 AB 可在套筒 C 中滑动，当曲柄以等角速度 $\omega_O=5\text{rad/s}$ 转动时，通过杆 AB 带动套筒绕固定轴 C 摆动。已知：曲柄 OA 长 $r=25\text{cm}$，OC 两点的距离为 $b=60\text{cm}$。试求图示 $\theta=90°$ 位置时套筒的角速度。

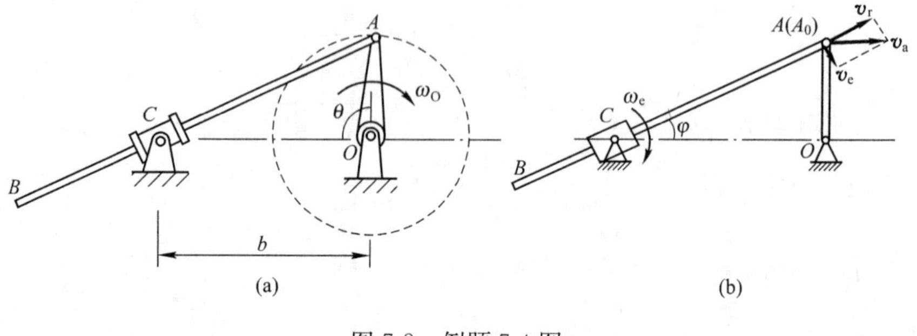

图 7-8 例题 7-4 图

【解】 若能求得杆 AB 的角速度，则套筒 C 的角速度也就确定。为此选 A 为动点，将动系固结在套筒 C 上作定轴转动。动点作圆周运动，其绝对速度的大小为 $v_a=\omega_O r$；由于杆 AB 相对套筒作移动，所以动点 A 相对运动为沿杆 AB 轴线的直线运动，其相对速度 $\boldsymbol{v}_r$的方位已知；动点 A 的牵连速度为套筒的延拓部分与动点此瞬时相重合点的速度，方位垂直于杆 AB。于是作出速度平行四边形(图 7-8b)。设$\angle ACO=\varphi$，则根据图示几何关系有：

$$v_e=v_a\sin\varphi=\omega_O r\frac{r}{AC}=\frac{\omega_O r^2}{\sqrt{r^2+b^2}}$$

接着可求得套筒的角速度为：

$$\omega_e=\frac{v_e}{AC}=\frac{\omega_O r^2}{r^2+b^2}=\frac{5\times 25^2}{25^2+60^2}=0.7397\text{rad/s}$$

其转向顺着 $\boldsymbol{v}_e$ 的指向。

【例题 7-5】 机构如图 7-9 所示，已知：$OF=\frac{4h}{9}$，$R=\frac{\sqrt{3}h}{3}$，轮 E 作纯滚动；在图示位置，$\varphi=60°$，$EF\perp OC$，杆 AB 的速度为 v。试求此瞬时：(1)杆 OC 的角速度；(2)轮 E 的角速度。

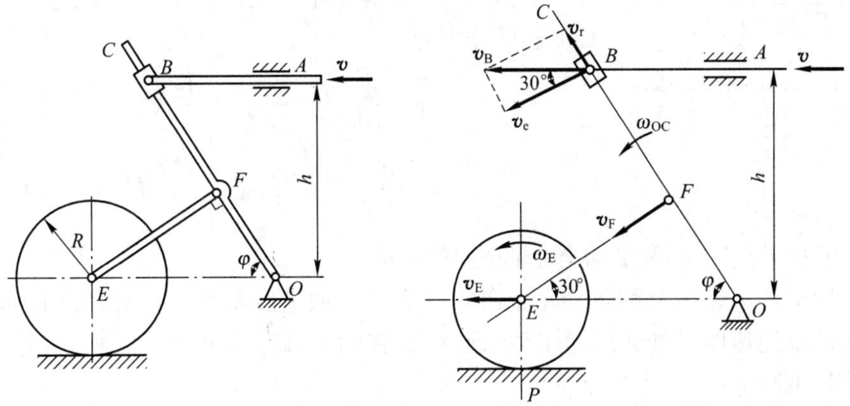

图 7-9 例题 7-5 图

【解】

1. 首先以滑套 B 为动点，OC 为动系，绝对运动作直线平移，相对运动沿 OB 杆作直线运动，牵连运动是绕 O 点的摆动。B 点速度等于 v，速度矢量图如图 7-9(b)所示，则：

$$\boldsymbol{v}_B=\boldsymbol{v}_e+\boldsymbol{v}_r$$

通过投影方法：$v_e=v_B\cos30°=\frac{\sqrt{3}v_B}{2}=\frac{\sqrt{3}v}{2}$

并求得 OC 杆的角速度值：$\omega_{OC}=\frac{v_e}{OB}=\frac{v_e}{\frac{h}{\sin\varphi}}=\frac{3v}{4h}$(逆时针)

2. 由于 EF 杆、OC 杆与圆盘作平面运动，以 O 点为基点求得 F 点速度：

$$v_F=\omega_{OC}\times OF=\frac{v}{3}$$

用速度投影法求得：$v_E=\frac{v_F}{\cos30°}$，由于轮 E 的速度瞬心在 P 点，则有：

$$\omega_E=\frac{v_E}{R}=\frac{2v}{3h}\quad(\text{逆时针})$$

本例题需要使用点的合成运动与刚体平面运动综合求解点的速度和刚体角速度。

7.3 牵连运动为平移时点的加速度合成定理

现在来讨论合成运动中牵连运动为平移时动点的加速度合成定理。

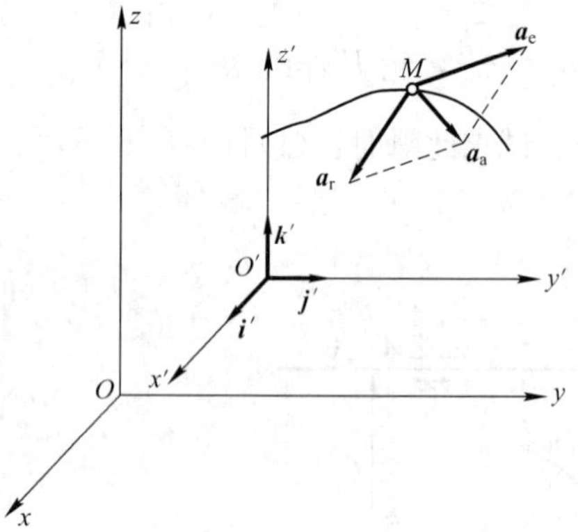

图 7-10

设动系 $O'x'y'z'$，相对于静系 $Oxyz$ 作平移，同时动点 M 又沿着动系中曲线作相对运动(图 7-10)。M 动点的相对运动方程为：

$$x'=f_1(t),\quad y'=f_2(t),\quad z'=f_3(t)$$

根据点的运动学理论，动点 M 的相对速度、相对加速度分别为：

$$\boldsymbol{v}_r=\frac{dx'}{dt}\boldsymbol{i}'+\frac{dy'}{dt}\boldsymbol{j}'+\frac{dz'}{dt}\boldsymbol{k}' \tag{7-2}$$

$$\boldsymbol{a}_r=\frac{d^2x'}{dt^2}\boldsymbol{i}'+\frac{d^2y'}{dt^2}\boldsymbol{j}'+\frac{d^2z'}{dt^2}\boldsymbol{k}' \tag{7-3}$$

其中 $\boldsymbol{i}'$、$\boldsymbol{j}'$、$\boldsymbol{k}'$为沿动坐标轴的单位矢量。

因牵连运动为平移，动系上各点的速度、加速度都相等，故动点在每一瞬时的牵连速度、加速度等于动系上 O'点在同一瞬时的速度、加速度，这样，上式便可写成：

$$\boldsymbol{v}_e=\boldsymbol{v}'_{O'},\quad \boldsymbol{a}_e=\boldsymbol{a}'_{O'}$$

而点绝对加速度为：

$$\boldsymbol{a}_a=\frac{d\boldsymbol{v}_e}{dt}+\frac{d\boldsymbol{v}_r}{dt} \tag{7-4}$$

式中，$\frac{d\boldsymbol{v}_e}{dt}$是动点的牵连加速度 $\boldsymbol{a}_e$，也就是 O'点的加速度 $\boldsymbol{a}_{O'}$，式中$\frac{d\boldsymbol{v}_r}{dt}$是相对速度$\boldsymbol{v}_r$对时间的绝对导数，因动坐标系作平移，单位矢量 $\boldsymbol{i}'$、$\boldsymbol{j}'$、$\boldsymbol{k}'$是大小和方向不变的恒矢量，则

$$\frac{d\boldsymbol{v}_r}{dt}=\frac{d^2x'}{dt^2}\boldsymbol{i}'+\frac{d^2y'}{dt^2}\boldsymbol{j}'+\frac{d^2z'}{dt^2}\boldsymbol{k}'$$

对比式(7-3)可知 $\boldsymbol{a}_r=\frac{d\boldsymbol{v}_r}{dt}$，将上述讨论的牵连加速度、相对加速度代入式(7-4)，故得：

$$\boldsymbol{a}_a=\boldsymbol{a}_e+\boldsymbol{a}_r \tag{7-5}$$

式(7-5)表示牵连运动为平移时动点的绝对加速度等于其牵连加速度、相对加速度的矢量和。

【例题 7-6】 图 7-11 所示为摆式送料机，通过摇杆 OA 的摆动，带动滑槽和送料槽作水平往复运动，从而输送物料。设某瞬时曲柄滑道连杆机构如图 7-11(a)所示，已知：曲柄 OA 长为 r，以匀角速 ω 转动，并通过 A 端的滑块 A 带动滑道连杆 BC 沿 x 往复运动。试求当 OA 与 x 轴的夹角为 φ 时，滑道连杆 BC 的加速度。

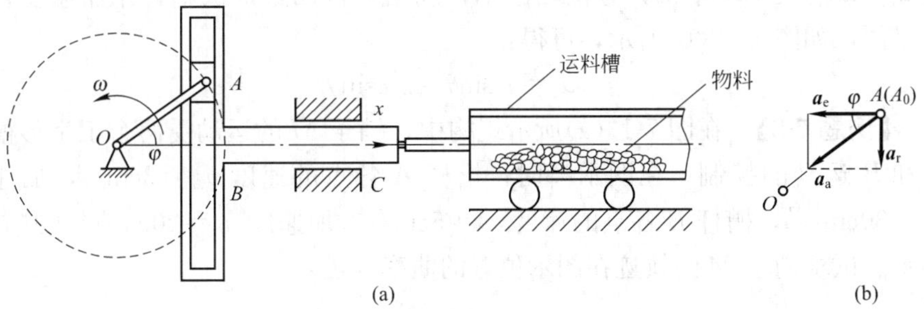

图 7-11　例题 7-6 图

【解】 滑道连杆 BC 由滑块 A 带动沿 x 轴作移动，只要求出滑道与滑块 A 相重合的一点的加速度，便知道滑道连杆的加速度。取滑块 A 为动点，将动坐标系固接在滑道连杆上。于是，动点 A 作圆周运动为绝对运动，滑道连杆的移动为牵连运动，动点 A 沿竖直滑道的直线运动为相对运动。

因为牵连运动为移动。即 $\boldsymbol{a}_a=\boldsymbol{a}_e+\boldsymbol{a}_r$，式中：

$$a_a=a_{an}=\omega^2\times\overline{OA}=\omega^2 r$$

而 $\boldsymbol{a}_e$、$\boldsymbol{a}_r$ 的大小均未知，方位均已知，利用平行四边形法则，作加速度合成矢量图如图 7-11(b)所示，可得：

$$a_e=a_a\cos\varphi=\omega^2 r\cos\varphi$$

【例题 7-7】 拨叉控制机构由半径为 R、偏心距为 e 的偏心圆凸轮以等角速 ω 绕定轴 O 逆时针向转动，并带动拨叉 A 和固接于 A 的控制杆 BD 沿水平直线作往复运动，如图 7-12(a)所示。设拨叉与凸轮的接触表面是铅垂的。试求控制杆 BD 的加速度，并将它表示成转角 θ 的函数。

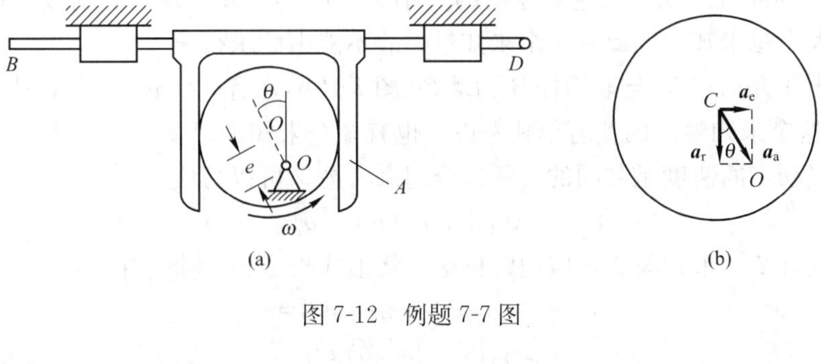

图 7-12　例题 7-7 图

【解】 观察机构的运动可知，在运动过程中，凸轮与拨叉的接触点是在不断变化着的，所以不能选接触点为动点，应选凸轮的轮心 C 为动点，动点 C 作圆周运动，将动系固接在拨叉上，拨叉作移动，在拨叉上看动点 C 的运动，注意到动点距拨叉的铅直壁恒为半径 R，故可得出相对运动为平行于铅直壁的直线运动。

因为牵连运动为平移，即 $\boldsymbol{a}_a=\boldsymbol{a}_e+\boldsymbol{a}_r$，式中：

$$a_a=a_a^n=\omega^2\times\overline{OC}=\omega^2 e$$

而 $\boldsymbol{a}_e$、$\boldsymbol{a}_r$ 的大小均未知，方位均已知，利用平行四边形法则，作加速度合成矢量图，如图 7-12(b)所示，可得：

$$a_e = a_a \sin\theta = \omega^2 e \sin\theta$$

【例题 7-8】 在图 7-13(a)所示机构中，销子 M 的运动受两个丁字形槽杆 A 和 B 运动的控制。在图示瞬时，槽杆 A 各点的速度 $v_A = 3\text{cm/s}$，加速度 $a_A = 30\text{cm/s}^2$，槽杆 B 各点的速度 $v_B = 5\text{cm/s}$，加速度 $a_B = 20\text{cm/s}^2$，方向如图示。试求销子 M 的轨迹在图示位置的曲率半径 ρ。

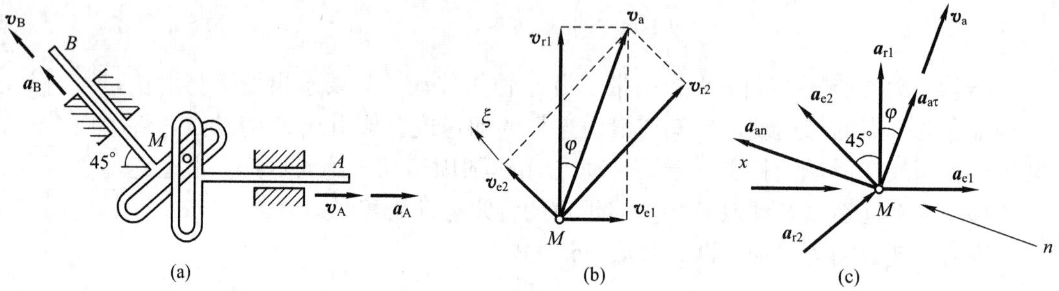

图 7-13 例题 7-8 图

【解】 因销子 M 的轨迹方程并不知道，故只能通过法向加速度 $a_{Mn} = \dfrac{v_M^2}{\rho}$ 得到曲率半径 ρ，为此，必须先分析销子 M 的速度和加速度。

先求出销子 M 的速度。若取销子 M 为动点，那么此动点相对两个槽杆均有相对运动。若分别取槽杆 A 与 B 为动系，就成为同一动点同时相对两个动系在运动。

由动点 M 与取槽杆 A 为动系(图 7-13b)，有 $\boldsymbol{v}_a = \boldsymbol{v}_{e1} + \boldsymbol{v}_{r1}$，式中：动点 M 作平面曲线运动，其绝对速度的大小和方向均未知，动点相对动系的相对速度大小也未知。因此有三个未知量，故不能由此求得 $\boldsymbol{v}_a$。

再研究动点 M 与取槽杆 B 为动系(图 7-13b)，有 $\boldsymbol{v}_a = \boldsymbol{v}_{e2} + \boldsymbol{v}_{r2}$，式中新出现 $\boldsymbol{v}_{r2}$ 这个未知量。因此若单独考虑，也有 3 个未知量。

但动点的速度是共同的，所以合起来考虑，可以写成：

$$\boldsymbol{v}_{e1} + \boldsymbol{v}_{r1} = \boldsymbol{v}_{e2} + \boldsymbol{v}_{r2}$$

此式仅含 2 个未知量。现应用解析法，将上式投影到 ξ 轴上有：

$$-v_{e1}\cos45° + v_{r1}\cos45° = v_{e2}$$

得

$$v_{r1} = \frac{v_{e2} + v_{e1}\cos45°}{\cos45°} = \frac{5 + 3\cos45°}{\cos45°} = 10.07\text{cm/s}$$

于是，销钉 M 的速度 $\boldsymbol{v}_a$ 的大小为：

$$v_a = \sqrt{v_{e1}^2 + v_{r1}^2} = \sqrt{3^2 + 10.07^2} = 10.51\text{cm/s}$$

方向可由 $\boldsymbol{v}_a$ 与 $\boldsymbol{v}_{r1}$ 间的夹角 φ 表示为：

$$\varphi = \arctan\frac{v_{e1}}{v_{r1}} = \arctan\frac{3}{10.07} = 16.59°$$

接着分析销子 M 的加速度。作矢量分析图(图 7-13c)，分别有 $\boldsymbol{a}_a = \boldsymbol{a}_{e1} +$

$\boldsymbol{a}_{r1}$与 $\boldsymbol{a}_a=\boldsymbol{a}_{e2}+\boldsymbol{a}_{r2}$，于是得：

$$\boldsymbol{a}_{e1}+\boldsymbol{a}_{r1}=\boldsymbol{a}_{e2}+\boldsymbol{a}_{r2}$$

上述矢量式中，仅有 $\boldsymbol{a}_{r1}$ 和 $\boldsymbol{a}_{r2}$ 两个大小为未知量，将其投影到 x 轴有：

$$a_{e1}=-a_{e2}\cos45^\circ+a_{r2}\cos45^\circ$$

则
$$a_{r2}=\frac{a_{e2}\cos45^\circ+a_{e1}}{\cos45^\circ}=\frac{20\cos45^\circ+30}{\cos45^\circ}=62.43\text{cm/s}^2$$

负号说明 $\boldsymbol{a}_{r2}$ 的指向与图示相反。

因销子 M 作平面曲线运动，所以其加速度 $\boldsymbol{a}_a$ 可表示为 $\boldsymbol{a}_a=\boldsymbol{a}_a^n+\boldsymbol{a}_a^\tau$，即

$$\boldsymbol{a}_a^n+\boldsymbol{a}_a^\tau=\boldsymbol{a}_{e2}+\boldsymbol{a}_{r2}$$

其中 $\boldsymbol{a}_a^n$ 与 $\boldsymbol{a}_a^\tau$ 的大小均未知，方位分别垂直 $\boldsymbol{v}_a$ 和沿着 $\boldsymbol{v}_a$；将上式投影到 n 轴上有：

$$\begin{aligned}a_a^n&=a_{e2}\sin(\varphi+45^\circ)-a_{r2}\cos(\varphi+45^\circ)\\&=20\sin(16.59^\circ+45^\circ)-62.43\cos(16.59^\circ+45^\circ)=-12.11\text{cm/s}^2\end{aligned}$$

负号说明 $\boldsymbol{a}_a^n$ 的指向与图示假设的相反。

最后计算动点 M 轨迹在图示位置的曲率半径 ρ。由 $|a_a^n|=\frac{v_a^2}{\rho}$，得：

$$\rho=\frac{v_a^2}{|a_a^n|}=\frac{10.51^2}{12.11}=9.121\text{cm}$$

因 $\boldsymbol{a}_a^n$ 为负值，所以销子 M 的曲率中心在 $\boldsymbol{v}_a$ 的右方。

*7.4 牵连运动为转动时点的加速度合成定理

牵连运动为转动时点的加速度合成定理与牵连运动为平移时是不相同的。这是由于相对运动与转动的牵连运动相互影响的结果会产生一种附加的加速度。这一附加加速度称为科里奥利(Coriolis)加速度，简称科氏加速度 $\boldsymbol{a}_c$。于是得牵连运动为转动时动点的加速度为：

$$\boldsymbol{a}_a=\boldsymbol{a}_e+\boldsymbol{a}_r+\boldsymbol{a}_c \tag{7-6}$$

上式表示当牵连运动为非平移的情况下，一般地可能存在科氏加速度，因此：动点的绝对加速度等于其牵连加速度、相对加速度、科氏加速度的矢量和。

为了能对科氏加速度有个初步的理解，现举一实例加以说明。

【例题 7-9】 图 7-14 所示为一圆盘绕 O 轴以匀角速度 ω 反时针转动，动点 M 以相对速度 v_r 在直径为 r 的圆槽内作反时针匀速圆周运动。求动点 M 的加速度。

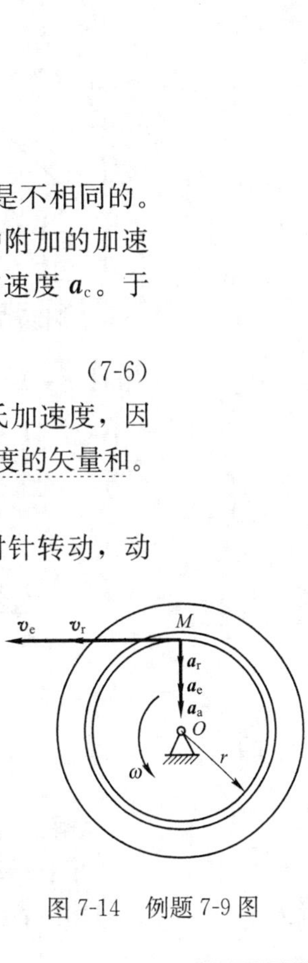

图 7-14 例题 7-9 图

【解】 取动坐标系与圆盘连接，则动点的牵连速度 $v_e=r\omega$，方向与 v_r 相同。于是由点的速度合成定理，有：

$$v_a=v_e+v_r=r\omega+v_r$$

因 v_e、v_r 方向相同，其大小均为常量，故 v_a 的大小也是常量。

动点 M 的牵连加速度是圆盘上与动点重合之点的加速度。因圆盘作匀速转动，所以牵连加速度只有法向加速度，其方向

指向O轴，其大小为$a_e=r\omega^2$。

动点M相对运动沿半径为r的圆作匀速圆周运动，相对加速度也只有法向分量，方向指向O轴，大小为$a_r=\frac{v_r^2}{r}$；由于，动点M的绝对运动是沿半径为r的圆作匀速圆周运动，绝对加速度也只有法向分量，指向O轴，大小为：

$$a_a=\frac{v_a^2}{r}=\frac{(r\omega+v_r)^2}{r}=r\omega^2+\frac{v_r^2}{r}+2\omega v_r$$

将a_e、a_r值代入上式，得：

$$a_a=a_e+a_r+2\omega v_r$$

由此可见动点M的绝对加速度$\boldsymbol{a}_a$不仅是牵连加速度$\boldsymbol{a}_e$与相对加速度$\boldsymbol{a}_r$的矢量和，而是多出一个附加加速度项：$2\omega v_r$，这一附加项就是上面所说的科氏加速度。以上仅以实例说明了牵连运动为转动时会出现附加加速度即科氏加速度。在一般牵连运动为转动情况下科氏加速度的表达式为：

$$\boldsymbol{a}_c=2\boldsymbol{\omega}\times\boldsymbol{v}_r \tag{7-7}$$

下面讨论科氏加速度的计算。设$\boldsymbol{\omega}$与$\boldsymbol{v}_r$间的夹角为θ，由矢积的定义可知，科氏加速度的大小为：

$$a_c=2\omega v_r\sin\theta$$

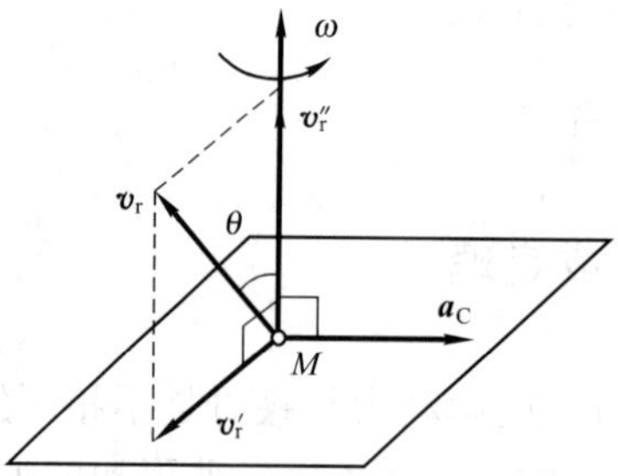

图7-15 科氏加速度的方向

其指向垂直于$\boldsymbol{\omega}\times\boldsymbol{v}_r$所决定的平面，并符合右手法则(图7-15)。

从上式可知，在$\omega=0$或$v_r=0$两种情况下科氏加速度等于零。它们分别对应牵连运动为平移或动点相对动系保持静止的情况。

对于工程中常见的作平面运动的机构，$\boldsymbol{\omega}$是与$\boldsymbol{v}_r$垂直的，此时$a_c=2\omega v_r$，将$\boldsymbol{v}_r$按ω转向转过90°就是$\boldsymbol{a}_c$的指向。

【例题7-10】 图7-16所示推杆机构中，设AB杆以匀速u向上运动，开始时$\varphi=0$，求当AB推杆使$\varphi=\frac{\pi}{4}$时摇杆OC的角速度和角加速度。

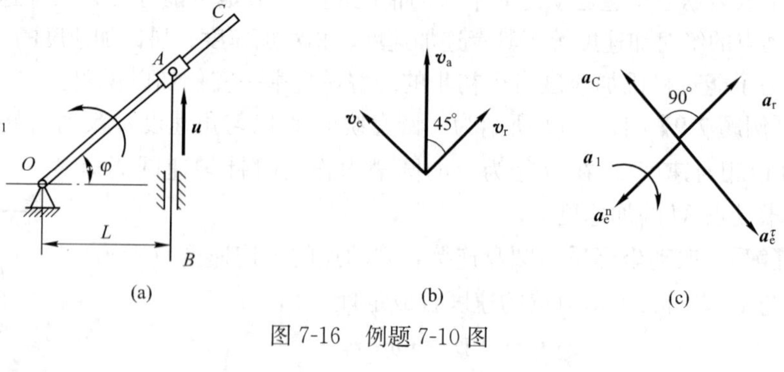

图7-16 例题7-10图

【解】 取动点：滑块A，动参考系：杆OC，定参考系：机架。

相对运动：滑块A相对于杆OC作直线运动，相对速度和相对加速度的方向均沿着OC。

牵连运动，杆 OC 绕机架 O 作定轴转动，牵连点作圆周运动，牵连速度的方向与 OC 垂直，其大小为 $OA \cdot \omega_1$（ω_1 为摇杆 OC 的角速度）：

因 $OA=\dfrac{L}{\cos\varphi}=\sqrt{2}L$，则 $v_e=\sqrt{2}L\omega_1$

法向牵连加速度的方向是从 A 指向 O，其大小：$a_e^n=OA\omega_1^2=\sqrt{2}L\omega_1^2$。

切向牵连加速度的方向垂直于 OA，大小为 $OA\times\alpha_1$（α_1 为摇杆 OC 的角加速度），由于牵连运动是转动，故尚有科氏加速度。

绝对运动：滑块 A 相对于机架作上下直线运动，绝对速度的大小和方向为已知，绝对加速度为零；作速度矢量图如图 7-16(b)所示，求得：

$$v_e=v_r=\frac{\sqrt{2}}{2}v_a=\frac{\sqrt{2}}{2}u$$

杆 OC 转动的角速度：

$$\omega_1=\frac{v_e}{OA}=\frac{\frac{\sqrt{2}}{2}u}{\sqrt{2}L}=\frac{u}{2L}$$

科氏加速度的大小：$a_C=2\omega_1 v_r=2\dfrac{u}{2L}\dfrac{\sqrt{2}}{2}u=\dfrac{\sqrt{2}u^2}{2L}$，其方向如图 7-16(c)所示。使用 $\boldsymbol{a}_a=\boldsymbol{a}_e+\boldsymbol{a}_r+\boldsymbol{a}_C$ 方程，按图 7-16(c)的加速度矢量图在 x 轴投影有：

$$a_e^\tau=a_C=\frac{\sqrt{2}u^2}{2L}$$

杆 OC 转动的角加速度：$\alpha_1=\dfrac{a_e^\tau}{OA}=\dfrac{\frac{\sqrt{2}u^2}{2L}}{\sqrt{2}L}=\dfrac{u^2}{2L^2}$

【例题 7-11】 汽阀中的凸轮机构如图 7-17(a)所示。顶杆端点 A 利用弹簧压在凸轮轮廓上。当凸轮转动时，顶杆沿铅直滑道上下运动。已知凸轮以等角速度 ω 转动，在图示瞬时凸轮轮廓曲线在 A 点的法线 An 与 AO 的夹角为 θ，且 $AO=r$。试求此时顶杆的速度与加速度。

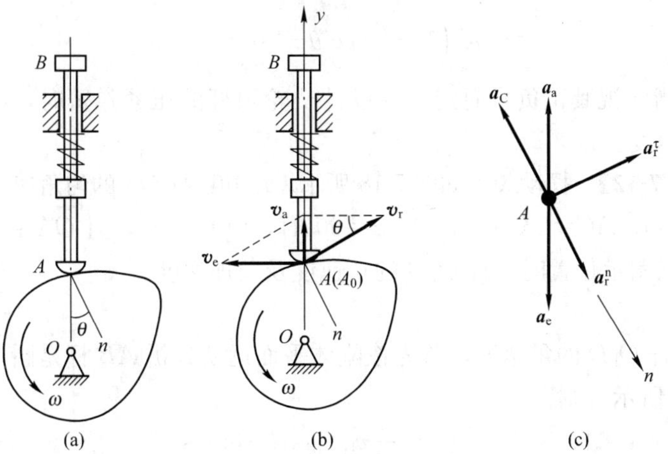

图 7-17　例题 7-11 图

【解】 本题取顶杆上的 A 点为动点，将动系固接在凸轮上(不必画出动系)。于是动点 A 的绝对速度 $\boldsymbol{v}_a$ 的大小未知，方位沿 y 轴；动点 A 相对运动是沿着凸轮轮廓线作曲线运动，所以相对速度 $\boldsymbol{v}_r$ 的大小未知，方位沿着轮廓曲线在此点的切线；牵连运动是凸轮绕 O 轴的定轴转动，牵连点为凸轮上此瞬时与动点相重合的 A_0 点，所以牵连速度 $\boldsymbol{v}_e$ 的大小为：

$$v_e=\omega\times\overline{OA_0}=\omega r$$

方向与 OA 垂直。

至此可以画出速度合成的矢量图(图 7-17b)，则由图示几何关系可知：

$$v_a=v_e\tan\theta=\omega r\tan\theta$$

这也是顶杆的速度，方向如图示。

再计算顶杆的加速度，因为绝对加速度大小未知，假设与绝对速度方向相同。相对运动为曲线运动，故相对加速度有切向分量 a_r^τ(因大小未知，故假设与相对速度方向相同)与法向分量 a_r^n(沿相对轨迹——凸轮轮廓曲线在 A 点的法线方向)，可求得 $a_r^n=\frac{v_r}{\rho}$，ρ 是凸轮轮廓曲线在 A 点的曲率半径。牵连运动是凸轮的匀角速转动，所以 A 点的牵连加速度只有法向分量 $a_e=r\omega^2$，沿 AO 直线指向 O 点。另外还有哥氏加速度，其大小为 $a_C=2\omega_e v_r$，方向为将按 ω 叉积 v_r 转向确定。各加速度分量如图 7-17(c)所示。

将以上各项代入式(7-6)，得

$$\boldsymbol{a}_a=\boldsymbol{a}_e+\boldsymbol{a}_r^n+\boldsymbol{a}_r^\tau+\boldsymbol{a}_C \tag{a}$$

式中只有 a_a、a_r^τ 的大小两个未知量，故利用投影法可求出。

为了使所得的方程中只含一个未知量，先将式(a)向与 a_r^τ 垂直的 An 轴上投影，得

$$-a_a\cos\theta=a_r^n+a_e\cos\theta-a_C$$

经过整理并将已知量代入，得：

$$\begin{aligned}a_a&=\frac{-1}{\cos\theta}\left(r\omega^2\cos\theta+\frac{r^2}{\rho}\omega^2\sec^2\theta-2r\omega^2\sec\theta\right)\\&=-r\omega^2\left(1+\frac{r}{\rho}\sec^2\theta-2\sec^2\theta\right)\end{aligned}$$

$\boldsymbol{a}_a$ 的指向视其正负号而定。在设计凸轮顶杆的压紧弹簧时，必须考虑到顶杆的加速度。

【例题 7-12】 摆动装置如图 7-18 所示，已知：杆 OA 的匀角速 $\omega_0=2\text{rad/s}$，$OA=R=3\text{m}$，$AC=CB=4\text{m}$。当 $\varphi=60°$时，$CO_1=4\text{m}$，且 OA 铅直，AB 水平。试求在图示位置时，杆 O_1D 的角速度及角加速度。

【解】

1. 求杆 O_1D 的角速度，首先按刚体平面运动分析 AB 杆是瞬时平移，如图 7-18(b)所示，则：

$$v_C=v_A=v_B=\omega_0 R=6\text{m/s}$$

再取动点：滑块 C，动系：固连于 O_1D 杆，则：

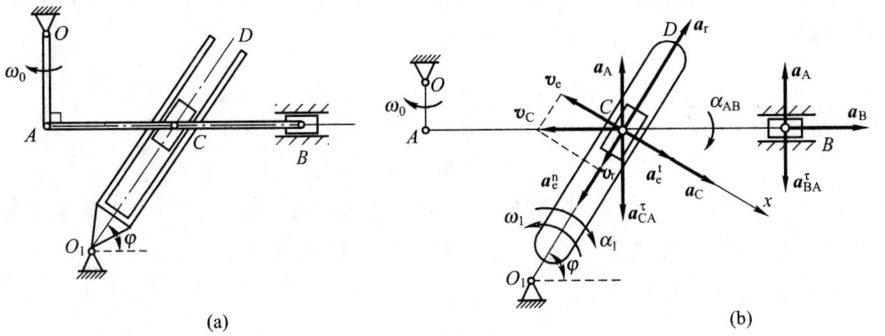

图 7-18　例题 7-12 图

$$\boldsymbol{v}_C=\boldsymbol{v}_e+\boldsymbol{v}_r$$

可求得：$v_r=v_C\cos\varphi=3\text{m/s}$，$v_e=v_C\sin\varphi=5.196\text{m/s}$，$\omega_1=\dfrac{v_e}{CO_1}=1.3\text{rad/s}$（逆时针）

2. 求杆 O_1D 的角加速度。

以 A 为基点，按刚体平面运动的基点法，可得 B 点的加速度矢量值：

$$\boldsymbol{a}_B=\boldsymbol{a}_A+\boldsymbol{a}_{BA}^{\tau}+\boldsymbol{a}_{BA}^{n}$$

因为 AB 杆是瞬时平移，故 $a_{BA}^{n}=0$，如图 7-18(b)中 B 点的加速度矢量所示，可有 $a_B=0$

所以
$$\alpha_{AB}=\frac{a_{BA}^{\tau}}{AB}=\frac{a_A}{AB}=1.5\text{rad/s}^2$$

再以 A 为基点，可得 C 点加速度矢量值：

$$\boldsymbol{a}=\boldsymbol{a}_A+\boldsymbol{a}_{CA}^{\tau} \tag{a}$$

式(a)加速度矢量中除 C 点加速度矢量大小、方向未知外，还有 $\boldsymbol{a}_{CA}^{\tau}$ 大小值未知，因有三个未知量，无法直接求解。

又按合成运动取滑块 C 为动点，动系固连于 O_1D 上，则 C 点的加速度矢量值：

$$\boldsymbol{a}=\boldsymbol{a}_e^{\tau}+\boldsymbol{a}_e^{n}+\boldsymbol{a}_r+\boldsymbol{a}_C \tag{b}$$

式(b)加速度矢量中除 C 点加速度矢量两个未知量外，还有 $\boldsymbol{a}_r$ 大小值未知，同样有三个未知量，但将式(*a*)加上式(*b*)后，这样的组合方程仅有两个未知量，可求解。

$$\boldsymbol{a}_A+\boldsymbol{a}_{CA}^{\tau}=\boldsymbol{a}_e^{\tau}+\boldsymbol{a}_e^{n}+\boldsymbol{a}_r+\boldsymbol{a}_C$$

可有：$a_A=\omega_0^2R=12\text{m/s}^2$，$a_{CA}^{\tau}=\omega_1^2\overline{CA}=6\text{m/s}^2$，$a_C=2\omega_1v_r=7.8\text{m/s}^2$。取于不用求解的 $\boldsymbol{a}_r$ 矢量，取垂直 $\boldsymbol{a}_r$ 的轴 x 为投影方程：

$$x:\ -a_A\cos\varphi+a_{CA}^{\tau}\cos\varphi=a_e^{\tau}+a_C$$

有 $a_e^{\tau}=O_1C\cdot\alpha_1=-10.8\text{m/s}^2$，所以 $\alpha_1=\dfrac{a_e^{\tau}}{O_1C}=-2.7\text{rad/s}^2$（逆时针）

从以上解可以归纳出：

1. 本例题需要使用点的合成运动与刚体平面运动综合求解；

2. 杆 O_1D 的角速度与角加速度转向一致，说明当 $\varphi=60°$ 时，CD 杆是在加速运动。

小结及学习指导

1. 本章研究了动点相对于动坐标系和静坐标系这两个不同的参考坐标系的运动，建立了点的速度合成定理和加速度合成定理。

点的速度合成定理为：

$$\boldsymbol{v}_a=\boldsymbol{v}_r+\boldsymbol{v}_e$$

不论动坐标系作何种运动，上式总是成立的。在作 $\boldsymbol{v}_a$、$\boldsymbol{v}_r$、$\boldsymbol{v}_e$ 所构成的速度平行四边形时，必须注意 $\boldsymbol{v}_a$ 为该速度平行四边形的对角线。

点的加速度合成定理，必须区分动坐标系为平移和转动两种情形：

（1）当牵连运动为平移时；点的加速度合成定理为：

$$\boldsymbol{a}_a=\boldsymbol{a}_e+\boldsymbol{a}_r$$

（2）当牵连运动为转动时，点的加速度合成定理为：

$$\boldsymbol{a}_a=\boldsymbol{a}_e+\boldsymbol{a}_r+\boldsymbol{a}_c$$

加速度合成定理可写成：$\boldsymbol{a}_{a\tau}+\boldsymbol{a}_a^n=\boldsymbol{a}_{e\tau}+\boldsymbol{a}_e^n+\boldsymbol{a}_r^\tau+\boldsymbol{a}_r^n+\boldsymbol{a}_C$，其中哥氏加速度 $a_C=2\omega v_r$，它是由于动点的相对运动和转动的牵连运动相互影响而引起的附加加速度。

2. 学习时要搞清绝对运动、相对运动和牵连运动以及对应的速度和加速度等概念。牵连运动、牵连速度和牵连加速度是学习的难点，应结合例题和习题反复体会来加深理解。要注意：绝对运动和相对运动是指同一个动点相对于静坐标系和动坐标系这两个不同的参考坐标系的运动，而牵连运动是指动坐标系相对于静坐标系的运动；在求某瞬时动点的牵连速度和牵连加速度时，应先确定在该瞬时动点的牵连点；然后根据动坐标系运动的性质来确定牵连点相对于静坐标系的速度和加速度，即动点的牵连速度和牵连加速度。

3. 速度合成定理、牵连运动为平移时点的加速度合成定理是本章的重点内容，要求能熟练掌握。对于牵连运动为定轴转动时点的加速度合成定理主要是了解平面情况，即动点在某一平面内运动，而该平面又绕垂直于该平面的转动轴转动的情况。

4. 本章的解题要点是在研究物系上选取一个动点，建立两个参考系（静系、动系）与分析三种运动（绝对运动、相对运动、牵连运动）。通过上述运动的分析将复杂的运动转化为简单的运动，从而求解特定瞬时条件下的速度、加速度等运动量值。动点与动系的选择：必须使动点对动系有相对运动。因此动点与动系不能选在同一刚体上；尽量使动点的三种运动简单明确，特别是动点的相对轨迹要能够直观判断，否则不能方便地确定相对速度的方位及相对加速度的法向分量和切向分量的方位。在学习中，合理地选取动点与动系是解题的关键。

在一般情况下，动点取连接物体的滑块、销钉，或者在物体运动中始终可作为动点的点。应根据题目要求先画出各种速度矢量，随后根据各速度矢量相对应画出切向与向心各加速度的矢量，这样做无论是对概念的理解和对计算来说都是有益的。若速度或者加速度矢量处于同一平面内，分别建立的投影方程可各自求解大小或方向的两个未知量。若这些矢量形成一组空间矢量，则可求解大小或方向共三个未知量。但在使用投影法求解时，必须按“合矢量在轴上的投影等于各分矢量在同一轴上投影的代数和”的法则。投影轴之间可以非正交的，关键应使投影方程中不出现不用求的未知矢量，以避免解联立方程。

若某矢量的大小与方向是未知的，可将该矢量的投影值求得后，再合成获得。

思考题

7-1 试举例说明什么是相对速度、牵连速度、绝对速度？

7-2 动坐标系上任意一点的速度和加速度是否就是动点的牵连速度和牵连加速度？

7-3 试判断图 7-19 所示机构中动点 A 的 $\boldsymbol{v}_e$、$\boldsymbol{v}_r$ 和 $\boldsymbol{v}_a$ 所组成的速度平行四边形是否正确？为什么？

7-4 曲柄导杆机构中，滑块 A 的各加速度分量如图 7-20 所示。若已知 ω、α、$OA=r$，欲求导杆的加速度，试分析下列解法是否正确：

因为

$$a_a^n\cos\theta+a_a^\tau\sin\theta+a_e=0$$

所以

$$a_e=-(a_{an}\cos\theta+a_{at}\sin\theta)=-(r\omega^2\cos\theta+r\alpha\sin\theta)$$

即导杆的加速度沿着 y 轴，并指向 y 轴负向。

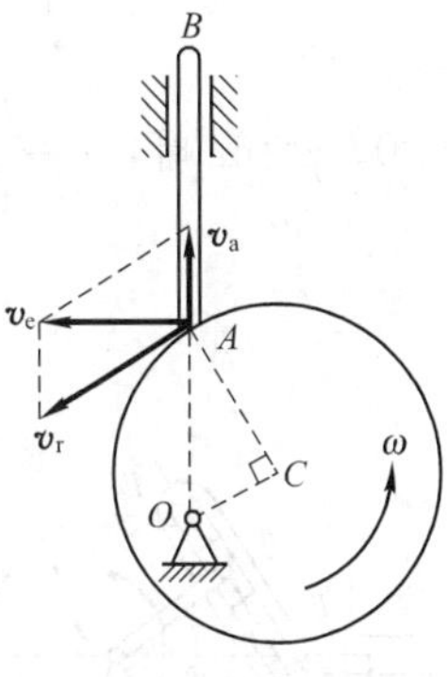

图 7-19　思考题 7-3 图

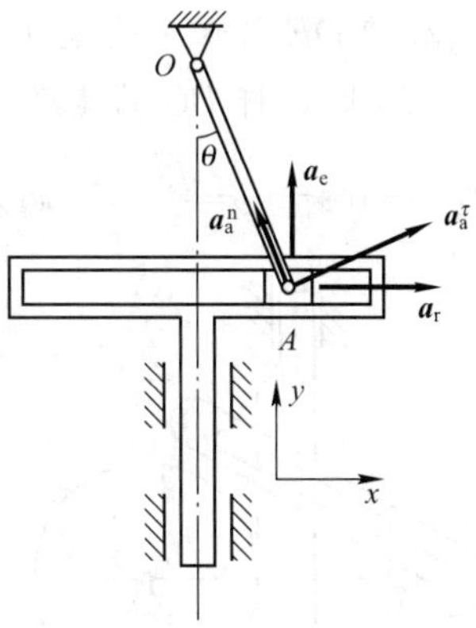

图 7-20　思考题 7-4 图

7-5 如果考虑地球自转，在地球表面上任意地方的物体(视为质点)是否都有科氏加速度存在？为什么？

习题

7-1 如图7-21所示，点M沿圆盘直径AB以匀速v运动，初始瞬时，点在圆盘中心，且A_0B_0与Ox轴重合，若圆盘以匀角速度绕O轴转动。试求M点的绝对轨迹。

$\left[\textbf{答案：} r=\dfrac{v}{\omega}\varphi\right]$

7-2 如图7-22所示，矿砂从传送带A落到另一传送带B的绝对速度为$v_1=4\text{m/s}$，其方向与铅垂线呈$\theta=30°$角。设传送带B与水平面呈$\varphi=15°$角，其传送速度为$v_2=2\text{m/s}$。试求此时矿砂对传送带B的相对速度；若相对速度垂直传送带B，则传送带B的速度为多少。

[**答案：**$v_r=3.983\text{m/s}$，$v_{2'}=1.035\text{m/s}$时，v_r与带B垂直]

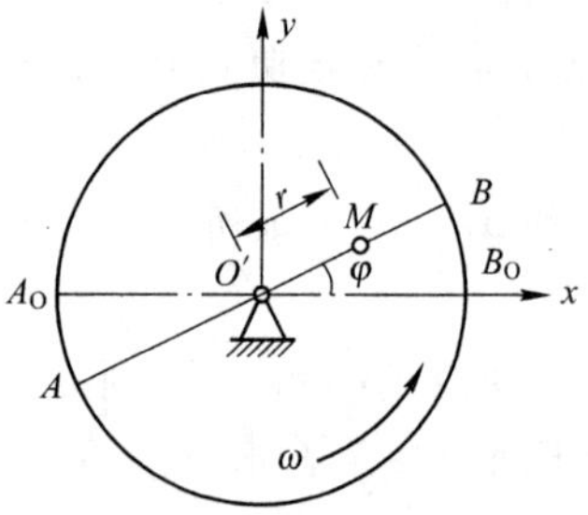

图7-21 习题7-1图

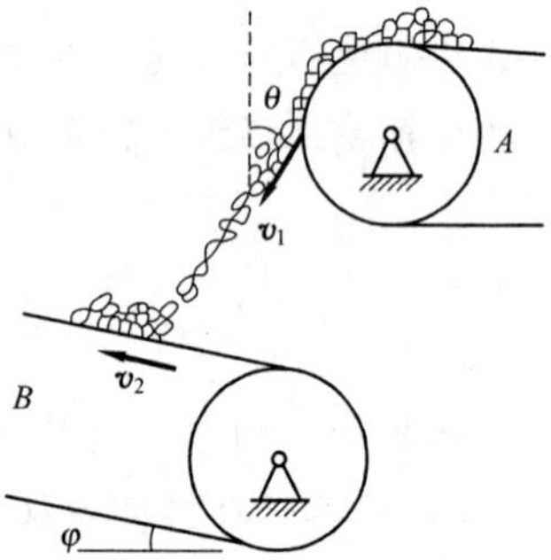

图7-22 习题7-2图

7-3 机构如图7-23所示，已知：$R=10\text{cm}$，$l=40\text{cm}$。当$\varphi=30°$时，杆OC的角速度$\omega=0.5\text{rad/s}$，试求此瞬时轮D的角速度。

[**答案：**$\omega_D=2.67\text{rad/s}$]

7-4 在图7-24所示曲柄滑道机构中，已知：曲柄OA长为r，以匀角速度ω转动，滑槽DE与水平线呈$\theta=60°$角。试求当曲柄与水平线的交角分别$\varphi=0°$、$30°$、$60°$时，杆BC的速度。

$\left[\textbf{答案：}\varphi=0°\text{时，}v=\dfrac{\sqrt{3}}{3}r\omega\text{。向左 }\varphi=30°\text{时，}v=0\text{。}\varphi=60°\text{时，}v=\dfrac{\sqrt{3}}{3}r\omega\text{ 向右}\right]$

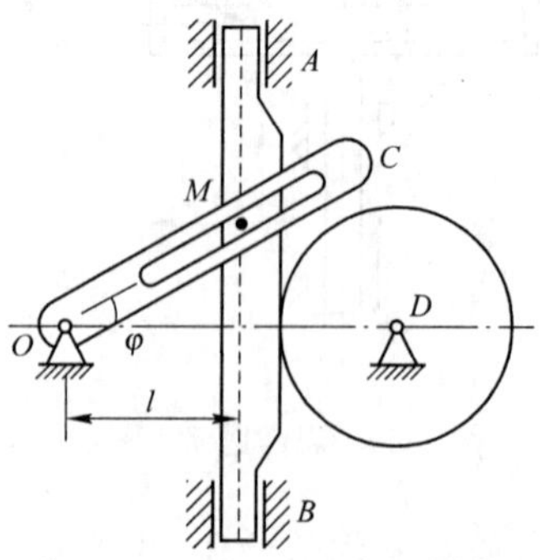

图7-23 习题7-3图

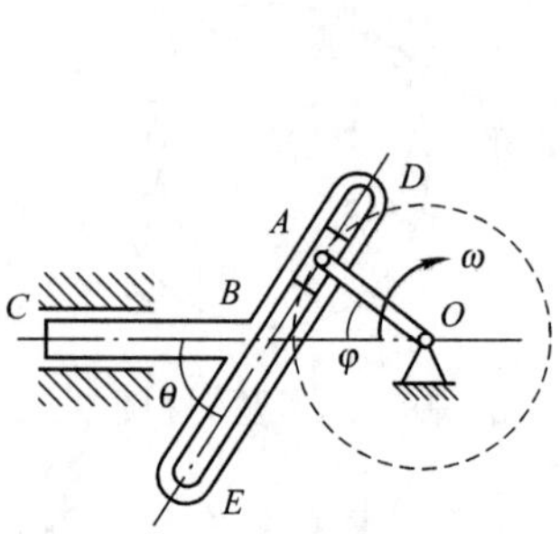

图7-24 习题7-4图

7-5 在图 7-25 所示(a)、(b)的两种机构中，已知 $b=20\text{mm}$。当 $\varphi=\theta=30°$时，$\omega_1=3\text{rad/s}$，试求此瞬时杆 O_2A 的角速度。

[**答案：** 图 7-25(a)$\omega_2=1.5\text{rad/s}$，图 7-25(b)$\omega_2=2\text{rad/s}$]

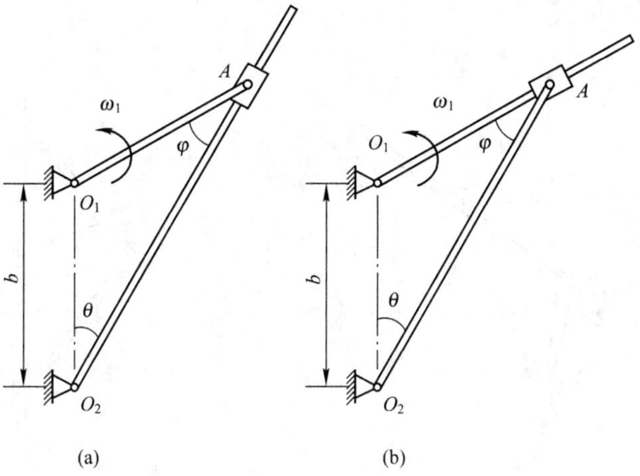

图 7-25　习题 7-5 图

7-6 半径为 r，偏心距为 e 的凸轮，以匀角速度 ω 转动，杆 AB 长为 l，A 端搁在凸轮上，试求图 7-26 所示 AB 杆水平并与 OA 线垂直时，AB 杆的角速度。

$\left[\textbf{答案：}\omega_B=\dfrac{e}{l}\omega\right]$

7-7 如图 7-27 所示，当直角杆 OAB 绕 O 轴转动时，带动套在此杆和固定杆 CD 上的小环 M 运动。已知：直角杆以匀角速度 $\omega=2\text{rad/s}$ 转动，杆 OA 部分长 $l=40\text{cm}$。试求 $\varphi=30°$时，小环 M 相对杆 OAB 的速度。

[**答案：** $v_r=160\text{cm/s}$]

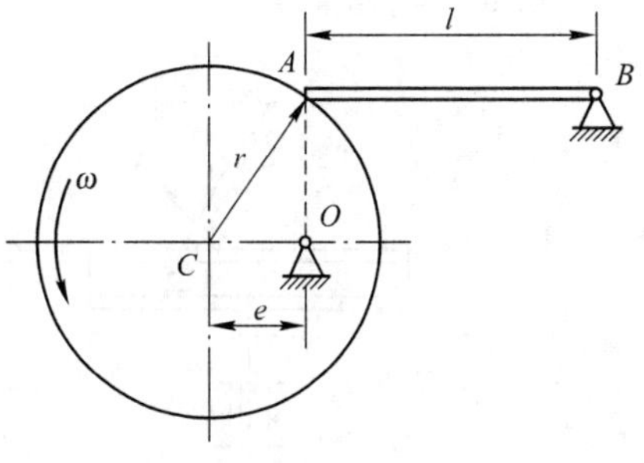

图 7-26　习题 7-6 图

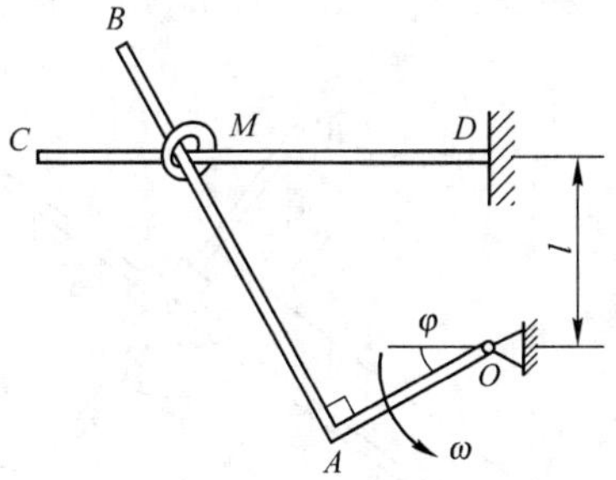

图 7-27　习题 7-7 图

7-8 机构如图 7-28 所示，杆 AB 可在套筒 O_1C 中滑动。已知曲柄 OA 以等角速度 $\omega=1\text{rad/s}$ 转动，曲柄长 $r=0.3\text{m}$，O_1C 距离 $b=0.4\text{m}$。试求当图示 $h=2r$、$l=4r$ 时，套筒 O_1C 的角速度 ω_1。

[**答案：** $\omega_1=0.12\text{rad/s}$]

7-9 如图7-29所示，瓦特离心调速器以角速度ω绕铅垂轴转动。由于机器负荷的变化，调速器以角速度ω_1向外张开。已知：$l=50\text{cm}$，$e=5\text{cm}$。当$\theta=30°$时，$\omega=10\text{rad/s}$，$\omega_1=1.2\text{rad/s}$，试求此瞬时重球的绝对速度。

[**答案：**$v_a=305.9\text{cm/s}$]

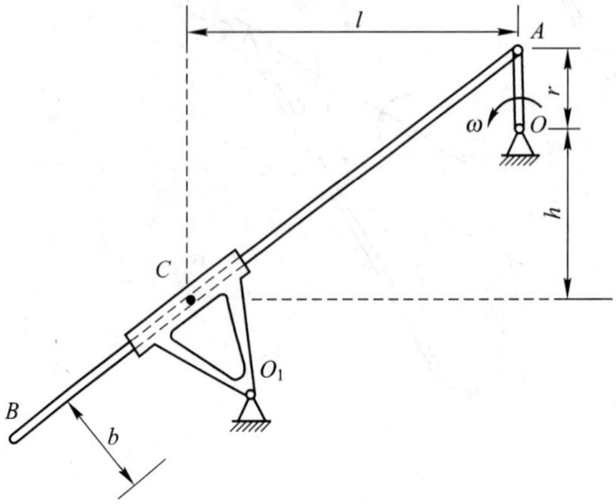

图7-28 习题7-8图

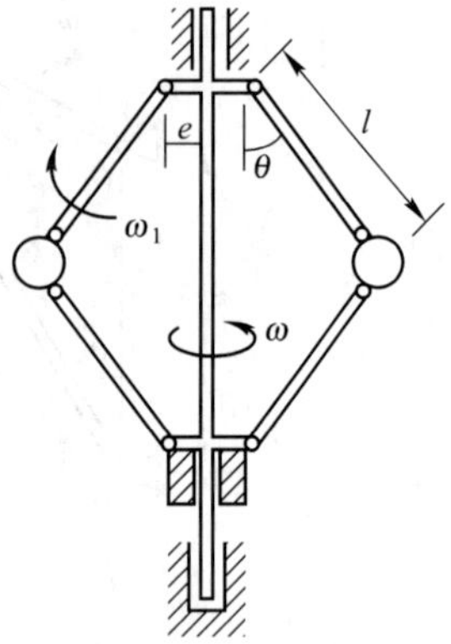

图7-29 习题7-9图

7-10 用铰链M连接的两套筒彼此可相对转动，杆O_1A和杆O_2B分别穿过各套筒，如图7-30所示。已知：匀角速$\omega_1=0.4\text{rad/s}$，$\omega_2=0.2\text{rad/s}$。试求当O_1M的距离$l=3\text{m}$、$O_1A\perp O_2B$时(杆的倾角如图所示)，铰M分别相对于杆O_1A和O_2B的速度。

[**答案：**$v_{r1}=0.45\text{cm/s}$，$v_{r2}=1.2\text{cm/s}$]

7-11 图7-31所示曲柄滑道机构中，曲柄长$OA=100\text{mm}$，并绕O轴转动。在图示的$\Delta AOB=30°$瞬时，其角速度$\omega=1\text{rad/s}$，角加速度$\alpha=1\text{rad/s}^2$。求导杆上C点的加速度和滑块A在滑道中的相对加速度。

[**答案：**$a_C=a_e=136.6\text{mm/s}^2$，$a_r=36.6\text{mm/s}^2$]

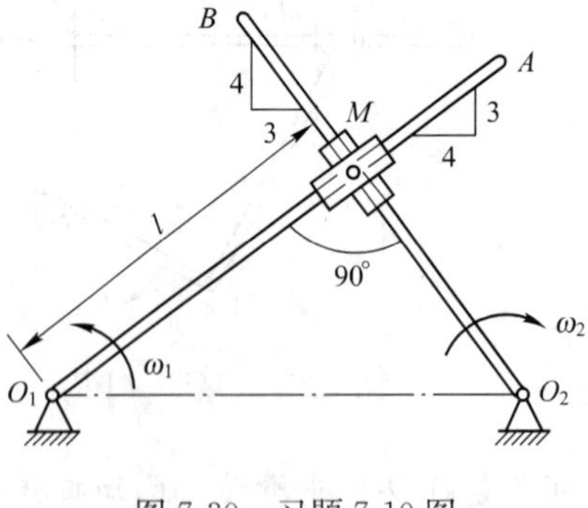

图7-30 习题7-10图

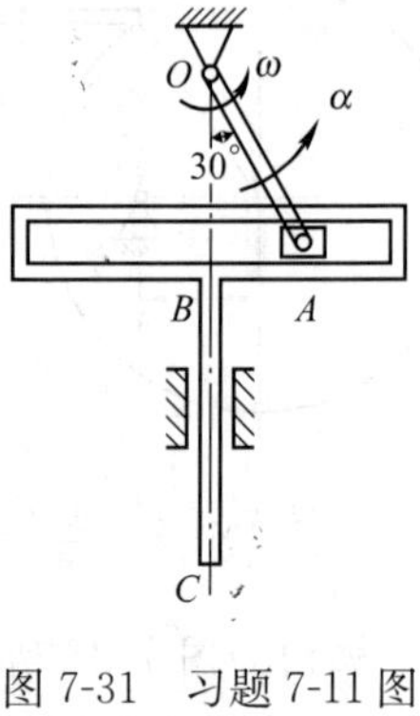

图7-31 习题7-11图

7-12 如图7-32所示，半圆形凸轮半径为R，当$\theta=60°$时，凸轮的移动速度为v，加速度为a。试求此瞬时B点的速度与加速度。

$\left[\textbf{答案：} v_B=\dfrac{\sqrt{3}}{3}v，a_B=\dfrac{\sqrt{3}}{3}a-\dfrac{8\sqrt{3}}{9}\dfrac{v^2}{R}\right]$

7-13 图 7-33 所示系统中，具有半径为 R 圆槽的滑块 B 作往复直线平移，通过销钉 A，带动曲柄 OA 摆动。已知：$OA=R=3\text{cm}$，当 $\varphi=30°$时，滑块 B 的速度 $v=20\text{cm/s}$，加速度 $a=150\text{cm/s}^2$。试求该瞬时曲柄 OA 的角速度和角加速度。

［**答案：** $\omega=6.67\text{rad/s}$，$\alpha=26.98\text{rad/s}^2$］

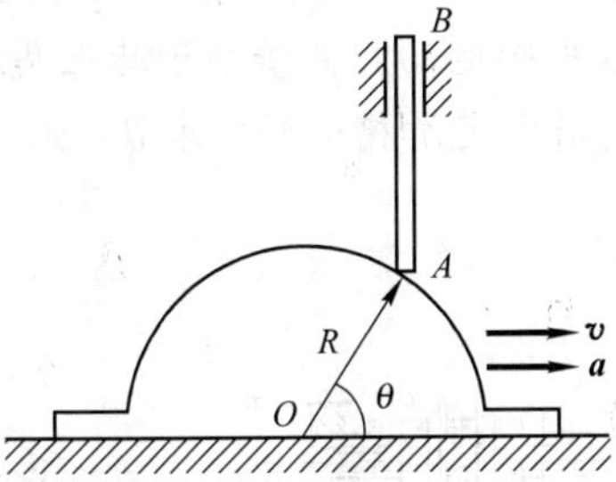

图 7-32　习题 7-12 图

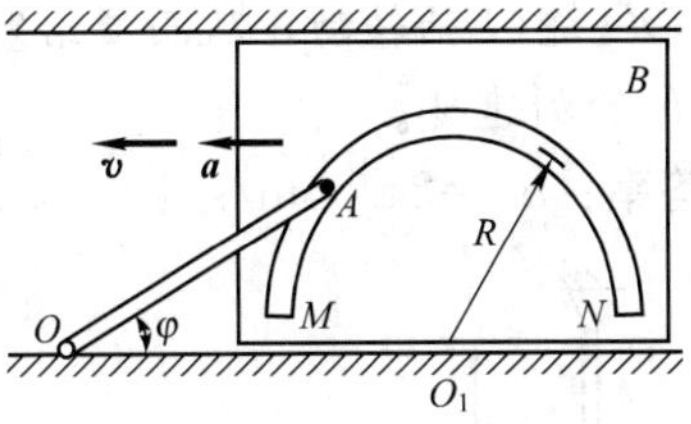

图 7-33　习题 7-13 图

7-14 平面机构如图 7-34 所示，已知：匀角速度为 ω_O，在图示瞬时，$\varphi=60°$，$ACO_2 /\!/ OB$，$O_1B\perp OB$。试求此瞬时，杆 OD 的角速度。

$\left[\textbf{答案：} \omega_{OD}=\dfrac{v_e}{OA}=\dfrac{\sqrt{3}\omega_O}{6}，\text{顺时针}\right]$

7-15 在图 7-35 所示放大机构中，杆Ⅰ和Ⅱ分别以速度 v_1 和 v_2 运动，其位移分别以 x 和 y 表示，杆Ⅱ和杆Ⅲ间的距离为 l。试求杆Ⅲ的速度 v_3 和滑道Ⅳ的角速度 ω_4。

$\left[\textbf{答案：} \omega_4=\dfrac{v_1y-v_2x}{x^2+y^2}，v_3=v_2\left(\dfrac{x-l}{y}\right)+v_1\dfrac{ly}{x^2}\right]$

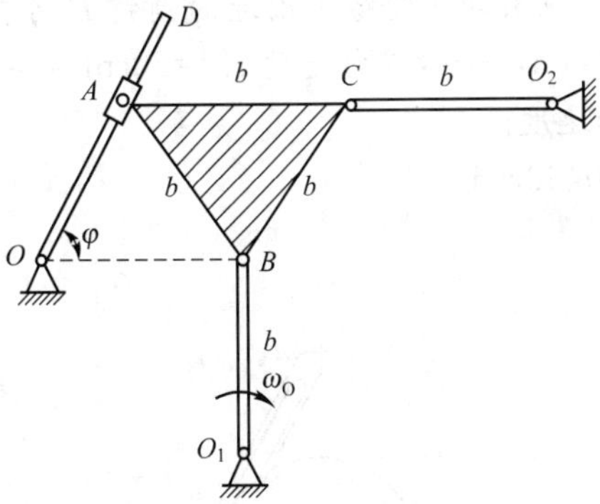

图 7-34　习题 7-14 图

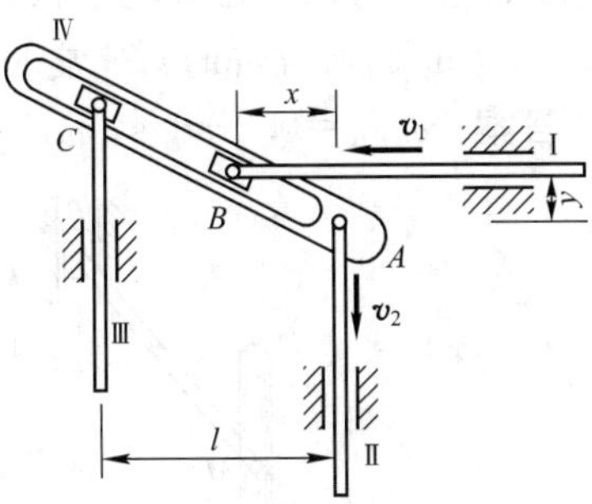

图 7-35　习题 7-15 图

***7-16** 机构如图 7-36 所示，已知：杆 AB 以匀角速度 ω 转动，尺寸 l，DC 杆上的 C 点始终与 AB 杆接触。试求 D 点的速度与加速度(表示成 θ 的函数)。

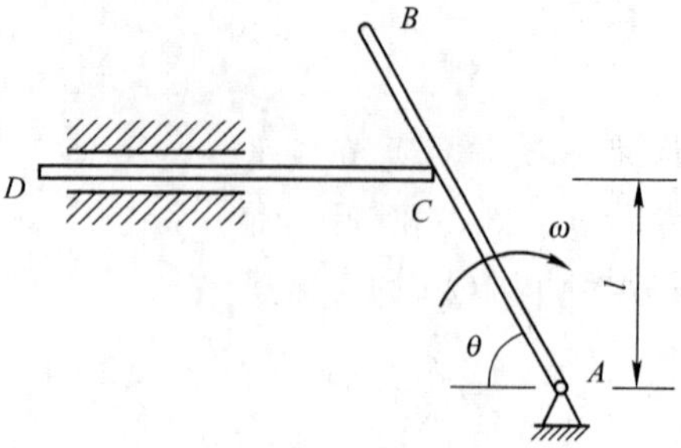

图 7-36　习题 7-16 图

[**答案**：$v=\dfrac{l\omega}{\sin^2\theta}$，$a=\dfrac{2\omega^2 l\cos\theta}{\sin^3\theta}$]

***7-17**　机构如图 7-37 所示。在图示瞬时，$l=150\text{mm}$，$h=200\text{mm}$，曲柄 OA 的角速度 $\omega_O=4\text{rad/s}$、角加速 $\alpha_O=2\text{rad/s}^2$。试求此瞬时杆 O_1B 的角速度与角加速度。

[**答案**：$\omega_{O1}=2.667\text{rad/s}$，$\alpha_{O1}=20\text{rad/s}^2$]

***7-18**　如图 7-38 所示，套筒 B 以等速 $v_B=0.9\text{m/s}$ 沿固定水平轴运动，并借助于其上凸缘带动曲柄 AOD 绕 O 轴转动，从而使活塞杆 CE 沿固定滑槽运动。求 $\theta=30°$时，活塞杆 CE 的加速度。

[**答案**：$a_C=24.94\text{m/s}^2$]

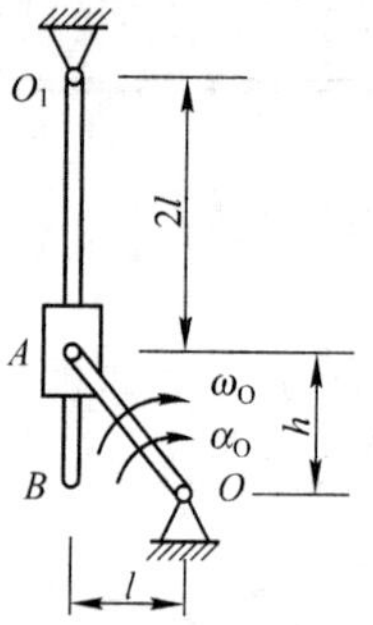

图 7-37　习题 7-17 图

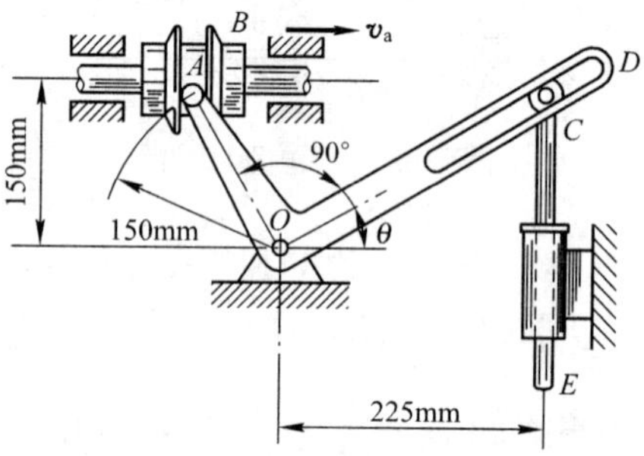

图 7-38　习题 7-18 图

***7-19**　机构如图 7-39 所示，连杆 AB 上的销钉 M 可在摇杆 CD 上的滑槽内运动。当 $h=200\text{mm}$，$l_1=l_2=75\text{mm}$ 时，杆 CD 竖直，$v_A=400\text{mm/s}$，$a_A=1400\text{mm/s}^2$。试求此瞬时摇杆的角加速度。

[**答案**：$\alpha=1\text{rad/s}^2$]

***7-20**　机构如图 7-40 所示，轮 O 作纯滚动，轮缘上固连的销钉 B 可在摇杆 O_1A 的槽内滑动。已知轮半径 $R=0.5\text{m}$，轮心以匀速度 $v_O=20\text{cm/s}$ 运动。试求当 $\theta=60°$瞬时摇杆的角速度和角加速度。

[**答案**：$\omega_{O1A}=0.2\text{rad/s}$，$\alpha_{O1A}=0.0462\text{rad/s}^2$]

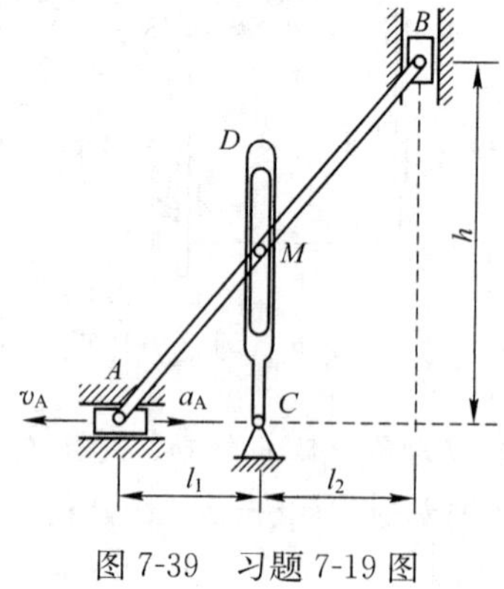

图 7-39　习题 7-19 图

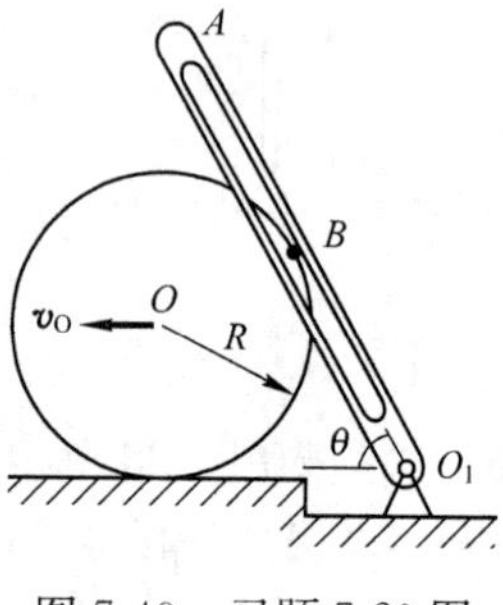

图 7-40　习题 7-20 图

第8章 动力学基本方程

本章知识点

【知识点】动力学基本定律，质点运动微分方程，质点动力学两类问题。

【重点】掌握质点动力学微分方程的三种描述，会求解质点动力学的两类问题。

【难点】应用质点的运动微分方程求解质点动力学中的第二类问题。

随着科学技术和生产的日益发展，在工程实际问题中涉及的动力学问题越来越多。例如，在土建、水利工程中，厂房结构、桥梁和水坝在动荷载作用下的振动，各类建筑物的抗震，动力基础的隔振与减振等；在机械工程中，机械设计、机械振动等；在航天技术中，火箭、人造卫星的发射与运行等，都与动力学密切相关。如图 8-1 所示，起重机提升重物与火箭发射都存在动力学的研究问题，因此掌握动力学基本理论及其应用，对于解决工程实际问题具有十分重要的意义。

(a) (b)

图 8-1

当物体受到非平衡力系作用时，其运动状态将发生变化。例如：图 8-2 所示桥式起重机，吊车 AB 和小车 C 均静止不动。当重物 D 也处于静止时，它

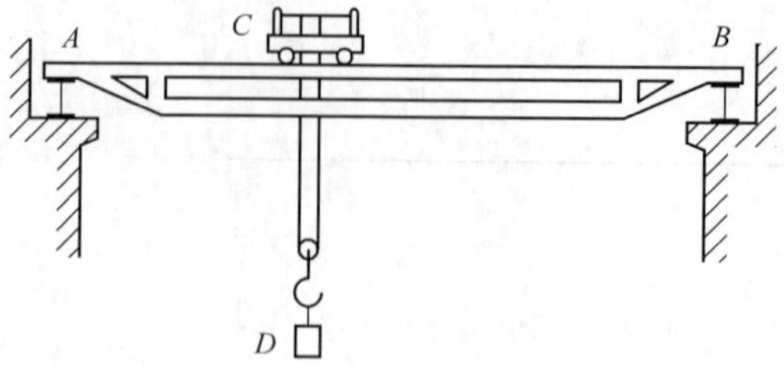

图 8-2 桥式起重机

受到一平衡力系的作用，钢丝绳的拉力与重物的重力大小相等。若欲使重物加速上升，则必须增大该拉力，使它的大小大于重物的重量。随着该拉力的变化，重物的运动状态也随着变化。上例说明作用在物体上的力与物体的运动状态有着密切的关系。动力学就是研究作用于物体上的力与物体的运动状态变化之间的关系。

动力学研究的物体来自于工程实际，是进行合理的抽象后的理想力学模型，本书中研究对象有质点、质点系和刚体。所谓质点是指忽略物体的大小、形状，而只将物体视为具有一定质量的几何点。质点是最简单的理想模型。质点系是指有限或无限个质点的组合。而刚体是质点系的一个特例，是无数个质点之间距离保持不变的质点系。对于质点系统来说，系统内某一个质点上的作用力，有系统外的物体或质点对它的作用力，也有系统内其他质点对它的作用力。前者称为系统的外力，用 $\boldsymbol{F}^{e}$ 表示，后者成为系统的内力，用 $\boldsymbol{F}^{i}$ 表示。

动力学主要研究两类基本问题：(1)已知物体的运动规律，求作用于物体上的力(如图 8-1a 所示的起重机提升重物)；(2)已知作用于物体上的力，求物体的运动变化规律(如图 8-1b 所示的火箭发射)。

8.1 质点动力学基本定律

动力学的理论基础是以动力学的基本定律为基础的，这些定律是建立在人们长期的生产实践基础上，先后由伽利略、牛顿提出，由牛顿综合总结而成的，所以一般称为牛顿三定律。

第一定律　惯性定律

任何物体，若不受外力作用，将永远保持静止或作匀速直线运动。

这一定律指出了力是改变物体运动状态的惟一外界因素。物体的这一属性称为“惯性”，惯性的概念是由伽利略(1564—1642)首先提出的。

第二定律　力与加速度关系定律

物体受到外力作用时，其加速度大小与所受力的大小成正比，而与质点的质量成反比，加速度方向与力的方向一致。

以矢量 $\boldsymbol{F}$ 和 $\boldsymbol{a}$ 表示力和加速度，则这一定律的数学公式表示为：

$$\boldsymbol{F}=m\boldsymbol{a}$$

其中 m 为质点的质量。由第二定律知，质量可理解为物体惯性的度量。上述方程建立了质量、力和加速度之间的关系，称为质点动力学的基本方程，它是推导其他动力学方程的基础。若质点同时受几个力的作用，则力 $\boldsymbol{F}$ 应理解为这些力的合力。

在国际单位制中，质量的单位为 kg，加速度的单位为 m/s^2，使 1kg 质量

的质点产生 $1m/s^2$ 的加速度的力，定义为一牛顿。即

$$1N=1kg\times1m/s^2$$

第三定律　作用与反作用定律

两物体间相互作用的力总是大小相等，方向相反，沿同一作用线，且同时分别作用于两个物体上。

这一定律给出了质点系中各质点相互作用的关系，既适用于静力学，也适用于动力学，对于研究质点系的动力学问题具有特别重要的意义。

我们知道，运动学中的“静止”、“速度”、“加速度”等概念是相对于某一参考系而言的。对于不同的参考系，运动情况是不一样的。那么，牛顿运动定律中所述的这些运动学概念究竟是相对于哪一个参考系而言的呢？

牛顿在提出各定律前，引进了“绝对空间”和“绝对时间”的概念。牛顿假想宇宙间存在着与物体运动无关的空间与时间，所有的运动要素都是相对于一个所谓的“绝对静止”的参考系而言的。并且在确定这些运动要素时，所采用的是“绝对时间”。实际上脱离物质运动的“绝对空间”和“绝对时间”是不存在的，宇宙间找不到任何绝对静止的空间，但这并不能说牛顿运动定律没有价值。正如在人类对客观物质世界的认识过程中建立起来的真理都是相对真理一样，牛顿运动定律反映的只是机械运动在一定范围内的客观规律，是宏观物体作低速（速度远小于光速）运动这一范围内的相对真理。实践证明，在日常生活及工程技术绝大多数问题中，选用固接于地球上或相对于地球作匀速直线运动的坐标系，运用牛顿运动定律所获得的计算结果是足够精确的。我们将这样的坐标系称为惯性坐标系。本书中如果没有特别说明，都以固接于地球的坐标系为惯性坐标系。

8.2　质点运动微分方程

质量为 m 的质点 M 作空间曲线运动，作用于质点上的合力 $\boldsymbol{F}=\sum\boldsymbol{F}_i$，如图 8-3 所示。质点的加速度为 $\boldsymbol{a}$，则

$$m\boldsymbol{a}=\boldsymbol{F} \tag{8-1}$$

由运动学知 $\boldsymbol{a}=\frac{d\boldsymbol{v}}{dt}=\frac{d^2\boldsymbol{r}}{dt^2}$，于是上式可表示为：

$$m\frac{d\boldsymbol{v}}{dt}=\boldsymbol{F}\quad 或\quad m\frac{d^2\boldsymbol{r}}{dt^2}=\boldsymbol{F} \tag{8-2}$$

这就是以矢量形式表示的质点运动微分方程。

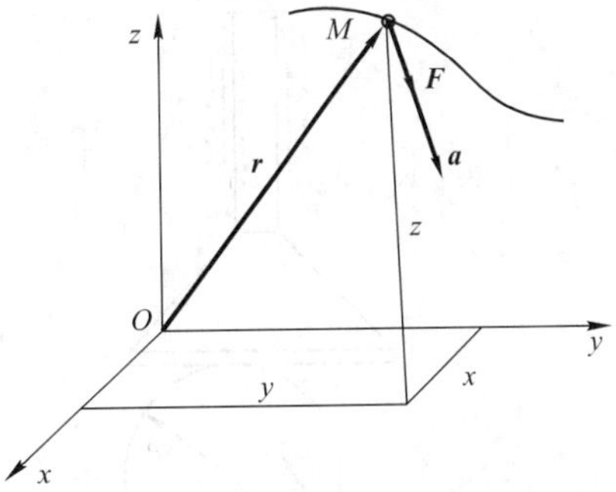

图 8-3　质点的运动微分方程

将式(8-2)投影到直角坐标系的各坐标轴上，得

$$m\frac{d^2x}{dt^2}=F_x,\quad m\frac{d^2y}{dt^2}=F_y,\quad m\frac{d^2z}{dt^2}=F_z \tag{8-3}$$

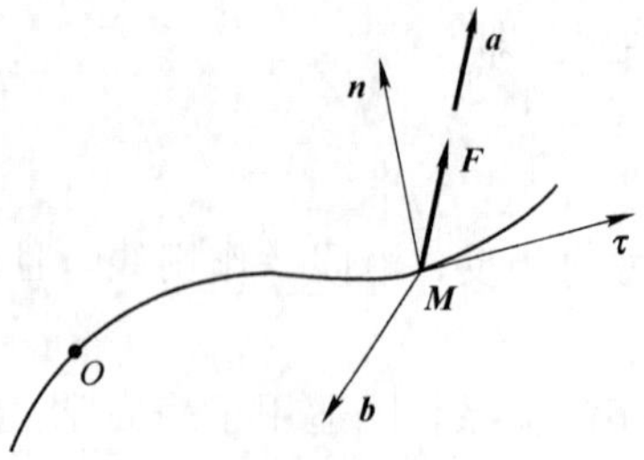

图 8-4　投影到自然轴系

其中 $\boldsymbol{F}_x$、$\boldsymbol{F}_y$、$\boldsymbol{F}_z$为作用于质点 M 的各力在 x、y、z 轴上的投影之和。这就是以直角坐标表示的质点运动微分方程。

若质点 M 的运动轨迹已知，将公式(8-1)投影到自然坐标的各轴上(图 8-4)，有

$$ma_\tau=F_\tau;\quad ma_n=F_n;\quad ma_b=F_b$$

其中　$a_\tau=\dfrac{d^2s}{dt^2}$；$a_n=\dfrac{v^2}{\rho}$；$a_b=0$，于是

$$m\frac{d^2s}{dt^2}=F_\tau;\quad m\frac{v^2}{\rho}=F_n;\quad 0=F_b \tag{8-4}$$

这就是以自然坐标形式表示的质点运动微分方程。

应用质点运动微分方程可求解质点动力学的两类基本问题。

第一类问题：已知质点的运动规律，求作用于质点上的力。这类问题可用运动方程对时间求导数，由质点运动微分方程求得作用在质点上的力，该类问题属于微分问题。

第二类问题：已知作用于质点上的力，求质点的运动规律。作用于质点上的力可以是常力或变力，当力是变力时，又可能是时间、质点的位置坐标、速度的函数，求质点的运动就是求质点运动微分方程的解，属于积分问题。为了确定运动微分方程的通解所包含的积分常数，还须给出运动**初始条件**，即运动初瞬时质点的位置和初速度，这样才能确定质点的运动。

此外，还有些问题是第一与第二类问题的综合。

【例题 8-1】　图 8-5(a)所示半径为 R 的偏心轮以匀角速度 ω 绕 O 轴转动，推动导板 ABD 沿铅垂轨道作平移。已知偏心距 $OC=e$，开始时 OC 沿水平线。若在导板顶部 D 处放有一质量为 m 的物块 M。试求：(1)导板对物块的最大反力及这时偏心 C 的位置；(2)欲使物块不离开导板，求角速度 ω 的最大值。

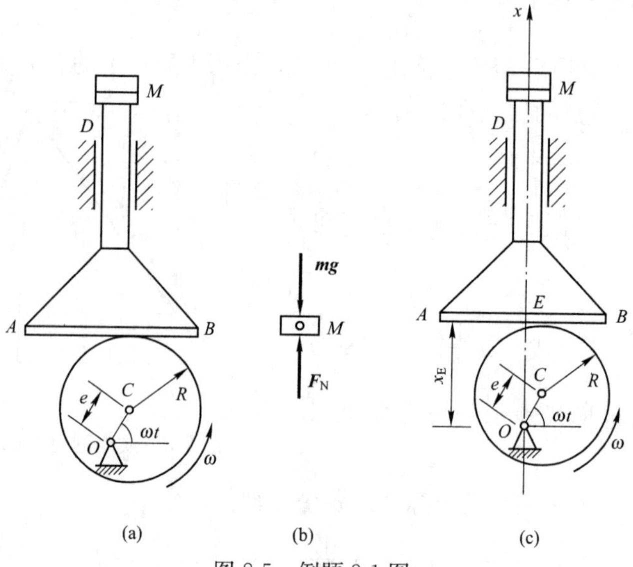

图 8-5　例题 8-1 图

【解】 先求解问题(1)，取物块为研究对象，物块作平动，可视为一质点。如果可以建立质点 M 的运动方程，则应用质点运动微分方程，易求出导板对质点 M 的反力。属于质点动力学第一类问题。

在任一瞬时，质点 M 的受力如图 8-5(b)所示。将 x 轴的原点取在固定点 O 上并取 x 轴向上为正，如图 8-5(c)所示。由式(8-3)可得质点 M 的运动微分运动方程为：

$$m\frac{\mathrm{d}^2x}{\mathrm{d}t^2}=F_{\mathrm{N}}-mg \tag{a}$$

导板作平动，质点 M 的加速度等于导板上 E 点(偏心轮与导板的接触点)的加速度。由图 8-5(c)，可知任一瞬时 E 点的运动方程为：$x_{\mathrm{E}}=e\sin\omega t+R$，质点 M 的加速度：

$$\frac{\mathrm{d}^2x}{\mathrm{d}t^2}=\frac{\mathrm{d}^2x_{\mathrm{E}}}{\mathrm{d}t^2}=-e\omega^2\sin\omega t \tag{b}$$

将式(b)代入式(a)，得反力：

$$F_{\mathrm{N}}=mg-me\omega^2\sin\omega t \tag{c}$$

由式(c)可知，反力 $\boldsymbol{F}_{\mathrm{N}}$ 包含两部分：第一部分为质点 M 处于静止时的反力，称为静反力；第二部分是由于质点 M 具有加速度而引起的反力，称为附加动反力(简称动反力)。而且，当 $\sin\omega t=-1$ 时，即 C 点在最低位置时，反力 $\boldsymbol{F}_{\mathrm{N}}$ 达到最大值 F_{Nmax} 为：

$$F_{\mathrm{Nmax}}=mg+me\omega^2=m(g+e\omega^2)$$

其次，求解问题(2)。由式(c)又可知，当 $\sin\omega t=1$ 时，即 C 点在最高位置时，F_{N} 达到最小值 F_{Nmin} 为

$$F_{\mathrm{Nmin}}=m(g-e\omega^2)$$

欲使物块不离开导板，必须 $F_{\mathrm{Nmin}}\geqslant0$，即 $m(g-e\omega^2)\geqslant0$，得：$\omega\leqslant\sqrt{\dfrac{g}{e}}$

故物块不离开导板时，偏心轮角速度的最大值为 $\sqrt{\dfrac{g}{e}}$。

【例题 8-2】 如图 8-6(a)所示，物块 A 质量为 m，置于倾角为 β 的光滑斜面 B 上，设斜面以加速度 a_1 运动，求此时物块 A 相对斜面滑下的加速度以及斜面给物块的作用力。

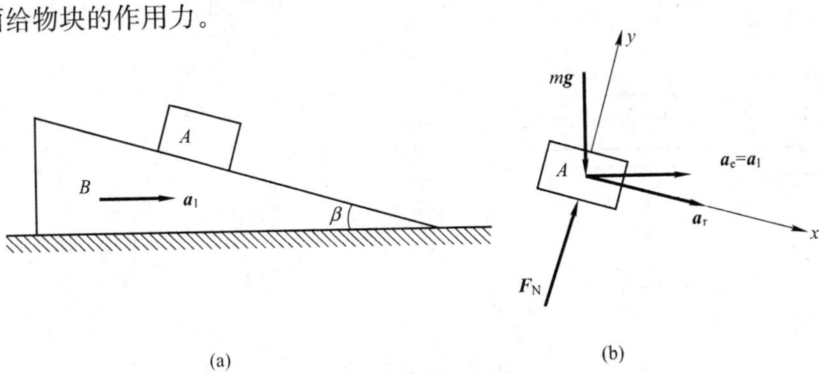

图 8-6　例题 8-2 图

【解】 物块 A 在斜面上作平移，而斜面又在地面上作平移，因此，物块 A 的绝对运动仍然是平移，可以将物块 A 看作一质点。本题属于动力学第一类和第二类的综合问题。物块 A 的受力如图 8-6(b)所示，其绝对加速度：$\boldsymbol{a}=\boldsymbol{a}_e+\boldsymbol{a}_r=\boldsymbol{a}_1+\boldsymbol{a}_r$，运动微分方程为：

$$m(\boldsymbol{a}_1+\boldsymbol{a}_r)=m\boldsymbol{g}+\boldsymbol{F}_N$$

向图 8-6(b)所示 x 轴方向投影，得：

$$m(a_1\cos\beta+a_r)=mg\sin\beta$$

解得物块 A 相对斜面滑下的加速度：

$$a_r=g\sin\beta-a_1\cos\beta$$

在 y 轴方向投影

$$ma_1\sin\beta=-mg\cos\beta+F_N$$

得斜面给物块的作用力

$$F_N=m(a_1\sin\beta+g\cos\beta)$$

从上面得到的结果可以看出：

(1) 当 $a_1=g\tan\beta$ 时，$a_r=0$。如果物块 A 没有初速度的话，它就可以一直相对静止在斜面上。此时，$F_N=mg/\cos\beta$。

(2) 当 $a_1>g\tan\beta$ 时，$a_r<0$。如果物块 A 初速度为零，则它沿斜面向上滑动。

(3) 当 $a_1<g\tan\beta$ 时，$a_r>0$。如果物块 A 初速度为零，则它沿斜面向下滑动。

(4) 当斜面的加速度与原设方向相反，其大小等于 $g\cot\beta$ 时，即当 $a_1=-g\cot\beta$ 时，$F_N=0$。此时，$a_r=g/\sin\beta$，物块 A 的绝对加速度 $\boldsymbol{a}=\boldsymbol{g}$。在此情况下，物块 A 即将与斜面脱离而成为自由落体。

【例题 8-3】 图 8-7(a)所示桥式起重机上的小车，吊着重量为 $P=100\text{kN}$ 的物体沿水平桥梁以速度 $v_0=1\text{m/s}$ 作匀速直线移动。重物的重心到悬挂点的距离为 $l=5\text{m}$。当小车突然停车时，重物因惯性而继续运动，此后则绕悬挂点摆动。试求钢丝绳的最大拉力。

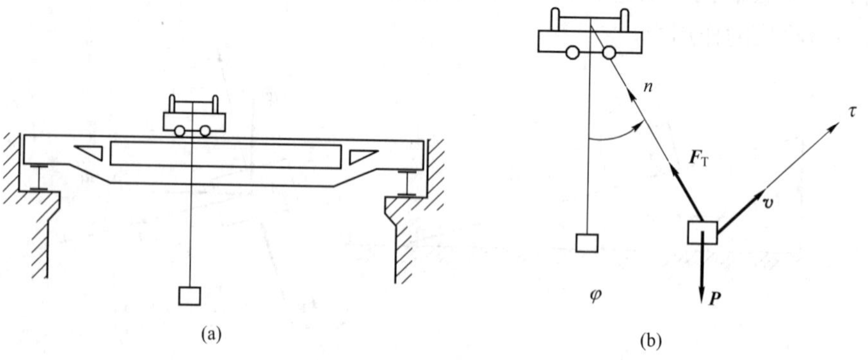

图 8-7　例题 8-3 图

【解】 取重物为研究对象，并将重物视为质点。设小车突然停车后的任意瞬间 t，钢丝绳与铅垂线之间的夹角为 φ，受力分析和自然轴系如图 8-7(b)所示。由式(8-4)可得

$$\frac{P}{g}\frac{\mathrm{d}v}{\mathrm{d}t}=-P\sin\varphi \tag{a}$$

$$\frac{P}{g}\frac{v^2}{l}=F_{\mathrm{T}}-P\cos\varphi \tag{b}$$

显然，如果能求出 v(这属于第二类问题)，则代入式(b)可求得 F_{T}。为此，将式(a)改写为：

$$\frac{P}{g}\frac{\mathrm{d}v}{\mathrm{d}\varphi}\frac{\mathrm{d}\varphi}{\mathrm{d}t}=-P\sin\varphi$$

由运动学可知，$\frac{\mathrm{d}\varphi}{\mathrm{d}t}=\frac{v}{l}$，代入上式可得：

$$\frac{P}{g}\frac{v}{l}\frac{\mathrm{d}v}{\mathrm{d}\varphi}=-P\sin\varphi \quad 或 \quad \frac{v}{gl}\mathrm{d}v=-\sin\varphi\mathrm{d}\varphi$$

在 $t=0$ 时，$v=v_0$，$\varphi=0$，任意瞬时 t，钢丝绳与铅垂线之间的夹角为 φ，重物的速度为 v，将上式两边积分得：

$$\int_{v_0}^{v}\frac{v}{gl}\mathrm{d}v=\int_{0}^{\varphi}-\sin\varphi\mathrm{d}\varphi$$

$$v^2=v_0^2-2gl(1-\cos\varphi) \tag{c}$$

由式(b)得 $$F_{\mathrm{T}}=P\cos\varphi+\frac{P}{g}\frac{v^2}{l}$$

当 $\varphi=0$ 时，v 具有最大值 v_0，$\cos\varphi=1$ 也为最大值，此时绳索的拉力具有最大值为：

$$F_{\mathrm{Tmax}}=P+\frac{P}{g}\frac{v_0^2}{l} \tag{d}$$

将 $v_0=1\mathrm{m/s}$，$l=5\mathrm{m}$，$P=100\mathrm{kN}$ 代入式(4)，可得

$$F_{\mathrm{Nmax}}=102\mathrm{kN}$$

【例题 8-4】 如图 8-8 所示，物块重 $\boldsymbol{P}$(kN)，水平截面积为 s(m^2)，放置于重度 γ($\mathrm{kN/m^3}$)的水中，水的黏滞阻力不计，假定物块从其平衡位置下沉一微小距离 x_0(m)，此时 $v_0=0$，求此后该物块的运动。

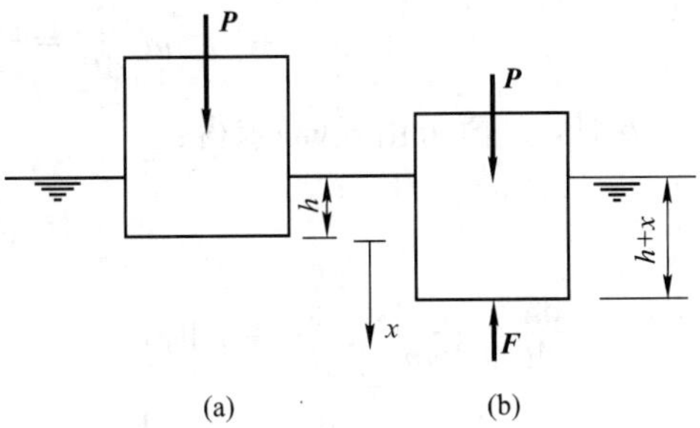

图 8-8 例题 8-4 图
(a)平衡位置；(b)任意位置

【解】 此题为质点动力学第二类问题，力是位置坐标的函数：

$$F=\gamma s(h+x)$$

$$\frac{P}{g}\frac{\mathrm{d}^2x}{\mathrm{d}t^2}=P-F=P-\gamma s(h+x)$$

$$=P-\gamma sh-\gamma sx$$

平衡时有 $P=\gamma sh$ 所以

$$\frac{P}{g}\frac{d^2x}{dt^2}=-\gamma sx,\quad \frac{dv}{dx}\frac{dx}{dt}=-\frac{\gamma sg}{P}x,$$

$$\int_0^v v dv=-\int_{x_0}^x \frac{\gamma sg}{P}x dx,\quad \frac{1}{2}v^2=-\frac{\gamma sg}{2P}(x^2-x_0^2),$$

$$v=\frac{dx}{dt}=\sqrt{\frac{\gamma sg}{P}}\sqrt{x_0^2-x^2}$$

再积分：$\int_{x_0}^x \frac{dx}{\sqrt{x_0^2-x^2}}=\int_0^t \sqrt{\frac{\gamma sg}{P}}dt$，令 $\sqrt{\frac{\gamma sg}{P}}=\omega_0$，得 $x=x_0\cos\omega_0 t$

可见，物块作简谐振动，其振幅为 x_0(m)，周期 T 为 $2\pi\sqrt{\frac{P}{\gamma sg}}$(s)。

【例题 8-5】 将行驶车辆视为质点，其质量为 m，现从静止状态开始作直线运动，作用于质点上的力 $\boldsymbol{F}$ 随时间按图 8-9 所示规律变化。求质点的运动方程。a、b 均为具有正号的常数。

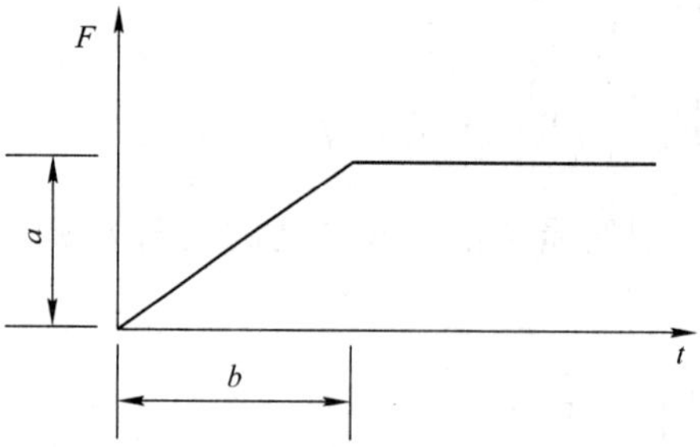

图 8-9 例题 8-5 图

【解】 此题为质点动力学第二类问题，力是时间 t 的函数。

在 $0<t<b$ 时，$F=\frac{a}{b}t$；$t\geqslant b$ 时，$F=a$

当 $0<t<b$ 时，质点的运动微分方程为：

$$m\frac{d^2x}{dt^2}=\frac{a}{b}t,\quad mv=\frac{a}{2b}t^2+c_1$$

当 $t=0$ 时，$v_0=0$，所以 $c_1=0$，即 $mv=\frac{a}{2b}t^2$

$$m\frac{dx}{dt}=\frac{a}{2b}t^2,\quad dx=\frac{a}{2bm}t^2dt,\quad x=\frac{a}{6bm}t^3+c_2$$

当 $t=0$ 时，$x_0=0$，所以 $c_2=0$，即 $x=\frac{a}{6bm}t^3\quad(t<b)$ (a)

当 $t\geqslant b$ 时，质点的运动微分方程为：

$$m\frac{d^2x}{dt^2}=F=a \tag{b}$$

在 $t=b$ 时，x 值可由式(a)求得：

$$x|_{t=b}=\frac{ab^2}{6m} \tag{c}$$

由式(a)：$\frac{dx}{dt}=\frac{a}{2bm}t^2$，当 $t=b$ 时，

$$\left.\frac{dx}{dt}\right|_{t=b}=\frac{ab}{2m} \tag{d}$$

由式(b)积分

$$\frac{dv}{dt}=\frac{a}{m},\quad v=\frac{a}{m}t+c_3$$

将式(d)代入$\frac{ab}{2m}=\frac{ab}{m}=c_3$，所以 $c_3=-\frac{ab}{2m}$

得：
$$v=\frac{a}{m}t-\frac{ab}{2m},\quad x=\frac{a}{2m}t^2-\frac{ab}{2m}t+c_4$$

将式(c)代入：$\frac{ab^2}{6m}=\frac{a}{2m}b^2-\frac{ab^2}{2m}+c_4$所以 $c_4=\frac{ab^2}{6m}$

即
$$x=\frac{a}{2m}t^2-\frac{ab}{2m}t+\frac{ab^2}{6m}\quad (t\geqslant b)$$

【例题 8-6】 图 8-10(a)所示质量为 m 的铅球，被运动员自 O 点抛出，视铅球为质点 M，其初速度 v_0 与水平线的夹角为 φ，设空气阻力 $\boldsymbol{F}_R$ 的大小为 mkv(k 为一常数)，方向与质点 M 的速度 $\vec{v}$ 方向相反。求该质点 M 的运动方程。

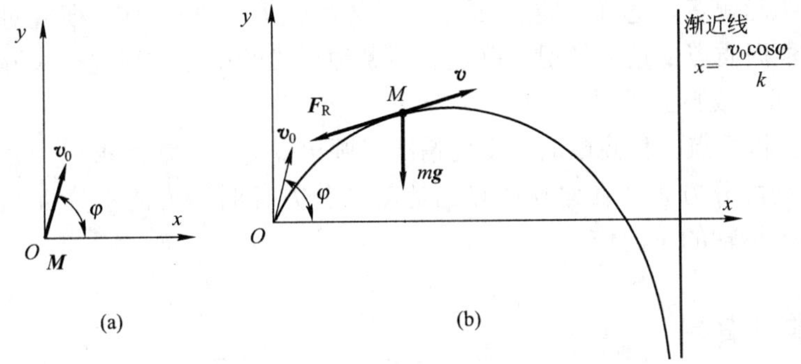

图 8-10 例题 8-6 图

【解】 本题属质点动力学的第二类问题，力是速度 v 的函数，受力分析如图 8-10(b)所示。运用质点运动微分方程的直角坐标形式得：

$$m\frac{d^2x}{dt^2}=-mkv_x,\quad m\frac{d^2y}{dt^2}=-mg-mkv_y$$

即
$$\frac{dv_x}{dt}=-kv_x \tag{a}$$

$$\frac{dv_y}{dt}=-g-kv_y \tag{b}$$

初瞬时 $t=0$ 时，质点的起始位置坐标为 $x_0=0$，$y_0=0$，而初速度在 x，y 轴投影分别为：

$$v_{0x}=v_0\cos\varphi,\quad v_{0y}=v_0\sin\varphi$$

对式(a)和式(b)积分
$$\int_{v_0\cos\varphi}^{v_x}\frac{dv_x}{v_x}=-\int_0^t k\,dt,\quad v_x=(v_0\cos\varphi)e^{-kx} \tag{c}$$

$$\int_{v_0\sin\varphi}^{v_y}\frac{k\,dv_y}{g+kv_y}=-\int_0^t k\,dt,\quad v_y=\left(v_0\sin\varphi+\frac{g}{k}\right)e^{-kt}-\frac{g}{k} \tag{d}$$

再积分一次，得$\int_0^x dx=\int_0^t(v_0\cos\varphi)e^{-kt}dt$，$\int_0^y dy=\int_0^t\left[\left(v_0\sin\varphi+\frac{g}{k}\right)e^{-kt}-\frac{g}{k}\right]dt$

得
$$x=\frac{v_0\cos\varphi}{k}(1-\mathrm{e}^{-kt}) \tag{e}$$

$$y=\left(\frac{v_0\sin\varphi}{k}+\frac{g}{k^2}\right)(1-\mathrm{e}^{-kt})-\frac{g}{k}t \tag{f}$$

这就是所求的质点运动方程。从式(e)、式(f)中消去t，得轨迹方程为：

$$y=\left(\tan\varphi+\frac{g}{kv_0\cos\varphi}\right)x+\frac{g}{k^2}\ln\left(1-\frac{k}{v_0\cos\varphi}\right)$$

其轨迹曲线如图8-10(b)所示。由式(e)、式(f)、式(c)、式(d)可见，当$t\to\infty$时，$x\to\dfrac{v_0\cos\varphi}{k}$，$y\to-\infty$，$v_x\to0$，$v_y\to-\dfrac{g}{k}=v_y^*$，$v_y^*$称为极限速度，这时质点$M$以匀速$v_y^*$铅垂下降。还可以看到，当$k$趋于零时，运用求极限的罗必塔法则，从式(e)和式(f)可以得到不计空气阻力时的运动方程。

通过以上例题的分析，在应用质点的运动微分方程解题时，其解题步骤大致归纳如下：

(1) 明确题意，选择一质点（或将一物体简化为一质点）作为研究对象。

(2) 根据质点的运动情况，确定采用哪种形式的微分方程进行求解，并画出直角坐标系或自然轴系。

(3) 分析质点在任意瞬时的受力情况并画出受力图，然后根据受力图建立质点的运动微分方程。在建立质点的运动微分方程时，为便于分析，通常将质点放在坐标轴的正向作受力图。

小结及学习指导

1. 动力学是研究物体运动与其所受力之间的关系，动力学基本定律是研究动力学的理论基础，深刻领会这些定律的含义与概念，明确这些定律的适用范围是学好动力学的关键。

2. 利用动力学第二定律求解质点的动力学问题是本章的重点。第二定律建立了质点的质量、作用于质点上的力以及加速度三者之间的关系，它的矢量表达式为$m\boldsymbol{a}=\boldsymbol{F}$，其中力$\boldsymbol{F}$应理解为合力，而$\boldsymbol{a}$是相对于惯性坐标系的加速度，它的方向与合力的方向一致。同时，在应用第二定律时要弄清各物理量的单位。

3. 在应用质点的运动微分方程求解质点动力学两类问题时，应根据问题的特点选用直角坐标形式或自然形式。在求解第一类问题时，可先根据已知条件，求出质点的加速度，然后运用质点的运动微分方程，求出未知力。在求解第二类问题时需要将微分方程进行积分，所出现的积分常数可根据质点运动的起始条件求出。

思考题

8-1 以下论述是否正确：

(1) 质点的速度越大，则其惯性越大，因而该质点所受合力也就越大。

(2) 质点的运动方向，就是质点上的所受合力的方向。

(3) 两个质点质量相同，在相同力 $\boldsymbol{F}$ 的作用下，则它们在任一瞬时的速度，加速度都相同。

8-2 汽车以匀速 $\boldsymbol{v}$ 通过图 8-11 所示路面上的 A、B、C 三点时，给路面的压力是否相同？

8-3 如图 8-12 所示，当作用于质点上的力 $\boldsymbol{F}$ 为恒矢量时，质点 M 能否作匀速曲线运动？

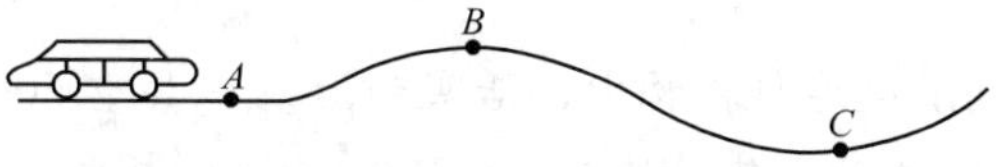

图 8-11 思考题 8-2 图

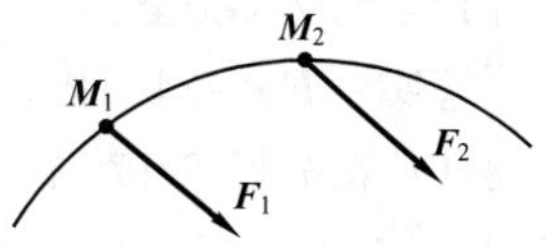

图 8-12 思考题 8-3 图

8-4 如图 8-13 所示，质点作曲线运动时，图中力 $\boldsymbol{F}$ 与加速度 $\boldsymbol{a}$ 的情形，哪几种是可能的，哪几种为不可能？

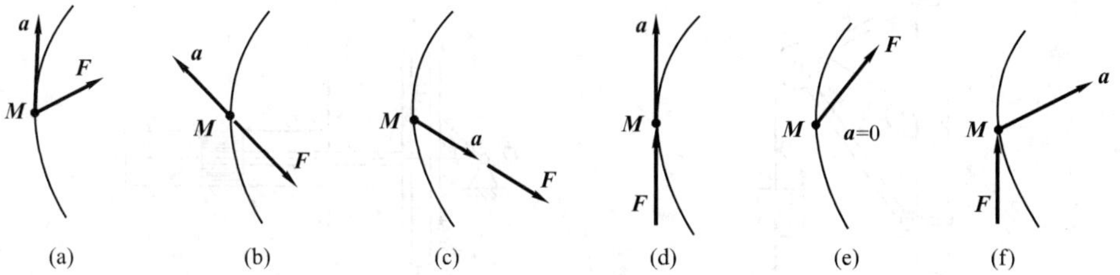

图 8-13 思考题 8-4 图

8-5 试说明$\frac{\mathrm{d}\boldsymbol{v}}{\mathrm{d}t}$、$\frac{\mathrm{d}v}{\mathrm{d}t}$、$\left|\frac{\mathrm{d}\boldsymbol{v}}{\mathrm{d}t}\right|$三者的区别。

8-6 不计滑轮质量，在图 8-14 所示两种情况下，重物Ⅱ的加速度是否相同？两根绳中的张力是否相同？

8-7 如图 8-15 所示，用一细绳将一小球 M 悬挂在 D 处。当小球在水平面内作圆周运动时，有人认为球上受到重力 $\boldsymbol{P}$、绳子张力 $\boldsymbol{F}$ 及向心力 $\boldsymbol{F}_1$ 的作用，对吗？若不对，错在哪里？

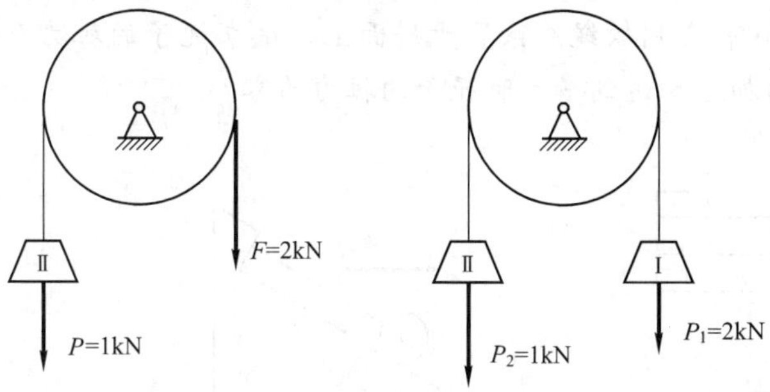

图 8-14 思考题 8-6 图

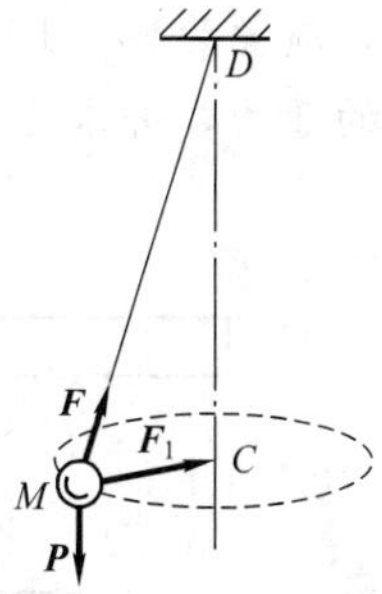

图 8-15 思考题 8-7 图

习题

8-1　质量为 $m=2\text{kg}$ 的质点沿空间曲线运动，其运动方程为：$x=4t^2-t^3$，$y=-5t$，$z=t^4-2$。求 $t=1\text{s}$ 时作用于该质点的力。

［**答案**：$\boldsymbol{F}=4\boldsymbol{i}+24\boldsymbol{k}$］

8-2　图 8-16 所示起重机的绳索容许拉力为 35kN，现起吊一重为 $P=25\text{kN}$ 的物体，如果要它在 $t=0.25\text{s}$ 内从静止以匀加速度上升到 0.6m/s 的速度，问起吊是否安全？

［**答案**：$\boldsymbol{F}_{\text{T}}=31.1\text{kN}$，安全］

8-3　在如图 8-17 所示的曲柄滑道连杆机构中，活塞和活塞杆共重 500N。曲柄长 $OA=30\text{cm}$，绕 O 轴作匀速转动，其转速为 $n=120\text{r/min}$。求当 $\varphi=0°$ 及 $\varphi=90°$时，作用在活塞上的水平力。

［**答案**：(1)$\varphi=0°$：$F=-2.417\text{kN}$；(2)$\varphi=90°$：$F=0$］

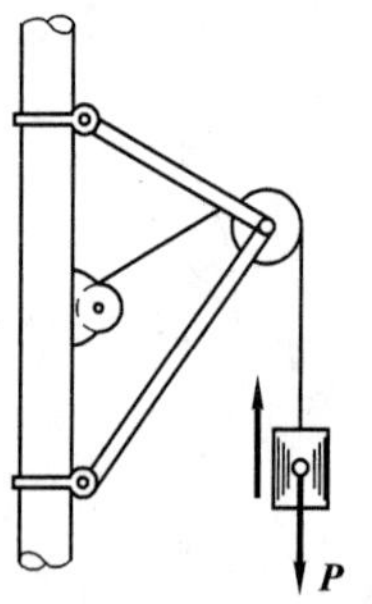

图 8-16　习题 8-2 图

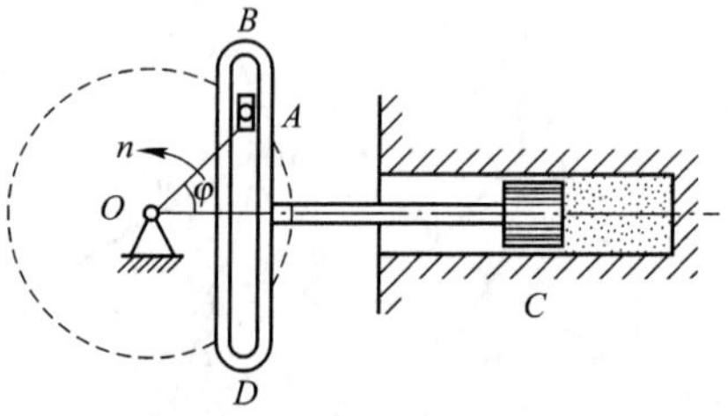

图 8-17　习题 8-3 图

8-4　一重 20N 的小方块放于绕铅垂轴转动的水平圆台上，如图 8-18 所示，$r=1\text{m}$，圆台从静止开始以 0.5rad/s^2 的匀角加速度转动。设方块与台面间的静摩擦因数为 0.25，问经过多少时间后，方块开始在台面上滑动？又问当 $t=2\text{s}$ 时，方块与台面间的摩擦力多大？

［**答案**：$t=3.10\text{s}$，$F=2.28\text{N}$］

8-5　如图 8-19 所示，倾角为 30°的楔形斜面以 $a=\dfrac{g}{3}\text{m/s}^2$ 的加速度向左运动，质量为 $m=10\text{kg}$ 的小球 A 用软绳维系置于斜面上，试求绳子的拉力及斜面的压力，并求当斜面的加速度达到多大时绳子的拉力为零？

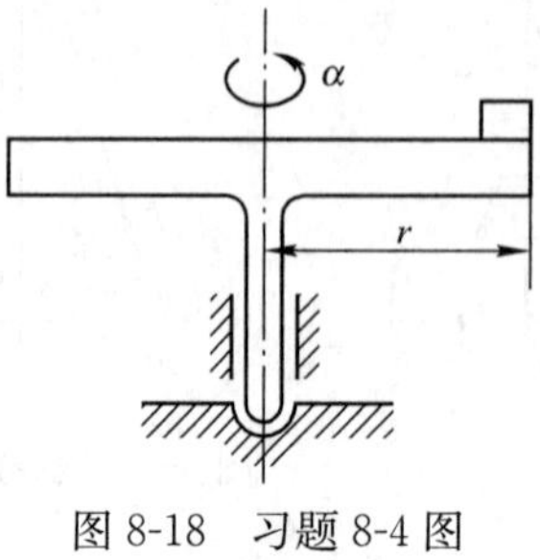

图 8-18　习题 8-4 图

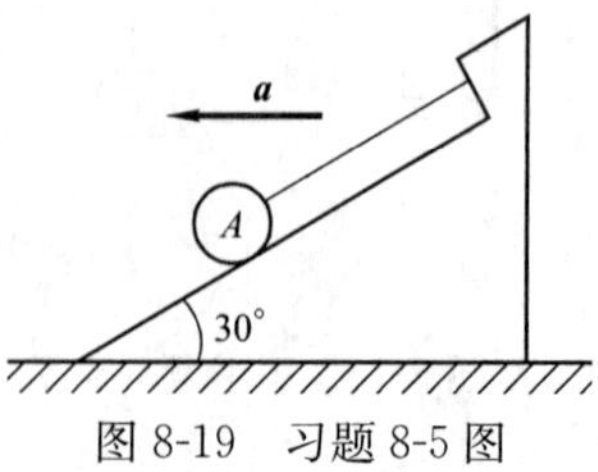

图 8-19　习题 8-5 图

[**答案**：$F_\tau=20.71\text{N}$，$F_n=101.20\text{N}$，$a=5.66\text{m/s}^2$]

8-6 如图 8-20 所示，小球重 $\boldsymbol{P}$，以两绳悬挂。若将绳 AB 突然剪断，求小球开始运动瞬时 AC 绳中的拉力；另求小球 A 运动到铅垂位置时，绳中的拉力为多少？

[**答案**：(1)$F_T=P\cos\alpha$；(2) $F_T=P(3-2\cos\alpha)$]

8-7 如图 8-21 所示，起重机起吊重物时，钢丝绳偏离铅垂线 30°。起吊后货物沿以 O 为圆心、半径为 l 的圆弧摆动。已知货物重 $\boldsymbol{P}$，求摆动到任一位置时货物的速度，并求钢丝绳的最大的拉力。

[**答案**：$F_{max}=1.27P$]

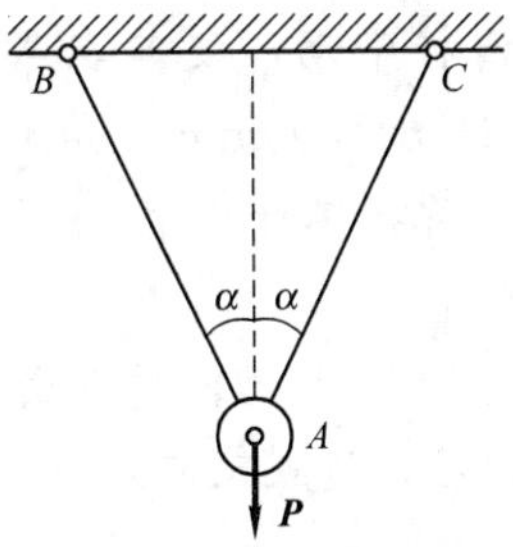

图 8-20　习题 8-6 图

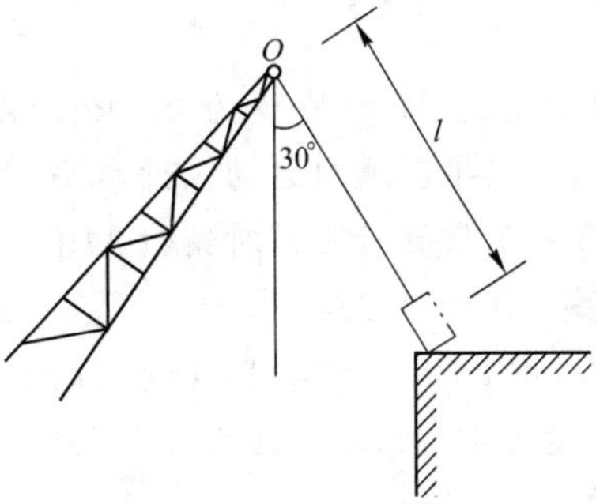

图 8-21　习题 8-7 图

8-8 筛粉机如图 8-22 所示。已知曲柄 OA 以匀角速度 ω 转动，$OA=AB=l$，石料与筛盘间的摩擦因数为 f_s，为使碎石料在筛盘中来回运动。求曲柄 OA 的角速度至少应多大？

[**答案**：$\omega\geqslant\sqrt{\dfrac{gf_s}{2l}}$]

8-9 如图 8-23 所示，小球 A 从光滑半圆柱的顶点无初速地下滑，求小球脱离半圆柱时的位置角 φ。

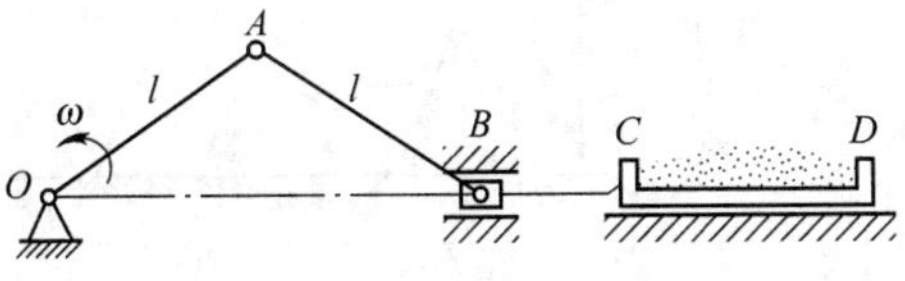

图 8-22　习题 8-8 图

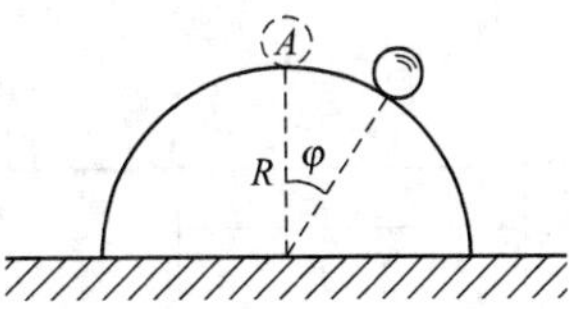

图 8-23　习题 8-9 图

[**答案**：$\varphi=48.2°$]

8-10 如图 8-24 所示，质量为 m 的球 A，用两根各长为 l 的杆支承。支承架以匀角速度 ω 绕铅直轴 BC 转动。已知 $BC=2a$；杆 AB 与 AC 的两端均铰接，杆重忽略不计。求杆所受的力。

[**答案**：$F_{AB}=\dfrac{ml}{2a}(\omega^2a+g)$，$F_{AC}=\dfrac{ml}{2a}(\omega^2a-g)$]

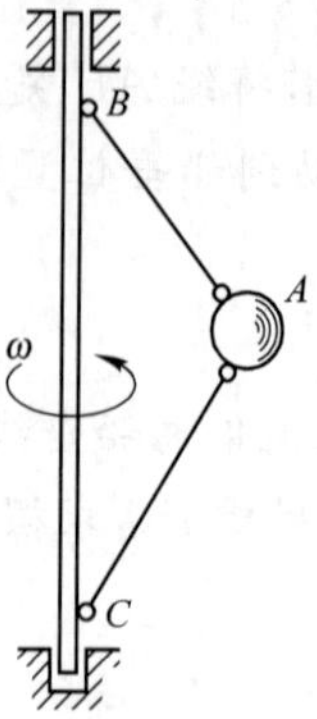

图 8-24 习题 8-10 图

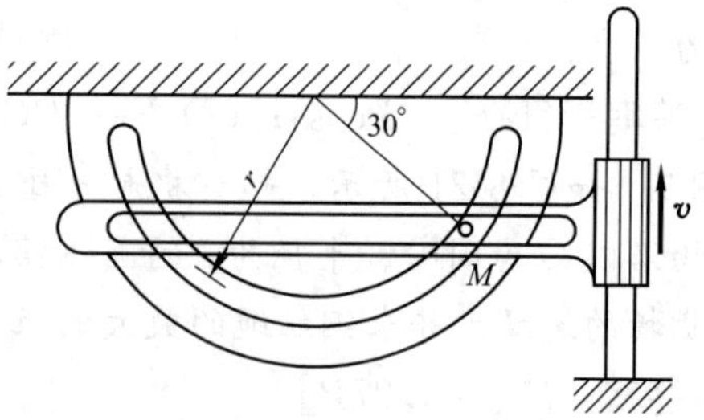

图 8-25 习题 8-11 图

8-11 销钉 M 的质量为 0.2kg，由水平槽杆带动，使其在半径为 $r=200\text{mm}$ 的固定半圆槽内运动。设水平槽杆以匀速 $v=400\text{mm/s}$ 向上运动。求在图 8-25 所示位置时圆槽对销钉 M 作用的力。(摩擦不计)

[**答案**：$F_N=0.284\text{N}$]

8-12 图 8-26 所示质点 A 受到的作用力是 $F=12-2t$，质点由 x 轴原点出发，初速为零，沿轴线运动。问经过多少时间后，质点又回到原点 O。

[**答案**：$t=18\text{s}$]

8-13 如图 8-27 所示，质量为 m 的质点自高度 h 以速度 v_0 水平抛出，空气阻力为 $\boldsymbol{F}=-km\boldsymbol{v}$，其中 k 为常数。求物体的运动方程和轨迹。

[**答案**：$x=\dfrac{v_0}{k}(1-e^{-kt})$，$y=h-\dfrac{g}{k}t+\dfrac{g}{k^2}(1-e^{-kt})$；轨迹为：$y=h-\dfrac{g}{k^2}\ln\dfrac{v_0}{v_0-kx}+\dfrac{gx}{kv_0}$]

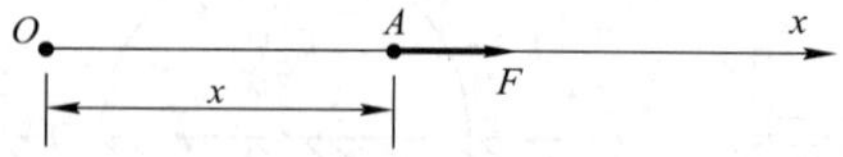

图 8-26 习题 8-12 图

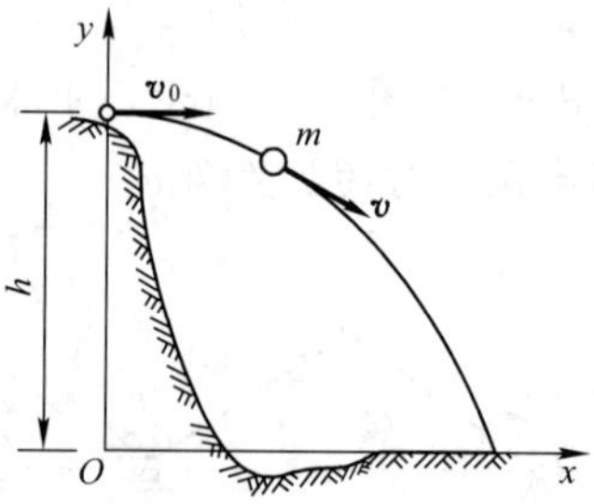

图 8-27 习题 8-13 图

8-14 如图 8-28 所示，为使列车对铁轨的压力垂直与路基，在铁路的弯道部分，外轨要比内轨稍微提高。若弯道的曲率半径为 $\rho=300\text{m}$ 列车的速度为 12m/s，内外轨道间的距离为 $b=1.6\text{m}$，求外轨应高于内轨的高度 h。

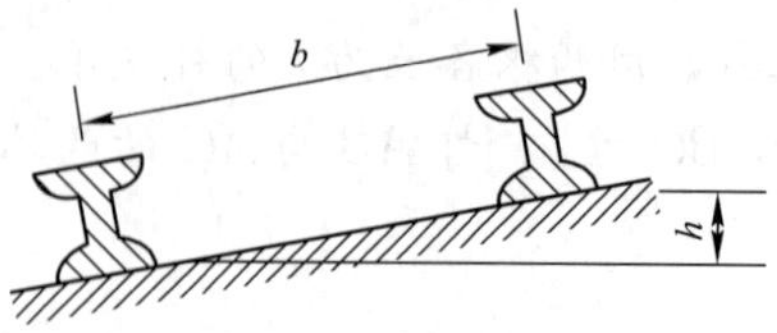

图 8-28 习题 8-14 图

[**答案**：$h=78.4\text{mm}$]

8-15 如图 8-29 所示，假设有一穿过地心的笔直隧道，一质点自地面无初速地放入隧道。若质点受到地球内部的引力与它到地心的距离成正比，地球半径 $R=6370\text{km}$，在地球表面的重力加速度 $g=9.8\text{m/s}^2$，试求：(1)质点的运动；(2)质点穿过地心时的速度；(3)质点到达地心所需的时间。

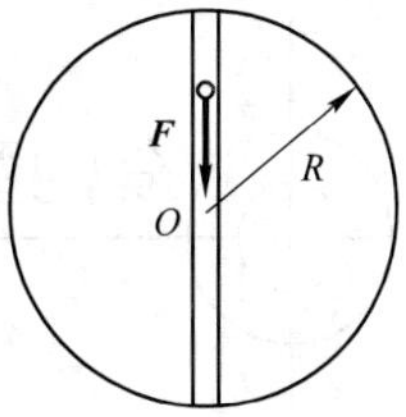

图 8-29 习题 8-15 图

$\left[\textbf{答案}：(1)x=R\cos\left(\sqrt{\frac{g}{R}}t\right)；(2)v=-7.9\text{km/s}；(3)t=1266\text{s}\right]$

8-16 战斗机重 29.4kN，引擎的推进力为 14.7kN，其起飞速度为 36.1m/s。空气阻力与速度的平方成正比，为 $F_R=kv^2$，单位为牛顿(N)，阻力方向与速度方向相反，其中 $k=1.96$。为使战斗机能在舰船上起飞，采用弹射器以减少飞机的滑行路程，假定弹射器的附加推力等于 4.9kN，问战斗机起飞跑道的长度可缩短多少？

[**答案**：缩短 37.5m]

8-17 直升飞机重 $\boldsymbol{P}$，它竖直上升的螺旋桨的牵引力为 $1.5P$，空气阻力为 $F=k\boldsymbol{P}v$。求直升飞机上升的极限速度。

[**答案**：$v^*=0.5k$]

8-18 排水量为 $1\times10^9\text{N}$ 的轮船，以 8m/s 的速度航行。水的阻力与轮船速度平方成正比，在速度为 1m/s 时为 $3\times10^5\text{N}$。当轮船关闭马达后速度降至 4m/s 时，求轮船航行了多少路程？需多少时间？

[**答案**：$L=236\text{m}$，$t=42.5\text{s}$]

8-19 伞兵带降落伞从高空无初速落下。伞兵体重 650N，所受空气阻力 $F=\frac{1}{2}c\rho Av^2$，其中 c 为无因次的阻力系数，A 为垂直运动方向的最大截面积，ρ 为空气密度。已知：对完全张开的球面降落伞而言，$c=0.98$；$A=50\text{m}^2$；在标准状态下 $\rho=1.25\text{N}\cdot\text{s}^2/\text{m}^4$。求伞兵下降的极限速度和速度达到 95% 的极限速度时所需的时间。

[**答案**：(1)$v_m=4.66\text{m/s}$；(2)$t=0.869\text{s}$]

第9章 动量定理

本章知识点

【知识点】动量、冲量的计算，动量定理和质心运动定理，动量守恒定律和质心运动守恒定律。

【重点】掌握动量和冲量的概念，能熟练地求解质点系的动量，正确地应用动量定理和质心运动定理求解动力学问题中的力和运动量。能正确地判断和应用动量守恒定律和质心运动守恒定律求解动力学问题。

【难点】动量定理在流体中的应用稍难，但这部分不是重点，学生了解即可。应用动量定理和质心运动定理求解质点系动力学问题时，应注意区分内力和外力，只有外力能改变质点系的动量和质心的运动。同时注意动量是矢量，冲量也是矢量，动量定理和质心运动定理都是矢量式，解题时常用其投影式。

在第 8 章，我们运用质点运动微分方程求解质点的动力学问题。从理论上讲，这一方法可以推广至求解质点系的动力学问题，但必须对质点系中的每一个质点建立质点的运动微分方程后，求解质点系的运动微分方程组，显然是非常复杂的，因此该方法仅适用于求解简单的质点系动力学问题。在工程实际问题中，我们所遇到的是非常复杂的动力学问题，如图 9-1 所示的发射多级火箭和炮弹的动力学问题。而实际中，我们既无必要也不可能运用这种方法解题，这是因为：对于绝大部分实际问题，我们并不需要求出质点系中每个质点的运动规律，而只需知道表征整个质点系运动的某些特征量就够了；其次，求解质点系联立的微分方程组的积分问题，会遇到难以克服的数学上的困难。为了使运算过程简化，从运动微分方程出发推导出了若干定理，运用这些定理求解质点系的问题，要比运用运动微分方程简单得多。在这些定理中，我们将某些与运动有关的物理量(动量、动量矩、动能)以及与作用于质点系上的与力有关的物理量(冲量、冲量矩、功)对应联系起来，建立它们之间数学上的关系，这些关系统称为动力学普遍定理，它包括动量定理、动量矩定理和动能定理。这些定理不仅仅是数学运算的简化，而且也有它的独立的物理意义。这一章，我们讨论由牛顿第二定理推导出的动量定理和质心运动定理。

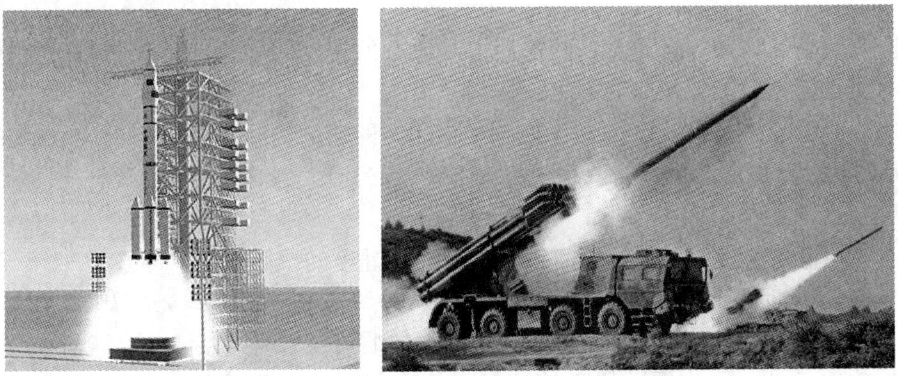
(a) (b)

图 9-1

9.1 动量定理

9.1.1 动量

我们知道，子弹质量虽小，但当其速度很大时便产生极大的杀伤力，轮船靠岸，尽管速度很小，但由于质量很大，如果不慎，也会撞坏码头。这说明物体运动的强弱，不仅与物体运动的速度有关，而且还与物体的质量有关。为了表示物体运动量的强弱，我们把物体的质量与它的速度矢的乘积称为物体的动量。

质点在瞬时 t 的动量定义为质点的质量 m 与其在该瞬时的速度 $\boldsymbol{v}$ 的乘积，动量用 $\boldsymbol{p}$ 表示为：

$$\boldsymbol{p}=m\boldsymbol{v} \tag{9-1}$$

动量是表征物体机械运动强弱的一个物理量。动量是矢量，与速度的方向一致。动量的单位是 kg・m/s。质点系中所有质点的动量的矢量和，称为质点系的动量，表示为：

$$\boldsymbol{p}=\sum m_i \boldsymbol{v}_i$$

对于由 n 个质点 M_1、M_2、…、M_n 组成的质点系，各质点的质量分别为 m_1、m_2、…、m_n。若以 $m=\sum m_i$ 表示质点系总的质量，并以 $\boldsymbol{r}_1$、$\boldsymbol{r}_2$、…、$\boldsymbol{r}_n$ 表示各质点对任选的固定点 O 的矢径(图 9-2)，则由下列公式：

$$\boldsymbol{r}_C=\frac{\sum m_i\boldsymbol{r}_i}{m} \quad 或 \quad m\boldsymbol{r}_C=\sum m_i\boldsymbol{r}_i \tag{9-2}$$

确定的一点 C 称为该质点系的质心。将式(9-2)两边对时间求导，有 $m\boldsymbol{v}_C=\sum m_i \boldsymbol{v}_i$，所以，质点系的动量又可以表示为：

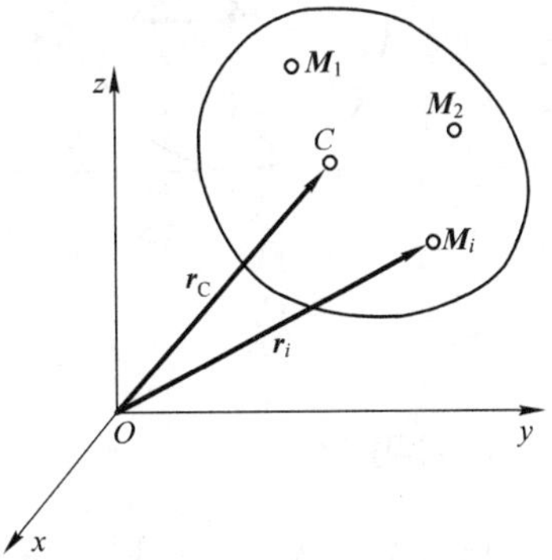

图 9-2 质点系的质心

$$p=mv_C \tag{9-3}$$

即质点系的动量等于质点系的质量与其质心的速度的乘积。公式(9-3)为刚体的动量计算提供了便捷的方法。

对于刚体系统，设第 i 个刚体的质心 C_i 的速度为 v_{Ci}，则整个刚体系统的动量可由下式计算：

$$p=\sum m_i v_{Ci} \tag{9-4}$$

动量是矢量，具体计算时，我们可利用速度的投影形式，即

$$p=\sum m_i v_{ix} i+\sum m_i v_{iy} j+\sum m_i v_{iz} k=mv_{Cx} i+mv_{Cy} j+mv_{Cz} k$$

【例题 9-1】 已知轮 A 质量为 m_1，匀质杆 AB 质量为 m_2，杆长 l，如图 9-3(a)所示，在图示位置时轮心 A 的速度为 v，AB 倾角为 45°。求此瞬时系统的动量。

【解】 I 为杆 AB 杆的瞬心，如图 9-3(b)所示，则

$$\omega_{AB}=\frac{v}{AI}=\frac{\sqrt{2}v}{l}$$

$$v_C=\overline{IC}\times\omega_{AB}=\frac{l}{2}\times\frac{\sqrt{2}v}{l}=\frac{\sqrt{2}}{2}v$$

$$p_x=m_1 v+m_2 v_C\cos45°=\frac{2m_1+m_2}{2}v$$

$$p_y=m_2 v_C\sin45°=\frac{m_2}{2}v$$

$$p=\frac{2m_1+m_2}{2}vi+\frac{m_2}{2}vj$$

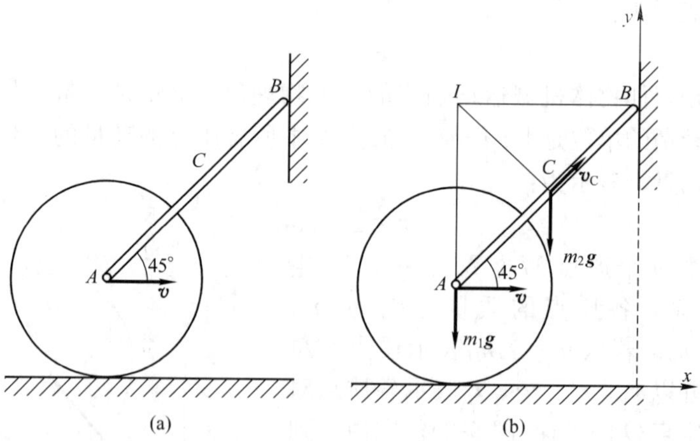

图 9-3 例题 9-1 图

9.1.2 冲量

在生活实际中，可以觉察到，一个物体受力的作用所引起的运动变化不仅与力的大小有关，也与力所作用的时间长短有关。例如，人们欲推动

一辆静止的小车，使之获得一定的速度，如所加的推力大，则所需的时间短；如所加的推力小，则所需的时间长。可见，作用于物体上的力所引起的物体运动状态变化的程度，不仅取决于作用力的大小，而且还与该力的作用时间长短有关。我们将力在某一时间段里的累积效应定义为力的冲量，以 $\boldsymbol{I}$ 表示：

$$\boldsymbol{I}=\int_{t1}^{t_2}\boldsymbol{F}\times \mathrm{d}t \tag{9-5}$$

其中 $\boldsymbol{F}\cdot \mathrm{d}t$ 是力 $\boldsymbol{F}$ 在 $\mathrm{d}t$ 时间内的元冲量。

冲量是矢量，其方向与力 $\boldsymbol{F}$ 的方向一致。冲量的单位为 N·s，也可以化为 kg·m/s。与动量的单位一致。

将式(9-5)投影至直角坐标轴上，得冲量 $\boldsymbol{I}$ 在三个直角坐标轴上的投影：

$$I_x=\int_{t_1}^{t_2}F_x\mathrm{d}t,\quad I_y=\int_{t_1}^{t_2}F_y\mathrm{d}t,\quad I_z=\int_{t_1}^{t_2}F_z\mathrm{d}t \tag{9-6}$$

若式(9-5)中的 $\boldsymbol{F}$ 为若干个分力的合力：$\boldsymbol{F}=\boldsymbol{F}_1+\boldsymbol{F}_2+\cdots+\boldsymbol{F}_n=\sum\boldsymbol{F}_i$，

则

$$\begin{aligned}\boldsymbol{I}&=\int_{t_1}^{t_2}\boldsymbol{F}\times \mathrm{d}t=\int_{t_1}^{t_2}(\boldsymbol{F}_1+\boldsymbol{F}_2+\cdots+\boldsymbol{F}_n)\times \mathrm{d}t\\&=\int_{t_1}^{t_2}\boldsymbol{F}_1\times \mathrm{d}t+\int_{t_1}^{t_2}\boldsymbol{F}_2\times \mathrm{d}t+\cdots+\int_{t_1}^{t_2}\boldsymbol{F}_n\times \mathrm{d}t\\&=\boldsymbol{I}_1+\boldsymbol{I}_2+\cdots+\boldsymbol{I}_n\end{aligned} \tag{9-7}$$

式(9-7)说明：合力的冲量等于各分力冲量的矢量和。

9.1.3 质点系动量定理

质点系中任一质点所受到的力可以分为两类：一类是质点系以外的物体对它的作用力，称为外力，以 $\boldsymbol{F}_i^e$ 表示；另一类是质点系中质点间相互作用的力，称为内力，以 $\boldsymbol{F}_i^i$ 表示。要确定某个力是“内力”还是“外力”，取决于被观察的质点系的范围，可见外力与内力的区分是相对的。

既然内力是质点系中各质点间的相互作用力，根据作用力与反作用力定律，内力必定是成对出现的。因此，对整个质点系而言，内力系的矢量之和等于零，内力系对任一点或任一轴之矩的和也等于零。

由 n 个质点组成的质点系，其中任一质点的质量为 m_i，它在任一瞬时的速度为 $\boldsymbol{v}_i$，而作用在该质点上的力有内力 $\boldsymbol{F}_i^i$ 和外力 $\boldsymbol{F}_i^e$，根据质点的动力学方程，得

$$m_i\frac{\mathrm{d}\boldsymbol{v}_i}{\mathrm{d}t}=\boldsymbol{F}_i^e+\boldsymbol{F}_i^i\quad 或\quad \frac{\mathrm{d}(m_i\boldsymbol{v}_i)}{\mathrm{d}t}=\boldsymbol{F}_i^e+\boldsymbol{F}_i^i$$

对于整个质点系而言，共可写出 n 个这样的方程，然后将它们叠加，应有

$$\sum\frac{\mathrm{d}(m_i\boldsymbol{v}_i)}{\mathrm{d}t}=\sum\boldsymbol{F}_i^e+\sum\boldsymbol{F}_i^i\quad 或\quad \frac{\mathrm{d}(\sum m_i\boldsymbol{v}_i)}{\mathrm{d}t}=\sum\boldsymbol{F}_i^e+\sum\boldsymbol{F}_i^i$$

考虑到 $\sum m_i\boldsymbol{v}_i$ 为整个质点系的动量 $\boldsymbol{p}$，并且对质点系而言，内力之和为

零：$\sum \boldsymbol{F}_i^i=0$。所以有

$$\frac{\mathrm{d}\boldsymbol{p}}{\mathrm{d}t}=\sum \boldsymbol{F}_i^{\mathrm{e}} \tag{9-8}$$

即：质点系的动量对时间的导数，等于作用于质点系的所有外力的矢量和。这就是质点系动量定理的微分形式。

质点系动量定理在直角坐标轴上的投影形式为：

$$\frac{\mathrm{d}p_{\mathrm{x}}}{\mathrm{d}t}=\sum F_{i\mathrm{x}}^{\mathrm{e}},\quad \frac{\mathrm{d}p_{\mathrm{y}}}{\mathrm{d}t}=\sum F_{i\mathrm{y}}^{\mathrm{e}},\quad \frac{\mathrm{d}p_{\mathrm{z}}}{\mathrm{d}t}=\sum F_{i\mathrm{z}}^{\mathrm{e}} \tag{9-9}$$

其中 p_{x}、p_{y}、p_{z}分别为质点系动量 $\boldsymbol{p}$ 在直角坐标轴上的投影，它们分别为：

$$p_{\mathrm{x}}=\sum m_i v_{i\mathrm{x}},\quad p_{\mathrm{y}}=\sum m_i v_{i\mathrm{y}},\quad p_{\mathrm{z}}=\sum m_i v_{i\mathrm{z}} \tag{9-10}$$

式(9-9)表明：质点系的动量在任一固定轴上的投影对于时间的导数，等于各外力在同一轴上的投影的代数和。

将式(9-8)两边同乘 dt，得 $\mathrm{d}\boldsymbol{p}=\sum \boldsymbol{F}_i^{\mathrm{e}}\cdot \mathrm{d}t$，两边积分，$\int_{p_1}^{p_2}\mathrm{d}\boldsymbol{p}=\int_{t_1}^{t_2}\sum \boldsymbol{F}_i^{\mathrm{e}}\cdot \mathrm{d}t$，即

$$\boldsymbol{p}_2-\boldsymbol{p}_1=\sum \boldsymbol{I}_i^{\mathrm{e}} \tag{9-11}$$

这就是质点系动量定理的积分形式，也称为质点系的冲量定理。

式(9-11)表明：质点系的动量在任一段时间内的改变量，等于作用于质点系的所有外力在同一段时间内的冲量的矢量和。

式(9-11)在直角坐标轴上的投影形式为：

$$p_{2\mathrm{x}}-p_{1\mathrm{x}}=\sum I_{i\mathrm{x}}^{\mathrm{e}},\quad p_{2\mathrm{y}}-p_{1\mathrm{y}}=\sum I_{i\mathrm{y}}^{\mathrm{e}},\quad p_{2\mathrm{z}}-p_{1\mathrm{z}}=\sum I_{i\mathrm{z}}^{\mathrm{e}} \tag{9-12}$$

即：在任一时间段内，质点系的动量在任一固定轴上的投影的改变量，等于各外力的冲量在同一轴上投影的代数和。

由式(9-8)和式(9-11)可以看出，在质点系的动量定理中不出现质点系的内力，这说明对质点系的动量的变化来说，只有外力才起作用，而内力不起作用。因此，在研究质点系的动量变化时，不必考虑质点系的内力。但应指出，质点系的内力却能改变质点系中个别质点的动量。由于质点系的内力通常是未知的，而在动量定理中不包含内力，这使解题时较简单。动量定理不仅提供了解决某些动力学问题的途径，而且也是研究碰撞理论和流体力学的重要理论基础之一。

【例题 9-2】 图 9-4(a)所示为曲柄连杆机构，曲柄 OA 长 r，质量为 m_1，以 $\theta=\omega t$(ω 是常量)运动，T 形杆质量为 m_2，滑块质量为 m_3，不计摩擦，机构置于铅垂平面内，求铰 O 处的水平约束力。

【解】 以整体(包括曲柄 OA、T 形杆和滑块)为研究对象，任意时刻的运动和受力分析如图 9-4(b)所示，各物体质心的速度分别为：

$$v_1=\frac{1}{2}\omega r,\quad v_3=\omega r,\quad v_2=\omega r\sin\omega t$$

整体在 x 方向的动量为：

$$
\begin{aligned}
p_x &= -m_1 v_1 \sin\omega t - m_2 v_2 - m_3 v_3 \sin\omega t \\
&= -\left(\frac{1}{2}m_1 + m_2 + m_3\right)\omega r \sin\omega t
\end{aligned}
$$

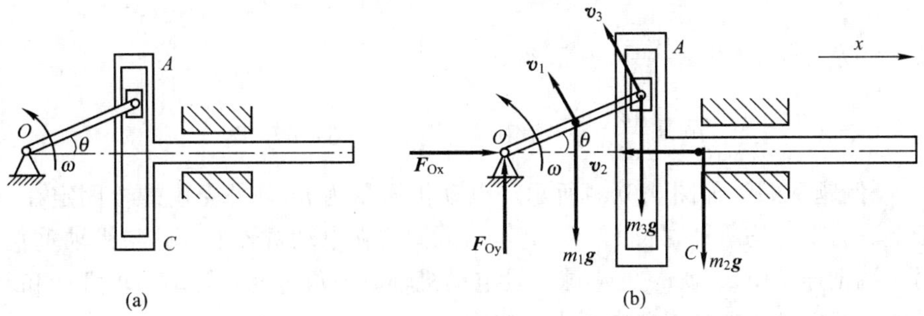

图 9-4 例题 9-2 图

将 x 方向的动量代入动量定理的投影式：$\dfrac{\mathrm{d}p_x}{\mathrm{d}t} = \sum F_{ix}^{e}$，得

$$
F_{Ox} = -\left(\frac{1}{2}m_1 + m_2 + m_3\right)\omega^2 r \cos\omega t
$$

【例题 9-3】 如图 9-5(a)所示用移动式胶带输送机堆积砂子，输送机输送量为 $109\mathrm{m}^3/\mathrm{h}$，砂子的密度为 $1400\mathrm{kg/m}^3$，输送带的速度为 1.6m/s，设砂子在入口处Ⅰ的速度为 u，方向铅垂向下，在出口处Ⅱ的速度 v，方向水平向右，问地面沿水平方向的阻力至少多大才能使输送机的位置保持不动？

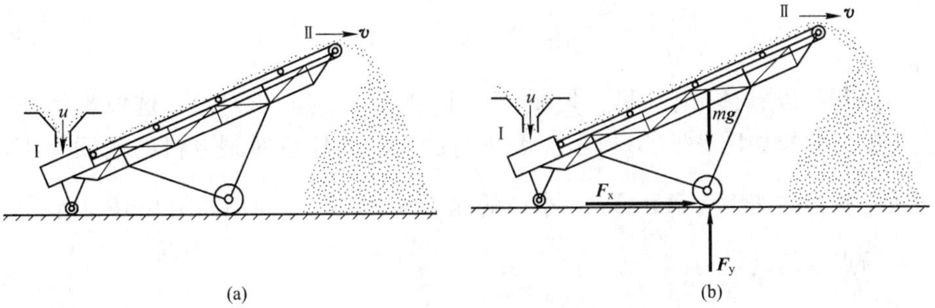

图 9-5 例题 9-3 图

【解】 以输送机和它上面堆积的砂子作为研究对象，所受的外力除地面的水平阻力外，都是铅垂方向的力，将水平阻力集中画在主轮上，如图 9-5(b)所示，利用动量定理水平方向的投影式得：$\dfrac{\mathrm{d}p_x}{\mathrm{d}t} = F_x$，先求 $\mathrm{d}p_x$，在 $\mathrm{d}t$ 时间内输入的质量为 $\mathrm{d}m$，动量大小为 $\mathrm{d}m \cdot u$，方向铅垂向下，输出的质量亦为 $\mathrm{d}m$，动量大小为 $\mathrm{d}m \cdot v$，方向为水平向右。所以在 $\mathrm{d}t$ 时间内质点系沿水平方向动量的改变为：

$$
\mathrm{d}p_x = \mathrm{d}m \times v_x - \mathrm{d}m \times u_x = \mathrm{d}m \times v
$$

等式两边除以 dt，得$\frac{\mathrm{d}p_x}{\mathrm{d}t}=\frac{\mathrm{d}m}{\mathrm{d}t}\cdot v$，其中$\frac{\mathrm{d}m}{\mathrm{d}t}$为输送机在单位时间内输出砂子的质量，即：

$$\frac{\mathrm{d}m}{\mathrm{d}t}=1400\times\frac{109}{3600}$$

将上式及 $v=1.6$ 代入$\frac{\mathrm{d}p_x}{\mathrm{d}t}=F_x$，得

$$F_x=\frac{\mathrm{d}m}{\mathrm{d}t}\times v=1400\times\frac{109}{3600}\times1.6=67.8\mathrm{N}$$

【例题 9-4】 如图 9-6(a)所示，电动机质量为 m_1，外壳用螺栓固定在基础上。另有一均质杆，长 l，重 m_2，一端固连在电动机轴上，并与机轴垂直，另一端则连一质量为 m_3 的小球。设电动机轴以匀角速度 ω 转动，求螺栓和基础作用于电动机的最大总水平力及铅直力。

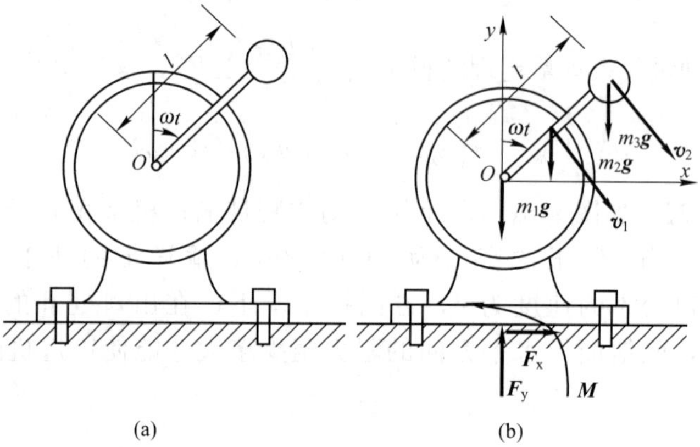

图 9-6 例题 9-4 图

【解】 以整体(电动机、匀质杆、小球)为研究分析对象，选取坐标系，进行受力分析如图 9-6(b)所示。因机身固定，故任意时刻电机的速度为零，匀质杆质心的速度为 $v_1=\frac{l}{2}\omega$，小球的速度 $v_2=l\omega$，方向均如图 9-6(b)所示。整个质点系的动量为：

$$p_x=m_2v_1\cos(\omega t)+m_3v_2\cos(\omega t)=l\omega\left(\frac{m_2}{2}+m_3\right)\cos(\omega t)$$

$$p_y=-m_2v_1\sin(\omega t)-m_3v_2\sin(\omega t)=-l\omega\left(\frac{m_2}{2}+m_3\right)\sin(\omega t)$$

代入动量定理式(9-8)，有

$$\frac{\mathrm{d}p_x}{\mathrm{d}t}=F_x,\quad \frac{\mathrm{d}p_y}{\mathrm{d}t}=F_y-m_1g-m_2g-m_3g$$

于是

$$F_x=-l\omega^2\left(\frac{m_2}{2}+m_3\right)\sin(\omega t) \tag{a}$$

$$F_y=m_1g+m_2g+m_3g-l\omega^2\left(\frac{m_2}{2}+m_3\right)\cos(\omega t) \tag{b}$$

计算结果式(a)和式(b)中，与 ω 有关的那部分，是由于质点系质心的运动而引起的反力，这部分反力称为动反力。式(a)中 F_x 完全是由动反力组成。而式(b)中的 F_y 则由静反力 $(m_1g+m_2g+m_3g)$ 和动反力 $-l\omega^2\left(\frac{1}{2}m_2+m_3\right)\cos\omega t$ 两部分组成，称为全反力。

9.1.4 质点系动量守恒定律

若 $\sum \boldsymbol{F}_i^e=0$，由式(9-8)知，质点系的动量 $\boldsymbol{p}$ 应为常矢量，即

$$\boldsymbol{p}=\sum m_i\boldsymbol{v}_i=m\boldsymbol{v}_C=\text{常矢量} \tag{9-13}$$

这一结论称为质点系动量守恒定律，表述为：若作用于质点系的所有外力的矢量和恒等于零，则质点系的动量保持为常矢量。

质点系动量守恒定律也有它的投影形式，若作用于质点系的所有外力在某一固定轴上的投影的代数和恒等于零，则质点系的动量在该轴上的投影保持为常量。即，若式(9-9)中 $\sum F_{ix}^e=0$，则

$$p_x=\sum m_iv_{ix}=mv_{Cx}=\text{常量} \tag{9-14}$$

质点系的动量守恒定律在工程技术中有非常广泛的应用，是自然界普遍规律之一。发射枪弹或炮弹时的反坐现象，是质点系动量守恒的最明显的例子。火箭、喷气式飞机等现代飞行器，都是靠高速喷射气体而获得前进的动力，也是质点系动量守恒的实际应用。

【例题 9-5】 在光滑的轨道上有一小车，车上站立一人，如图 9-7(a)所示，车的质量为 $m_1=100\text{kg}$，人的质量为 $m_2=60\text{kg}$，开始时车与人均处于静止。现人在车上走动，在某一瞬时，人相对于车子的速度为 $v_r=0.5\text{m/s}$，求此时小车的速度。

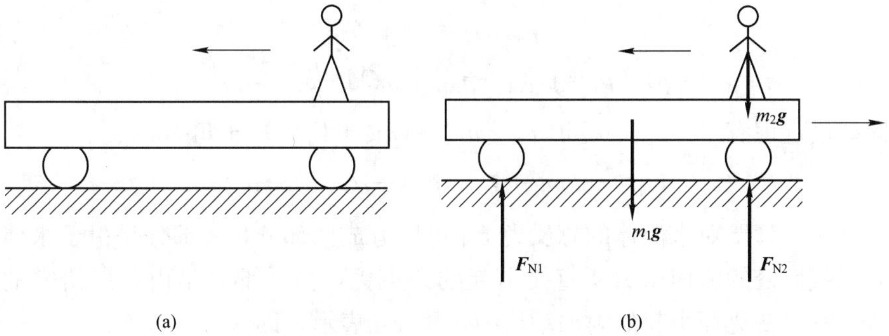

图 9-7 例题 9-5 图

【解】 以车及人组成的系统为研究对象，受力分析如图 9-7(b)所示，系统的外力在水平方向的投影恒等于零，系统在此方向的动量守恒。开始时系统的动量为零，当人在车上走动时，车子必然向相反方向运动，使整个系统的水平动量始终保持为零。设某瞬时车的速度为 v_1，人的速度为 v_2，取 x 轴与人走动的方向相同，由 $\sum m_iv_{ix}=0$，得到

$$-mv_1+m_2v_2=0$$

其中 $v_2=v_r-v_1$，代入上式得到小车的速度为：

$$v_1=\frac{m_2 v_r}{m_1+m_2}=\frac{0.6\times0.5}{1+0.6}=0.19\text{m/s}$$

【例题 9-6】 动量定理在流体力学中有广泛应用。例如，在水流流过弯管时，将对弯管产生压力。设在 AB、CD 两断面处的平均流速分别为 $\boldsymbol{v}_1$ 和 $\boldsymbol{v}_2$（以 m/s 计）。如图 9-8(a)所示。图中 $\boldsymbol{F}_1$、$\boldsymbol{F}_2$ 分别是前后水体对于 AB、CD 两断面处的总的压力，$ABCD$ 段水体的质量为 mg。假设水体是稳定流，即管内各处的流速不随时间的变化而变化，而且在单位时间内流经各截面的水体流量 Q（以 m^3/s 计）为常量。水的单位体积的质量为 ρ。求水对管道的动压力。

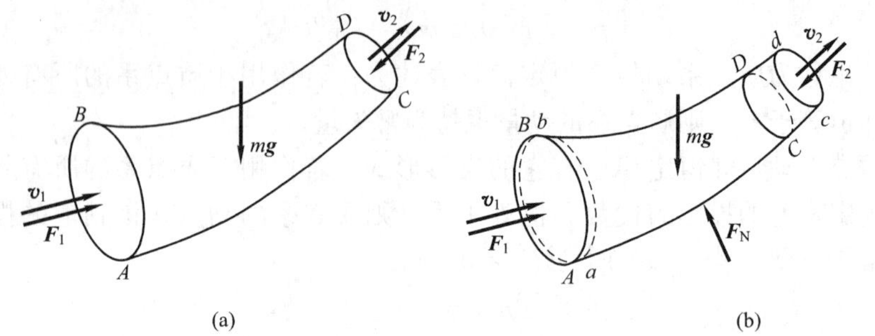

图 9-8 例题 9-6 图

【解】 选取 $ABCD$ 水体部分为质点系。图中管道对水体的反力 $\boldsymbol{F}_N$ 为未知力。应用质点系动量定理求解。设经过 dt 时间后，水体由原来的 $ABCD$ 位置位移到新的位置 $abcd$，如图 9-8(b)所示。则质点系在 dt 时间内流过截面的质量为 $dm=\rho Q dt$，而在 dt 时间内质点系动量的改变量为：

$$\boldsymbol{p}_2-\boldsymbol{p}_1=\boldsymbol{p}_{abcd}-\boldsymbol{p}_{ABCD}=[(\boldsymbol{p}_{abCD})_2+\boldsymbol{p}_{CDcd}]-[\boldsymbol{p}_{ABab}+(\boldsymbol{p}_{abCD})_1]$$

因水流情况不随时间而变，所以 $ABCD$ 部分流体在两瞬时的动量相等，即

$$(\boldsymbol{p}_{abCD})_2=(\boldsymbol{p}_{abCD})_1$$

故 $$\boldsymbol{p}_2-\boldsymbol{p}_1=\boldsymbol{p}_{CDcd}-\boldsymbol{p}_{ABab}=\rho Q dt(\boldsymbol{v}_2-\boldsymbol{v}_1)$$

根据动量定理有 $$\rho Q dt(\boldsymbol{v}_2-\boldsymbol{v}_1)=(m\boldsymbol{g}+\boldsymbol{F}_1+\boldsymbol{F}_2+\boldsymbol{F}_N)dt$$

即 $$\boldsymbol{F}_N=-(m\boldsymbol{g}+\boldsymbol{F}_1+\boldsymbol{F}_2)+\rho Q(\boldsymbol{v}_2-\boldsymbol{v}_1)$$

可见，管壁对水流体的总反力 $\boldsymbol{F}_N$ 可以分成两部分，一部分是由于水体的重力和截面处的流体压力所直接引起的约束力，另一部分是由于所研究的水体动量发生变化而引起的附加动反力，用 $\boldsymbol{F}_{Nd}$ 表示，即

$$\boldsymbol{F}_{Nd}=\rho Q(\boldsymbol{v}_2-\boldsymbol{v}_1) \tag{9-15}$$

那么，稳定水流体作用于管壁的附加动压力为：

$$\boldsymbol{F}'_{Nd}=\rho Q(\boldsymbol{v}_1-\boldsymbol{v}_2) \tag{9-16}$$

本题所得的结论式(9-15)，可作为公式直接应用于同类问题的计算，而无须再从头进行推导。

【例题 9-7】 建筑施工中采用喷枪浇筑砂浆，如图 9-9(a)所示。已知喷枪的直径 $D=8$cm；砂浆喷射的水平速度 $v_1=20$m/s；砂浆的密度 $\rho=2000\text{kg/m}^3$，

求喷枪对墙壁的附加动压力。

【解】 设墙壁对砂浆的附加动压力为 $\boldsymbol{F}_{\mathrm{d}}$，如图 9-9(b)所示。应用公式(9-16)在水平轴 x 轴的投影式，可得：

$$F_{\mathrm{d}}=\rho Q(v_1-0)$$

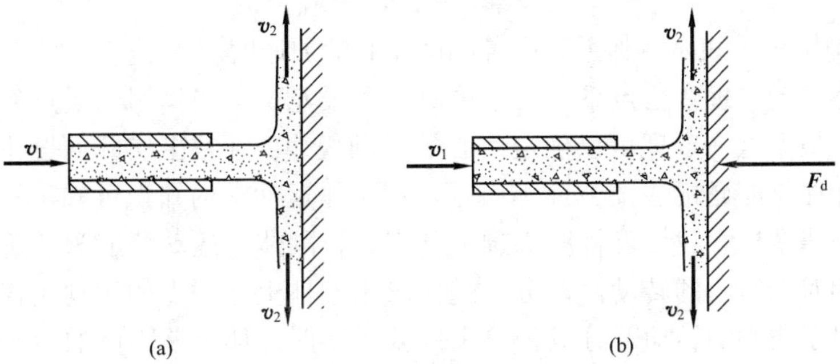

图 9-9　例题 9-7 图

式中流量：

$Q=\dfrac{\pi D^2}{4}v_1=\dfrac{\pi\times(0.08)^2}{4}\times20=0.1005\mathrm{m}^3/\mathrm{s}$，则墙壁对砂浆的附加动压力为：

$$F_{\mathrm{d}}=\rho Q v_1=2000\times0.1005\times20=4020\mathrm{N}$$

动量定理建立了速度、力和时间等一些量之间的关系，在解题时其解题步骤及注意事项大致归纳如下：

(1) 根据题意选取一质点或质点系为研究对象；

(2) 分析研究对象的运动和受力(只需分析外力)情况，并作出受力图；

(3) 应用动量定理求解未知量。

9.2　质心运动定理

将质点系的动量表达式 $\boldsymbol{p}=m\boldsymbol{v}_{\mathrm{C}}$代入质点系动量定理式(9-8)，可得

$$\frac{\mathrm{d}}{\mathrm{d}t}(m\boldsymbol{v}_{\mathrm{C}})=\sum\boldsymbol{F}_i^{\mathrm{e}}$$

引入$\dfrac{\mathrm{d}\boldsymbol{v}_{\mathrm{C}}}{\mathrm{d}t}=\boldsymbol{a}_{\mathrm{C}}$，则上式可写成：

$$m\boldsymbol{a}_{\mathrm{C}}=\sum\boldsymbol{F}_i^{\mathrm{e}} \tag{9-17}$$

式(9-17)表示：质点系的质量与质心加速度的乘积等于作用于质点系上的外力的矢量和。

将式(9-17)与牛顿第二定律的 $m\boldsymbol{a}=\boldsymbol{F}$ 相比较，可见它们的形式是完全相同的。因此，我们可以理解为：质点系的质心的运动可以看成为一个质点的运动，假想在这个质点上集中了质点系的全部质量，并在其上作用了全部作用在质点系上的外力。这就是质心运动定理。

式(9-17)是以矢量形式表示的质心运动微分方程。若将它投影到直角坐标轴上，得

$$m\frac{d^2x_C}{dt^2}=\sum F_{ix}^e=F_{Rx},\quad m\frac{d^2y_c}{dt^2}=\sum F_{iy}^e=F_{Ry},\quad m\frac{d^2z_c}{dt^2}=\sum F_{iz}^e=F_{Rz} \tag{9-18}$$

对于刚体系统，考虑到 $m\boldsymbol{a}_C=\sum m_i\boldsymbol{a}_{Ci}$，质心运动定理还应有另一种表达形式：

$$\sum m_i\boldsymbol{a}_{Ci}=\sum\boldsymbol{F}_i^e=\boldsymbol{F}_R \tag{9-19}$$

式(9-19)中的 $\boldsymbol{a}_{Ci}$ 表示刚体系统中各刚体质心的加速度。

质心运动定理在质点系动力学中具有重要意义。当作用于质点系的外力已知时，根据这一定理可以确定质心的运动规律。在很多实际问题中，质心的运动往往是问题的主要方面。而且，由刚体运动学的知识可知，一旦质心的运动规律掌握，我们可将质心选为基点，将刚体的运动分解为随着质心的平移和相对于质心的转动两部分，进而求出刚体上任一点的运动规律。而当刚体相对于质心的转动部分成为一个次要因素时，那么该刚体的运动就完全决定于质心的运动了，例如研究卫星的运行轨迹、炮弹的弹道问题等。

从质心运动定理可以看到，质点系运动时，其质心的加速度完全决定于系统上的外力主矢。即：质心的加速度只决定于外力的大小、方向，而与外力作用的位置无关，同时，也不受系统内力的影响。

例如停在光滑冰面上的汽车，无论如何加大油门，都不能使汽车前进，这是因为发动机汽缸内的燃气压力对汽车整体而言是内力，不能改变汽车质心的运动。唯有当地面与轮子间的摩擦力达到足够大时，汽车才能前进。

此外，从式(9-17)、式(9-18)中，还可推导出如下两个推论：

1. 当质点系不受外力作用，或者作用于质点系的外力的主矢量 $\sum\boldsymbol{F}_i^e=\boldsymbol{0}$ 时，则 $\boldsymbol{a}_C=0$，于是有：$\boldsymbol{v}_C=$**常矢量**。这就是说，当质点系外力的主矢量恒等于零时，质点系的质心将作匀速直线运动；如果质心原来是静止的，则质心位置始终在原处不动。

2. 当质点系外力主矢量在某一轴上的投影等于零时，例如在 x 轴上的投影为零 $\sum F_{ix}^e=0$，则由式(9-18)知：$m\frac{d^2x_C}{dt}=0$，于是：$v_{Cx}=\frac{dx_C}{dt}=$常量

在这种情况下，质心的速度在该轴上的投影保持为常量；如果质心的速度在该轴上的投影原来就等于零，则质心沿该轴的坐标不变。

上述两个推论称为质心运动守恒定律。

【例题 9-8】 浮动起重机(浮吊)举起货物的质量为 2000kg，起重臂 OA 与铅垂线呈 60°角(图 9-10)。求 OA 转到与铅垂线呈 30°角时起重机本身的位移。设起重机质量为 20000kg，水的阻力和 OA 杆的重量均略去不计，$OA=8$m。

【解】 将重物与起重机作为一质点系，忽略水的阻力，则所有的外力都是铅垂方向的。根据质心运动守恒定律，$a_{Cx}=0$，又因起始时，系统质心是静止的，即 $v_{Cx}=0$，所以在运动过程中，系统质心的 x 坐标始终不变。

设举起货物前，$\boldsymbol{P}_1$、$\boldsymbol{P}_2$ 的水平方向坐标分别为 x_1、x_2；举起后它们的坐标变为 $x_1+\Delta x_1$、$x_2+\Delta x_2$，其中 Δx_1 和 Δx_2 分别为 $\boldsymbol{P}_1$、$\boldsymbol{P}_2$ 的绝对位移。那么举起前系统质心的坐标由式(13-9)知为：

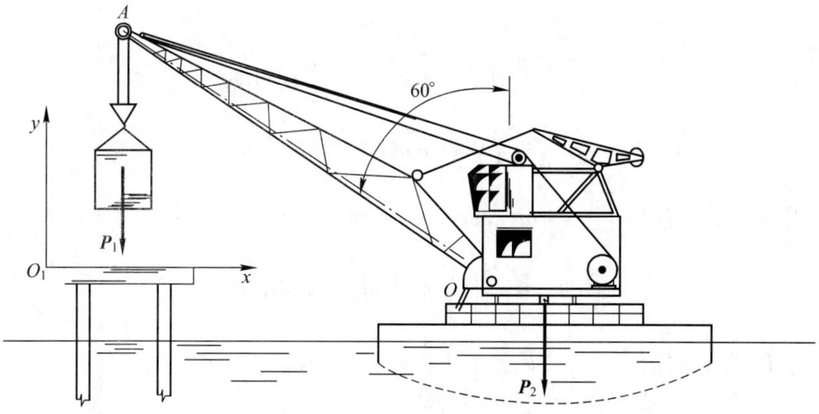

图 9-10　例题 9-8 图

$$x_{C_1}=\frac{2000x_1+20000x_2}{22000}$$

举起后系统质心坐标为：

$$x_{C_2}=\frac{2000(x_1+\Delta x_1)+20000(x_2+\Delta x_2)}{22000}$$

因在运动过程中系统质心沿 x 轴方向静止不动，故 $x_{C_1}=x_{C_2}$，即：

$$x_1+10x_2=(x_1+\Delta x_1)+10(x_2+\Delta x_2)$$

所以

$$\Delta x_1+10\Delta x_2=0 \tag{a}$$

我们知道，点的绝对位移等于相对位移与牵连位移之和，OA 杆由 60°转到 30°时重物相对于起重机的位移如以 Δx_{1r}表示，那么

$$\Delta x_1=\Delta x_{1r}+\Delta x_2 \tag{b}$$

代入式(a)，得

$$\Delta x_{1r}+\Delta x_2+10\Delta x_2=0$$

$$\Delta x_2=-\frac{1}{11}\Delta x_{1r} \tag{c}$$

由题设条件可知

$$\Delta x_{1r}=8\sin60°-8\sin30°=2.93\text{m}$$

代入式(c)得起重机的位移为：

$$\Delta x_2=-\frac{1}{11}\times2.93=-0.266\text{m}$$

负号表示起重机的位移方向和重物相对位移的方向相反。

【例题 9-9】 用质心运动定理求解例题 9-4。

【解】 将电动机、匀质杆、小球组成的质点系作为研究对象。因电动机机身固定不动，故取静坐标系 Oxy 固结于机身。如图 9-11 所示，在任一瞬时 t，匀质杆与 y 轴的夹角为 ωt，于是，可直接运用公式(9-19)：

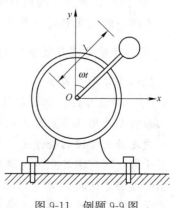

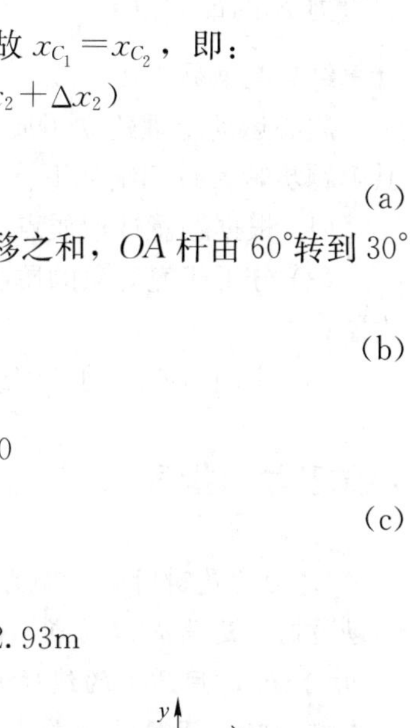

图 9-11　例题 9-9 图

$$a_{C1x}=0;$$

$$a_{C2x}=\frac{d^2}{dt^2}\left(\frac{l}{2}\sin\omega t\right)=-\frac{l}{2}\omega^2\sin\omega t,$$

$$a_{C3x}=\frac{d^2}{dt^2}(l\sin\omega t)=-l\omega^2\sin\omega t$$

代入式(9-19)，有 $$-m_2\frac{l}{2}\omega^2\sin\omega t-m_3 l\omega^2\sin\omega t$$

得 $$F_x=-\left(\frac{1}{2}m_2+m_3\right)l\omega^2\sin\omega t$$

水平力 $\boldsymbol{F}_x$ 的最大值： $$F_{x\max}=\left(\frac{1}{2}m_2+m_3\right)l\omega^2 \tag{a}$$

$a_{C1y}=0$； $a_{C2y}=\dfrac{d^2}{dt^2}\left(\dfrac{l}{2}\cos\omega t\right)=-\dfrac{l}{2}\omega^2\cos\omega t$； $a_{C3y}=\dfrac{d^2}{dt^2}(l\cos\omega t)=-l\omega^2\cos\omega t$

代入式(9-19)，有 $-m_2\dfrac{l}{2}\omega^2\cos\omega t-m_3 l\omega^2\cos\omega t=F_y-m_1 g-m_2 g-m_3 g$

得 $$F_y=m_1 g+m_2 g+m_3 g-\left(\frac{1}{2}m_2+m_3\right)l\omega^2\cos\omega t \tag{b}$$

铅直力 $\boldsymbol{F}_y$ 的最大值 $$F_{y\max}=m_1 g+m_2 g+m_3 g+\left(\frac{1}{2}m_2+m_3\right)l\omega^2$$

计算结果与例题 9-4 一致。

质心运动定理建立了质点系质心的加速度和外力之间的关系，在解题时其解题步骤大致归纳如下：

（1）根据题意选取质点系为研究对象；

（2）分析研究对象的质心的加速度和受力(只需分析外力)情况，并作出受力图；

（3）应用质心运动定理或质心运动守恒定律求解未知量。

小结及学习指导

1. 动量是瞬时量，而力的冲量是一个时间间隔量。在计算质点系某瞬时的动量时，通常是以质点系的质量与质心在该瞬时的速度的乘积来进行计算，即 $\boldsymbol{p}=m\boldsymbol{v}_C$，用质心的绝度速度。在计算力的冲量时，应先确定是计算哪一个力在哪一时间间隔的冲量。

2. 动量定理有微分形式和积分形式。质点系动量定理的微分形式为 $\dfrac{d\boldsymbol{p}}{dt}=\sum\boldsymbol{F}_i^e$；积分形式为 $\boldsymbol{p}_2-\boldsymbol{p}_1=\sum\boldsymbol{I}_i^e$。

3. 动量守恒定律及其投影形式是动量定理的特殊情况。质点系动量守恒的条件是作用在质点系上所有外力的矢量和恒等于零；质点系动量投影在某一固定轴上守恒的条件是作用在质点系上所有外力在该轴上投影的代数和恒等于零。只有满足守恒定律中的相应条件，质点系的动量或它在某一固定轴上的投影才保持为常量，而这些常量可根据质点系运动的起始条件来确定。在学习时应正确理解质点系动量守恒的含义，要注意质点系的动量守恒并不等于质点系中各质点的动量守恒。

4. 从质点系的动量定理可导出质心运动定理，它是质点系动量定理的另一种表达形式，建立了质点系的质心的运动与作用在质点系上外力之间的关系，可表示为 $m\boldsymbol{a}_C=\sum\boldsymbol{F}_i^e$。学习时要明确质心的定义，熟练地掌握质心位置的确定方法，并注意质心与重心的区别，要学会正确应用质心运动定理来求解质心运动的两类问题。

5. 质心运动守恒定律及其投影形式是质心运动定理的特殊情况。学习时应正确理解质心运动守恒的含义并正确应用这些定理求解有关动力学问题。

6. 在应用动量定理和质心运动定理解题时，通常用其投影式，解题时应注意分析研究对象的受力情况，区分内力和外力，并根据研究对象所受的外力来判定质点系的动量或质心的运动是否守恒，正确讨论质点系动量的投影和质心的位置坐标分别是应用动量定理和质心运动定理解题的关键所在，应予以充分的重视。

7. 动量定理通常求解与力、速度、时间等有关的动力学问题。如研究的作用力是时间的函数或常力时，可根据质点系动量定理求解系内某质点的速度、冲量等。如计算多刚体系统的动量时，或质心的速度、位置时可应用质心运动定理，如要对流体通过弯道时的动反力计算时，可直接选用稳定流的动反力计算式。

思考题

9-1 分析下列陈述是否正确：

(1) 动量是一个瞬时量，相应地，冲量也是一个瞬时量。

(2) 质量为 m 的小球以匀速 v 在水平面内作圆周运动，则小球在任意瞬时的动量相等。

(3) 自行车在水平面上由静止出发开始前进，是因为人对自行车作用了一个向前的力，从而使自行车有向前的速度。对否？

(4) 一个刚体，若动量为零，则该刚体一定处于静止状态。

(5) 一个质点系，若动量为零，则该系统每个质点均处于静止状态。

9-2 宇航员甲和乙原来在宇宙空间是静止的，两人各自用力拉绳子的一端，若不计绳子的质量，则两人相向运动的速度与什么有关？若甲的力气较大，则他能否把乙以更快点的速度拉向自己？

9-3 炮弹在空中飞行时，若不计空气阻力，则其质心的轨迹为一抛物线。若炮弹在空中爆炸后，其质心轨迹是否改变？又当部分弹片落地后，其质心轨迹是否改变？为什么？

9-4 如图 9-12 所示，质量为 m 的质点以匀速 v 作圆周运动。分别求解由位置 A 运动到位置 B、由位置 A 运动回到位置 A 的时间间隔内，作用在该质点上的合力的冲量。

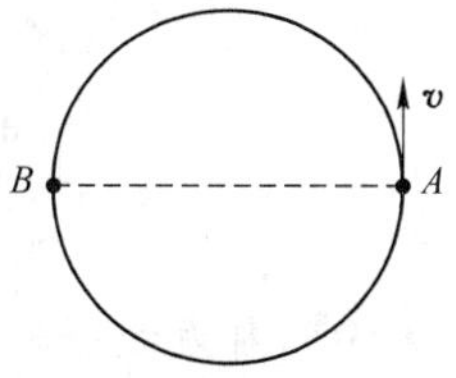

图 9-12 思考题 9-4 图

9-5 质点系动量守恒的条件是怎么样的？当

质点系的动量守恒时，其中各质点的动量是否也必须守恒？

9-6 两物块 A 和 B 的质量分别为 m_A 和 m_B，如图 9-13 所示放置，初始时静止，接触面均为光滑，若 A 沿斜面下滑的相对速度为 v_r，B 向左的速度为 v，根据动量守恒，等式 $m_A v_r \cos\theta = m_B v$ 是否成立？

9-7 二均质杆 AC 和 BC，长度相同，质量分别为 m_1 和 m_2，如图 9-14 所示放置，设地面光滑，两杆被释放后将分开倒向地面，问 m_1 和 m_2 相等或不相等时，C 点的运动轨迹是否相同？

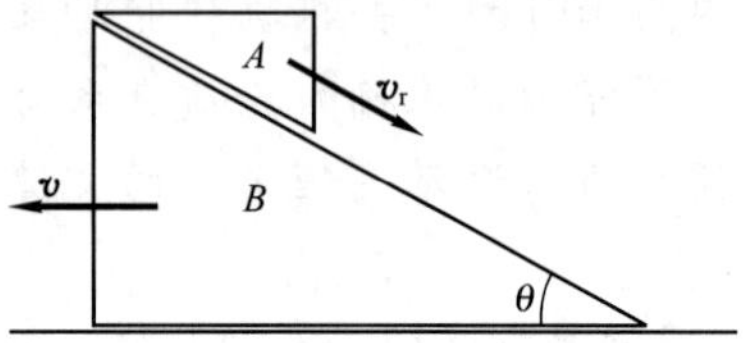

图 9-13 思考题 9-6 图

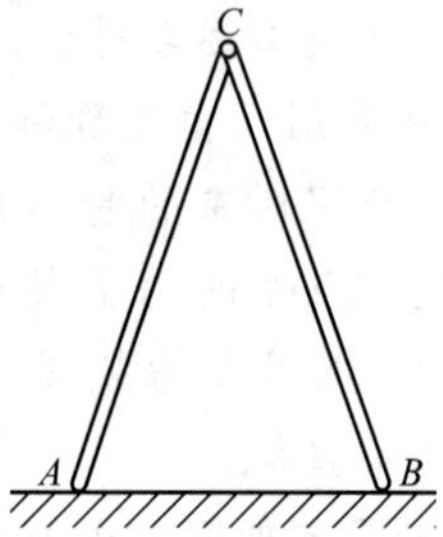

图 9-14 思考题 9-7 图

9-8 小车质量为 m_1，长度为 l。一质量为 m_2 的人站在小车的一端，开始时人与小车都不动，之后人从一端走到另一端，若不计小车与地面间的摩擦，问小车后退的距离 s 与人的行走方式是否有关(行走方式是指走、跑、跳或来回走动等)？为什么？

9-9 试求图 9-15 所示各均质物体的动量，设各物体的质量均为 m。

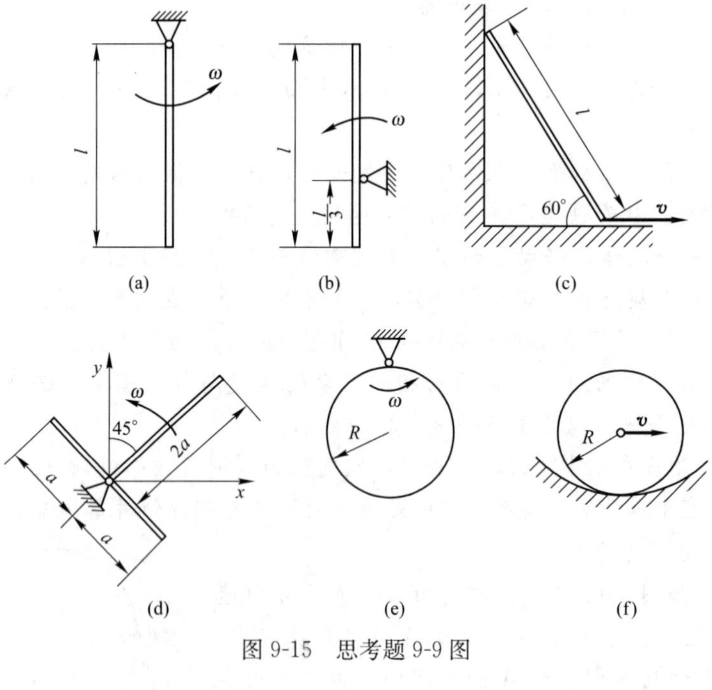

图 9-15 思考题 9-9 图

9-10 内力能否改变质点系的动量？内力能否改变质点系中质点的动量？

9-11 在怎样的条件下才有质点系动量守恒？当质点系的动量守恒时，其中各质点的动量是否也必须守恒？

9-12 质点系的质心位置取决于什么因素？内力能否改变质心的运动？

9-13 在光滑的水平面上放置一静止的圆盘，当它受一力偶作用时，盘心将如何运动？盘心运动情况与力偶作用位置有关吗？如果圆盘面内受一大小和方向都不变的力作用，盘心将如何运动？盘心运动情况与此力的作用点有关吗？

习题

9-1 重 2N 的物体以 5m/s 的速度向右运动，受到按图 9-16 所示随时间变化的方向向左的力 $\boldsymbol{F}$ 作用。试求受此力作用后，物体速度变为多大。

[**答案**：$v=-6.76\text{m/s}$]

9-2 如图 9-17 所示，在物块 A 上作用一常力 $\boldsymbol{F}_1$，使其沿水平面移动，已知物块的质量为 10kg，$\boldsymbol{F}_1$ 与水平面的夹角 $\alpha=30°$。经过 5s，物块的速度从 2m/s 增至 4m/s。已知摩擦系数 $f_s=0.15$，试求 $\boldsymbol{F}_1$ 力的大小。

[**答案**：$\boldsymbol{F}_1=19.87\text{N}$]

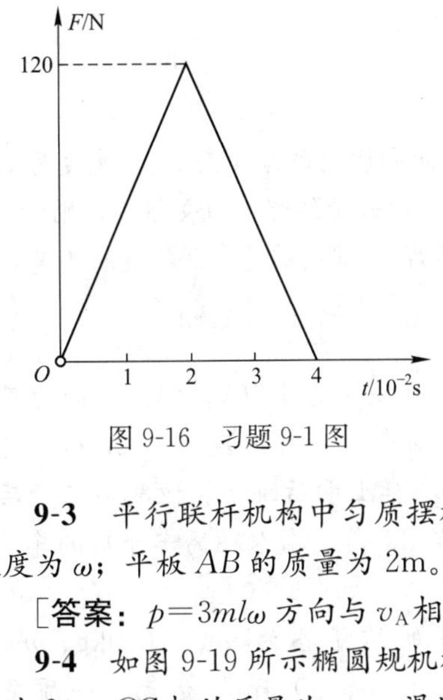

图 9-16 习题 9-1 图

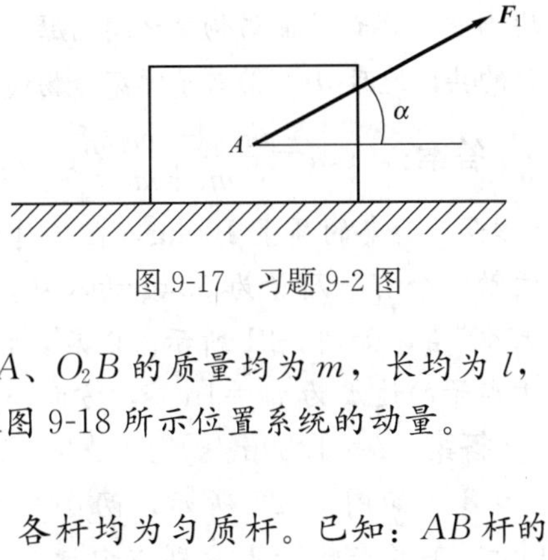

图 9-17 习题 9-2 图

9-3 平行联杆机构中匀质摆杆 O_1A、O_2B 的质量均为 m，长均为 l，角速度为 ω；平板 AB 的质量为 2m。试求图 9-18 所示位置系统的动量。

[**答案**：$p=3ml\omega$ 方向与 v_A 相同]

9-4 如图 9-19 所示椭圆规机构中，各杆均为匀质杆。已知：AB 杆的质量为 $2m$，OC 杆的质量为 m_1，滑块 A、B 的质量均为 m_2。OC 长为 l；AB 长

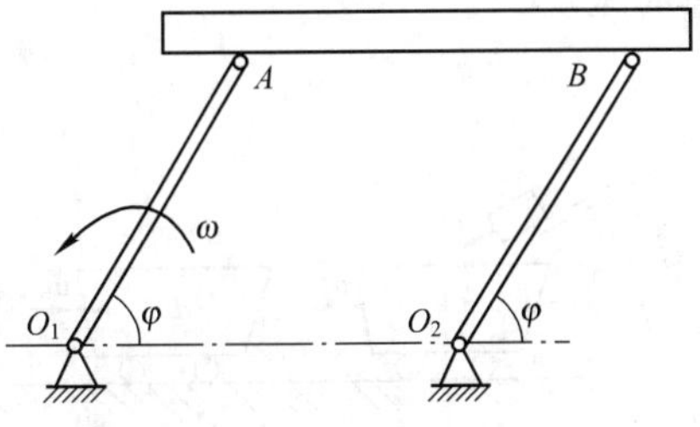

图 9-18 习题 9-3 图

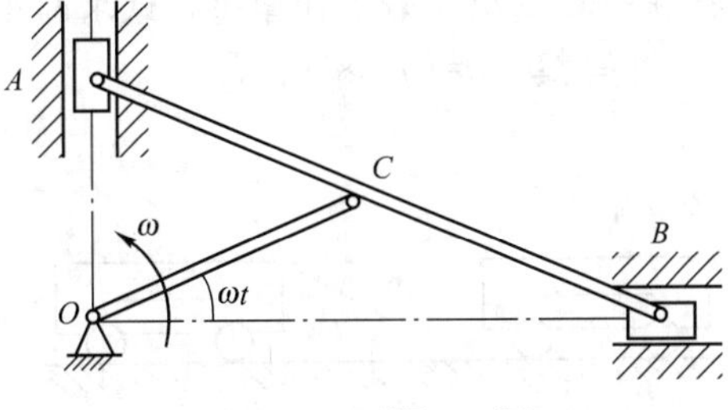

图 9-19 习题 9-4 图

为 $2l$，且 $AC=BC$，曲柄以匀角速度 ω 转动。试求任意瞬时椭圆规机构的动量。

[**答案**：$p=\frac{1}{2}(5m_1+4m_2)l\omega$，方向与 C 点速度向相同]

9-5 计算下列刚体在图 9-20 所示已知条件下的动量。

[**答案**：(a)$p=\frac{P}{g}v_0$ 方向与 v_0 相同；(b)$p=\frac{P}{g}e\omega$ 方向与 C 点的速度方向相同；(c)$p_x=\frac{2}{3}ma\omega$ 向右，$p_y=\frac{1}{3}ma\omega$ 向上；(d)$p=m(R-r)\dot{\theta}$ 与 OC 连线垂直，指向与 θ 增大方向一致]

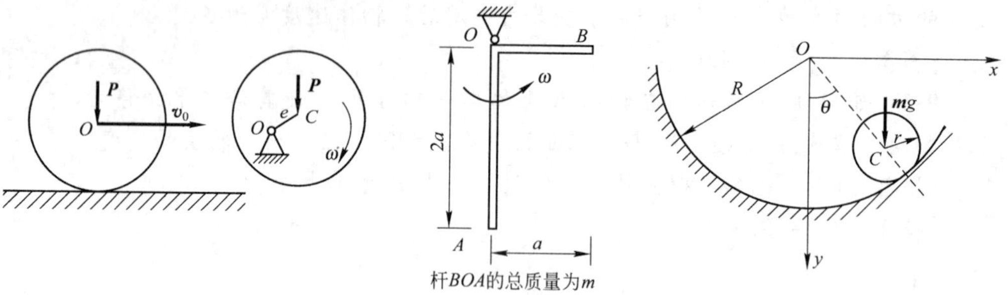

(a) (b) (c) (d)

图 9-20 习题 9-5 图

9-6 质量为 m_1 的子弹 A 以速度 v_A 射入同向运动的质量为 m_2、速度为 v_B 的物块 B 内，不计地面与物体之间的摩擦。求：(1)若子弹留在物块 B 内，则物块与子弹的共同速度 u；(2)若子弹穿透物块并以速度 u_A 继续前进，则物块的速度 u_B。

[**答案**：(1)$u=\frac{m_1v_A+m_2v_B}{m_1+m_2}$；(2)$u_B=\frac{m_1v_A+m_2v_B-m_1u_A}{m_2}$]

9-7 小车的质量 100kg，在光滑的水平直线轨道上以 $v_1=1$m/s 的速度匀速运动。今有一质量为 50kg 的人从高处跳到车上，其速度 $v_2=2$m/s，与水平呈60°角，如图 9-21 所示。以后，该人又从车上向后跳下。他跳离车子后相对于车子的速度为 $v_0=1$m/s，方向与水平呈 30°角。求人跳离车子后的车速。

[**答案**：$u=1.29$m/s]

9-8 如图 9-22 所示，两小车 A、B 的质量各为 $m_A=600$kg、$m_B=800$kg，在水平轨道上分别以匀速 $v_A=1$m/s、$v_B=0.4$m/s 运动。一质量为 40kg 的重物 C 以俯角 30°、速度 $v_c=2$m/s 落入 A 车内，A 车与 B 车相碰后紧接在一起运动。若不计摩擦，试求两车共同的速度。

[**答案**：$v=0.687$m/s]

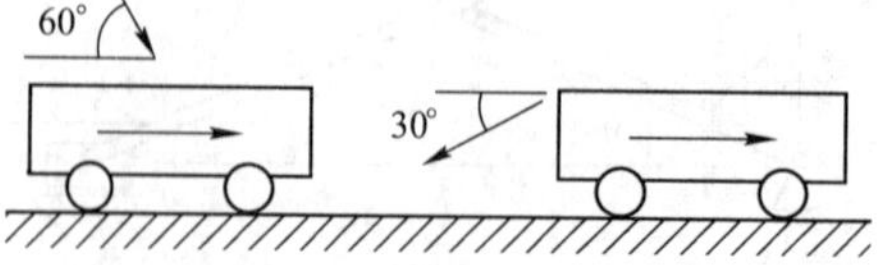

图 9-21 习题 9-7 图

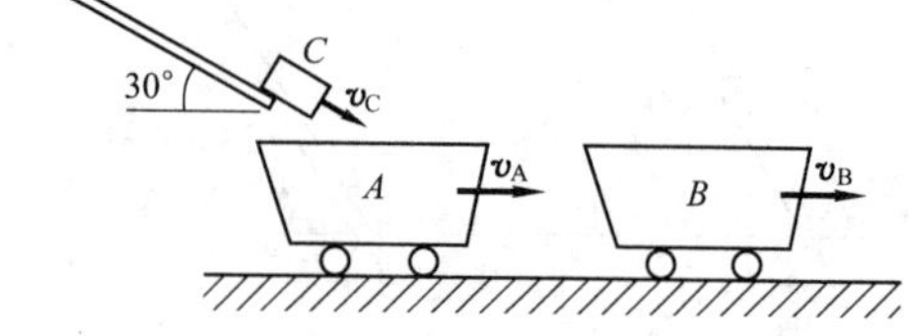

图 9-22 习题 9-8 图

9-9 如图 9-23 所示，卡车拉一拖车沿水平直线路面从静止开始加速运动，在 20s 末，速度达到 40km/h。已知卡车的质量为 5000kg，拖车的质量为 15000kg，卡车与拖车从动轮的摩擦力分别为 500N 和 1000N。试求加速行驶时，卡车主动轮(后轮)产生的平均牵引力，及卡车作用于拖车的平均拉力。

[**答案**：$F_1=12.6\text{kN}$，$F_2=9.33\text{kN}$]

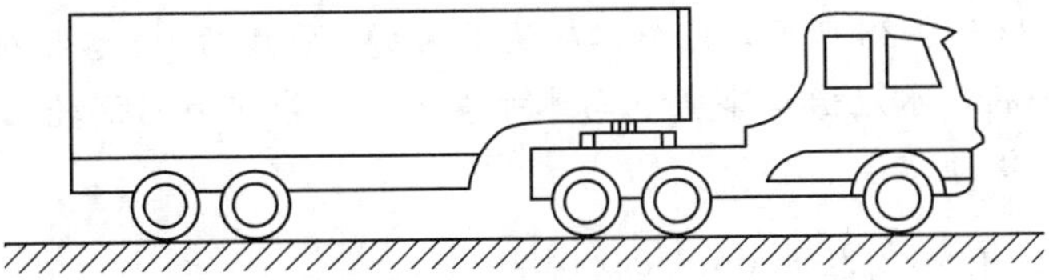

图 9-23　习题 9-9 图

9-10 如图 9-24 所示，质量为 m 的滑块 A，可以在水平光滑槽中运动，刚性系数为 k 的弹簧与滑块相连接，另一端固定。杆 AB 长度为 l，质量忽略不计，A 端与滑块 A 铰接，B 端装有质量 m_1 的质点，在铅直平面内可绕点 A 转动。设在力偶 M 作用下转动角速度 ω 为常数。求滑块 A 的运动微分方程。

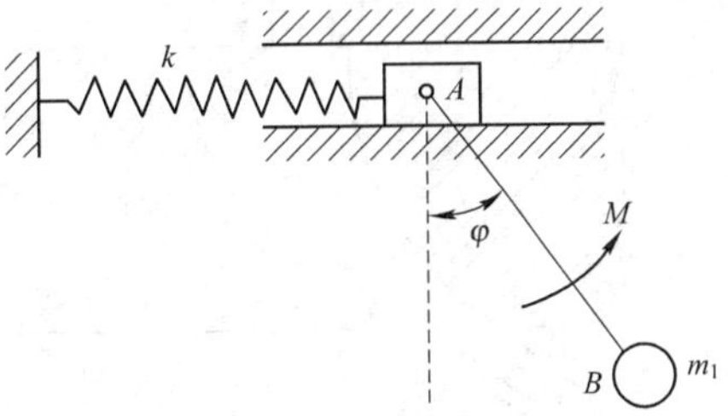

图 9-24　习题 9-10 图

$\left[\textbf{答案}：\ddot{x}+\dfrac{k}{m+m_1}x=\dfrac{m_1 l\omega^2}{m+m_1}\sin\varphi\right]$

9-11 如图 9-25 所示，匀质杆 OA 重为 $\boldsymbol{P}$，长为 $2l$，绕通过 O 点的水平轴在铅垂面内转动。当转动到与水平线呈 θ 角时，角速度与角加速度分别为 ω 与 α。试求此瞬时支座 O 的约束力。

$\left[\textbf{答案}：F_{Ox}=-\dfrac{P}{g}l(\omega^2\cos\theta+\alpha\sin\theta)，F_{Oy}=P+\dfrac{P}{g}l(\omega^2\sin\theta-\alpha\cos\theta)\right]$

9-12 如图 9-26 所示，重物 A、B 的重量分别为 $\boldsymbol{P}_1$、$\boldsymbol{P}_2$。如重物 A 下降的加速度为 a，滑轮质量不计。试求支座 O 处的约束力。

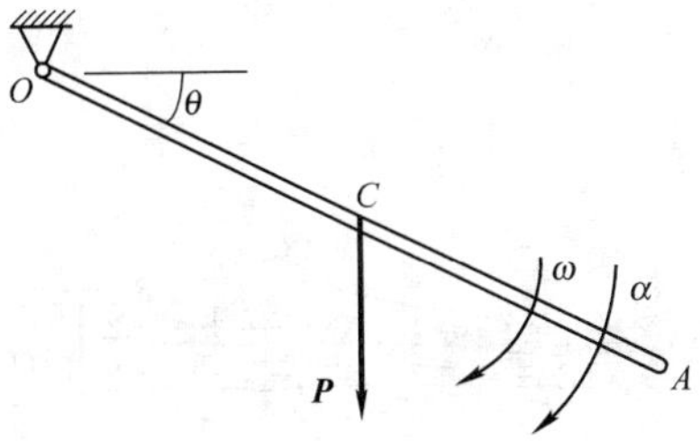

图 9-25　习题 9-11 图

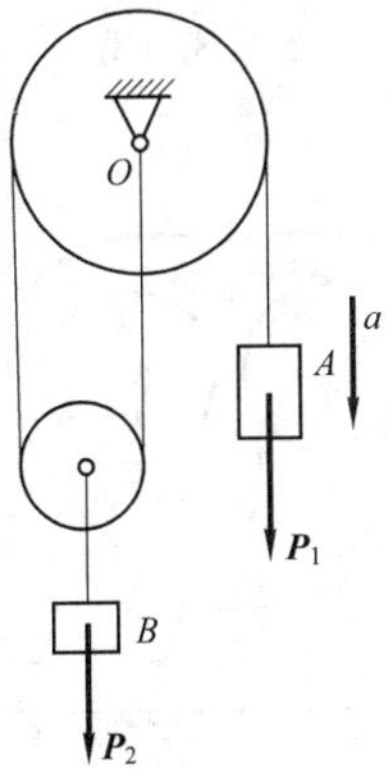

图 9-26　习题 9-12 图

[答案：$F_{Ox}=0$，$F_{Oy}=P_1+P_2-\frac{2P_1-P_2}{2g}a$]

9-13 如图 9-27 所示，水流入的速度 $v_0=2\text{m/s}$，流出的速度 $v_1=4\text{m/s}$，与水平的夹角为 30°，水道的截面积自进口处逐渐改变，进口处截面积为 0.02m²。求水道壁所受的动压力的水平分力。

[答案：$F_x=138.6\text{N}$]

9-14 如图 9-28 所示，已知水的流量为 Q，重度为 γ。水打在叶片上的速度 v_1 是水平的，水流出口速度 v_2 与水平呈 θ 角。求水柱对涡轮固定叶片的动压力的水平分力。

[答案：$F_x=\frac{\gamma}{g}Q(v_2\cos\theta+v_1)$]

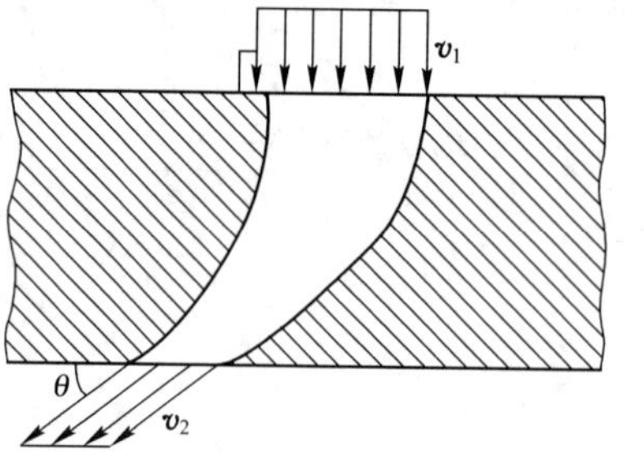

图 9-27 习题 9-13 图

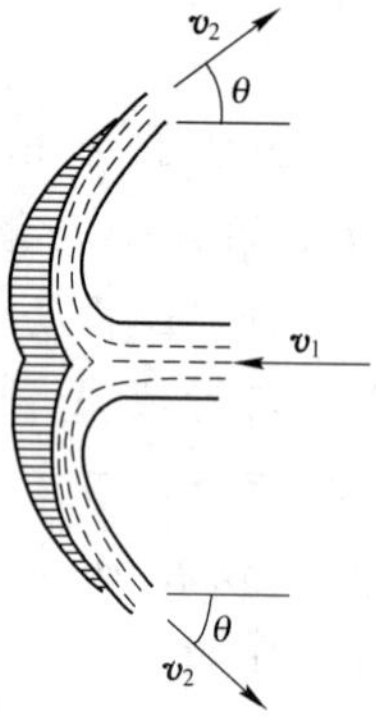

图 9-28 习题 9-14 图

9-15 压实土壤的振动器，由两个相同的偏心块和机座组成。机座质量为 m_1，每个偏心轮块质量为 m_2，偏心距 e，两偏心块以相同的匀角速度 ω 反向转动，转动时两偏心块的位置对称于 y 轴。试求振动器在图 9-29 所示位置时对土壤的压力。

[答案：$F_N=m_1g+2m_2g+2m_2\omega^2e\cos\omega t$]

9-16 如图 9-30 所示，船 A、B 的重量分别为 2.4kN 及 1.3kN，两船原处于静止，间距 6m。设船 B 上有一人，重 500N，用力拉动船 A，使两船靠拢。若不计水的阻力，求当两船靠拢在一起时，船 B 移动的距离。

[答案：$\Delta x=3.43\text{m}$]

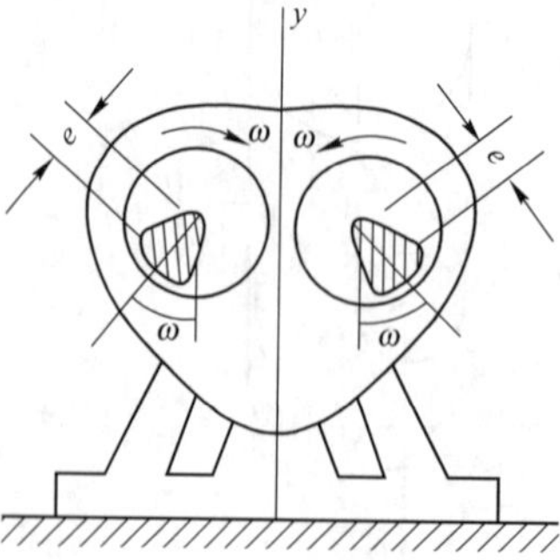

图 9-29 习题 9-15 图

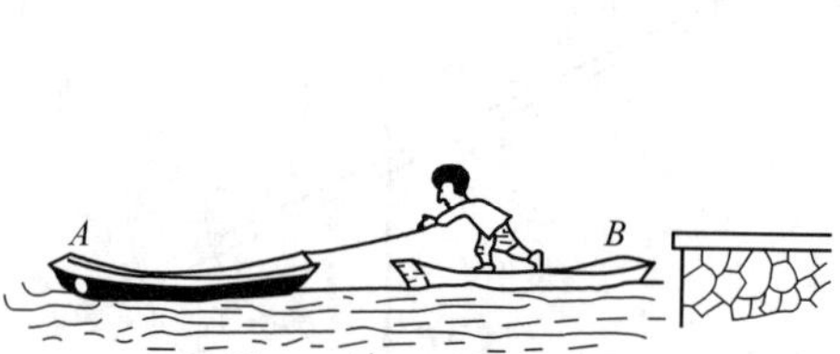

图 9-30 习题 9-16 图

9-17 如图 9-31 所示，匀质圆盘绕偏心轴 O 以匀角速度 ω 转动。质量为 m_1 的夹板借右端弹簧推压而顶在圆盘上，当圆盘转动时，夹板作往复运动。设质量为 m_2，半径为 r，偏心距为 e，求任一瞬时时作用于基础和螺栓的动反力。

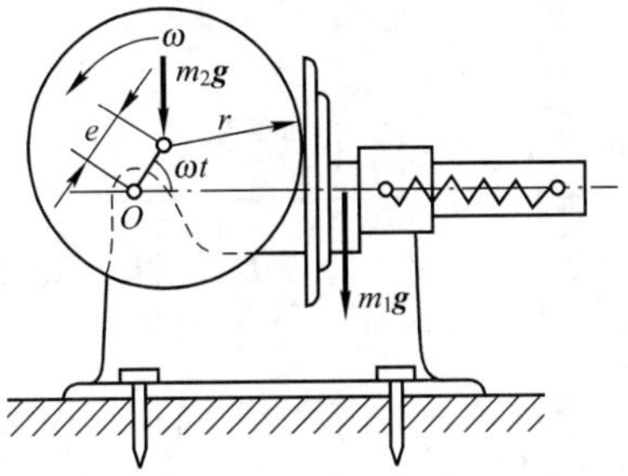

图 9-31 习题 9-17 图

[**答案**：$F_x=-(m_1+m_2)\omega^2 e\cos\omega t$；$F_y=-m_2\omega^2 e\sin\omega t$]

9-18 图 9-32 所示光滑水平面上放一均质三棱柱 A，质量为 m_A，水平边长为 a；在其斜面上又放置一小均质三棱柱 B，质量为 m_B，水平边长为 $b(a>b)$，已知 $m_A=3m_B$。设各处摩擦均不计。初始时系统静止。求当三棱柱 B 沿三棱柱 A 下滑接触到水平面时，三棱柱 A 移动的距离。

[**答案**：向左移动$\dfrac{a-b}{4}$]

9-19 如图 9-33 所示，匀质杆 AB 长 $2l$，其 B 端搁置于光滑水平面上，并与水平呈 φ_0 角，当杆倒下时，求杆端 A 点的轨迹方程。

[**答案**：以初始 B 点为静系原点，得$(x_A-l\cos\varphi_0)^2+\dfrac{y_A^2}{4}=l^2$]

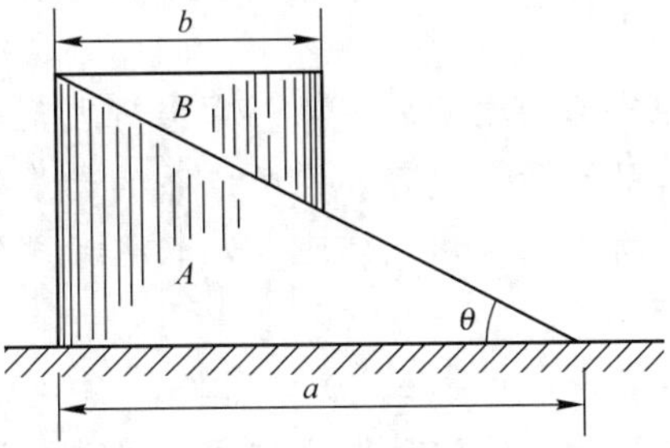

图 9-32 习题 9-18 图

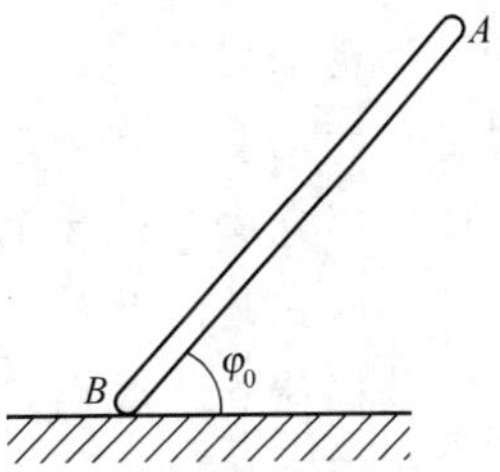

图 9-33 习题 9-19 图

第10章

动量矩定理

本章知识点

【知识点】转动惯量、回转半径、动量矩的概念和计算，平行移轴定理，对固定点和质心的动量矩定理，动量矩守恒定律，定轴转动微分方程，平面运动微分方程。

【重点】掌握转动惯量和动量矩的计算，能熟练地求解质点系的动量矩，正确地应用对固定点、固定轴和质心的动量矩定理，能正确地判断和应用动量守恒定律，掌握定轴转动微分方程和平面运动微分方程。

【难点】转动惯量是一个重要的物理量，它是刚体转动时惯性的度量。正确理解转动惯量的定义和物理意义，以及转动惯量的平行移轴定理。

动量矩定理建立了动量矩和力矩之间的关系。掌握质点系对固定点的动量矩定理和对质心的动量矩定理。在质点系的动量矩定理中不包含质点系的内力，所以在应用该定理时，只需考虑作用于所研究质点系的外力。

掌握质点系对固定点或固定轴的动量矩守恒的条件。

掌握刚体定轴转动微分方程和平面运动微分方程，熟练应用相应的微分方程求解刚体动力学问题。

由第 9 章已知，动量是物体机械运动的一种度量。但是，当物体绕某点或某轴转动时，如图 10-1 所示，风力发电机的风叶转动和太阳能帆板的转动，

(a)

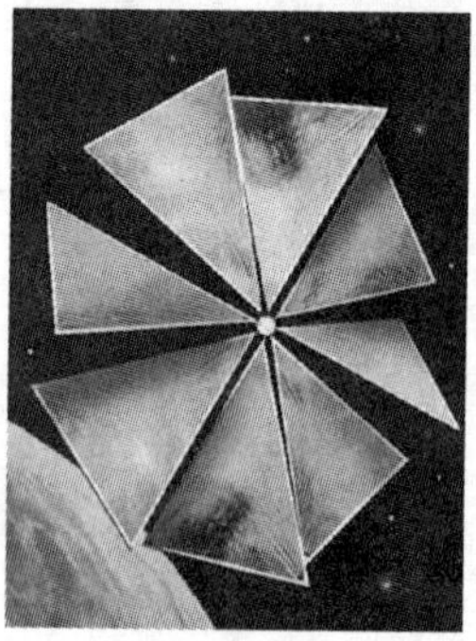

(b)

图 10-1

就不能仅用动量来度量物体的机械运动，还要用到物体的动量对该点或该轴的矩，即物体对该点或该轴的动量矩。当质点系受外力系作用时，该力系向任一点简化的结果决定于该力系的主矢和主矩。动量定理建立了质点系动量的变化与外力系主矢之间的关系，本章将通过动力矩定理建立质点系动量矩的变化与外力系主矩之间的关系。

10.1 转动惯量

10.1.1 转动惯量的一般公式

在研究平动刚体的运动规律时，只需考虑刚体质量的大小。而在研究转动刚体的运动规律时，除了质量的大小以外，还必须考虑刚体质量的分布情况，即转动惯量，它是表征刚体转动特征的一个物理量，是刚体转动时惯性的度量。

设有一刚体及任一轴 l，如图 10-2 所示，刚体对轴 l 的转动惯量定义为刚体内各质点的质量 m_i 与其到 l 轴距离平方 ρ_i 的乘积总和，即

$$J_l=\sum m_i\rho_i^2 \tag{10-1}$$

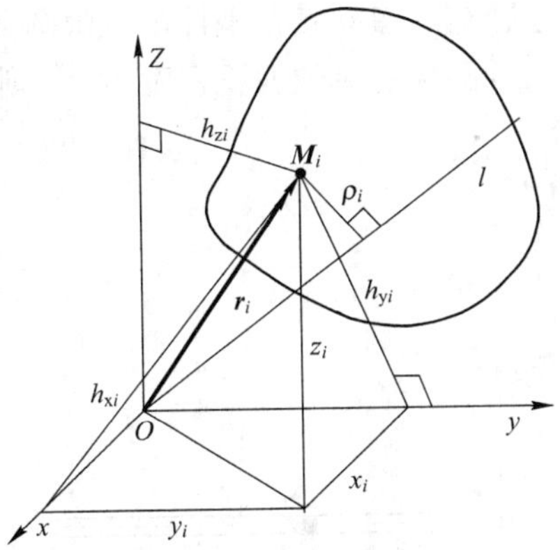

图 10-2 转动惯量

写成积分形式，应为：

$$J_l=\int\rho^2\times \mathrm{d}m \tag{10-2}$$

由式(10-2) 知，转动惯量是一个恒正的标量。其大小不仅与刚体的质量大小有关，而且与质量的分布情况有关，国际单位为：kg·m²。在质量不变的情况下，质量分布离转动轴越远，其对该轴的转动惯量就越大。根据刚体对任一轴的转动惯量定义，可知对直角坐标轴的转动惯量为：

$$\begin{aligned}J_x&=\sum m_ih_{xi}^2=\sum m_i(y_i^2+z_i^2)\\ J_y&=\sum m_ih_{yi}^2=\sum m_i(z_i^2+x_i^2)\\ J_z&=\sum m_ih_{zi}^2=\sum m_i(x_i^2+y_i^2)\end{aligned} \tag{10-3}$$

刚体对于原点 O 的转动惯量为：

$$\begin{aligned}J_O&=\sum m_ir_i^2=\sum m_i(x_i^2+y_i^2+z_i^2)\\&=\frac{1}{2}(J_x+J_y+J_z)\end{aligned} \tag{10-4}$$

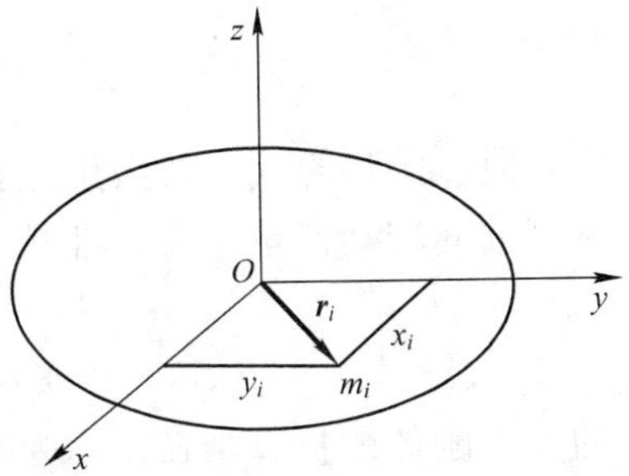

图 10-3 平面刚体对坐标轴的转动惯量

对于不计厚度的平面刚体，若选 z 轴垂直于刚体所在的平面，如图 10-3 所示，则刚体对坐标轴的转动惯量为：

$$J_x = \sum m_i y_i^2$$
$$J_y = \sum m x_i^2 \qquad (10\text{-}5)$$
$$J_z = \sum m_i (x_i^2 + y_i^2) = J_x + J_y$$

对于简单形状刚体的转动惯量，可利用公式(10-2)的积分进行计算。

【例题 10-1】 均质等截面细杆 AB，长 l，质量为 m，试求其过端点 A 而与杆垂直的轴 z 的转动惯量。

【解】 选坐标轴如图 10-4 所示，则

$$J_z = \int x^2 \mathrm{d}m = \int_0^l x^2 \times \frac{m}{l} \times \mathrm{d}x = \frac{1}{3} m l^2$$

即为细杆对 z 轴转动惯量

【例题 10-2】 试计算半径为 R 的均质等厚圆板对于中心轴的转动惯量。

【解】 建立直角坐标，取微圆环，其半径为 ρ，宽度为 $\mathrm{d}\rho$，如图 10-5 所示，令圆板的单位面积密度为 γ，则

$$\mathrm{d}m = 2\pi\rho \times \mathrm{d}\rho \times \gamma$$

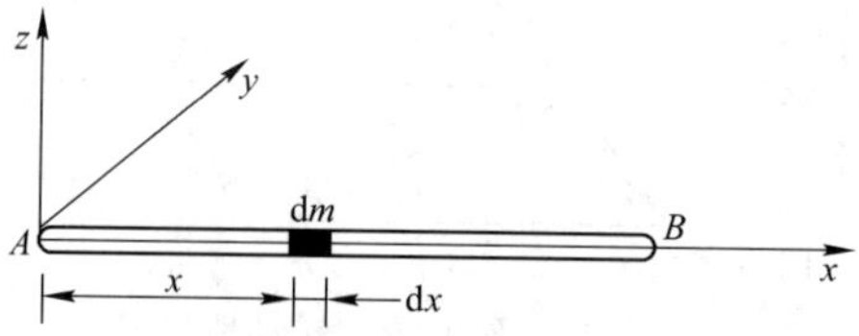

图 10-4　例题 10-1 图

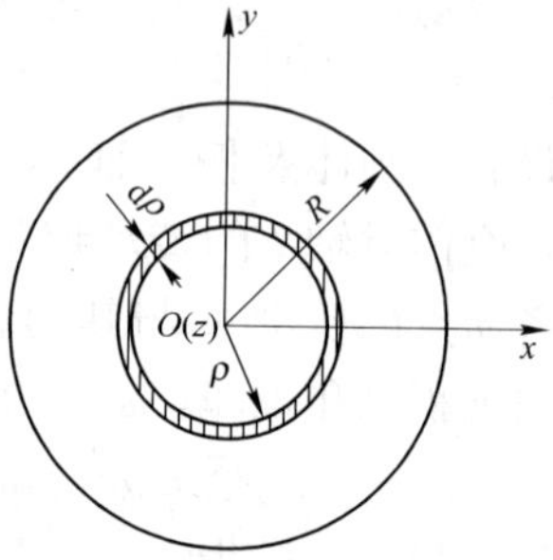

图 10-5　例题 10-2 图

于是

$$J_{Oz} = \int_0^R \rho^2 \times 2\pi\rho\gamma \times \mathrm{d}\rho$$
$$= 2\pi\gamma \int_0^R \rho^3 \times \mathrm{d}\rho = \frac{1}{2}\pi R^4 \gamma = \frac{1}{2} m R^2$$

即为圆板对中心轴 Oz 轴的转动惯量

根据对称性及公式(10-5)，有

$$J_x = J_y = \frac{1}{2} J_{Oz} = \frac{1}{4} m R^2$$

10.1.2　回转半径

为了使不同形状的刚体，具有统一的转动惯量的计算式，若假想地将刚体的质量全部集中于一点，则根据刚体对任一轴的转动惯量定义，都具有同一个计算公式，即

$$J_l = m\rho_l^2 \qquad (10\text{-}6)$$

其中 m 为整个刚体的质量，而有长度量纲的 ρ_l 为刚体的折算半径，称为刚体对 l 轴的回转半径(或惯性半径)。工程实践中常用回转半径的概念来计算转动

惯量，表 10-1 列出了常见的简单几何形状均质刚体的转动惯量和回转半径的公式，其他公式可机械工程手册中查阅。

若干均质刚体的转动惯量及回转半径　　　　表 10-1

刚体形状	简图	转动惯量	回转半径
细杆	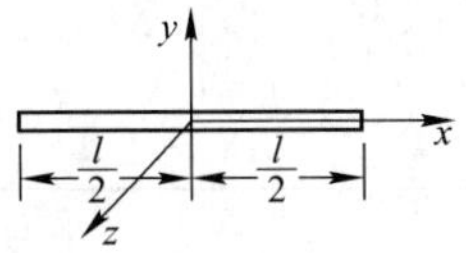	$J_y=J_z=\frac{1}{12}ml^2$ $J_z=0$	$\frac{1}{\sqrt{12}}l$ 0
矩形薄板	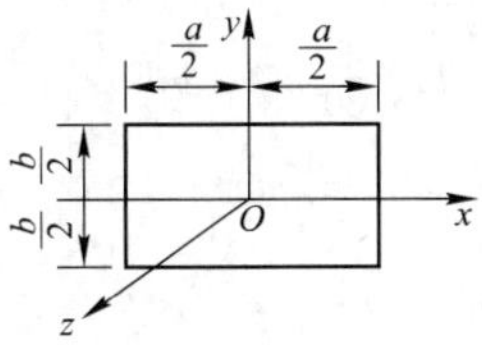	$J_x=\frac{1}{12}mb^2$ $J_y=\frac{1}{12}ma^2$ $J_z=\frac{1}{12}m(a^2+b^2)$	$\frac{1}{\sqrt{12}}b$ $\frac{1}{\sqrt{12}}a$ $\sqrt{\frac{a^2+b^2}{12}}$
细圆环	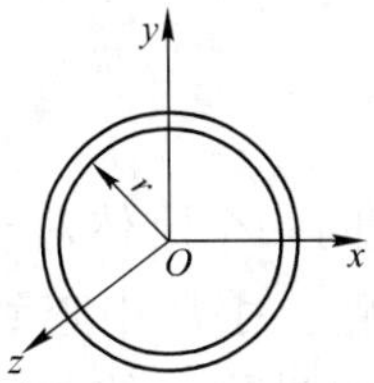	$J_x=J_y=\frac{1}{2}mr^2$ $J_z=mr^2$	$\frac{1}{\sqrt{2}}r$ r
薄圆板	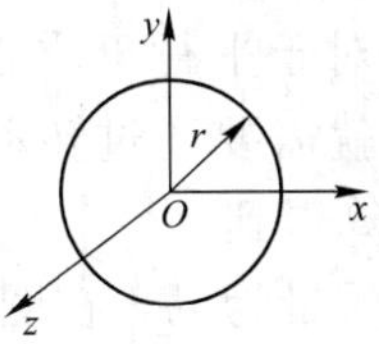	$J_x=J_y=\frac{1}{4}mr^2$ $J_z=\frac{1}{2}mr^2$	$\frac{1}{2}r$ $\frac{1}{\sqrt{2}}r$
圆柱	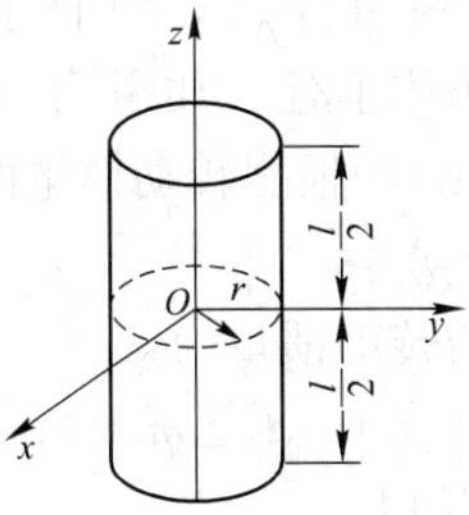	$J_x=J_y=m\left(\frac{r^2}{4}+\frac{l^2}{12}\right)$ $J_z=\frac{1}{2}mr^2$	$\sqrt{\frac{3r^2+l^2}{12}}$ $\frac{1}{\sqrt{2}}r$
球形薄壳	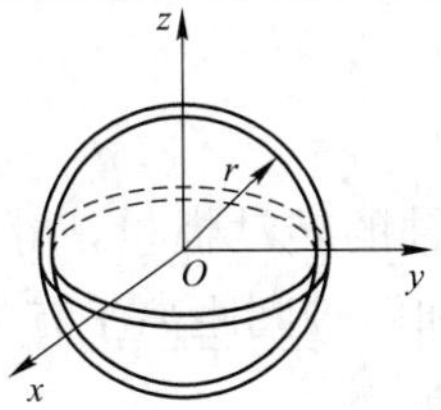	$J_x=J_y=J_z=\frac{2}{3}mr^2$	$\sqrt{\frac{2}{3}}r$
球体	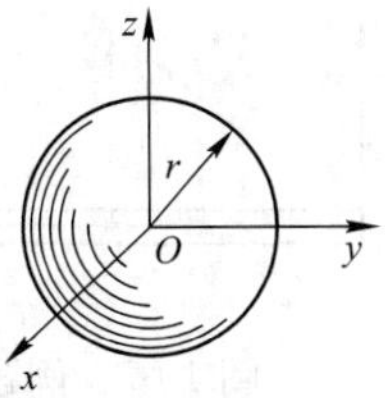	$J_x=J_y=J_z=\frac{2}{5}mr^2$	$\sqrt{\frac{2}{5}}r$

续表

刚体形状	简图	转动惯量	回转半径
平行六面体	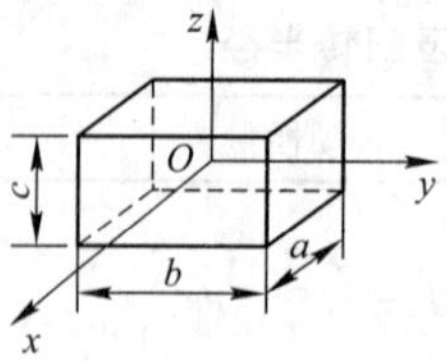	$J_x=\frac{1}{12}m(b^2+c^2)$ $J_y=\frac{1}{12}m(a^2+c^2)$ $J_z=\frac{1}{12}m(a^2+b^2)$	$\sqrt{\frac{b^2+c^2}{12}}$ $\sqrt{\frac{a^2+c^2}{12}}$ $\sqrt{\frac{a^2+b^2}{12}}$
正圆锥体	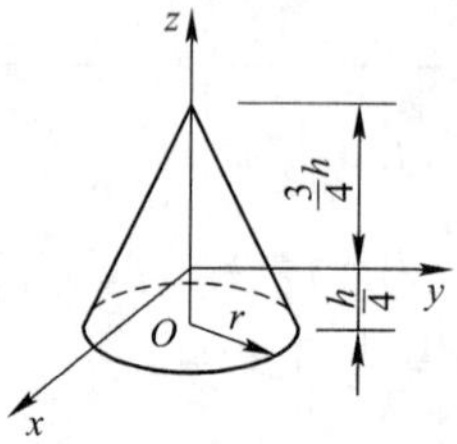	$J_x=J_y=\frac{3}{80}m(4r^2+h^2)$ $J_z=\frac{3}{10}mr^2$	$\sqrt{\frac{3(4r^2+h^2)}{80}}$ $\sqrt{\frac{3}{10}}r$

10.1.3　转动惯量的平行移轴定理

从刚体对任一轴的转动惯量的定义可知，同一个刚体对于不同的轴具有不同的转动惯量。手册中查到的转动惯量一般都是刚体对通过质心的轴的转动惯量，如果需要求刚体对于平行于质心轴的其他轴的转动惯量时，就需要通过转动惯量的平行移轴定理经过换算得到。

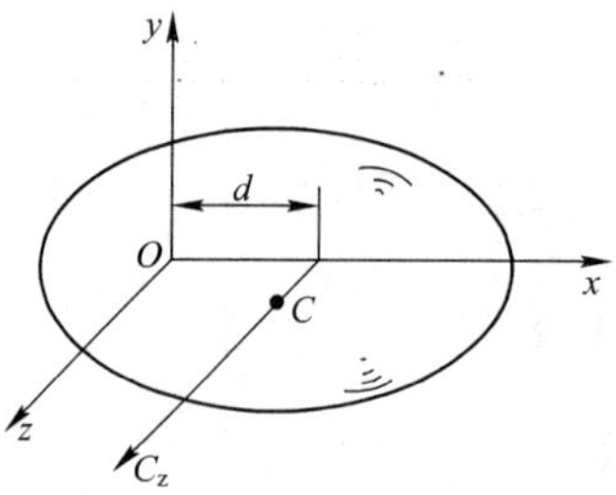

图 10-6　转动惯量平行移轴

设刚体的质量为 m，在图 10-6 所示的坐标中，通过质心 C 的 Cz 轴平行于 Oz 轴，且相距为 d，刚体上任一质量为 m_i 的质点坐标为$(x_i,\ y_i,\ z_i)$，根据转动惯量的定义，有

$$J_{Oz}=\sum m_i(x_i^2+y_i^2)$$

而对于过质心 C 点而又与 z 轴平行的 Cz 轴的转动惯量为：

$$J_{Cz}=\sum m_i[(x_i-d)^2+y_i^2]=\sum m_i(x_i^2+y_i^2)+d^2\sum m_i-2d\sum m_i x_i$$

而根据质心公式有 $\sum m_i x_i=mx_C=md$，所以

$$J_{Cz}=J_{Oz}-md^2$$

即

$$J_{Oz}=J_{Cz}+md^2 \tag{10-7}$$

转动惯量的平行移轴定理：刚体对任一轴的转动惯量，等于刚体对于通过质心的平行轴的转动惯量加上刚体的质量和两轴间距离平方的乘积。可见，刚体对通过其质心的轴的转动惯量具有最小值。

【例题 10-3】 求如图 10-7 所示均质细杆对于通过其质心 C 并与杆垂直的 z 轴的转动惯量。已知杆长 l，质量为 m。

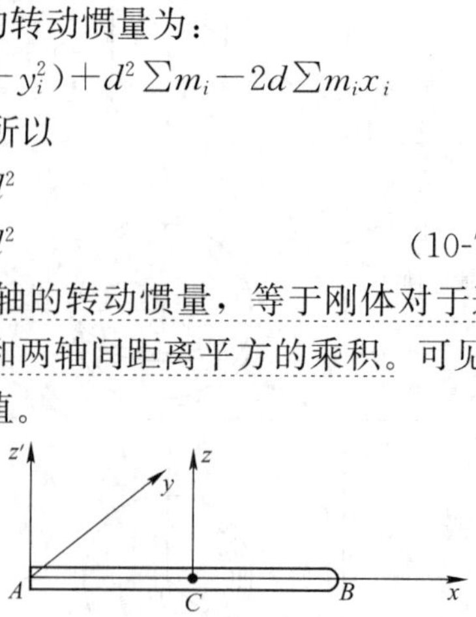

图 10-7　例题 10-3 图

【解】 已知杆 AB 对过 A 端且与杆垂直的 z'轴的转动惯量为：

$$J_{z'}=\frac{1}{3}ml^2$$

由公式(10-7) $$J_{z'}=J_z+m\left(\frac{l}{2}\right)^2$$

故 $$J_z=\frac{1}{3}ml^2-\frac{1}{4}ml^2=\frac{1}{12}ml^2$$

10.2 质点系的动量矩

10.2.1 质点系的动量矩

由 n 个质点组成的质点系如图 10-8 所示，其中任一质点 M_i 的质量为 m_i，速度为 $\boldsymbol{v}_i$，对于任选的固定点 O 的矢径为 $\boldsymbol{r}_i$，则在该瞬时，M_i 点的动量为 $m_i\boldsymbol{v}_i$，而 M_i 点的动量 $m_i\boldsymbol{v}_i$ 对 O 点之矩 $\boldsymbol{L}_O$ 定义为：

$$\boldsymbol{L}_{Oi}=\boldsymbol{r}_i\times m_i\boldsymbol{v}_i$$

动量矩是矢量，它垂直于 $\boldsymbol{r}_i$ 与 $m_i\boldsymbol{v}_i$ 组成的平面，作用于矩心 O 点处，指向按照右手法则。

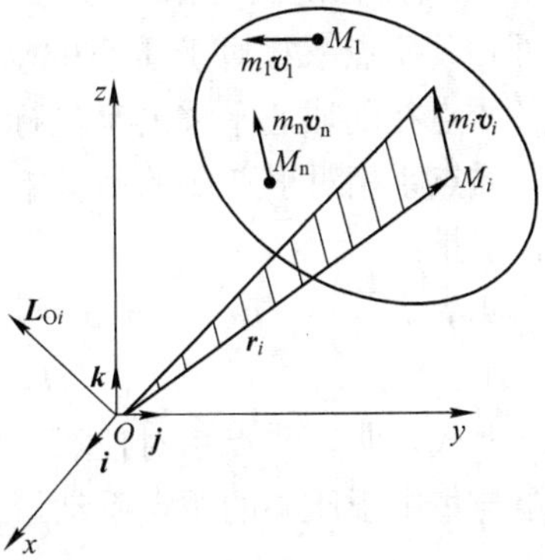

图 10-8 质点系对 O 点的动量矩

质点系对 O 点的动量矩 $\boldsymbol{L}_O$ 定义为：

$$\boldsymbol{L}_O=\sum\boldsymbol{L}_{Oi}=\sum\boldsymbol{r}_i\times m_i\boldsymbol{v}_i \quad (10\text{-}8)$$

或者可写成积分形式：

$$\boldsymbol{L}_O=\int(\boldsymbol{r}_i\times\boldsymbol{v}_i)\mathrm{d}m=\int\left(\boldsymbol{r}_i\times\frac{\mathrm{d}\boldsymbol{r}_i}{\mathrm{d}t}\right)\mathrm{d}m \quad (10\text{-}9)$$

若将动力学中质点 M_i 的动量 $m_i\boldsymbol{v}_i$ 与静力学空间力系中的力 $\boldsymbol{F}_i$ 对应，则不难发现，动力学中 M_i 点的动量 $m_i\boldsymbol{v}_i$ 对 O 点的动量矩 $\boldsymbol{L}_{Oi}$，与静力学中力 $\boldsymbol{F}_i$ 对 O 点的力矩 $\boldsymbol{M}_O(\boldsymbol{F}_i)$ 相对应。动量矩与参考点的选择有关。与力矩矢相似，对点的动量矩矢也为定位矢量。

与静力学中的力对点之矩相似，动量对于某一点的矩在经过该点的任一轴上的投影等于动量对于该轴的矩，以 z 轴为例，应有

$$[\boldsymbol{L}_O(m_i\boldsymbol{v}_i)]_z=L_z(m_i\boldsymbol{v}_i) \quad (10\text{-}10)$$

质点系中所有各质点的动量对任一轴 z 的矩的代数和称为质点系对该轴的动量矩，即

$$L_z=\sum L_{zi} \quad (10\text{-}11)$$

动量矩的国际单位为 $\mathrm{kgm^2/s}$。

若质点系的质心为 C，则质点系相对于质心的动量矩定义为：

$$\boldsymbol{L}_C=\sum\boldsymbol{r}_{Ci}\times m_i\boldsymbol{v}_i \quad (10\text{-}12)$$

其中，$\boldsymbol{r}_{Ci}$ 为质点 m_i 相对于质心的相对矢径。一般情况，用绝对速度计算质点系相对于质心的动量矩并不方便，通常建立一个随质心平动的坐标系 $Cx'y'z'$

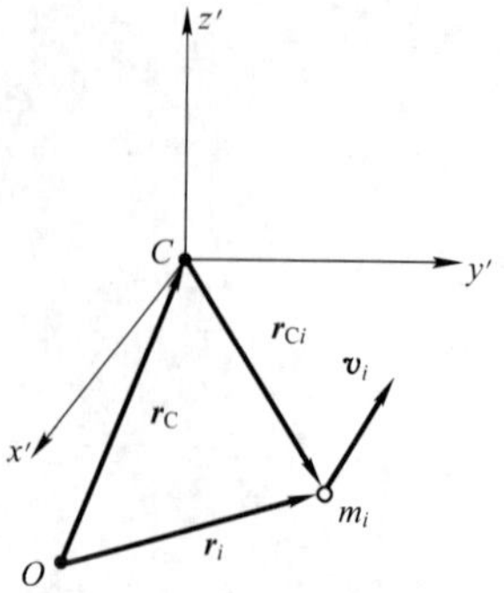

图 10-9 质点系相对于质心 C 的动量矩

（图 10-9），用相对于动坐标系 $Cx'y'z'$ 的相对速度 $\boldsymbol{v}_{Ci}$ 进行计算。由于动系随质心平移，故速度合成定理，有

$$\boldsymbol{v}_i=\boldsymbol{v}_C+\boldsymbol{v}_{Ci}$$

则

$$\boldsymbol{L}_C=\sum \boldsymbol{r}_{Ci}\times m_i(\boldsymbol{v}_C+\boldsymbol{v}_{Ci})$$
$$=\sum m\boldsymbol{r}_{Ci}\times\boldsymbol{v}_C+\sum\boldsymbol{r}_{Ci}\times m_i\boldsymbol{v}_{Ci}$$

由质心定义，有 $\sum m\boldsymbol{r}_{Ci}=m\boldsymbol{r}_{CC}$，其中 $\boldsymbol{r}_{CC}$ 为质心相对于随质心平动坐标系 $Cx'y'z'$ 的相对矢径，故有 $\boldsymbol{r}_{CC}=\boldsymbol{0}$。因此，上式可以写成：

$$\boldsymbol{L}_C=\sum\boldsymbol{r}_{Ci}\times m_i\boldsymbol{v}_{Ci}=\boldsymbol{L}_{Cr} \qquad (10\text{-}13)$$

其中，$\boldsymbol{L}_{Cr}$ 是在随质心作平移的动系中，质点系相对运动对质心的动量矩。由此可知，质点系相对于质心的动量矩既可以用各质点的绝对速度计算，也可用各质点在随质心平移的动坐标系中的相对速度来计算，其结果是一致的。

质点系相对于点 O 的动量矩为 $\boldsymbol{L}_O=\sum\boldsymbol{r}_i\times m_i\boldsymbol{v}_i$，由图 10-9 可知，$\boldsymbol{r}_i=\boldsymbol{r}_C+\boldsymbol{r}_{Ci}$，于是：

$$\boldsymbol{L}_O=\sum(\boldsymbol{r}_C+\boldsymbol{r}_{Ci})\times m_i\boldsymbol{v}_i=\boldsymbol{r}_C\times\sum m_i\boldsymbol{v}_i+\sum\boldsymbol{r}_{Ci}\times m_i\boldsymbol{v}_i=\boldsymbol{r}_C\times m\boldsymbol{v}_C+\boldsymbol{L}_C$$

即

$$\boldsymbol{L}_O=\boldsymbol{r}_C\times m\boldsymbol{v}_C+\boldsymbol{L}_C \qquad (10\text{-}14)$$

上式表明，质点系对任意一固定点 O 的动量矩，等于质点系对质心的动量矩与集中于质心的质点系动量对点 O 的动量矩的矢量和。

10.2.2 运动刚体的动量矩

（1）平移刚体

平移刚体在运动过程中，各点的运动速度相同，利用式(10-12)并结合质心公式，计算对质心的动量矩为：

$$\boldsymbol{L}_C=\sum\boldsymbol{r}_{Ci}\times m_i\boldsymbol{v}_i=\sum\boldsymbol{r}_{Ci}\times m_i\boldsymbol{v}=m\boldsymbol{r}_{CC}\times\boldsymbol{v}=\boldsymbol{0}$$

可见：平移刚体对质心的动量矩为零。

因此平移刚体对任一点 O 的动量矩为：

$$\boldsymbol{L}_O=\boldsymbol{r}_C\times m\boldsymbol{v}_C$$

（2）定轴转动刚体的动量矩

对于如图 10-10 所示的定轴转动刚体，对转动轴 z 的动量矩可以表示为：

$$L_z=\sum r_i m_i v_i=\sum r_i^2 m_i\omega=J_z\omega \qquad (10\text{-}15)$$

即：作定轴转动的刚体对于转动轴 z 的动量矩，等于刚体对于转动轴的转动惯量与角速度的乘积。

一般情况下，刚体作定轴转动不能化作平面问题来处理。当转动刚体具有质量对称平面，且转动轴垂直于该对称平面的刚体，如图 10-11 所示，这时可以将刚体简化为对称面内的平面刚体，如图 10-12 所示。若刚体绕质心轴 Cz 转动，如图 10-13 所示，对质心轴 Cz 的动量矩为

$$L_{Cz}=J_{Cz}\omega \qquad (10\text{-}16)$$

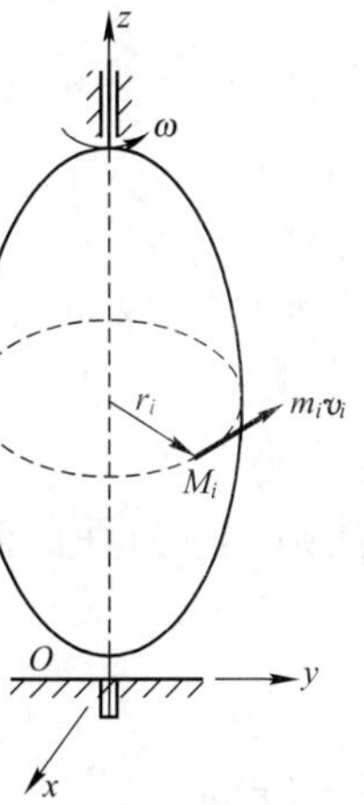

图 10-10　定轴转动刚体

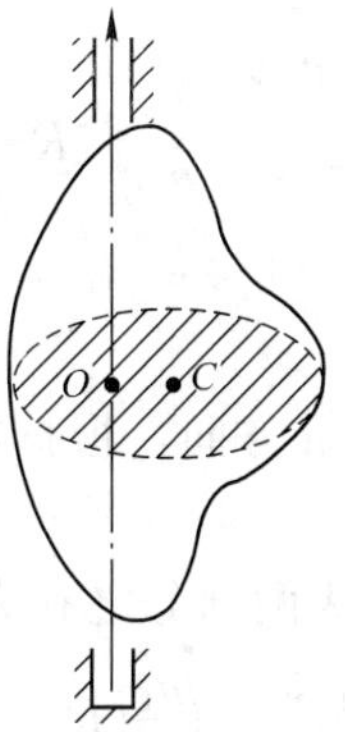

图10-11　具有质量对称平面的定轴转动刚体

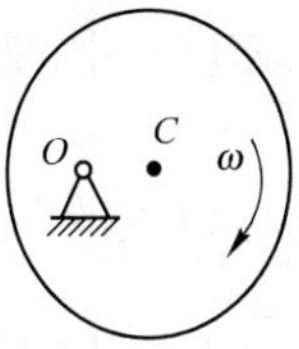

图 10-12　平面刚体

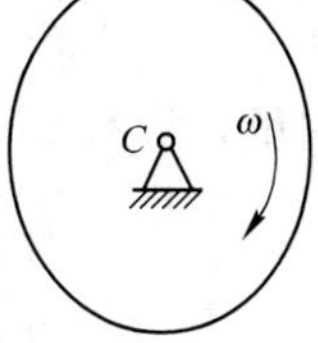

图 10-13　平面刚体绕质心轴转动

(3) 平面运动刚体的动量矩

从动力学的观点考虑，刚体平面运动应附加以下条件：(1)作用于刚体的力系可简化为过质心的某个平面的平面力系；(2)平面的法线方向与刚体的惯性主轴之一重合；(3)起始时刚体作平行于该平面的平面运动。当上述条件都得到满足时，平面运动就有可能实现。在运动学中，刚体的平面运动被简化为平面图形在其自身平面的运动，并被分解为以平面内某点为基点的平移和绕基点的转动。在动力学中，规定此平面图形必须通过刚体的质心，并将质心确定为基点。于是根据公式(10-14)和公式(10-16)，平面运动的刚体对任一点 O 的动量矩就应表示为：

$$\boldsymbol{L}_{\mathrm{O}}=\boldsymbol{L}_{\mathrm{Cz}}+\boldsymbol{r}_{\mathrm{C}}\times\boldsymbol{p}=J_{\mathrm{Cz}}\boldsymbol{\omega}+\boldsymbol{r}_{\mathrm{C}}\times\boldsymbol{p} \tag{10-17}$$

【例题 10-4】 已知半径为 r 的均质轮，在半径为 R 的固定凹面上只滚不滑，轮质量为 m_1，匀质杆 OC 质量为 m_2，杆长 l，在图 10-14(a)所示瞬时杆 OC 的角速度为 ω，求系统在该瞬时对 O 点的动量矩。

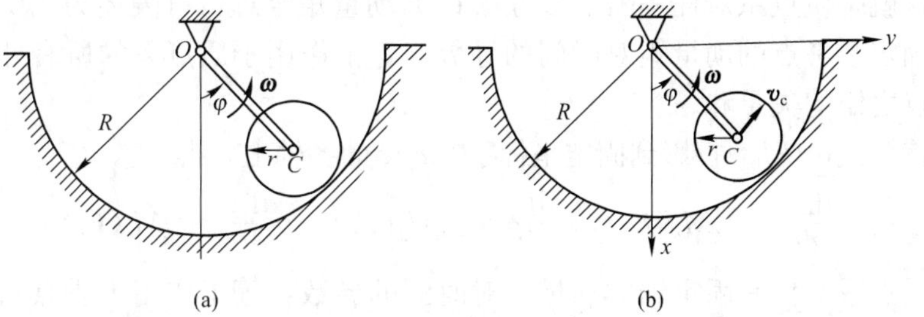

图 10-14　例题 10-4 图

【解】 设 OC 杆转动的角速度为 ω，OC 杆作定轴转动，故 OC 杆对 O 点的动量矩为：

$$(L_O)_{OC}=J_O\omega=\frac{1}{3}m_2l^2\omega$$

方向由右手法则确定，为垂直纸面向上。

轮 C 作平面运动，对 O 点的动量矩为：

$$(L_O)_C=-J_C\omega_C+m_1v_C(R-r)=-\frac{1}{2}m_1r^2\frac{(R-r)\omega}{r}+m_1(R-r)^2\omega$$

$$=\frac{m_1}{2}(R-r)(2R-3r)\omega$$

上式中轮 C 的角速度 ω_C 因是顺时针方向，根据右手法则，应为垂直纸面向里，故有负号。

于是，整个系统对 O 点的动量矩为两部分之和为：

$$L_O=(L_O)_{OC}+(L_O)_C=\frac{m_1}{3}l^2\omega+\frac{m_1}{2}(R-r)(2R-3r)\omega$$

10.3 质点系动量矩定理

10.3.1 质点系对固定点O的动量矩定理

将质点系动量矩的表达式(10-8)对时间求导，有

$$\frac{\mathrm{d}\boldsymbol{L}_O}{\mathrm{d}t}=\frac{\mathrm{d}}{\mathrm{d}t}\sum\boldsymbol{r}_i\times m_i\boldsymbol{v}_i=\sum\frac{\mathrm{d}\boldsymbol{r}_i}{\mathrm{d}t}\times m_i\boldsymbol{v}_i+\sum\boldsymbol{r}_i\times m_i\frac{\mathrm{d}\boldsymbol{v}_i}{\mathrm{d}t}=\sum\boldsymbol{v}_i\times m_i\boldsymbol{v}_i+\sum\boldsymbol{r}_i\times m_i\boldsymbol{a}_i$$

因 $\boldsymbol{v}_i$ 与 $m_i\boldsymbol{v}_i$ 同方向，故上式中的 $\boldsymbol{v}_i\times m_i\boldsymbol{v}_i=0$；而 $m_i\boldsymbol{a}_i=\boldsymbol{F}_i=\boldsymbol{F}_i^e+\boldsymbol{F}_i^i$，其中 $\boldsymbol{F}_i$ 为作用于质点 M_i 上的所有力的合力，可分为外力 $\boldsymbol{F}_i^e$ 和内力 $\boldsymbol{F}_i^i$，故有

$$\frac{\mathrm{d}\boldsymbol{L}_O}{\mathrm{d}t}=\sum\boldsymbol{r}_i\times\boldsymbol{F}_i^e+\sum\boldsymbol{r}_i\times\boldsymbol{F}_i^i=\sum\boldsymbol{M}_O(\boldsymbol{F}_i^e)+\sum\boldsymbol{M}_O(\boldsymbol{F}_i^i)$$

上式中 $\sum\boldsymbol{M}_O(\boldsymbol{F}_i^e)$ 为作用质点系的所有外力对于 O 点之矩的矢量和；$\sum\boldsymbol{M}_O(\boldsymbol{F}_i^i)$ 为质点系的内力对于 O 点之矩的矢量和，由于内力总是成对出现的，所以它们对于任一点的矩之和必等于零，即 $\sum\boldsymbol{M}_O(\boldsymbol{F}_i^i)=0$，于是有

$$\frac{\mathrm{d}\boldsymbol{L}_O}{\mathrm{d}t}=\sum\boldsymbol{M}_O(\boldsymbol{F}_i^e) \tag{10-18}$$

这就是质点系对任一固定参考点 O 的动量矩定理，可表述为：质点系对任一固定参考点的动量矩对时间的导数，等于作用于质点系的所有外力对于同一点之矩的矢量和。

将公式(10-18)投影到固定坐标系 $Oxyz$ 的各轴上，得

$$\frac{\mathrm{d}L_x}{\mathrm{d}t}=\sum M_x(\boldsymbol{F}_i^e),\quad \frac{\mathrm{d}L_y}{\mathrm{d}t}=\sum M_y(\boldsymbol{F}_i^e),\quad \frac{\mathrm{d}L_z}{\mathrm{d}t}=\sum M_z(\boldsymbol{F}_i^e) \tag{10-19}$$

即，质点系对任一固定轴的动量矩对时间的导数，等于作用于质点系的所有外力对于同一轴的矩的代数和。这是质点系动量矩定理的投影形式。

【例题 10-5】 图 10-15(a)所示卷扬机鼓轮为匀质圆盘，质量为 m_1，半径为 R，小车质量为 m_2，作用于鼓轮上的力矩为 M，轨道的倾角为 θ，绳的重量及摩擦均忽略不计，求小车上升的加速度。

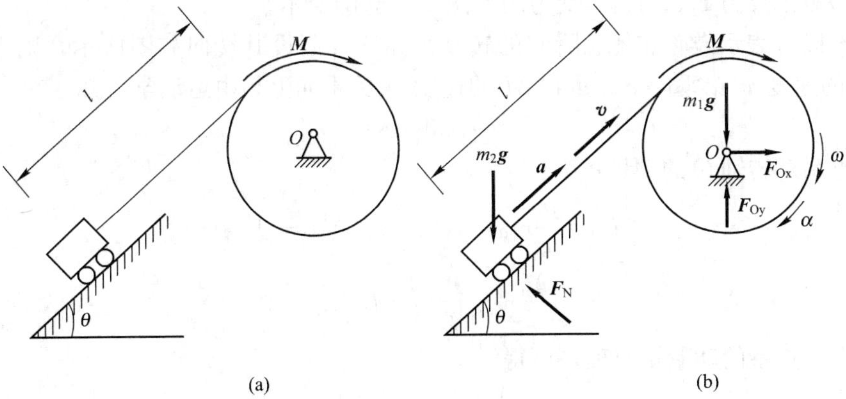

图 10-15　例题 10-5 图

【解】 选鼓轮和小车为质点系，作用于该质点系上的外力有 M、m_1g、m_2g，约束力有 $\boldsymbol{F}_{Ox}$、$\boldsymbol{F}_{Oy}$ 及 $\boldsymbol{F}_N$，如图 10-15(b)所示。设小车上升速度为 v，鼓轮的角速度为 ω。整个质点系对 Oz 轴的动量矩为：

$$L_z=J_z\omega+m_2vR=\frac{1}{2}m_1R^2\omega+m_2vR=\frac{m_1+2m_2}{2}vR$$

所有外力对 Oz 轴的矩为：

$$\sum M_{zi}^E=M-m_2g\sin\theta\times R-m_2g\cos\theta\times l+\boldsymbol{F}_Nl$$

由于 $\boldsymbol{F}_N=m_2g\times\cos\theta$，故

$$\sum M_{zi}^e=M-m_2g\sin\theta\times R$$

由动量矩定理 $\frac{dL_z}{dt}=\sum M_{zi}^e$ 可得

$$\frac{m_1+2m_2}{2}R\times\frac{dv}{dt}=M-m_2gR\sin\theta$$

所以小车上升的加速度

$$a=\frac{dv}{dt}=\frac{2(M-m_2gR\sin\theta)}{(m_1g+2m_2g)R}g$$

由上式解得，唯有当 $M>m_2gR\sin\theta$ 时，小车才能加速上升。

【例题 10-6】 重量各为 $\boldsymbol{P}_1$、$\boldsymbol{P}_2$ 的两物块，分别挂在两根绳子上，此两绳又分别绕在具有同一转速且刚连在一起而半径分别为 r_1 和 r_2 的鼓轮上(图 10-16a)。已知鼓轮对于转轴 O 的转动惯量为 J_O，系统受重物的重力影响而运动。不计绳的质量和轴承摩擦，求鼓轮的角加速度。

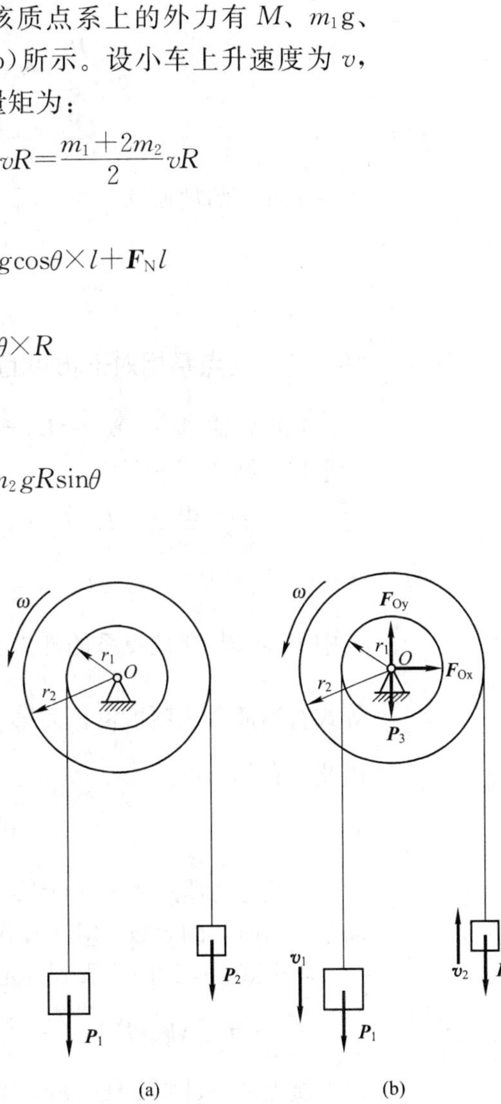

图 10-16　例题 10-6 图

【解】 取两重物与鼓轮所组成的质点系为研究对象。作用在该质点系上的外力有：两重物的重力为 $\boldsymbol{P}_1$、$\boldsymbol{P}_2$；鼓轮的重力 $\boldsymbol{P}_3$；轴

承 O 处的反力 $\boldsymbol{F}_{Ox}$、$\boldsymbol{F}_{Oy}$，受力图如图 10-16(b)所示。

以 ω 表示鼓轮在任意瞬间的转动角速度并假设其转向如图所示，则重物 M_1 的速度 $\boldsymbol{v}_1$ 铅垂向下；重物 M_2 的速度 $\boldsymbol{v}_2$ 铅垂向上。由运动学可知

$$v_1 = r_1\omega,\quad v_2 = r_2\omega$$

质点系对转轴 O 的动量矩为：

$$\begin{aligned}L_O &= \frac{\boldsymbol{P}_1}{g}r_1\omega \times r_1 + \frac{\boldsymbol{P}_2}{g}r_2\omega \times r_2 + J_O\omega \\ &= \left(\frac{\boldsymbol{P}_1}{g}r_1^2 + \frac{\boldsymbol{P}_2}{g}r_2^2 + J_O\right)\omega\end{aligned}$$

根据质点系的动量矩原理，可得

$$\frac{\mathrm{d}L_O}{\mathrm{d}t} = \sum M_O(\boldsymbol{F}_i^e)$$

即

$$\begin{aligned}\frac{\mathrm{d}}{\mathrm{d}t}\left(\frac{\boldsymbol{P}_1}{g}r_1^2\omega + \frac{\boldsymbol{P}_2}{g}r_2^2\omega + J_O\right)\omega &= \boldsymbol{P}_1 r_1 - \boldsymbol{P}_2 r_2 \\ \left(\frac{\boldsymbol{P}_1}{g}r_1^2 + \frac{\boldsymbol{P}_2}{g}r_2^2 + J_O\right)\alpha &= \boldsymbol{P}_1 r_1 - \boldsymbol{P}_2 r_2\end{aligned}$$

所以鼓轮的角加速度

$$\alpha = \frac{\boldsymbol{P}_1 r_1 - \boldsymbol{P}_2 r_2}{\frac{\boldsymbol{P}_1}{g}r_1^2 + \frac{\boldsymbol{P}_2}{g}r_2^2 + J_O}$$

10.3.2　质点系相对于质心的动量矩定理

我们将式(10-14)$\boldsymbol{L}_O = \boldsymbol{L}_C + \boldsymbol{r}_C \times \boldsymbol{p}$ 代入式(10-18)，并考虑到静力学中的力线平移法则

$$\frac{\mathrm{d}\boldsymbol{L}_O}{\mathrm{d}t} = \frac{\mathrm{d}\boldsymbol{L}_C}{\mathrm{d}t} + \frac{\mathrm{d}\boldsymbol{r}_C}{\mathrm{d}t} \times \boldsymbol{p} + \boldsymbol{r}_C \times \frac{\mathrm{d}\boldsymbol{p}}{\mathrm{d}t} = \sum \boldsymbol{M}_O(\boldsymbol{F}_i^e) = \sum \boldsymbol{M}_C(\boldsymbol{F}_i^e) + \boldsymbol{r}_C \times \boldsymbol{F} \tag{10-20a}$$

其中 $\boldsymbol{F}$ 为作用于质点系的外力主矢量。式(a)中 $\boldsymbol{r}_C \times \frac{\mathrm{d}\boldsymbol{p}}{\mathrm{d}t} = \boldsymbol{r}_C \times \boldsymbol{F}$，故第三项与等式右侧最后一项抵消；而第二项等于零：$\frac{\mathrm{d}\boldsymbol{r}_C}{\mathrm{d}t} \times \boldsymbol{p} = \boldsymbol{v}_C \times \boldsymbol{p} = \boldsymbol{v}_C \times m\boldsymbol{v}_C = 0$，因此，有

$$\frac{\mathrm{d}\boldsymbol{L}_C}{\mathrm{d}t} = \sum \boldsymbol{M}_C(\boldsymbol{F}_i^e) \tag{10-20b}$$

上式称为质点系相对于质心的动量矩定理。可表述为：质点系对质心的动量矩对时间的导数，等于作用于质点系的所有外力对质心之矩的矢量和。

将公式(10-20b)投影到固定坐标系 $Oxyz$ 的各轴上，得

$$\frac{\mathrm{d}L_{Cx}}{\mathrm{d}t} = \sum M_{Cx}(\boldsymbol{F}_i^e),\quad \frac{\mathrm{d}L_{Cy}}{\mathrm{d}t} = \sum M_{Cy}(\boldsymbol{F}_i^e),\quad \frac{\mathrm{d}L_{Cz}}{\mathrm{d}t} = \sum M_{Cz}(\boldsymbol{F}_i^e) \tag{10-21}$$

即，质点系对过质心任一固定轴的动量矩对时间的导数，等于作用于质点系的所有外力对于同一轴的矩的代数和。这是质点系相对于质心动量矩定理的

投影形式。

此外，我们不加证明地给出如下结论：当某一动点的加速度恒等于零，或者某一瞬心的加速度方向恒指向质心，这样的动点或瞬心也可以选为动量矩的矩心，此时，仍有与式(10-18)相同的形式(例如作纯滚动的轮子的瞬心)。

矩心的选择若满足上述条件，则动量矩定理可表述为：质点系对某一点的动量矩对时间的导数，等于作用于该质点系所有外力对同一点矩的矢量和。

【例题 10-7】 质量为 m、半径为 r 的均质圆柱体在半径为 R 的圆槽内作纯滚动。求圆柱体在平衡位置(铅垂线 OA)附近作微幅振动的运动微分方程。

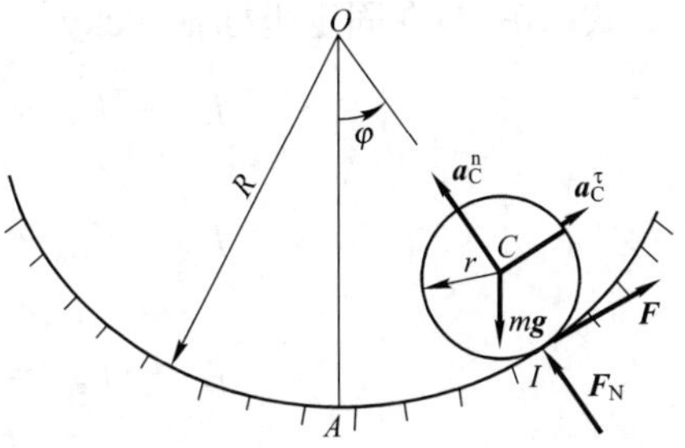

图 10-17　例题 10-7 图

【解】 在任选位置，OC 与 OA 的夹角为 φ，并以 φ 的增大方向为正，圆柱体的受力如图 10-17 所示。瞬心 I 的加速度恒指向质心 C，故以 I 点为动量距定理的矩心

$$\frac{\mathrm{d}L_{\mathrm{I}}}{\mathrm{d}t}=\sum M_{\mathrm{I}}(\boldsymbol{F}_i^{\mathrm{e}}) \tag{a}$$

注意到圆柱体质心 C 的速度 $v_{\mathrm{C}}=(R-r)\dot{\varphi}$，圆柱体的角速度 $\omega=\dfrac{R-r}{r}\dot{\varphi}$，因此，对 I 点的动量距为：

$$L_I=J_{\mathrm{C}}\omega+mv_{\mathrm{C}}r=\frac{1}{2}mr^2\omega+m(R-r)\dot{\varphi}r=\frac{3}{2}mr(R-r)\dot{\varphi} \tag{b}$$

静滑动摩擦力 $\boldsymbol{F}$ 与法向约束力 $\boldsymbol{F}_{\mathrm{N}}$ 对 I 点没有矩，唯有重力 $m\boldsymbol{g}$ 对 I 点有矩

$$\sum M_{\mathrm{I}}(\boldsymbol{F}_i^{\mathrm{e}})=-mgr\sin\varphi \tag{c}$$

代入动量距定理式(a)，得

$$\frac{3}{2}mr(R-r)\frac{\mathrm{d}\dot{\varphi}}{\mathrm{d}t}=-mgr\sin\varphi$$

即

$$\frac{3}{2}(R-r)\ddot{\varphi}+g\sin\varphi=0$$

考虑微幅振动，有 $\sin\varphi\approx\varphi$，因此 $\frac{3}{2}(R-r)\ddot{\varphi}+g\varphi=0$ 即为圆柱体的运动微分方程。

10.3.3　质点系动量矩守恒定律

将式(10-18)改写为：

$$\mathrm{d}\boldsymbol{L}_{\mathrm{O}}=\sum \boldsymbol{M}_{\mathrm{O}}(\boldsymbol{F}_i^{\mathrm{e}})\mathrm{d}t$$

然后两边积分

$$\int_{\boldsymbol{L}_{\mathrm{O}_1}}^{\boldsymbol{L}_{\mathrm{O}_2}}\mathrm{d}\boldsymbol{L}_{\mathrm{O}}=\int_{t_1}^{t_2}\sum \boldsymbol{M}_{\mathrm{O}}(\boldsymbol{F}_i^{\mathrm{e}})\mathrm{d}t$$

即

$$\boldsymbol{L}_{O_2}-\boldsymbol{L}_{O_1}=\sum\int_{t_1}^{t_2}\boldsymbol{M}_O(\boldsymbol{F}_i^e)\mathrm{d}t \tag{10-22}$$

式(10-22)为动量矩定理的积分形式，式中 $\int_{t_1}^{t_2}\boldsymbol{M}_O(\boldsymbol{F}_i^e)\mathrm{d}t$ 称为外力系对 O 点的冲量矩，其国际单位与动量矩相同。式(10-22)表述为：质点系对固定点 O 的动量矩在一段时间内的增量，等于作用于质点系的外力在同一时间段内对 O 点的冲量矩之和。

式(10-22)在固定坐标轴 x、y、z 上的投影形式为：

$$\left.\begin{aligned}L_{x_2}-L_{x_1}&=\sum\int_{t_1}^{t_2}M_x(\boldsymbol{F}_i^e)\mathrm{d}t\\L_{y_2}-L_{y_1}&=\sum\int_{t_1}^{t_2}M_y(\boldsymbol{F}_i^e)\mathrm{d}t\\L_{z_2}-L_{z_1}&=\sum\int_{t_1}^{t_2}M_z(\boldsymbol{F}_i^e)\mathrm{d}t\end{aligned}\right\} \tag{10-23}$$

由方程式(10-18)知，若 $\boldsymbol{M}_O(\boldsymbol{F}_i^e)=0$，则 $\boldsymbol{L}_O=$常矢量。这就是说，如果质点系所受外力对某一固定点 O 的矩始终等于零，则质点系对该点的动量矩为常矢量。这一结论称为质点系动量矩守恒定律。

同样，由式(10-23)知，质点系动量矩守恒定律的投影形式也成立，以 x 轴为例，当 $M_x(\boldsymbol{F}_i^e)=0$ 时，$L_x=$常量。

动量矩守恒定律在科学技术上、在生产和日常生活中，都有着广泛的应用，如航天器(图 10-18)。

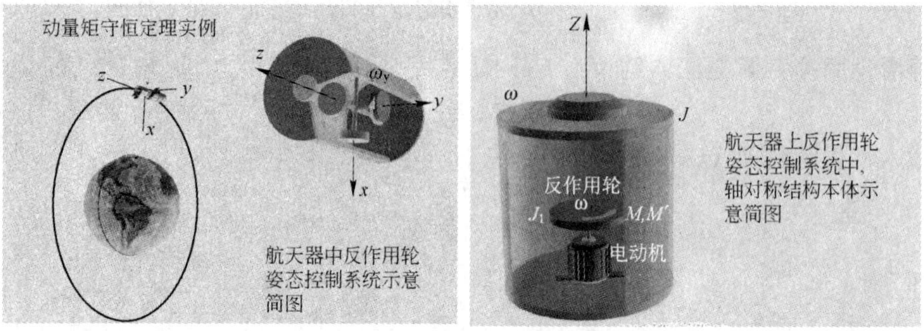

(a) (b)

图 10-18

【例题 10-8】 如图 10-19 所示转子 A 原来静止，而转子 B 具有角速度 ω_B，现用离合器 C 将转子 A、B 突然连接在一起，求连接后转子 A、B 的共同角速度 ω。已知转子 A 和 B 对转轴的转动惯量分别为 J_A 和 J_B。轴承摩擦不计。

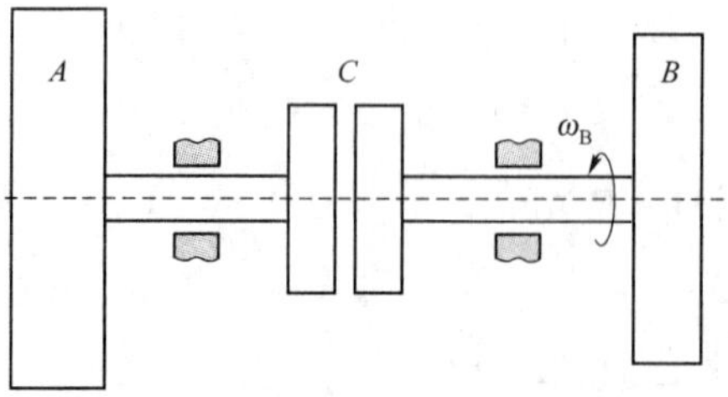

图 10-19 例题 10-8 图

【解】 以转子 A 和 B 作为一个质点系，离合器 C 将两个转子接合时，离合器两部分之间的作用力是内力，不影响系统的动量矩。系统所受的外力有重力和轴承反力，它们对转轴的矩都等于零。因此，系统对转轴的动量矩守恒。系统在接合前、后对转轴的动量矩不变，所以

$$(J_A+J_B)\omega=J_B\omega_B$$

故

$$\omega=\frac{J_B}{J_A+J_B}\omega_B$$

通过以上各节的例题分析，现将应用动量矩原理求解质点系的动力学问题的解题步骤大致归纳如下：

(1) 根据题意选取研究对象；

(2) 分析研究对象所受的外力，并画出受力图；

(3) 分析研究对象的运动情况并根据运动学的知识找出有关点或刚体的速度或角速度、加速度或角加速度之间的关系；

(4) 选取固定轴。根据研究对象，计算对该轴的动量矩和外力矩。若外力矩对该轴的力矩的代数和恒等于零，则应用对固定轴的动量矩守恒定律求解；若外力对该轴的力矩的代数和不等于零，则应用投影式的动量矩定理求解。

应该注意，动量矩定理建立了动量矩与外力矩之间的关系，在解题时通常是用其投影形式，因此应注意等式两边有关物理量正负号规定的一致性。例如若规定了研究对象中某一绕定轴转动的刚体的位置角 φ 逆时针向量取为正，则其相应的角速度 ω、角加速度 α，动量矩和力矩随之以逆时针转向为正，反之为负。

10.4 刚体定轴转动微分方程

将定轴转动刚体对转轴的动量矩代入动量矩定理，得

$$\frac{\mathrm{d}}{\mathrm{d}t}(J_z\omega)=\sum M_z(\boldsymbol{F}_i^e)$$

即

$$J_z\alpha=\sum M_z(\boldsymbol{F}_i^e) \tag{10-24}$$

称式(10-24)为刚体定轴转动微分方程。

将式(10-24)与质点动力学的基本方程 $m\boldsymbol{a}=\boldsymbol{F}$ 对比，可见它们有相似之处：角加速度与加速度相对应，力矩与力相对应，而转动惯量与质量相对应。质量是质点惯性的度量，那么转动惯量就是刚体转动时惯性的度量。

与质点动力学基本方程相似，应用式(10-24)也可以解决两类问题：(1)已知刚体的转动规律，求作用在刚体上的主动力矩；(2)已知作用在刚体上的主动力矩，求刚体的转动规律。

【例题 10-9】 振动记录仪如图 10－20(a)所示。惯性块的质量为 m_1，指针质量为 m_2，质心在 C 点处，可绕水平轴 O 作自由转动，转动惯量为 $m_2\rho^2$，$OB=b$，$OD=a$，弹簧刚度为 k_1、k_2。求该系统作微幅振动的运动微分方程式。

【解】 作 AOB 及惯性块的受力图，并设 $OC=c$，如图 10-20(b)所示。设指针 OA 的转角为 φ，则：

$$y=b\varphi$$

$$v=b\dot{\varphi}$$

系统对 O 点的动量矩为：

$$L_O=J\omega=(m_2\rho^2+m_1b^2)\dot{\varphi}$$

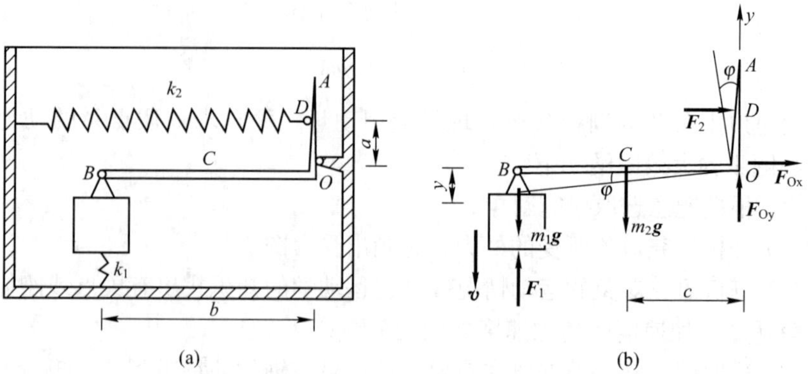

图 10-20 例题 10-9 图

上式中的$(m_2\rho^2+m_1b^2)$看作整个系统对于 O 点总的转动惯量。并考虑到微幅运动，所以有 $\sin\varphi\approx\varphi$，$\cos\varphi\approx1$。

所有外力对 O 点的矩为：

$$\begin{aligned}\sum M_O(\boldsymbol{F}_i^e)&=m_1gb+m_2gc-F_1b-F_2a\\&=m_1gb+m_2gc-k_1(\delta_{st_1}+b\varphi)b-k_2(\delta_{st_2}+a\varphi)a\end{aligned}$$

在平衡位置时，有

$$\sum M_0(\boldsymbol{F})=0 \quad m_1gb+m_2gc-k_1\delta_{st_1}b-k_2\delta_{st_2}a=0$$

所以在运动到任意位置时有

$$\sum M_O(\boldsymbol{F}_i^e)=-(k_1b^2+k_2a^2)\varphi$$

代入式(10-21)得：

$$(m_2\rho^2+m_1b^2)\ddot{\varphi}=-(k_1b^2+k_2a^2)\varphi$$

即

$$\ddot{\varphi}+\frac{k_1b^2+k_2a^2}{m_2\rho^2+m_1b^2}\varphi=0$$

此式即为系统微幅振动的运动微分方程。

【例题 10-10】 用落体观察法测定转动惯量。将半径为 r 的飞轮支承在 O 点，然后在绕过飞轮的绳子的一端挂一重量为 $\boldsymbol{P}$ 的重物，使重物下降时能带动飞轮转动，如图 10-21 所示。令重物的初速为零，当重物下降一距离 h 时，记下所需的时间 t。

【解】 取飞轮及重物为一质点系，其受力如图 10-21 所示。由质点系动量距定理式(10-18)可列出

$$\frac{\mathrm{d}}{\mathrm{d}t}\left(J_z\omega+\frac{P}{g}vr\right)=rP \tag{a}$$

其中 J_z 就是所需测定的飞轮对 z 轴的转动惯量。由式(a)得：

$$J_z\alpha+\frac{\rho}{g}ar=rP \tag{b}$$

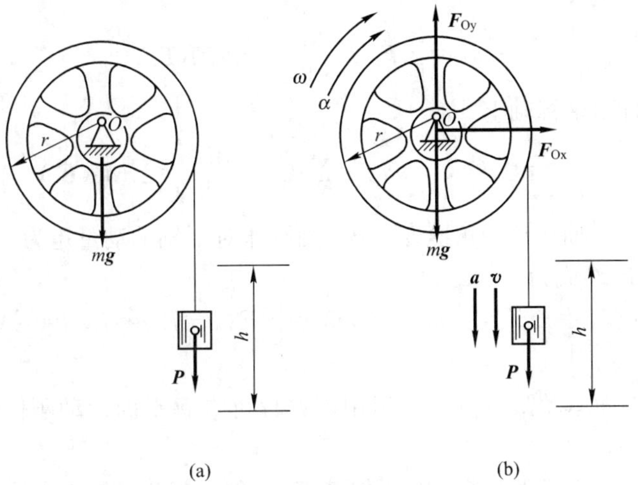

图 10-21　例题 10-10 图

又 $r\alpha=a$，代入式(b)后，得：

$$a\left(\frac{J_z}{r}+\frac{P}{g}r\right)=rP \quad 或 \quad a=\frac{r^2P}{J_zg+r^2P}g=常量$$

由于重物的初速为零，且加速度为常量，根据匀加速直线运动公式，得

$$h=\frac{1}{2}at^2$$

将 a 值代入上式，得

$$h=\frac{1}{2}\frac{r^2P}{J_zg+r^2P}gt^2$$

解得

$$J_z=\frac{r^2P}{g}\left(\frac{gt^2}{2h}-1\right) \tag{10-25}$$

因此，如果已知重物的重量和飞轮的半径，并测出重物下降的距离 h 及所需的时间 t，就可求出飞轮的转动惯量。这种测定转动惯量的方法称为落体观测法。

10.5　刚体平面运动微分方程

将质心运动定理和相对于质心的动量矩定理结合起来，可研究刚体平面运动的动力学问题。

设刚体在力系 $\boldsymbol{F}_1$、$\boldsymbol{F}_2$、…、$\boldsymbol{F}_n$ 作用下作平面运动，其质心 C 位于平面图形 S 内(图 10-22)。由运动学知识，可将平面运动看作随同质心的平动与绕通过质心而垂直于图平面的轴转动的合成。于是，由质心运动定理及相对于

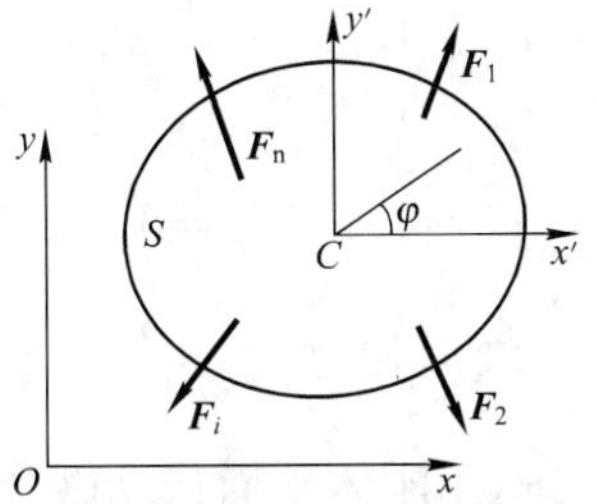

图 10-22　平面运动刚体受力

质心的动量矩定理有

$$m\boldsymbol{a}_C=\sum\boldsymbol{F}_i,\quad \frac{\mathrm{d}\boldsymbol{L}_C}{\mathrm{d}t}=\sum\boldsymbol{M}_{Ci}(\boldsymbol{F}_i^e) \tag{10-26}$$

投影到直角坐标轴上，有

$$ma_{Cx}=\sum F_{xi},\quad ma_{Cy}=\sum F_{yi},\quad \frac{\mathrm{d}L_C}{\mathrm{d}t}=\sum M_C(\boldsymbol{F}_i^e)$$

设刚体绕 z' 轴转动的角速度为 ω，则刚体对 z' 轴的动量矩为 $L_C=J_C\omega$，于是式(10-24)最终成为：

$$ma_{Cx}=m\ddot{x}_C=\sum F_{xi},\quad ma_{Cy}=m\ddot{y}_C=\sum F_{yi},\quad J_C\alpha=J_C\ddot{\varphi}=\sum M_C(\boldsymbol{F}_i^e) \tag{10-27}$$

这就是刚体平面运动微分方程。运用该方程可求解平面运动刚体的动力学两类问题。

当刚体相对于静坐标系 $Oxyz$ 保持静止或作匀速直线平动时，则 $\boldsymbol{a}_C=0$，$L_C=0$，式(10-27)就成为静力学中平面任意力系的平衡方程。

此外，式(10-27)中各式均与作用于刚体上的力有关，而唯有第三式才与作用于刚体上的力偶有关，这说明力与力偶对刚体的运动效应不同，在一般情况下，力既能使刚体产生平动效应，又能使刚体产生转动效应，但力偶只能使刚体产生转动效应。

尽管方程式(10-27)在这里只用来研究刚体平面运动，事实上，建立该方程式所蕴含的概念对于刚体以及质点系的任何运动都适用。例如刚体系统的空间运动(空间飞行器等)，都可以看作随同质心的平动和相对于质心的转动两者合成的结果，而前者可用质心运动定理求解，后者则可用相对于质心的动量矩定理求解，此时，方程式(10-26)的投影形式扩展成六个。

【例题 10-11】 均质杆 AB 质量为 m，长为 l，用两根与 AB 等长的绳挂在 O 点，使杆 AB 维持在水平位置，如图 10-23(a)所示，当绳 OB 突然断开，求此瞬时绳 OA 的张力。

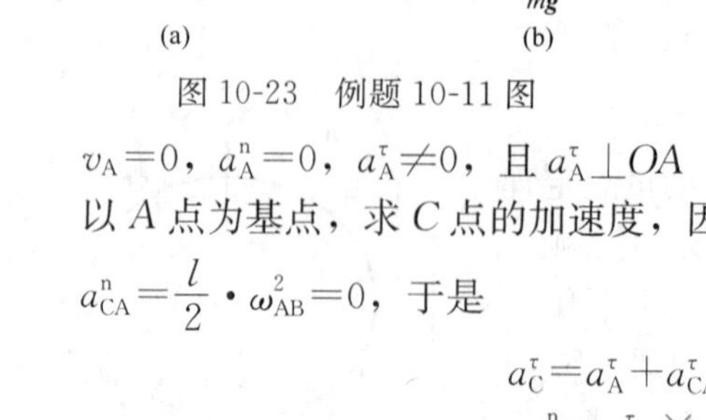

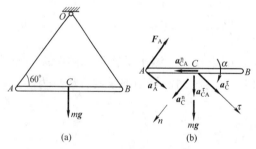

图 10-23 例题 10-11 图

【解】 当 OB 绳断开后，该瞬时杆上各点的速度均为零，运动分析与受力分析如图 10-23(b)所示。所以有

$v_A=0$，$a_A^n=0$，$a_A^\tau\neq0$，且 $a_A^\tau\perp OA$

以 A 点为基点，求 C 点的加速度，因 AB 杆的角速度 ω_{AB} 为零，故有

$a_{CA}^n=\dfrac{l}{2}\cdot\omega_{AB}^2=0$，于是

$$a_C^\tau=a_A^\tau+a_{CA}^\tau\sin30^\circ \tag{a}$$

$$a_C^n=a_{CA}^\tau\times\cos30^\circ \tag{b}$$

运用刚体平面运动微分方程式

$$-F_A+mg\cos30^\circ=ma_C^n \tag{c}$$

$$mg\sin30^\circ = ma_C^\tau \tag{d}$$

$$J_C\alpha = \boldsymbol{F}_A \times \frac{l}{2}\cos30^\circ \tag{e}$$

并补充方程 $a_{CA}^\tau = \frac{1}{2}\alpha$，联立以上各式，得

$$\boldsymbol{F}_A = \frac{2\sqrt{3}}{13}mg = 0.266mg$$

本题还可求出 A 点的加速度 a_A^τ，请读者自行计算。

【例题 10-12】 如图 10-24(a)所示，均质圆轮重 $\boldsymbol{P}$，半径为 R，沿倾角为 θ 的斜面滚下。设轮与斜面间的摩擦因数为 f_s，试求轮心 C 的加速度及斜面对于轮子的约束力。

【解】 建立坐标系，并作受力图，如图 10-24(b)所示。考虑到 $\ddot{x}_C = a_C$，$\ddot{y}_C = 0$，故轮子的运动微分方程为：

$$\frac{p}{g}a_C = P\sin\theta - F \tag{a}$$

$$0 = P\cos\theta - F_N \tag{b}$$

$$J_C\alpha = FR \tag{c}$$

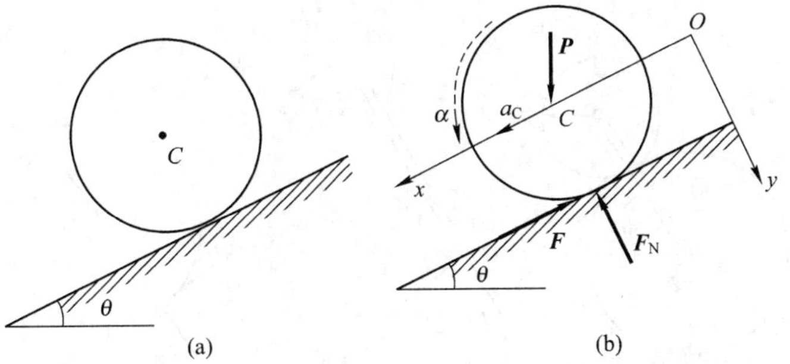

图 10-24 例题 10-12 图

由方程式(b)可得

$$F_N = P\cos\theta \tag{d}$$

而在其余两个方程式(a)及式(c)中，包含三个未知量 a_C、α 及 $\boldsymbol{F}$，所以必须有一附加条件才能求解。下面分两种情况来讨论：

① 假定轮子与斜面间无滑动，这时 $\boldsymbol{F}$ 是静摩擦力，大小、方向都未知，但考虑到 $a_C = R\alpha$，于是，解方程式(a)和式(c)，并以 $J_O = \frac{PR^2}{2g}$ 代入，得

$$a_C = \frac{2}{3}g\sin\theta, \quad \alpha = \frac{2g}{3R}\sin\theta, \quad F = \frac{1}{3}P\sin\theta \tag{e}$$

$\boldsymbol{F}$ 为正值，表明其方向如图所设。

② 假定轮子与斜面间有滑动，这时 $\boldsymbol{F}$ 是动摩擦力。因轮子与斜面接触点向下滑动，故 $\boldsymbol{F}$ 向上，应为 $F = fF_N$，于是解方程式(a)和式(c)，得

$$a_C = (\sin\theta - f\cos\theta)g, \quad \alpha = \frac{2fg\cos\theta}{R}, \quad F = fP\cos\theta \tag{f}$$

轮子有无滑动，须视摩擦力 $\boldsymbol{F}$ 之值是否达到极限值 fF_N。因为当轮子只滚不滑时，必须 $F \leqslant fF_N$，所以由式(e)得

$$\frac{1}{3}P\sin\theta \leqslant fP\cos\theta, \quad \text{即} \quad \frac{1}{3}\tan\theta \leqslant f \tag{g}$$

满足式(g)，表示摩擦力未达极限值，轮子只滚不滑，则解答式(e)适用；若$\frac{1}{3}\tan\theta > f$，表示轮子既滚且滑，则解答式(f)适用。

【例题 10-13】 如图 10-25(a)所示，平放在水平面内的行星齿轮机构的曲柄 OO_1 上受一不变的力偶 M 作用，绕固定轴转动；质量为 m_1 的齿轮 O_1 在固定齿轮 O 上作纯滚动。设曲柄 OO_1 长为 l，质量为 m_2。求曲柄的角加速度 α 及二齿轮接触处沿切向的力 $\boldsymbol{F}_T$。

【解】 曲杆 OO_1 作定轴转动，齿轮 O_1 作平面运动，现分别考虑。分析图见图 10-25(b)、(c)。对曲柄 OO_1，运用刚体定轴转动微分方程式

$$J_O\alpha = M - F_{O_1y}l \tag{a}$$

其中

$$J_O = \frac{1}{3}\frac{P}{g}l^2$$

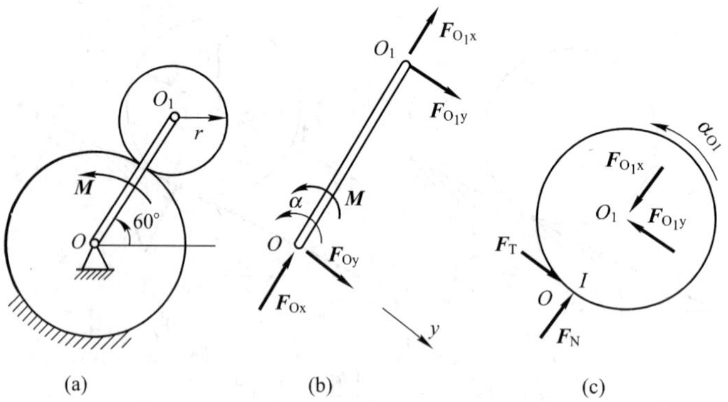

图 10-25　例题 10-13 图

齿轮 O_1 作平面运动，速度瞬心 I 的加速度恒指向质心，故可选 I 点为动量矩定理的矩心

$$J_I\alpha_{O_1} = F'_{O_1y}r \tag{b}$$

其中

$$J_I = \frac{1}{2}m_1r^2 + m_1r^2 = \frac{3}{2}m_1r^2$$

又

$$r\alpha_{O_1} = l\alpha \tag{c}$$

联立式(a)、式(b)、式(c)，可求出

$$\alpha = \frac{6M}{(2m_2 + 9m_1)l^2}$$

为求 $\boldsymbol{F}_T$，对齿轮 O_1 运用相对于质心的动量矩定理

$$J_{O_1}\alpha_{O_1}=F_T r$$

得

$$F_T=\frac{3Mm_1}{(2m_2+9m_1)l}$$

小结及学习指导

1. 当质点或质点系绕某一点或某一轴运动时通常用动量矩来度量机械运动量的强弱。动量矩是一个瞬时的量，一般随时间而变化。从数学上看动量对点或对轴之矩与力对点或轴之矩其定义是相似的，所以可仿照计算力对点或轴之矩的计算方法，来计算动量对点或轴之矩。

2. 动量矩定理建立了动量矩和力矩之间的关系。在质点系的动量矩定理中不包含质点系的内力，所以在应用该定理时，只需考虑作用于所研究质点系的外力。

3. 质点系对固定点或固定轴的动量矩守恒定律是质点系对固定点或固定轴动量矩定理的特殊情况。学习时要正确理解和牢记守恒条件以及动量矩守恒的含义，要注意尽管质点系的动量矩守恒，但质点系中各质点的动量矩并不一定守恒。

4. 由质点系对固定轴的动量矩定理，可导出刚体绕某定轴转动的微分方程 $J_z\alpha=\sum M_z(\boldsymbol{F}_i^e)$，这个方程与牛顿第二定律所描述的质点运动微分方程在形式上完全相似，即转动惯量 J_z 对应于质量 m，角加速度 α 对应于加速度 $\boldsymbol{a}$，因此，在求解刚体绕定轴转动的动力学问题时，其方法也与求解质点作直线运动的动力学问题的方法相似。

5. 转动惯量是一个重要的物理量，它是刚体转动时惯性的度量。学习时要正确理解转动惯量的定义和物理意义，以及转动惯量的平行移轴定理。并学会计算转动惯量的方法。

6. 质点系相对于质心的动量矩定理，建立了质点系相对于质心的动量矩与作用在质点系上的外力对质心之矩的关系。该定理与质点系对固定点的动量矩定理形式是相同的，可表示为 $\frac{\mathrm{d}\boldsymbol{L}_C}{\mathrm{d}t}=\sum \boldsymbol{M}_C(\boldsymbol{F}_i^e)$。

质点系相对于质心的动量矩守恒的条件，是作用在质点系上的所有外力对质心之矩的矢量和恒等于零。

7. 由质点系相对于质心的动量矩定理和质心运动定理，导出刚体平面运动的微分方程。

8. 动量矩定理常用于求解质点或质点系围绕某固定点作定轴运动的动力学问题；在应用动量矩定理解题时，通常是用其投影式，应特别注意其中有关物理量正负号的规定。

建立动量矩定理时应特别注意满足矩心的选择原则。计算动量矩时，必

须是绝对速度或绝对角速度。

当用动量矩定理求解由多轴轮系组成的动力学问题时，一般均将其拆开取分离体，以使作用于轴上的未知反力不包含在动力学方程之中。

对平面运动刚体则宜用平面运动微分方程求解，在解题过程中，还需列出运动学补充方程，辅助求解。求解中要注意物体转动惯量计算公式与平行移轴定理的正确运用。

思考题

10-1 转动惯量的大小与哪些因素有关？

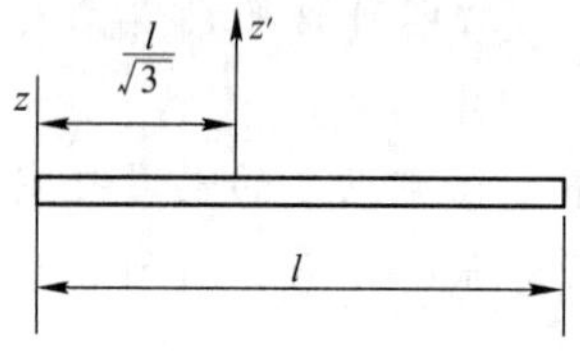

图 10-26 思考题 10-2 图

10-2 如图 10-26 所示细杆对杆端 z 轴的回转半径为 $\rho_z=\frac{l}{\sqrt{3}}$，则根据定义，$J_z=m\rho_z^2=\frac{1}{3}ml^2$，这表示各部分质量看成集中在离 z 轴距离为 ρ_z 的 z' 处，于是，是否可以认为对 z' 轴的转动惯量为 $J_{z'}=0$。

10-3 图 10-27 所示刚体质量为 m，C 为质心，对 z 轴的转动惯量为 J_z，则 $J_{z'}=J_z+m(a+b)^2$，这一算式是否对？如不对，应如何计算？

10-4 如图 10-28 所示，细杆由钢与木两段组成，两段质量各为 m_1、m_2，且各为均质的。试判断：$J_{z_1}=J_{z_2}+(m_1+m_2)\left(\frac{l}{2}\right)^2$ 是否成立。

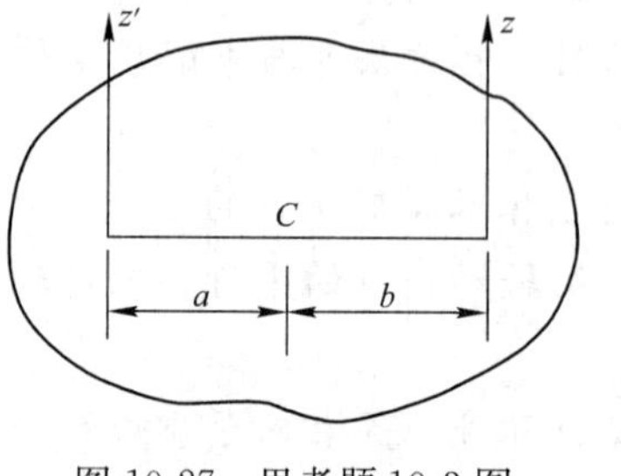

图 10-27 思考题 10-3 图

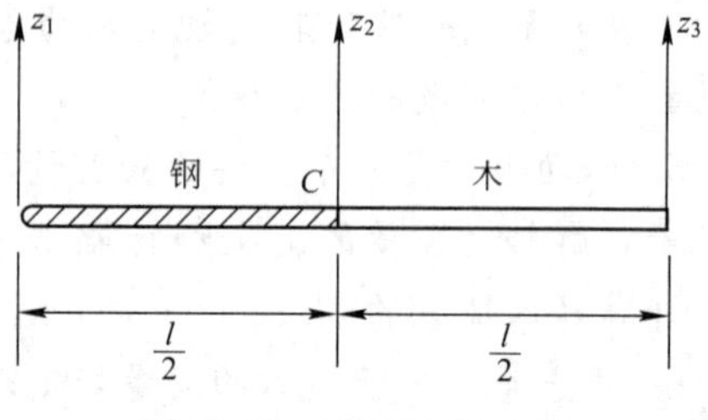

图 10-28 思考题 10-4 图

10-5 如图 10-29 所示，物块 A 重 $\boldsymbol{P}_A$，B 重 $\boldsymbol{P}_B$($\boldsymbol{P}_A>\boldsymbol{P}_B$)，以质量不计的绳子连接并套在半径为 r 的滑轮上，不计轴承摩擦，问

(1) 如不考虑滑轮的质量，滑轮两边的绳子拉力是否相等？

(2) 如考虑滑轮的质量，滑轮两边的绳子拉力是否相等？

(3) 如考虑滑轮的质量，设滑轮对 O 轴的转动惯量为 J，是否可根据定轴转动微分方程建立如下的关系式：$J\alpha=P_Ar-P_Br$？为什么？

10-6 两相同的均质轮各绕以细绳。图 10-30(a)所示绳的末端挂一重为 $\boldsymbol{P}$ 的物块；图 10-30(b)所示绳的末端作用一铅直向下的力 $\boldsymbol{F}$，设 $\boldsymbol{F}=\boldsymbol{P}$。问两滑轮的角加速度 α 是否相同？为什么？

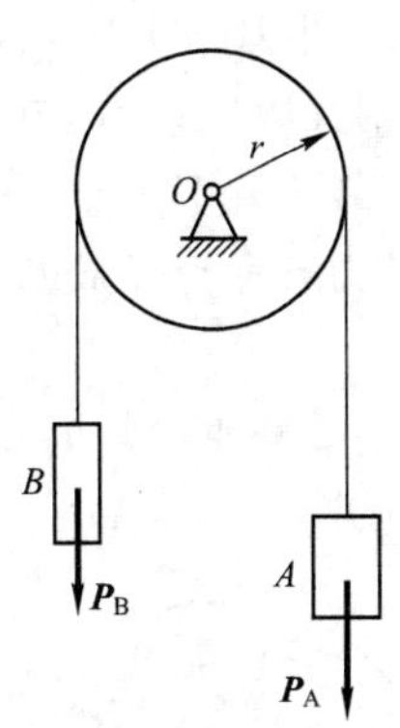

图 10-29　思考题 10-5 图

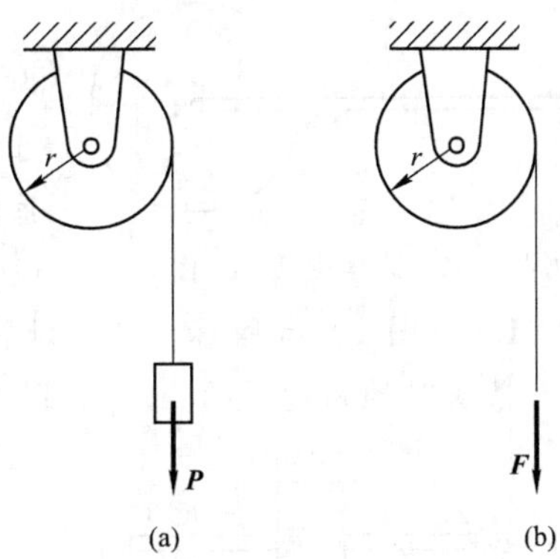

图 10-30　思考题 10-6 图

10-7　质量为 m 的均质圆盘，平放在光滑水平面上。若受力情况分别如图 10-31 所示，试问圆盘各作什么运动？（图中 $\boldsymbol{F}$ 与 $\boldsymbol{F}'$ 大小相等，方向相反）

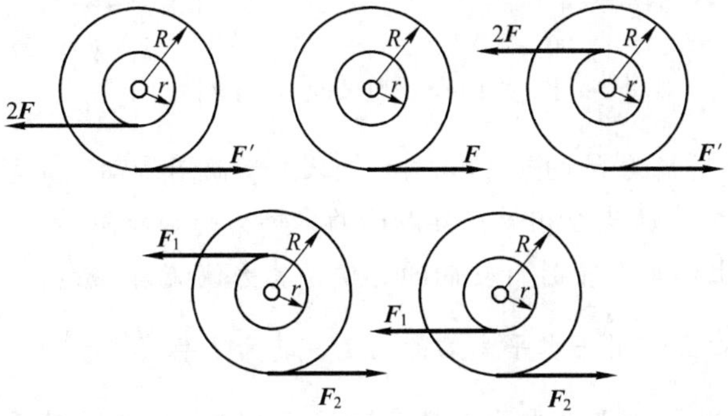

图 10-31　思考题 10-7 图

10-8　如图 10-32 所示，转子 A 原来以角速度 ω_A 绕固定轴转动；转子 B 原来静止。现在离合器 C 将转子 A、B 突然连接在一起。已知转子 A、B 对转轴的转动惯量分别为 J_A、J_B，为什么两个转子连接在一起后的共同转动角速度比 ω_A 小？

10-9　图 10-33 中均质杆 OA 重 $\boldsymbol{P}_1$，长 l，圆盘 A 重 $\boldsymbol{P}_2$，半径为 r。在图 10-33(a)中，杆与圆盘固接，而在图 10-33(b)中，杆与圆盘在 A 点铰接，在图示瞬时，杆的角速度为 ω。试问：在计算系统对 O 点的动量矩时，这两种情况有什么不同？

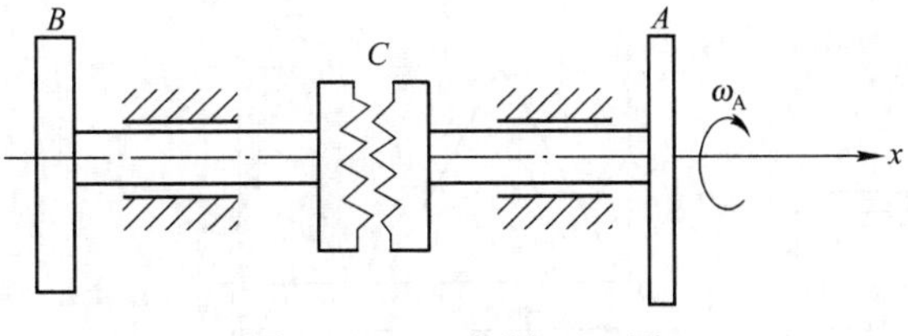

图 10-32　思考题 10-8 图

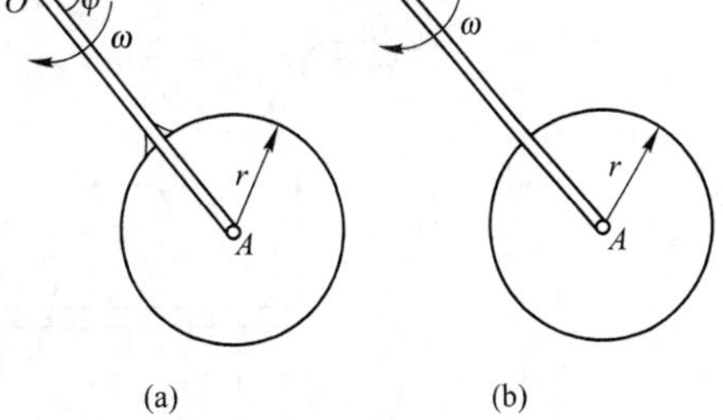

图 10-33　思考题 10-9 图

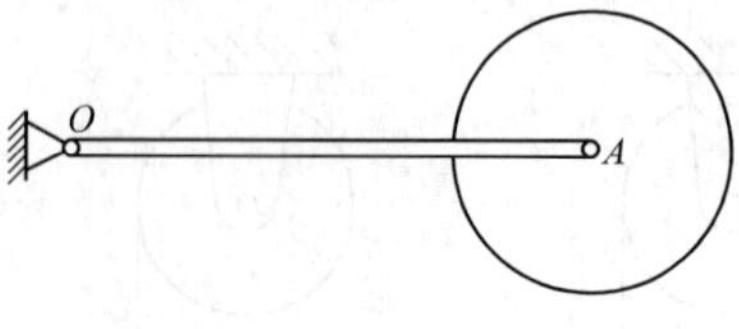

图10-34 思考题10-10图

10-10 如图10-34所示，在铅垂面内，杆 OA 可绕 O 轴自由转动，匀质圆盘可绕其质心轴 A 自由转动。如 OA 水平时系统为静止，试问自由释放后圆盘作什么运动?

10-11 如图10-35所示，绕 z 轴转动的均质偏心轮重 $\boldsymbol{P}$，偏心距为 e，半径为 R，某瞬时的角速度为 ω，求圆轮对 z 轴的动量矩。

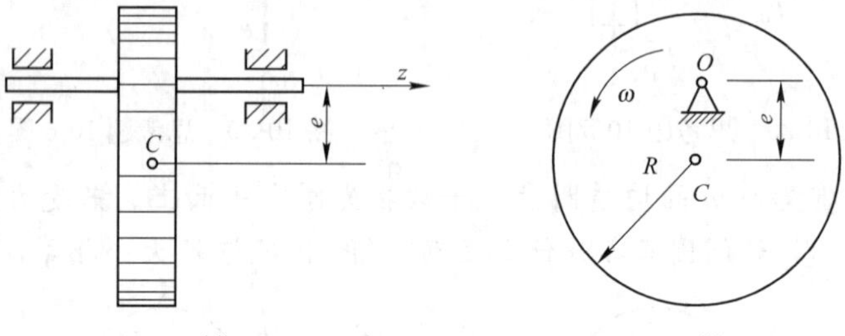

图10-35 思考题10-11图

10-12 一半径为 R 的轮在水平面上只滚动而不滑动。试问在下列两种情况下，轮心的加速度是否相等? 接触面的摩擦力是否相同?

(1) 在轮上作用一顺时针转向的力偶，其力偶矩为 M;

(2) 在轮心上作用一水平向右的力 $\boldsymbol{F}$，其力 $F=\dfrac{M}{R}$。

10-13 匀质圆盘沿水平面上只滚动而不滑动，如在圆轮面内作用一水平力 $\boldsymbol{F}$。试问力作用于什么位置能使地面摩擦力等于零? 在什么情况下，地面摩擦力能与力 $\boldsymbol{F}$ 同方向?

习题

10-1 如图10-36所示，均质细长杆长为 l，质量为 m。已知 $J_z=\dfrac{1}{3}ml^2$，求 J_{z_1} 和 J_{z_2}。

$\left[\textbf{答案：}J_{z_1}=J_{z_2}=\dfrac{7}{48}ml^2\right]$

10-2 求如图10-37所示质量为 m 的均质三角形板对 x 轴的转动惯量。

$\left[\textbf{答案：}J_x=\dfrac{1}{6}mh^2\right]$

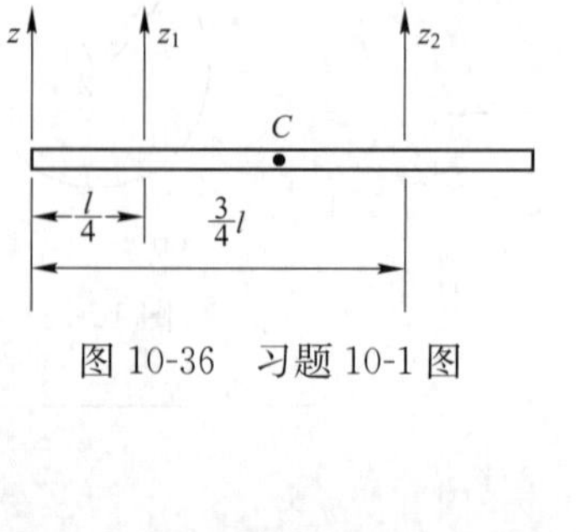

图10-36 习题10-1图

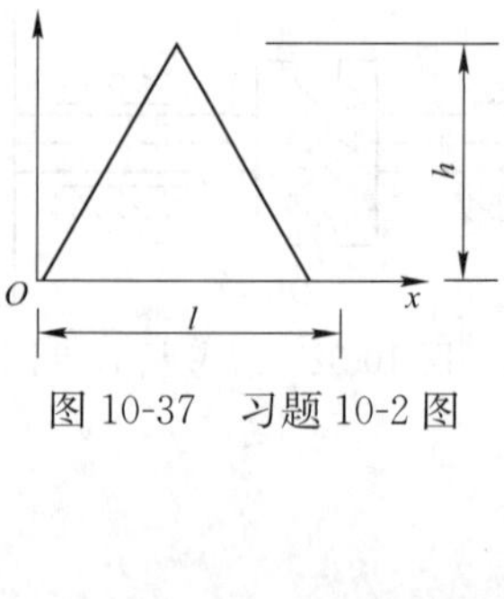

图10-37 习题10-2图

10-3 求如图 10-38 所示各均质板对 x 轴的转动惯量。已知面积为 ab 的板的质量为 m。

$\left[\textbf{答案：}(a)J_x=\frac{m}{3}(a^2+3ab+4b^2)；(b)J_x=\frac{5}{6}m(a^2+3ab+3b^2)\right]$

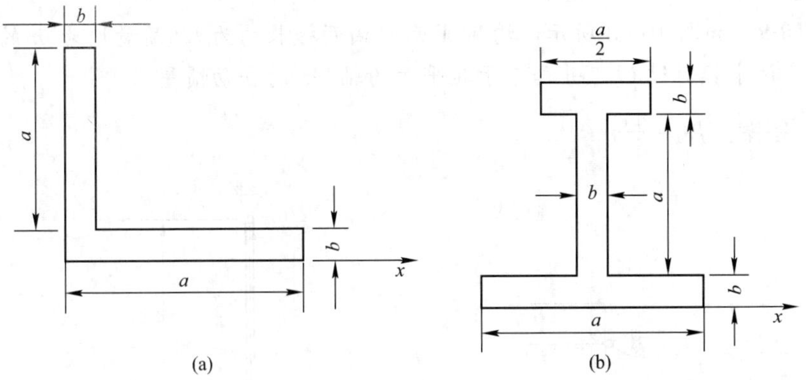

图 10-38　习题 10-3 图

10-4 求证边长为 l 的正方形薄板对于其对角线的转动惯量为 $\frac{1}{12}ml^2$。

[**答案：**略]

10-5 求如图 10-39 所示厚度可以忽略不计、质量为 m 的中空圆盘对于 x 轴的转动惯量。

$\left[\textbf{答案：}J_x=\frac{m}{4}(R_1^2+R_2^2)\right]$

10-6 求如图 10-40 所示质量为 m 的半圆薄板对于 x 轴的转动惯量。

$\left[\textbf{答案：}J_x=4\left(\frac{5}{16}-\frac{2}{3\pi}\right)mR^2\right]$

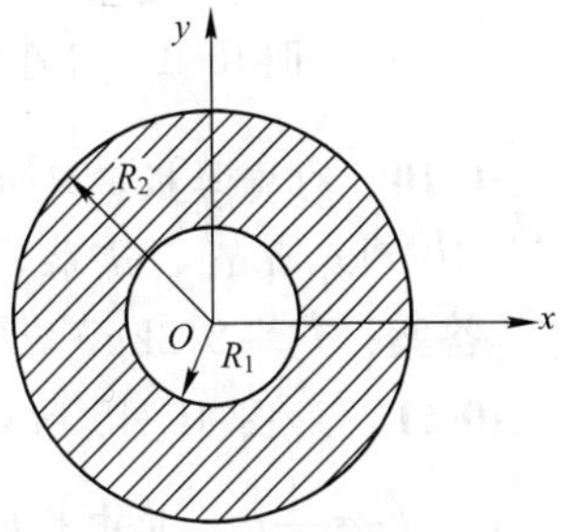

图 10-39　习题 10-5 图

10-7 如图 10-41 所示零件用钢制成，其密度 $\rho=7850\text{kg/m}^2$。已知：$R_1=240\text{mm}$，$R_2=120\text{mm}$，$\varphi_1=\varphi_2=60\text{mm}$，$h=30\text{mm}$。试求其对 x 轴的转动惯量 J_x 和回转半径 ρ_x。

[**答案：**$J_x=0.0767\text{kg}\cdot\text{m}^2$，$\rho_x=0.0849\text{m}$]

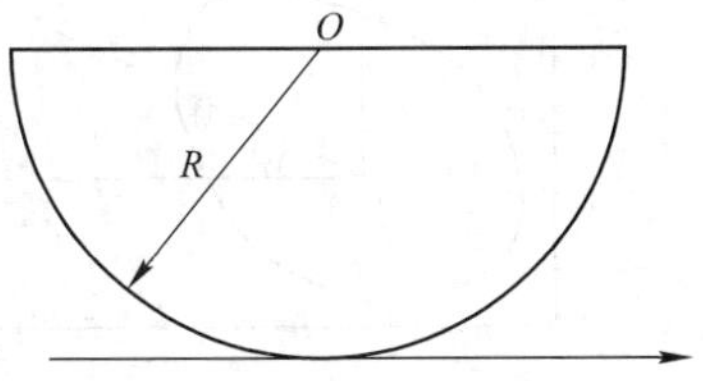

图 10-40　习题 10-6 图

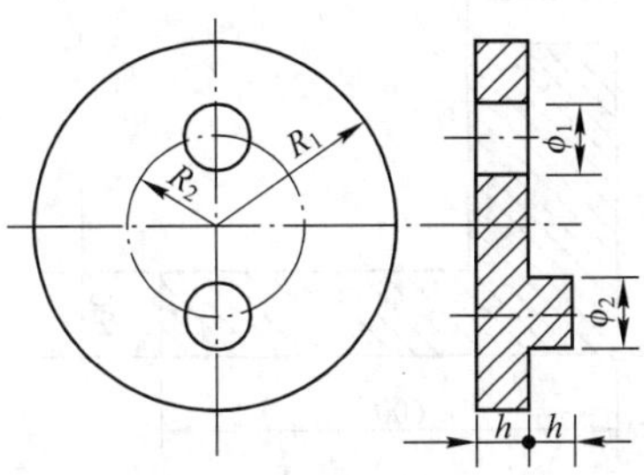

图 10-41　习题 10-7 图

10-8 如图10-42所示摆由质量为m_1、长为$4r$的均质细杆AB和质量为m_2、半径为r的均质圆盘组成。试求其对过O点并垂直于摆平面的轴的转动惯量。

$\left[\textbf{答案：}J_O=\dfrac{14m_1+99m_2}{6}r^2\right]$

10-9 如图10-43所示，均质T形杆由两根长均为l、质量均为m的细杆组成，试求其对过O点并垂直于其平面的轴Oz的转动惯量。

$\left[\textbf{答案：}J_{Oz}=\dfrac{17}{12}ml^2\right]$

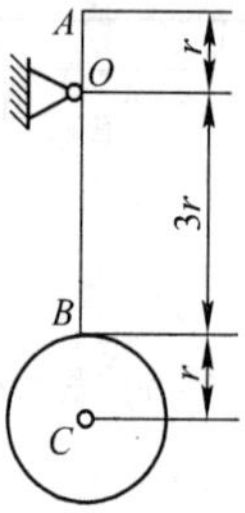

图10-42 习题10-8图

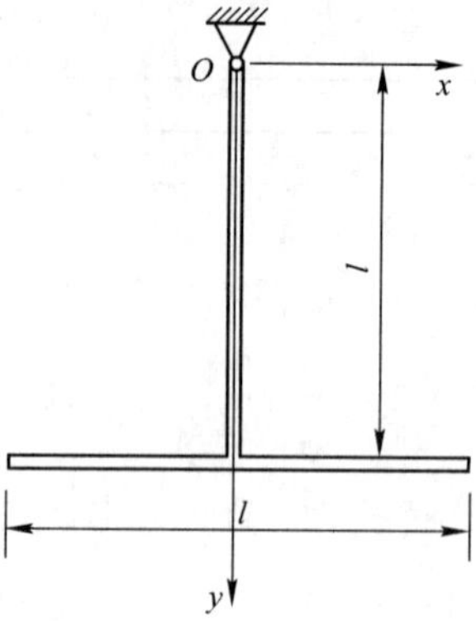

图10-43 习题10-9图

10-10 均质薄板，尺寸如图10-44所示，单位为mm。单位面积的质量为$5\times10^{-4}\text{kg/mm}^2$，试求其对$x$、$y$轴的转动惯量。

[**答案**：$J_x=2.2\text{kg}\cdot\text{m}^2$，$J_y=4\text{kg}\cdot\text{m}^2$]

10-11 如图10-45所示，刚体作平面运动。已知运动方程为$x_C=3t^2$，$y_C=4t^2$，$\varphi=\dfrac{1}{2}t^3$，其中长度以m计，角度以rad计，时间以s计。设刚体质量为10kg，对于通过质心C且垂直于图平面的惯性半径$\rho=0.5\text{m}$，求当$t=2\text{s}$时刚体对坐标原点的动量矩。

[**答案**：$L_O=15\text{kgm}^2/\text{s}$]

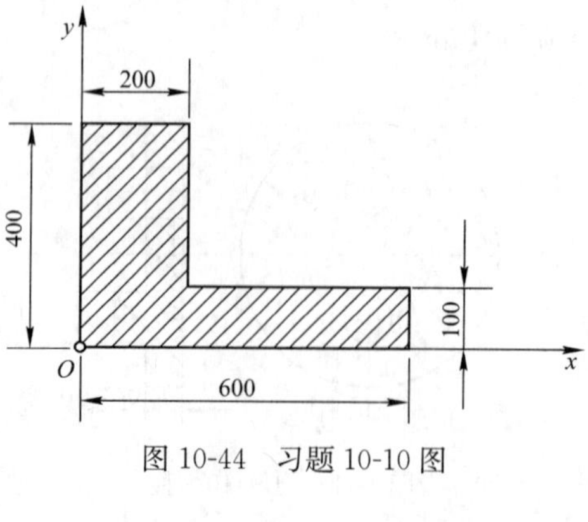

图10-44 习题10-10图

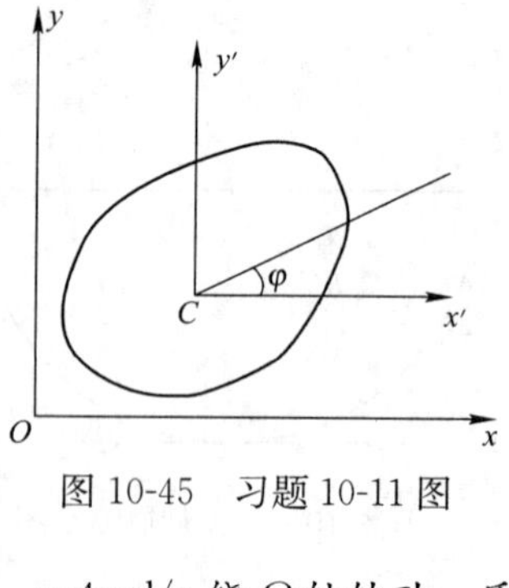

图10-45 习题10-11图

10-12 无重杆OA长$l=400\text{mm}$，以角速度$\omega_O=4\text{rad/s}$绕O轴转动，质量

$m=25$kg、半径 $R=200$mm 的匀质圆盘以三种方式相对 OA 杆运动。试求圆盘对 O 轴的动量矩：(1)图 10-46(a)所示圆盘相对 OA 杆没有运动(即圆盘与杆固联)；(2)图 10-46(b)所示圆盘相对 OA 杆以逆时针向 $\omega_r=\omega_O$ 转动；(3)图 10-46(c)所示圆盘相对 OA 杆以顺时针向 $\omega_r=\omega_O$ 转动。

[**答案**：(1)$L_O=18\text{kgm}^2/\text{s}$；(2)$L_O=20\text{kgm}^2/\text{s}$；(3)$L_O=16\text{kgm}^2/\text{s}$]

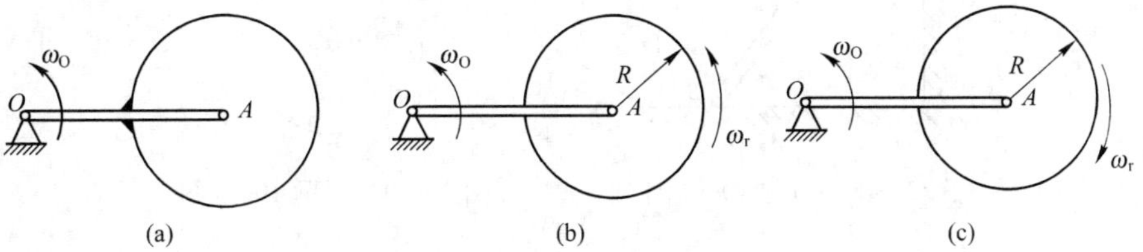

(a) (b) (c)

图 10-46 习题 10-12 图

10-13 已知均质圆盘质量为 m，半径为 R，当它作图 10-47 所示四种运动时，对固定点 O_1 的动量矩分别为多大？图中 $O_1C=l$。

[**答案**：(a)$L_{O1}=ml^2\omega$；(b)$L_{O1}=\frac{1}{2}mR^2\omega$；(c)$L_{O1}=\left[\frac{1}{2}mR^2+ml^2\right]\omega$；(d)$L_{O1}=\left(\frac{1}{2}mR^2-mRl\right)\omega$]

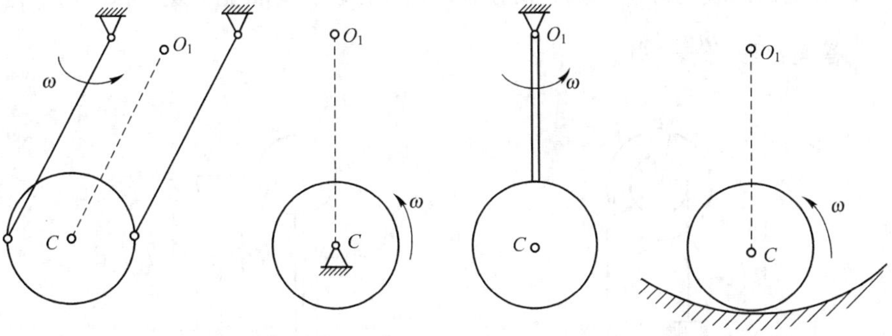

(a) (b) (c) (d)

图 10-47 习题 10-13 图

(a)平动；(b)绕定轴 C 转动；(c)绕定轴 O_1 转动；(d)在圆弧上作纯滚动

10-14 如图 10-48 所示，均质直杆 AB 长为 l，质量为 m，A、B 两端分别沿水平和铅垂轨道滑动。求该杆对质心 C 和对固定点 O 的动量矩 L_C 和 L_O (表示为 $\dot{\varphi}$ 的函数)。

[**答案**：$L_C=\frac{1}{12}ml^2\dot{\varphi}$，$L_O=\left(\frac{1}{12}ml^2\dot{\varphi}-\frac{1}{4}ml^2\right)\dot{\varphi}$]

10-15 如图 10-49 所示为一复摆，摆的重量为 $\boldsymbol{P}$，绕通过 O 点并垂直图面的水平轴转动，对 O 轴的转动惯量为 J_O。设 O 点至摆的重心 C 点的距离为 b，写出其作微小摆动时的运动微分方程。

[**答案**：$\ddot{\varphi}+\frac{Pb}{J_O}\varphi=0$]

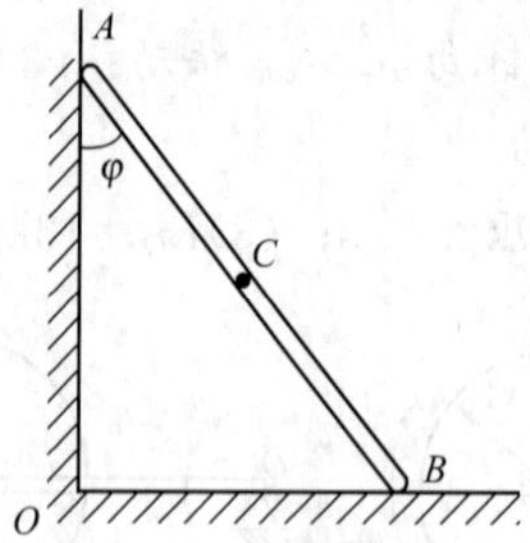

图 10-48 习题 10-14 图

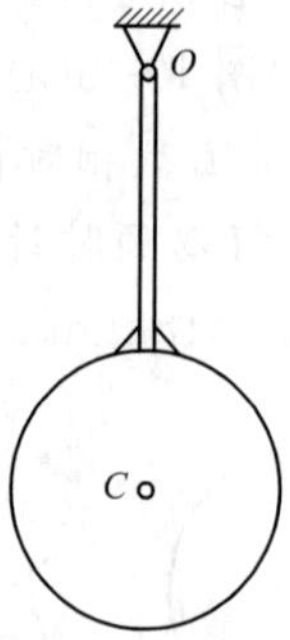

图 10-49 习题 10-15 图

10-16 如图 10-50 所示，两个重物 A、B 各重 $\boldsymbol{P}_1$、$\boldsymbol{P}_2$，分别系在两条绳上，此两绳又分别围绕在半径为 r_1、r_2 的鼓轮上，重物受重力的影响而运动。求鼓轮的角加速度 α。鼓轮和绳的质量均略去不计，并满足 $P_1r_1>P_2r_2$ 条件。

[**答案：** $\alpha=\dfrac{g(P_1r_1-P_2r_2)}{P_1r_1^2+P_2r_2^2}$]

10-17 如图 10-51 所示，一倒置的摆由两根相同的弹簧支持。设摆由圆球与直杆组成，球质量为 m，半径为 r，杆重不计。弹簧的刚度系数为 k。问当摆从平衡位置向左或向右有一微小偏移后，是否振动？写出能够发生振动的条件。

[**答案：** $k>\dfrac{mgl}{2b^2}$]

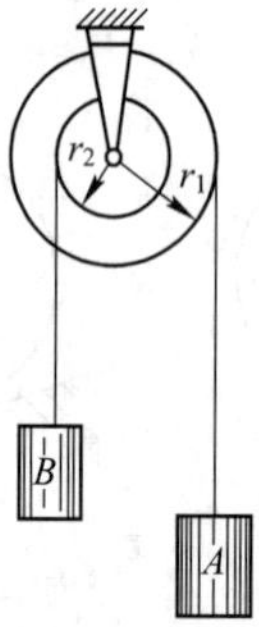

图 10-50 习题 10-16 图

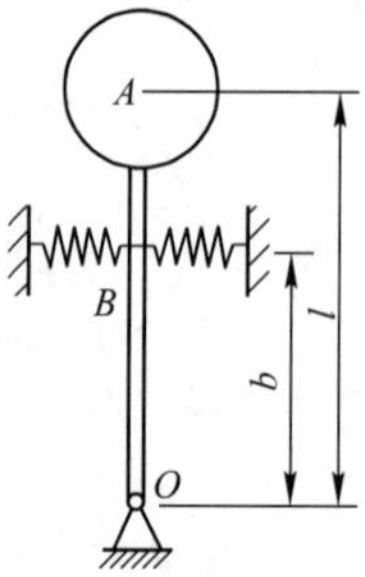

图 10-51 习题 10-17 图

10-18 如图 10-52 所示，卷扬机的 B、C 轮半径分别为 R、r，对水平转动轴的转动惯量为 J_1、J_2，物体 A 重 $\boldsymbol{P}$。设在轮 C 上作用一常力矩 M，试求物体 A 上升的加速度。

[**答案：** $a=\dfrac{(M-Pr)R^2rg}{(J_1r^2+J_2R^2)g+PR^2r^2}$]

10-19 如图 10-53 所示，质量为 100kg，半径为 1m 的均质圆盘，以转速 $n=120$r/min 绕 O 轴转动。设有一常力 $\boldsymbol{F}$ 作用于闸杆，轮经过 10s 后停止转动。已知静摩擦因数 $f_s=0.1$，求力 $\boldsymbol{F}$ 的大小。

[**答案：** $F=269.3$N]

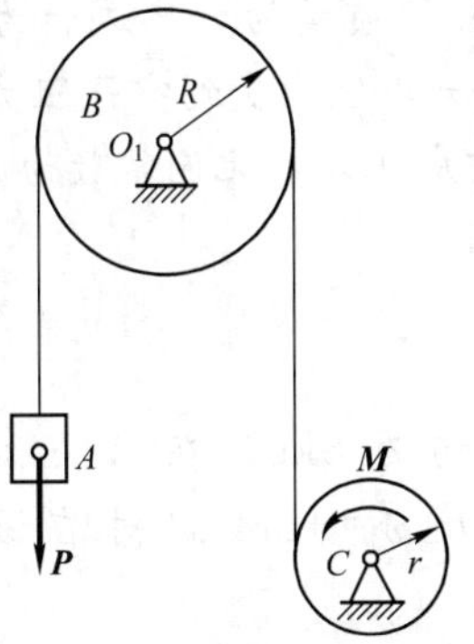

图 10-52　习题 10-18 图

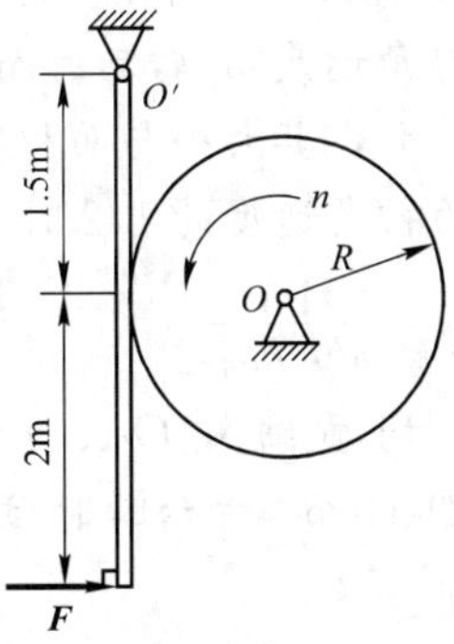

图 10-53　习题 10-19 图

10-20　如图 10-54 所示，一半径为 r，重为 $\boldsymbol{P}_1$ 的均质水平圆形转台，可绕通过中心 O 并垂直于台面的铅直轴转动。重为 $\boldsymbol{P}_2$ 的人 A 沿圆台边缘以规律 $s=\frac{1}{2}at^2$ 走动，开始时，人与圆台静止，求圆台在任一瞬时的角速度与角加速度。

$\left[\textbf{答案：}\omega=\dfrac{2aP_2t}{(P_1+2P_2)r}，\alpha=\dfrac{2aP_2}{(P_1+2P_2)r}\right]$

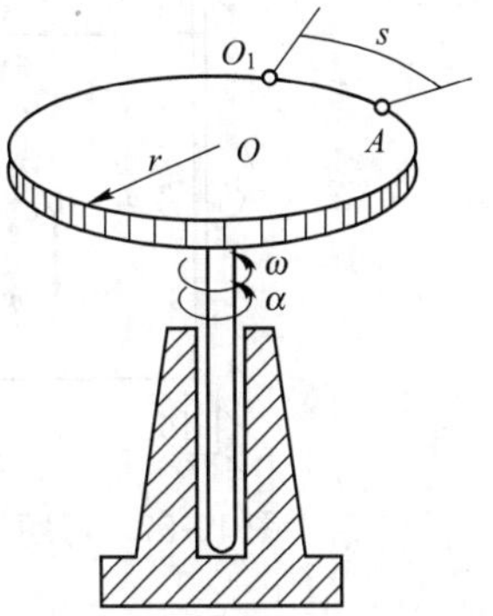

图 10-54　习题 10-20 图

10-21　如图 10-55 所示 A 为离合器，开始时轮 2 静止，轮 1 具有角速度 ω_0。当离合器接合后，依靠摩擦使轮 2 启动。已知轮 1 和轮 2 的转动惯量分别为 J_1 和 J_2。求：(1)当离合器接合后，两轮共同转动的角速度；(2)若经过 7s 两轮的转速相同，求离合器应有多大的摩擦力矩。

$\left[\textbf{答案：}(1)\omega=\dfrac{J_1\omega_0}{J_1+J_2}，(2)M_f=\dfrac{J_1J_2\omega_0}{(J_1+J_2)t}\right]$

10-22　如图 10-56 所示，杆 AB 可在管 CD 内自由地滑动，当杆全部在管内时($x=0$)，这组件的角速度为 ω_1。如杆 AB、管 CD 的质量及长度均相等，可视为均质物体，忽略轴承摩擦。求在 $x=\frac{l}{2}$ 时，组件的角速度 ω_2。

$\left[\textbf{答案：}\omega_2=\dfrac{8}{17}\omega_1\right]$

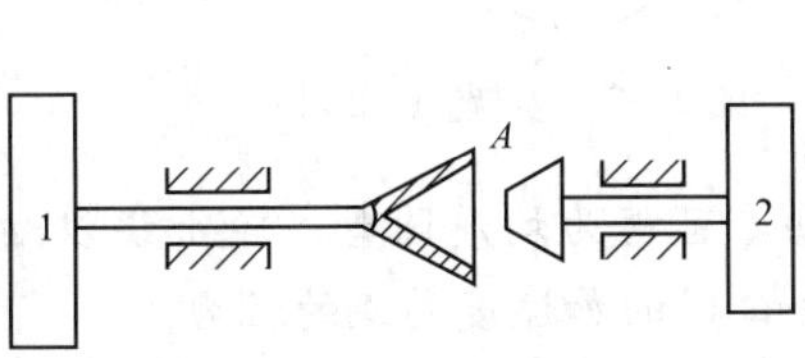

图 10-55　习题 10-21 图

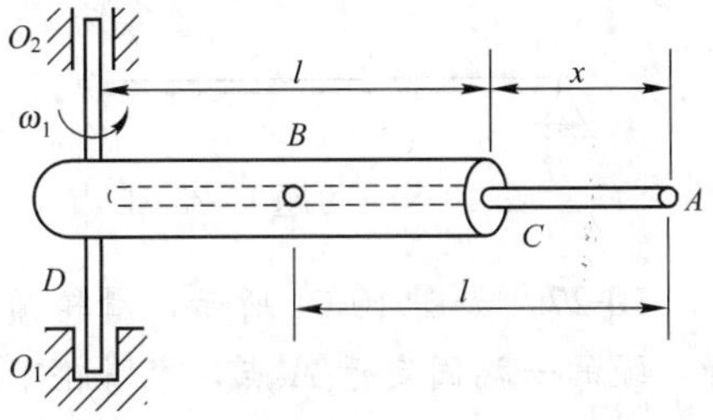

图 10-56　习题 10-22 图

10-23 如图10-57所示，匀质矩形薄片的质量为m，边长为l、h，绕铅垂轴AB以匀角速度ω_O转动；而薄片的每一部分均受到空气阻力，其方向垂直于薄片的平面，其大小与面积及速度平方成正比，比例常数为k。试求薄片的角速度减为初角速度的1/2时所需的时间。

[**答案**：$t=\dfrac{4m}{3kl^2h\omega_O}$]

10-24 均质细杆OA、BC的质量均为8kg，在A点处焊接，$l=0.25$m。在图10-58所示瞬时位置，角速度$\omega=4$rad/s。求在该瞬时支座O的反力。

[**答案**：$F_O=101.3$N]

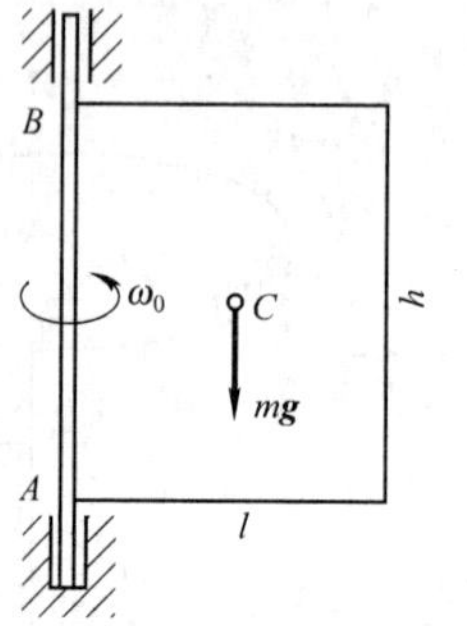

图10-57　习题10-23图

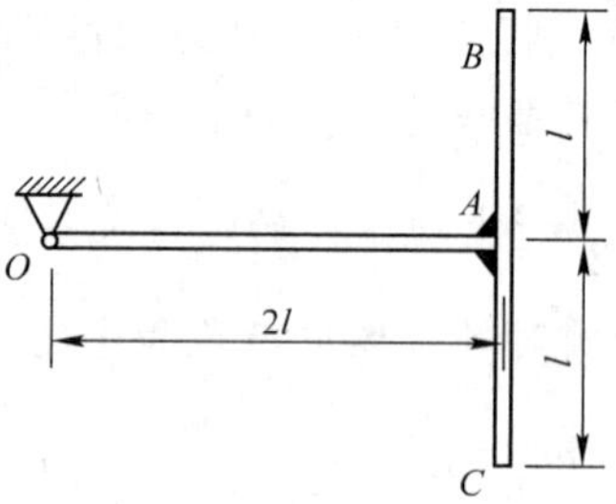

图10-58　习题10-24图

10-25 均质直杆AB质量为m，长l，在A、B处分别受到铰链支座、绳索的约束。若绳索突然被切断，求解：(1)在图10-59所示瞬时位置时，支座A的反力；(2)当杆AB转到铅垂位置时，支座A的反力。

[**答案**：(1)$F_{Ax}=0$，$F_{Ay}=\dfrac{1}{4}mg$，(2)$F_{Ax}=0$，$F_{Ay}=\dfrac{5}{2}mg$]

10-26 如图10-60所示，匀质圆盘半径为R，质量为m，原以角速度ω转动。今在闸杆AB的B端施加一铅垂力$\boldsymbol{F}$，以使圆盘停止转动，圆盘与杆之间的动摩擦因数为f。已知尺寸b、l，试求圆盘从制动到停止转过的圈数。

[**答案**：$n=\dfrac{mbR\omega^2}{8\pi flF}$]

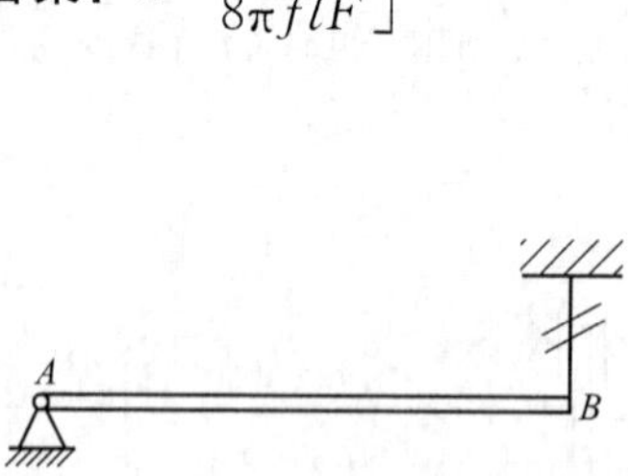

图10-59　习题10-25图

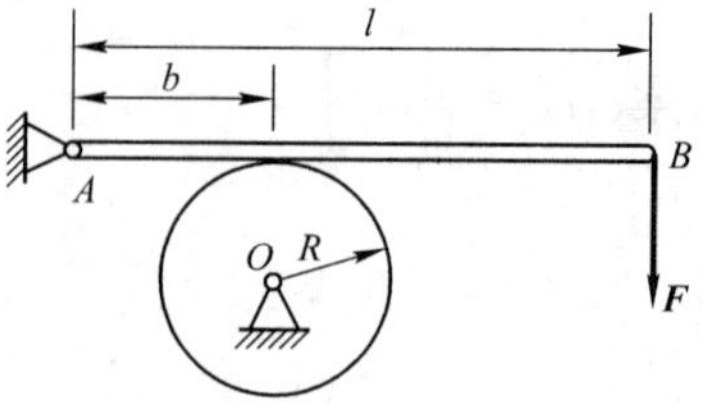

图10-60　习题10-26图

10-27 如图10-61所示，滑轮质量为m，可视为均质圆盘，轮上绕以细绳，绳的一端固定于A点，求滑轮下降时轮心C的加速度和绳的拉力。

[**答案**：$a_C=\dfrac{2}{3}g$，$F=\dfrac{1}{3}mg$]

10-28 如图 10-62 所示，均质鼓轮由绕于其上的细绳拉动。已知轴的半径 $r=40\text{mm}$，轮的半径 $R=80\text{mm}$，轮重 $P=9.8\text{N}$，对过轮心垂直于轮中心平面的轴的惯性半径 $\rho=60\text{mm}$，拉力 $F=5\text{N}$，轮与地面的摩擦因数 $f=0.2$。试分别求如图 10-62(a)、(b)所示两种情况下圆轮的角加速度及轮心的加速度。

［**答案**：(a)$a_C=4.8\text{m/s}^2$，$\alpha=60\text{rad/s}^2$；(b)$a_C=0.96\text{m/s}^2$，$\alpha=34.2\text{rad/s}^2$］

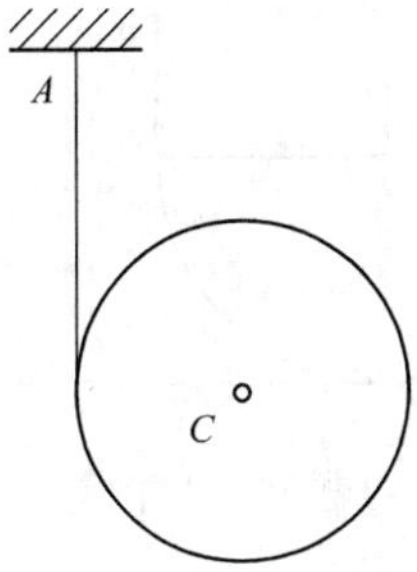

图 10-61　习题 10-27 图

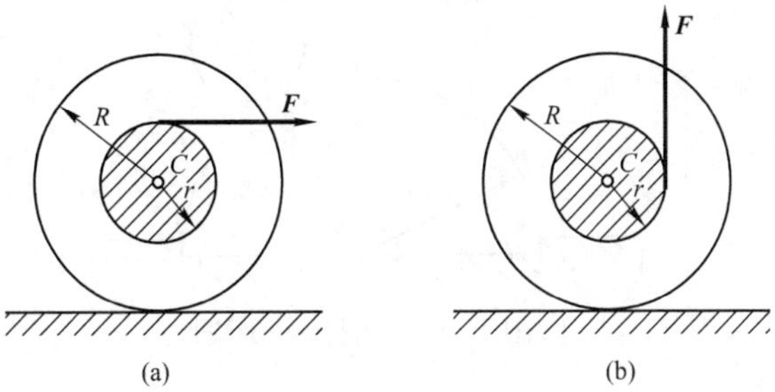

图 10-62　习题 10-28 图

10-29 如图 10-63 所示，均质圆柱体 A 和 B 重量均为 $P=80\text{N}$，半径均为 r。一绳绕于可绕固定轴 O 转动的圆柱 A 上，绳的另一端绕在圆柱 B 上。求 B 下落时质心 C 的加速度及 AB 段绳的拉力。摩擦不计。

［**答案**：$a=7.84\text{m/s}^2$，$F_T=16\text{N}$］

10-30 如图 10-64 所示，半径为 r 的均质圆盘，在半径为 R 的圆弧上只滚不滑。初瞬时 $\varphi=\varphi_0$(为一微小角度)，而 $\dot{\varphi}_0=0$，求圆轮的运动规律。

$$\left[\textbf{答案：}\varphi=\varphi_0\sin\left(\sqrt{\frac{2g}{3(R-r)}}t+\frac{\pi}{2}\right)\right]$$

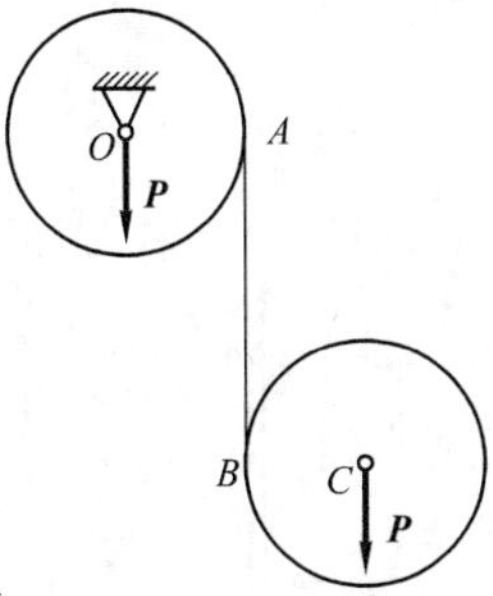

图 10-63　习题 10-29 图

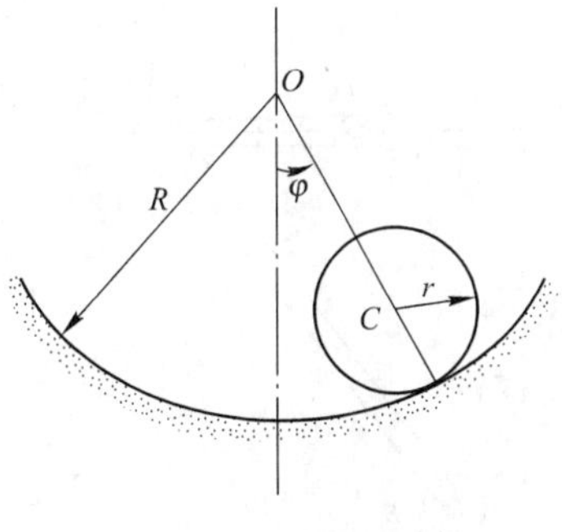

图 10-64　习题 10-30 图

* **10-31** 如图 10-65 所示，半径为 r 的均质圆盘，在半径为 R 的圆弧面上只滚不滑。初瞬时 $\theta=\theta_0$，而 $\dot{\theta}=0$。求圆弧面作用于圆盘上的法向反力(表示为 θ 的函数)。

$$\left[\textbf{答案：}\boldsymbol{F}_N=\frac{mg}{3}(7\cos\theta-4\cos\theta_0)\right]$$

* **10-32** 如图 10-66 所示，质量为 20kg、半径为 25cm 的均质半圆球放置

在水平面上。在其边缘上作用一 $P=130\text{N}$ 的铅垂力。已知 $OC=\frac{3}{8}r$，$J_C=\frac{83}{320}mr^2$，问如果在作用的瞬时不发生滑动，接触处的摩擦因数至少应为多大？并求此时的角加速度。

［**答案**：$f_{min}=0.38$，$\alpha=40.0\text{rad/s}^2$］

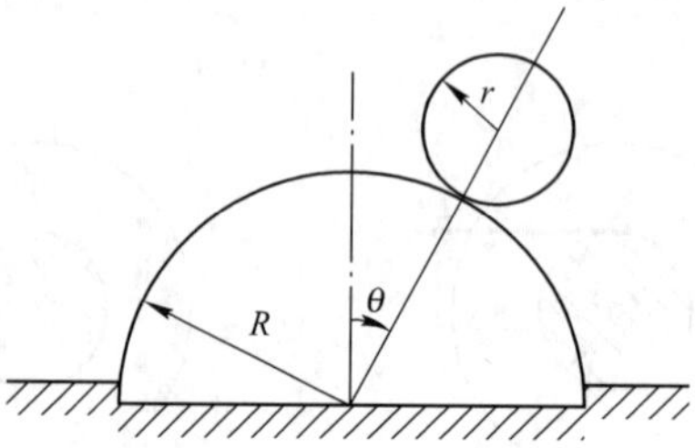

图 10-65　习题 10-31 图

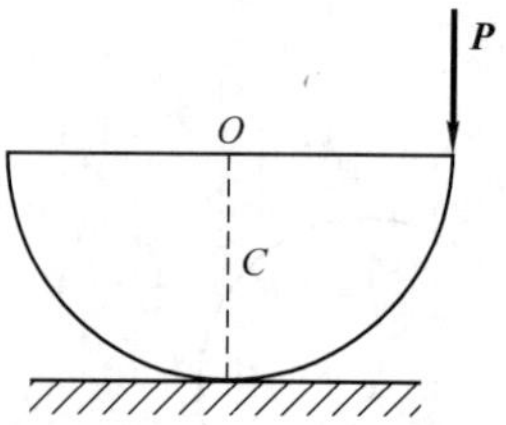

图10-66　习题 10－32 图

* **10-33**　图 10-67 所示机构位于铅垂平面内，曲柄长 $OA=0.4\text{m}$，角速度 $\omega=4.5\text{rad/s}$(常数)。均质杆 AB 长 1m，质量为 10kg。在 A、B 端分别用铰链与曲柄、滚子 B 连接。如滚子 B 的质量不计，求在图示瞬时位置时，地面对滚子的反力。

［**答案**：$F_{BN}=36.33\text{N}$］

* **10-34**　长 l、质量为 m 的匀质杆 AB、BC 用铰链 B 连接，并用铰链 A 固定，位于平衡位置如图 10-68 所示。今在 C 端作用一水平力 $\boldsymbol{F}$，求此瞬时两杆的角加速度。

$$\left[\textbf{答案}：\alpha_{AB}=\frac{6F}{7ml}，\alpha_{BC}=\frac{30F}{7ml}\right]$$

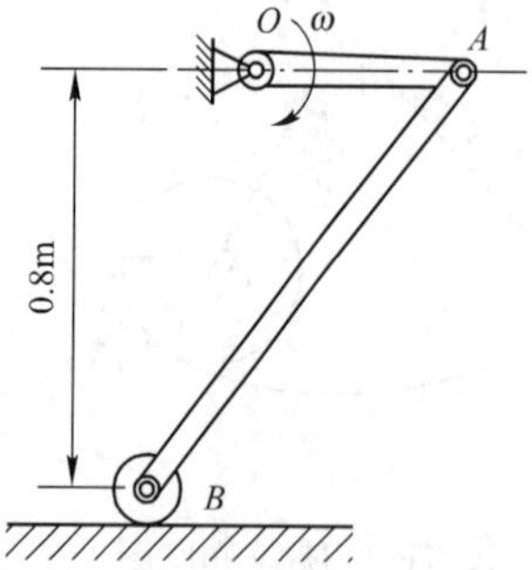

图 10-67　习题 10-33 图

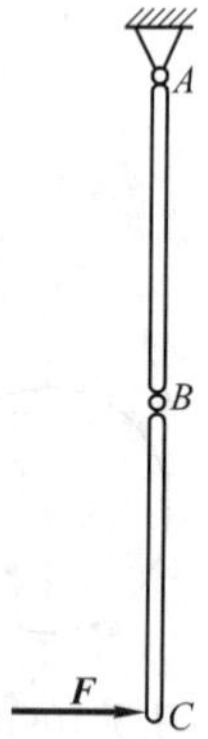

图 10-68　习题 10-34 图

第11章 动能定理

本章知识点

【知识点】力的功、动能和势能的计算，动能定理，机械能守恒定律。

【重点】掌握常见力的功、运动刚体的动能计算，熟练应用动能定理求解动力学问题中的速度和加速度，并综合应用动力学普遍定理，求未知的运动量和未知的约束力。

【难点】普遍定理的综合应用是本章的难点。

物体的机械运动量可以有不同的度量方法，动量和动量矩是物体机械运动量的一种量度，而动能则是从能量的角度对物体机械运动量的量度。

自然界物质运动的形式是多种多样的，各种形式的运动都有与其相对应的能量，例如机械能、电能、热能等，在一定条件下，各种运动形式可以互相转化，在转化过程中，一种形式的一定量的运动总是与另一种形式的一定量的运动相当，能量就是对这类运动量进行量度的物理量，如图 11-1 所示为列车的行驶运动和摩天轮的旋转运动。

(a)

(b)

图 11-1

当物体作机械运动时所具有的能，称为机械能，而动能是机械能的一部分。物体作机械运动时能量的变化，是用力的功来度量的。因此可以说，物体所具有的能量就是它所具有的做功的本领。功和能虽有密切的联系，但它们却是两个不同的概念：能是物质运动的度量，而功是能量变化的度量。利用功和能的关系来研究物体的机械运动，是理论力学最重要的方法之一。

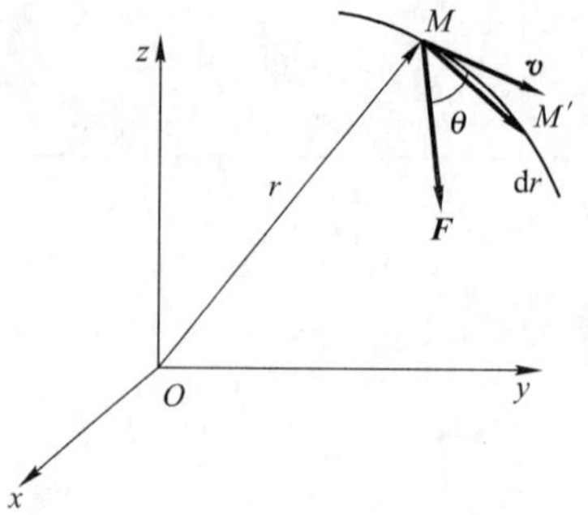

图 11-2 力的功

11.1 力的功

设质点 M 的矢径为 $\boldsymbol{r}$，在力 $\boldsymbol{F}$ 的作用下有微小位移 $\mathrm{d}\boldsymbol{r}$(图 11-2)，则 $\boldsymbol{F}$ 力对该质点所作的元功定义为：

$$\mathrm{d}W=\boldsymbol{F}\cdot\mathrm{d}\boldsymbol{r} \tag{11-1}$$

当质点 M 在力 $\boldsymbol{F}$ 作用下沿空间轨迹从 M_1 点运动到 M_2 点时，则 $\boldsymbol{F}$ 力所作的总功为：

$$W=\int_{M_1}^{M_2}\boldsymbol{F}\cdot\mathrm{d}\boldsymbol{r} \tag{11-2}$$

因为功是标量，它的值与坐标系的选择无关。因此在具体计算时，可以任意选用方便的坐标系。通常选用直角坐标系和自然坐标系。

功的直角坐标系形式为：

$$\begin{aligned}W&=\int_{M_1}^{M_2}\boldsymbol{F}\cdot\mathrm{d}\boldsymbol{r}=\int_{M_1}^{M_2}(\boldsymbol{F}_x\boldsymbol{i}+\boldsymbol{F}_y\boldsymbol{j}+\boldsymbol{F}_z\boldsymbol{k})\cdot(\mathrm{d}x\boldsymbol{i}+\mathrm{d}y\boldsymbol{j}+\mathrm{d}z\boldsymbol{k})\\&=\int_{M_1}^{M_2}(\boldsymbol{F}_x\mathrm{d}x+\boldsymbol{F}_y\mathrm{d}y+\boldsymbol{F}_z\mathrm{d}z)=\int_{M_1}^{M_2}\mathrm{d}W\end{aligned} \tag{11-3}$$

功的自然坐标形式为：

$$W=\int_{M_1}^{M_2}\boldsymbol{F}\cdot\mathrm{d}\boldsymbol{r}=\int_{M_1}^{M_2}\boldsymbol{F}|\mathrm{d}\boldsymbol{r}|\cos\theta$$

当时间增量趋近于零时，$|\mathrm{d}\boldsymbol{r}|=ds$，且沿 M 点的切线方向，故有

$$W=\int_{M_1}^{M_2}\boldsymbol{F}\cos(\boldsymbol{F}、\boldsymbol{v})\mathrm{d}s=\int_{M_1}^{M_2}\boldsymbol{F}_\tau\mathrm{d}s \tag{11-4}$$

当质点受到 n 个力 $\boldsymbol{F}_1$、$\boldsymbol{F}_2$、…、$\boldsymbol{F}_n$ 作用，而这 n 个力的合力为 $\boldsymbol{F}$，则质点在 $\boldsymbol{F}$ 作用下由 M_1 运动到 M_2 时，合力 $\boldsymbol{F}$ 所做的功为：

$$\begin{aligned}W&=\int_{M_1}^{M_2}\boldsymbol{F}\cdot\mathrm{d}\boldsymbol{r}=\int_{M_1}^{M_2}(\boldsymbol{F}_1+\boldsymbol{F}_2+\cdots+\boldsymbol{F}_n)\cdot\mathrm{d}\boldsymbol{r}\\&=\int_{M_1}^{M_2}\boldsymbol{F}_1\mathrm{d}\boldsymbol{r}+\int_{M_1}^{M_2}\boldsymbol{F}_2\cdot\mathrm{d}\boldsymbol{r}+\cdots+\int_{M_1}^{M_2}\boldsymbol{F}_n\cdot\mathrm{d}\boldsymbol{r}\\&=W_1+W_2+\cdots+W_n=\sum W_i\end{aligned} \tag{11-5}$$

即合力在任一段路程中所做的功等于各分力在同一段路程中所做的功之和。

功的单位为焦耳，简称 J，$1\mathrm{J}=1\mathrm{N}\times1\mathrm{m}=1\mathrm{N}\cdot\mathrm{m}=1\mathrm{kgm^2/s^2}$。

利用式(11-1)可导出几种常见力的功的计算公式：

11.1.1 常力的功

若力 $\boldsymbol{F}$ 是常矢量，则从式(11-2)可积分得到：

$$W=\boldsymbol{F}\cdot\int_{M_1}^{M_2}\mathrm{d}\boldsymbol{r}=\boldsymbol{F}\cdot(\boldsymbol{r}_2-\boldsymbol{r}_1) \tag{11-6}$$

因此常力的功只与力作用点的起点和终点的位置 $\boldsymbol{r}_1$ 和 $\boldsymbol{r}_2$ 有关，而与路径无关。重力属于最常见的常力。设 z 轴垂直向上，如图 11-3 所示，质点的重力 $\boldsymbol{F}=-mg\boldsymbol{k}$，由式(11-6)中得到：

$$W=-mg\boldsymbol{k}\cdot(\boldsymbol{r}_2-\boldsymbol{r}_1)=mg(z_1-z_2) \tag{11-7}$$

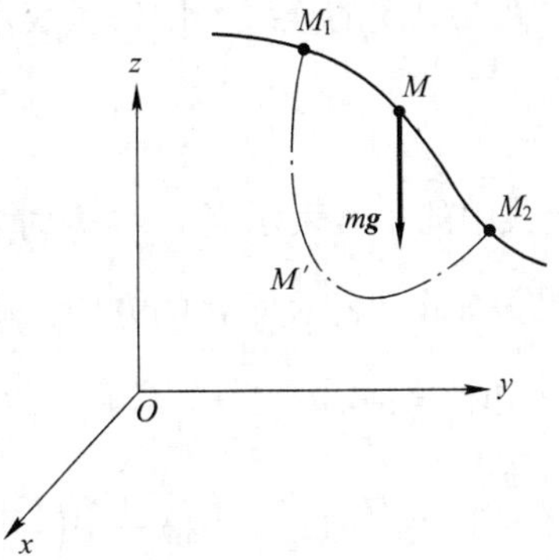

图 11-3　重力的功

上式中(z_1-z_2)表示第一位置与第二位置的高度差，当 $z_1>z_2$(质点 M 由高处运动到低处)时，重力做正功，反之，重力做负功。

式(11-7)表示，重力功等于质点的重力与其起始位置与终了位置的高度差的乘积，而与质点运动路径无关。即，无论质点沿图中 M_1MM_2 路径还是沿 $M_1M'M_2$ 路径运动，重力功都是相同的。

质点系所受重力功，也可同样进行计算。当质点系从第一位置运动到第二位置时，其中任一质点 M_i所受的重力 $m_i\boldsymbol{g}$ 的功为 $m_ig(z_{i1}-z_{i2})$，而整个质点系所受的重力的功为：

$$W=\sum m_ig(z_{i1}-z_{i2})=(\sum m_igz_i)_1-(\sum m_igz_i)_2$$

即

$$W=mg(z_{C1}-z_{C2}) \tag{11-8}$$

式(11-8)中的 m 为整个质点系的质量：$m=\sum m_i$；而 z_{C1}与 z_{C2}分别为质点系重心 C 的起始位置和终了位置的纵坐标。即：质点系所受重力的功，等于质点系的重力与其重心的高度差之乘积。

11.1.2　内力的功

设任意运动的质点系内任意两个质点 A 和 B 之间的相互作用力为 $\boldsymbol{F}$ 和 $\boldsymbol{F}'$，微小位移分别为 $\mathrm{d}\boldsymbol{r}_A$ 和 $\mathrm{d}\boldsymbol{r}_B$，如图 11-4 所示，此二力的元功之和为：

$$\mathrm{d}W=\boldsymbol{F}\cdot\mathrm{d}\boldsymbol{r}_A+\boldsymbol{F}'\cdot\mathrm{d}\boldsymbol{r}_B$$

由于 $\boldsymbol{F}'=-\boldsymbol{F}$，因此

$$\mathrm{d}W=\boldsymbol{F}'\cdot(\mathrm{d}\boldsymbol{r}_B-\mathrm{d}\boldsymbol{r}_A)=\boldsymbol{F}'\cdot\mathrm{d}(\boldsymbol{r}_B-\boldsymbol{r}_A)=\boldsymbol{F}'\cdot\mathrm{d}\boldsymbol{r}_{AB} \tag{11-9}$$

可以看出，质点系内力的功取决于质点之间的相对位移。如果质点间的相对位移发生了改变，内力做功。最常见做功的内力有弹性力和万有引力。

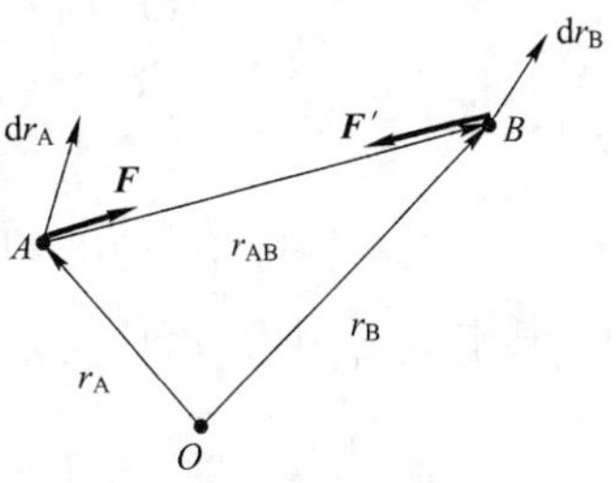

图 11-4　内力的功

(1) 弹性力

设弹簧刚度为 k，原长为 l_0，作用于任意两个质点 A 和 B 之间。根据虎克定律，弹性力的大小为：

$$F=k(r_{AB}-l_0)$$

力 $\boldsymbol{F}$ 沿 AB 的连线，以矢量表示为：

$$\boldsymbol{F}=-k(r_{AB}-l_0)\frac{\boldsymbol{r}_{AB}}{r_{AB}}$$

上式中的负号表示当 $r_{AB}>l_0$ 时，弹性力 $\boldsymbol{F}$ 与 $\boldsymbol{r}_{AB}$ 的方向相反。而 $\frac{\boldsymbol{r}_{AB}}{r_{AB}}$ 为矢径的单位矢量，表示了 $\boldsymbol{F}$ 的方向。则弹性力 $\boldsymbol{F}$ 的元功为：

$$\mathrm{d}W=\boldsymbol{F}\cdot\mathrm{d}\boldsymbol{r}_{AB}=-k(r_{AB}-l_0)\frac{\boldsymbol{r}_{AB}}{r_{AB}}\cdot\mathrm{d}\boldsymbol{r}_{AB}=-k(r_{AB}-l_0)\frac{1}{r_{AB}}\mathrm{d}\left(\frac{\boldsymbol{r}_{AB}\cdot\boldsymbol{r}_{AB}}{2}\right)$$

$$=-k(r_{AB}-l_0)\frac{1}{r_{AB}}\mathrm{d}\left(\frac{r_{AB}^2}{2}\right)=-k(r_{AB}-l_0)\mathrm{d}r_{AB}$$

或

$$\mathrm{d}W=-\frac{k}{2}\mathrm{d}(r_{AB}-l_0)^2 \tag{11-10}$$

当两质点由 A_1，B_1 位置运动到 A_2，B_2，相对矢径由 $\boldsymbol{r}_1$ 运动到 $\boldsymbol{r}_2$，如图11-5所示，弹性力的总功为：

$$W=\int\mathrm{d}W=\int_{r_1}^{r_2}-\frac{k}{2}\mathrm{d}(r_{AB}-l_0)^2=\frac{1}{2}k[(r_1-l_0)^2-(r_2-l_2)^2]$$

若以 $\delta_1=r_1-l_0$，$\delta_2=r_2-l_0$ 分别表示质点在第一位置和第二位置时弹簧的净变形，则上式表示为：

$$W=\frac{k}{2}(\delta_1^2-\delta_2^2) \tag{11-11}$$

可见弹性力的功与弹簧的起始变形与终了变形有关，而与质点运动的路径无关。

(2) 万有引力的功

质量分别为 m_1 和 m_2 的质点 A 和 B，在引力作用下，由位置 A_1，B_1 位置运动到 A_2，B_2，如图11-6所示。引力 $\boldsymbol{F}$ 服从牛顿万有引力定律，其大小为：

$$F=\frac{Gm_1m_2}{r_{AB}^2}$$

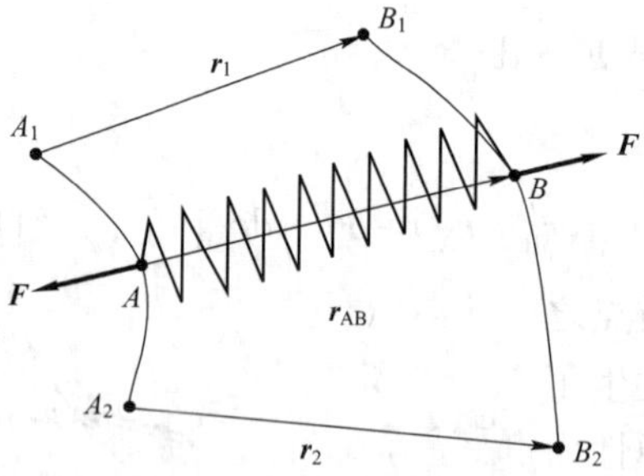

图11-5 弹性力的功

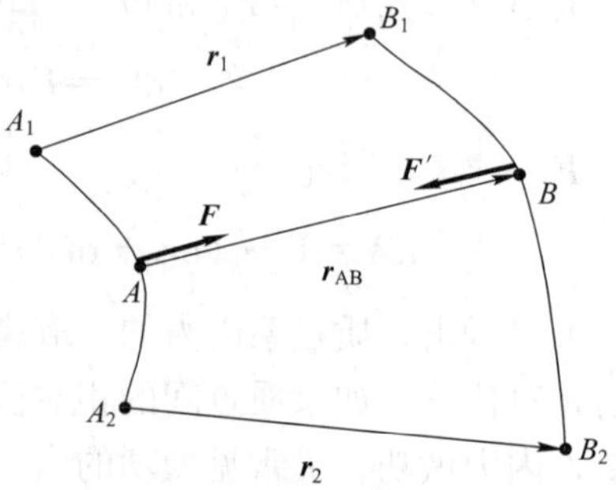

图11-6 万有引力的功

其中 G 是引力常数。表示为矢量形式：

$$\boldsymbol{F}=\frac{Gm_1m_2}{r_{AB}^2}\frac{\boldsymbol{r}_{AB}}{r_{AB}}=\frac{Gm_1m_2}{r_{AB}^3}\boldsymbol{r}_{AB}$$

$$\mathrm{d}W=\boldsymbol{F}'\cdot\mathrm{d}\boldsymbol{r}_{AB}=-\frac{Gm_1m_2}{r_{AB}^3}\boldsymbol{r}_{AB}\cdot\mathrm{d}\boldsymbol{r}_{AB}=-\frac{Gm_1m_2}{r_{AB}^3}\mathrm{d}\left(\frac{\boldsymbol{r}_{AB}\cdot\boldsymbol{r}_{AB}}{2}\right)$$

$$=-\frac{Gm_1m_2}{r_{AB}^2}dr_{AB}=Gm_1m_2d\left(\frac{1}{r_{AB}}\right)$$

于是，万有引力的功为：

$$W=\int dW=\int_{r_1}^{r_2}Gm_1m_2d\left(\frac{1}{r_{AB}}\right)$$

即

$$W=Gm_1m_2\left(\frac{1}{r_2}-\frac{1}{r_1}\right) \qquad (11\text{-}12)$$

与弹性力的功相似，万有引力的功也只与质点的起始位置与终了位置有关，而与质点的运动路径无关。

(3) 内力对刚体的功

刚体是各质点之间的距离保持不变的特殊质点系，由于任意两点之间的距离始终保持不变。因此，$|d\boldsymbol{r}_{AB}|=0$，所以

$$dW=0$$

从而得出：刚体作任意运动时，其内力的总功等于零。

11.1.3 作用于转动刚体的力及力偶的功

设刚体绕 z 轴转动，$\boldsymbol{F}$ 力作用于刚体上 M 点，图 11-7 中 $\boldsymbol{F}_\tau$、$\boldsymbol{F}_r$、$\boldsymbol{F}_z$ 分别是 $\boldsymbol{F}$ 力在切向、径向和 z 方向的分力。若刚体转动角度 $d\varphi$，则 M 点的微小位移为 $ds=rd\varphi$。于是，刚体在定轴转动中仅有 $\boldsymbol{F}$ 力的切向分量 $\boldsymbol{F}_\tau$ 做功，故其元功为：

$$dW=F_\tau ds=F_\tau rd\varphi$$

而 $F_\tau r=M_z(\boldsymbol{F})=M_z$，为力 $\boldsymbol{F}$ 对 z 轴的矩。所以

$$dW=M_z d\varphi$$

当转动刚体在 $\boldsymbol{F}$ 力作用下由 φ_1 位置运动到 φ_2 位置，则 $\boldsymbol{F}$ 力的总功为：

$$W=\int_{\varphi_1}^{\varphi_2}M_z d\varphi \qquad (11\text{-}13)$$

若作用于刚体上的是一个力偶 M，且力偶作用面垂直于 z 轴，则 $M_z=M$，于是，力偶所做的功为：

$$W=\int_{\varphi_1}^{\varphi_2}Md\varphi \qquad (11\text{-}14)$$

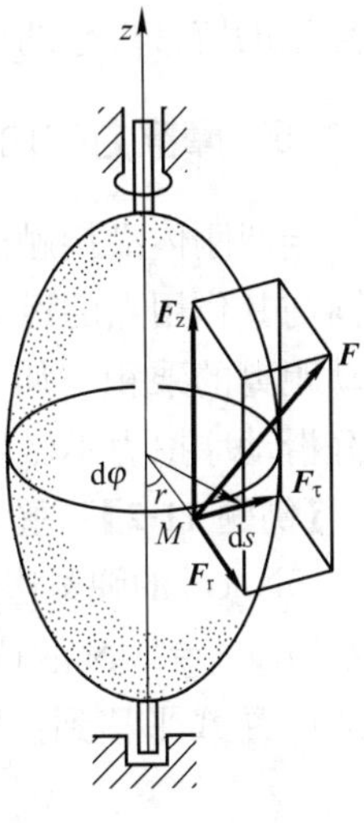

图 11-7 转动刚体上的力及力偶的功

【例题 11-1】 鼓轮重 $\boldsymbol{P}$，半径为 R，轮轴上绕有软绳，轮轴半径为 r，绳上作用有常值力 $\boldsymbol{F}$，如图 11-8(a)所示，求轮心 O 运动距离 s 时，力 $\boldsymbol{F}$ 所做的功。

【解】 将力 $\boldsymbol{F}$ 向轮心简化，产生附加力偶 $M_O=Fr$，如图 11-8(b)所示，轮转过的角度为 s/R，则力 $\boldsymbol{F}$ 所做的功为：

$$W=F\cos\varphi\cdot s-M_O\frac{s}{R}=Fs\left(\cos\varphi-\frac{r}{R}\right)$$

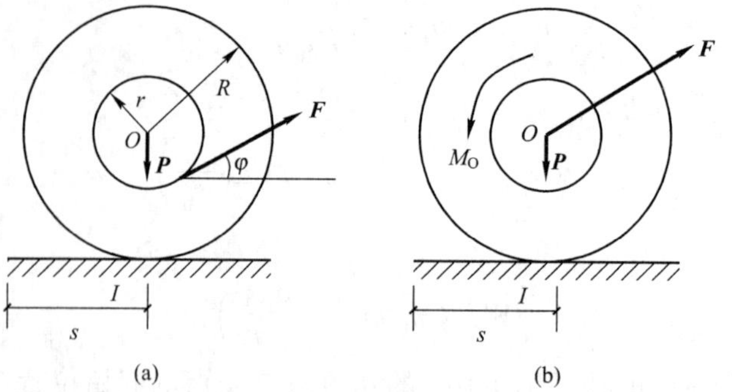

图 11-8 例题 11-1 图

11.1.4 理想约束力的功

理想约束力可以是质点系的外力，也可以是内力。对于定常的理想约束，例如固定的理想光滑面约束，以及一端固定的柔索或二力杆约束，约束反力始终与被约束质点的位移垂直，因此它们的功必等于零。当系统内两个刚体相互接触且接触处理想光滑时，约束反力为系统的内力，且始终与接触点处分属两个刚体的质点间的相对位移垂直，所做功之和也等于零。可以归纳为：质点系的定常理想约束在运动过程中所作的外力功和内力功之和等于零。

11.1.5 摩擦力的功

当两刚体沿接触面有相对滑动时，摩擦力是做功的。一般情况下摩擦力方向与其作用点的运动方向相反，所以摩擦力做负功，其大小等于摩擦力与滑动距离的乘积。如果摩擦力作用点没有位移，尽管有静滑动摩擦力存在，但静滑动摩擦力不做功(例如轮子在地面上作只滚不滑运动的情形)。

【例题 11-2】 重 $P=9.8$N 的物块放在光滑的水平槽内。一端与一刚性系数 $k=0.5$N/cm 的弹簧连接，同时被一绕过定滑轮 C 的绳子拉住(图 11－9a)。绳的一端以 $F_{To}=20$N 的拉力牵拉。物块在位置 A 时，弹簧具有拉力 2.5N。当物块从位置 A 平移到位置 B 时，试计算作用于物块上的所有力的功之和。

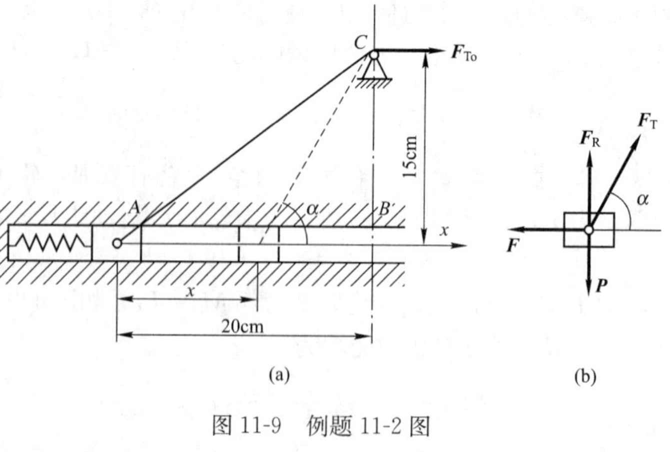

图 11-9 例题 11-2 图

【解】 取物块为研究对象。在任一瞬时，物块在离 A 点 x 距离处，其受力图如图 11-9(b)所示。由该图可知，物块受到的作用力有：重力 $\boldsymbol{P}$、水平槽的法向反力 $\boldsymbol{F}_N$、弹性力 $\boldsymbol{F}$ 及绳子拉力 $\boldsymbol{F}_T$($\boldsymbol{F}_T=\boldsymbol{F}_{T0}$)。

由于力 $\boldsymbol{P}$ 及 $\boldsymbol{F}_N$ 均与物块的运动方向垂直，所以不做功。

设以 δ_1、δ_2分别表示物块在位置 A、B 时弹簧的变形，则有

$$\delta_1=\frac{2.5}{0.5}=5\text{cm},\quad \delta_2=5+20=25\text{cm}$$

于是由式(11-11)，弹性力 $\boldsymbol{F}$ 在该路程中的功为：

$$W_F=\frac{k}{2}(\delta_1^2-\delta_2^2)=\frac{1}{2}\times0.5\times(5^2-25^2)=-150\text{N}\cdot\text{cm}$$

由图 11-9(a)可知，拉力 $\boldsymbol{F}_T$ 与 x 轴的夹角余弦为：

$$\cos\alpha=\frac{20-x}{\sqrt{(20-x)^2+15^2}}$$

拉力 $\boldsymbol{F}_T$ 在该路程中的功为：

$$W_{F_T}=\int_0^{20}\boldsymbol{F}_T\cos\alpha\mathrm{d}x=\int_0^{20}20\cdot\frac{20-x}{\sqrt{(20-x)^2+15^2}}\mathrm{d}x=20\times\left[-\sqrt{(20-x)^2+15^2}\right]_0^{20}$$

$$=200\text{N}\cdot\text{cm}$$

因此，物块从位置 A 平动到位置 B 时，作用于物块上的所有力的功之和为：

$$W=\sum W_i=W_F+W_{F_T}=-150+200=50\text{N}\cdot\text{cm}$$

11.2 动能、动能定理

11.2.1 动能

动能是从运动的角度描述物体机械能的一种形式，也是物体做功能力的一种度量。

质点的动能定义为：

$$T=\frac{1}{2}mv^2$$

质点系的动能应为各个质点动能的总和

$$T=\sum_{i=1}^{n}\frac{1}{2}m_iv_i^2 \tag{11-15}$$

动能恒为正标量，动能的量纲与功的量纲相同，单位为焦耳。

对于刚体，可推导出更为简便实用的动能计算公式。

1. 平移刚体的动能

刚体平移时，在同一瞬时，刚体上各点的速度都相等，如以 $\boldsymbol{v}_C$ 表示刚体质心的速度，则平移刚体的动能为：

$$T=\sum\frac{1}{2}m_iv_i^2=\sum\frac{1}{2}m_iv^2=\frac{1}{2}mv^2 \tag{11-16}$$

2. 定轴转动刚体的动能

设刚体绕 z 轴转动，角速度为 ω，与 z 轴相距 ρ_i 的质点的速度为 $v_i=\rho_i\omega$，则刚体的动能等于：

$$T=\sum\frac{1}{2}m_iv_i^2=\frac{1}{2}(\sum m_i\rho_i^2)\omega^2=\frac{1}{2}J_z\omega^2 \tag{11-17}$$

3. 平面运动刚体的动能

刚体的平面运动可以看作随同质心的平移和绕质心的转动的合成。设某瞬时刚体的质心速度为 v_C，刚体的角速度为 ω，结合公式(11-16)、公式(11-17)，即得作平面运动刚体的动能为：

$$T=\frac{1}{2}mv_C^2+\frac{1}{2}J_C\cdot\omega^2 \tag{11-18}$$

式中 J_C——刚体对于通过质心 C 而垂直于运动平面的轴的转动惯量。

若平面运动刚体的瞬心为Ⅰ点，根据转动惯量的平行移轴定理，刚体的动能还可表示为：

$$T=\frac{1}{2}J_{\mathrm{I}}\omega^2 \tag{11-19}$$

式中 J_{I}——刚体对于通过瞬心Ⅰ而垂直于运动平面的轴的转动惯量。

如果某个系统包含若干个刚体，而每个刚体又各按不同的形式运动，则计算该系统的动能时，可先按各个刚体的运动形式分别算出其动能，然后把它们相加起来，所得的总和就是该系统的动能。

【例题 11-3】 如图 11-10 所示，半径为 R 重为 $\boldsymbol{P}_1$ 的均质圆盘Ⅰ放在水平面上。绳子的一端系在圆盘的重心 O 上；另一端绕过滑轮Ⅱ后挂一物块 A。已知滑轮Ⅱ的半径 r，重为 $\boldsymbol{P}_2$，并可视为均质圆盘；物块 A 重 $\boldsymbol{P}_3$。设绳子的伸长和质量均略去不计，绳子与滑轮之间无相对滑动，圆盘Ⅰ滚而不滑。试求当物块 A 具有铅垂向下的速度 $\boldsymbol{v}_A$ 时，系统的动能。

【解】 圆盘Ⅰ作平面运动，其动能为：

$$T_1=\frac{1}{2}\frac{P_1}{g}v_O^2+\frac{1}{2}J_O\omega_1^2$$

式中 v_o 为圆盘重心 O 的速度的大小；J_O 为圆盘对通过点 O 而垂直于图平面轴的转动惯量；ω_1 为圆盘Ⅰ的角速度。因

$$v_o=v_A,\quad \omega_1=\frac{v_A}{R},\quad J_O=\frac{1}{2}\frac{P_1}{g}R^2$$

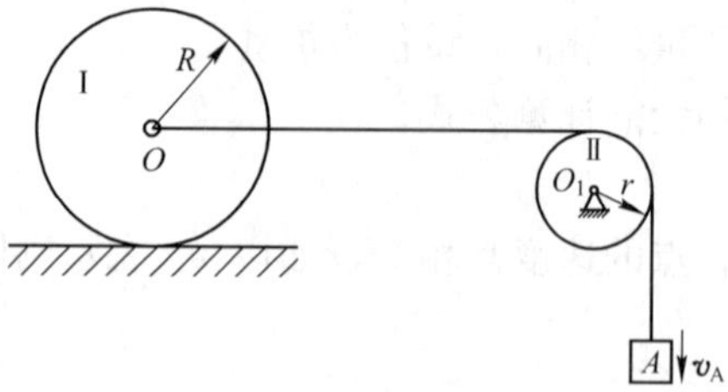

图 11-10 例题 11-3 图

故圆盘Ⅰ的动能为：

$$T_1=\frac{1}{2}\frac{P_1}{g}v_A^2+\frac{1}{2}\times\frac{1}{2}\frac{P_1}{g}R^2\left(\frac{v_A}{R}\right)^2=\frac{3P_1}{4g}v_A^2$$

滑轮Ⅱ作定轴转动，并注意滑轮Ⅱ的角速度 $\omega_2=\frac{v_A}{r}$ 和绕转动轴 O_1 的转动

惯量 $J_{O1}=\frac{1}{2}\frac{P_2}{g}r_2^2$，可得滑轮Ⅱ的动能为：

$$T_2=\frac{1}{2}J_{O1}\omega_2^2=\frac{1}{2}\times\frac{1}{2}\frac{P_2}{g}r_2^2\left(\frac{v_A}{r}\right)^2=\frac{P_2}{4g}v_A^2$$

物块 A 作平动，其动能为：

$$T_3=\frac{P_3}{2g}v_A^2$$

系统的动能

$$T=T_1+T_2+T_3=\frac{3P_1}{4g}v_A^2+\frac{P_2}{4g}v_A^2+\frac{P_3}{2g}v_A^2=\frac{v_A^2}{4g}(3P_1+P_2+2P_3)$$

11.2.2 质点系动能定理

设质点系中第 i 个质点的质量为 m_i，速度为 $\boldsymbol{v}_i$，作用于该质点的力为 $\boldsymbol{F}_i$，由质点的动力学基本方程得：

$$m_i\frac{d\boldsymbol{v}_i}{dt}=\boldsymbol{F}_i$$

上式两边分别乘以 $\boldsymbol{v}_i dt=d\boldsymbol{r}$，得

$$m_i\boldsymbol{v}_i\cdot d\boldsymbol{v}_i=\boldsymbol{F}_i\cdot d\boldsymbol{r}$$

即

$$d\left(\frac{1}{2}m_iv_i^2\right)=dW_i$$

每一个质点都可以写出这样一个方程，然后叠加，得

$$\sum d\left(\frac{1}{2}m_iv_i^2\right)=\sum dW_i$$

或者表示为

$$d\left(\sum\frac{1}{2}m_iv_i^2\right)=\sum dW_i$$

上式中 $\sum\frac{1}{2}m_iv_i^2$ 为整个质点系的动能 T，于是

$$dT=\sum dW_i \tag{11-20}$$

式(11-20)为质点系动能定理的微分形式，它表明：质点系动能的微分等于作用于质点系的力的元功之和。

将式(11-20)两边积分，积分的上下限对应于质点系的第二、第一位置，得

$$T_2-T_1=\sum W_i \tag{11-21}$$

即，当质点系从第一位置运动到第二位置时，质点系动能的改变等于作用于质点系的所有力所做功的总和。这是质点系动能定理的积分形式，即通常所说的动能定理。

质点系的内力虽然是成对出现的，但它们的功之和一般并不等于零。例如内燃机气缸中气体压力推动活塞做功，属内力功，而正是这内力功使机器不断运行；汽车刹车时闸块对轮子作用的摩擦力也是内力，正是这内力使汽车减速乃至停车。但是对刚体而言，由于刚体内任意两点间的距离始终保持

不变，所以刚体内各质点相互作用的内力功之和恒等于零。

$$T_2-T_1=\sum W_i^{e} \tag{11-22}$$

因此，刚体系统动能的变化，等于作用于系统上所有外力功之和。

如将作用于质点系的力分为主动力与约束力，则式(11-21)中的$\sum W_i$应包括所有主动力和约束力的功。但对于如光滑接触、光滑铰支座、固定端、刚化了的柔体约束、光滑铰链、二力杆等，这些约束的约束力所做功之和都等于零。我们将约束力所做功之和等于零的约束称为理想约束。这样，对于具有理想约束的刚体系统，质点系的动能定理为：

$$T_2-T_1=\sum W_i^{A} \tag{11-23}$$

即具有理想约束的刚体系统动能的变化，等于作用于系统上所有主动力所做功之和。

【例题 11-4】 如图 11-11(a)所示，均质圆柱重为 $\boldsymbol{P}$，半径为 R，在重力作用下沿粗糙斜面作纯滚动，不计滚动摩阻，斜面与水平面的倾角为 α。圆柱开始时静止。求圆柱中心 C 沿斜面运动任意一段距离 s 时的加速度。

【解】 把圆柱的静止位置和圆柱中心 C 沿斜面运动任意一段距离 s 时的位置作为质点系运动过程的两个位置。圆柱作平面运动，受力分析和运动分析如图 11-11(b)所示，因圆柱作纯滚动，由运动学知，I 点为运动瞬心，轮心的速度和轮的角速度关系为：$v_C=R\omega$，两位置的动能分别为：

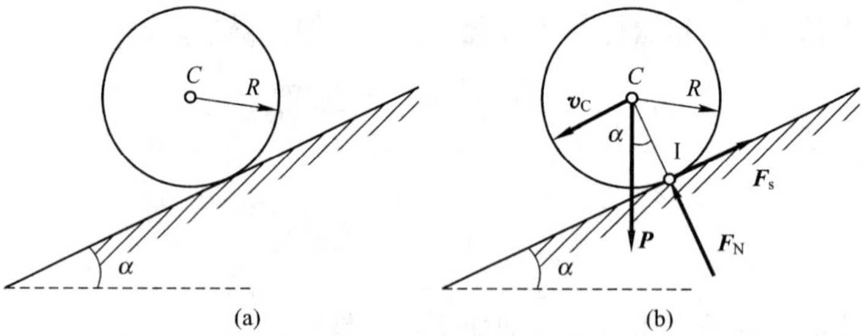

图 11-11 例题 11-4 图

$$T_1=0,\ T_2=\frac{1}{2}\frac{P}{g}v_C^2+\frac{1}{2}J_C\omega^2=\frac{1}{2}\frac{P}{g}v_C^2+\frac{1}{4}\frac{P}{g}R^2\omega^2=\frac{3P}{4g}v_C^2$$

在圆柱运动过程中，作用于其上的主动力为圆柱的重力 $\boldsymbol{P}$、法向约束力 $\boldsymbol{F}_N$ 和静摩擦力 $\boldsymbol{F}_s$，因 $\boldsymbol{F}_N$ 和 $\boldsymbol{F}_s$ 的作用点 I 的速度为零，即该点没有位移，所以这两个力的功均等于零。做功的只有重力 $\boldsymbol{P}$。所以作用于圆柱上所有外力的功之和为：

$$\sum W_i^{e}=Ps\sin\alpha$$

由质点系的动能定理，得

$$\frac{3P}{4g}v_C^2=Ps\sin\alpha \quad 或 \quad \frac{3}{4}v_C^2=gs\sin\alpha$$

两边对时间 t 求导，并注意$\frac{ds}{dt}=v_C$，得

$$\frac{3}{2}v_C\frac{dv_C}{dt}=g\frac{ds}{dt}\sin\alpha$$

由此得加速度 $$a=\frac{dv_C}{dt}=\frac{2}{3}g\sin\alpha$$

【例题 11-5】 如图 11-12(a)所示，圆盘 A 质量为 m_1，半径为 R，在粗糙的水平面上作纯滚动匀质杆 AB 长 l，质量为 m_2，上端 B 靠在光滑墙上，下端 A 铰接于均质圆盘轮心 A。当 AB 杆与水平线的夹角 $\theta=45°$时，该系统由静止开始运动，求此瞬时轮心 A 的加速度。

【解】 以整个系统为研究对象，杆与均质轮作平面运动，受力和运动分析如图 11-12(b)所示，本题求 $\theta=45°$时系统启动瞬时的加速度，宜用动能定理的微分形式：

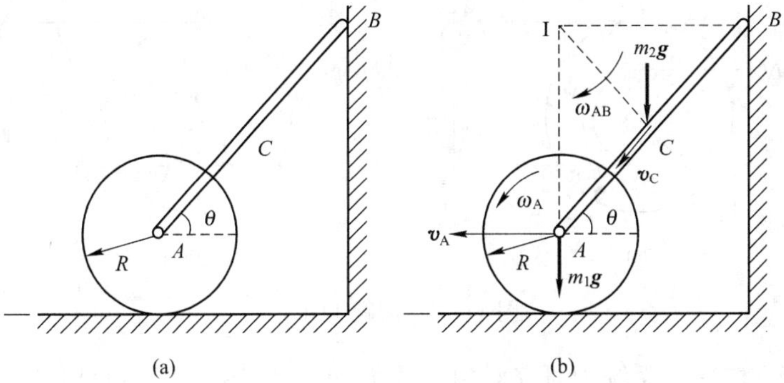

图 11-12　例题 11-5 图

$$dT=dW$$

系统动能

$$T=\frac{1}{2}m_1v_A^2+\frac{1}{2}J_A\omega_A^2+\frac{1}{2}m_2v_C^2+\frac{1}{2}J_C\omega_{AB}^2 \tag{a}$$

其中 $$v_C=\frac{l}{2}\omega_{AB},\quad v_A=l\sin\theta\omega_{AB}$$

得 $$v_C=\frac{v_A}{2\sin\theta},\quad \omega_{AB}=\frac{v_A}{l\sin\theta}$$

代入式(a)，得系统动能 $$T=\frac{1}{2}\left(\frac{3}{2}m_1+\frac{1}{3}m_2\frac{1}{\sin^2\theta}\right)v_A^2 \tag{b}$$

作用于系统上主动力的元功： $$dW=-m_2g\,dy_C \tag{c}$$

代入动能定理的微分形式 $$d\left(\frac{3}{4}m_1v_A^2+\frac{1}{6}m_2v_A^2\frac{1}{\sin^2\theta}\right)=-m_2g\,dy_C$$

上式等号两边同除以 dt，并展开

$$\left(\frac{3}{2}m_1+\frac{1}{3}m_2\frac{1}{\sin^2\theta}\right)v_A\frac{dv_A}{dt}+v_A^2\frac{d}{dt}\left(\frac{3}{4}m_1+\frac{1}{6}m_2\frac{1}{\sin^2\theta}\right)=-m_2g\frac{dy_C}{dt} \tag{d}$$

其中 $$\frac{dy_C}{dt}=-v_C\cos\theta=-\frac{v_A\cos\theta}{2\sin\theta}$$

代入式(4)并消去 v_A，得

$$\left(\frac{3}{2}m_1+\frac{1}{3}m_2\frac{1}{\sin^2\theta}\right)\frac{dv_A}{dt}+v_A\frac{d}{dt}\left(\frac{3}{4}m_1+\frac{1}{6}m_2\frac{1}{\sin^2\theta}\right)=m_2g\frac{1}{2}\cot\theta \quad (e)$$

初瞬时，有 $\theta=45°$，$v_A=0$，代入式(e)，得

$$\frac{dv_A}{dt}=a_A=\frac{3m_2g}{9m_1+4m_2}$$

【例题 11-6】 如图 11-13(a)所示，质量为 $m_1=100$kg 的轮Ⅰ沿水平直线作纯滚动，它对通过其质心 C 且与图平面垂直的轴的回转半径为 $\rho=0.25$m。作用在轮Ⅰ上有一转矩，其大小为 $M=20$N·m。轮Ⅰ在 A 点与一刚性系数 $k=60$N/m 的水平弹簧连接，绳索的一端绕在轮Ⅰ上，另一端绕过定滑轮 D 与质量为 $m_2=20$kg 的重物Ⅱ连接。如初瞬时全静止，且弹簧具有原长。求当重物Ⅱ下降 $s=0.4$m 轮Ⅰ的角速度 ω。不计绳索、弹簧的质量及轴承的摩擦。

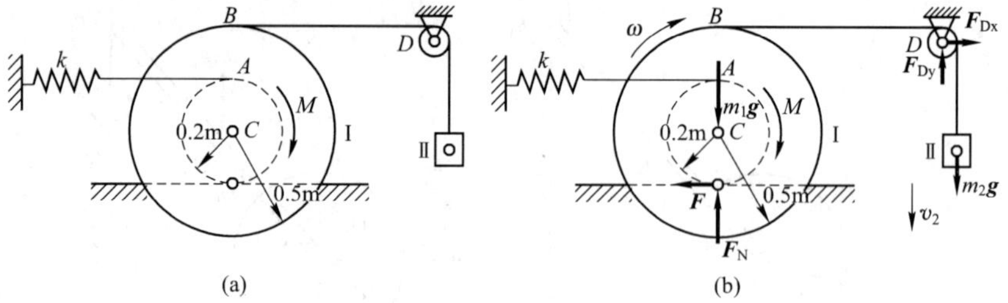

图 11-13 例题 11-6 图

【解】 取整个系统为研究对象，受力和运动分析如图 11-13(b)所示。需求的角速度 ω 与轮Ⅰ的动能有关，且初瞬时全静止，已知一些主动力及重物Ⅱ下降的位移，因而应用质点系动能定理求解。

取初瞬时位置为位置(1)，重物Ⅱ下降 0.4m 时位置为位置(2)，则系统在该两位置的动能分别为：

$$T_1=0,\quad T_2=\frac{1}{2}m_1v_C^2+\frac{1}{2}J_C\omega^2+\frac{1}{2}m_2v_2^2$$

由运动学知　　$v_C=0.2\omega$，　$v_2=v_B=0.7\omega$

又　　$J_C=m_1\rho^2=100\times(0.25)^2$，　$m_2=20$

因此 $T_2=\frac{1}{2}\times100\times(0.2\omega)^2+\frac{1}{2}\times[100\times(0.25)^2]\omega^2+\frac{1}{2}\times20\times(0.7\omega)^2$

$=10.025\omega^2$

当重物Ⅱ下降 $s=0.4$m 时，轮Ⅰ的角位移 $\theta=\frac{s}{0.7}=\frac{0.4}{0.7}=0.571$rad，弹簧伸长 $\delta=0.4\theta=0.571\times0.4=0.228$m。在这里力 m_1g、$\boldsymbol{F}$、$\boldsymbol{F}_N$、$\boldsymbol{F}_{Dx}$、$\boldsymbol{F}_{Dy}$都不做功，而重力 m_2g、力矩 M 及弹性力都做功，它们的功之和为：

$$\sum W_i^e=m_2gs+M\theta-\frac{1}{2}k\delta^2=20\times9.8\times0.4+20\times0.571-\frac{1}{2}60\times(0.228)^2$$

$=88.26$N·m

根据质点系动能定理的积分形式，$T_2-T_1=\sum W_i^e$，得轮Ⅰ的角速度

$$10.025\omega^2=88.26,\quad \omega=2.97\text{rad/s}$$

最后请读者考虑如何求解轮Ⅰ的角加速度。

【例题 11-7】 如图 11-14(a)所示，均质圆柱体 A，半径 $r=0.2\text{m}$，质量 $m_A=10\text{kg}$，它由一连杆与质量为 $m_B=5\text{kg}$ 的滑块 B 相连，滑块 B 与斜面的动摩擦系数 $f=0.2$。设 A、B 自静止开始运动，圆柱 A 在斜面上只滚不滑。求 A、B 沿斜面向下运动距离 $s=10\text{m}$ 时滑块 B 的速度。连杆质量不计。

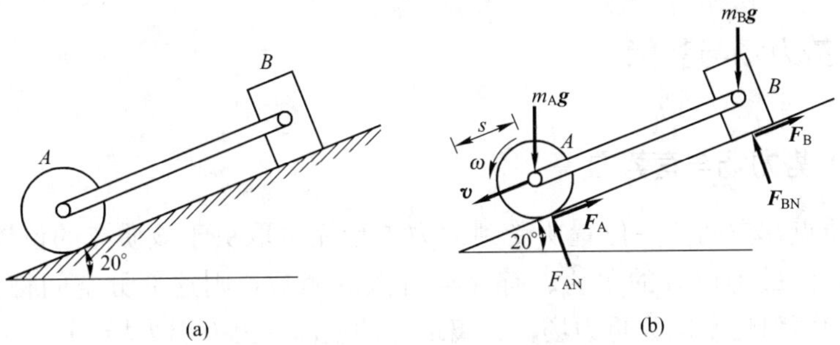

图 11-14　例题 11-7 图

【解】 系统受力分析如图 11-14(b)所示，物块 B 作直线平动，轮 A 作平面运动，$\omega=\dfrac{v}{r}$

$$T_1=0$$

$$T_2=\frac{1}{2}m_A v^2+\frac{1}{2}\left(\frac{1}{2}m_A r^2\right)\omega^2+\frac{1}{2}m_B v^2=\frac{1}{4}(3m_A+2m_B)v^2$$

$$\sum W=(m_A+m_B)gs\cdot\sin 20°-fm_B g\cos 20°\cdot s$$

由 $T_2-T_1=\sum W$ 解出：$v=6.4\text{m/s}$

由以上的例题的求解可见，在应用动能定理解题时，常用其积分形式，其解题步骤可大致归纳如下：

(1) 选取一质点系作为研究对象并确定质点从哪一个位置运动到哪一个位置，即确定质点系运动的始末位置。

(2) 根据研究对象中各物体的运动情况，分别计算它们在运动始末这两个位置的动能，如果所研究的质点系中包含有某些刚体，则这些刚体的动能可根据它们的运动情况(例如：平动、定轴转动、平面运动)，运用已推得的动能计算公式来进行计算。

(3) 在动能的表达式中，出现某些点的速度或某些刚体的角速度，往往将其化成只包含某一点的速度或某一刚体的角速度。因此，常需要根据运动学的知识来求出各有关点的速度之间的关系或点的速度和刚体的角速度之间的关系。

(4) 分析质点系的受力情况，明确哪些力在运动过程中做功，哪些力在运动过程中不做功，并计算所有的力做功的总和。当质点系所受的约束为理想约束时，则只要计算主动力的功之和；当质点系所有内力做功之和为零时，则只要计算外力的功之和。

(5) 应用动能定理求解未知量。

应该注意，动能定理的表达式不是矢量等式，而是标量等式，所以对于一个质点系，应用动能定理只能建立一个代数方程，求解一个未知数。

在应用动能定理的积分形式求得在任一瞬间质点系中某点的速度的大小或某刚体的角速度之后，将其对时间 t 求一阶导数，可求得该点的切向加速度(在直线运动的情况下即为加速度)或该刚体的角加速度。当然，对于求解质点系中某点的切向加速度或某刚体的角加速度问题，也可考虑应用动能定理的微分形式来进行求解。

11.3 势力场与势能

11.3.1 势力场与有势力

若质点在空间任一位置所受到的力矢量完全取决于该质点的位置，即质点所受力矢量是位置的单值、有界且可微的函数，则这部分空间称为力场。例如，地面附近空间为重力场；远离地球的空间为万有引力场。

力场对质点的作用力称为场力。

如果质点在某力场中运行时，场力所做的功与质点运动的路径无关，而只决定于质点的起始位置与终了位置，则该力场称为有势力场。这些力场的场力称为有势力。例如重力、万有引力及弹性力都是有势力，而重力场、万有引力场、弹性力场都为势力场。

11.3.2 势能

作用在位于势力场中某一给定位置 $M(x、y、z)$的质点的有势力，相对于任一选定的零位置 $M_O(x_0、y_0、z_0)$的做功能力，称为质点在给定位置 M 的势能，以 $V(x、y、z)$表示，它是位置坐标的单值连续函数，称为势能函数。因为零势能位置 $m_0(x_0、y_0、z_0)$是任意选定的，当质点位于某一确定位置时，对于不同的零势能位置，势能一般不相同，所以，在讲到势能时，必须指明零位置才有意义。

根据势能的定义，当质点从某一位置 $M(x、y、z)$运动到零位置 $M_O(x_0、y_0、z_0)$时，有势力 $\boldsymbol{F}$ 所做的功，即为质点在 M 位置的势能

$$V(x,\ y,\ z)=W_{M\to M_0}=\int_M^{M_0}\boldsymbol{F}\cdot\mathrm{d}\boldsymbol{r}=\int_M^{M_0}(F_x\mathrm{d}x+F_y\mathrm{d}y+F_z\mathrm{d}z)=\int_M^{M_0}\mathrm{d}W \tag{11-24}$$

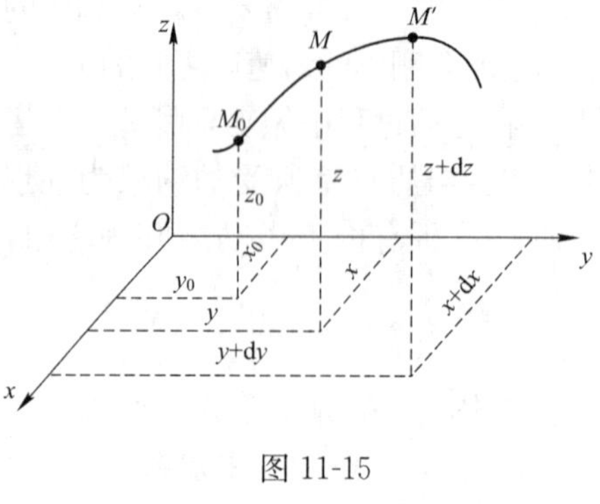

图 11-15

设质点由位置 M 运动到位置 M'(图 11-15)，作用在该质点上的有势力的元功为 $\mathrm{d}W$。由于有势力的功与路径无关，因此可以认为质点由位置 M 经过零位置 M_0 再到位置 M'。于是

$$\mathrm{d}W=\int_M^{M_0}\mathrm{d}'W+\int_{M_0}^{M'}\mathrm{d}'W$$
$$=\int_M^{M_0}\mathrm{d}'W-\int_{M'}^{M_0}\mathrm{d}'W$$

根据势能的定义，可知上式右边等于位置M的势能与位置M'的势能之差，即

$$d'W=V(x,y,z)-V(x+dx,y+dy,z+dz)=-dV \tag{11-25}$$

即有势力的元功等于势能函数的全微分，并冠以负号。如果质点由位置M_1运动到位置M_2，则有势力的功为：

$$W_{12}=-\int_{M_1}^{M_2}dV=V_1-V_2$$

由上式可知，有势力的功等于质点在起始位置与终了位置的势能之差。

设质点在任一位置M的势能函数为$V(x,y,z)$，而势能函数V全微分的数学表达式为：

$$dV=\frac{\partial V}{\partial x}dx+\frac{\partial V}{\partial y}dy+\frac{\partial V}{\partial z}dz \tag{11-26}$$

由式(11-2)知

$$dW=F_x dx+F_y dy+F_z dz$$

将以上两式代入式(11-25)，得

$$F_x=-\frac{\partial V}{\partial x},\quad F_y=-\frac{\partial V}{\partial y},\quad F_z=-\frac{\partial V}{\partial z} \tag{11-27}$$

即有势力在直角坐标轴上的投影，分别等于势能函数对相应坐标的偏导数，并冠以负号。于是，有势力可表示为：

$$\boldsymbol{F}=-\left(\frac{\partial V}{\partial x}\boldsymbol{i}+\frac{\partial V}{\partial y}\boldsymbol{j}+\frac{\partial V}{\partial z}\boldsymbol{k}\right)=-\mathrm{grad}V \tag{11-28}$$

上式表示，有势力$\boldsymbol{F}$等于势能函数在该点的梯度。满足式(11-28)的力为有势力。

下面计算常见力场的势能。

1. 重力场中的势能

任选一坐标原点，z轴铅直向上，则$P_x=0$，$P_y=0$，$P_z=-mg$。以z_0表示零势能位的坐标，则点M的势能为：

$$V=\int_z^{z_0}-mg\,dz=mg(z-z_0) \tag{11-29}$$

对于质点系，则有

$$V=mg(z_C-z_{C0})$$

式中　m——整个质点系的质量。

2. 弹性力场的势能

选取弹簧自然长度的末端为零势能位，则由式(11-25)与式(11-10)，有

$$-dV=dW=-\frac{k}{2}d(r-l_0)^2$$

积分

$$-\int_v^0 dV=\int_r^{l_0}-\frac{k}{2}d(r-l_0)^2$$

得弹性力势能为：

$$V=\frac{k}{2}(r-l_0)^2=\frac{k}{2}\delta^2 \tag{11-30}$$

$\delta=r-l_0$表示质点在该位置时弹簧的净伸长。

3. 万有引力场

当质点在万有引力场中时，若取无穷远处为零势能位，则$-\mathrm{d}V=\mathrm{d}W=Gm_0m\mathrm{d}\left(\frac{1}{r}\right)$将上式积分$-\int_v^o \mathrm{d}V=\int_r^{\infty}Gm_0m\mathrm{d}\left(\frac{1}{r}\right)$，得

$$V=-\frac{Gm_0m}{r} \tag{11-31}$$

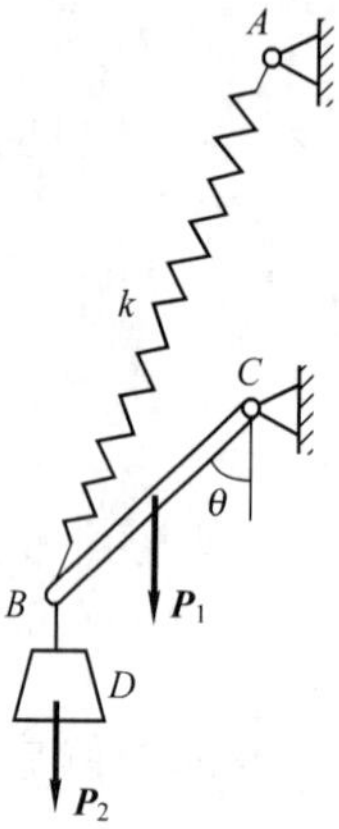

图 11-16　例题 11-8 图

【例题 11-8】 图 11-16 所示质点系中 BC 杆重 $\boldsymbol{P}_1$，长为 l，重物 D 重 $\boldsymbol{P}_2$，弹簧的刚度为 k，当角 $\theta=0°$时，弹簧具有原长 $3l$。求质点系运动到图示位置时的总势能。

【解】 分别计算该系统在重力场和弹性力系中的势能。重力势能以杆 BC 的水平位置为零势能位，则

$$V_1=-P_1\frac{l}{2}\cos\theta-P_2l\cos\theta=-\left(\frac{P_1}{2}+P_2\right)l\cos\theta$$

弹性力势能：由于零势能位是任选的，在两个势力场中可以选取不同的零位置，所以选弹簧的原长处为势能的零位置。

则
$$V_2=\frac{1}{2}k\delta^2$$

$$\delta=3l-AB=3l-\sqrt{(2l)^2+l^2-2\cdot 2l\cdot l\cos(180°-\theta)}=3l-l\sqrt{5+4\cos\theta}$$

所以
$$V_2=\frac{1}{2}k(3-\sqrt{5+4\cos\theta})^2l^2$$

总势能
$$V=V_1+V_2=-\left(\frac{P_1}{2}+P_2\right)l\cos\theta+\frac{1}{2}kl^2(3-\sqrt{5+4\cos\theta})^2$$

11.4　机械能守恒定律

若质点系在势力场中运动，在任意两位置(1)和(2)的动能分别为 T_1 和 T_2，势能分别为 V_1和 V_2。根据质点系动能定理的微分形式，有

$$\mathrm{d}W=\mathrm{d}T=-\mathrm{d}V$$

所以

$$\mathrm{d}T+\mathrm{d}V=0 \quad 或 \quad \mathrm{d}(T+V)=0$$

$$T+V=\text{const} \tag{11-32}$$

也可表示为：

$$T_1+V_1=T_2+V_2 \tag{11-33}$$

这一结论称为机械能守恒定律，动能和势能之和称为机械能。可表述为：质点系在势力场中运动时，动能与势能之和为常量。

机械能守恒定律是普遍的能量守恒定律的一个特殊情况。它表明质点系在势力场中运动时，动能与势能可以相互转换，动能的减少(或增加)，必然伴随着势能的增加(或减少)，而且减少和增加的量相等，总的机械能保持不变，这样的系统称为保守系统，而有势力又称为保守力，势力场又称为保守力场。如果作用在质点系上除有势力外尚有其他力，但这些力在质点系运动的任意路程中都不做功，则机械能守恒定律仍适用，该质点系也称为保守系统。

【例题 11-9】 如图 11-17(a)所示，质量为 m，半径为 r 的圆柱体在一个半径为 R 的大圆槽内作纯滚动，如不计滚动摩擦力偶，求圆柱在平衡位置附近作摆动的方程。

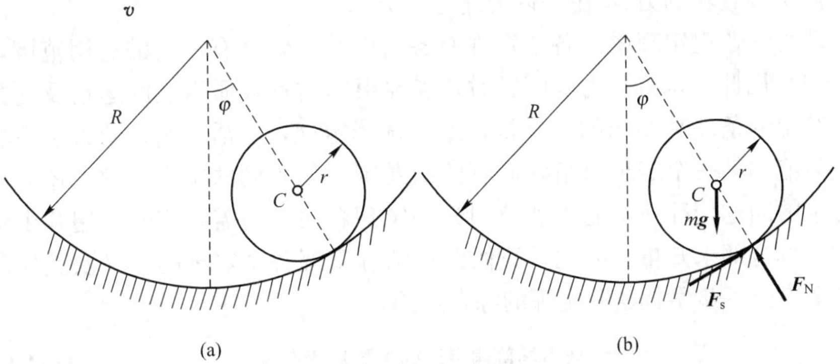

图 11-17 例题 11-9 图

【解】 圆柱体的受力如图 11-17(b)所示，在这些力中，虽然摩擦力 $\boldsymbol{F}_s$ 属于非保守力，但由于 $\boldsymbol{F}_s$ 不做功($\boldsymbol{F}_N$ 也不做功)，仍可考虑运用机械能守恒定律。

取自平衡位置起的任意角度 φ 为系统的一般位置。圆柱体作平面运动，其动能为：

$$T=\frac{1}{2}mv_c^2+\frac{1}{2}J_c\omega^2=\frac{m}{2}(R-r)^2\dot{\varphi}^2+\frac{1}{2}\frac{m}{2}r^2\frac{(R-r)^2\dot{\varphi}^2}{r^2}=\frac{3}{4}m(R-r)^2\dot{\varphi}^2$$

选最低位置处为势能的零位置，任意位置的势能为：

$$V=mgz_C=mg(R-r)(1-\cos\varphi)$$

根据机械能守恒定律，有 $$\frac{3}{4}m(R-r)^2\dot{\varphi}^2+mg(R-r)(1-\cos\varphi)=C$$

两边对时间求导 $$\frac{3}{4}m(R-r)^2\cdot 2\dot{\varphi}\ddot{\varphi}+mg(R-r)\sin\varphi\dot{\varphi}=0$$

$$\ddot{\varphi}+\frac{2g}{3(R-r)}\sin\varphi=0$$

小摆动时，可令 $\sin\varphi\approx\varphi$

$$\ddot{\varphi}+\frac{2g}{3(R-r)}\varphi=0$$

11.5 动力学普遍定理的综合运用

动量定理、动量矩定理和动能定理通称为动力学普遍定理。这些定理都是从动力学基本方程推导得来的，它们建立了质点或质点系运动的变化与所受力之间的关系。但这些定理都只反映了力和运动之间规律的一个方面，既有共性，也各有其特殊性。例如，动量定理和动量矩定理是矢量形式，因此在其关系式中不仅反映了速度大小的变化，也反映了速度方向的变化；而动能定理呈标量形式，只反映了速度大小的变化。在所涉及的力方面，动量定理和动量矩定理涉及所有外力(包括外约束力)，却与内力无关；而动能定理则涉及所有做功的力(不论是内力还是外力)。

动力学普遍定理中的各个定理有各自的特点，都有一定的适用范围，见表11-1，因此在求解动力学问题时，需要根据质点或质点系的运动及受力特点、给定的条件和要求的未知量，适当选择定理，灵活应用。动力学中有的问题只能用某一个定理求解，而有的问题则可用不同的定理求解，还有一些较复杂的问题，往往不能单独应用某一定理解决，而需要同时应用几个定理才能求解全部未知量。因此，我们要在熟练掌握各个定理的含义及其应用的基础上，进一步掌握这些定理的综合运用。

动力学普遍定理的主要应用范围 **表11-1**

定　理	主要应用
质点运动微分方程	(1) 已知物体的运动规律，求作用于物体上的力； (2) 已知作用于物体上的力，求物体的运动变化规律
动量定理	(1) 作用力是时间的函数或常力，求解与力、速度、时间三个量有关的动力学问题； (2) 质点系的动量守恒定理； (3) 应用于冲量或流体管道的动反力问题
质心运动定理	(1) 研究质点系质心的运动和所受外力的关系，特别是已知质心的运动，求质点系所受的约束力； (2) 有关质心坐标守恒的问题； (3) 作为刚体动力学的基础
动量矩定理	(1) 求解质点或质点系绕点(或轴)转动时的动力学问题； (2) 应用于动量矩守恒的问题； (3) 作为刚体动力学的基础
动能定理	(1) 作用力是常力或距离的函数，求解与力、速度、路程三个量有关的动力学问题； (2) 已知质点系所受的主动力，求质点系的运动

下面举例说明动力学普遍定理的综合运用。

【例题11-10】 重 $\boldsymbol{P}_1=150\text{N}$ 的均质轮与重 $\boldsymbol{P}_2=60\text{N}$、长 $l=24\text{cm}$ 的均质杆 AB 在 B 处铰接。由图11-18(a)所示位置($\varphi=30°$)无初速释放，试求系统

通过最低位置时 B' 点的速度及在初瞬时支座 A 的反力。

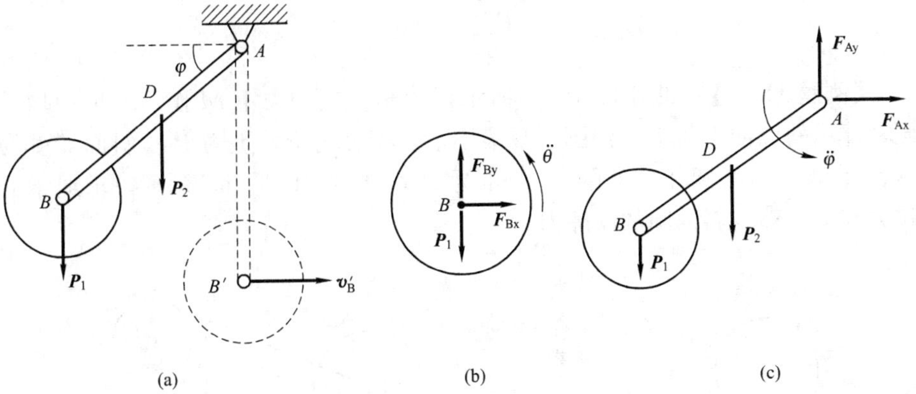

图 11-18　例题 11-10 图

【解】 AB 杆作定轴转动，选 φ 为转动的坐标，并设均质轮相对 B 点的转动坐标为 θ。

本题单用动能定理无法求解，还须有其他定理作补充。

先取 B 轮研究(图 11-18b)，由对其质心 B 的动量矩定理得

$$J_B\ddot{\theta}=0,\quad 即\ \ddot{\theta}=0,\ \dot{\theta}=\text{const}$$

又由题给初始条件，$\dot{\theta}_0=0$，得 $\dot{\theta}=0$，$\theta=\text{const}$，故 B 轮作平动。

由此，对系统运用动能定理　$T_2-T_1=\sum W_i$

$$\frac{1}{2}J_A\dot{\varphi}^2+\frac{1}{2}\frac{P_1}{g}v_{B'}^2-0=P_2\frac{l}{2}(1-\sin\varphi_0)+P_1l(1-\sin\varphi_0)$$

其中 $J_A=\dfrac{1}{3}\dfrac{P_2}{g}l^2$，$\dot{\varphi}=\dfrac{v_{B'}}{l}$，整理后得

$$v_{B'}=\sqrt{\frac{3(P_2+2P_1)l(1-\sin\varphi_0)}{P_2+3P_1}g}=1.578\text{m/s}$$

要求初瞬时支座 A 处的反力，首先须求出该瞬时的加速度量。因 B 轮作平动，系统对 A 点运用动量矩定理

$$\frac{\mathrm{d}L_A}{\mathrm{d}t}=\sum m_A(\boldsymbol{F}_i^e)$$

$$\frac{\mathrm{d}}{\mathrm{d}t}\left[J_A\dot{\varphi}+\frac{P_1}{g}v_Bl\right]=P_2\frac{l}{2}\cos\varphi_0+P_1l\cos\varphi_0$$

其中 $v_B=\dot{\varphi}l$，代入得　$\ddot{\varphi}=\dfrac{3(P_2+2P_1)}{2(P_2+3P_1)}\dfrac{g}{l}\cos\varphi_0=37.443\text{rad/s}^2$

求支座 A 处的反力，对系统运用质心运动定理，$\sum m_i\boldsymbol{a}_{Ci}=\boldsymbol{F}_R$，有

$$\frac{P_2}{g}a_D+\frac{P_1}{g}a_B=F_{Ax}\boldsymbol{i}+(F_{Ay}-P_1-P_2)\boldsymbol{j}$$

分别向 x、y 轴投影　$\dfrac{P_2}{g}\dfrac{l}{2}\ddot{\varphi}\sin\varphi_0+\dfrac{P_1}{g}l\ddot{\varphi}\sin\varphi_0=F_{Ax}$

$$-\left(\frac{P_2}{g}\frac{l}{2}\ddot{\varphi}\cos\varphi_0+\frac{P_1}{g}l\ddot{\varphi}\cos\varphi_0\right)=-P_1-P_2+F_{Ay}$$

得
$$F_{Ax}=\left(\frac{P_2}{2}+P_1\right)\frac{l\ddot{\varphi}}{g}\sin\varphi_0=82.53\text{N}$$
$$F_{Ay}=P_2+P_1-\left(\frac{P_2}{2}+P_1\right)\frac{l\ddot{\varphi}}{g}\cos\varphi_0=67.06\text{N}$$

【例题 11-11】 如图 11-19(a)所示，绞车在主动力矩 M 作用下拖动均质圆柱体沿斜面向上运动，设圆柱只滚不滑，半径为 R，重为 $\boldsymbol{P}_1$；斜面坡度为 θ；绞盘视为空心圆柱，半径为 r，重为 $\boldsymbol{P}_2$；绳索 AC 平行于斜面。求绳索的拉力和圆柱体与斜面间的摩擦力。

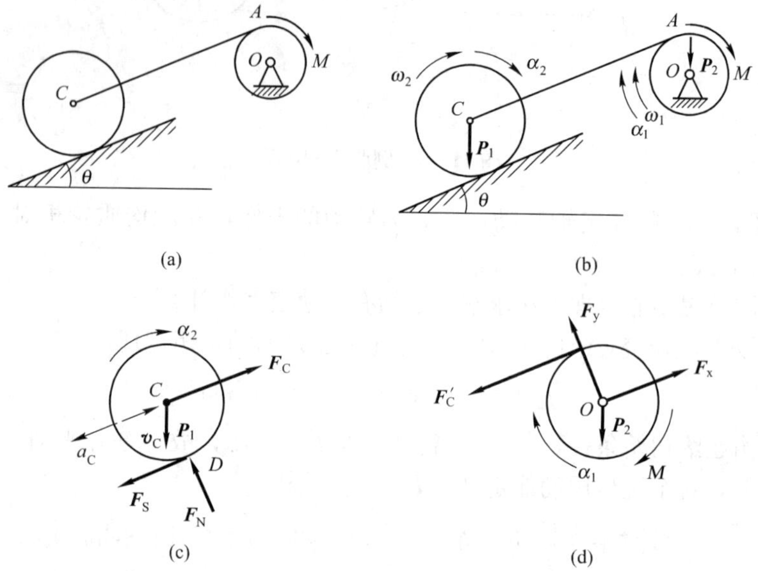

图 11-19 例题 11-11 图

【解】 取整体作为研究对象，受力和运动分析，如图 11-19(b)所示，选用动能定理和刚体平面运动微分方程求解。各物体的运动之间具有一定的运动学关系

$$v_C=r\omega_1=R\omega_2,\quad ds_C=rd\varphi_1$$
$$\frac{\omega_2}{\omega_1}=\frac{\alpha_2}{\alpha_1}=\frac{r}{R}$$

由动能定理的微分形式，注意到理想约束的约束力均不做功，得

$$d\left[\frac{1}{2}J_O\omega_1^2+\frac{1}{2}J_C\omega_2^2+\frac{P_1}{2g}v_C^2\right]=Md\varphi_1-P_1\sin\theta\cdot rd\varphi_1$$

将 $J_O=\dfrac{P_2}{g}r^2$ 和 $J_C=\dfrac{P_1}{2g}R^2$ 代入上式，得

$$d\left[\left(\frac{P_2}{2g}+\frac{3P_1}{4g}\right)r^2\omega_1^2\right]=Md\varphi_1-P_1\sin\theta\cdot rd\varphi_1$$

上式经微分

$$\left(\frac{P_2}{2g}+\frac{3P_1}{4g}\right)r^2 2\omega_1 d\omega_1=(M-P_1 r\sin\theta)d\varphi_1$$

等号两边除以 dt 后，得

$$\left(\frac{P_2}{g}+\frac{3P_1}{2g}\right)r^2\omega_1\alpha_1=(M-P_1 r\sin\theta)\omega_1$$

于是求得角加速度 $\alpha_1=\frac{2g(M-P_1 r\sin\theta)}{r^2(2P_2+3P_1)}$，$\alpha_2=\frac{2g(M-P_1 r\sin\theta)}{rR(2P_2+3P_1)}$

求斜面的摩擦力 $\boldsymbol{F}_s$ 和绳索的拉力 $\boldsymbol{F}_C$。先取 C 为研究对象(图 11-19c)，由平面运动微分方程得

$$J_C\alpha_2=F_f R$$

$$F_s=\frac{P_1}{2g}R\alpha_2=\frac{P_1(M-P_1 r\sin\theta)}{r(2P_2+3P_1)}$$

再选绞盘为分析对象(图 11-19d)，得

$$J_O\alpha_1=M-F'_C r$$

$$F'_C=\frac{M}{r}-\frac{P_2}{g}r\alpha_1=\frac{P_1(3M+2P_2 r\sin\theta)}{r(2P_2+3P_1)}$$

【例题 11-12】 如图 11-20(a)所示，三角柱体 ABC 质量为 m_1，放置于光滑水平面上。质量为 m_2 的均质圆柱体沿斜面 AB 向下滚动而不滑动。若斜面倾角为 θ，求三角柱体的加速度。

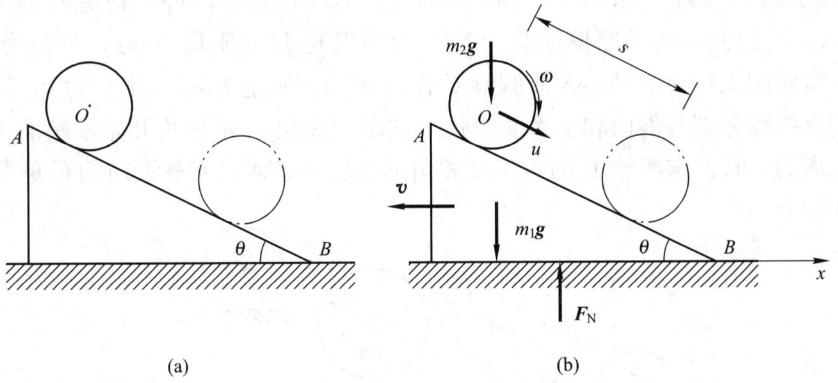

图 11-20　例题 11-12 图

【解】 取整体作为研究对象，受力和运动分析如图 11-20(b)所示。

设圆柱体质心 O 相对三角柱的速度为 u，三角柱体向左滑动的速度为 v，并设系统开始时静止，根据动量守恒定理，有

$$p_x=-m_1 v+m_2(u\cos\theta-v)=0$$

得
$$u=\frac{m_1+m_2}{m_2\cos\theta}v \tag{a}$$

初始时刻系统的动能为零　　$T_1=0$

任意时刻的动能

$$T_2=\frac{1}{2}m_1 v^2+\frac{1}{2}m_2(v^2+u^2-2vu\cos\theta)+\frac{1}{2}J_O\omega^2$$

其中 $J_0=\dfrac{1}{2}m_2r^2$，$\omega=\dfrac{u}{r}$，代入上式，得

$$T_2=\frac{1}{2}m_1v^2+\frac{1}{2}m_2(v^2+u-2vu\cos\theta)+\frac{1}{4}m_2u^2$$

在运动过程中，作用于系统的力只有重力 m_2g 做功，故 $W=m_2gs\sin\theta$

由动能定理，得

$$\frac{1}{2}m_1v^2+\frac{1}{2}m_2(v^2+u^2-2vu\cos\theta)+\frac{1}{4}m_2u^2=m_2gs\sin\theta \tag{b}$$

将式(a)代入式(b)，得

$$\frac{m_1+m_2}{4m_2\cos^2\theta}\left[3(m_1+m_2)-2m_2\cos^2\theta\right]v^2=m_2gs\sin\theta$$

将上式两边对时间 t 求导，并注意到

$$\frac{\mathrm{d}v}{\mathrm{d}t}=a,\quad \frac{\mathrm{d}s}{\mathrm{d}t}=u=\frac{m_1+m_2}{m_2\cos\theta}v$$

可得三角柱体的加速度

$$a=\frac{m_2g\sin2\theta}{3m_1+m_2+2m_2\sin^2\theta}$$

【例题 11-13】 如图 11-21(a)所示，已知：斜面倾角为 β，物块 A 的质量为 m_1，与斜面间的动摩擦因数为 f_d。匀质滑轮 B 的质量为 m_2，半径为 R，绳与滑轮间无相对滑动；匀质圆盘 C 作纯滚动，质量为 m_3，半径为 r，绳的两端直线段分别与斜面和水平面平行。试求当物块 A 由静止开始沿斜面下降到距离为 s 时，求滑轮 B 的角速度和角加速度和该瞬时水平面对轮 C 的静滑动摩擦力。

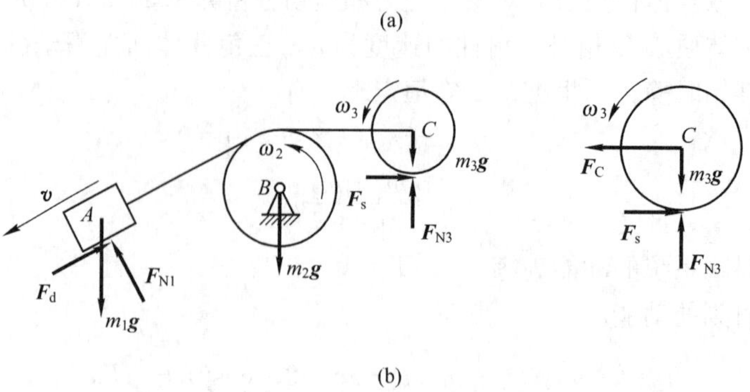

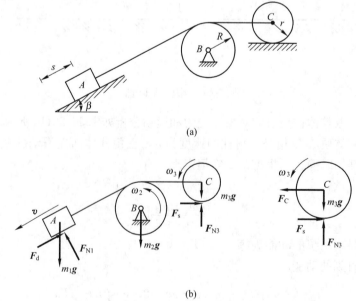

图 11-21 例题 11-13 图

【解】 系统受力分析和运动分析如图 11-21(b)所示，设滑块下滑的速度为 v，由运动学关系可得，$\omega_2=\frac{v}{R}$，$\omega_3=\frac{v}{r}$，按质点系动能定理：$T_2-T_1=\sum W_i$，式中：

$$T_1=0$$

$$T_2=\frac{1}{2}m_1v^2+\frac{1}{2}J_2\omega_2^2+\frac{1}{2}m_3v^2+\frac{1}{2}J_3\omega_3^2$$

$$\sum W_i=m_1gs\cdot\sin\beta-F_ds$$

得：$v=\sqrt{\frac{4m_1gs(\sin\beta-f\cdot\cos\beta)}{2m_1+m_2+3m_3}}$

将上式两边求导，得

$$a=\frac{2m_1g(\sin\beta-f\cdot\cos\beta)}{2m_1+m_2+3m_3}$$

则轮 B 的角速度：

$$\omega_2=\sqrt{\frac{4m_1gs(\sin\beta-f\cdot\cos\beta)}{R^2(2m_1+m_2+3m_3)}}$$

轮 B 的角加速度：

$$\alpha_2=\frac{a}{R}=\frac{2m_1g(\sin\beta-f\cdot\cos\beta)}{R(2m_1+m_2+3m_3)}$$

对于轮 C，$\alpha_3=\frac{a}{r}$，由 $J_C\alpha_3=F_sr$，得，$F_s=\frac{m_1m_3(\sin\beta-f\cdot\cos\beta)g}{2m_1+m_2+3m_3}$

小结及学习指导

1. 在动能定理中，涉及的是动能和力的功，而在机械能守恒定理中，则涉及动能与势能，而势能又与力的功有着密切的联系，所以掌握各类运动状态刚体和刚体系统的动能计算，掌握常见力所做功的计算以及常见力的势能计算是本章的基础和重点内容。

2. 物体由于速度而具有的能就是动能，它是物体机械运动的一种度量。动能是瞬时量。而力的功则是指在某一段路程中力的功累积效应。应用动能定理解题时，除应熟练地计算力的功与动能之外，还应正确确定研究哪一段运动过程，弄清运动开始位置和终了位置。

3. 动能定理的主要公式：微分形式：$\mathrm{d}T=\sum\mathrm{d}W_i$；积分形式：$T_2-T_1=\sum W_i^e$。应用动能定理时，最常用的是其积分形式。该式表示：在某一运动过程中，当力做正功时，物体的动能增加，当力做负功时，物体的动能减小。

需要指出：①动能及力的功都不是矢量，故不能在坐标轴上投影写成所谓动能定理的投影式；②质点系的内力功之和一般不等于零，内力可以改变质点系的动能，但如果所研究的对象是由若干个刚体组成或质点与质点之间用不可伸长的绳子或链条等柔体连接所组成的系统，则内力的功之和等于零，在此情况下，应用动能定理时，只要考虑外力的功；③如果质点系所受的约束为理想约束，则约束力所做的功之和等于零，在此情况下，应用动能定理时，只要考虑主动力的功。

4. 由于在工程上有许多质点系所受的约束都可简化为理想约束，其约束反力所做的功之和等于零。因此，如已知主动力而要求质点系的运动，或者由已知的运动要求主动力的这类问题，常取整个系统为研究对象，应用动能定理进行求解。

5. 质点或质点系在势力场中从某一位置运动到势能的零位置，有势力所做的功的总和即为质点或质点系在该位置所具有的势能。质点或质点系在势力场中运动时，其动能与势能之和保持不变，即：$T+V=$常量。这就是机械能量守恒定理。在应用该定理解题时，应特别注意该定理的适用条件。

6. 普遍定理的综合应用题一般解题的次序是：对于理想约束系统可先选用动能定理求得待求运动量，然后可用动量定理、质心运动定理、动量矩定理和平面运动微分方程等求出其他待求的运动量与未知的约束反力。

思考题

11-1 分析下述论点是否正确：

(1) 当轮子在地面做纯滚动时，滑动摩擦力做负功。

(2) 不论弹簧是伸长还是缩短，弹性力的功总等于$-\frac{k}{2}\delta^2$。

(3) 元功 $\mathrm{d}W=\boldsymbol{F}_x\mathrm{d}x+\boldsymbol{F}_y\mathrm{d}y+\boldsymbol{F}_z\mathrm{d}z$ 在直角坐标 x、y、z 轴上的投影分别为 $\boldsymbol{F}_x\mathrm{d}x$、$\boldsymbol{F}_y\mathrm{d}y$、$\boldsymbol{F}_z\mathrm{d}z$。

(4) 当质点作曲线运动时，沿切线及法线方向的分力都做功。

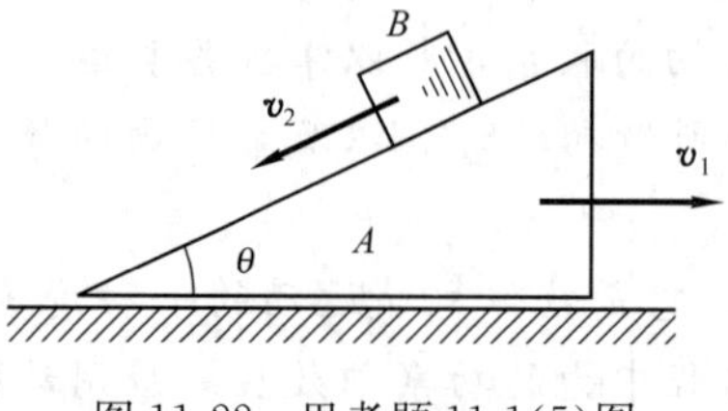

图 11-22 思考题 11-1(5)图

(5) 如图 11-22 所示，楔块 A 向右移动的速度为 v_1，质量为 m 的物块 B 沿斜面下滑，相对于楔块的速度为 v_2，故物块的动能为$\frac{1}{2}mv_1^2+\frac{1}{2}mv_2^2$。

(6) 质点的动能愈大，表示作用于质点上的力所做的功愈大。

11-2 一人站在高塔顶上，以大小相同的初速度 v_0 分别沿水平、铅直向上、铅直向下抛出小球，当这些小球落到地面时，其速度的大小是否相等？(空气阻力不计)

11-3 作平面运动的刚体的动能，是否等于刚体随任意基点移动的动能与其绕通过基点且垂直于运动平面的轴转动的动能之和？

11-4 如图 11-23 所示，长为 l 的软绳和刚杆下端各悬一小球，分别给予初速 $\boldsymbol{v}_{O1}$、$\boldsymbol{v}_{O2}$，如果要使小球能各自沿虚线所示的圆周运动。问 $\boldsymbol{v}_{O1}$、$\boldsymbol{v}_{O2}$ 最小应为多少？两者的大小是否相等？为什么？绳、杆的质量不计。

11-5 如图 11-24 所示，均质圆盘绕通过圆盘的质心 O 而垂直于圆盘平面的轴转动，若在圆盘平面内作用一矩为 M 的力偶，试问圆盘的动量、动量矩是否守恒？动能是否为常量？为什么？

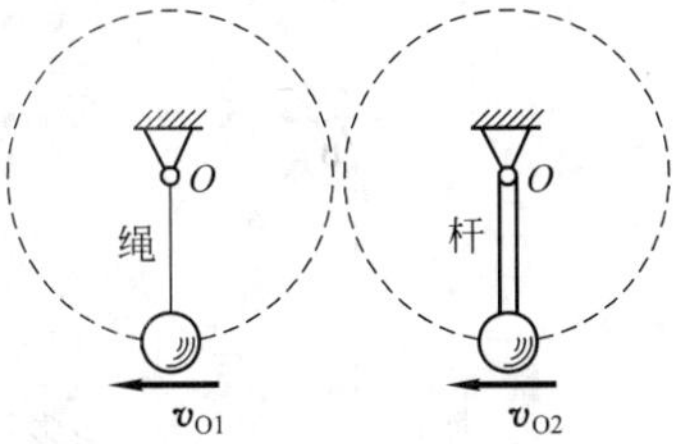

图 11-23 思考题 11-4 图

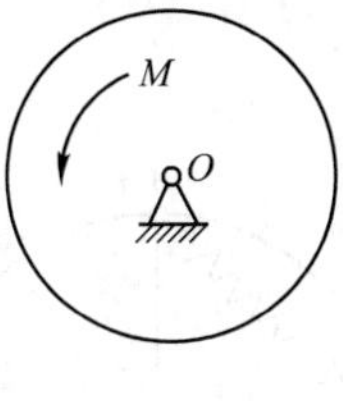

图 11-24 思考题 11-5 图

11-6 设质点系所受外力的主矢量和主矩都等于零。试问该质点系的动量、动量矩、动能、质心的速度和位置会不会改变？质点系中各质点的速度和位置会不会改变？

11-7 运动员起跑时，什么力使运动员的质心加速运动？什么力使运动员的动能增加？产生加速度的力一定做功吗？

11-8 杆 AB 铰接于小滑轮中心，从图 11-25(a)、(b)所示的位置自静止开始运动。试判断：在图(a)：AB 垂直于斜面；图(b)AB 杆铅垂两种情况下，杆 AB 作何种运动。小滑轮质量不计。

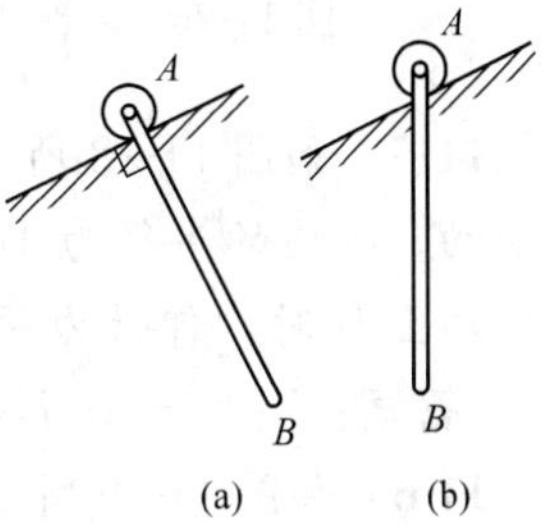

图 11-25 思考题 11-8 图

习题

11-1 质点在常力 $\boldsymbol{F}=3\boldsymbol{i}+4\boldsymbol{j}+5\boldsymbol{k}$ 作用下运动，其运动方程为 $x=2+t+\frac{3}{4}t^2$，$y=t^2$，$z=t+\frac{5}{4}t^2$（$\boldsymbol{F}$ 以 N 计，x、y、z 以 m 计，t 以 s 计）。求在 $t=0$ 至 $t=2\text{s}$ 时间内 $\boldsymbol{F}$ 力所做的功。

［**答案**：$W=61\text{N}\cdot\text{m}$］

11-2 一半径 $r=3\text{m}$ 的圆位于 Oxy 平面内，且圆心与原点 O 重合。质点在力 $\boldsymbol{F}=(2x-y)\boldsymbol{i}+(x+y)\boldsymbol{j}$ 作用下，沿该圆周运动了一周。求 $\boldsymbol{F}$ 力所做的功。力的单位是 N。

［**答案**：$W=18\pi\text{N}\cdot\text{m}$］

11-3 如图 11-26 所示，弹簧原长为 OA，弹簧刚度为 k，O 端固定，A 端沿半径为 R 的圆弧运动，求在由 A 到 B 及由 B 到 D 的过程中弹性力所做的功。

［**答案**：$A\rightarrow B$：$W=-\frac{k}{2}(2-\sqrt{2})^2R^2$，$B\rightarrow D$：$W=\frac{k}{2}\left[(2-\sqrt{2})^2-(2\cos 22.5°-\sqrt{2})^2\right]R^2$］

11-4 如图11-27所示，用跨过滑轮的绳子牵引质量为2kg的滑块沿倾角为30°的光滑斜槽运动。设绳子拉力$\boldsymbol{F}=20\text{N}$。计算滑块由位置$A$到位置$B$时，重力与拉力$\boldsymbol{F}$所做的总功。

[答案：$W=6.2\text{N}\cdot\text{m}$]

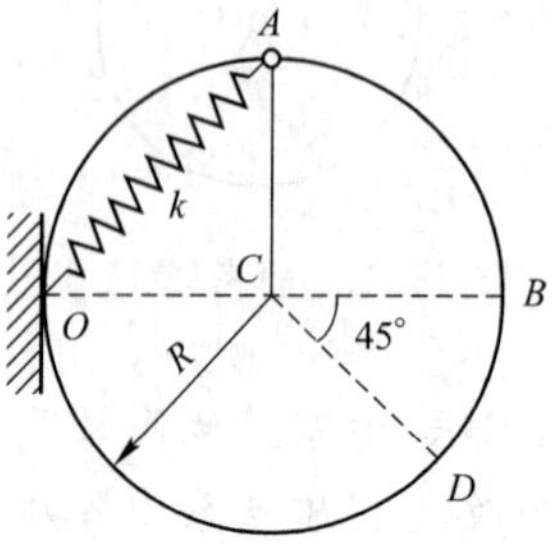

图11-26 习题11-3图

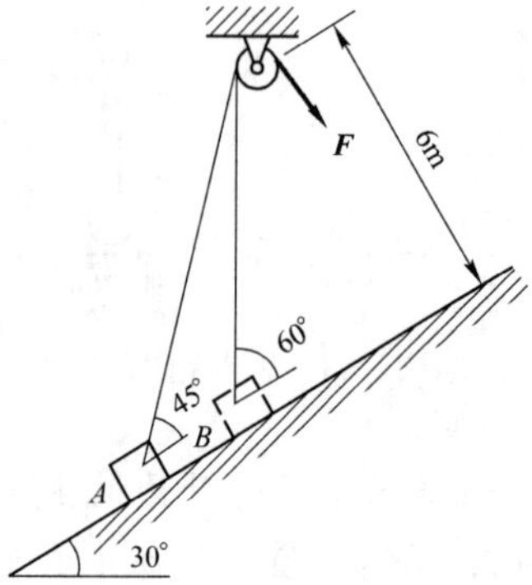

图11-27 习题11-4图

11-5 如图11-28所示，弹簧OD的一端固定于O点，另一端D沿半圆轨道滑动。半圆的半径为1m，弹簧原长1m，刚性系数为50N/m。求当D端自A运动至B时，弹性力所做的功。

[答案：$W=-20.7\text{N}\cdot\text{m}$]

11-6 如图11-29所示，AB杆长80cm，质量为$2M$，其端点B沿与水平面呈$\varphi=30°$夹角的斜面运动；OA杆长40cm，质量为M，当AB杆水平时，$OA\perp AB$，杆OA的角速度为$\omega=2\sqrt{3}\text{rad/s}$。求此时系统的动能。

[答案：$T=2.4533M\text{N}\cdot\text{m}$]

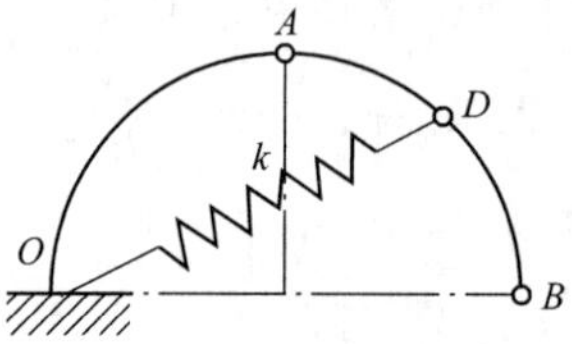

图11-28 习题11-5图

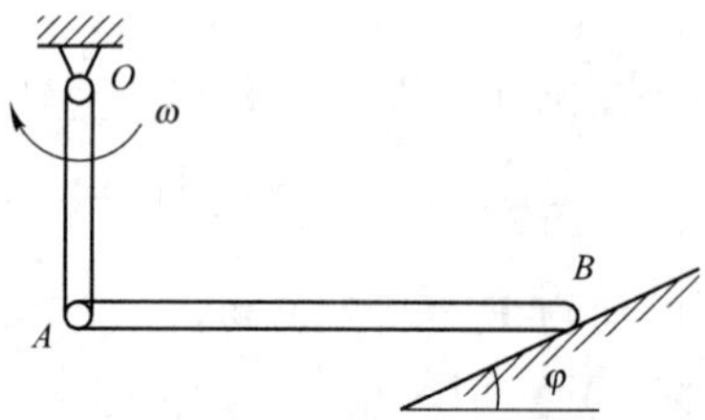

图11-29 习题11-6图

11-7 如图11-30所示，滑块A重$\boldsymbol{P}_1$，在滑道内滑动，其上铰接一均质直杆AB，杆AB长l，重$\boldsymbol{P}_2$。当AB杆与铅垂线的夹角为φ时，滑块A的速度为v_A，杆AB的角速度为ω。求在该瞬时系统的动能。

$$\left[\text{答案：}T=\frac{P_1}{2g}v_A^2+\frac{P_2}{2g}\left(v_A^2+\frac{1}{3}l^2\omega^2+l\omega v_A\cos\varphi\right)\right]$$

11-8 如图11-31所示，自动弹射器的弹簧在未受力时长为20cm，其刚性系数为$k=2\text{N/cm}$。弹射器水平放置。如弹簧被压缩到10cm，问质量为30g的小球自弹射器中射出的速度v为多大？

[答案：$v=8.16\text{m/s}$]

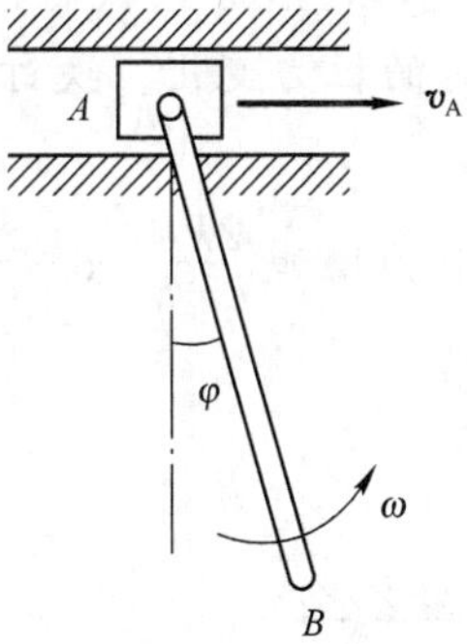

图 11-30　习题 11-7 图

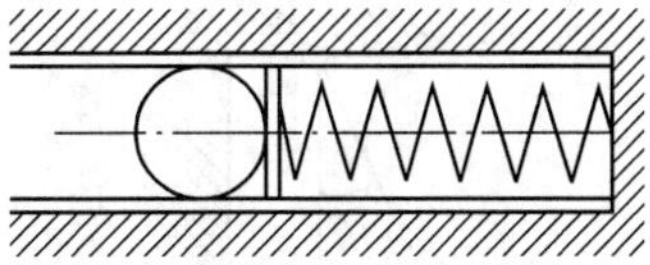

图 11-31　习题 11-8 图

11-9　如图 11-32 所示，机车速度 $v=0.2\text{m/s}$，借助于两弹簧缓冲器 A、B 停下来。缓冲器 A 连于机车上，缓冲器 B 刚连于固定端，弹簧常数分别为 $k_A=20\text{kN/m}$，$k_B=40\text{kN/m}$，设机车质量为 $6\times10^4\text{kg}$，求机车停止时两缓冲器弹簧的最大压缩(摩擦不计)。

[**答案**：$\delta_A=283\text{mm}$，$\delta_B=142\text{mm}$]

11-10　如图 11-33 所示，一单摆的支点固定在一水平移动的物体 A 上，A 与摆一起匀速运动，$v=2\text{m/s}$，摆长 0.5m。求：(1)当 A 突然停住时摆转过的角度 θ；(2)如果要使摆在 A 突然停住后能绕过一圈，在停住前应有多大的速度。

[**答案**：(1)$\theta=53.7°$；(2)$v=4.95\text{m/s}$]

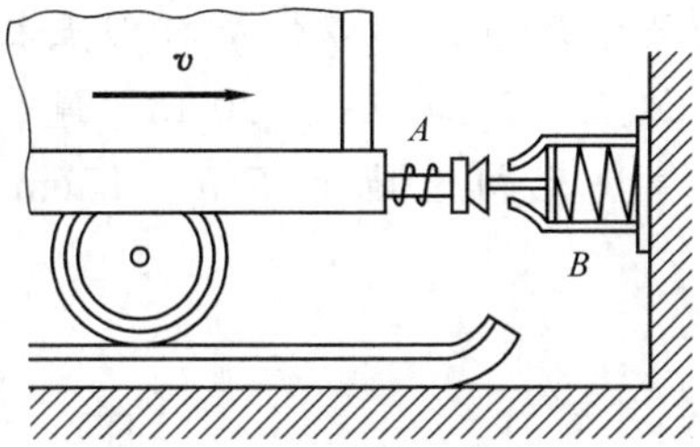

图 11-32　习题 11-9 图

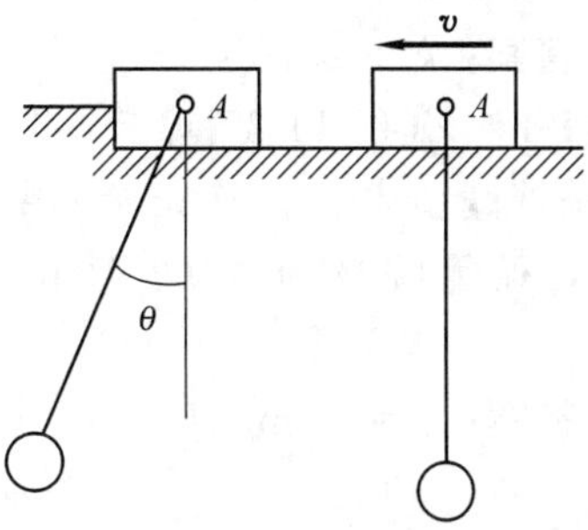

图 11-33　习题 11-10 图

11-11　如图 11-34 所示，一单摆的摆长为 l，摆锤重 $\boldsymbol{P}$。此摆在 A 点从静止向右摆动，此时，绳与铅垂线的夹角为 α，当摆动到铅垂位置 B 点时，与一刚性系数为 k 的弹簧相碰撞。若忽略绳与弹簧的质量，求弹簧被压缩的最大距离 δ。

[**答案**：$\delta=\sqrt{\dfrac{2Pl(1-\cos\alpha)}{k}}$]

11-12　如图 11-35 所示，物体 M 重为 $\boldsymbol{P}$，用线悬于固定点 O，线长为 l，初始线与铅垂线的夹角为 α，物体的初速度等于零。在重物开始运动后，线 OM 碰到铁钉 O_1，铁钉的方向与重物运动的平面垂直，其位置由极坐标 $h=$

OO_1和β角决定。问α角至少应多大，方能使OM线碰到铁钉后绕过铁钉？并求线OM在碰到铁钉后一瞬时和碰前一瞬时的拉力变化。铁钉的尺寸忽略不计。

$\left[\text{答案：}\alpha=\cos^{-1}\left[\frac{h}{l}\left(\frac{3}{2}+\cos\beta\right)-\frac{3}{2}\right]\text{，拉力增加}\frac{2Ph}{l-h}(\cos\beta-\cos\alpha)\right]$

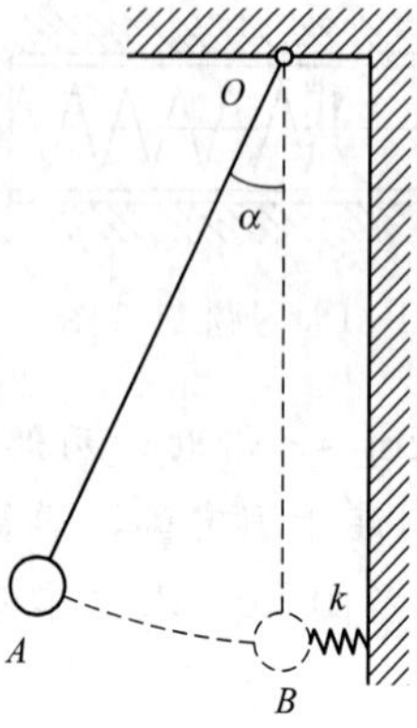

图11-34 习题11-11图

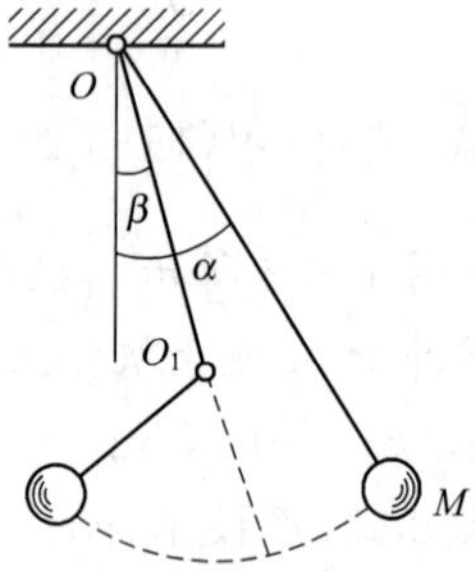

图11-35 习题11-12图

11-13 如图11-36所示，物块M重$\boldsymbol{P}=10\text{N}$，使它与弹簧Ⅰ接触并在水平力$\boldsymbol{F}$的作用下将弹簧Ⅰ压缩5cm，弹簧Ⅰ的刚性系数$k_1=120\text{N/cm}$。现突然除去力$\boldsymbol{F}$，使物块沿水平面向左滑动，滑动一段距离$s=100\text{cm}$后，撞及弹簧Ⅱ，使它压缩30cm。已知物块与水平面间的动摩擦系数$f=0.2$。求弹簧Ⅱ的刚性系数k_2。

[**答案：**$k_2=2.76\text{N/cm}$]

11-14 如图11-37所示，滑块A的质量为20kg，以弹簧与O点相连并套在一光滑直杆上。开始时OA在水平位置。已知OA长20cm，弹簧原长10cm，弹簧常数为39.2N/cm，求当滑块无初速地落下$h=15\text{cm}$时的速度。

[**答案：**$v=0.7\text{m/s}$]

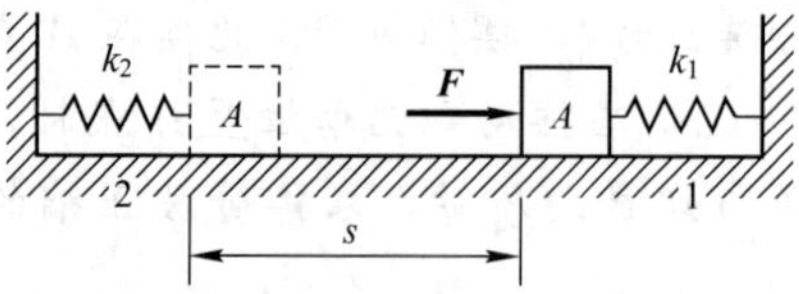

图11-36 习题11-13图

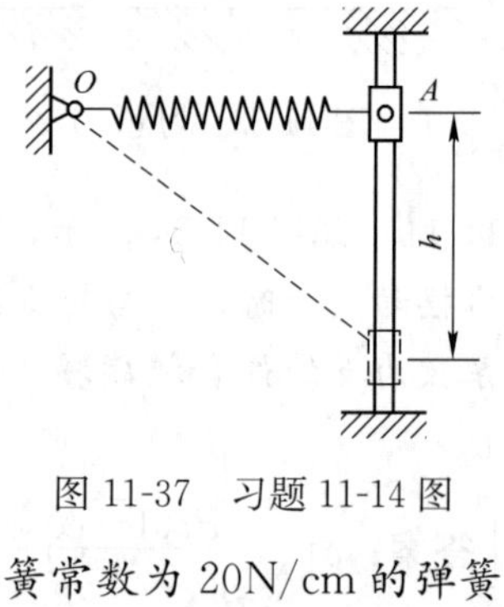

图11-37 习题11-14图

11-15 如图11-38所示，原长为40cm，弹簧常数为20N/cm的弹簧的一端固定，另一端与一重100N、半径为10cm的匀质圆盘的中心A相连接。圆盘在铅垂平面内沿一弧形轨道作纯滚动。开始时OA在水平位置，$OA=30\text{cm}$，速度为零，求弹簧运动到铅垂位置时轮心的速度，此时O与轮心的距离为 35cm。弹簧的质量可以不计。

[**答案**：$v=2.36\mathrm{m/s}$]

11-16 如图 11-39 所示，重物 C 与杆 AB 的质量相等，滑块 B 的质量可以不计。开始时 AB 在水平位置，速度为零。求当 AB 杆被拉到与水平呈 $30°$ 角时重物 C 的加速度。所有摩擦力不计。

$\left[\textbf{答案：} a=\frac{9}{26}g\right]$

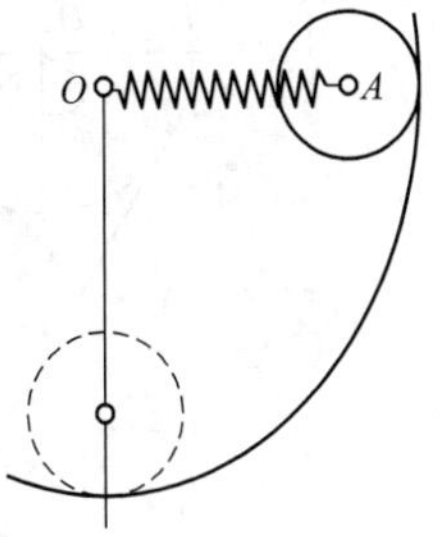

图 11-38 习题 11-15 图

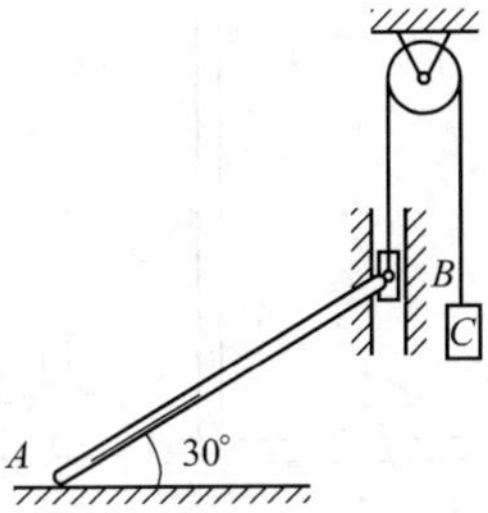

图 11-39 习题 11-16 图

11-17 如图 11-40 所示，升降机带轮 C 上作用一转矩 M；提升重物 A 的重量为 $\boldsymbol{P}_1$；平衡锤 B 的重量为 $\boldsymbol{P}_2$；带轮 C 及 D 的半径为 r，重量各为 $\boldsymbol{P}_3$，均为均质圆柱体；带的质量忽略不计。求重物 A 的加速度。

$\left[\textbf{答案：} a=\frac{g}{P_1+P_2+P_3}\left(\frac{M}{r}+P_2-P_1\right)\right]$

11-18 如图 11-41 所示，质量为 50kg 的物块 M 在 $\varphi=0$ 时无初速地释放，这时弹簧具有原长。求 $\varphi=90°$ 及 $\varphi=180°$ 时物块的速度。杆重及摩擦均不计。

[**答案**：$v_1=2.638\mathrm{m/s}$，$v_2=0$]

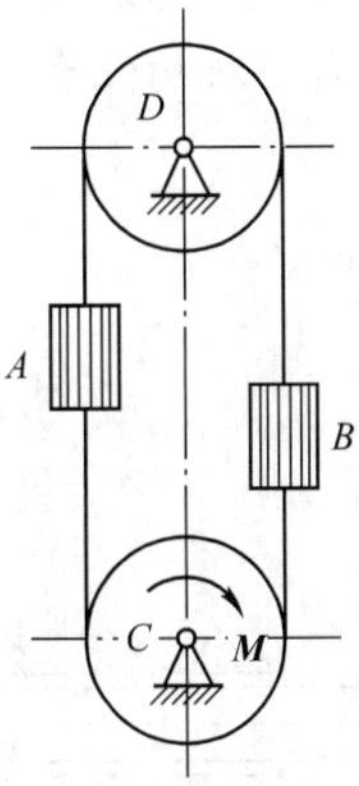

图11-40 习题 11-17 图

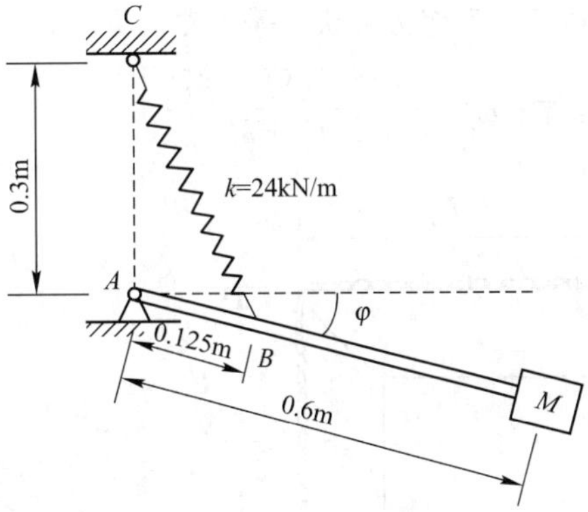

图 11-41 习题 11-18 图

11-19 如图 11-42 所示，均质杆 OA 的质量为 30kg，杆在铅直位置时弹簧处于自然状态。设弹簧常数 $k=3\mathrm{kN/m}$，为使杆能由铅直位置 OA 转到水平位置 OA'，在铅直位置时的角速度至少应为多少？

[**答案**：$\omega=3.67\mathrm{rad/s}$]

11-20 如图11-43所示，将一长为683mm的绳的一端固接在固定圆盘的水平直径的A点，然后使绳绕过1/4圆弧AB，其余部分位于水平位置，在绳的末端固连一质点D。圆盘的半径$R=200$mm，不计绳的质量。如把质点D在初位置从静止释放，求在$\varphi=60°$时质点D的速度。

［**答案：** $v=2.8$m/s］

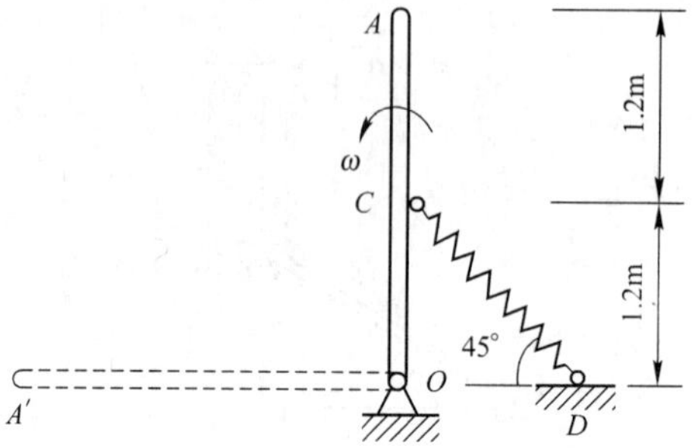

图11-42 习题11-19图

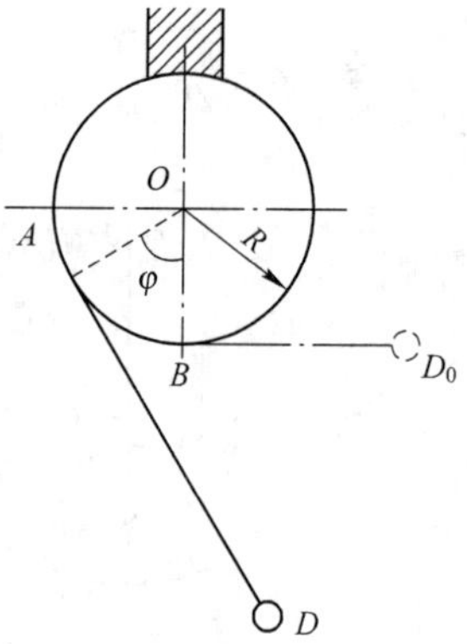

图11-43 习题11-20图

11-21 将长为l的链条放置如图11-44所示，其中一段放在光滑的桌面上，而下垂一段位于铅垂位置，且长为l_0。如链条在图示位置从静止开始运动，求链条全部离桌面时的速度。

$$\left[\textbf{答案：}v=\sqrt{\frac{g}{l}(l^2-l_0^2)}\right]$$

11-22 如图11-45所示，在曲柄导杆机构的曲柄OA上，作用有大小不变的力偶矩M。若初瞬时系统处于静止，且$\angle AOB=\frac{\pi}{2}$，试问当曲柄转过一圈后，获得多大的角速度？设曲柄OA重$\boldsymbol{P}_1$，长为r且为均质杆；导杆BC重为$\boldsymbol{P}_2$；导杆与滑道间的摩擦力可认为等于常值$\boldsymbol{F}$，滑块A的质量不计。机构位于水平面内。

$$\left[\textbf{答案：}\omega=\frac{2}{r}\sqrt{\frac{3g(\pi M-2Fr)}{P_1+3P_2}}\right]$$

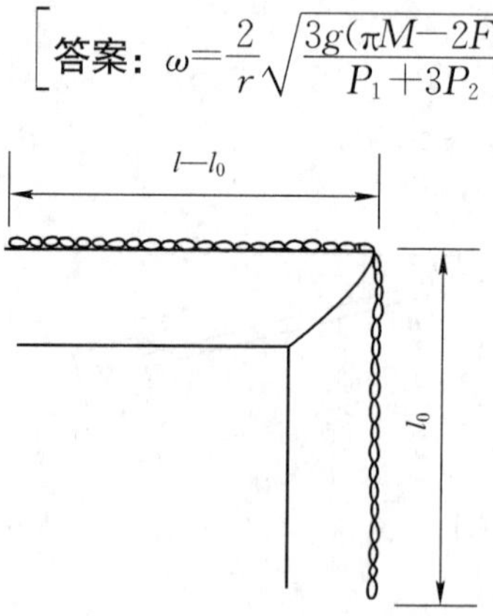

图11-44 习题11-21图

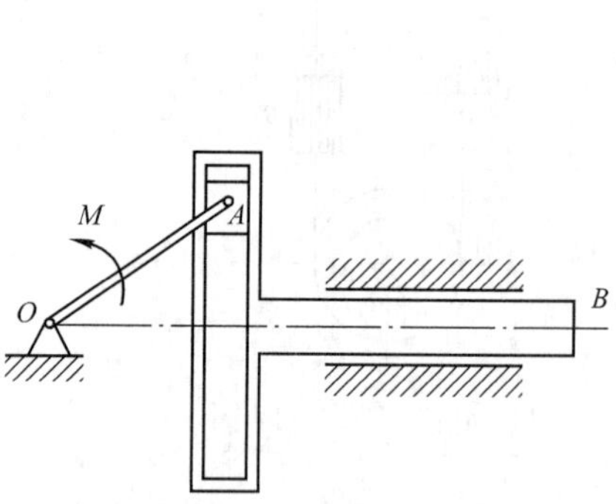

图11-45 习题11-22图

11-23 如图11-46所示，半径为R重为$\boldsymbol{P}_1$的均质圆盘A放在水平面上。绳的一端系在圆盘中心A。另一端绕过均质滑轮C后挂有重物B。已知滑轮C

的半径为 r，重为 $\boldsymbol{P}_2$；重物 B 重 $\boldsymbol{P}_3$。绳子不可伸长，质量略去不计。圆盘滚而不滑。系统从静止开始。不计滚动摩擦，求重物 B 下落的距离为 x 时，圆盘中心 A 的速度和加速度。

$\left[\textbf{答案：} v=\sqrt{\dfrac{4P_3gx}{3P_1+P_2+2P_3}}；\ a=\dfrac{2P_3g}{3P_1+P_2+2P_3}\right]$

11-24 如图 11-47(a)、(b)所示两种支持情况的均质正方形板，边长为 a，质量为 m，初始时均处于静止状态。若板在 $\theta=45°$ 位置受干扰后，沿顺时针方向倒下，不计摩擦，求当 OA 边处于水平位置时，两主板的角速度。

$\left[\textbf{答案：}(a)\omega=\dfrac{2.47}{\sqrt{a}}\text{rad/s}；\ (b)\omega=\dfrac{3.12}{\sqrt{a}}\text{rad/s}\right]$

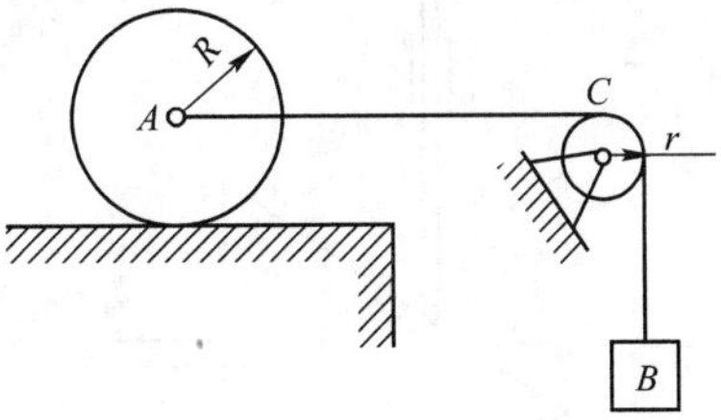

图 11-46 习题 11-23 图

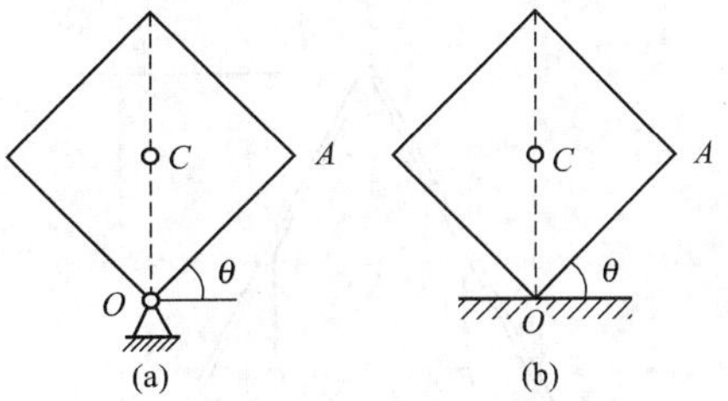

图 11-47 习题 11-24 图

11-25 如图 11-48 所示，带传动机的联动机构给予滑轮 B 一不变转矩 M，使带传送机由静止开始运动。被提升物体 A 的重量为 $\boldsymbol{P}_1$；滑轮 B、C 的半径是 r，重量为 $\boldsymbol{P}_2$，且可看成均质圆柱。求物体 A 移动一段距离 s 时的速度。设传送带与水平线所呈夹角为 φ，它的质量可略去不计，带与滑轮间没有滑动。

$\left[\textbf{答案：} v=\sqrt{\dfrac{2gs(M-P_1\sin\varphi)}{r(P_1+P_2)}}\right]$

11-26 如图 11-49 所示，均质圆轮的质量为 m_1，半径为 r；一质量为 m_2 的小铁块固接在离圆心 e 的 A 处。若 A 稍稍偏离最高位置，使圆轮由静止开始滚动。求当 A 运动至最低位置时圆轮滚动的角速度。设圆轮只滚不滑。

$\left[\textbf{答案：} \omega=\sqrt{\dfrac{8m_2eg}{3m_1r^2+2m_2(r-e)^2}}\right]$

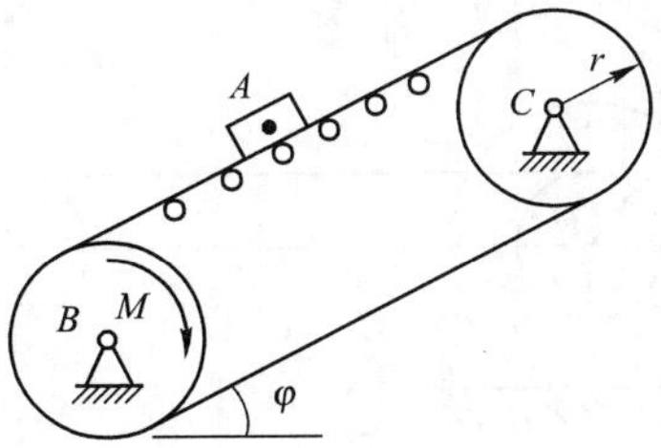

图 11-48 习题 11-25 图

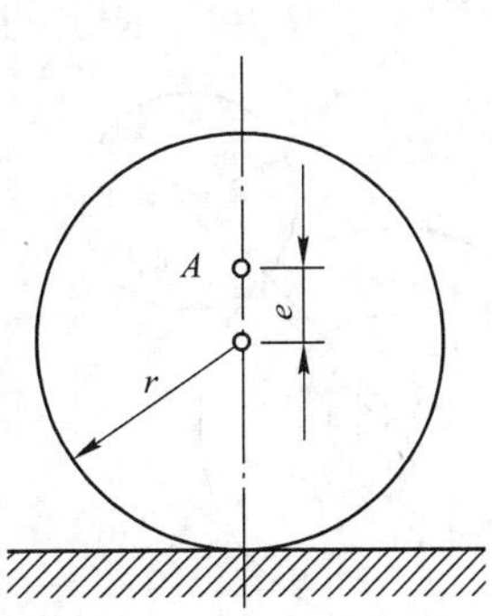

图 11-49 习题 11-26 图

11-27 如图 11-50 所示，两均质杆 AC 和 BC 各重 $\boldsymbol{P}$，长均为 l，在 C 处用铰链连接，放在光滑的水平面上，设 C 点的初始高度为 h，两杆由静止开始下落，求铰链 C 到达地面时的速度。设两杆下落时，两杆轴线保持在铅直平面内。

［**答案**：$v_C=\sqrt{3gh}$］

11-28 如图 11-51 所示，质量为 m_1 的直杆 AB 可以自由地在固定铅垂套管中移动，杆的下端搁在质量为 m_2、倾角为 θ 的光滑楔块 C 上，而楔块放在光滑的水平面上。由于杆的压力，楔块向水平方向运动，因而杆下降，求两物体的加速度。

$$\left[\textbf{答案}：a_{AB}=\frac{m_1\tan^2\theta}{m_1\tan^2\theta+m_2}g，a_O=\frac{m_1\tan\theta}{m_1\tan^2\theta+m_2}g\right]$$

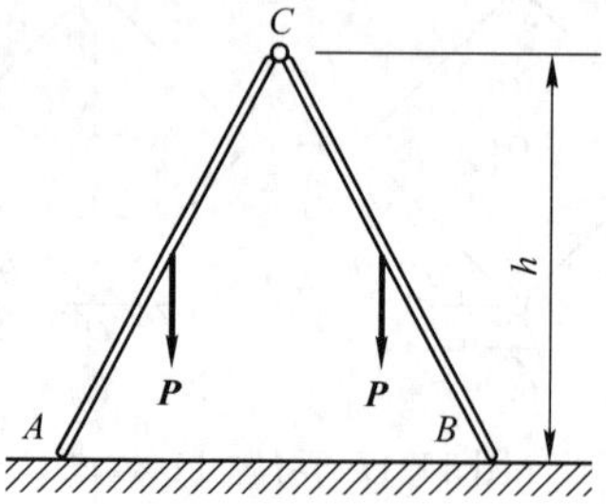

图 11-50 习题 11-27 图

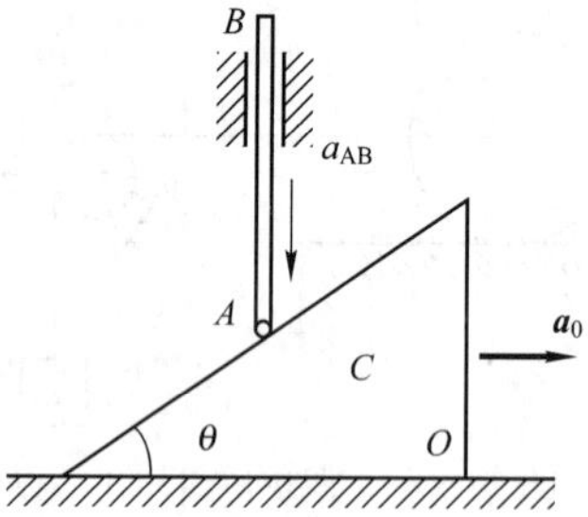

图 11-51 习题 11-28 图

11-29 如图 11-52 所示，行星轮机构放在水平面内。已知动齿轮半径为 r，重为 $\boldsymbol{P}_1$，可看成为均质圆盘；曲柄 OA 重 $\boldsymbol{P}_2$，可看成为均质杆；定齿轮半径为 R。今在曲柄上作用一不变的力偶，其力偶矩为 M，使此机构由静止开始运动。求曲柄的角速度与其转角 φ 的关系。

$$\left[\textbf{答案}：\omega=\frac{2}{R+r}\sqrt{\frac{3gM\varphi}{2P_2+9P_1}}\right]$$

11-30 如图 11-53 所示，重物 A 重 $\boldsymbol{P}_1$，连在一根无重量、不能伸长的绳子上，绳子绕过固定滑轮 D 并绕在鼓轮 B 上。由于重物下降，带动轮 C 沿水平轨道滚动而不滑动。鼓轮 B 的半径为 r，轮 C 的半径为 R，两者固连在一起，总重量为 $\boldsymbol{P}_2$，对于水平轴 O 的惯性半径为 ρ。轮 D 的质量不计。求重物 A 的加速度。

$$\left[\textbf{答案}：a=\frac{P_1(R+r)^2g}{P_2(\rho^2+R^2)+P_1(R+r)^2}\right]$$

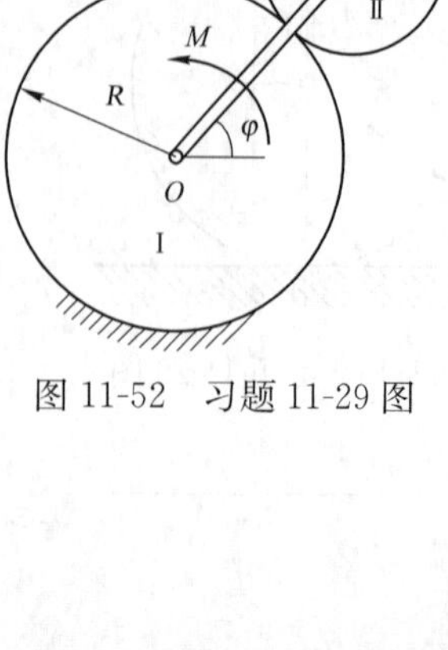

图 11-52 习题 11-29 图

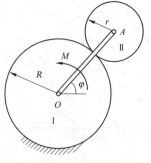

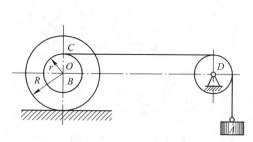

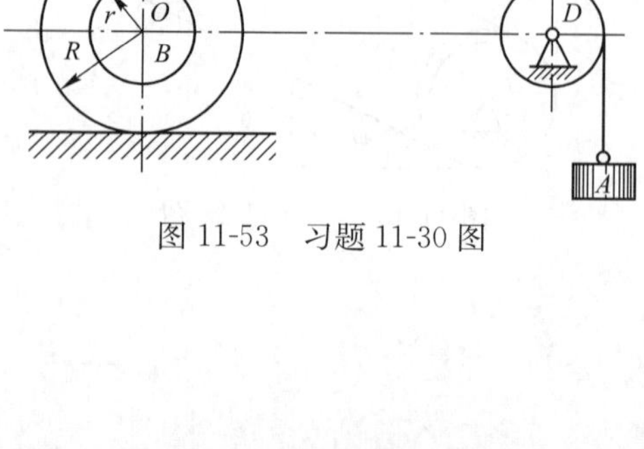

图 11-53 习题 11-30 图

11-31 如图 11-54 所示，均质杆 OA、AB 各长 l，质量均为 m_1；均质圆轮的半径为 r，质量为 m_2。当 $\theta=60°$ 时，系统由静止开始运动，求当 $\theta=30°$ 时轮心的速度。设轮在水平面上只滚不滑。

$\left[\text{答案：} v_B=2.1\sqrt{\dfrac{m_1 gl}{7m_1+9m_2}}\right]$

11-32 如图 11-55 所示，椭圆规尺位于水平面内，由柄 OC 带动。设曲柄与椭圆规尺都是均质杆，重量分别为 $\boldsymbol{P}$ 与 $2\boldsymbol{P}$，且 $OC=AC=BC=l$，滑块 A 与 B 的重量均为 $\boldsymbol{P}_1$。如作用在曲柄上的常力矩为 M，当 $\varphi=0$ 时，系统静止。不计摩擦，求曲柄 OC 的角速度(表示为角 φ 的函数)及角加速度。

$\left[\text{答案：} \omega=\sqrt{\dfrac{2gM\varphi}{(3P+4P_1)l^2}},\ \alpha=\dfrac{gM}{(3P+4P_1)l^2}\right]$

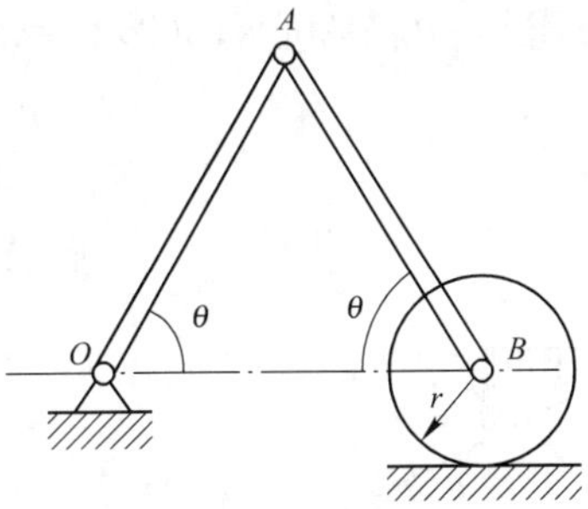

图 11-54 习题 11-31 图

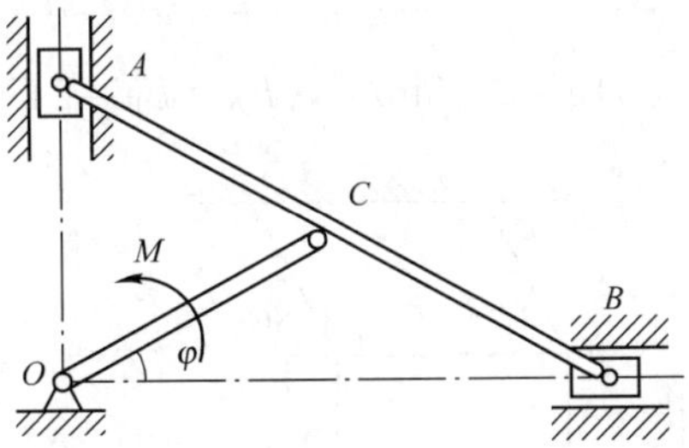

图 11-55 习题 11-32 图

11-33 如图 11-56 所示，绳索的一端 E 固定，绕过动滑轮 D 与定滑轮 C 后，另一端与重物 B 连接。已知重物 A 和 B 的重量均为 $\boldsymbol{P}_1$，滑轮 C 和 D 的重量均为 $\boldsymbol{P}_2$，且均为均质圆盘，重物 B 与水平面间的动摩擦因数为 f_d。如重物 A 开始时向下的速度为 v_0，问重物 A 下落多大距离，其速度将增加一倍。

$\left[\text{答案：} h=\dfrac{3v_0^2(7P_2+10P_1)}{4g[P_1(1-2f)+P_2]}\right]$

* **11-34** 均质杆 OA 的质量是均质杆 AB 质量的两倍，已知 OA 长 $l_1=0.9\text{m}$，连杆 AB 长 $l_2=1.5\text{m}$，$h=0.9\text{m}$。机构在图 11-57 所示位置从静止释放，各处摩擦不计。求当 OA 杆转到铅垂位置时，AB 杆 B 端的速度。

[答案：$v_B=3.984\text{m/s}$]

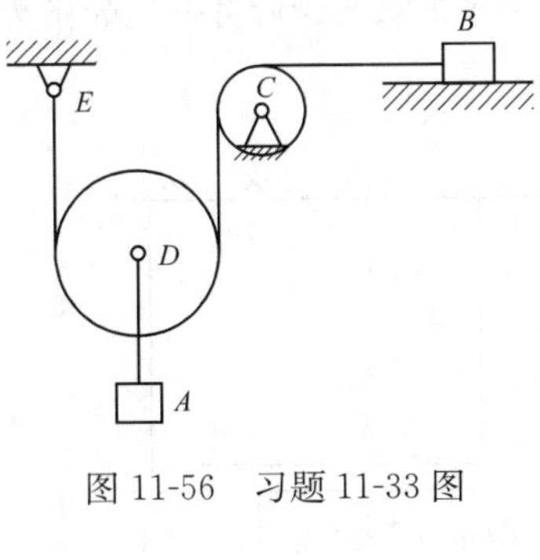

图 11-56 习题 11-33 图

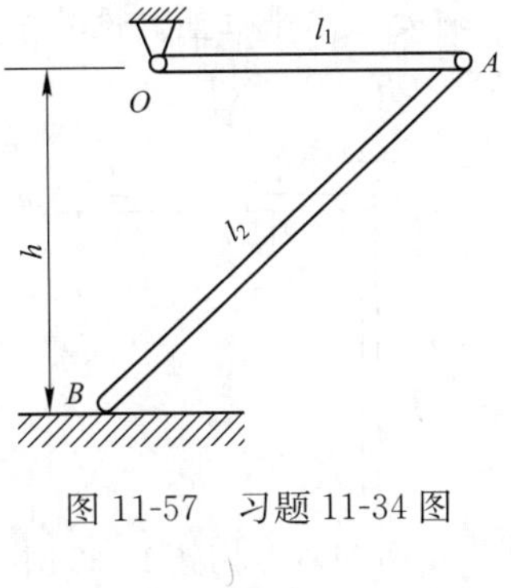

图 11-57 习题 11-34 图

*11-35 如图 11-58 所示，弹簧两端各与重物 A 和 B 连接，平放在光滑的平面上，其中重物 A 重 $\boldsymbol{P}_1$，重物 B 重 $\boldsymbol{P}_2$。弹簧原长为 l_0。其刚性系数为 k，先将弹簧拉长到 $l(l>l_0)$，然后无初速地释放，问当弹簧回到原长时，A 和 B 两重物的速度各为多少？

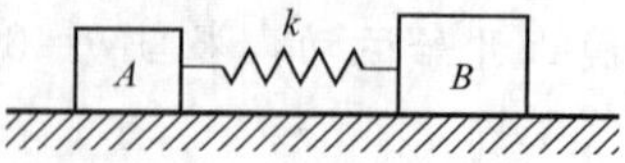

图 11-58 习题 11-35 图

[**答案**：$v_A=\sqrt{\dfrac{kP_2g}{P_1(P_1+P_2)}}(l-l_0)$，$v_B=\sqrt{\dfrac{kP_1g}{P_2(P_1+P_2)}}(l-l_0)$]

*11-36 如图 11-59 所示，正方形均质板的质量为 40kg，在铅直面内以三根软绳拉住，板的边长 $b=100$mm，求(1)当软绳 FG 剪断后，木板开始运动的加速度以及 AD 和 BE 两绳的张力；(2)当 AD 和 BE 两绳位于铅直位置时，板中心 C 的加速度和两绳的张力。

[**答案**：(1)$a=a_\tau=\dfrac{1}{2}g=4.9\text{m/s}^2$，$F_A=72$N，$F_B=268$N；(2)$a=a_n=(2-\sqrt{3})g=2.63\text{m/s}^2$，$F_A=F_B=248.5$N]

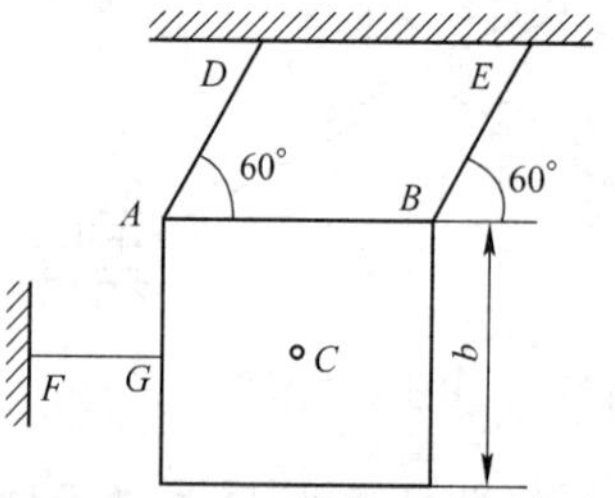

图 11-59 习题 11-36 图

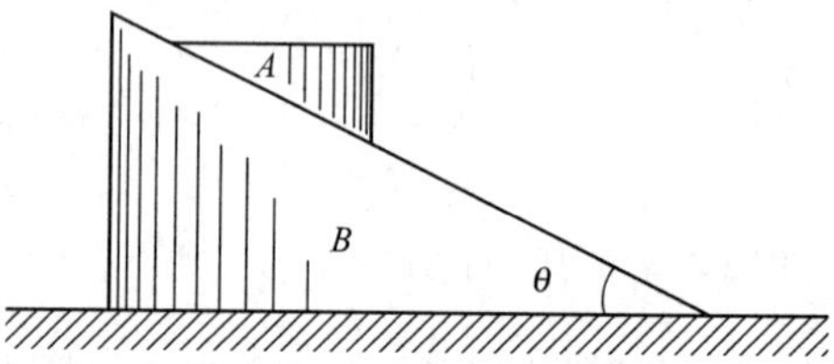

图 11-60 习题 11-37 图

*11-37 如图 11-60 所示，三棱柱 A 沿三棱柱 B 的光滑斜面滑动，A 和 B 的质量各为 m_1 与 m_2，三棱柱的斜面与水平面呈 θ 角。如开始时物体系统静止，忽略摩擦，求运动时三棱柱 B 的加速度。

[**答案**：$a_B=\dfrac{m_1g\sin2\theta}{2(m_2+m_1\sin^2\theta)}$]

*11-38 均质杆 AB 的质量 $m=1.5$kg，长度 $l=0.9$m，在图 11-61 所示水平位置时从静止释放，求当杆 AB 经过铅垂位置时的角速度及支座 A 的反力。

[**答案**：$\omega=5.72$rad/s，$F_{Ax}=0$，$F_{Ay}=36.75$N]

*11-39 如图 11-62 所示，均质杆 AB 的质量 $m=4$kg，其两端悬挂在两条平行绳上，杆处在水平位置。设其中一绳突然断了，求此瞬时另一绳的张力 $\boldsymbol{F}$。

[**答案**：$F=9.8$N]

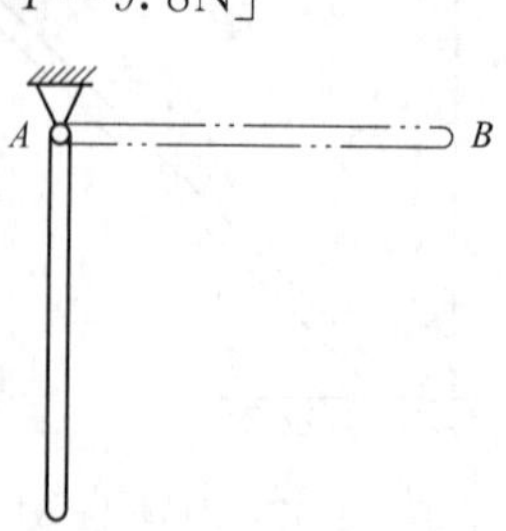

图 11-61 习题 11-38 图

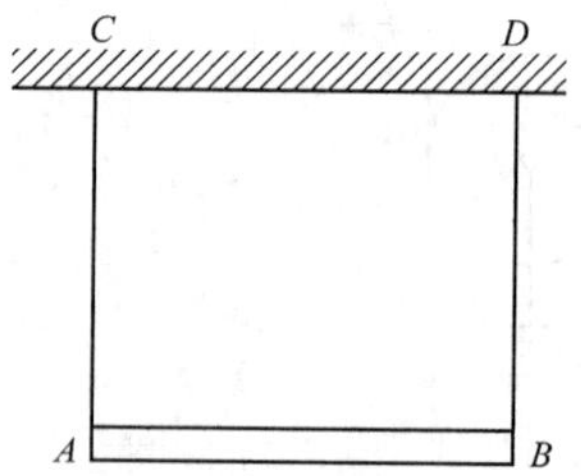

图 11-62 习题 11-39 图

第12章 达朗伯原理

本章知识点

【知识点】惯性力的概念与计算，质点的达朗伯原理，质点系的达朗伯原理，质点系惯性力系的简化。

【重点】惯性力的概念，质点系的达朗伯原理，运动刚体惯性力系的简化。

【难点】质点系惯性力系的简化，达朗伯原理的求解动力学问题。

动力学普遍定理提供了解决动力学问题的一般方法。本章所述的达朗伯原理，是达朗伯(d'Alembert，1717—1783)于1743年提出一个关于非自由质点动力学的原理，提供了求解动力学问题的另一种方法。这种方法的特点是将动力学的问题在形式上化为静力学的问题，即用静力学方法求解动力学问题，所以达朗伯原理又称为动静法。该方法对于研究非自由(即受约束)的质点及质点系的动力学问题，例如，图12-1所示的汽轮机轴承动反力，直升机高螺旋桨的受力，使用动静法往往可以使求解简便，这在工程技术中得到广泛的应用。

(a) (b)

图12-1

12.1 惯性力、质点系的达朗伯原理

12.1.1 惯性力

我们知道任何质点都有保持其静止或匀速直线运动状态的属性，即惯性。

当质点受到其他物体的作用引起运动状态变化时，由于质点具有的惯性力图维持其原来的运动状态就引起了施力物体的反抗力，这种反抗力成为该质点的惯性力。例如，如图 12-2(a)所示，绳的一端连接一质量为 m 的小球，另一端用力拉住，使小球在光滑水平面上作匀速率圆周运动。小球在水平面内受到绳子拉力 $\boldsymbol{F}$ 的作用，迫使其改变运动状态，产生了法向加速度 $\boldsymbol{a}$；小球对绳的反作用力为 $\boldsymbol{F}$(图 12-2b)。根据牛顿动力学基本定律，显然有 $\boldsymbol{F}'=-\boldsymbol{F}=-m\boldsymbol{a}$。$\boldsymbol{F}'$就是小球具有惯性力图保持它原有的运动状态而引起对绳的反抗力，即为小球的惯性力。因此小球的惯性力不是作用在小球上，而是作用在迫使小球产生加速度的绳子上。

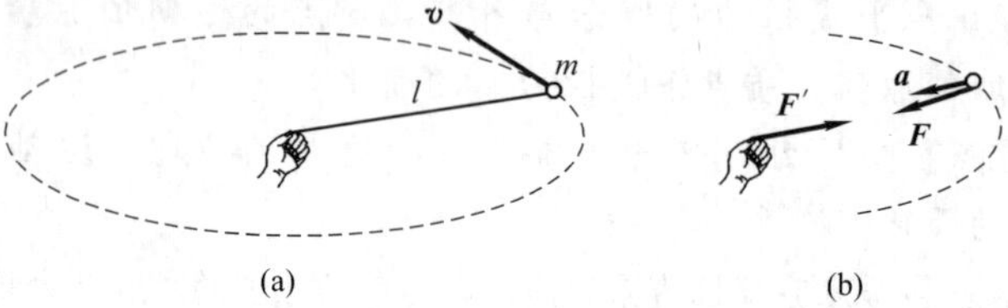

图 12-2　惯性力

在一般情况下，设质量为 m 的质点作任意曲线运动，在某一瞬时其加速度为 $\boldsymbol{a}$，则在该瞬时质点的惯性力的大小等于质点的质量与它的加速度的大小的乘积，方向与加速度的方向相反，而作用在使该质点获得加速度的施力物体上。用 $\boldsymbol{F}_{\mathrm{I}}$ 表示该质点的惯性力，则

$$\boldsymbol{F}_{\mathrm{I}}=-m\boldsymbol{a} \tag{12-1}$$

由此得出惯性力的作用物体是施力物体的结论，即惯性力作用在施力物体上。达朗伯原理正是引入了惯性力，**使动力学问题从形式上变成静力学问题。**

12.1.2　质点的达朗伯原理

设质点 M 的质量为 m，在主动力 $\boldsymbol{F}$ 和约束力 $\boldsymbol{F}_{\mathrm{N}}$ 的作用下作曲线运动(图 12-3)，某瞬时其加速度为 $\boldsymbol{a}$，由质点动力学基本方程，有

$$\boldsymbol{F}+\boldsymbol{F}_{\mathrm{N}}=m\boldsymbol{a}$$

即

$$\boldsymbol{F}+\boldsymbol{F}_{\mathrm{N}}+(-m\boldsymbol{a})=0$$

现假想在质点 M 上加上惯性力 $\boldsymbol{F}_{\mathrm{I}}=-m\boldsymbol{a}$

则有

$$\boldsymbol{F}+\boldsymbol{F}_{\mathrm{N}}+\boldsymbol{F}_{\mathrm{I}}=0 \tag{12-2}$$

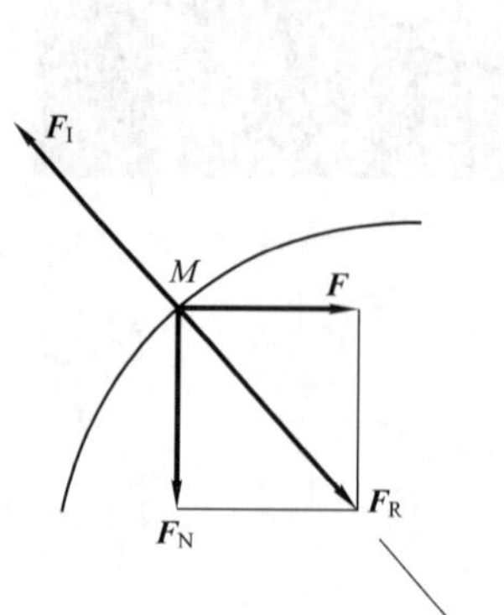

图 12-3　质点达朗伯原理

上式表明，质点在运动的每一瞬时，作用于质点上的主动力、约束力和假想的加在质点上的惯性力在形式上构成一平衡力系。这就是质点的达朗伯原理。

必须指出，惯性力 $\boldsymbol{F}_{\mathrm{I}}$ 是人为引入的，也就是说质点并没有受到这样一个力的作用，因

此，实际上质点并不处于平衡。达朗伯原理只是将惯性力假想地加到质点上，使之平衡，从而将动力学问题在方法上转化为静力平衡问题处理，这是达朗伯提出的一种解题方法，它使动力学问题的分析得以简化。

【例题 12-1】 如图 12-4(a)所示，球磨机是一种破碎机械，在鼓室中装进物料和钢球。当鼓室绕水平对称轴转动时，钢球被鼓室带到一定高度，此后脱离壳壁而以抛物线落下，与物料碰撞而达到破碎的目的。已知鼓室的转速为 n(rpm)，半径为 R。若钢球与壳壁间无滑动，试求钢球的脱离角 θ_{max}。

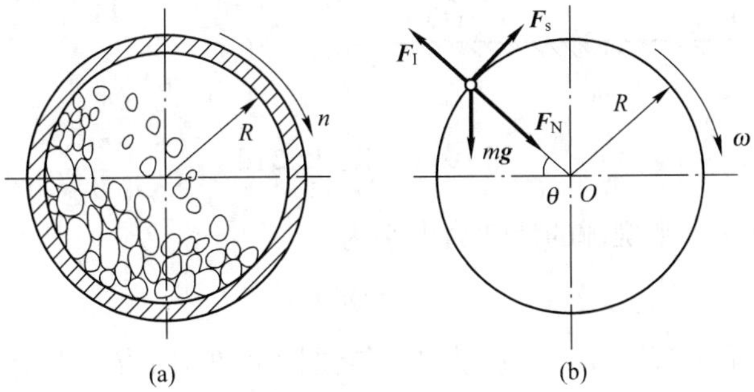

图 12-4　例题 12-1 图

【解】 以钢球为研究体，在未脱离壳壁前，钢球可看作非自由质点。设钢球的质量为 m。为求出此时钢球的位置，应先求出钢球在任一位置时(以角 θ 表示)壳壁的约束力。钢球的重力为 mg，受到法向约束力 $\boldsymbol{F}_N$、摩擦力 $\boldsymbol{F}_s$ 和惯性力 $\boldsymbol{F}_I$(图 12-4b)，构成一平衡力系。由

$$\sum \boldsymbol{F}_n=0,\quad F_N+mg\sin\theta-F_I=0$$

式中 $\boldsymbol{F}_I$ 的大小为：

$$F_I=ma_n=m\omega^2R=m\left(\frac{n\pi}{30}\right)^2R$$

代入后求得

$$F_N=mg\left[\left(\frac{n\pi}{30}\right)^2\frac{R}{g}-\sin\theta\right]$$

这就是钢球在任一位置 θ 时所受的法向约束力。显然当钢球脱离壳壁时，$\boldsymbol{F}_N=0$，由此可求出脱离角 θ_{max} 为：

$$\theta_{max}=\arcsin\frac{n^2\pi^2R}{900g}$$

即脱离角 θ_{max} 与鼓室转速有关，并注意满足 $\frac{n^2\pi^2R}{900g}\leqslant 1$。

【例题 12-2】 在作水平直线运动的车厢中挂着一只单摆，当列车作匀变速运动时，摆将稳定在与铅垂线呈 α 角的位置(图 12-5a)。试求列车的加速度 a 与偏角 α 的关系。

【解】 取摆锤为研究对象。作用于摆锤上的有重力 $\boldsymbol{P}$ 与绳子的拉力 $\boldsymbol{F}_{\mathrm{T}}$，用动静法求解，须在摆锤上假想地加上它的惯性力 $\boldsymbol{F}_{\mathrm{I}}$，如图 12-5(b) 所示。

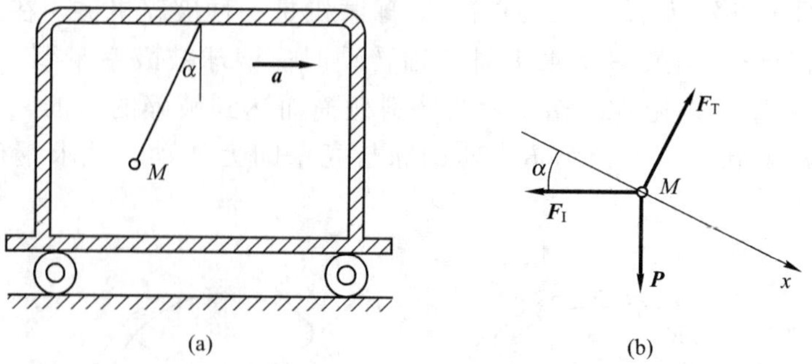

图 12-5 例题 12-2 图

设摆锤的质量 m，则摆锤的惯性力大小为：

$$F_{\mathrm{I}}=ma \tag{a}$$

根据动静法，重力($P=mg$)、拉力 $\boldsymbol{F}_{\mathrm{T}}$ 与惯性力 $\boldsymbol{F}_{\mathrm{I}}$ 构成一平衡力系。取垂直于绳子的直线为投影轴 x，由

$$\sum F_{x}=0,\quad -F_{\mathrm{I}}\cos\alpha+P\sin\alpha=0 \tag{b}$$

把式(1)代入式(2)，解得

$$a=g\tan\alpha$$

可见 α 随着加速度 a 的变化而变化，当 a 不变时 α 也不变，只要测出偏角 α 就能知道列车的加速度 a，这就是摆式加速度计的原理。

12.1.3 质点系的达朗伯原理

对于由 n 个质点组成的非自由质点系，其中任一质点 M_i 的质量为 m_i，作用于该质点上的主动力为 $\boldsymbol{F}_i$，约束力为 $\boldsymbol{F}_{\mathrm{N}i}$，在某一瞬时该质点的加速度为 $\boldsymbol{a}_i$，则该质点的惯性力为 $\boldsymbol{F}_{\mathrm{I}i}=-m\boldsymbol{a}_i$，根据质点的达朗伯原理，应有

$$\boldsymbol{F}_i+\boldsymbol{F}_{\mathrm{N}i}+\boldsymbol{F}_{\mathrm{I}i}=0\quad (i=1,\ 2,\ \cdots,\ n) \tag{12-3}$$

由于质点系中每一个质点都满足这样的平衡方程，于是，作用于质点系的所有主动力系和约束力系以及假想加上去的惯性力系构成一组分布于空间的平衡力系。由于力系平衡的条件为力系向任一点 O 简化的主矢和主矩都等于零，即主动力系、约束力系以及假想加上去的惯性力系组成的力系之主矢和主矩应为零。

$$\left.\begin{aligned}&\sum\boldsymbol{F}_i+\sum\boldsymbol{F}_{\mathrm{N}i}+\sum\boldsymbol{F}_{\mathrm{I}i}=0\\&\sum\boldsymbol{M}_{\mathrm{O}}(\boldsymbol{F}_i)+\sum\boldsymbol{M}_{\mathrm{O}}(\boldsymbol{F}_{\mathrm{N}i})+\sum\boldsymbol{M}_{\mathrm{O}}(\boldsymbol{F}_{\mathrm{I}i})=0\end{aligned}\right\} \tag{12-4}$$

式(12-4)表达了质点系的达朗伯原理。

具体应用时，可将式(12-4)投影到直角坐标轴上，对于平面任意力系则

可得到与三个静力平衡方程相对应的方程。

【例题 12-3】 如图 12-6(a)所示，无重滑轮半径为 r，可绕 O 轴转动，跨过轮缘的软绳两端各挂质量为 m_1 和 m_2 的重物，且 $m_1>m_2$。求重物的加速度和 O 轴处的约束力。

【解】 以系统为分析对象，画上所有主动力 m_1g、m_2g 和约束力 $\boldsymbol{F}_N$，如图 12-6(b)所示。已知 $m_1>m_2$，则重物加速度方向如图所示，重物的惯性力方向与加速度方向相反，大小分别为：

$$F_{I1}=m_1a,\quad F_{I2}=m_2a$$

$$\sum m_O(\boldsymbol{F}_i)=0,\quad (m_1g-m_1a-m_2a-m_2g)r=0$$

得
$$a=\frac{m_1-m_2}{m_1+m_2}g$$

$$\sum Y_i=0,\quad F_N+F_{I1}-m_1g-F_{I2}-m_2g=0$$

得
$$F_N=(m_1+m_2)g+(m_2-m_1)a$$

【例题 12-4】 如图 12-7(a)所示，质量 m 为的均质杆 AB 长 $2l$，一端用销钉 A 与滑块连接，此滑块可沿一铅导杆滑动。若杆 AB 绕动点 A 在图平面内转动的角速度为 $\omega=$常量，求杆 AB 与铅垂导杆间的夹角为 φ 时，滑块下滑的加速度 a 和销钉对杆 AB 的反力。

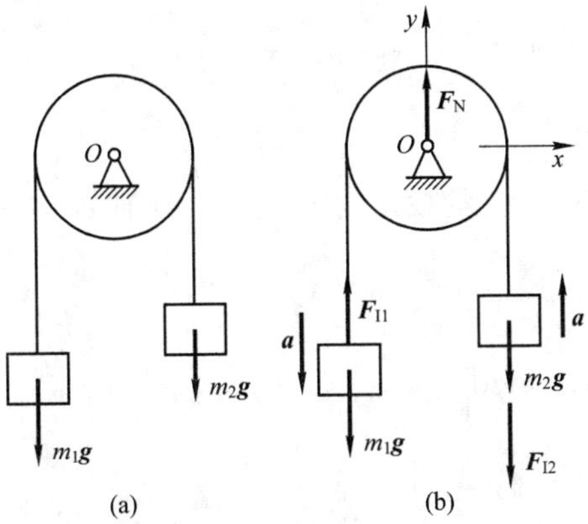

图 12-6　例题 12-3 图

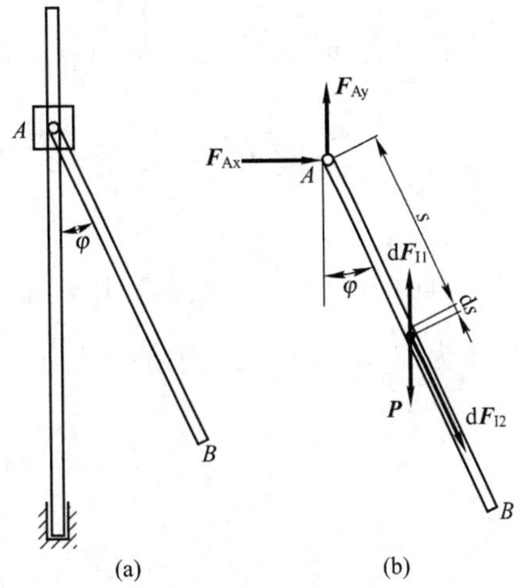

图 12-7　例题 12-4 图

【解】 滑块与杆的连接点 A 具有相同的加速度 $\boldsymbol{a}$，且由于滑块作平动，故只要求出杆上 A 点的加速度，也就求得滑块的加速度。

以杆 AB 为研究对象。作用于杆上的外力有：重力 $\boldsymbol{P}$ 和销钉 A 对杆的反力 $\boldsymbol{F}_{Ax}$、$\boldsymbol{F}_{Ay}$。如假想加上杆子所有质点的惯性力，则可应用动静法来进行求解，受力分析如图 12-7(b)所示。

先研究在杆上离 A 点距离 s 处的微小段 ds 的惯性力。因为杆 AB 作平面运动，如以点 A 为基点，则杆上任一点的加速度等于 A 点的加速度与该点相对于 A 点的加速度矢量和。于是 ds 段上的惯性力也可分解为两部分来考虑。

第一部分由基点 A 的加速度而引起的惯性力 $\mathrm{d}\boldsymbol{F}_{\mathrm{I}1}$，其大小

$$\mathrm{d}F_{\mathrm{I}1}=a\mathrm{d}m$$

设点 A 的加速度 $\boldsymbol{a}$ 沿铅垂线指向朝下，则 $\mathrm{d}\boldsymbol{F}_{\mathrm{I}1}$的方向沿铅垂线指向朝上，由于杆单位长度的质量为$\dfrac{P}{2lg}$，故 $\mathrm{d}s$ 段的质量为：

$$\mathrm{d}m=\frac{P}{2lg}\mathrm{d}s$$

代入上式，得

$$\mathrm{d}F_{\mathrm{I}1}=\frac{Pa}{2lg}\mathrm{d}s$$

第二部分是由于绕基点转动而引起的惯性力，因为杆 AB 绕点 A 在图平面被转动的角速度 ω=常量，所以其角加速度 $\alpha=0$，因而这一部分的惯性力的大小：

$$\mathrm{d}F_{\mathrm{I}2}=\frac{P}{2lg}=s\omega^2\mathrm{d}s$$

方向沿杆 AB，如图 12-7(b)所示。

下面应用动静法建立平衡方程。先建立$\sum M_{\mathrm{A}}(\boldsymbol{F}_i)=0$，由于 $\mathrm{d}\boldsymbol{F}_{\mathrm{I}2}$通过点 A，其对点 A 的力矩为零，因而微小段 $\mathrm{d}s$ 上只有 $\mathrm{d}\boldsymbol{F}_{\mathrm{I}1}$对点 A 有力矩。于是可算得杆上各质点的惯性力对 A 点的力矩的代数和$\int_0^l\dfrac{Pa}{2lg}\sin\varphi\mathrm{d}s$，故

$$\sum M_{\mathrm{A}}(\boldsymbol{F}_i)=0,\quad -Pl\sin\varphi+\int_0^{2l}\frac{Pa}{2lg}s\sin\varphi\mathrm{d}s=0$$

$$a=g$$

再由$\sum \boldsymbol{F}_{xi}=0$，并注意 $\mathrm{d}\boldsymbol{F}_{\mathrm{I}1}$在水平轴 x 上的投影为零；$\mathrm{d}\boldsymbol{F}_{\mathrm{I}2}$在轴 x 上的投影为$\dfrac{P}{2lg}sw^2\sin\varphi\mathrm{d}s$，于是可得：

$$F_{\mathrm{Ax}}=\int_0^l\frac{P}{2lg}s\omega^2\sin\varphi\mathrm{d}s=0$$

$$F_{\mathrm{Ax}}=-\frac{P}{2g}l\omega^2\sin\varphi(\leftarrow)$$

最后由$\sum \boldsymbol{F}_{yi}=0$，并注意 $\mathrm{d}\boldsymbol{F}_{\mathrm{I}1}$、$\mathrm{d}\boldsymbol{F}_{\mathrm{I}2}$ 在 y 轴上的投影分别为$\dfrac{Pa}{2lg}\mathrm{d}s$、$-\dfrac{P}{2lg}s\omega^2\cos\varphi\mathrm{d}s$，可得

$$-P+F_{\mathrm{Ay}}+\int_0^{2l}\frac{Pa}{2lg}\mathrm{d}s-\int_0^{2l}\frac{P}{2lg}s\omega^2\cos\varphi\mathrm{d}s=0$$

$$F_{\mathrm{Ay}}=P-\frac{Pa}{g}+\frac{Pl}{g}\omega^2\cos\varphi$$

将式 $a=g$ 代入，得 $\qquad F_{\mathrm{Ay}}=\dfrac{P}{g}l\omega^2\cos\varphi$

12.2 刚体惯性力系的简化

应用达朗伯原理求解质点系的动力学问题时，需对每一个质点加上惯性力，这些惯性力形成一惯性力系。对特殊的质点系而言，每一个质点逐一加上惯性力是很麻烦的事情。如采用静力学中力系简化的方法，先将质点系的惯性力系加以简化，再将此简化结果应用到达朗伯原理中，求解就方便得多。

12.2.1 一般质点系的惯性力系简化

在质点系每个质点上加上惯性力后，即构成一空间的惯性力系。将这空间惯性力系向静点 O(简化中心)简化，得惯性力主矢与惯性力主矩。惯性力主矢为：

$$\boldsymbol{F}_{\mathrm{I}}=\sum \boldsymbol{F}_{\mathrm{I}i}=-\sum m_i \boldsymbol{a}_i=-\frac{\mathrm{d}}{\mathrm{d}t}\sum m_i \boldsymbol{v}_i$$

因为
$$\boldsymbol{p}=\sum m_i \boldsymbol{v}_i=m\boldsymbol{v}_{\mathrm{C}}$$

所以
$$\boldsymbol{F}_{\mathrm{I}}=-\frac{\mathrm{d}\boldsymbol{p}}{\mathrm{d}t}=-m\boldsymbol{a}_{\mathrm{C}} \tag{12-5}$$

式中 $\boldsymbol{p}$ 是质点系的动量。可见惯性力主矢与简化中心的选择无关。惯性力主矩为：

$$\boldsymbol{M}_{\mathrm{IO}}=\sum \boldsymbol{M}_{\mathrm{O}}(\boldsymbol{F}_{\mathrm{I}i})=-\sum \boldsymbol{r}_i\times m_i\boldsymbol{a}_i$$

式中 $\boldsymbol{r}_i$ 为任一质点对 O 点的矢径，因为 $\boldsymbol{a}_i=\frac{\mathrm{d}\boldsymbol{v}_i}{\mathrm{d}t}$，而 $\boldsymbol{r}_i\times m_i\frac{\mathrm{d}\boldsymbol{v}_i}{\mathrm{d}t}=\frac{\mathrm{d}}{\mathrm{d}t}(\boldsymbol{r}_i\times m_i\boldsymbol{v}_i)$

所以
$$\boldsymbol{M}_{\mathrm{O}}(\boldsymbol{F}_{\mathrm{I}})=-\frac{\mathrm{d}\boldsymbol{L}_{\mathrm{O}}}{\mathrm{d}t} \tag{12-6}$$

式中 $\boldsymbol{L}_{\mathrm{O}}=\sum \boldsymbol{r}_i\times m_i\boldsymbol{v}_i$，是质点系对静 O 点的动量矩。

若惯性力系向质点系质心 C 简化，也可得到方便的结果。由于惯性力主矢与简化中心选择无关，所以只需讨论惯性力主矩 $\boldsymbol{M}_{\mathrm{IC}}$，设 $\boldsymbol{\rho}$ 为质点系内任意质点相对质心 C 的矢径，则有

$$\begin{aligned}\boldsymbol{M}_{\mathrm{C}}(\boldsymbol{F}_{\mathrm{I}})&=\sum \boldsymbol{M}_{\mathrm{C}}(\boldsymbol{F}_{\mathrm{I}i})=-\sum \boldsymbol{\rho}_i\times m_i\boldsymbol{a}_i=-\sum \boldsymbol{\rho}_i\times m_i\frac{\mathrm{d}\boldsymbol{v}_i}{\mathrm{d}t}\\&=-\sum\left[\frac{\mathrm{d}}{\mathrm{d}t}(\boldsymbol{\rho}_i\times m_i\boldsymbol{v}_i)-\frac{\mathrm{d}\boldsymbol{\rho}_i}{\mathrm{d}t}\times m_i\boldsymbol{v}_i\right]\\&=-\frac{\mathrm{d}}{\mathrm{d}t}\sum(\boldsymbol{\rho}_i\times m_i\boldsymbol{v}_i)+\sum(\boldsymbol{v}_i-\boldsymbol{v}_{\mathrm{C}})\times m_i\boldsymbol{v}_i\end{aligned}$$

因为 $\sum \boldsymbol{v}_i\times m_i\boldsymbol{v}_i=0$，$\boldsymbol{v}_{\mathrm{C}}\times\sum m_i\boldsymbol{v}_i=\boldsymbol{v}_{\mathrm{C}}\times m\boldsymbol{v}_{\mathrm{C}}=0$，而 $\sum \boldsymbol{\rho}_i\times m_i\boldsymbol{v}_i=\boldsymbol{L}_{\mathrm{C}}$

于是得
$$\boldsymbol{M}_{\mathrm{C}}(\boldsymbol{F}_{\mathrm{I}})=-\frac{\mathrm{d}\boldsymbol{L}_{\mathrm{C}}}{\mathrm{d}t} \tag{12-7}$$

12.2.2 运动刚体的惯性力系简化

1. 平移刚体

刚体作平移时，刚体上任一质点的加速度 $\boldsymbol{a}_i$ 都等于质心 C 的加速度 $\boldsymbol{a}_C$，这时惯性力系的主矢为：

$$\boldsymbol{F}_{IR}=m\boldsymbol{a}_C \tag{12-8}$$

惯性力系对质心 C 的主矩为：

$$\boldsymbol{M}_{IC}=-\sum\boldsymbol{r}_i\times m_i\boldsymbol{a}_i=-\sum m_i\boldsymbol{r}_i\times\boldsymbol{a}_C=-m\boldsymbol{r}_C\times\boldsymbol{a}_C$$

其中 $\boldsymbol{r}_C$ 为质心 C 对简化中心的矢径，因简化中心与质心重合，故 $\boldsymbol{r}_C=0$，于是

$$\boldsymbol{M}_{IC}=\sum\boldsymbol{M}_C(\boldsymbol{F}_{Ii})=0$$

可见，平移刚体惯性力系的简化为一个通过质心的合力 $\boldsymbol{F}_{IR}$，其大小等于刚体的质量与质心加速度的乘积，方向与质心加速度方向相反。

2. 定轴转动刚体

具有质量对称平面的刚体绕垂直于该平面的固定轴转动时，可将刚体平面内的惯性力系向转轴 z 与对称平面的交点O 简化，可得作用于简化中心 O 的一个惯性力系主矢和惯性力系主矩。其主矢由式(12-5)确定，而刚体上每一质点的惯性力可分解为切向惯性力 $\boldsymbol{F}^{\tau}_{Ii}$ 和法向惯性力 $\boldsymbol{F}^{n}_{Ii}$两部分(图 12-8)，其方向分别与切向和法向加速度相反，而大小为：

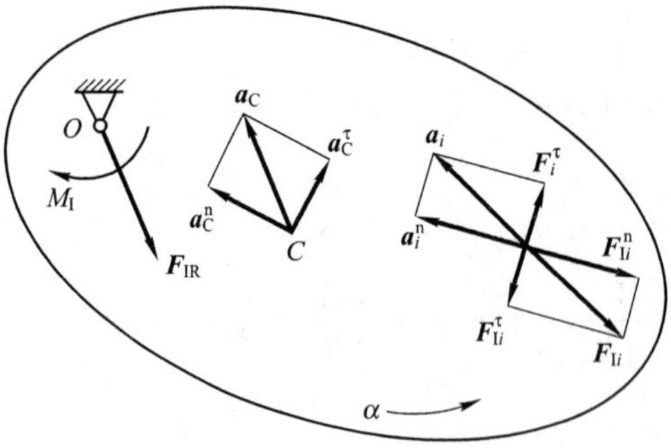

图 12-8

$$F^{\tau}_{Ii}=m_ir_i|\alpha|,\quad F^{n}_{Ii}=m_ir_i\omega^2$$

因各质点的法向惯性力对 O 点的力矩均为零，故得惯性力系对 O 点的主矩为：

$$M_{IO}=\sum M_O(\boldsymbol{F}_{Ii})=-\sum m_ir_i\alpha\times r_i=-J_O\alpha$$

于是，定轴转动刚体惯性力系向转轴 O 简化结果由两部分组成：

$$\left.\begin{aligned}\boldsymbol{F}_{IR}&=-m\boldsymbol{a}_C\\M_{IO}&=-J_{Oz}\alpha\end{aligned}\right\} \tag{12-9}$$

其在自然轴系的投影式为：

$$\left.\begin{aligned}F^{\tau}_{IR}&=-ma^{\tau}_C\\F^{n}_{IR}&=-ma^{n}_C\\M_{IO}&=-J_{Oz}\alpha\end{aligned}\right\}$$

上式表明：刚体绕垂直于质量对称平面的轴转动时惯性力系向转轴与对称面交点简化的结果为一个惯性力系主矢 $\boldsymbol{F}_{IR}$和一个惯性力系主矩 M_I，主矢

的大小等于刚体的质量与质心加速度大小的乘积，方向与质心加速度方向相反；主矩的大小等于刚体对转轴的转动惯量与角加速度的乘积，转向与角加速度的转向相反。

必须注意的是，因为是向转轴 O 点简化，故惯性力系主矢 $\boldsymbol{F}_{\mathrm{IR}}$应作用于简化中心 O 上。

我们不加证明地说明，定轴转动刚体惯性力系也可向质心 C 简化，简化结果同样由两部分组成：其惯性力系主矢与简化中心无关，仍为 $\boldsymbol{F}_{\mathrm{IR}}=-M\boldsymbol{a}_{\mathrm{C}}$；而惯性力系主矩则是 $\boldsymbol{M}_{\mathrm{IC}}=-J_{\mathrm{C}z}\boldsymbol{\alpha}$。但此时惯性力系主矢 $\boldsymbol{F}_{\mathrm{IR}}$应作用在质心 C 上。

3. 平面运动刚体

平面运动刚体的惯性力系可简化为作用于质量对称平面内的一个平面惯性力系。由运动学知识，平面图形的运动可分解为随基点的平动与绕基点的转动。若取质心 C 为基点，设质心的加速度为 $\boldsymbol{a}_{\mathrm{C}}$，绕质心转动的角加速度为 α，转动惯量为 J_{C}，则惯性力系可简化为两部分：

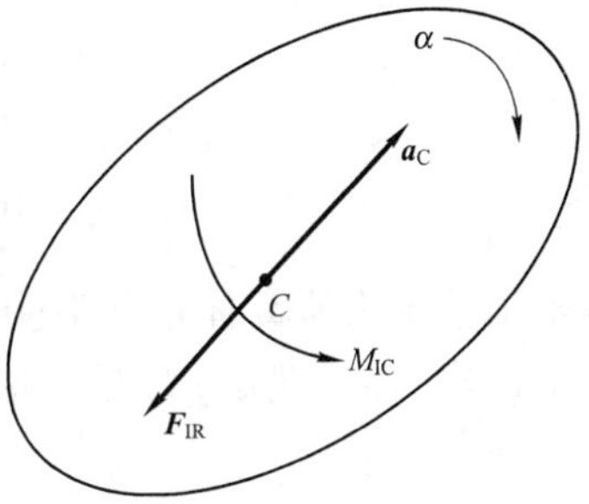

图 12-9

$$\left.\begin{aligned}\boldsymbol{F}_{\mathrm{IR}}&=-m\boldsymbol{a}_{\mathrm{C}}\\M_{\mathrm{IC}}&=-J_{\mathrm{C}}\alpha\end{aligned}\right\}\tag{12-10}$$

如图 12-9 所示，通过质心的惯性力系主矢 $\boldsymbol{F}_{\mathrm{IR}}$描述刚体随质心平动；惯性力系主矩 M_{IC}则描述刚体绕质心转动。

上式表明：具有质量对称平面的刚体作平行于这平面运动时，刚体的惯性力系可简化为作用于质心 C 的一个惯性力系主矢和一个惯性力系主矩，主矢的大小等于刚体的质量与质心加速度大小的乘积，方向与质心加速度方向相反；主矩的大小等于刚体对过质心的转轴的转动惯量与角加速度的乘积，转向与角加速度的转向相反。

【例题 12-5】 一电动卷扬机机构如图 12-10(a)所示。已知启动时电动机的平均驱动力矩为 M，被提升重物的质量为 m_1，鼓轮质量为 m_2，半径为 r，对转轴的回转半径为 ρ_0。试求启动时重物的平均加速度 a 和此时轴承 O 处的约束力。

【解】 首先分析机构的运动和惯性力系的简化。鼓轮的角加速度 a/r，被提升的重物作移动，惯性力系可简化为一通过质心的合力，其大小为：$\boldsymbol{F}_{\mathrm{I}}=m_1a$，方向与加速度 a 的方向相反。

鼓轮作定轴转动，因质心在转轴上，所以惯性力系向轴心简化，得一惯性力偶，其大小为：

$$M_{\mathrm{IO}}=J_{\mathrm{O}}\alpha=m_2\rho_{\mathrm{O}}^2\frac{a}{r}$$

其转向与角加速度 α 相反。

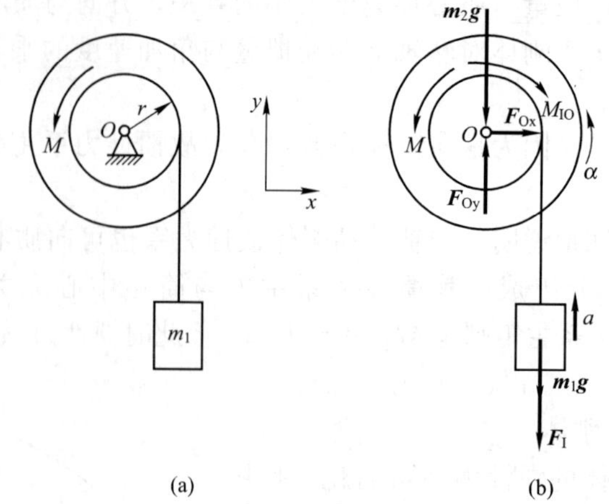

图 12-10 例题 12-5 图

以整个系统为研究体，其上受到的主动力 M、m_1g，约束力 $\boldsymbol{F}_{Ox}$、$\boldsymbol{F}_{Oy}$，惯性力 $\boldsymbol{F}_\mathrm{I}$ 及惯性力偶矩 M_{IO}后，构成一平面“平衡”力系(图 12-10b)。应用动静法，由

$$\sum M_O(\boldsymbol{F}_i)=0,\quad M-M_{IO}-m_1gr-F_\mathrm{I}r=0$$

由此解出

$$a=\frac{(M-m_1gr)r}{m_1r^2+m_2\rho_O^2}$$

由 $$\sum F_{xi}=0$$

求得 $$F_{Ox}=0$$

由 $$\sum F_{yi}=0,\ F_{Oy}=m_1g-m_2g-F_\mathrm{I}=0$$

求得 $$F_{Oy}=(m_1+m_2)g+m_1a=(m_1+m_2)g+\frac{m_1(M-m_1gr)r}{m_1r^2+m_2\rho_O^2}$$

上式表示轴承处的约束力，其中$(m_1+m_2)g$ 是静约束力，后一项 m_1a 是由惯性力引起，显然是动约束力。

需要说明的是：对多物体系统，惯性力系的简化，是每个物体各自向适宜的点简化。

【例题 12-6】 如图 12-11(a)所示，用各长 l 的两绳将长也为 l、质量为 m 的匀质杆悬挂在水平位置。若突然剪断绳 BO，试求刚剪断瞬时另一绳子 AO 的拉力及杆的角加速度。

【解】 取杆 AB 为研究体。在惯性力系简化前，先进行杆的运动分析，如图 12-11(b)所示。绳子 BO 被剪断后，杆 AB 在铅直面内作平面运动。点 A 受绳 AO 约束，作半径为 l 的圆周运动。在初瞬时，杆 AB 的角速度为零，各点的速度也为零，但加速度不为零，杆 AB 的角加速度也不等于零。利用刚体作平面运动求加速度的基点法，以 A 为基点，则质心 C 的加速度可表示为：

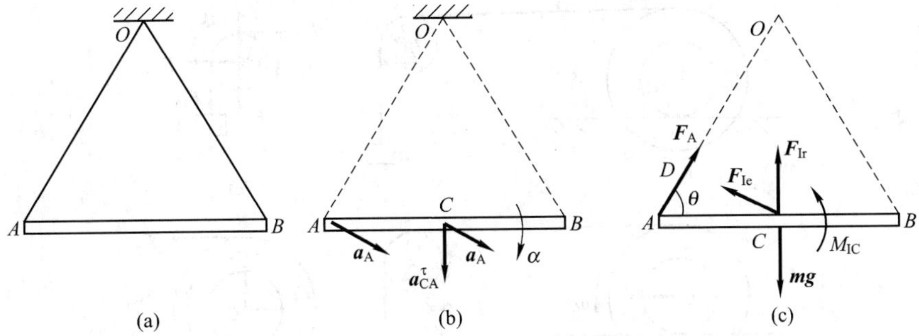

图 12-11　例题 12-6 图

$$\boldsymbol{a}_C=\boldsymbol{a}_A+\boldsymbol{a}_{CA}^{\tau}$$

式中　$a_{CA}^{\tau}=\alpha\dfrac{l}{2}$

现在将惯性力系向质心 C 简化，如图 12-11(c)所示，得到作用在 C 的一个惯性力系主矢和一个惯性力系主矩。惯性力系主矢的两个分量的大小为：

$$F_{Ie}=ma_A,\quad F_{Ir}=m\alpha\frac{l}{2}$$

惯性力系主矩大小为：

$$M_{IC}=J_C\alpha=\frac{1}{12}ml^2\alpha$$

杆 AB 受约束力 $\boldsymbol{F}_A$，主动力 mg 及惯性力系 $\boldsymbol{F}_{Ie}$、$\boldsymbol{F}_{Ir}$、M_{IC} 作用处于“平衡”。在这个力系中，基本的未知量为 $\boldsymbol{F}_A$、a_A、α 三个，因此利用动静法，对此平面力系可建立三个独立的平衡方程，求出这三个未知量。

对 $\boldsymbol{F}_A$ 与 $\boldsymbol{F}_{Ie}$ 的交点 D 取矩，即

$$\sum M_D(\boldsymbol{F}_i)=0,\quad -(mg-F_{Ir})\frac{l}{2}\sin^2\theta+M_{IC}=0$$

将 $\theta=60°$ 代入得　$$\alpha=\frac{18g}{13l}$$

由　$$\sum M_C(\boldsymbol{F}_i)=0,\quad -F_A\sin\theta\frac{l}{2}+M_{IC}=0$$

得　$$F_A=\frac{2\sqrt{3}}{13}mg$$

本题题意不要求 a_A 及即 $\boldsymbol{F}_{Ie}$，故可选择适宜的方程，使这一未知量不出现在方程中。可见用了动静法，求解时灵活性更大。

【例题 12-7】 机构如图 12-12(a)所示。已知：滚轮 C 半径为 r_2、质量为 m_3、对质心 C 的回转半径为 ρ_C，半径为 r_1 的轴颈沿水平梁作无滑动的滚动。定滑轮 O 半径为 r、质量为 m_2、对转动轴的回转半径为 ρ，重块 A 质量为 m_1。试求：(1)重块 A 的加速度；(2)水平段绳的张力；(3)D 处的约束力。[(2)、(3)可表示成物 A 加速度的函数]。

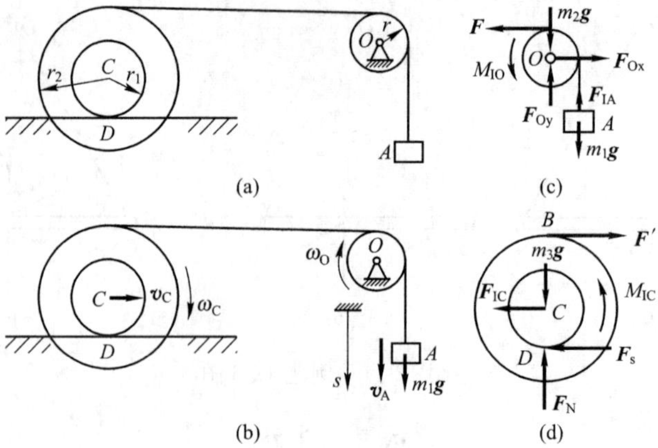

图 12-12　例题 12-7 图

【解】 (1) 选重块下降高度 s 为坐标，则先由动能定理建立系统的运动与主动力之间的关系(图 12-12b)，当物块 A 位于坐标位置 s 时，系统的动能为：

$$T_2=\frac{1}{2}m_1v_A^2+\frac{1}{2}(m_2\rho^2)\omega_O^2+\frac{1}{2}m_3v_C^2+\frac{1}{2}(m_3\rho_C^2)\omega_C^2$$

式中　$\omega_O=\dfrac{v_A}{r}$，$v_C=\dfrac{r_1}{r_1+r_2}v_A$，$\omega_c=\dfrac{v_C}{r_1}=\dfrac{v_A}{r_1+r_2}$

代入得　$$T_2=\frac{1}{2}\left[m_1+m_2\frac{\rho^2}{r^2}+m_3\frac{r_1^2+\rho_C^2}{(r_1+r_2)^2}\right]v_A^2$$

在初瞬时系统的动能　$T_1=$常量

力的功　$\sum W_i=m_1gs$

由动能定理 $T_2-T_1=\sum W_i$ 并两边对时间 t 求导数得：

$$a_A=\frac{m_1}{m_1+m_2\dfrac{\rho^2}{r^2}+m_3\dfrac{r_1^2+\rho_C^2}{(r_1+r_2)^2}}g$$

(2) 以定滑轮 O 与重物 A 的组合为研究体(图 12-12c)，物 A、C 分别加上惯性力系后与主动力、约束力形成“平衡”。

$$\sum M_O(\boldsymbol{F}_i)=0\quad Fr+M_{IO}+(F_{IA}-m_1g)r=0$$

式中　$M_{IO}=J_O\alpha_O=m_2\rho^2\dfrac{a_A}{r}$，$F_{IA}=m_1a_A$

代入得　$$F=m_1(g-a_A)+m_2\frac{\rho^2}{r^2}a_A=m_1g-\left(m_1+m_2\frac{\rho^2}{r^2}\right)a_A$$

(3) 以滚轮为研究体(图 12-12d)，加上惯性力系后，与主动力、约束力形成“平衡”。由

$$\sum M_B(\boldsymbol{F}_i)=0,\quad -F_s(r_1+r_2)-F_{IC}r_2+M_{IC}=0$$

式中　$F_{IC}=m_3a_C=m_3\dfrac{r_1}{r_1+r_2}a_A$，$M_{IC}=J_C\alpha_C=m_3\rho_C^2\dfrac{a_A}{r_1+r_2}$

代入得
$$F_s = m_3 \frac{\rho_C^2 - r_1 r_2}{(r_1 + r_2)^2} a_A$$
由
$$\sum \boldsymbol{F}_{iy} = 0, \quad F_N - m_3 g = 0$$
得
$$F_N = m_3 g$$

本例题原可以用动能定理与平面运动微分方程联立求解，现用动能定理与动静法求解，在列写方程时更方便。同时必须指出，求解角加速度的方法不是唯一的，若将杆设置于任意角 θ 位置，利用动能定理对时间 t 求得，也可求出角加速度。

通过以上例题的分析，现将应用动静法解题时，其解题步骤大致归纳如下：

(1) 根据待求量，确定研究对象；

(2) 分析作用在研究对象上的外力，画出受力图；

(3) 分析研究对象的运动情况，根据其加速度、角加速度运动形式确定其对应的惯性力、惯性力偶的结果并画在受力图上；

(4) 应用动静法，列出平衡方程，求解未知量。

小结及学习指导

1. 达朗伯原理将动力学问题在形式上转化为静力学的问题来处理，这对解决动力学问题，特别是在求约束反力时，显得很方便。

2. 质点系的达朗伯原理表达为：质点系在运动的任一瞬时，作用于质点系上所有的主动力、约束反力与假想地加在各质点上的惯性力，在形式上构成一平衡力系，由此，可应用静力学平衡方程来求解质点系的动力学问题。

3. 惯性力是本章中的一个重要概念。特别要注意质点的惯性力并不是作用在质点上，而是作用在使该质点获得加速度的施力体上，它的大小等于质点的质量与加速度大小的乘积，方向与该质点的加速度的方向相反，即 $\boldsymbol{F}_I = -m\boldsymbol{a}$。

4. 刚体平移、定轴转动和平面运动是刚体运动中经常遇到的几种情况。因此，对这几种刚体运动，其惯性力系的简化结果必须牢记，以便于应用动静法求解刚体动力学问题。特别是定轴转动刚体，惯性力主矢加在转轴上和加在质心上要加以区分。

5. 用动静法求解动力学问题的解题步骤，与静力学中求解平衡问题的解题步骤基本相同，只是在分析物体的受力情况之后，还应分析物体的运动，并根据物体的运动形式，在物体上假想地加上各质点的惯性力(或各质点的惯性力所组成的惯性力系的简化结果)。

6. 在解题时应注意：(1)在研究对象的受力图上加上惯性力之后，若其所包含的未知量数等于所能建立的独立平衡方程数，则可求出所有这些未知量。这里所说的未知量不仅包括未知力，而且还包括运动方面的未知量(例如，速度、加速度、角速度、角加速度等)。(2)在分析运动方面的未知量时，有时需要确定它们之间的运动学关系，运用运动学知识列出补充方程。(3)如质点的加速度方向或刚体的角加速度转向不能预先确定时，则可先假设它们的指向或转向，然后根据求解结果的正负号来判定假设的正确性。

思考题

12-1 质点系惯性力系的主矢量和主矩分别与质点系的动量和动量矩有什么关系？惯性力系的主矢量和主矩有何物理意义？

12-2 如图 12-13 所示，半径为 R、质量为 m 的匀质圆盘沿直线轨道作纯滚动。在某瞬时圆盘具有角速度 ω、角加速度 α，试分析惯性力系向质心 C 和接触点 A 的简化结果。

12-3 如图 12-14 所示，质量为 m、长为 l 的匀质杆 OA 绕 O 轴在铅垂平面内作定轴转动。已知某瞬时圆盘具有角速度 ω、角加速度 α，试分别以质心 C 和转轴 O 为简化中心分析杆惯性力系的简化结果，并确定出惯性力系合力的大小、方向和作用线位置。

12-4 如图 12-15 所示为两相同的匀质轮，但图 12-15(a)中用力 $\boldsymbol{F}$ 拉动，图 12-15(b)中挂一重为 $\boldsymbol{F}$ 的重物。试问两轮的角速度是否相同？为什么？

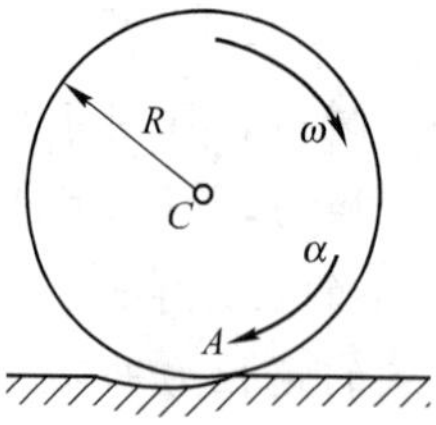

图 12-13 思考题 12-2 图

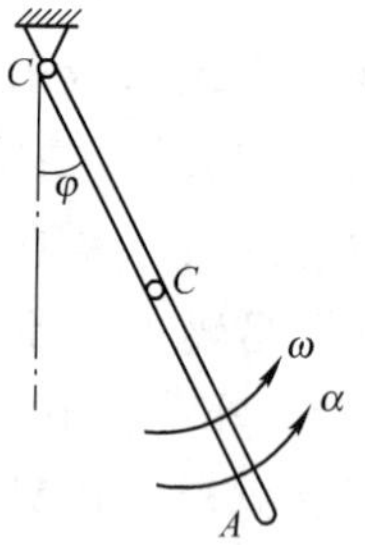

图 12-14 思考题 12-3 图

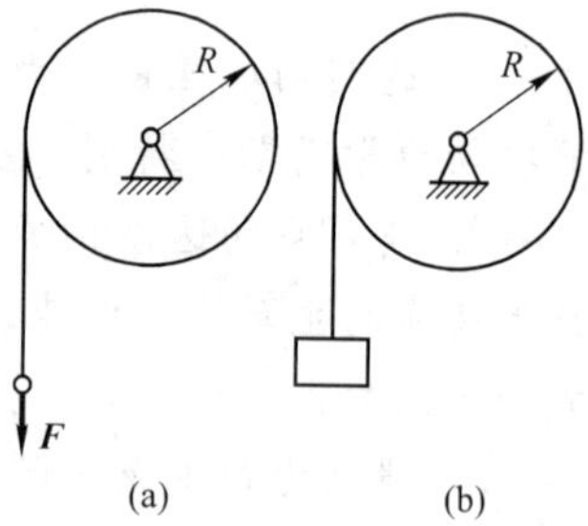

图 12-15 思考题 12-4 图

习题

12-1 如图 12-16 所示，匀质杆长为 $2l$、重为 $\boldsymbol{P}$，以匀角速度 ω 绕铅直轴转动，杆与轴交角为 θ，尺寸 b。试求轴承 A、B 处由于转动而产生的附加动约束力。

$$\left[\text{答案：} F_{\mathrm{A}}=F_{\mathrm{B}}=\frac{l^2\omega^2\sin\theta\cos\theta}{6bg}P\right]$$

12-2 如图 12-17 所示，一长为 l、质量为 m_1 的匀质杆 OE 刚接在以等角速度转动的铅垂直轴上，$\theta=30°$；在杆端固接一质量为 m_2 的质点 E。已知：$l_1=\dfrac{2}{3}l$，$\overline{OO_1}$长为 l，试求为使在轴承 A、B 处不发生附加动约束力，在点 C、D 处应加质点的质量。

［**答案**：$m_C=0.217(m_1+3m_2)$，$m_D=0.158m_1+0.101m_2$］

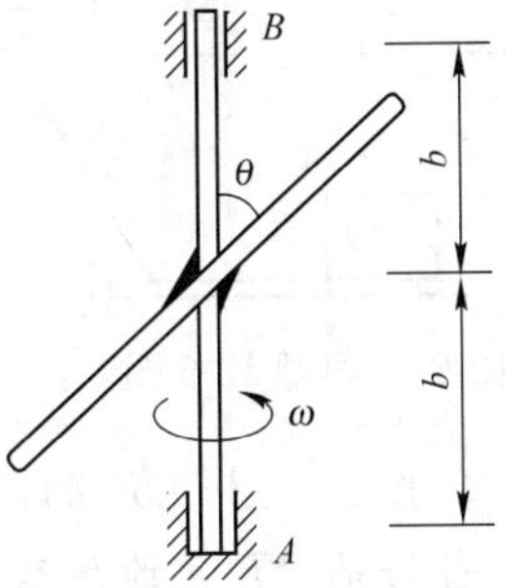

图 12-16　习题 12-1 图

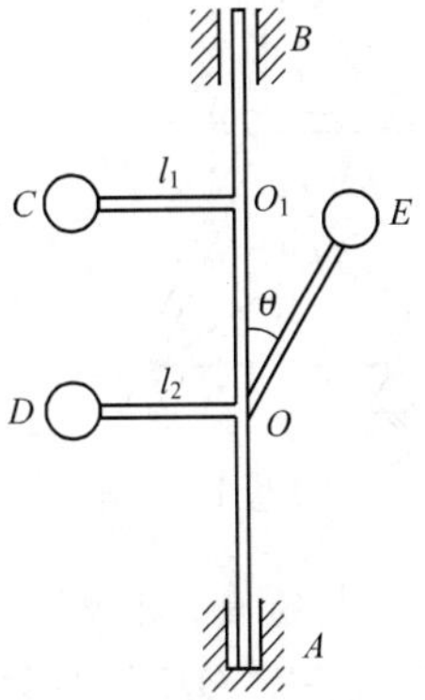

图 12-17　习题 12-2 图

12-3　如图 12-18 所示，在行驶的载重汽车上放置一个高 $h=2$m、宽 $b=1.5$m 的柜子，柜子的重心位于中点 C。若柜子与车之间的摩擦力足以阻止其滑动，试求不致柜子倾倒的汽车最大刹车加速度。

［**答案**：$a\leqslant 7.35\text{m/s}^2$］

12-4　如图 12-19 所示，汽车的重力为 $\boldsymbol{P}$，以加速度 a 作水平直线运动，汽车重心 C 离地面高度为 h，汽车的前后轴到通过重心的垂线的距离分别为 l_1 和 l_2。试求：(1)汽车前后轮的压力；(2)汽车怎样行驶，方能使前后轮的压力相等。

$$\left[\textbf{答案}：(1)F_A=\frac{gl_2-ah}{(l_1+l_2)g}P，F_B=\frac{gl_1+ah}{(l_1+l_2)g}P；(2)a=\frac{l_2-l_1}{2h}g\right]$$

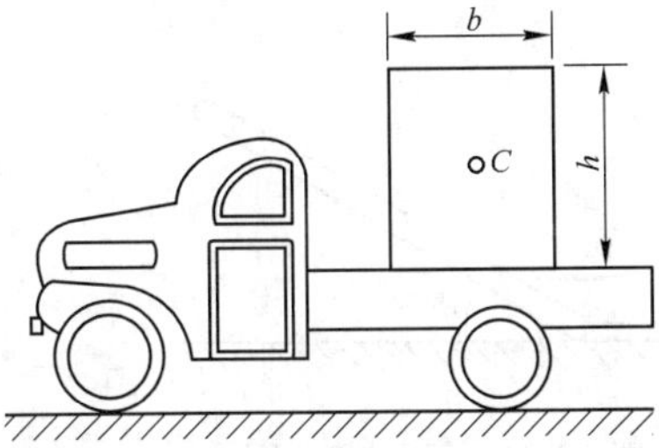

图 12-18　习题 12-3 图

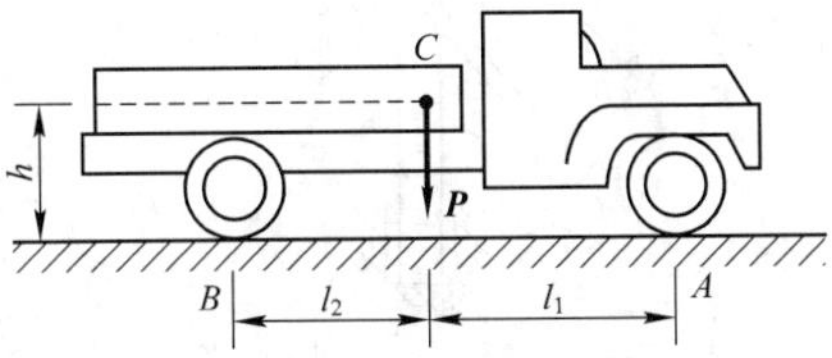

图 12-19　习题 12-4 图

12-5　如图 12-20 所示，两长 $l=1$m 的匀质杆 AB 和 BD，质量均为 $m=3$kg，焊接成直角的刚体。已知 $\theta=30°$，试求切断绳 O_2A 瞬时，链杆 O_1A 和 O_2B 的力。

［**答案**：$F_A=-5.39$N(压)，$F_B=-45.6$N(压)］

12-6　物体 A 重力为 $\boldsymbol{P}_1$，直杆 BD 重力为 $\boldsymbol{P}_2$，由两根绳悬挂如图 12-21 所示。试求系统从图示 θ 角无初速地开始运动瞬时，物体 A 相对杆 BD 静止，接触面间的静摩擦因数的最小值。

［**答案**：$f_s\geqslant\tan\theta$］

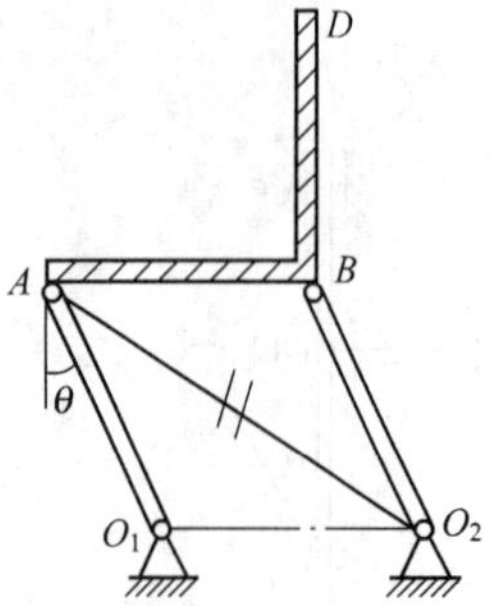

图 12-20　习题 12-5 图

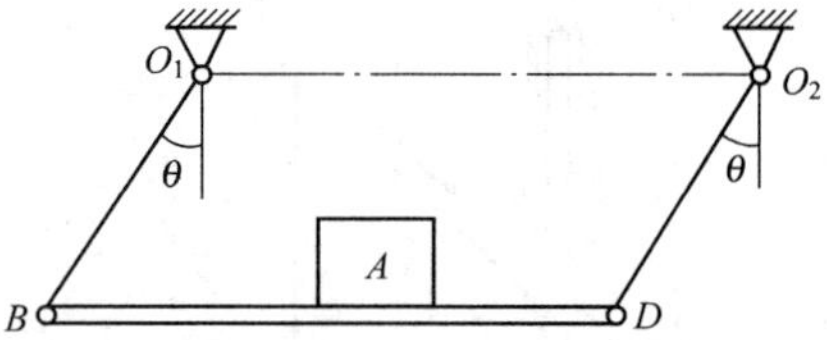

图 12-21　习题 12-6 图

12-7　转速表的简化模型如图 12-22 所示。长 $2l$ 的杆 DE 的两端各有质量为 m 的球 D 与 E，DE 杆与转轴 AB 铰接。当转轴 AB 角速度改变时，DE 杆转角也发生变化。当 $\omega=0$ 时，$\varphi=\varphi_O$，此时扭簧中不受力。已知扭簧产生的力矩 M 与转角 φ 的关系为 $M=k(\varphi-\varphi_O)$。式中 k 为扭簧刚度。试求角速度 ω 与角 φ 之间的关系。

[**答案**：$\omega=\sqrt{\dfrac{k(\varphi-\varphi_O)}{ml^2\sin^2\varphi}}$]

12-8　如图 12-23 所示，长 $l=3.05\text{m}$、质量 $m=45.4\text{kg}$ 的匀质杆 AB，下端搁在光滑的水平面上，上端用长 $h=1.22\text{m}$ 的绳系住。当绳子铅垂时 $\theta=30°$，点 A 以匀速 $v_A=2.44\text{m/s}$ 开始向左运动。试求此瞬时：(1)杆的角加速度；(2)需加在 A 端的水平力 $\boldsymbol{F}_A$；(3)绳的拉力 $\boldsymbol{F}_B$。

[**答案**：(1)$\alpha=1.85\text{rad/s}^2$；(2)$F_A=64\text{N}$；(3)$F_B=321\text{N}$]

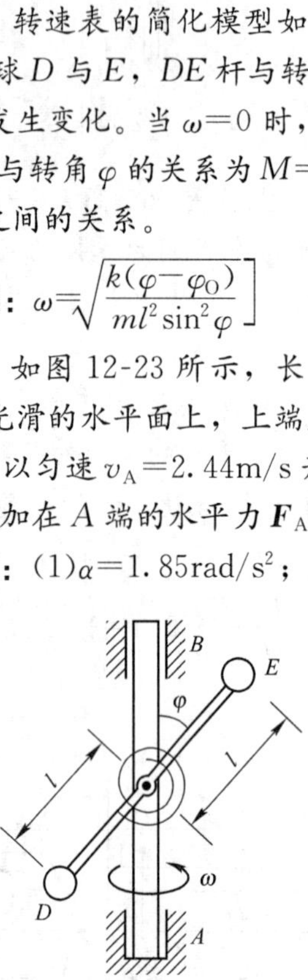

图 12-22　习题 12-7 图

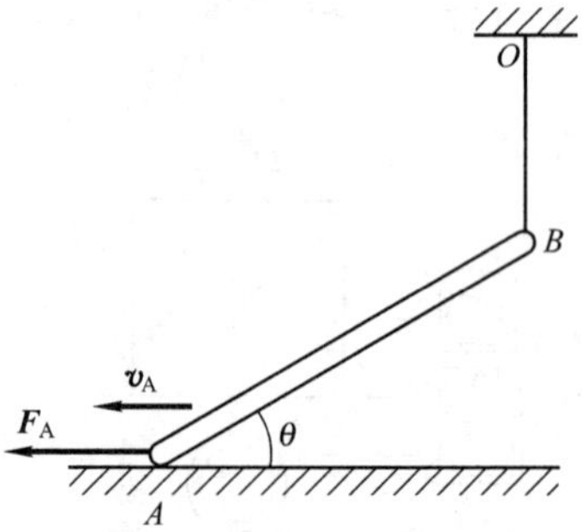

图 12-23　习题 12-8 图

12-9　如图 12-24 所示，直径为 l 的匀质圆盘和长为 l 的匀质杆质量均为 m。当 OAB 三点在同一竖直线上时，在 B 点作用一水平力 $\boldsymbol{F}$，试求此瞬时圆盘和杆的角加速度。

[**答案**：$\alpha=\dfrac{4F}{5ml}$，$\alpha_{AB}=\dfrac{21F}{5ml}$]

12-10　如图 12-25 所示，边长 $l=200\text{mm}$、$h=150\text{mm}$ 的匀质矩形板，质量 $m=27\text{kg}$，由两个销钉 A 和 B 悬挂。试求突然撤去销钉 B 瞬时：(1)平板的角加速度；(2)销钉 A 的约束力。

[**答案**：(1)$\alpha=47\text{rad/s}^2$；(2)$F_{Ax}=-95.34\text{N}$；$F_{Ay}=137.72\text{N}$]

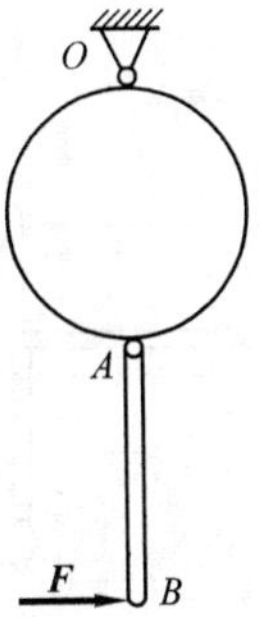

图 12-24　习题 12-9 图

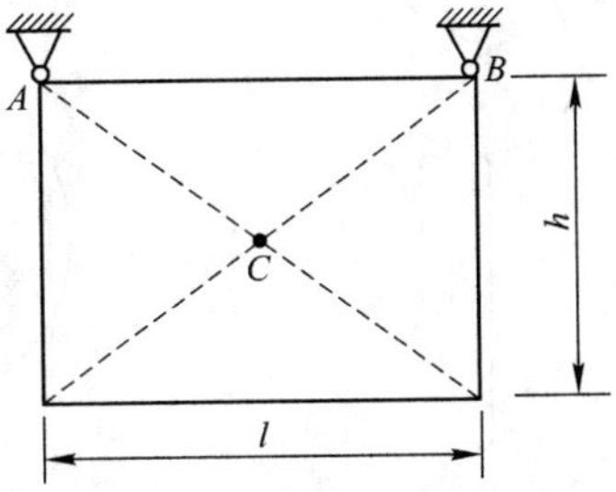

图 12-25　习题 12-10 图

12-11　在图 12-26 所示系统中，匀质杆 AB 长为 l、质量为 4m，匀质圆盘 O 的半径为 r、质量为 m，物体 E 的质量为 2m，系统原处于静止，杆 AB 处于水平位置。试求突然剪断 A 端绳子时：(1)物体 E 和杆质心 C 的加速度；(2)O 处的约束力。

$\left[\textbf{答案：}(1)a_E=\dfrac{2}{7}g(\uparrow),\ a_C=\dfrac{19}{28}g(\downarrow);\ (2)F_{Ox}=0,\ F_{Ay}=\dfrac{26}{7}mg\right]$

12-12　在图 12-27 所示系统中，轮 A 上绕有软绳。已知：轮质量与平板质量均为 m，$r=\dfrac{R}{2}$，轮对于轮心的回转半径 $\rho=\dfrac{2}{3}R$，轮与平板间的静摩擦因数为 f_S，地面光滑。试求使轮子在小车上作纯滚动的水平力 $\boldsymbol{F}$ 的大小。

[**答案：**$F\leqslant 34f_Smg$]

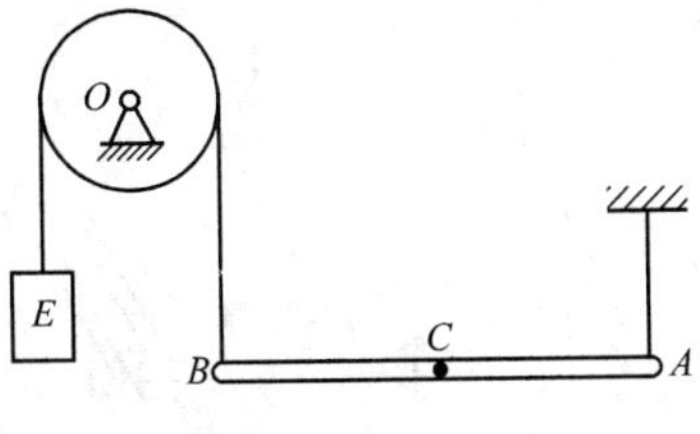

图 12-26　习题 12-11 图

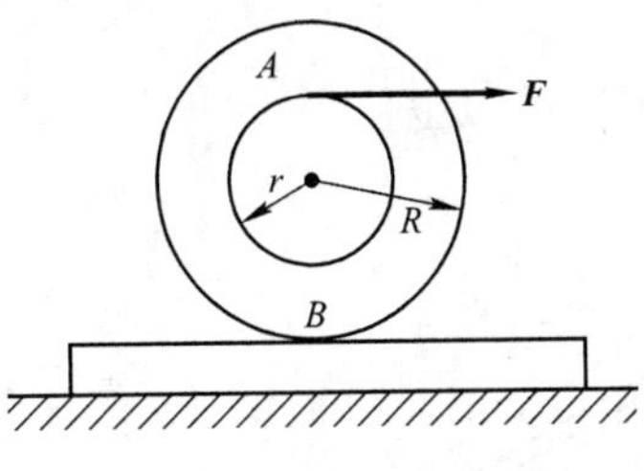

图 12-27　习题 12-12 图

12-13　匀质圆盘 O 的半径 $r=0.45$m、质量 $m_1=20$kg，匀质杆长 $l=1.2$m、质量 $m_2=10$kg，其连接和约束如图 12-28 所示。若在圆盘上作用一力偶矩 $M=20$N·m，试求在运动开始($\omega_O=0$、$\omega_{AB}=0$)时：(1)圆盘和杆的角加速度；(2)轴承 A 的约束力。

[**答案：**(1)$\alpha_1=7.9\text{rad/s}^2$，$\alpha_2=-4.44\text{rad/s}^2$；(2)$F_{Ax}=8.91$N，$F_{Ay}=98$N]

12-14　如图 12-29 所示，匀质杆每长 r 其质量为 m，已知圆盘在铅垂平面内绕 O 轴作匀角速 ω 转动。试求图示 BD 线竖直、OAB 线水平时，作用在 AB 杆上 A 点和 B 点的力。

$\left[\textbf{答案：}F_{Ax}=-3mr\omega^2,\ F_{Ay}=mg,\ F_{Bx}=\dfrac{1}{2}mr\omega^2,\ F_{By}=mg\right]$

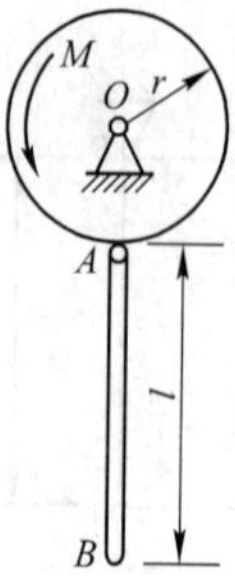

图 12-28 习题 12-13 图

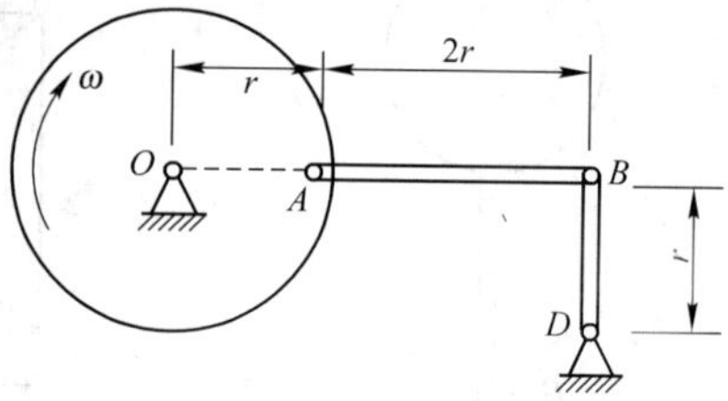

图 12-29 习题 12-14 图

12-15 位于铅垂面内的曲柄连杆滑块机构中，匀质杆 OA 长为 r，连杆 AB 杆长为 $2r$，质量分别为 m 和 $2m$，曲柄 OA 以匀角速 ω_O 转动。在图 12-30 所示 $\theta=30°$瞬时，滑块运行阻力为 $\boldsymbol{F}$，试求此瞬时：(1)滑道对滑块的约束力；(2)作用在 OA 上的驱动力偶矩 M_O。

$$\left[\textbf{答案：}(1)F_{NB}=\frac{2}{9}mr\omega_O^2+2mg+\frac{\sqrt{3}}{3}F；(2)M_O=\frac{2\sqrt{3}}{3}mr^2\omega_O^2+Fr\right]$$

* **12-16** 如图 12-31 所示，曲柄摇杆机构的曲柄 OA 长为 r、质量为 m，在力偶 M(随时间而变化)驱动下以角速度 ω_O 转动，OB 线铅垂，摇杆 BD 可视为质量为 $8m$ 的匀质直杆，其长为 $3r$。不计滑块 A 的质量。试求 OA 位于水平、$\theta=30°$瞬时：(1)驱动力偶矩 M；(2)O 处的约束力。

$$\left[\textbf{答案：}(1)M=\frac{2\sqrt{3}}{4}mr^2\omega_O^2+2mgr；(2)F_{Ox}=\frac{11}{4}mr\omega_O^2+\frac{3\sqrt{3}}{2}mg，F_{Oy}=\frac{3\sqrt{3}}{4}mr\omega_O^2+\frac{5}{2}mg\right]$$

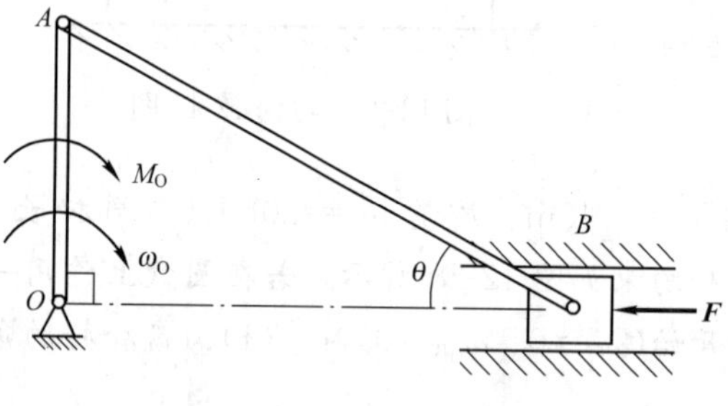

图 12-30 习题 12-15 图

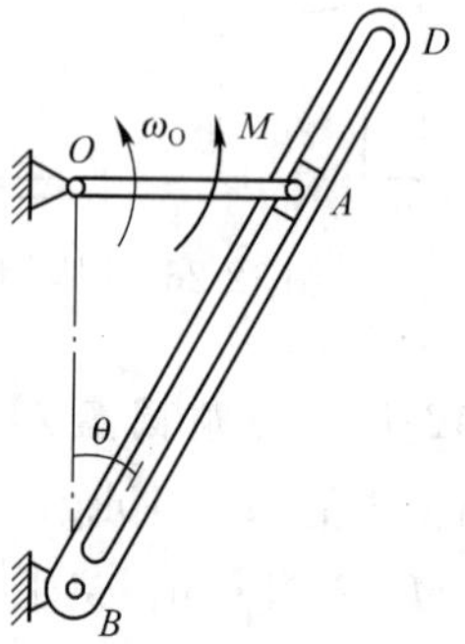

图 12-31 习题 12-16 图

* **12-17** 如图 12-32 所示，重力为 $\boldsymbol{P}$ 的匀质圆柱体，沿倾角为 θ 的悬臂梁作纯滚动。圆柱无初速地开始运动，试求圆心 C 离 O 点的距离为 s 时，O 处的约束力。

$$\left[\textbf{答案：}F_{Ox}=\frac{1}{3}P\sin2\theta，F_{Oy}=P\left(1-\frac{2}{3}\sin^2\theta\right)，M_O=Ps\cos\theta\right]$$

* **12-18** 如图 12-33 所示，三棱柱重力为 $\boldsymbol{P}_1$，可沿光滑水平面滑动；匀质

圆柱重力为$\boldsymbol{P}_2$，沿倾角为θ的斜面无滑动地滚动。试求三棱柱的加速度。

$\left[\textbf{答案：} a_A=\dfrac{P_2\sin2\theta}{3(P_1+P_2)-2P_2\cos^2\theta}\right]$

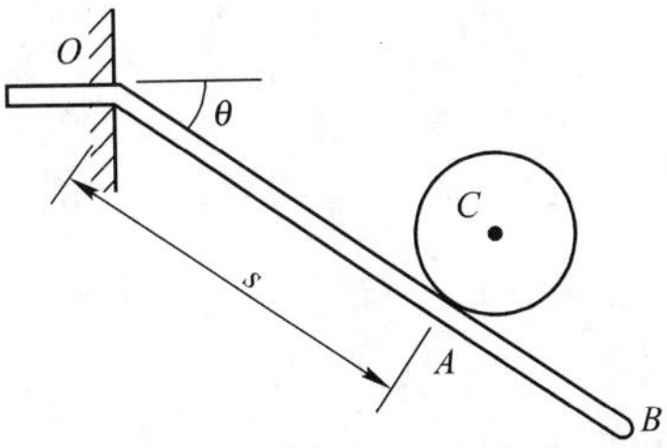

图 12-32　习题 12-17 图

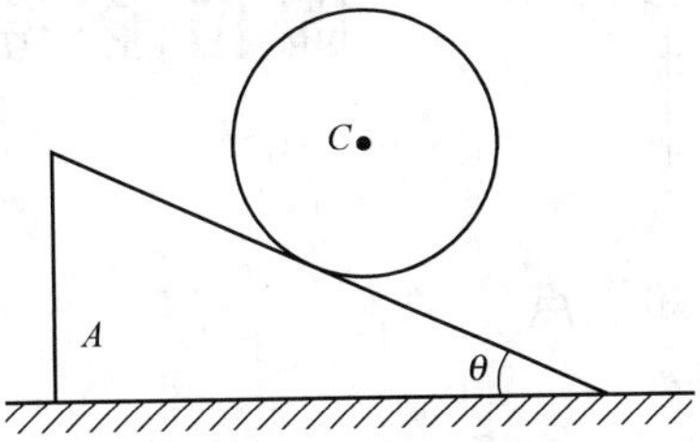

图 12-33　习题 12-18 图

*12-19　如图 12-34 所示，匀质梁AB重为$\boldsymbol{P}$，在中点系一绕在匀质柱体上的绳子，圆柱的质量为m，质心C沿铅垂线向下运动。试求梁支座A、B处的约束力。

$\left[\textbf{答案：} F_A=\dfrac{P}{2}+\dfrac{mg}{6},\ F_B=\dfrac{P}{2}+\dfrac{mg}{6}\right]$

*12-20　如图 12-35 所示，匀质圆柱O的重力$\boldsymbol{P}_1=40\text{N}$，沿倾角$\theta=30°$的斜面作纯滚动，匀质杆长$l=60\text{cm}$，重力$\boldsymbol{P}_2=20\text{N}$，杆$OA$保持水平方位。若不计杆端$A$处的摩擦，系统无初速地进入运动，试求$OA$杆两端的约束力。

[**答案：** $F_{Ox}=-1.8\text{N}$，$F_{Oy}=8.127\text{N}$，$F_A=9.38\text{N}$]

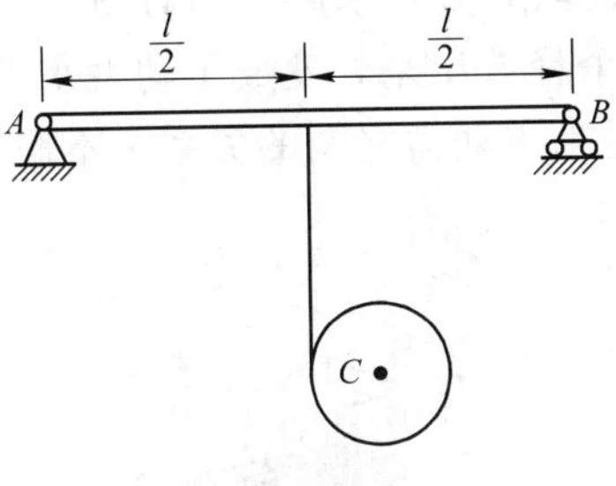

图 12-34　习题 12-19 图

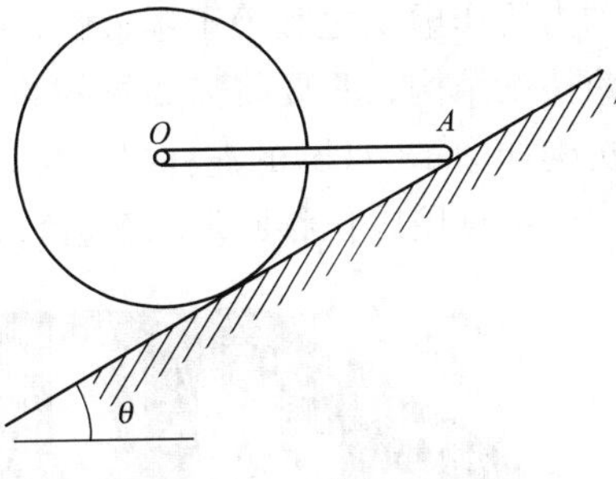

图 12-35　习题 12-20 图

第13章 虚位移原理

本章知识点

【知识点】约束、约束方程、广义坐标、理想约束、虚位移以及虚功的概念，虚位移的计算，虚位移原理。

【重点】虚位移的计算，虚位移原理。

【难点】正确确定虚位移之间的关系，熟练地应用虚位移原理中几何法与解析法求解约束力和平衡条件。

达朗伯原理运用静力学的平衡方程求解动力学的问题，本章的虚位移原理则是借用虚功的概念建立受约束质点系的平衡条件。它与静力学的平衡方程不同，是研究静力学平衡问题的另一途径。

在静力学中，对于物体系统，每个平衡方程中往往会出现多个未知约束力，因此需解多元联立方程。虚位移原理利用理想约束的约束力不做功，所有主动力所作虚功之和等于零求解，一般无需联立方程求解。如对图 13-1(a)中多跨桥梁结构，只要将需要求的约束力逐个释放出来，变成主动力来求解；而对机构如图 13-1(b)的连杆提升架，往往是求主动力之间的关系，不需要求约束力。可见用虚位移原理求解就特别简便。

(a) (b)

图 13-1

虚位移原理是在确定广义坐标的基础上，以力在可能位移上所作虚功之和必须为零来描述非自由质点系的平衡条件。所以**虚位移原理**也称为分析静力学。在研究虚位移原理之前，先要介绍约束、约束方程、广义坐标、自由度、虚位移和理想约束等概念。

13.1 质点系的自由度、约束与广义坐标

13.1.1 约束和约束方程

若质点系中所有质点都可占据空间的任何位置而其运动不受任何限制，则这样的质点系为自由质点系。自由质点系中任何一个质点 M_i 的位置须用 3 个独立坐标决定，例如在直角坐标系中，任何质点 M_i 的位置可以用(x_i，y_i，z_i)表示，当质点运动时，这 3 个坐标都是独立变化的。因此，我们说这个质点具有 3 个自由度。对于由 n 个质点组成的自由质点系，要确定质点系中所有质点的位置须用 $3n$ 个独立坐标，这样的质点系具有 $3n$ 个自由度。而在实际工程中，大多数物体在空间的位置和形状会受到周围物体的限制，这种质点系称为非自由质点系。这种对质点系位置和运动的限制条件称为约束。将这些约束用数学方程来表示，则这种方程称为约束方程。

如果约束只对质点系几何位置起限制作用时，称这种约束为几何约束。例如，图 13-2 所示的小球被刚杆悬挂 O 点，小球只能绕 O 作圆周运动，则几何约束方程为：

$$x^2+y^2+z^2=l^2$$

当约束对质点系几何位置与速度都起限制作用时，称这种约束为运动约束。例如，图 13-3 表示沿直线只滚不滑的圆盘。除轮心受几何约束 $y_c=R$ 外，还受到纯滚动的运动约束方程为：

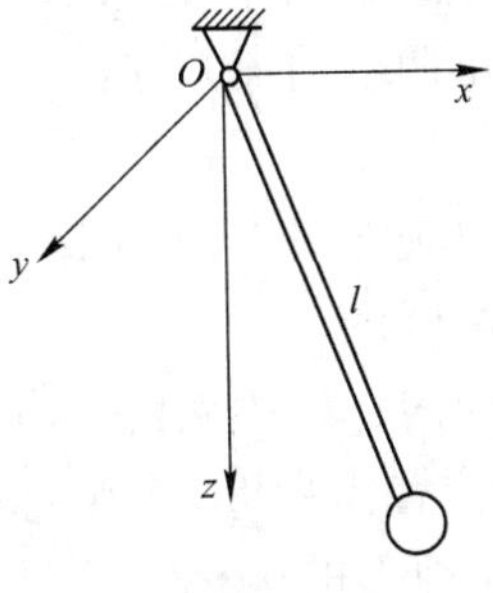

图 13-2

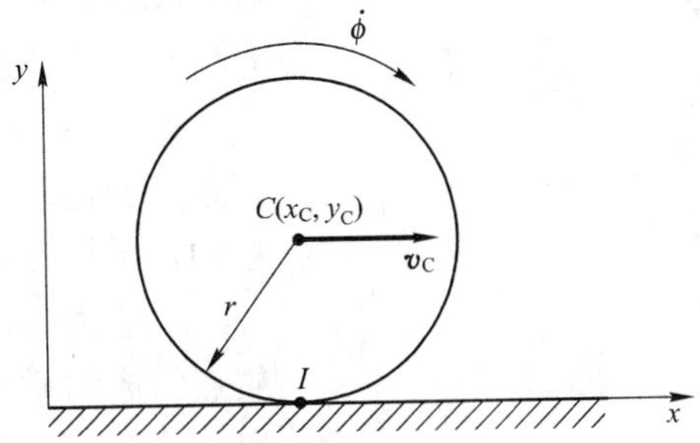

图 13-3

$$\dot{x}_C-r\dot{\phi}=0$$

上式经过积分后可变为几何约束方程 $x_C-r\phi=C$，这种通过积分或微分可将运动约束方程变换为几何约束的约束称为完整约束。至于不可积分的运动约束方程称为非完整约束。

若约束的性质不随时间改变，称为**定常约束**。定常约束的约束方程中，不显含时间 t。如图 13-2 和图 13-3 中的约束方程都不显含时间 t，故都是定常约束。若约束的性质随时间改变，即约束方程中显含时间 t，则称为**非定常约束**。例如将绳穿过小环 O，一端系以小球，另一端以匀速率 v 拉动绳索

(图 13-4)，设初瞬时小球与环 O 的距离为 l_0，则在任意时刻 t 小球的约束方程为：

$$x^2+y^2+z^2\leqslant(l_0-vt)^2$$

式中显含时间 t，为非定常约束。

如果约束能限制质点某个方向及其反方向的位移的几何约束，称为双面约束。例如图 13-5 中的曲柄连杆机构中滑块 B 所受的约束即为双面约束。如果运动质点可以从某一方向脱离约束作用，则这种约束称为单面约束。例如，柔软绳索约束，光滑接触面约束，都是单面约束。

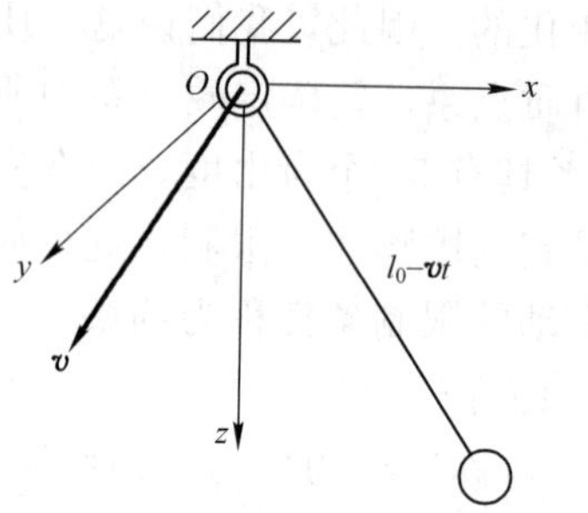

图 13-4

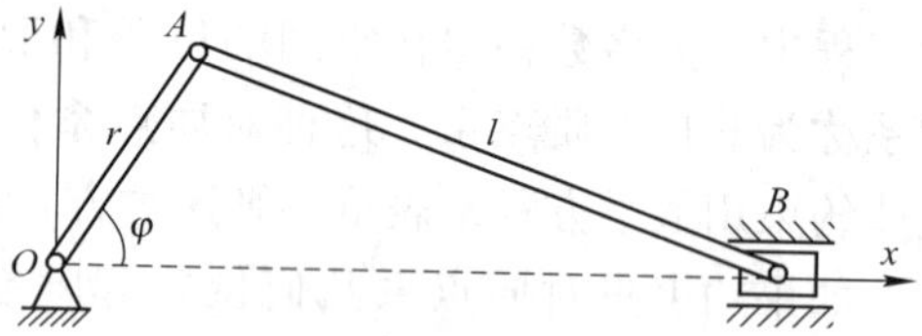

图 13-5

本章只限于讨论双面、定常的几何约束。

13.1.2 自由度和广义坐标

如图 13-6 所示的双锤摆，系统有 M_1、M_2 两个质点，设在铅直平面摆动，则确定该系统的位置需四个坐标 x_1、y_1、x_2、y_2，但各坐标须满足两个约束方程：

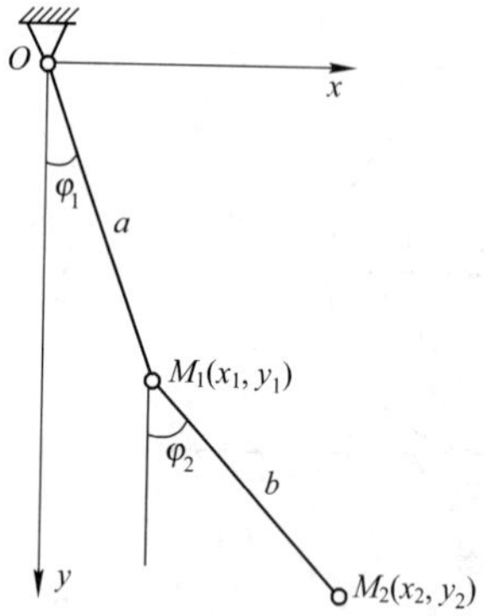

图 13-6

$$x_1^2+y_1^2=a^2,\quad (x_1-x_2)^2+(y_1-y_2)^2=b^2$$

因是平面运动机构，所以现在只有两个坐标是独立的，系统具有两个自由度。

一般情况，一个不受内、外约束的、由 n 个质点组成的质点系，其位置需用 $3n$ 个坐标来确定，这 $3n$ 个坐标是相互独立的坐标；一旦质点系受到 s 个完整约束，则 $3n$ 个坐标就不全独立，系统中**独立坐标**就减少为 $k=3n-s$ 个。在一般情况下可以选择 k 个任意参量(直角坐标或弧度坐标)来表示质点系的位置，这种用以确立质点系位置的独立参量称为广义坐标。而将广义坐标数 k 定义为系统的自由度数目，简称为自由度。

应指出，在同一系统中，广义坐标的选取不是唯一的，它可以是直角坐标，如图 13-6 中的 x_1、x_2 或 y_1、y_2，也可以是转角，如图 13-6 中的 φ_1、φ_2。但广义坐标选取适当，将会给计算带来方便。

一般地，由 n 个质点组成的质点系，受到 s 个定常约束，具有 $k=3n-s$

个自由度，若选 k 个广义坐标 q_1，q_2，…，q_k，那么各质点的坐标可以写成广义坐标的函数形式：

$$\left.\begin{aligned} x_i &= x_i(q_1, q_2, \cdots, q_k) \\ y_i &= y_i(q_1, q_2, \cdots, q_k) \\ z_i &= z_i(q_1, q_2, \cdots, q_k) \end{aligned}\right\} \quad (i=1, 2\cdots, n) \tag{13-1}$$

写成矢量的形式：

$$\boldsymbol{r}_i = \boldsymbol{r}_i(q_1, q_2, \cdots, q_k) \quad (i=1, \cdots, n) \tag{13-2}$$

13.2 虚位移和理想约束

13.2.1 虚位移的概念

在非自由质点系中，由于约束的作用，使各质点在某些方向的位移成为不可能，而在另一些方向的位移是约束所容许的。由此引出**虚位移**的定义：质点(或质点系)在给定瞬时，为约束所容许的任何微小的位移，称为质点(或质点系)的虚位移或可能位移。通常记作 $\delta \boldsymbol{r}$，δ 为**变分**符号，它表示变量与时间历程无关的微小变更，以区别于实位移 $\mathrm{d}\boldsymbol{r}$。

例如，受固定曲面 s 约束的质点 A，在满足曲面约束的条件下，质点 M 在曲面该点的切面 T 上的任何方向上的微小位移 $\delta \boldsymbol{r}$(图 13-7)，即为该质点的虚位移；而任何脱离此切面的位移，必定破坏了曲面对质点的约束条件，都不是虚位移。

又如杠杆 AB 受铰链 O 约束(图 13-8)，设杆转过一微小角 $\delta\theta$，直杆上除 O 点外，均获得了相应的位移。观察杆上 M 点，经过一段弧长 $\widehat{MM}$，到达 M' 点，因 $\delta\theta$ 是微小的，M 点的位移 $\delta \boldsymbol{r}_{\mathrm{M}}$(即弦长 $\overline{MM'}$)近似地等于弧长 $\widehat{MM'}$，并认为垂直 OM，即

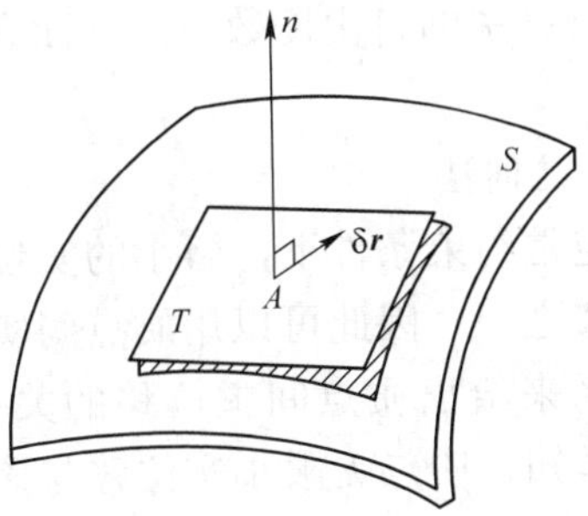

图 13-7

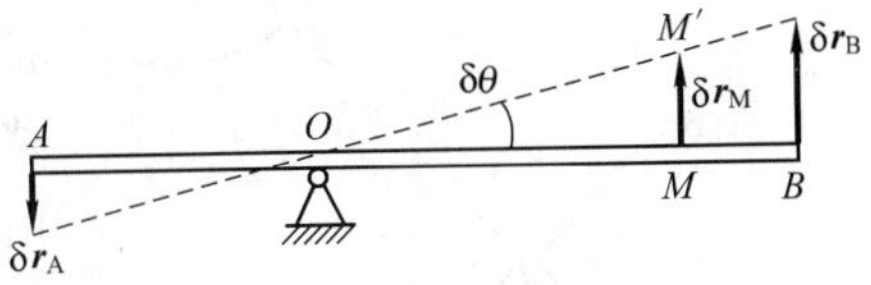

图 13-8

$$\delta r_{\mathrm{M}} = \overline{OM}\delta\theta$$

同样 $\delta r_{\mathrm{A}} = \overline{OA}\delta\theta$，$\delta r_{\mathrm{B}} = \overline{OB}\delta\theta$，方向如图 13-8 所示。

虚位移是可能位移，它是一个纯粹的几何概念，它仅依赖于约束条件；而实位移是真实位移，不仅取决于约束条件，还与时间和作用力有关。

作用于质点或质点系上的力在给定虚位移上所做的功称为虚功，记作 $\delta W = \boldsymbol{F} \times \boldsymbol{\delta r}$。虚功的计算与力在真实微小位移上所作元功的计算是一样的。但须指出，由于虚位移是假想的，不是真实发生的，故虚功也是假想的。

那么虚位移与实位移有何区别呢？虚位移是可能位移，它是一个纯粹的几何概念，它仅依赖于约束条件；而实位移是真实位移，不仅取决于约束条件，还与时间和作用力有关。因此存在以下差异：

如一个静止质点可以有虚位移，但肯定没有实位移；其次虚位移是微小位移，而实位移可以是微小值，也可以是有限值。

虚位移与实位移的关系为：

(1) 在定常系统中，微小的实位移是虚位移之一(图 13-9a)，$\mathrm{d}\boldsymbol{r} = \delta \boldsymbol{r}_1$。

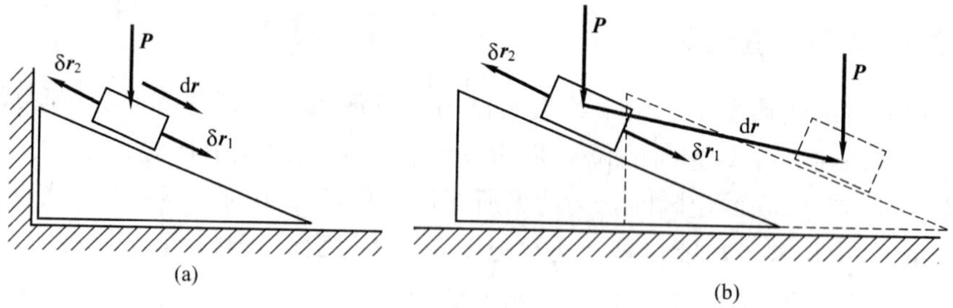

图 13-9

(2) 在非定常系统中，微小的实位移不再成为虚位移之一。如图 13-9(b)所示，滑块搁在倾角为 θ 的斜面上，斜面以速度 $\boldsymbol{v}$ 沿水平向运动。在任何时间滑块的虚位移($\delta \boldsymbol{r}_1$、$\delta \boldsymbol{r}_2$)沿斜面，而在 Δt 时间内，滑块的实位移则为 $\mathrm{d}\boldsymbol{r}$，它由沿斜面的相对位移与随三棱体运动的牵连位移合成而得。

13.2.2　虚位移的分析方法

受约束质点系，为了不破坏约束条件，质点系内各质点的虚位移必须满足一定的关系，而且独立的虚位移个数等于质点系的自由度数目。下面介绍分析质点系虚位移关系的两种方法。

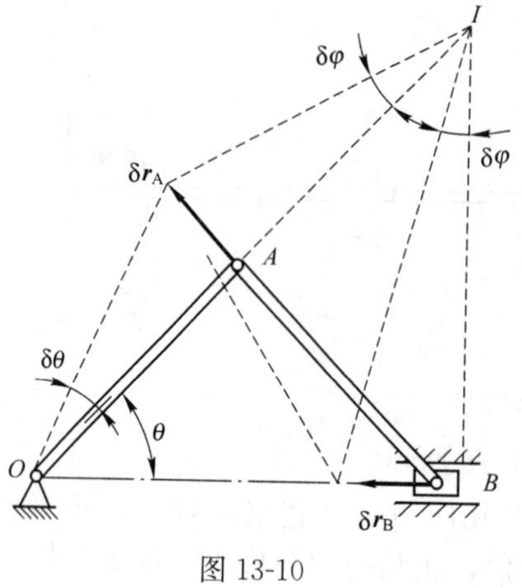

图 13-10

(1) 几何法

在定常约束条件下，微小的实位移是虚位移之一。因此可以用质点间实位移的关系来给出质点间虚位移的关系。由运动学知，质点无限小实位移与该点的速度成正比，$\mathrm{d}\boldsymbol{r} = \boldsymbol{v}\mathrm{d}t$，所以可用分析速度的方法来建立质点间虚位移的关系。例如在图 13-10 的机构中，当给以虚位移 $\delta\theta$ 时，直杆上各点的虚位移的分布规律都与速度的分布规律相同。于是 A、B 两点虚位移的大小关系可用速度瞬心法求得：

$$\frac{\delta r_A}{\delta r_B}=\frac{IA\times\delta\varphi}{IB\times\delta\varphi}=\frac{IA}{IB}$$

(2) 解析法

设由 n 个质点组成的质点系受到 s 个完整、双侧和定常的约束，具有 $k=3n-s$ 个自由度。以 k 个广义坐标 q_1，q_2，…，q_k 来确定质点系的位置。当质点系发生虚位移时，各广义坐标分别有微小的变更(称为广义虚位移) δq_1，δq_2，…，δq_k，任一质点的虚位移 $\delta \boldsymbol{r}_i$ 可表示为 k 个独立变分 δq_1，δq_2，…，δq_k 的函数。即对式(13-3)用类似求微分的方法得到其变分(虚位移)为：

$$\delta \boldsymbol{r}_i=\frac{\partial \boldsymbol{r}_i}{\partial q_1}\delta q_1+\frac{\partial \boldsymbol{r}_i}{\partial q_2}\delta q_2+\cdots+\frac{\partial \boldsymbol{r}_i}{\partial q_k}\delta q_k=\sum_{j=1}^{k}\frac{\partial \boldsymbol{r}_i}{\partial q_j}\delta q_j \quad (i=1,\ \cdots,\ n) \tag{13-3}$$

【例题 13-1】 图 13-11 所示为一双摆，两质点 A、B 用两根相同长度的刚性杆连接，在铅垂面内绕 O 轴运动。此系统具有两个自由度，取广义坐标为 φ、θ，则 A、B 点的坐标可表示为广义坐标的函数。

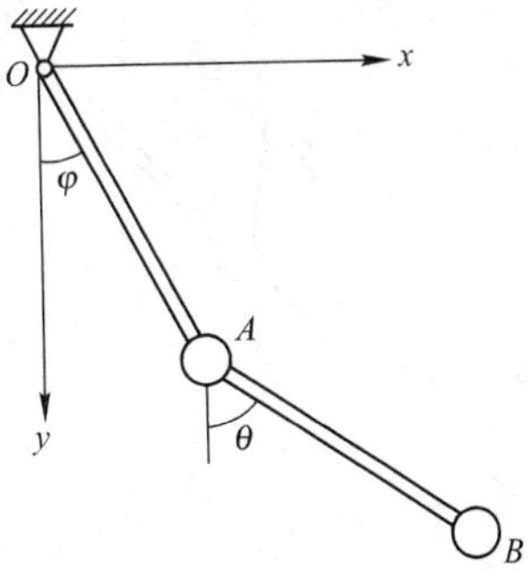

图 13-11 例题 13-1 图

【解】

$$\left.\begin{aligned} x_A&=l\sin\varphi\\ y_A&=l\cos\varphi\\ x_B&=l\sin\varphi+l\sin\theta\\ y_B&=l\cos\varphi+l\cos\theta \end{aligned}\right\} \tag{a}$$

对式(a)求变分，即得各点的虚位移表示为独立变分 $\delta\varphi$、$\delta\theta$ 的函数为：

$$\left.\begin{aligned} \delta x_A&=\frac{\partial x_A}{\partial\varphi}\delta\varphi+\frac{\partial x_A}{\partial\theta}\delta\theta=l\cos\varphi\delta\varphi\\ \delta y_A&=\frac{\partial y_A}{\partial\varphi}\delta\varphi+\frac{\partial y_A}{\partial\theta}\delta\theta=-l\sin\varphi\delta\varphi\\ \delta x_B&=\frac{\partial x_B}{\partial\varphi}\delta\varphi+\frac{\partial x_B}{\partial\theta}\delta\theta=l\cos\varphi\delta\varphi+l\cos\theta\delta\theta\\ \delta y_B&=\frac{\partial y_B}{\partial\varphi}\delta\varphi+\frac{\partial y_B}{\partial\theta}\delta\theta=-l\sin\varphi\delta\varphi-l\sin\theta\delta\theta \end{aligned}\right\} \tag{b}$$

13.2.3 理想约束

如果约束力在质点系的任何虚位移中所作元功之和等于零，则这种约束称为理想约束。以 $\boldsymbol{F}_{Ni}$ 表示第 i 个质点受到的约束力合力，$\delta \boldsymbol{r}_i$ 表示该质点的虚位移，则质点系的理想约束条件为：

$$\sum_{i=1}^{n}\boldsymbol{F}_{Ni}\times\delta\boldsymbol{r}_i=0 \tag{13-4}$$

能满足式(13-5)的理想约束不外乎下列四种类型：

(1) $\delta \boldsymbol{r}_i=0$，即约束处无虚位移，如固定端约束、铰支座等；

(2) $\boldsymbol{F}_{Ni} \perp \delta\boldsymbol{r}_i$，即约束力与虚位移相垂直，如光滑接触面约束等；

(3) $\boldsymbol{F}_{Ni}=0$，即约束点上约束力的合力为零，如铰链连接(销钉上受到的是一对大小相等、方向相反的力)等；

(4) $\sum_{i=1}^{n} \boldsymbol{F}_{Ni} \times \delta\boldsymbol{r}_i=0$，即一个约束在一处约束力的虚功不为零，但若干处的虚功之和即为零。如连接两质点的无重刚性杆(图 13-12a)，此刚杆为二力杆，两端受力大小相等，方向相反，作用线沿杆轴；而 A、B 两点的虚位移分别为 $\delta\boldsymbol{r}_A$ 和 $\delta\boldsymbol{r}_B$，且 $|\delta\boldsymbol{r}_A| \neq |\delta\boldsymbol{r}_B|$，但在刚性杆约束下，两点虚位移沿杆轴的投影应相等，即

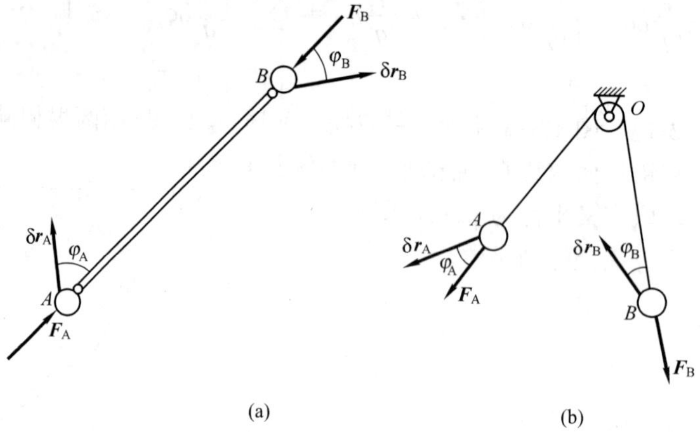

图 13-12

$$\delta r_A \cos\varphi_A=\delta r_B \cos\varphi_B$$

因此有
$$\sum_{i=1}^{2} \boldsymbol{F}_{Ni} \times \delta\boldsymbol{r}_i=F_A \delta r_A \cos\varphi_A-F_B \delta r_B \cos\varphi_B=0$$

再如对于跨过滑轮的不可伸长的绳在力 $\boldsymbol{F}_A$ 与 $\boldsymbol{F}_B$ 作用下处于平衡(图 13-12b)，则 $\boldsymbol{F}_A=\boldsymbol{F}_B$，虽然虚位移 $|\delta\boldsymbol{r}_A| \neq |\delta\boldsymbol{r}_B|$，但在绳约束不失效的条件下，仍可建立与上述类似的关系式，得到同样的结果。

和其他类型的约束一样，理想约束是从实际约束中抽象出来的理想模型，它代表了相当多的实际约束的力学性质。

13.3 虚位移原理

虚位移原理是解答平衡问题的最一般原理，可表述为：对于具有理想约束的质点系，在给定位置上保持平衡的必要与充分条件是：所有主动力在质点系的任何虚位移中的元功之和等于零。如以 $\boldsymbol{F}_i$ 表示作用于质点系中某质点上主动力的合力，$\delta\boldsymbol{r}_i$ 表示该质点的虚位移，δw 表示所有主动力在质点系的任何虚位移中元功之和，则虚位移原理的矢量表达式为：

$$\delta w=\sum_{i=1}^{n} \boldsymbol{F}_i \times \delta\boldsymbol{r}_i=0 \tag{13-5}$$

虚位移原理也可用解析式表示为：

$$\delta w = \sum_{i=1}^{n}(F_{ix}\delta x_i + F_{iy}\delta y_i + F_{iz}\delta z_i) = 0 \tag{13-6}$$

式中 $\boldsymbol{F}_{xi}$、$\boldsymbol{F}_{yi}$、$\boldsymbol{F}_{zi}$ 和 δx_i、δy_i、δz_i 分别表示主动力 $\boldsymbol{F}_i$ 和虚位移 $\delta \boldsymbol{r}_i$ 在 x、y、z 轴上的投影。式(13-6)称为虚功方程。

为证明虚位移原理，先证明必要性，再证明充分性。

(1) 必要性证明。即要求证明：如质点系处于平衡，则式(13-5)成立。

当质点系平衡时，其中各质点均应平衡，因而作用于第 i 个质点上的主动力合力 $\boldsymbol{F}_i$ 与约束力的合力 $\boldsymbol{F}_{Ni}$之和必为零，即

$$\boldsymbol{F}_i + \boldsymbol{F}_{Ni} = 0 \quad (i=1,2,\cdots,n)$$

设此质点具有任意虚位移 $\delta \boldsymbol{r}_i$，则 $\boldsymbol{F}_i$ 与 $\boldsymbol{F}_{Ni}$在虚位移上元功之和必等于零，有

$$(\boldsymbol{F}_i + \boldsymbol{F}_{Ni}) \times \delta \boldsymbol{r}_i = 0 \quad (i=1,2,\cdots,n)$$

将 n 个质点等式相加，得

$$\sum_{i=1}^{n}(\boldsymbol{F}_i + \boldsymbol{F}_{Ni}) \times \delta \boldsymbol{r}_i = \sum_{i=1}^{n}\boldsymbol{F}_i \times \delta \boldsymbol{r}_i + \sum_{i=1}^{n}\boldsymbol{F}_{Ni} \times \delta \boldsymbol{r}_i = 0$$

根据理想约束的条件 $\sum_{i=1}^{n}\boldsymbol{F}_{Ni} \times \delta \boldsymbol{r}_i = 0$，故证得：$\sum_{i=1}^{n}\boldsymbol{F}_i \times \delta \boldsymbol{r}_i = 0$

(2) 充分性。即要求证明：如式(13-6)成立，则质点系处于平衡。

采用反证法。设式(13-6)成立，而质点系不平衡；则在质点系中至少有 1 个质点将离开平衡位置从静止开始作加速运动，这时该质点在主动力、约束力的合力 $\boldsymbol{F}_{Ri} = (\boldsymbol{F}_i + \boldsymbol{F}_{Ni})$作用下必有实位移 $\mathrm{d}\boldsymbol{r}_i$，且实位移方向与合力方向一致，于是 $\boldsymbol{F}_{Ri}$将做正功。在定常约束的情况下，实位移 $\mathrm{d}\boldsymbol{r}_i$ 必为虚位移 $\delta \boldsymbol{r}_i$ 之一。于是有

$$\boldsymbol{F}_{Ri} \times \delta \boldsymbol{r}_i = (\boldsymbol{F}_i + \boldsymbol{F}_{Ni}) \times \delta \boldsymbol{r}_i > 0$$

对于每一个进入运动的质点，都可以写出这样类似的不等式，而对于平衡的质点仍可得到等式。将所有质点的表达式相加，必有

$$\sum_{i=1}^{n}(\boldsymbol{F}_i \times \delta \boldsymbol{r}_i + \boldsymbol{F}_{Ni} \times \delta \boldsymbol{r}_i) > 0$$

由理想约束条件 $\sum_{i=1}^{n}\boldsymbol{F}_{Ni} \times \delta \boldsymbol{r}_i = 0$，因此上式成为：$\sum_{i=1}^{n}\boldsymbol{F}_i \times \delta \boldsymbol{r}_i > 0$

此结果与证明中所假设的条件矛盾。所以，质点系不可能进入运动，而必定成平衡。

虚位移原理是质点系静力平衡的普遍原理，它可以用来解决各种静力学问题，对任何质点系均适用。由于虚位移原理是虚功之和等于零，因此也称为虚功原理。对于受理想约束的复杂系统的平衡问题，由于不会出现约束力，从而避免了解联立方程，使计算过程大为简化。虚位移原理虽然是基于质点系具有理想约束的情况下得出的，但是，当所遇到的约束不是理想约束时(例如，有摩擦存在时的情况，一般而言，动摩擦力在虚位移中做功不等于零，静摩擦力在虚位移中做功等于零)，虚位移原理同样适用，这时只要将做功的约束力当做主动力，加入这种力在虚位移中所做的功即可。如果要求某一约

束力，则只要将该约束解除，用相应的约束反力来代替，并将该约束反力当做主动力，加上该约束力在虚位移中所做的功，就可应用虚位移原理求解约束反力。

【例题 13-2】 如图 13-13(a)所示，椭圆规机构，连杆 AB 长为 l，杆重和摩擦力不计，求：在图示位置平衡时主动力 $\boldsymbol{F}_A$ 和 $\boldsymbol{F}_B$ 之间的关系。

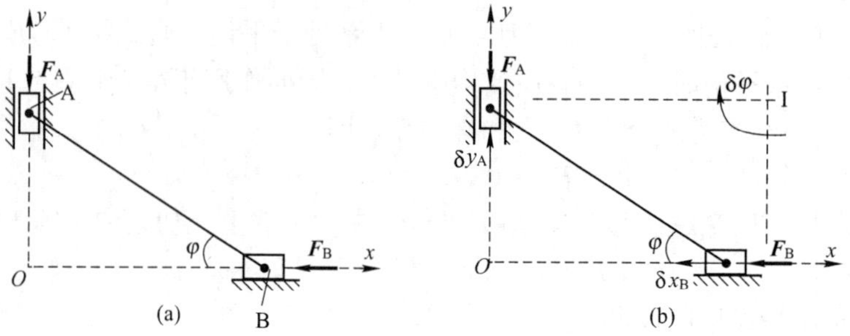

图 13-13　例题 13-2 图

【解】 虚位移原理中应写出主动力在质点系的任何虚位移中的元功之和，而功的表达形式通常有几何法与解析法，故现在分这两种方法讨论。

[几何法] 首先在满足几何约束条件下假设 A 物块朝上作虚位移 δy_A，对应的 B 物块必定朝左作虚位移 δx_B(图 13-13b 所示)。虚功方程为：

$$-F_A\delta y_A+F_B\delta x_B=0 \tag{a}$$

从直观判断，只要约束一个虚位移参数，则物体系统不能运动，故是一个自由度的物体系统。现引入运动学概念，可知 I 点是 AB 杆的速度瞬心，则应绕 I 点有相应的虚转角 $\delta\varphi$。可建立以下的关系式：

$$\delta y_A=l\cos\varphi\delta\varphi,\quad \delta x_B=l\sin\varphi\delta\varphi$$

代入式(a)后为：

$$(-F_Al\cos\varphi+F_Bl\sin\varphi)\delta\varphi=0$$

按定义虚转角 $\delta\varphi\neq 0$，因此

$$(-F_Al\cos\varphi+F_Bl\sin\varphi)=0$$

于是可求得机构在图示位置平衡时两个主动力之间的平衡关系：$\dfrac{F_A}{F_B}=\tan\varphi$

[解析法] 在图示机构上建立直角坐标系，如主动力在坐标轴上的投影与坐标轴的正向一致，则虚功为正值，反之为负值。由式(13-7)可得：

$$-F_A\delta y_A-F_B\delta x_B=0 \tag{b}$$

写出各主动力的作用所对应坐标函数值为：$x_B=l\cos\varphi$，$y_A=l\sin\varphi$。对坐标函数值求变分有：$\delta x_B=-l\sin\varphi\delta\varphi$，$\delta y_A=l\cos\varphi\delta\varphi$。代入式(b)后，可求得：

$$\frac{F_A}{F_B}=\tan\varphi$$

从理论上而言，物体系统的静止平衡问题都可以使用几何法和解析法讨论。但一般在解题应用时，如系统是在一般形状位置时，可使用解析法讨论，并写出坐标函数值，以便求变分。而系统是在特定形状位置时，仅能写坐标

值，无法求得变分，故应使用几何法讨论平衡问题。

【例题 13-3】 图 13-14(a)所示压缩机的手轮上作用一力偶，其矩为 M，手轮轴的两端各有螺距同为 h 但方向相反的螺线。螺线上各套有螺母，这两个螺母用销钉分别与边长为的 a 菱形杆框的两顶点 A、B 相连。此菱形框的上面顶点 D 固定不动，而下面顶点 C 连接在压缩机的水平钢板上，当菱形框的顶角等于 2θ 时，压缩机对被压物体的压力为多少？

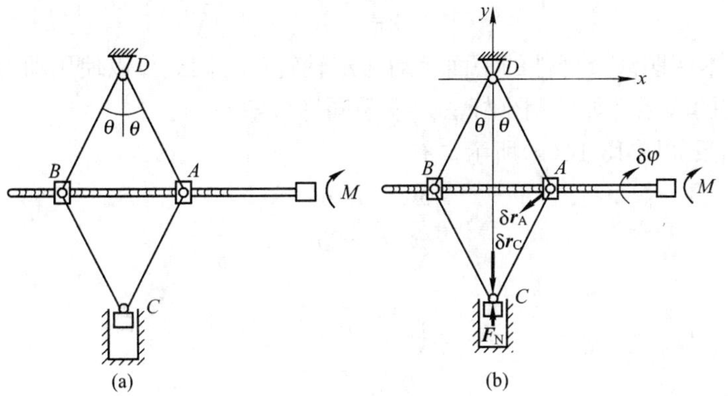

图 13-14 例题 13-3 图

【解】 (1) 研究手轮螺杆、菱形杆框和压板组合系统，受的主动力有 M 和 $\boldsymbol{F}_N$，忽略螺杆与螺母间摩擦，且约束是理想的。

(2) 给出系统虚位移。杆 AD、BD 作定轴转动，杆 AC、BC 作平面运动，水平钢板平移，虚位移在图 13-14(b)中画出。

(3) 列出虚功方程：

$$M\delta\varphi - F_N\delta r_C = 0$$

(4) 找出虚位移之间的关系。

当手轮沿力偶方向有虚位移 $\delta\varphi$ 时，根据机构特点可知：A 点沿水平线向左有虚位移 δr_{Ax}，B 点有对称向右的虚位移 δr_{Bx}。

且

$$\frac{\delta\varphi}{2\pi} = \frac{\delta r_{Ax}}{h}$$

由于 AD 定轴转动，限定 A 点虚位移为垂直于 DA 方向的 δr_A，根据几何关系，有 $\delta r_A = \dfrac{\delta r_{Ax}}{\cos\theta}$再根据 AC 杆作平面运动，由速度投影定理知：

$$\delta r_{Ax}\cos(90° - 2\theta) = \delta r_C\cos\theta$$

于是

$$\delta r_C = \frac{h}{\pi}\tan\theta\delta\varphi$$

(5) 将之代入虚功方程有：

$$M\delta\varphi - F_N\frac{h}{\pi}\tan\theta\delta\varphi = 0$$

得

$$F_N=\frac{\pi M}{h}\cot\theta$$

压缩机对被压物体的压力与约束力大小相等、方向相反。

提示：(1) 本例题涉及螺杆与螺母的组合，因此，对于这类题目一定要使用如下几何关系，这一点是读者应该熟练掌握的。

$$\frac{\delta\varphi}{2\pi}=\frac{\delta x}{h}$$

(2) 本例题涉及杆件的平面运动与定轴转动，因此可以使用动力学关系寻找虚位移的联系。如使用坐标法，本题同样可解。

坐标系如图 13-14(b)所示，有

$$\begin{cases}x_A=a\sin\theta\\ y_C=-2a\cos\theta\end{cases}$$

则

$$\begin{cases}\delta x_A=a\cos\theta\delta\theta\\ \delta y_C=2a\sin\theta\delta\theta\end{cases}$$

且

$$\frac{\delta x_A}{h}=\frac{-\delta\varphi}{2\pi}\quad(\text{注意 }\delta x_A\text{ 是以 }x_A\text{ 的正向为正})$$

所以有

$$\delta y_C=\frac{2a\sin\theta}{a\cos\theta}\delta x_A=-2\tan\theta\times\frac{h}{2\pi}\delta\varphi=-\frac{h}{\pi}\tan\theta\delta\varphi$$

代入虚功方程，有

$$F_N\delta y_C+M\delta\varphi=0$$

$$M\delta\varphi-F_N\frac{h}{\pi}\tan\theta\delta\varphi=0$$

$$F_N=\frac{\pi}{h}M\cot\theta$$

【例题 13-4】 一多跨静定梁尺寸如图 13-15(a)所示，已知：竖直力 $\boldsymbol{P}_1$、$\boldsymbol{P}_2$，力偶矩 M。试求支座 B 处的约束力。

【解】 原结构受约束后无自由度，不可能发生位移。为了应用虚位移原理求支座 B 的约束力，可将支座 B 去除，代之以约束力 $\boldsymbol{F}_B$(将此力看作主动力)。这样，整个结构有了一个自由度。使该结构有图 13-15(b)所示的虚位移。建立虚功方程为：

$$P_1\delta r_1-F_B\delta r_B+P_2\delta r_2+M\delta\theta=0$$

由几何关系有

$$\frac{\delta r_1}{\delta r_B}=\frac{4}{8}=\frac{1}{2},\quad \frac{\delta r_2}{\delta r_B}=\frac{11}{8}$$

$$\frac{\delta\theta}{\delta r_B}=\frac{1}{\delta r_B}\frac{\delta r_0}{4}=\frac{1}{\delta r_B}\frac{\delta r_E}{6}=\frac{1}{6\delta r_B}\frac{3\delta r_2}{6}=\frac{1}{12}\times\frac{11}{8}=\frac{11}{96}$$

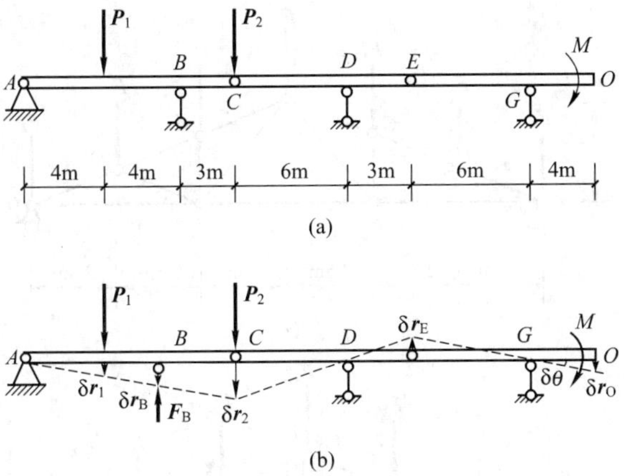

图 13-15　例题 13-4 图

代入方程有

$$\left[P_1-F_B\times2+P_2\frac{11}{4}+M\frac{11}{48}\right]\delta r_1=0$$

因为 $\delta r_1\neq0$，所以　　$P_1-2F_B+\frac{11}{4}P_2+\frac{11}{48}M=0$

得　　$F_B=\frac{1}{2}P_1+\frac{11}{8}P_2+\frac{11}{96}M$

从本例可知，用虚位移原理求解约束力，只需逐个释放对应约束力的约束，代之以力，使系统有一个自由度。这样虚功方程中只含一个未知力，使计算大为简化。

【例题 13-5】 一屋架所受荷载及尺寸如图 13-16(a)所示。试求上弦杆 CD 的力。

【解】 屋架的各杆件都是二力杆。为了求 CD 杆的力，则去除 CD 杆，代之以力 $\boldsymbol{F}_C$ 和 $\boldsymbol{F}_D$，并设为拉力。这样屋架具有一个自由度。CD 杆去除后，成为Ⅰ和Ⅱ两个相互运动的刚体(图 13-16b)。刚体Ⅰ绕 A 作定轴转动，刚体Ⅱ作平面运动，速度瞬心在 G 点。由虚功方程有

$$F_1\times2.5\delta\varphi+F_1\times5\delta\varphi+F_1\times7.5\delta\theta+F_1\times5\delta\theta+F_1\times2.5\delta\theta+F_Dh\delta\theta=0$$

式中　$5\delta\varphi=10\delta\theta$

h 是瞬心 G 到力 $\boldsymbol{F}_D$ 作用线的垂直距离，由图中几何关系知

$$h=AG\sin\varphi=15\times\frac{3}{\sqrt{7.5^2+3^2}}=5.57\text{m}$$

代入得　　$7.5F_1\delta\varphi+(15F_1+F_Dh)\delta\theta=0$

即　　$(15F_1+15F_1+5.57F_D)\delta\theta=0$

因为 $\delta\theta\neq0$，故得　　$F_D=-\frac{30F_1}{5.57}=-5.39F_1$

所得结果为负值，表示 $\boldsymbol{F}_D$ 为压力。本题中 $\boldsymbol{F}_2$ 的作用点 A、G 均无位移，$\boldsymbol{F}_C$ 与 C 点虚位移垂直，故在虚功方程中均不出现。

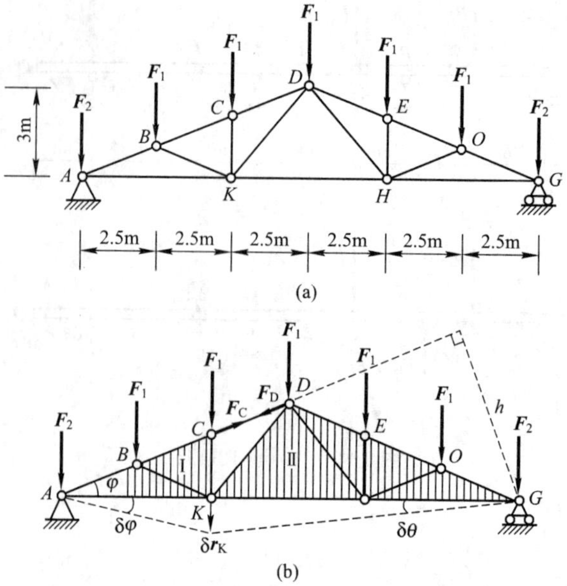

图 13-16　例题 13-5 图

【例题 13-6】 一刚架尺寸及荷载如图 13-17(a)所示。已知：$F_1=10\text{kN}$，$F_2=80\text{kN}$，$M=200\text{kN}\cdot\text{m}$。试求固定端支座 A 的约束力。

【解】 为了便于计算，将 $\boldsymbol{F}_2$ 分解为：

$$F_{2x}=F_2\cos60^\circ=40\text{kN}$$

$$F_{2y}=F_2\sin60^\circ=40\sqrt{3}\text{kN}$$

为求固定端 A 的约束力偶，将固定端用铰链支座及约束力偶 M_A（视为主动力偶矩）来替换。这样 AC 折杆可绕 A 点转动，系统具有一个自由度。CB 折杆作平面运动，其速度瞬心及各点的虚位移关系如图 13-17(b)所示。根据虚功方程，有

$$M_A\delta\varphi-F_1 3\delta\varphi-F_{2x}\times8\delta\theta-F_{2y}2\delta\theta+M\delta\theta=0$$

式中　$\delta r_C=AC\delta\varphi=IC\delta\theta$

故
$$\delta\theta=\frac{AC}{IC}\delta\varphi=\frac{4\sqrt{2}}{8\sqrt{2}}=\frac{1}{2}\delta\varphi$$

代入得
$$\left(M_A-3F_1-8F_{2x}\times\frac{1}{2}-2F_{2y}\times\frac{1}{2}+M\frac{1}{2}\right)\delta\varphi=0$$

因 $\delta r_\varphi\neq0$，得
$$M_A=3F_1+4F_{2x}+F_{2y}-\frac{1}{2}M=159\text{kN}\cdot\text{m}$$

求固定端 A 的水平约束力，可设想 A 端不能转动与铅直移动，因此将固定端用双链杆支座（沿 y 向）及水平力 $\boldsymbol{F}_{Ax}$ 来替代；这样 AC 折杆只能移动。系统具有一个自由度，BC 折杆作移动（图 13-17c）。根据虚功方程

$$F_{Ax}\delta r_A+F_1\delta r_A+F_{2x}\delta r_A=0$$

因 $\delta r_A\neq0$，故得
$$F_{Ax}=-F_1-F_{2x}=-50\text{kN}$$

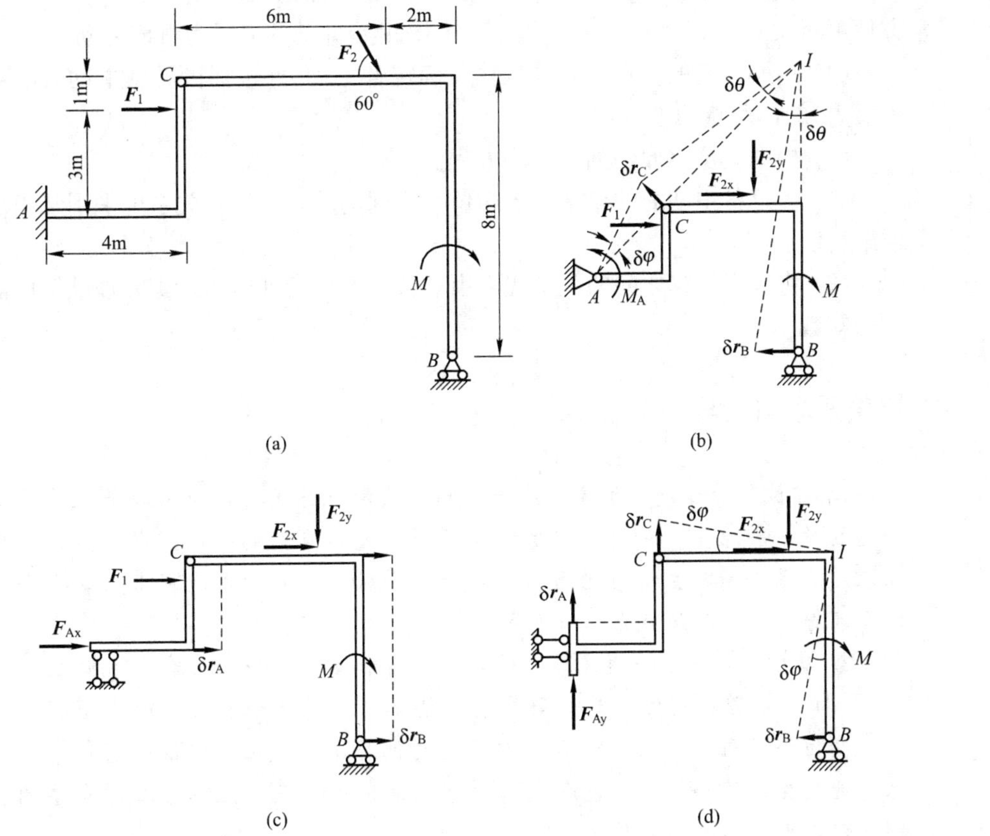

图 13-17　例题 13-6 图

为求固定端 A 的竖直约束力，可设想 A 端不能转动与水平移动，因此将固定端用双链杆支座(沿 x 向)及竖直力 $\boldsymbol{F}_{Ay}$ 来替代；这样 AC 折杆只能作移动。系统具有一个自由度，BC 折杆作平面运动，速度瞬心为 I(图 13-17d)。根据虚功方程

$$F_{Ay}\delta r_A - F_{2y}2\delta\varphi + M\delta\varphi = 0$$

式中
$$\delta r_A = \delta r_c = 8\delta\varphi$$

即
$$(F_{Ay} - 2F_{2y} + M)\delta\varphi = 0$$

因 $\delta\varphi \neq 0$，故得
$$F_{Ay} = \frac{1}{4}F_{2y} - \frac{1}{8}M = -7.68\text{kN}$$

通过以上例题的求解过程，现将应用虚位移原理求解质点系平衡问题的解题步骤大致归纳如下：

(1) 明确研究对象，分析研究对象的自由度。对于完整的约束系统，广义坐标的数目等于自由度的数目。因此质点系的自由度数可根据确定质点系位置所需广义坐标的个数来确定。

(2) 根据研究对象的约束情况和解题方便，适当选取广义坐标。

(3) 分析作用于研究对象上的主动力以及所受的约束是否都是理想约束。如非理想约束，应把那些不满足理想约束条件的约束反力当做主动力。如果

要求结构的约束反力，则应解除相应约束用相应的约束反力来代替(为了计算方便可每次只解除一个约束，求出一个未知数)并把约束反力看成主动力。

(4) 给所研究的质点系以虚位移并确定各主动力(包括被看做主动力的约束反力)的作用点的虚位移。

(5) 根据虚位移原理列出虚功方程。

(6) 确定各主动力的作用点的虚位移之间的关系。这些关系可采用几何法或解析法求得。

(7) 将各虚位移之间的关系代入由虚位移原理所列出的平衡方程求解所需的未知数。

小结及学习指导

1. 虚位移原理建立了质点系平衡的必要和充分条件，是解决质点系平衡问题的最一般原理。它是从虚功的角度来研究质点系的平衡问题，不仅能用来求质点系平衡时主动力之间的关系和平衡位置，而且也能用来求约束反力以及有摩擦存在时质点系的平衡问题。

2. 虚位移这一概念是本章中学习的重点和难点之一。在学习时应注意：

(1) 虚位移和实位移它们虽然都是约束所容许的位移，但两者是有区别的，实位移是质点系在实际运动中发生的位移，而虚位移仅仅是想象中质点系可能发生的位移，它不包含完成位移的时间的概念，且不涉及质点系的实际运动，也不涉及力的作用。

(2) 实位移无所谓大小的限制，而虚位移则必须是微小的。

(3) 在定常约束的情况下质点微小的实位移才成为虚位移中的一个。

3. 在研究非自由质点系的静力学和动力学问题时，不可避免地都要涉及质点系所受的约束。工程上常见的几种约束及其约束反力的特性在静力学中已作了介绍，而在动力学中的动能定理中也曾提到质点系在运动过程中某些约束反力不做功的问题。本章明确地对理想约束下了定义，这就是：如果约束反力在质点系的任何虚位移中所作元功之和等于零，则这种约束为理想约束。

4. 虚位移原理表明：对于具有理想约束的质点系，原处于静止状态，则其保持平衡的必要和充分条件是所有主动力在质点系的任何虚位移中的元功之和等于零。即

$$\delta \mathrm{W}=\sum_{i=1}^{n} \boldsymbol{F}_i \times \delta \boldsymbol{r}_i=\mathbf{0}$$

5. 在应用虚位移原理时应注意：

(1) 分析所研究的质点系所受的约束情况及自由度数。若约束不是理想约束，则应用虚位移原理时应将做功的约束反力看作主动力并与其他主动力一样计算它在虚位移中所做的功。

(2) 当系统处于平衡时，如果要求系统中某一约束反力，则可将该约束解

除，用相应的约束反力来代替并将它视为主动力，应注意解除约束后系统的自由度将相应增加。

(3) 正确找出各主动力的作用点的虚位移之间的关系。

6. 在求系统中各质点的虚位移之间的关系时可用解析法也可用几何法。在用解析法时，应先将各主动力作用点的直角坐标表示为广义坐标的函数，然后通过变分运算求出各主动力作用点的虚位移，在直角坐标轴上的投影。变分的求法与微分的求法类似。在用几何法时，应将各主动力作用点的虚位移在图上表示出来，并可应用运动学中求速度的方法来求各点的虚位移之间的关系。

若求约束反力时，通常，一次解除一个未知量的约束，将该约束解除代以约束反力，建立一个自由度的虚位移方程。

思考题

13-1 何谓几何约束，何谓运动约束，何谓理想约束？试举例说明。

13-2 实位移是虚位移之一，这种说法是否正确？为什么？

13-3 非理想约束的质点系统在何种情况下，能应用虚位移原理求解平衡问题？

13-4 试确定如图 13-18 所示系统的自由度。

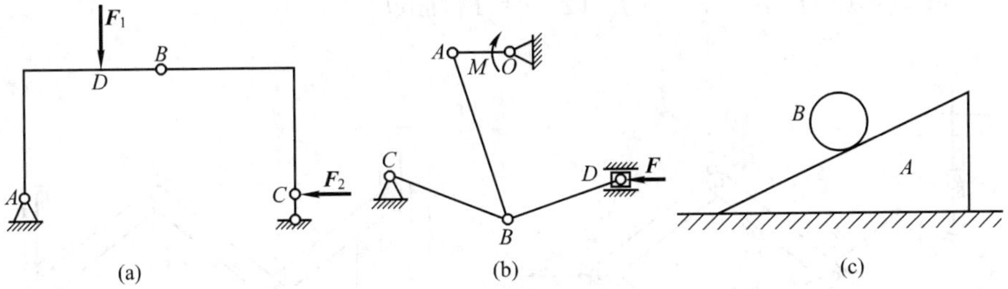

图 13-18 思考题 13-4 图

13-5 找系统虚位移之间关系有几种方法？试分析各有何特点。

习题

13-1 如图 13-19 所示曲柄连杆机构处于平衡状态，已知角 φ、θ。试求竖直力 $\boldsymbol{F}_1$ 与水平力 $\boldsymbol{F}_2$ 的比值。

$\left[\textbf{答案:}\ \dfrac{F_2}{F_1}=\dfrac{\cos\varphi\cos\theta}{\sin(\varphi-\theta)}\right]$

13-2 如图 13-20 所示，试求滑轮系统在平衡时 F_2/F_1 的值。图中各轮半径相同。

$\left[\textbf{答案:}\ \dfrac{F_2}{F_1}=5\right]$

13-3 机构如图 13-21 所示，已知：杆

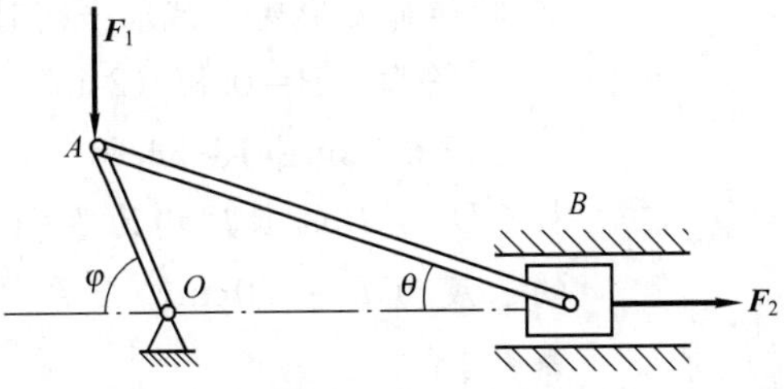

图 13-19 习题 13-1 图

OD长为l，与水平夹角为φ，尺寸b，一力铅直地作用在B点，另一力在D点垂直于OD。试求平衡时此二力的关系。

[**答案**：$F_2=\dfrac{b}{l\cos^2\varphi}F_1$]

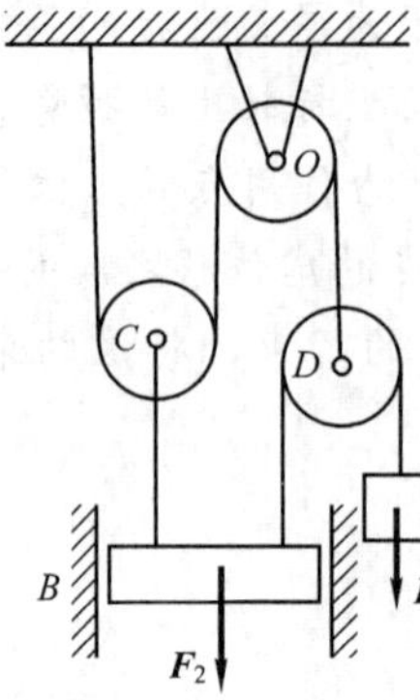

图13-20　习题13-2图

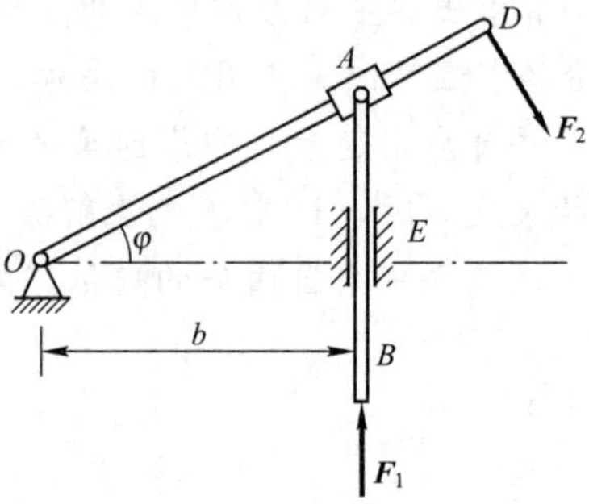

图13-21　习题13-3图

13-4　在图示机构中，$AC=BC=CE=CF=ED=FD=l$。平衡时角为θ。试求保持机构平衡时：(1)$\boldsymbol{F}_A$与$\boldsymbol{F}_D$的关系(图13-22a)，(2)力偶矩M与$\boldsymbol{F}_D$的关系(图13-22b)。

[**答案**：(1)$F_D=\dfrac{2}{3}F_A\tan\theta$；(2)$M=\boldsymbol{F}_D l\sin\theta$]

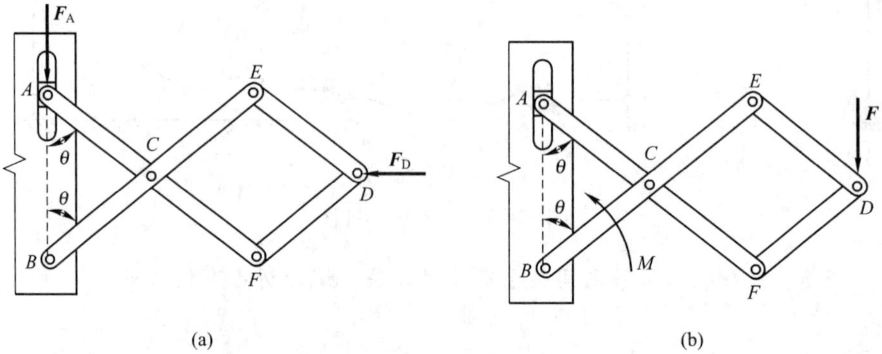

图13-22　习题13-4图

13-5　在图13-23所示机构中，已知：尺寸l，弹簧的刚度系数为k，当$\theta=30°$时弹簧无形变。试求平衡时悬挂物的重力$\boldsymbol{P}$与角度θ之间的关系。

[**答案**：$P=0.8kl(2\sin\theta-1)$]

13-6　如图13-24所示，放在弹簧缓冲平台上的物块的重力$\boldsymbol{P}=2$kN，杆OD、AB的长度均为$l=100$cm，铰链E在两杆的中点，弹簧不受力时的长度为$l_O=70$cm。当系统平衡时，高度$h=60$cm，试求弹簧的刚度系数。

[**答案**：$k=267$N/cm]

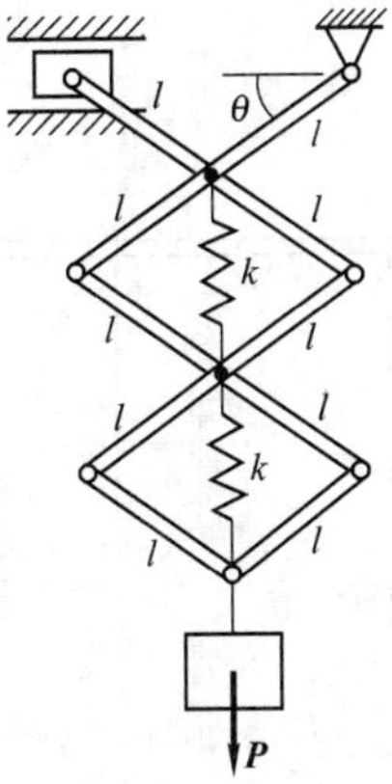

图 13-23　习题 13-5 图

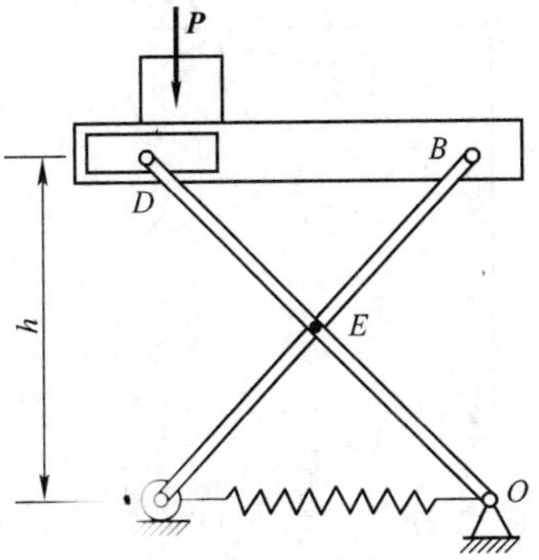

图 13-24　习题 13-6 图

13-7　在图 13-25 所示机构中，OA 长为 r，O 点离滑道高为 h，弹簧的刚度系数为 k，在 OA 杆上作用力偶矩 M_1。若机构在图示 $\varphi=60°$ 位置(OA 平行于水平杆 BC)处于平衡，试求作用在 AD 杆上的力偶矩 M_2 的大小及弹簧的变形量 δ。

$\left[\textbf{答案：} M_2=\dfrac{8\sqrt{3}}{3}M_1，\delta=\dfrac{\sqrt{3}}{kr}M_1\right]$

13-8　在图 13-26 所示机构中，已知：物体 K 的重力为 $\boldsymbol{P}_1$，物体 A、B 重相等。试求平衡时物体 A、B 的重量 $\boldsymbol{P}_2$ 和物体 A 与水平面之间的静摩因数 f_s。

$\left[\textbf{答案：} P_2=\dfrac{1}{2}P_1，f_S=1\right]$

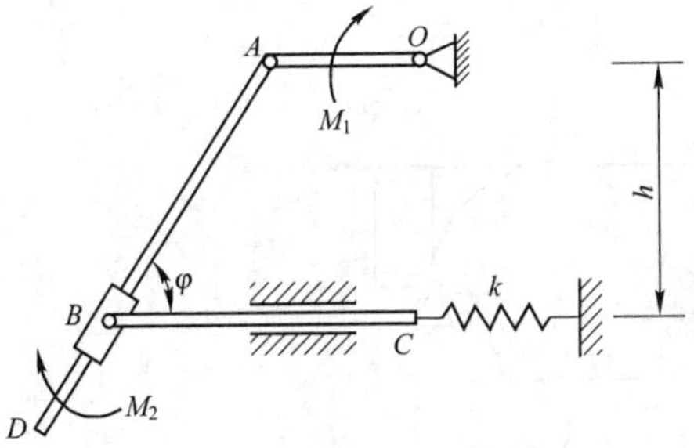

图 13-25　习题 13-7 图

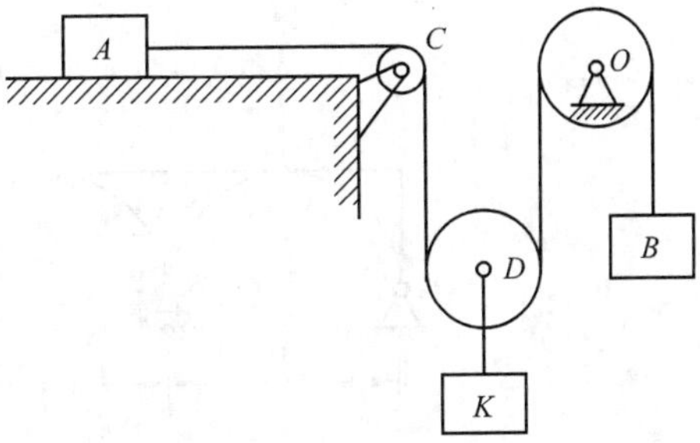

图 13-26　习题 13-8 图

13-9　如图 13-27 所示，直角刚架 ABC，A 端与基础固接(即固定端)，尺寸与荷载情况如图 13-27 所示。已知 $\boldsymbol{F}=1\text{kN}$，$M=1\text{kN}\cdot\text{m}$，$a=1\text{m}$，$h=3\text{m}$。试用虚位移原理求固定端 A 的约束反力。

[**答案：** $F_{Ax}=0.707\text{kN}$，$F_{Ay}=0.707\text{kN}$，$M_A=1.707\text{kN}\cdot\text{m}$]

13-10　静定刚架如图 13-28 所示。已知 $F=4\text{kN}$，$h=5\text{m}$。试求支座 D 的水平约束力。

[**答案：** $F_{Dx}=-2\text{kN}$]

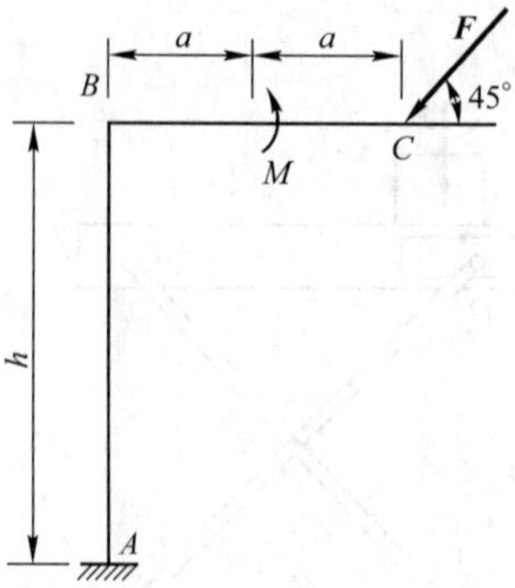

图 13-27 习题 13-9 图

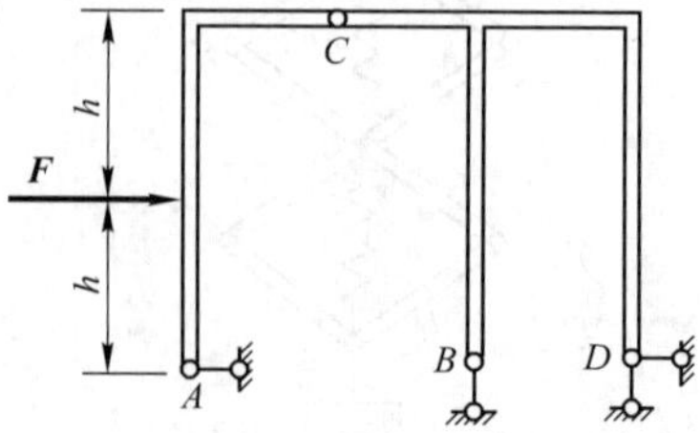

图 13-28 习题 13-10 图

13-11 在图 13-29 所示多跨梁中，已知 $\boldsymbol{F}=50\text{kN}$，$q=2\text{kN/m}$，$M=5\text{kN}\cdot\text{m}$，$l=3\text{m}$。试求支座 A、B、E 的约束力。

［**答案**：$F_A=6.67\text{kN}$，$F_B=69.2\text{kN}$，$F_E=4.17\text{kN}$］

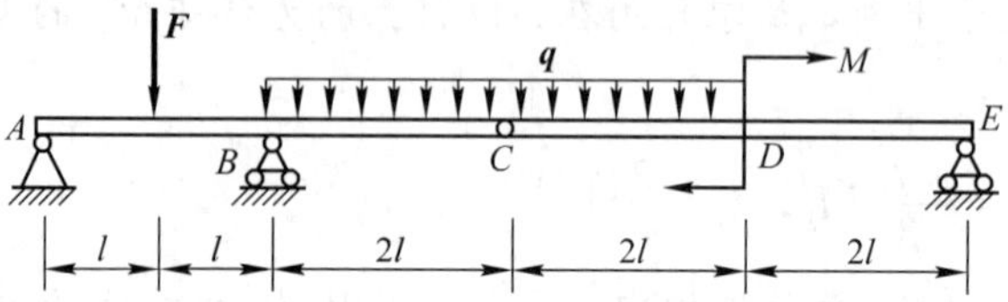

图 13-29 习题 13-11 图

13-12 一拱桥的尺寸如图 13-30 所示。已知：$\boldsymbol{F}_1=2\text{kN}$，$\boldsymbol{F}_2=1\text{kN}$。试求支座 C 的水平约束力。

［**答案**：$F_C=3\text{kN}(\downarrow)$］

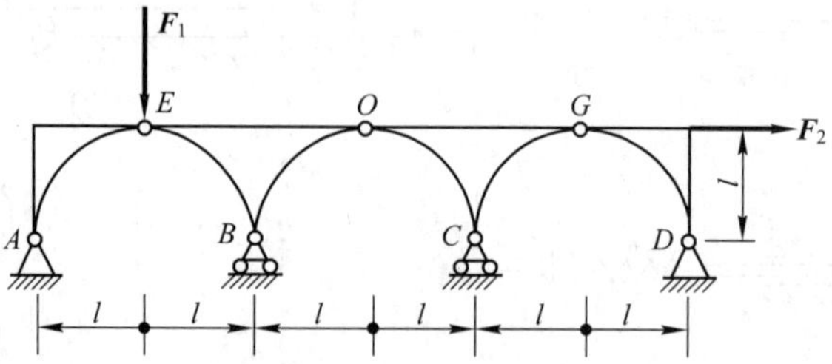

图 13-30 习题 13-12 图

13-13 桁架如图 13-31 所示。已知：力 $\boldsymbol{F}_1$、$\boldsymbol{F}_2$、$\boldsymbol{F}_3$，尺寸 l、h。试求杆 OE 与杆 GE 的力。

$$\left[\textbf{答案：} F_{OE}=\frac{\sqrt{l^2+h^2}}{l}(F_1+F_2+F_3),\ F_{GE}=-\frac{h}{l}(2F_1+F_2)\right]$$

13-14 如图 13-32 所示，在组合构架中，已知：力 $F=10\text{kN}$，尺寸 $l=2\text{m}$。试求杆 1 的内力。

［**答案**：$F_1=5\text{kN}$］

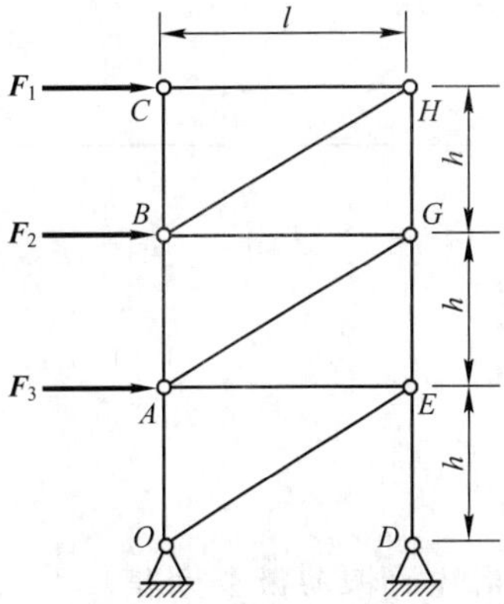

图 13-31　习题 13-13 图

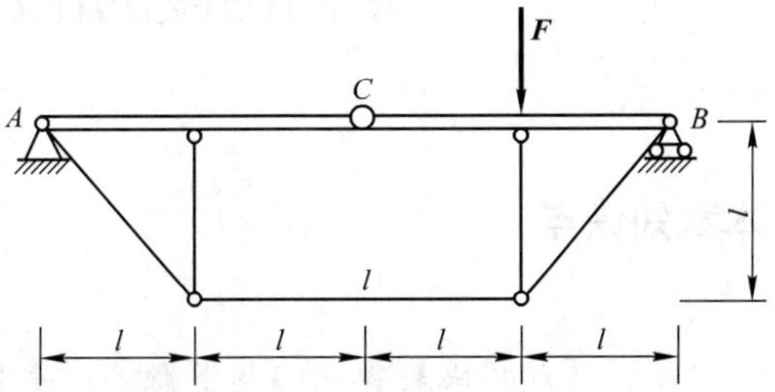

图 13-32　习题 13-14 图

13-15　如图 13-33 所示，预制混凝土构件的振动台重力为 **P**，用三组同样的弹簧等距离地支承起来。每组弹簧的刚度系数为 k，间距为 l。若台面重心的偏心距为 e，试用广义坐标确定台面的平衡位置。

$\left[\textbf{答案：}y_O=\dfrac{P}{3k},\ \varphi=\dfrac{Pe}{2kl^2}\right]$

13-16　图 13-34 所示系统为位于铅垂面内且处于平衡的杆系，OB 与 BC 长均为 l，且 $CD=DE$，$\angle OBC=\angle BCE=90°$。在 E 处有刚度系数为 k 的弹簧，在 O 处有刚度系数为 k_2（即单位转角所需的扭矩）的螺线形弹簧，BC 杆上分布荷载的最大集度为 q_m。试用**广义坐标**确定水平弹簧的变形 δ 和螺线形弹簧的变形 φ。

$\left[\textbf{答案：}\delta=\dfrac{q_m l}{6k_1},\ \varphi=\dfrac{Pl}{2k_2}\right]$

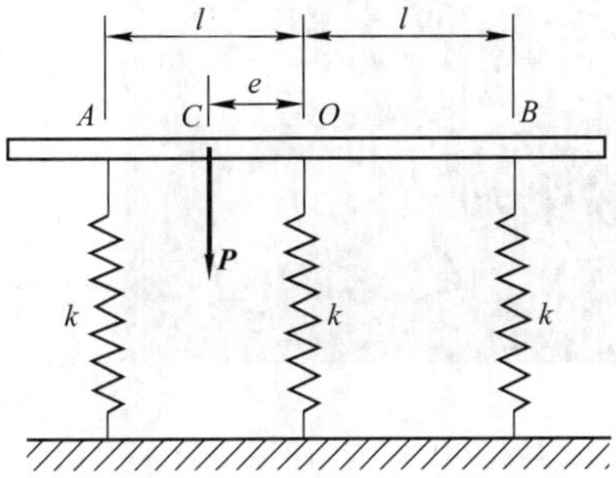

图 13-33　习题 13-15 图

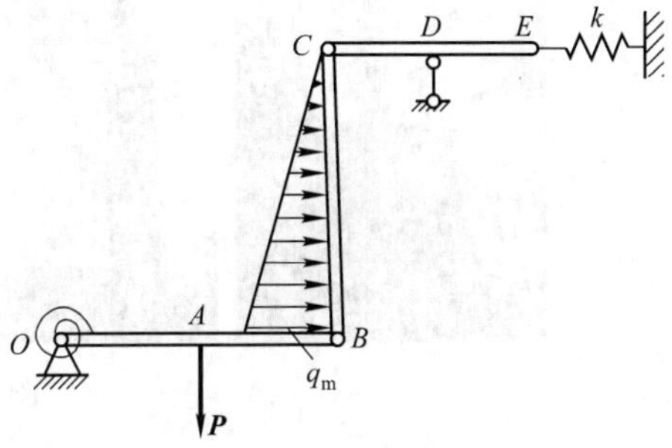

图 13-34　习题 13-16 图

第14章 单自由度的振动

本章知识点

【知识点】振动的基本概念，单自由度系统的振动微分方程，振幅、固有频率、周期、相位角、阻尼、振幅衰减因数，对数衰减率、共振等各种振动参数的概念，振动微分方程的解。

【重点】熟悉单自由度系统的无阻尼自由振动、有阻尼自由振动、无阻尼强迫振动、有阻尼强迫振动以及共振条件，会熟练计算振动系统的固有频率，了解各振动参数的概念。

【难点】本章的概念与公式较多，在掌握基本概念与公式的同时，学会建立单自由度系统的振动微分方程，会计算固有频率、周期、振幅，共振的条件，了解阻尼对振动的影响。

振动是工程中常见的现象，例如：建筑物、桥梁、车辆、机器、塔桅钢架等具有弹性的质量系统，在受到外部干扰力后，都会产生振动，如图 14-1 所示。

图 14-1

在许多情况下，振动是有害的。如强烈的风和严重的地震都会使建筑物剧烈振动以致造成破坏。又如汽车振动会使乘客感到不舒适，机床振动会影响加工精度和工件的表面光洁度，振动的噪声使人厌倦甚至影响健康。但当人们掌握了振动的规律以后，就可以设法避免或减轻振动所造成的危害，并可利用振动为人类服务，例如利用振动原理制造的振动机械，可提高劳动生产率；又如钟表的等时性就是应用摆的振动原理。研究机械振动的目的，就是要认识和掌握振动的基本规律，充分利用其有利方面，消除或抑制其不利方面来为人类服务。

14.1 单自由度系统的自由振动

实际工程中的振动系统是很复杂的，但很多实际振动问题可以简化为单自由度系统的问题来研究。例如由电动机和支承它的梁所组成的系统(图 14-2a)振动时，由于和电动机相比梁的质量很小而弹性较大，故在一定的要求下梁的质量可以略去不计，于是梁在系统中的作用就和一根弹簧相当，而电动机可以看成为一集中质量的振动体，则该系统就简化为如图 14-2(b)所示的质量—弹簧系统。再例如对于图 14-3(a)中的水塔，上部装的水箱的质量比下部支架的质量大很多，可以简化为图 14-3(b)所示的单自由度系统，也可以等价地用图 14-3(c)所示模型来替代。这些是振动系统中最简单的单自由度力学模型。

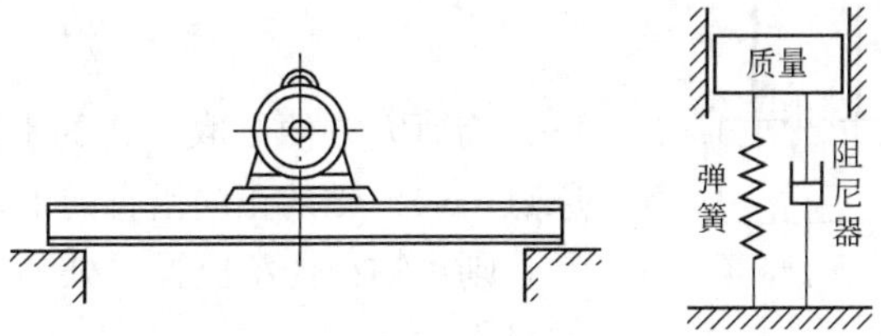

(a) (b)

图 14-2

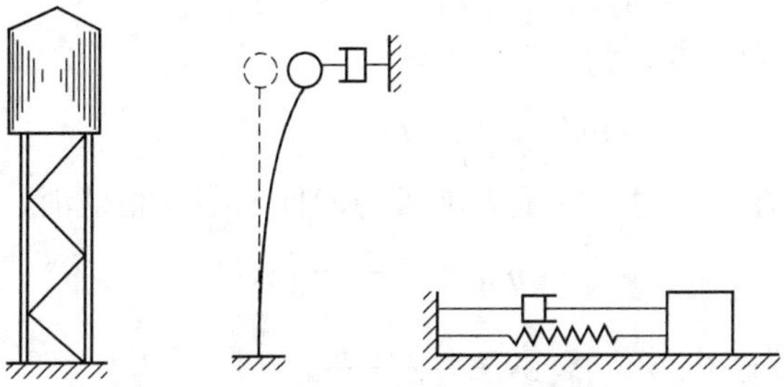

(a) (b) (c)

图 14-3

对力学模型中具有刚度系数 k 的弹簧而言，若弹簧的变形保持在弹性范围之内，则弹性力 $\boldsymbol{F}$ 的大小与弹簧的伸长与缩短 $|x|$ 成正比，可以表示为：

$$F=k|x| \tag{14-1}$$

这个力称为恢复力，恢复力恒指向平衡位置。

任何振动系统总是不可避免地存在着阻尼，产生始终和振动体的速度方向相反的阻尼力，它将不断地消耗系统的机械能量，使振动逐渐衰减直至最后完全消失。

实际振动系统遇到的阻尼有各种不同的形式，例如黏滞阻尼、干摩擦阻尼和材料的内阻等。这里力学模型中我们只讨论最简单也是最常见的一种，即黏滞阻尼。

当振动体以不大的速度在流体介质(如空气、油类等)中运动时，介质给振动体的阻力的大小近似地与振动体速度的一次方成正比，即

$$F_c = -c\boldsymbol{v} \tag{14-2}$$

式中　c——黏滞阻力系数，它决定于振动体的形状、大小和介质的性质，其单位为牛·秒/米(N·s/m)，黏滞阻尼是线性阻尼。

14.1.1　单自由度系统自由振动微分方程的建立及其解

现讨论如图 14-4(a)所示的最一般有阻尼的弹簧、质量系统。

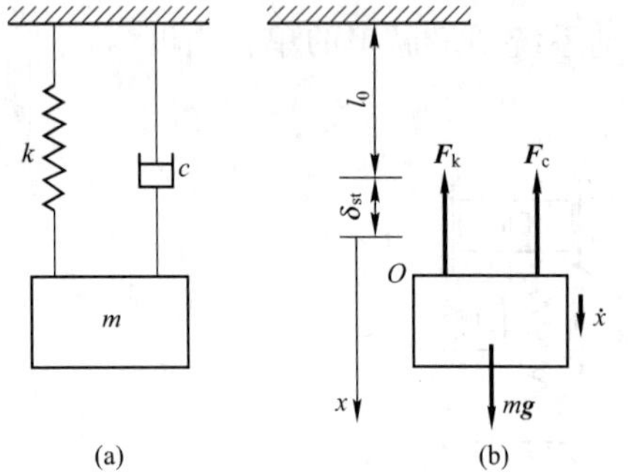

图 14-4

设弹簧原长为 l_0，刚度系数为 k。在重力 mg 的作用下，弹簧的静变形为 δ_{st}，这一位置为静平衡位置。平衡时重力与弹性力相等，有

$$\delta_{st} = \frac{mg}{k} \tag{14-3}$$

为研究方便，取重物的平衡位置 O 为坐标原点，取 x 轴的正向铅直向下，如图 14-4(b)所示，则重物在任意位置 x 处弹性力 $\boldsymbol{F}_k$ 在 x 轴上的投影为：

$$F_k = -k(\delta_{st} + x)$$

物体在同一位置 x 处的阻尼力 $\boldsymbol{F}_c$ 在 x 轴上的投影为：

$$F_c = -c\dot{x}$$

建立物体的运动微分方程为：

$$m\ddot{x} = mg - k(\delta_{st} + x) - c\dot{x}$$

考虑式(14-3)，在方程建立中重力项可与静伸长项互相抵消，则上式为：

$$m\ddot{x} = -kx - c\dot{x}$$

或写成

$$\ddot{x} + \frac{c}{m}\dot{x} + \frac{k}{m}x = 0 \tag{14-4}$$

令 $2n = \frac{c}{m}$，$\omega_n^2 = \frac{k}{m}$，ω_n 称为系统的固有频率(或自然频率)，它表示振动体在 2πs 内振动的次数，单位为弧度/秒(rad/s)。n 为阻尼系数，单位为牛顿·秒/厘米(N·s/cm)。则式(14-4)可写成标准的单自由度系统有阻尼自由振动微分方程形式。

$$\ddot{x} + 2n\dot{x} + \omega_n^2 x = 0 \tag{14-5}$$

它是一个二阶齐次常系数线性微分方程，其解可设为 $x = e^{rt}$，代入式(14-5)后得特征方程为：

$$r^2 + 2nr + \omega_n^2 = 0 \tag{14-6}$$

解特征方程的两个根为：

$$r_1 = -n + \sqrt{n^2 - \omega_n^2},\quad r_2 = -n - \sqrt{n^2 - \omega_n^2} \tag{14-7}$$

因此方程式(14-5)的通解为：

$$x=c_1e^{r_1t}+c_2e^{r_2t} \tag{14-8}$$

上述解中，特征根为实数或复数时，运动规律有很大的不同。下面按阻尼大小的不同分三种情形来讨论。

(1) 大阻尼情况($n>\omega_n$)

在这种情况下，特征方程的两个根全是实数，而且是负的，即为式(14－7)，于是方程式(14-8)的解为

$$x=e^{-nt}(c_1e^{\sqrt{n^2-\omega_n^2}t}+c_2e^{-\sqrt{n^2-\omega_n^2}t}) \tag{14-9}$$

式中 c_1、c_2 为两个积分常数，由运动的起始条件来确定。运动图线如图 14-5 所示，这时黏性阻尼大到使振动体离开其平衡位置以后，根本不发生振动而只是缓慢地又回到平衡位置。我们称这种情况为过阻尼情况，可见它并不具有振动性质。

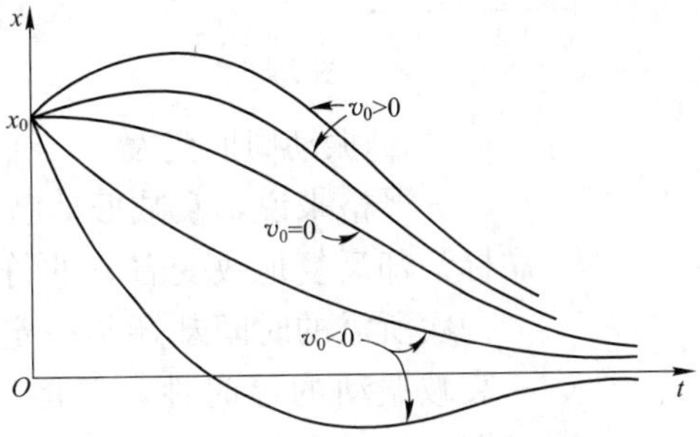

图 14-5

(2) 临界阻尼情况($n=\omega_n$)

这时特征方程的根为两个相等的实根，即为：$r_1=r_2=-n$，于是方程式(14-8)的解为：

$$x=e^{-nt}(c_1+c_2t) \tag{14-10}$$

式中　c_1、c_2——两个积分常数，由运动的起始条件决定，这时阻尼的值正好是衰减过程中振动与不振动的分界线，称为**临界阻尼情况**。

(3) 小阻尼情况($n<\omega_n$)

当阻尼系数 $c<2\sqrt{mk}$，这时阻尼较小，称为小阻尼情况。这时特征方程的两个根为共轭复根

$$r_1=-n+i\sqrt{\omega_n^2-n^2},\quad r_2=-n-i\sqrt{\omega_n^2-n^2}$$

于是方程式(14-8)的解经变换后可写为：

$$x=Ae^{-nt}\sin(\omega_d t+\theta) \tag{14-11}$$

式中 $\omega_d=\sqrt{\omega_n^2-n^2}$，$A$ 和 θ 为两个积分常数，设在初瞬时 $t=0$，物块的坐标为 $x=x_0$，速度为 $\dot{x}=\dot{x}_0$。为求 A 和 θ，现将式(14-11)两端对时间 t 求一阶导数，得物块的速度为：

$$\dot{x}=Ae^{-nt}[-n\sin(\omega_d t+\theta)+\omega_d\cos(\omega_d t+\theta)]$$

然后将初始条件代入式(14-11)和上式解得：

$$A=\sqrt{x_0^2+\frac{(\dot{x}_0+nx_0)^2}{\omega_n^2-n^2}} \tag{14-12}$$

$$\tan\theta=\frac{x_0\sqrt{\omega_n^2-n^2}}{\dot{x}_0+nx_0} \tag{14-13}$$

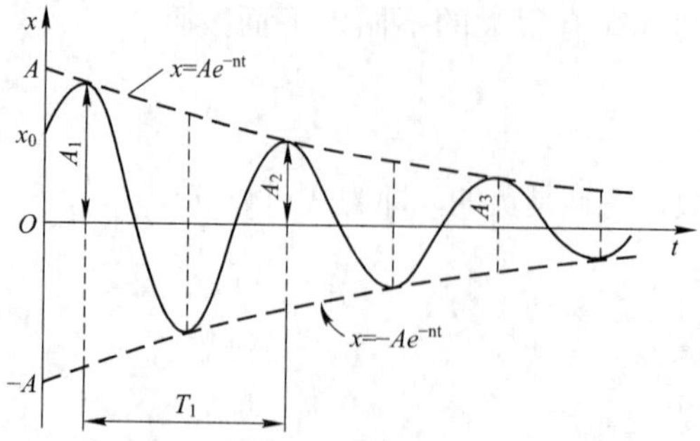

图 14-6

由式(14-11)画出振动的运动图线如图 14-6 所示。

在图 14-6 中，$\sin(\omega_d t+\theta)$的值只能在±1之间变化，故振动体的坐标就只限于在$\pm Ae^{-nt}$两条曲线所包夹的范围以内，这时振动已不再是等幅的了，随着时间的增加，振动将逐渐衰减，所以式(14-11)所表示的振动称为衰减振动。这种阻尼对自由振动的影响表现为三个方面：

1）振动周期变大

严格来说，衰减振动已不是周期运动，但是在运动过程中振动体的坐标。却反复地改变着它的符号，所以仍具有振动的性质。由于振动体往复一次所需的时间却还是一定的，我们就仍把这段时间称为周期，它只表示衰减振动的等时性，但运动过程并不周期性地重复，于是衰减振动的周期为：

$$T_d=\frac{2\pi}{\omega_d}=\frac{2\pi}{\sqrt{\omega_n^2-n^2}} \tag{14-14}$$

衰减振动的**振动频率** f_d 表示每秒振动的次数，与周期 $f_d=\frac{1}{T_d}$的关系为：

衰减振动的振动圆频率，即在 2π 时间内振动的次数为：$\omega_d=2\pi f_d=\sqrt{\omega_n^2-n^2}$。

2）振幅按几何级数衰减

设相邻两次振动的振幅分别为 A_i 和 A_{i+1}(图 14-6)，则相邻两个振幅之比为：

$$d=\frac{A_i}{A_{i+1}}=e^{nT_d} \tag{14-15}$$

***d* 称为减幅因数**。对式(14-15)的两边取自然对数得：

$$\delta=\ln\frac{A_i}{A_{i+1}}=nT_d \tag{14-16}$$

δ 称为对数减幅系数。它等于 t_i 与 t_i+T_1 两瞬时振幅的对数差，也说明振动衰减的快慢程度。

3）相位与初相位

在小阻尼振动中，解具有周期性，并将$(\omega_d t+\theta)$称为相位(或相位角)，相位决定了物体在某瞬时 t 的位置，它具有角度的量纲，而 θ 称为初相位，它表示出物体运动的初始位置。

【例题 14-1】 在图 14-7 所示振动系统中，已知悬挂物的质量 $m=5\text{kg}$，阻力系数 $c=18.7\text{N}\cdot\text{s/m}$，弹簧的刚度系数 $k=25\text{N/cm}$。介质阻力与速度的

一次方成正比，试求：

(1) 振动的周期；(2) 对数减幅系数；(3) 经过 5 次振动后，振幅减少的比值。

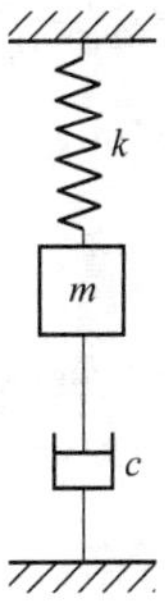

图 14-7　例题 14-1 图

【解】 在方程建立中因重力项可与静伸长项互相抵消，则建立振动微分方程：$m\ddot{x}=-c\dot{x}-kx$。而建立标准的振动微分方程形式：

$$\ddot{x}+2n\dot{x}+\omega_n^2 x=0$$

其中 $n=\dfrac{c}{2m}=\dfrac{18.7}{2\times 5}=1.87$，$\omega_n=\sqrt{\dfrac{k}{m}}=\sqrt{\dfrac{2500}{5}}=22.36$，显然满足小阻尼 $n<\omega_n$ 条件。

(1) 衰减振动的周期：$\omega_d=\sqrt{\omega_n^2-n^2}=22.282$，$T_d=\dfrac{2\pi}{\omega_d}=0.282s$。

从上述计算可得：在$\dfrac{n}{\omega_n}$较小的情况下，$\omega_n\approx\omega_d$，小阻尼对固有频率影响并不大。

(2) 对数减幅系数按式(14-16)：$\delta=\ln\dfrac{A_i}{A_{i+1}}=nT_d=0.528$。

(3) 当振动第 j 次后具有下式：$\delta=\dfrac{1}{j}\ln\left(\dfrac{x_i}{x_{i+j}}\right)$，则

经过 5 次振动后的振幅比值：$e^{-j\delta}=\dfrac{x_{i+j}}{x_i}=0.0714=7.14\%$，显然在衰减振动时振幅衰减是极其显著的。

【例题 14-2】 图 14-8(a)所示振动系统在其平衡位置附近作微幅振动。已知：匀质杆 OA 的长为 L，质量为 m，弹簧的刚度系数为 k，阻尼器的阻力系数为 c。试求：(1)临界阻力系数 c_c；(2)衰减振动的周期。

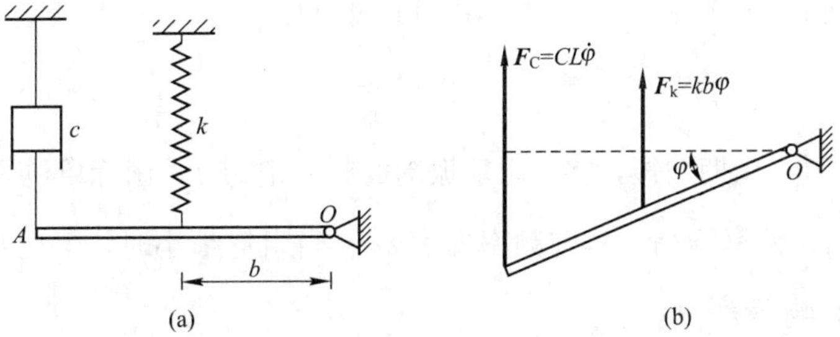

图 14-8　例题 14-2 图

【解】 (1)系统可以简化为单自由度振动系统，因在平衡位置时重力与静伸长为 δ_{st} 的弹性力对 O 点取矩具有平衡条件：$mgL/2=\delta_{st}kb$，因此建立动量矩方程时重力与静伸长为 δ_{st} 的弹性力不必再考虑，则对 O 点的动量矩定理建立系统的运动微分方程为：

$$\frac{1}{3}mL^2\ddot{\varphi}=-kb^2\varphi-cL^2\dot{\varphi}，或者：\ddot{\varphi}+\left(\frac{3c}{m}\right)\dot{\varphi}+\frac{3kb^2}{mL^2}\varphi=0$$

因 $\omega_n^2=\dfrac{3kb^2}{mL^2}$，$2n=\dfrac{3c}{m}$得临界阻尼系数：

$$c_c=\frac{2}{3}mn_c=\frac{2}{3}m\omega_n=\frac{2b}{3L}\sqrt{3mk}$$

式中　n_c——临界阻尼系数，这时等于 ω_n。

（2）衰减振动的周期：

$$T_d=\frac{2\pi}{\sqrt{\omega_0^2-n^2}}=\frac{2\pi}{\sqrt{\dfrac{3kb^2}{mL^2}-\dfrac{9c^2}{4m^2}}}$$

14.1.2　无阻尼自由振动的特例分析及固有频率的能量法

（1）无阻尼自由振动的特例分析

当振动系统阻尼系数极小时，可将其略去不计，这样就成为无阻尼自由振动的类型。由于 c 为零，即 $n=0$，则振动微分方程的标准形式为：

$$\ddot{x}+\omega_n^2x=0 \tag{14-17}$$

其解为：

$$x=x_0\cos\omega_nt+v_0\sin\omega_nt=A\sin(\omega_nt+\theta) \tag{14-18}$$

式中　$A=\sqrt{x_0^2+\left(\dfrac{\dot{x}_0}{\omega_n}\right)^2}$，$\tan\theta=\dfrac{\omega_nx_0}{\dot{x}_0}$

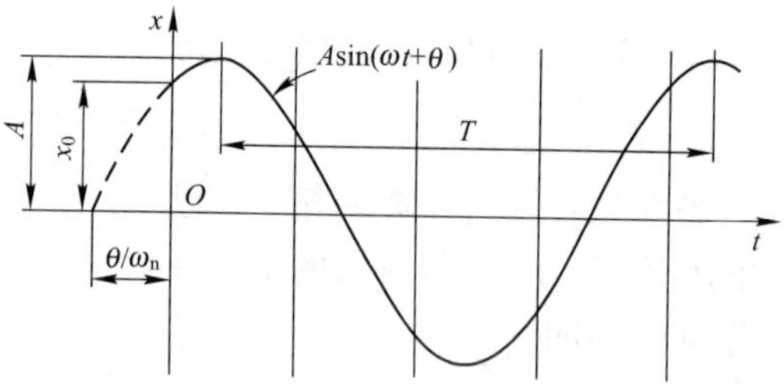

图 14-9

由式(14-18)画出振动的运动图线如图 14-9 所示。

与有阻尼自由振动对比，差别主要表现在两个方面。

1）周期缩短，频率增高

将无阻尼时周期用记号 T_n 表示，则由式(14-14)知：

$$T_n=\frac{2\pi}{\omega_n}$$

可见 $T_n<T_d$，周期缩短，将无阻尼振动的频率记为 f，国际单位为：Hz，则 $f=\dfrac{1}{T_n}>f_d$，频率增高，其圆频率即为 ω_n。当阻尼很小时，阻尼对振动的周期与频率影响不大。

2）振幅无衰减

从运动图线图 14-9 看出，无阻尼振动的振幅无衰减，是等幅振动。

【例题 14-3】　在图 14-10(a)所示振动系统中，已知：小车 A 重 $\boldsymbol{P}$，沿光滑斜面滑下，经距离 s 后与缓冲器相连；弹簧的刚性系数为 k，斜面倾角为 α。试求小车连接缓冲器后振动的周期与振幅。

【解】　这是无阻尼的振动系统，受力、运动分析如图 14-10(b)，建立运动微分方程为：$\ddot{x}+(k/m)x=0$

令：$\omega_n=\sqrt{k/m}$，周期：$T_n=2\pi/\omega_n=2\pi\sqrt{m/k}$

因 x 方向的重力为 $mg\sin\alpha$，而弹簧的刚性系数为 k，所以初始位移：$x_0=\frac{mg\sin\alpha}{k}mg\sin\alpha$，由于垂直下落的高度 $s\sin\alpha$，按动能定理计算，小车 A 与缓冲器相连时(不考虑相连碰撞时的位移过程)，初始速度：$v_0=\sqrt{2gs\sin\alpha}$。代入式(14-12)，得：

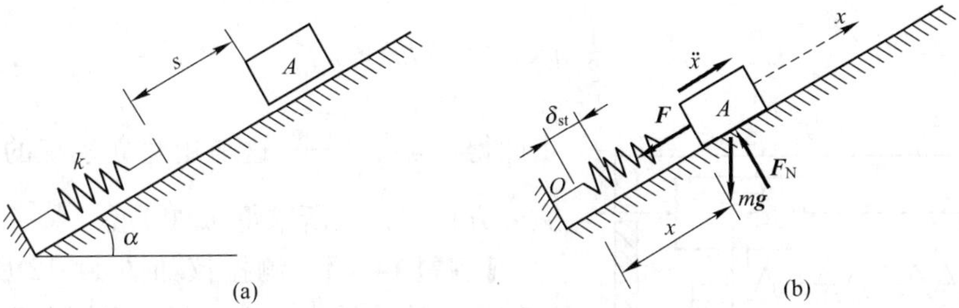

图 14-10　例题 14-3 图

振幅

$$A=\sqrt{\left(\frac{mg\sin\alpha}{k}\right)^2+\frac{2gs\sin\alpha}{(k/m)}}$$

(2) 无阻尼自由振动求固有频率的能量法

在振动问题中，确定系统的固有频率很重要。由前面的讨论知道，如果能建立起振动的微分方程，则系统的固有频率就不难计算。然而对于比较复杂的系统，建立振动微分方程往往比较麻烦。

当振动系统是保守系统时，可利用机械能守恒定律来求其固有频率，这就是所谓的能量法。

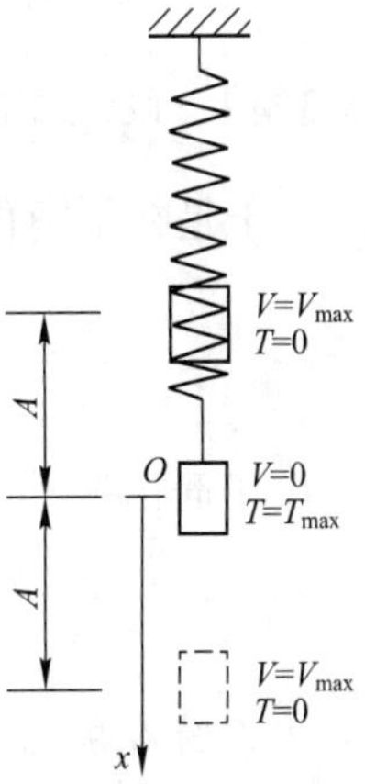

图 14-11

图 14-11 为一单自由度无阻尼自由振动系统，其运动规律为 $x=A\sin(\omega_n t+\theta)$。由于作用在系统上的力都是有势力，系统的机械能守恒，即

$$T+V=\text{const}$$

取平衡位置 O 为势能的零点，则系统在任一位置时

$$T=\frac{1}{2}m\dot{x}^2=\frac{1}{2}m[A\omega_n\cos(\omega_n t+\theta)]^2$$

$$V=-mgx+\frac{k}{2}[(\delta_{st}+x)^2-\delta_{st}{}^2]$$

$$=-mgx+k\delta_{st}x-\frac{k}{2}x^2=\frac{1}{2}kx^2=\frac{1}{2}k[A\sin(\omega_n t+\theta)]^2$$

当系统在平衡位置时，$x=0$，速度 $\dot{x}$ 为最大值，于是得势能为零，则动能具有最大值 T_{max}。由于速度的最大值 $\dot{x}_{max}=\omega_n A$，则

$$T_{max}=\frac{1}{2}m\omega_n^2A^2$$

当系统在最大偏离位置($q_{max}=A$)时，速度为零，于是得动能为零，则势能具有最大值 V_{max}，为：

$$V_{max}=\frac{1}{2}kA^2$$

根据机械能守恒定律，系统在任何位置的总机械能保持为常量，故在以上两位置的总机械能应相等，因而有

$$T_{max}=V_{max} \tag{14-19}$$

也即：

$$\frac{1}{2}m\omega_n^2A^2=\frac{1}{2}kA^2$$

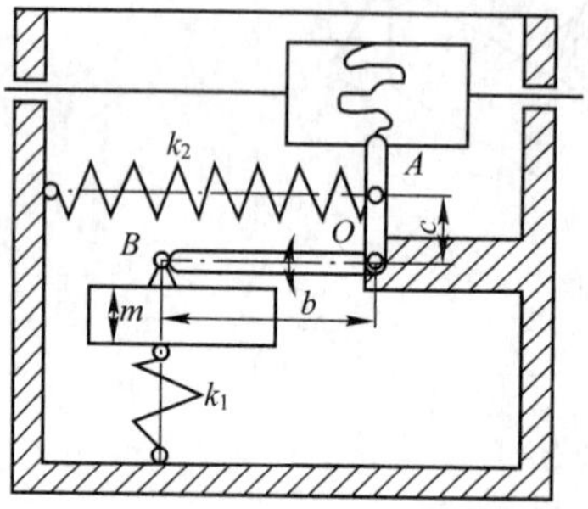

图 14-12 例题 14-4 图

由此得：$\omega_n=\sqrt{\frac{k}{m}}$。这与用建立系统的运动微分方程的方法所求得 ω_n 相同。

【例题 14-4】 测振仪如图 14-12 所示，已知惯性体质量为 m，其下端支持在弹簧常数为 k_1 的弹簧上，上端铰接在杠杆 AOB 的 B 点，杠杆与外壳之间通过弹赞常数为 k_2 的弹簧相连，设杠杆 AOB 对 O 点的转动惯量为 J，试求系统的固有频率(两个弹簧的质量不计)。

【解】 设惯性体在振动时的最大速度为 $\dot{x}_{max}$，则杠杆 AOB 的角速度应为 $\frac{\dot{x}_{max}}{b}$，于是在平衡位置时系统的最大动能为：

$$T_{max}=\frac{1}{2}m\dot{x}_{max}^2+\frac{1}{2}J\left(\frac{\dot{x}_{max}}{b}\right)^2$$

由于简谐振动时惯性体速度的最大值 $\dot{x}_{max}=\omega_n\times x_{max}$，则

$$T_{max}=\left[\frac{1}{2}mx_{max}^2+\frac{1}{2}J\left(\frac{x_{max}}{b}\right)^2\right]\times\omega_n^2$$

当系统在极端位置时，惯性体 m 的铅垂位移为 x_{max}，弹簧 k_2 的伸长为：$\frac{c}{b}x_{max}$，故系统的最大势能为：

$$V_{max}=\frac{1}{2}k_1x_{max}^2+\frac{1}{2}k_2\left(\frac{c}{b}\right)^2x_{max}^2$$

将动能最大值 T_{max} 与势能最大值 V_{max} 代入关系式(14-19)，可解得该系统的固有频率为：

$$\omega_n=\sqrt{\frac{k_1+\left(\frac{c}{b}\right)^2k_2}{m+\frac{J}{b^2}}}$$

【例题 14-5】 如图 14-13(a)所示，已知质量为 m 的物块作移动，弹簧的刚度系数为 k_1 和 k_2。分别求弹簧并联(图 14-13b)与串联(图 14-13c)弹簧系统沿铅直线振动的固有频率。

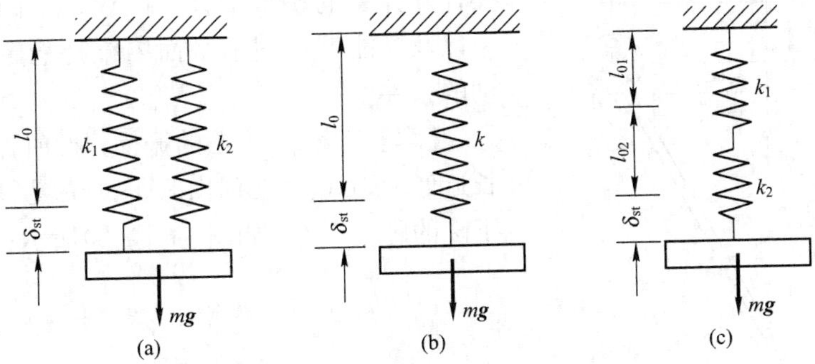

图 14-13　例题 14-5 图

【解】（1）并联情况

当物块在平衡位置时，两弹簧的静变形都是 δ_{st}，其弹性力分别为 $k_1\delta_{st}$ 和 $k_2\delta_{st}$。由物块的平衡条件，得

$$mg=(k_1+k_2)\delta_{st}$$

如果用一根刚度系数为 k 的弹簧来代替原来的两根弹簧，使该弹簧的静变形与原来两根弹簧所产生的静变形相等(图 14-13b)，则

$$mg=k\delta_{st}$$

所以

$$k=k_1+k_2 \tag{a}$$

式(a)表示并联弹簧可以用一个刚度系数 $k=k_1+k_2$ 的"等效弹簧"来代替，k 就是等效刚度系数。这结果表明并联后总的刚度系数变大了。

（2）串联情况

当物块在平衡位置时，两根弹簧总的静位移 δ_{st} 等于每根弹簧的静变形 δ_{1st}、δ_{2st}之和，即

$$\delta_{st}=\delta_{1st}+\delta_{2st}$$

因为弹簧是串联的，所每根弹簧所受的拉力均等于重量 mg。于是

$$\delta_{1st}=\frac{mg}{k_1},\ \delta_{2st}=\frac{mg}{k_2}$$

同样用一根刚度系数为 k 的弹簧来替代原来两根弹簧，使该弹簧的静变形等于 δ_{st}(图 14-13c)，则

$$\delta_{st}=\frac{mg}{k}$$

因此：$\dfrac{mg}{k}=\dfrac{mg}{k_1}+\dfrac{mg}{k_2}$，即：$\dfrac{1}{k}=\dfrac{1}{k_1}+\dfrac{1}{k_2}$

得

$$k=\frac{k_1k_2}{k_1+k_2} \tag{b}$$

式(b)表示串联弹簧的等效刚度系数。这一结果表明串联后总的刚度系数变小了。

【例题 14-6】 如图 14-14 所示，倒置摆由质量为 m 的小球和长 L 的刚杆 OA 组成，铰支于 O 点并以弹簧常数为 k 的弹簧支撑在铅垂平面内(图 14-14a)，

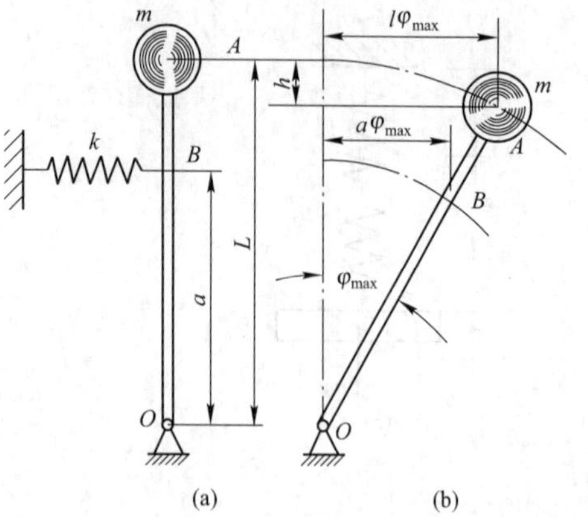

图 14-14 例题 14-6 图

摆杆和弹簧的质量不计，试求系统的固有频率以及摆能够在图示平面内维持稳定微幅振动的条件。

【解】 设 φ_{max} 为摆的振幅，此时弹簧的伸长近似为 $a\varphi_{max}$，摆球由其平衡位置(最高点)下降的距离为 h，如图 14-14(b)所示：

$$h=L(1-\cos\varphi_{max})\approx\frac{1}{2}L\varphi_{max}^2$$

在此极端位置，系统的最大势能为：

$$V_{max}=\frac{1}{2}ka^2\varphi_{max}^2-\frac{1}{2}mgL\varphi_{max}^2$$

而在平衡位置(即铅垂位置)摆的最大角速度为 $\dot{\varphi}_{max}$，则系统的最大动能为：

$$T_{max}=\frac{1}{2}J\dot{\varphi}_{max}^2=\frac{1}{2}mL^2\dot{\varphi}_{max}^2$$

由式(14-19)得

$$\frac{1}{2}mL^2\dot{\varphi}_{max}^2=\frac{1}{2}ka^2\varphi_{max}^2-\frac{1}{2}mgL\varphi_{max}^2$$

注意到

$$\dot{\varphi}_{max}=\omega\varphi_{max}$$

可解得该系统的固有频率为：

$$\omega=\sqrt{\frac{g}{L}\left(\frac{ka^2}{mgL}-1\right)}$$

由上面的结果，只有当 $ka^2>mgL$ 时 ω 才是实数，这就是系统稳定振动的条件。

14.2 单自由度系统的强迫振动

前面研究的是单自由度系统对初干扰的响应，即系统的自由振动。自由振动由于阻尼的存在而逐渐衰减，最后完全停止。工程实际中很多机器或机构的振动都是不衰减的持续振动。例如汽轮机、机床等在运转时产生的振动以及高层建筑和桥梁在外界持续不断的干扰力作用下产生的振动，这种振动就称为强迫振动(或称受迫振动)。

外界对系统的持续不断的干扰的形式各种各样。若以作用形式区分，可以分为外加干扰力和外部持续的支承运动。例如电动机由于转子偏心，在转动时引起振动，混凝土平板振捣器(图 14-15a)就利用了这一原理；又例如车辆在凹凸不平的路面上行驶时，其强迫振动最简单的形式可用图(14-15b)表示。若以干扰力(或支承运动)的波形来区分，可以分为周期的干扰力与非周期的干扰力。如上述电动机转速为常量，就可以得到图 14-16(a)所示的简谐干扰力；具有不对称凸轮的机器所产生的干扰力(图 14-16b)虽具有周期性，但不是简谐的；地震引起的干扰力就不具有周期性，如图 14-16c 所示；爆炸的气体压力形成的干扰力同样不具有周期性(图 14-16d)。本章只研究简谐干扰力(或谐支承运动)的情况。因为它比较简单，又是工程中最常见的一种干扰力。此外，了解振动系统对简谐干扰力的响应是了解系统对其他干扰力响应的基础。简谐干扰力可表示为：

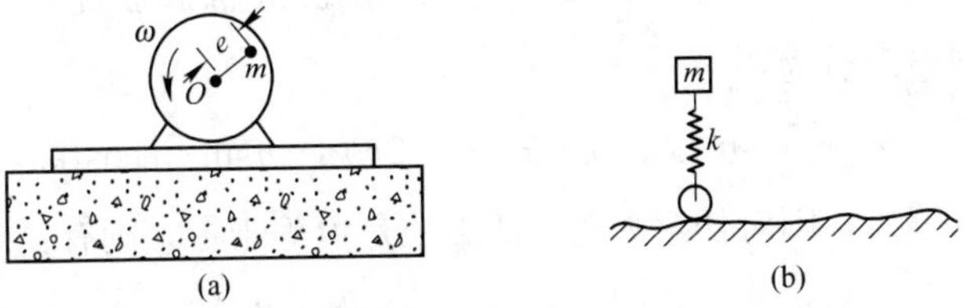

图 14-15

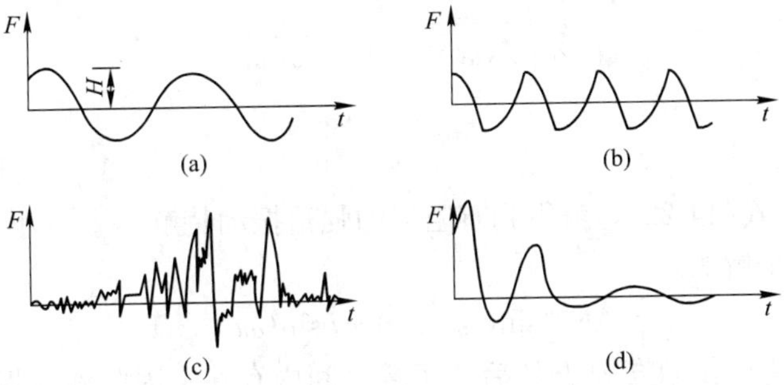

图 14-16

$$F = H\sin(\omega t + \varphi)$$

式中　H——干扰力的**力幅**，即干扰力的最大值；

ω——干扰力的**圆频率**；

φ——激振力的**初相位**，它们都是定值。

设图 14-17 所示系统中除受弹性力 $\boldsymbol{F}_k$ 和黏滞阻尼力 $\boldsymbol{F}_c$ 作用外，还受到简谐干扰力 $\boldsymbol{F}$ 的作用。

系统的运动微分方程为：

$$m\ddot{x} = -kx - c\dot{x} + H\sin(\omega t + \varphi)$$

令 $\omega_n^2 = \dfrac{k}{m}$，$2n = \dfrac{c}{m}$，再令 $h = \dfrac{H}{m}$

则上式可化为有阻尼强迫振动的微分方程的标准形式：

$$\ddot{x} + 2n\dot{x} + \omega_n^2 x = h\sin(\omega t + \varphi) \qquad (14\text{-}20)$$

这是一个二阶常系数线性非齐次微分方程。它的解应由两部分组成，即

$$x = x_1 + x_2 \qquad (14\text{-}21)$$

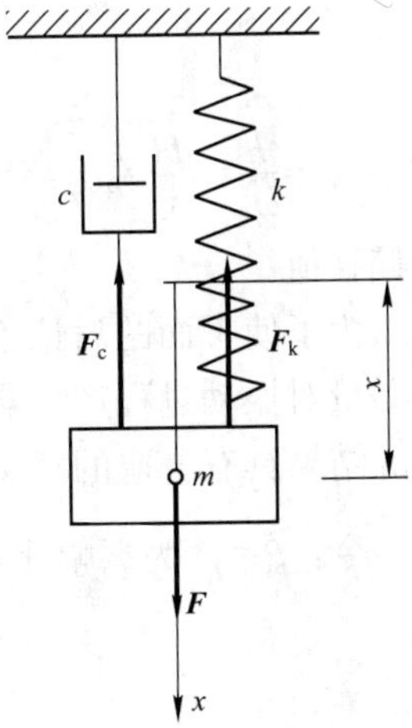

图 14-17

其中 x_1 为对应于方程式(14-20)的齐次方程的**通解**，当小阻尼时表示为式(14-11)。方程式(14-20)的**特解** x_2 形式为：

$$x_2=b\sin(\omega t+\varphi-\varepsilon) \tag{14-22}$$

式中　ω——干扰力的圆频率；

b——有阻尼强迫振动的振幅；

ε——有阻尼的强迫振动的相位落后于干扰力的相位角，这是两个待定常数。将它代入方程式(14-20)，可得

$$-b\omega^2\sin(\omega t+\varphi-\varepsilon)+2nb\omega\cos(\omega t+\varphi-\varepsilon)+\omega_n^2 b\sin(\omega t+\varphi-\varepsilon)=h\sin(\omega t+\varphi)$$

将上式变换与整理后为：

$$[b(\omega_n^2-\omega^2)-h\cos\varepsilon]\ \sin(\omega t+\varphi-\varepsilon)+\ [2nb\omega-h\sin\varepsilon]\ \cos(\omega t+\varphi-\varepsilon)=0$$

上式必须是恒等式，则对任意瞬时 t 都必须是恒等于零，则有：

$$b(\omega_n^2-\omega^2)-h\cos\varepsilon=0,\quad 2nb\omega-h\sin\varepsilon=0$$

由此可解出两个待定常数：

$$b=\frac{h}{\sqrt{(\omega_n^2-\omega^2)^2+4n^2\omega^2}}, \tag{14-23}$$

$$\tan\varepsilon=\frac{2n\omega}{\omega_n^2-\omega^2} \tag{14-24}$$

将 b 和 ε 代入式(14-22)，就得到有阻尼的强迫振动特解 x_2。在小阻尼情况下，式(14-20)的全解为：

$$x=Ae^{-nt}\sin(\omega_d t+\theta)+b\sin(\omega t+\varphi-\varepsilon) \tag{14-25}$$

由于通解 x_1 只在振动开始后的短暂时间内存在，因此称为**瞬态解**。而这个特解 x_2 始终存在，故称为**稳态解**。在工程中许多实际振动问题多属稳定状态，所以我们在这里只讨论稳态强迫振动。

为此我们先讨论振幅表达式：

$$b=\frac{b_0}{\sqrt{\left[1-\left(\frac{\omega}{\omega_n}\right)^2\right]^2+4\left(\frac{n}{\omega_n}\right)^2\left(\frac{\omega}{\omega_n}\right)^2}}$$

式中 $b_0=\frac{h}{\omega_n^2}=\frac{H}{k}$称为静力偏移，它表示系统在干扰力的幅值 H 的静力作用下的偏移值。

为了使下面的讨论不局限于有关参量的具体数值，我们引进几个能反映各参量对振动过程产生影响的相对量，使上式变为无量纲的形式，从而使讨论的结果具有普遍的意义。

令：$\beta=\frac{b}{b_0}$为振幅比，$\lambda=\frac{\omega}{\omega_n}$为频率比，$\xi=\frac{n}{\omega_n}$为阻尼比，则有

$$\beta=\frac{1}{\sqrt{(1-\lambda^2)^2+4\xi^2\lambda^2}} \tag{14-26}$$

β 通常称为**放大系数**或动力系数。现以 β 为纵轴，λ 为横轴，绘出振幅—频率

特征曲线，如图 14-18 所示。分析这些曲线可知：

(1) 当 $\lambda \ll 1$，$\beta \approx 1$ 时(低频段)，各条曲线的动力放大系数都接近于 1，即强迫振动的振幅接近于静力偏移量，其后随着 λ 的增加 β 也缓慢地增加。

(2) 当 $\lambda \gg 1$，$\beta \approx 0$ 时(高频段)，各条曲线的动力放大系数都趋近于零；这表明干扰力变化极其迅速时，振动体由于惯性而几乎来不及振动，这个事实很有实际意义。

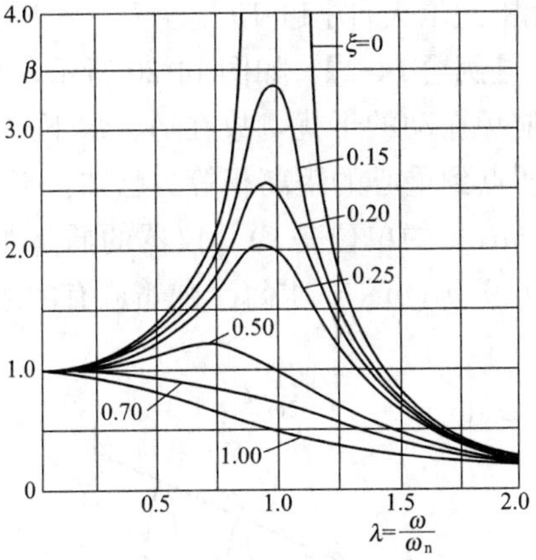

图 14-18

(3) 当 $\lambda \approx 1$，β 有相应的最大值，β 达到最大值(即强迫振动的振幅达到峰值)时，系统振动最强烈，这种现象称为共振。在一般情况下，共振是有害的，它将使机器结构产生过大的危险应力，甚至造成破坏，在工程中研究共振是一个很重要的课题。

为求 β 最大值只要对式(14-26)进行极值计算，即由 $\frac{d\beta}{d\lambda}=0$ 可得到振幅取极大值时，所对应的频率 $\omega_{cr}=\omega_n\sqrt{1-2\xi^2}$，称为共振频率，此时振幅 b 具有最大值 b_{max}。共振频率略小于系统的固有圆频率。相应的共振振幅为：

$$b_{max}=\frac{b_0}{2\xi\sqrt{1-\xi^2}}$$

在许多实际问题中，ξ 之值都较小，因此，一般都近似地认为在 $b_{max}\approx\frac{b_0}{2\xi}$，即干扰力频率接近于系统的固有频率时发生共振。由图中各条曲线可见，阻尼对共振振幅的影响极为显著，阻尼可以减小共振时的振幅。当阻尼比 $\xi>\frac{\sqrt{2}}{2}$ 时，振幅无极值。

当振动系统无阻尼时，$\xi=0$，则 $\omega=\omega_n$(即 $\lambda=1$)时，发生共振，得到振幅 b 为无限大，但这无限大不可能在瞬间获得。所以在共振区原特解(式 14-22)已失去意义，特解应重新讨论如下：

$$x_2=Bt\cos(\omega_n t+\varphi) \tag{14-27}$$

将此式代回式(14-20)中，可得

$$B=-\frac{h}{2\omega_n}$$

因此共振时强迫振动的特解为：

$$x_2=-\frac{h}{2\omega_n}t\cos(\omega_n t+\varphi) \tag{14-28}$$

它的振幅值为 $b=\frac{h}{2\omega_n}t$，显然发生共振时，无阻尼强迫振动的振幅随时间

t 无限地增大(图 14-19)。

【例题 14-7】 如图 14-20 所示，有一精密仪器放置在振动平台上，使用时要避免振动的干扰，故在 A、B 下边安装 8 个弹簧(每边四个并联而成)；A、B 两点到重心的距离相等。已知：平台以 $y_1=0.1\sin\pi t$ 的规律振动(y 的单位是 cm，t 的单位是 s)。仪器的质量为 800kg，按设计要求仪器容许振动的振幅为 0.01cm。试求每个弹簧应有的刚度系数。

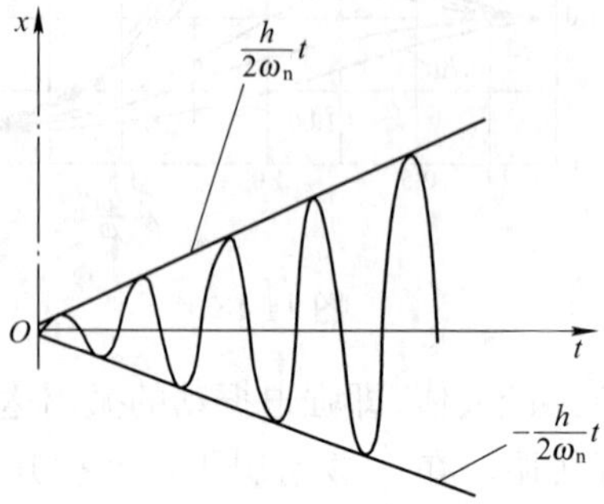

图 14-19

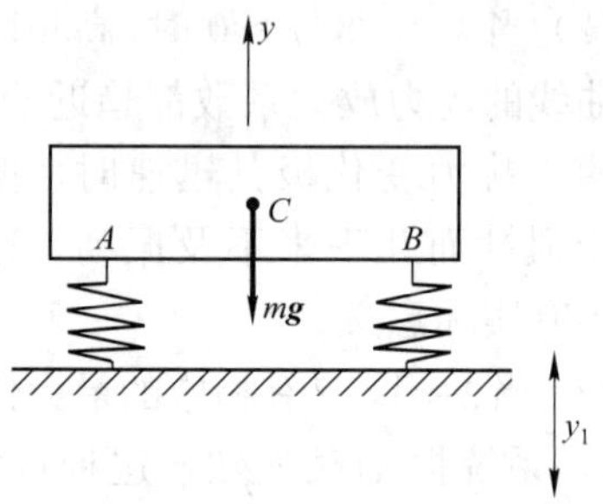

图 14-20　例题 14-7 图

【解】 建立系统的运动微分方程为：$m\ddot{y}+k(y-y_1)=0$

整理标准振动方程：

$$\ddot{y}+\frac{k}{m}y=\frac{k}{m}0.1\sin\pi t$$

令：

$$\omega_n^2=\frac{k}{m},\quad h=0.1\frac{k}{m},\quad b=\frac{h}{|\omega_n^2-\pi^2|}\leqslant 0.01$$

$\because \left|1-\frac{\pi^2}{\omega_n^2}\right|\geqslant 10$，说明干扰频率大于固有频率，则有 $\omega_n^2\leqslant\frac{\pi^2}{11}$

可求得：$k\leqslant\frac{m\pi^2}{11}=717.8\text{N/m}$，并联的每个弹簧应有的刚度系数

$$k_1=\frac{k}{8}=0.897\text{N/cm}$$

【例题 14-8】 在图 14-21 所示振动系统中，刚杆的质量不计，B 端作用有激振力 $H\sin\omega t$。试求：(1)系统的运动微分方程；(2)系统发生共振时质点 m 的振幅；(3)ω 等于固有频率 ω_n 一半时质点 m 的稳态振幅。

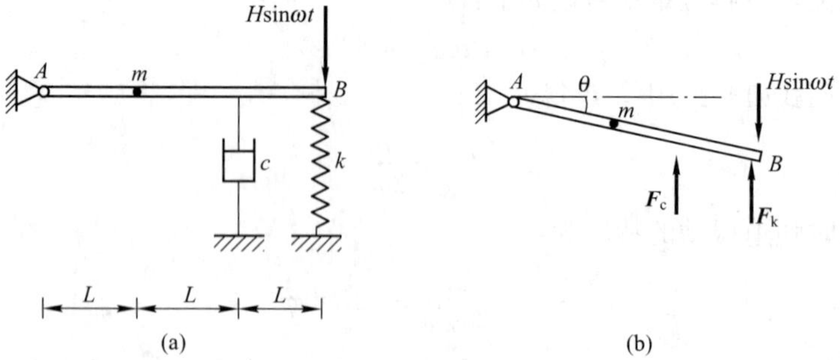

图 14-21　例题 14-8 图

【解】 (1) 系统可以简化为单自由度振动系统，设 AB 杆的角位移 θ 为系统的广义坐标，同样在平衡位置时重力与静伸长的弹簧力对 O 点取矩具有平衡关系，因此建立动量矩方程时重力与静伸长的弹簧力不必再考虑，应用动量矩定理建立系统的运动微分方程得：

$$mL^2\ddot{\theta}=H\sin\omega t\times 3L-k(3L)^2\theta-c(2L)^2\dot{\theta}$$

于是可得系统的运动微分方程：

$$\ddot{\theta}+\frac{4c\dot{\theta}}{m}+\frac{9k\theta}{m}=\frac{3H}{mL}\sin\omega t$$

式中无阻尼固有频率 $\omega_n=3\sqrt{\frac{k}{m}}$，阻尼系数 $n=\frac{2c}{m}$。

(2) 当共振时满足：$\omega=\omega_n$，因 $h=\frac{3H}{mL}$，则：$\theta_{max}=\frac{h}{2n\omega_n}=\frac{H}{4Lc}\sqrt{\frac{m}{k}}$

系统发生共振时质点 m 的振幅值为：

$$b=L\theta_{max}=\frac{H}{4c}\sqrt{\frac{m}{k}}$$

(3) 当 $\omega=\frac{1}{2}\omega_n$，即 $\omega=\frac{3}{2}\sqrt{\frac{k}{m}}$，则：

$$\theta_{max}=\frac{\frac{h}{\omega_n^2}}{\sqrt{\left[1-\left(\frac{\omega}{\omega_n}\right)^2\right]^2+4\left(\frac{n}{\omega_n}\right)^2\left(\frac{\omega}{\omega_n}\right)^2}}=\frac{4H}{9kL\sqrt{1+\frac{64c^2}{81mk}}}$$

当 $\omega=\frac{1}{2}\omega_n$ 时系统质点 m 的稳态振幅

$$b=L\theta_{max}=\frac{4H}{9k\sqrt{1+\frac{64c^2}{81mk}}}$$

【例题 14-9】 如图 14-22 所示，惯性测振仪由惯性质量 m 和弹簧 k 组成，测振时将一起的框架固接在作铅垂振动的振动体上。惯性质量 m 随框架产生强迫振动。设振动体的振动规律为 $x'=a\sin\omega t$，试用强迫振动理论说明测振仪的测振原理。

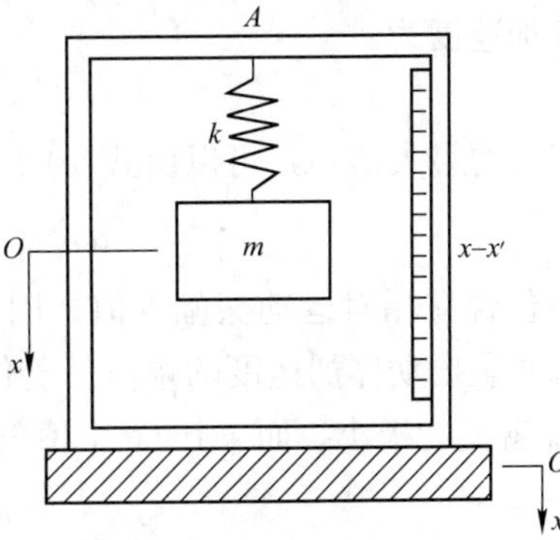

图 14-22 例题 14-9 图

【解】 由强迫振动理论知道，若振动体的频率 ω 比测振仪系统的固有频率 ω_n 大很多时，则质量 m 就会由于惯性而几乎保持不动。测振仪的框架是随着振动体运动的，故这时惯性质量 m 与框架之间的相对位移的幅值 b 就应该很接近于所要测量的振动体的振幅。现证明如下：

取惯性质量 m 的静平衡位置 O 为坐标原点，它在铅垂方向的位移为 x，则弹簧的伸长 $x-x'$ 即为惯性质量 m 与框架之间的相对位移。若略去阻尼不计，则质量 m 的运动微分方程为 $m\ddot{x}+k(x-x')=0$，

将 $\omega_n^2=k/m$ 及 $x'=a\sin\omega t$ 代入并整理后得：

$$\ddot{x}+\omega_n^2x=a\omega_n^2\sin\omega t \tag{a}$$

故质量 m 的强迫振动方程为：

$$x=B\sin\omega t \tag{b}$$

其振幅

$$B=\frac{a\omega_n^2}{\omega_n^2-\omega^2}=\frac{1}{1-\lambda^2}a \tag{c}$$

于是质量 m 与框架之间的相对运动为：

$$x-x'=(B-a)\sin\omega t=b\sin\omega t \tag{d}$$

式中　b——质量 m 与框架之间相对运动的振幅，可以记录在测振仪的活动纸带上。由于在实用上重要的是振幅的绝对值，故有

$$|b|=|B-a|=\left|\frac{\lambda^2}{1-\lambda^2}\right|a \tag{e}$$

或

$$a=\left|\frac{\lambda^2-1}{\lambda^2}\right||b| \tag{f}$$

由上式可见，若 $\lambda=\omega/\omega_n$ 足够大，即所测量的振动体的频率 ω 比测振仪的固有频率 ω_n 足够大，或弹簧足够大时，则振动体的振幅 a 就相当准确地和测振仪记录的相对运动振幅值 b 相等，即

$$a=|b| \tag{g}$$

这就是惯性测振仪的测振原理。

另外，测量振动体加速度的仪器的构造也和上面的测振仪相似，所不同的是它的固有频率需要高（测振仪的固有频率则尽可能地要低），故加速度仪中的弹簧要硬。其原理如下：

若振动体的振动方程仍然是

$$x'=a\sin\omega t$$

则其加速度为：

$$\ddot{x}'=-a\omega^2\sin\omega t$$

加速度的最大值 $a\omega^2$ 可以由式(e)求得为：

$$a\omega^2=|1-\lambda^2||b|\omega_n^2 \tag{h}$$

其中包含有相对运动振幅 b 值。因此就可以应用形式和惯性测振仪相似的仪器来测量振动体加速度的幅值。若仪器有着极高的固有频率 ω_n，则频率比 $\lambda=\omega/\omega_n$ 就变为极小，而 $|1-\lambda^2|$ 值就接近于 1，于是式(h)就可写为：

$$a\omega^2\approx|b|\omega_n^2 \tag{i}$$

即在仪表中直接量得相对运动振幅 b 之后，再乘以仪器的固有频率的平方，

就得到振动体的最大加速度。

通过以上例题的分析，现将求解单自由度系统的振动问题时，其解题步骤大致归纳如下：

(1) 选取某一系统为研究对象，确定其平衡位置，并以该位置为坐标原点建立坐标系。

(2) 分析系统在任意位置时的受力情况，作出受力图，并注意对弹性力、阻尼力和干扰力等的分析和计算。

(3) 根据系统的运动情况，选用适当的方法来建立系统的运动微分方程。例如，选用质点的运动微分方程；刚体绕定轴转动的微分方程；动静法等，来建立系统的运动微分方程。

(4) 根据所建立系统的运动微分方程形式与本章中所建立的标准形式的微分方程进行比较，判定系统属于哪一类型的振动，然后运用有关公式求解未知量。

小结及学习指导

1. 本章研究了单自由度系统的线性振动问题。它包括自由振动和强迫振动以及阻尼对系统振动的影响，并应用了振动的基本理论介绍了避免共振的一些方法。这些内容可用来解决一些单自由度系统的线性振动问题；同时也是研究更复杂振动问题的基础。

2. 在求解振动问题时，应先明确研究对象，确定其平衡位置，作出坐标系，并分析研究对象在任意位置时的受力情况，作出其受力图和建立研究对象的运动微分方程，以及判定研究对象属于哪一类型的振动，然后运用有关公式求解未知量。应避免未经分析而盲目套用公式。

3. 自由振动微分方程的标准运动方程为：

$$\ddot{x}+2n\dot{x}+\omega_{\mathrm{n}}^{2}x=0$$

运动方程可写成为：$x=c_1e^{r_1t}+c_2e^{r_2t}$

当大阻尼情况下($n>\omega_{\mathrm{n}}$)，方程的解并不具有振动性质。

当临界阻尼情况下($n=\omega_{\mathrm{n}}$)，这时阻尼的值正好是衰减过程中振动与不振动的分界线，称为临界阻尼情况。

当小阻尼情况下($n<\omega_{\mathrm{n}}$)，这时运动方程的解经变换后可写为：

$$x=Ae^{-nt}\sin(\sqrt{\omega_{\mathrm{n}}^{2}-n^{2}}t+\theta)$$

式中 A 和 θ 为两个积分常数，即

$$A=\sqrt{x_0^2+\frac{(\dot{x}_0+nx_0)^2}{\omega_{\mathrm{n}}^2-n^2}},\quad \tan\theta=\frac{x_0\sqrt{\omega_{\mathrm{n}}^2-n^2}}{\dot{x}_0+nx_0}$$

有阻尼的自由振动(即衰减振动)的周期

$$T=\frac{2\pi}{\sqrt{\omega_{\mathrm{n}}^{2}-n^{2}}}$$

阻尼对自由振动的影响主要表现在对振幅的影响上，它使振动按几何级

数衰减，衰减的快慢程度可用对数减幅系数：$\delta=\ln\frac{A_i}{A_{i+1}}=nT_{\mathrm{d}}$ 来表示。而阻尼对自由振动的周期影响不大。

系统仅在恢复力作用下的运动是非阻尼的自由振动。恢复力可以来自弹簧，也可以来自浮力、重力等。这时将上述方程中阻尼系数 $n=0$ 后，可得为非阻尼的自由振动标准方程与解。

4. 系统在恢复力和阻尼力及简谐变化的干扰力作用下其运动微分方程的标准形式为：

$$\ddot{x}+2n\dot{x}+\omega_{\mathrm{n}}^2x=h\sin(\omega t+\varphi)$$

系统的运动方程为：

$$x=Ae^{-nt}\sin(\omega_{\mathrm{d}}t+\theta)+b\sin(\omega t+\varphi-\varepsilon)$$

上式中第一部分为自由振动，第二部分为强迫振动。在实际情况中，由于振动系统不可避免地存在阻尼，自由振动部分将迅速衰减，因此称为瞬态解。如只考虑强迫振动部分，则系统强迫振动的运动方程始终存在，故称为稳态解。应该注意，强迫振动的振幅和位相差与运动的起始条件无关，振幅和位相差表达式为：

$$b=\frac{h}{\sqrt{(\omega_{\mathrm{n}}^2-\omega^2)+4n^2\omega^2}},\quad \tan\varepsilon=\frac{2n\omega}{\omega_{\mathrm{n}}^2-\omega^2}$$

物体振动的固有频率与干扰力的频率相等($\omega_{\mathrm{n}}=\omega$)时系统将发生共振。

5. 振幅频率特性曲线，表明了有阻尼强迫振动的振幅是怎样随 λ 与 ξ 而变化的，此曲线对分析有阻尼的强迫振动中发生共振的条件有重要的作用。

6. 在本章解题中根据题意的振动系统自身状态可分成无阻尼与有阻尼衰减振动。振动系统的受力状态又可分自由振动与强迫振动。一般可根据具体问题，应用不同的动力学方程建立振动微分方程的标准形式与物块的运动方程，对自由振动可按初始条件以通过公式直接求得固有频率和振动周期，对强迫振动可由阻尼系数和系统的固有频率求得阻尼比 ξ；由干扰力频率和系统的固有频率可以求得频率比 λ，然后通过 ξ 和 λ 确定动力放大系数 h、振幅及位相差以及共振的临界条件。

对于保守系统，若仅需确定系统的固有频率，可用能量法，即根据 $T_{\max}=V_{\max}$ 直接求解计算固有频率。若振动系统有组合弹簧连接时，应按串、并联情况重新组合等效刚度系数。工程中常需要确定临界速度。所谓临界速度就是共振情况下的速度。

思考题

14-1 自由振动的固有频率由哪些因素决定？要提高或降低固有频率有什么方法？

14-2 一个单自由度的物体系统被两根相同刚度的弹簧悬挂，现分别以弹簧串联或弹簧并联两种方式悬挂，请问哪种方法的固有频率高？

14-3 临界阻尼系数与什么因素有关？要调整临界阻尼系数有什么办法？

14-4 阻尼对强迫振动的振幅有何影响，可采取哪些措施减小强迫振动的振幅？

14-5 试述自由振动、衰减振动、强迫振动的区别。

习题

14-1 图 14-23 所示物块的质量均为 m，每根弹簧的弹簧常数均为 k，如各物都作自由振动，问其周期各为多少？

[**答案：**(a) $T=2\pi/\sqrt{k/m}$；(b) $T=2\pi/\sqrt{k/2m}$；(c) $T=2\pi/\sqrt{k/2m}$；(d) $T=2\pi/\sqrt{2k/m}$；(e) $T=2\pi/\sqrt{2k/m}$；(f) $T=2\pi/\sqrt{k/m}$]

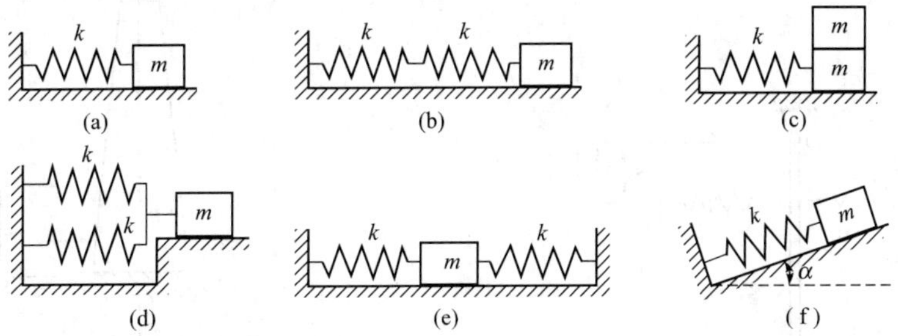

图 14-23 习题 14-1

14-2 振动系统如图 14-24(a)、(b)所示。欲使弹簧伸长 1cm，需要 B 点加 0.2N 的静止荷重，物 B 的 $P=1$N，若取物 B 的平衡位置向上的轴作为运动参考轴，试求物 B 的自由振动方程、振幅和周期。(1)在弹簧未伸长时，加上重物 B 后无初速释放；(2)在物 B 下再吊一为 0.5N 的物体，在系统处于平衡时将绳剪断。

[**答案：**(1) $a=5\cos 14t$cm，$A=5$cm，$T=\frac{\pi}{7}$s；(2) $x=-2.5\cos 14t$cm，$A=2.5$cm，$T=\frac{\pi}{7}$s]

14-3 如图 14-25 所示，一质量未知的托盘悬挂在弹簧上，当盘上放质量为 m_1 的物体时，测得的周期为 T_1。如盘上放一质量为 m_2 的物体，测得其周期为 T_2。求弹簧常数。

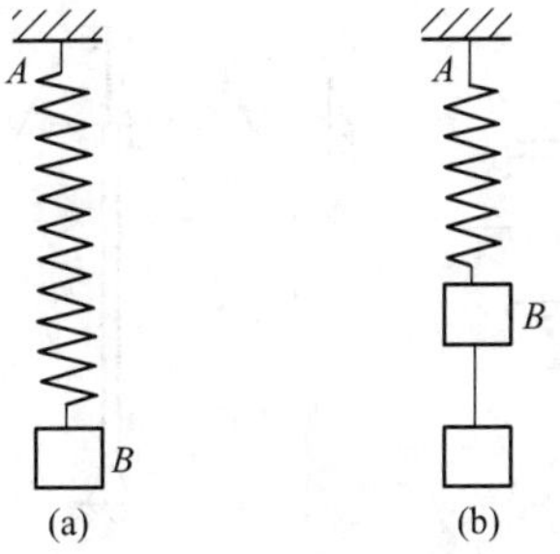

图 14-24 习题 14-2 图

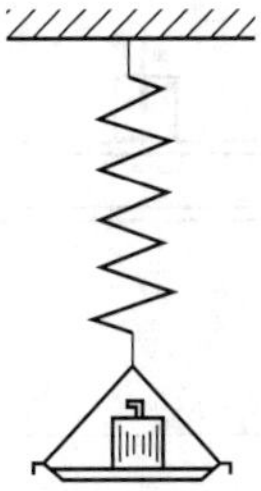

图 14-25 习题 14-3 图

[答案：$k=4\pi^2\dfrac{(m_1-m_2)}{(T_1^2-T_2^2)}$]

14-4　一摆如图 14-26 所示，刚杆长为 l，B 端与质量为 m 的小球相连，两刚度系数为 k 的弹簧，装在离 A 距离为 b 处。试求此摆微振动的固有频率。

[答案：$\omega_0=\dfrac{1}{2\pi}\sqrt{\dfrac{2kb^2}{ml^2}+\dfrac{g}{l}}$]

14-5　如图 14-27 所示，厂房的烟囱(视为刚体)振动时绕基础的中心线 x-x 轴摆动。已知烟囱的重为 $\boldsymbol{P}$，重心高度为 h，绕 x-x 轴的转动惯量为 J，地基的刚度系数(单位转角所需的力矩)为 k，试求烟囱微振动的固有频率。

[答案：$\omega_0=\dfrac{1}{2\pi}\sqrt{\dfrac{k-Ph}{J}}$]

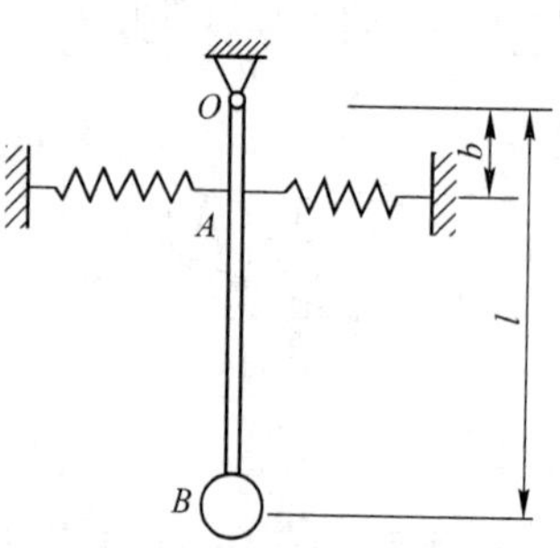

图 14-26　习题 14-4 图

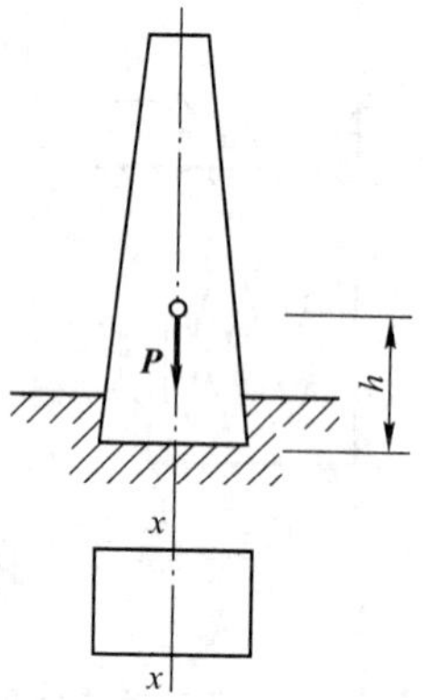

图 14-27　习题 14-5 图

14-6　如图 14-28 所示，一工字钢梁长 $l=4$m，搁在两刚度系数均为 $k=1.5$kN/cm 的弹性支座上，梁的截面惯性矩 $J_Z=180\text{cm}^4$，弹性模量 $E=2\times10^7\text{N/cm}^2$，在梁的中点放置一 $P=2$kN(大小不计)的物体。试求系统作自由振动的周期。

[答案：$T=0.238$s]

14-7　如图 14-29 所示，一长为 l、重为 $\boldsymbol{P}$ 的匀质杆在 A 端与两根刚度系数均为 k 的水平弹簧相连接，且作用有一铅垂常力 $\boldsymbol{F}$。欲使直杆微振动的圆频率趋向于零，试求力 $\boldsymbol{F}$ 的大小。

[答案：$F=2kl-\dfrac{P}{2}$]

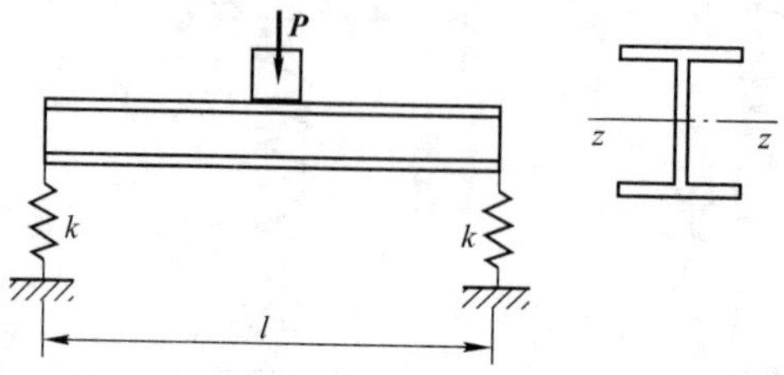

图 14-28　习题 14-6 图

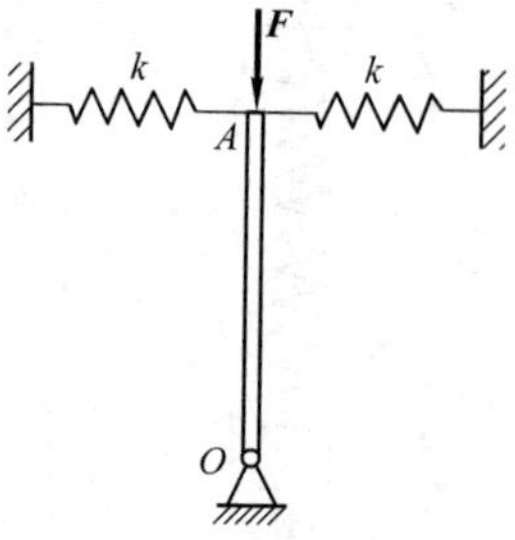

图 14-29　习题 14-7 图

14-8 T字形构件在铅垂面内绕O点摆动，每根弹簧的刚度系数均为k，在$\theta=0°$的静平衡位置时有初张力$\boldsymbol{F}_{st}$，构件的质量为m，质心在距O为r的C点，尺寸b如图14-30所示，对O点的转动惯量为J_O。试求构件作微振动的周期。

$$\left[\textbf{答案：} T=2\pi\sqrt{\frac{J_O}{mgr+2kb^2}}\right]$$

14-9 在图14-31所示振动系统中，梁AB长为l，弹簧的刚度系数为k，在B点安装一为$\boldsymbol{P}$的电动机。试求电动机微振动的固有圆频率与弹簧位置x之间的关系。

$$\left[\textbf{答案：} \omega_O=\frac{x}{l}\sqrt{\frac{kg}{P}}\right]$$

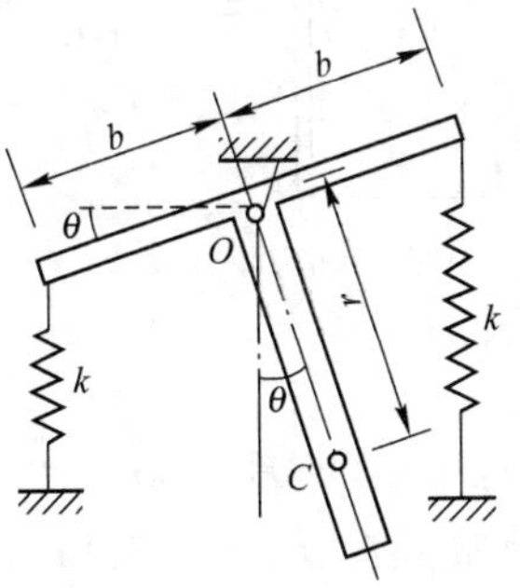

图 14-30 习题 14-8 图

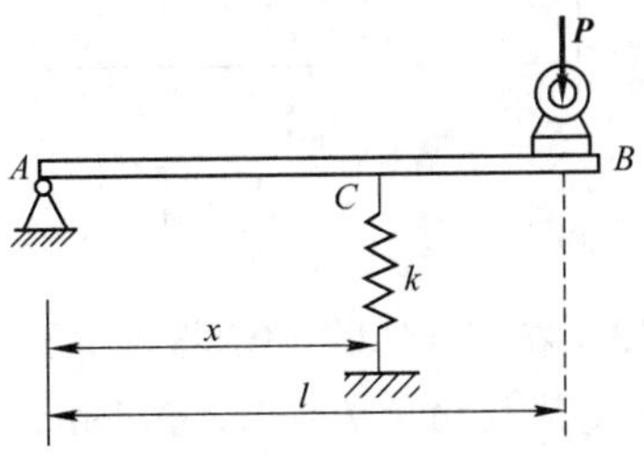

图 14-31 习题 14-9 图

14-10 如图14-32所示，匀质直杆长为l，A端由小滑轮支承，B端用长为r的绳悬挂。若给B端一微小水平位移后无初速释放，试求直杆作微振动的固有圆频率。

$$\left[\textbf{答案：} \omega_O=\sqrt{\frac{g}{2r}}\right]$$

14-11 如图14-33所示，匀质杆AB长为l，质量为m，其两端的销钉可分别沿水平槽和铅直槽滑动，$\theta=0°$为静平衡位置。已知两弹簧刚度系数均为k，试求系统微幅振动的固有圆频率。又问：弹簧刚度为多大，振动才可能发生。

$$\left[\textbf{答案：} \omega_O=\sqrt{\frac{6k}{m}-\frac{3g}{2l}},\ k>\frac{mg}{4l}\right]$$

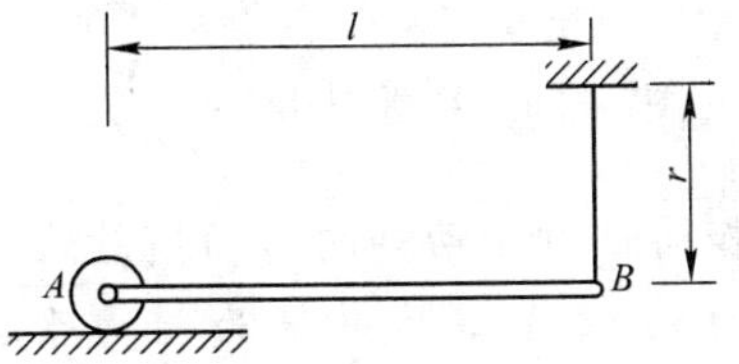

图 14-32 习题 14-10 图

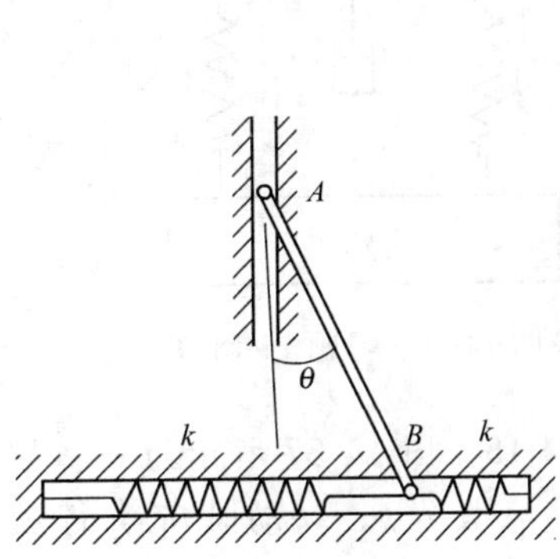

图 14-33 习题 14-11 图

14-12 匀质杆 AB 长为 l，质量为 m，在 D 点系着 $\theta=45^\circ$ 的倾斜弹簧，弹簧的刚度系数为 k，位置如图 14-34 所示。试求图(a)、(b)两种情况下，杆微幅振动的固有圆频率。

[**答案：**(a)$\omega_{n1}=\sqrt{\dfrac{6k}{7m}}$；(b)$\omega_{n2}=\sqrt{\dfrac{6}{7}\left(\dfrac{k}{m}+\dfrac{2g}{l}\right)}$]

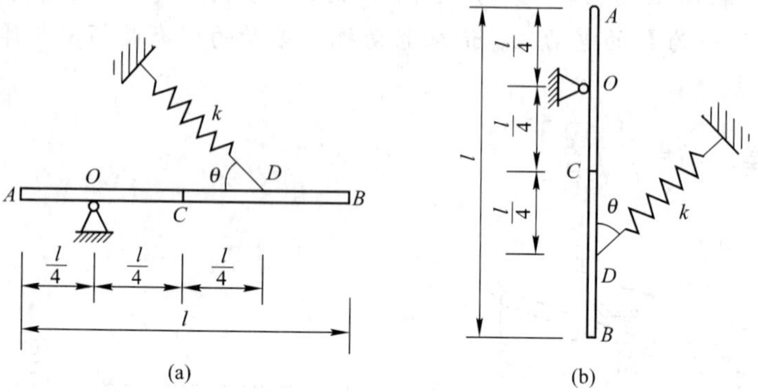

图 14-34 习题 14-12 图

14-13 在图 14-35 所示振动系统中，已知：物体的质量 $m=22.7$kg，两弹簧的刚度系数均为 $k=87.5$N/cm，阻尼器的阻力系数 $c=3.5$N·s/cm，物体初瞬时位于平衡位置，初速度 $v_O=12.7$cm/s。试求对数减缩率和离开平衡位置的最大距离。

[**答案：**$\delta=1.814$，$x_{max}=0.303$cm]

14-14 在图 14-36 所示振动系统中，匀质滚子质量 $m=10$kg，半径 $r=0.25$m，在倾角为 θ 的斜面上作纯滚动；弹簧的刚度系数 $k=20$N/m，阻尼器阻力系数 $c=10$N·s/m。试求：(1)无阻尼的固有频率；(2)阻尼比；(3)有阻尼的振动频率；(4)此阻尼系统自由振动的周期。

[**答案：**(1) $f_O=0.184$Hz；(2) $\xi=0.289$；(3) $f_d=0.176$Hz；(4) $T_d=5.677$s]

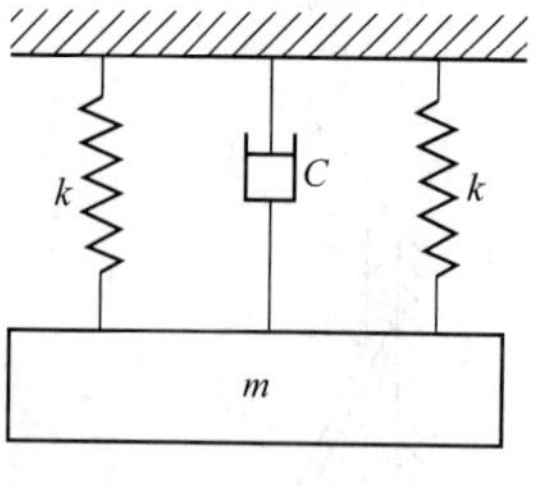

图 14-35 习题 14-13 图

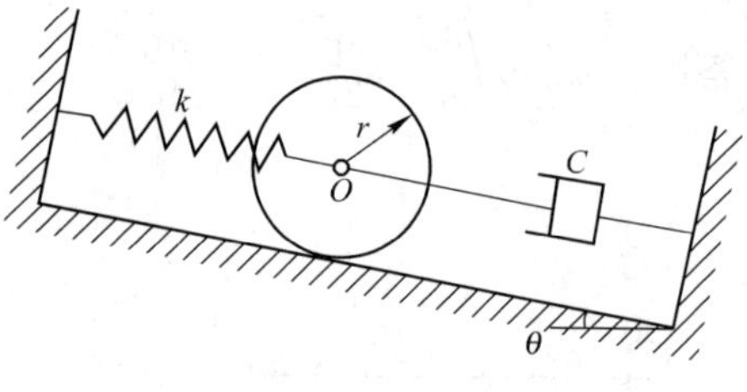

图 14-36 习题 14-14 图

14-15 图 14-37 所示为一扭摆。已知圆盘对转动轴的转动惯量为 J，扭转刚度系数为 k，转动时所受的阻力矩为 $m=cA\omega$，式中 c 为阻力系数，A 为圆盘上下底面积的和，ω 为圆盘的角速度。试求圆盘在液体中作扭振的周期。

$$\left[\textbf{答案：} T_n=\frac{2\pi}{\sqrt{\frac{k}{J}-\left(\frac{cA}{2J}\right)^2}}\right]$$

14-16 如图 14-38 所示，电动机的 $\boldsymbol{P}_O=2.5$kN，由四根刚度系数均为$k=300$N/cm 的弹簧支持。由于电动机转子的质量分配不均，相当在转子上有一 $\boldsymbol{P}_1=2$N 的偏心块，其偏心距 $e=1$cm。试求：(1)发生共振时的转速；(2)当转速为 1000r/min 时，强迫振动的振幅。

[**答案**：(1)$n_{cr}=207$r/min；(2)$B=0.836\times10^{-3}$cm]

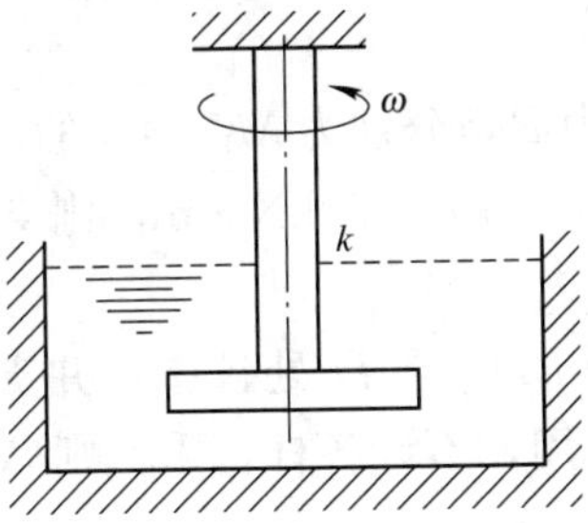

图 14-37 习题 14-15 图

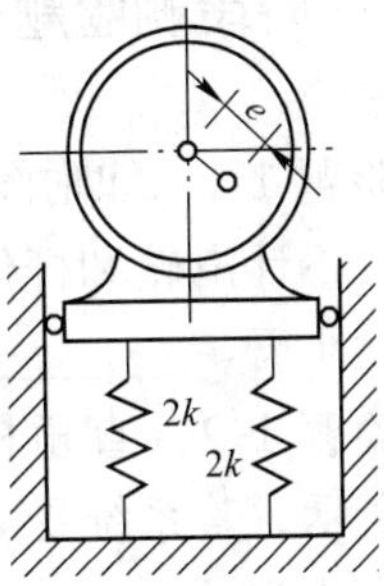

图 14-38 习题 14-16 图

14-17 如图 14-39 所示，振动筛的总重力 $\boldsymbol{P}_O=23.5$kN，支承在四根相同的弹簧上。已知：激振用的偏心转子的 $\boldsymbol{P}_1=59$N，偏心距 $e=4$cm。若强迫振动振幅 $B=2$cm，振动筛的转速 $n=650$r/min，试求弹簧的刚度系数 k。

[**答案**：$k=27.9$kN/cm]

14-18 振系如图 14-40 所示，已知：曲柄 OD 长 $r=2$cm，以匀角速 $\omega=7$rad/s 转动，物体 M 的 $\boldsymbol{P}=4$N，弹簧在 0.4N 的力作用下伸长 1cm，试求物体 M 的强迫振动方程。

[**答案**：$x=4\sin7t$ cm]

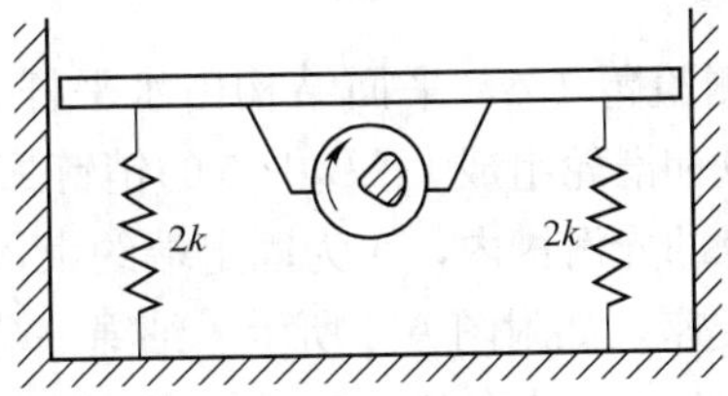

图 14-39 习题 14-17 图

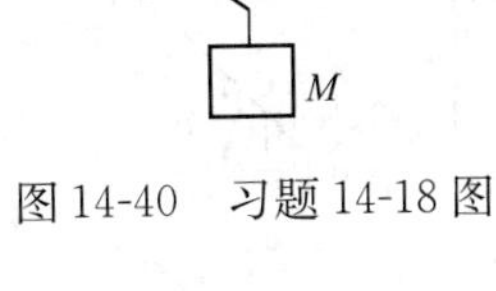

图 14-40 习题 14-18 图

附录A 阶段测验题

A1 第一阶段测验题(静力学基本知识、平面任意力学、平面桁架)

测验题 1-1 如附图 A-1 所示，系统在力偶矩分别为 M_1、M_2 的力偶作用下平衡，不计滑轮和杆件的重量。若 $r=0.5\text{m}$，$M_1=50\text{kN}\cdot\text{m}$，则支座 A 约束力的大小 $F_A=$__________，方向__________。

测验题 1-2 直角杆 CDA 和 T 字形杆 BDE 在 D 处铰接，并支承如附图 A-2所示。若系统受力偶矩为 M 的力偶作用，不计各杆自重，则 A 支座约束力的大小为________________，方向________________。

测验题 1-3 附图 A-3 所示系统中，轮 A 重 $F_{P1}=20\text{N}$，轮 B 重 $F_{P2}=10\text{N}$，用长 $L=40\text{cm}$ 的无重刚杆相铰接，且可在 $\beta=45°$的两光滑斜面上滚动。试求平衡时的距离 x 值。

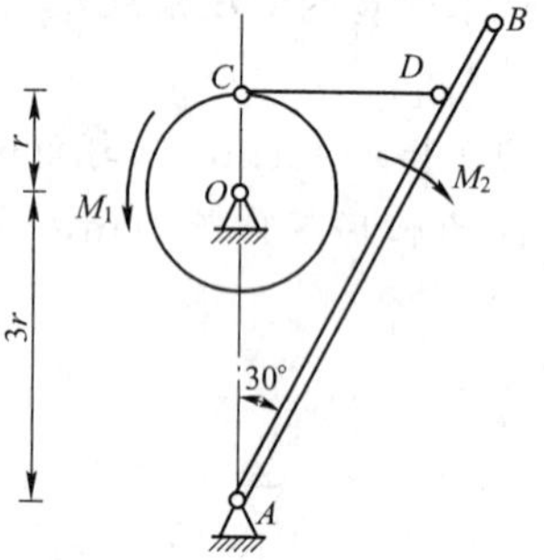

附图 A-1 测验题 1-1 图

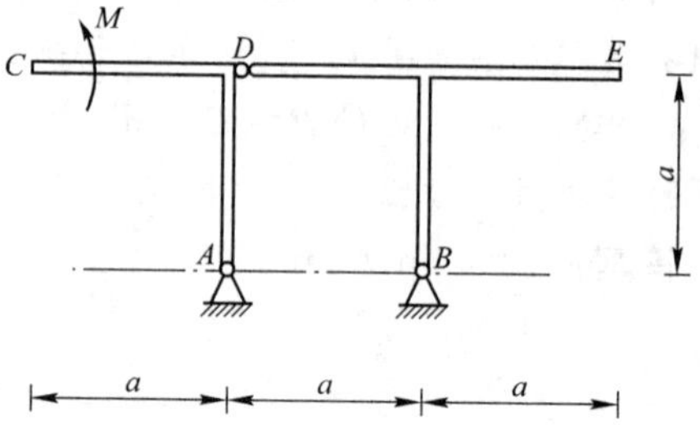

附图 A-2 测验题 1-2 图

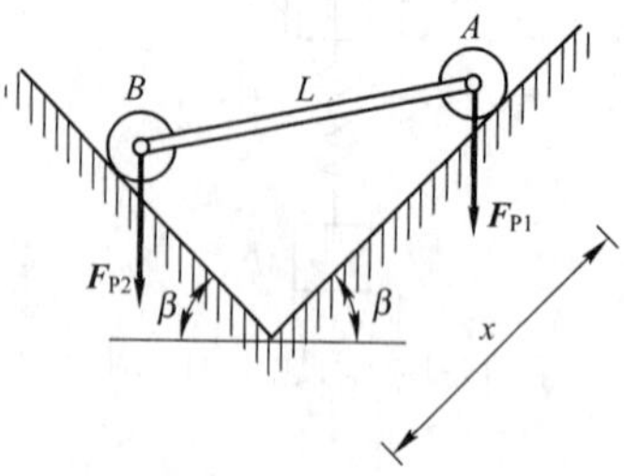

附图 A-3 测验题 1-3 图

测验题 1-4 平面结构由水平杆 AB、斜杆 CD 和滑轮组成。AB 中点的销钉 E 放置在杆 CD 的光滑槽内，A 为固定端约束，D 为固定铰支座，如附图 A-4 所示。细绳一端固定于 C，并跨过定滑轮 B 和动滑轮 $\boldsymbol{F}$，另一端固连于 B，物重 $\boldsymbol{F}_P=2000\text{N}$，$CD$ 杆上作用一力偶，其矩 $M=200\text{N}\cdot\text{m}$，杆与轮的自重不计。试求固定支座 D 和固定端 A 处的约束力。

测验题 1-5 在附图 A-5 所示平面桁架中，已知 $\boldsymbol{F}$、$\theta=45°$。试用较简单的步骤求杆 1、2 的内力。

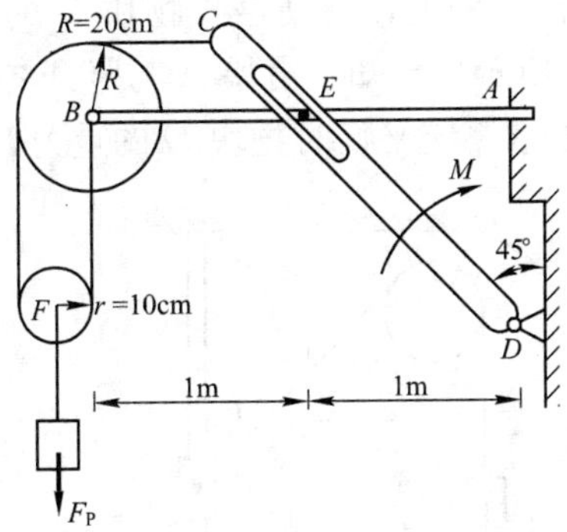

附图 A-4　测验题 1-4 图

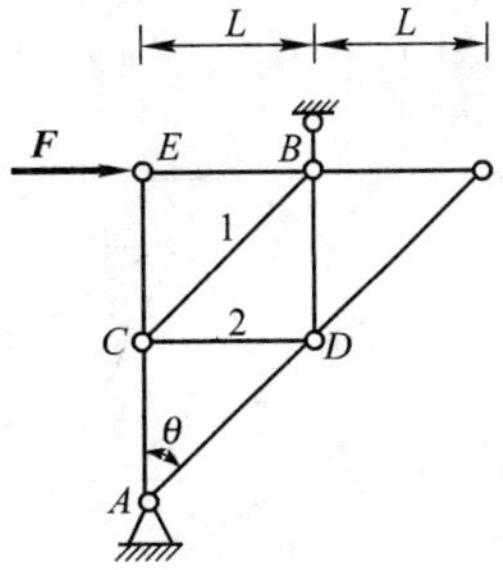

附图 A-5　测验题 1-5 图

A2　第二阶段测验题(空间任意力学、摩擦)

测验题 2-1　如附图 A-6 所示，均质梯形薄板 $ABCE$，在 A 处用细绳悬挂。今欲使 AB 边保持水平，则需在正方形 $ABCD$ 的中心挖去一个半径为__________的圆形薄板。

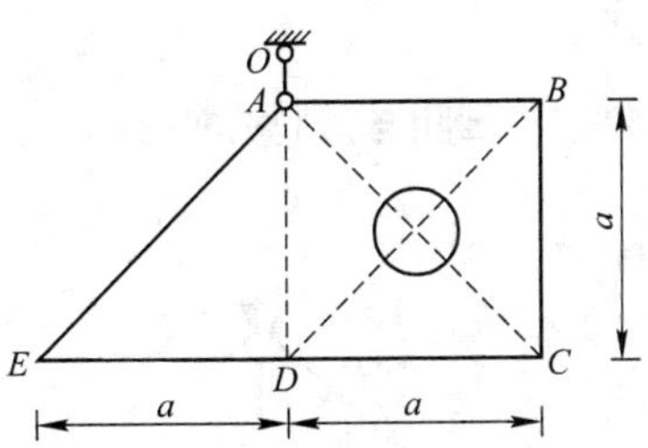

附图 A-6　测验题 2-1 图

测验题 2-2　如附图 A-7 所示，用砖夹(未画出)夹住四块砖，若每块砖重 $\boldsymbol{P}$，砖夹对砖的压力 $F_{N1}=F_{N4}$，摩擦力 $F_{f1}=F_{f4}=2P$，砖间的摩擦因数为 f_s。则第 1、2 块砖间的摩擦力的大小为__________；第 2、3 块砖间的摩擦力的大小为__________。

测验题 2-3　如附图 A-8 所示，在边长 $L=0.5$m 的正立方体中，已知力 $F=100$N，作用于 A_1ACC_1 面内，力偶矩 $M=10$N·m，作用于 AA_1BB_1 内。试求：$\sum M_x(\boldsymbol{F})=$__________，$\sum M_y(\boldsymbol{F})=$__________$\sum M_z(\boldsymbol{F})=$__________。

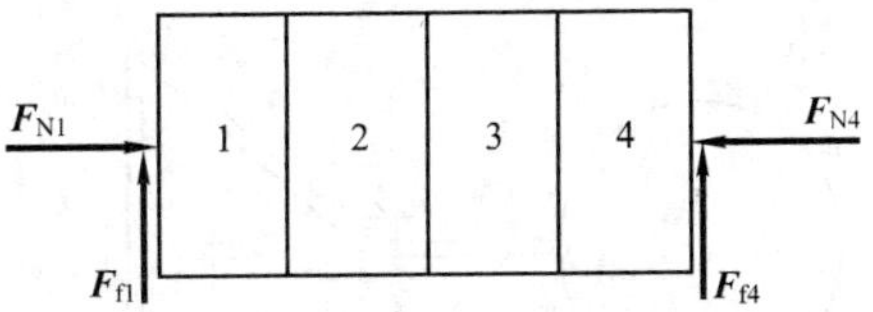

附图 A-7　测验题 2-2 图

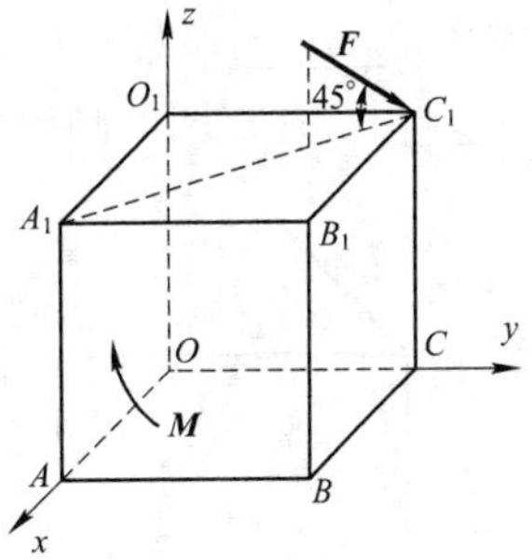

附图 A-8　测验题 2-3 图

测验题 2-4　在附图 A-9 所示均质正方形板中，已知单位面积质量为 $\rho=100\text{kg/m}^2$，边长为 l。$A_1D_1=AD=AA_1=D_1D=1$m，若在板中心挖去一直径为 $\frac{l}{2}$ 的圆孔。试求球铰链 A 的约束力及各连杆的内力。

测验题 2-5 滑块 A 的重力为 $\boldsymbol{P}$，套在竖杆上，借助悬挂物块 D 的绳子保持平衡，而绳跨过滑轮 B，如附图 A-10 所示。已知：滑块 A 与竖杆之间的静摩擦因数为 f_s，绳与竖杆的夹角为 θ。试求系统平衡时物块 D 的重力 $\boldsymbol{P}_D$。

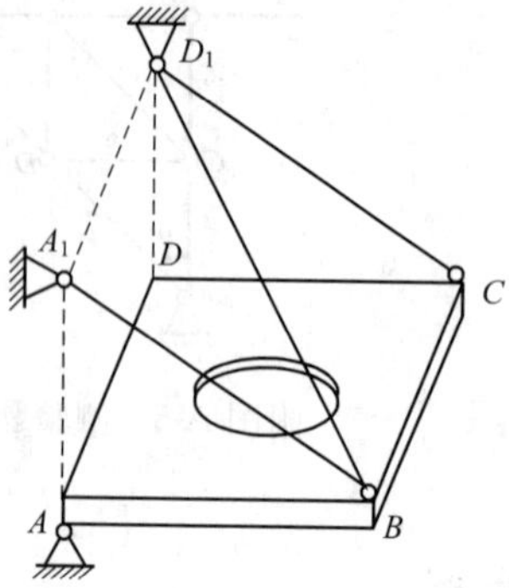

附图 A-9 测验题 2-4 图

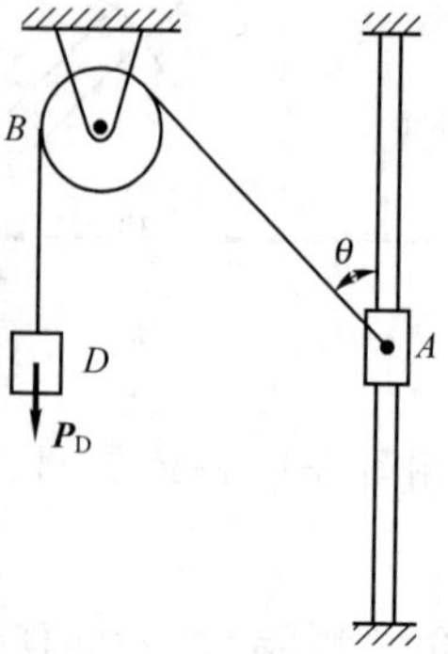

附图 A-10 测验题 2-5 图

A3 第三阶段测验题（点的运动、刚体的基本运动、刚体的平面运动）

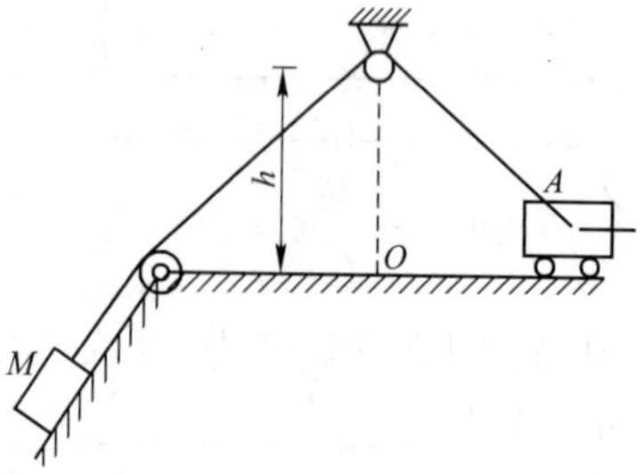

附图 A-11 测验题 3-1 图

测验题 3-1 如附图 A-11 所示，小车 A 自 O 处开始以匀速度 $\boldsymbol{v}$ 向右运动，滑轮直径略去不计，若 $h=3\text{m}$，$v=2\text{m/s}$，则 $t=2\text{s}$ 时，物 M 的速度为______________。

测验题 3-2 已知正方形板 $ABCD$ 作定轴转动，转轴垂直于板面，A 点的速度 $v_A=0.1\text{m/s}$，加速度 $a_A=0.1\sqrt{2}\text{m/s}^2$，方向如附图 A-12 所示。则正方形板转动的角加速度的大小为______________。

测验题 3-3 指出附图 A-13 所示机构中各构件作何种运动，轮 A（只滚不滑）作__________；杆 BC 作__________；杆 CD 作__________；杆 DE 作__________。并在图上画出作平面运动的构件在图示瞬时的速度瞬心。

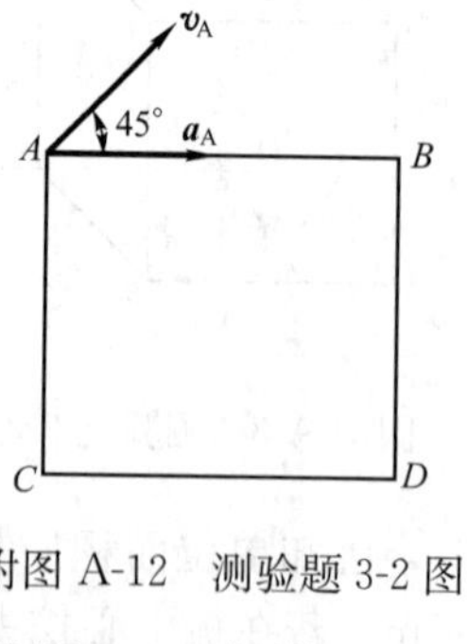

附图 A-12 测验题 3-2 图

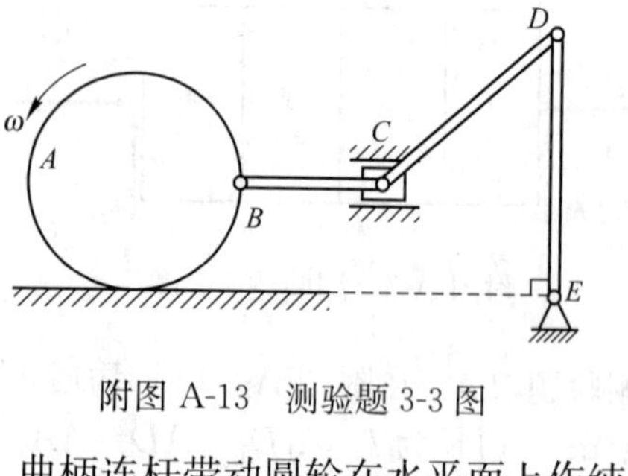

附图 A-13 测验题 3-3 图

测验题 3-4 如附图 A-14 所示，曲柄连杆带动圆轮在水平面上作纯滚动。已知：轮的直径 $d=2\text{m}$，连杆长 $AO=L=3\text{m}$。在图示位置时，曲柄的角速度

$\omega=3\mathrm{rad/s}$，O_1O 为铅垂线，$OA\perp O_1A$，$\varphi=60°$。试求该瞬时：(1)连杆 AO 的角速度；(2)轮心 O 的速度；(3)轮的角速度；(4)轮缘上点 M 的速度。

测验题 3-5 在附图 A-15 所示连杆机构中，已知：杆 AB 以匀角速度 ω 绕 A 轴定轴转动，$AB=CD=r$，$BC=L=2\sqrt{3}r$。试求图示位置(杆 BC 水平，杆 AB 铅垂，$\varphi=30°$)时，杆 CD 的角速度及角加速度。

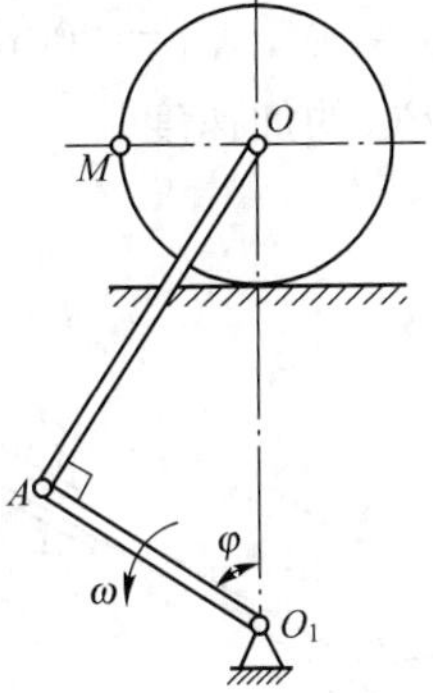

附图 A-14 测验题 3-4 图

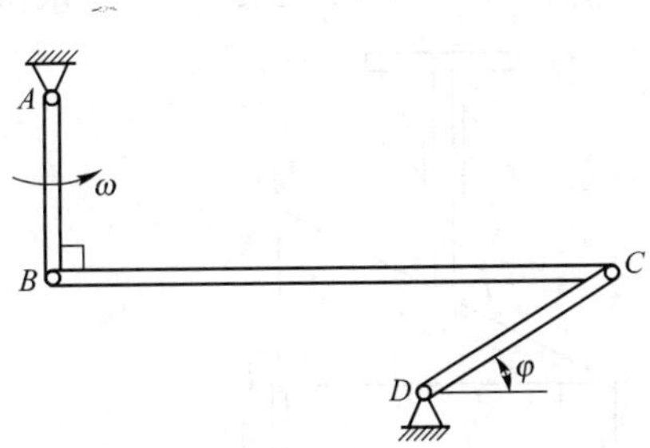

附图 A-15 测验题 3-5 图

A4 第四阶段测验题(点的合成运动、运动学综合应用)

测验题 4-1 如附图 A-16 所示，正方形板 $ABCD$ 作平移，A 点的运动方程为 $x_A=6\cos(2t)$；$y_A=4\sin(2t)$；点 M 沿 AC 以 $s=3t^2$ 的规律运动，其中 x_A、y_A、s 以 m 计，t 以 s 计。若以板为动系，则当 $t=\frac{\pi}{2}$s 时，点 M 的相对速度 $v_r=$__________，牵连速度 $v_e=$__________，方向须在附图 A-16(a) 上画出；点 M 对板的相对加速度大小为__________，牵连加速度大小为__________，方向均须用附图 A-16(b)表示。

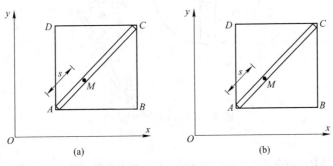

附图 A-16 测验题 4-1 图

测验题 4-2 如附图 A-17 所示，小车以速度 v 沿直线运动，车上一轮以角速度 ω 绕 O 转绕动，若以轮缘上一点 M 为动点，车厢为动坐标系，则 M 点的科氏加速度的大小为________________。

测验题 4-3 附图 A-18 所示平面凸轮机构，$OA=O_1B=15\mathrm{cm}$，$AB=$

$OO_1=10\sqrt{3}$cm，$AC=10$cm，角速度 $\omega=2$rad/s。试求在图示位置，即 OA 为铅垂时，杆 DE 的速度。

测验题 4-4 附图 A-19 所示系统中，半径 $r=400$mm 的半圆形凸轮 A，水平向右作匀加速运动，$a_A=100\text{mm/s}^2$，推动杆 BC 沿 $\varphi=30°$的导槽运动。在图示位置时，$\theta=60°$，$v_A=200$mm/s。试求该瞬时杆 BC 的加速度。

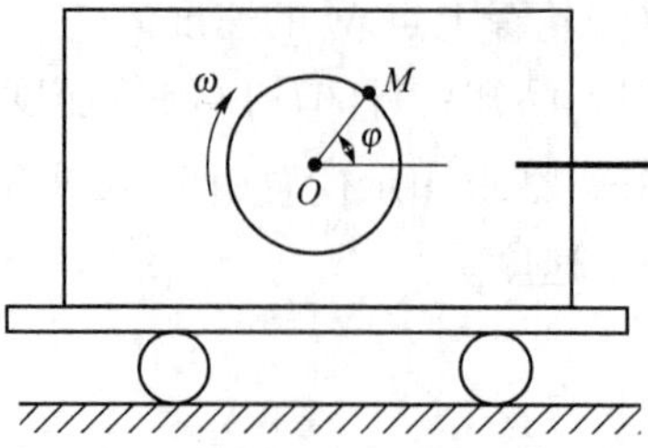

附图 A-17 测验题 4-2 图

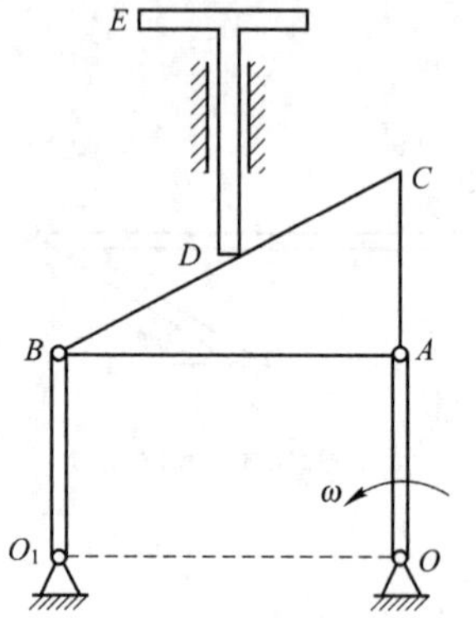

附图 A-18 测验题 4-3 图

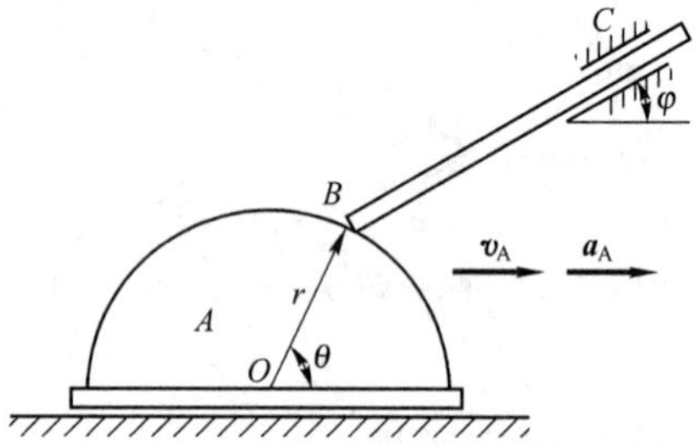

附图 A-19 测验题 4-4 图

测验题 4-5 平面机构如附图 A-20 所示，设长 $O_1A=2O_1B=2L$；当 $\varphi=30°$时，$\theta=90°$，且轮子 O 的角速度为 $\omega_O=2$rad/s。试求该瞬时：(1)杆 AB 的角速度；(2)滑块 C 的速度。

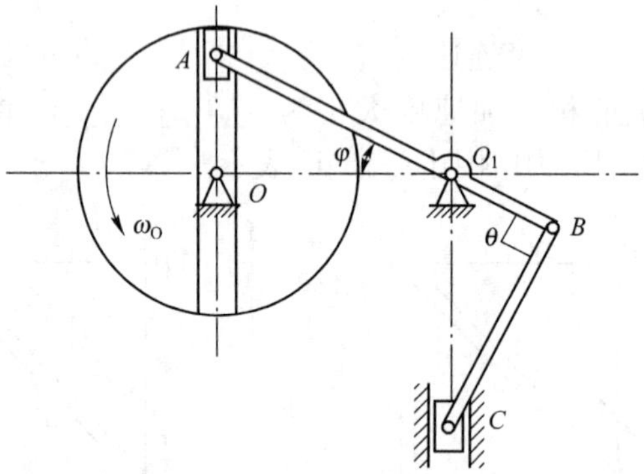

附图 A-20 测验题 4-5 图

A5 第五阶段测验题(动力学基本方程、动量定理、动量矩定理)

测验题 5-1 质量相同的两个质点，在半径相同的两圆弧上运动，设质点在附图 A-21(a)、(b)所示位置时具有相同的速度 v，则此时约束力 $F_1=$__________，$F_2=$__________。

测验题 5-2 由四根均质细杆铰接而成的机构如附图 A-22 所示，各杆重

$\boldsymbol{P}$，长 L。当各杆相互垂直瞬时 C 点的速度为 $\boldsymbol{v}$，则该瞬时系统的动量的大小为____________________，方向为____________________。

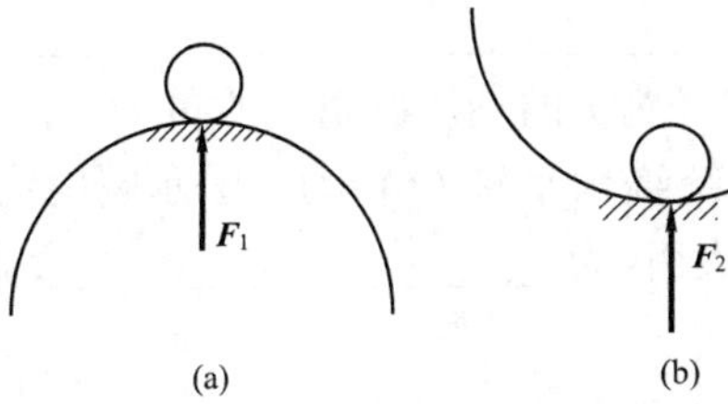

附图 A-21　测验题 5-1 图

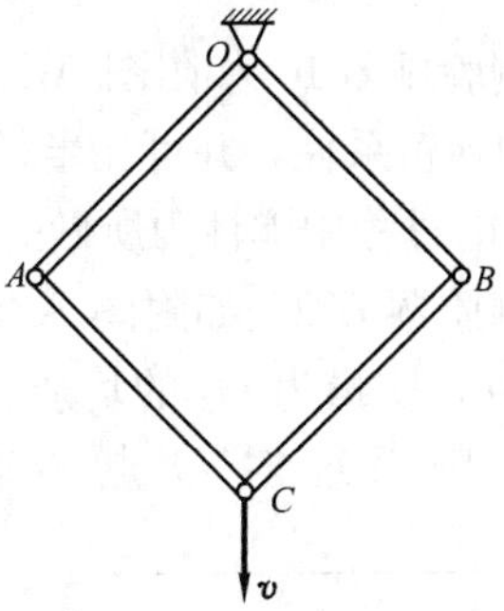

附图 A-22　测验题 5-2 图

测验题 5-3　当质量为 5kg 的物块在光滑水平面上以附图 A-23 所示方向，大小 $v_2=10\text{m/s}$ 的速度滑动时，一质量为 50g 的枪弹以铅直速度大小 $v_1=60\text{m/s}$ 射入其中心。试求此后枪弹与物块一起运动的速度大小 v 和方向 θ。

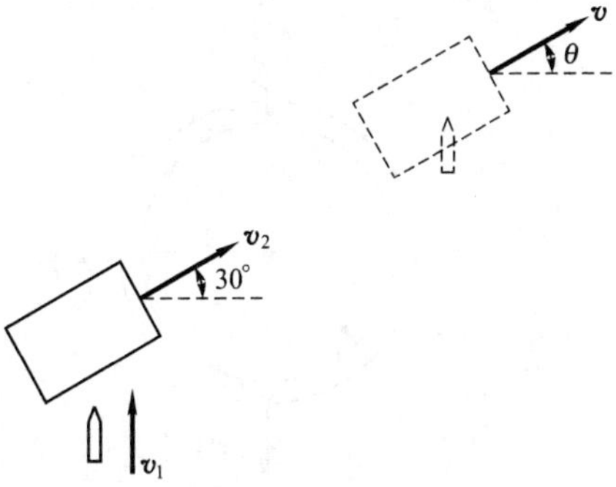

附图 A-23　测验题 5-3 图

测验题 5-4　附图 A-24 所示两匀质细杆 O_1A 及 O_2B 的质量均为 $m=1.5\text{kg}$，$O_1A=O_2B=l=30\text{cm}$，杆端均铰接在转台 D 上。转台质量为 $m_0=4\text{kg}$，对 z 轴的回转半径 $\rho=40\text{cm}$。初始时转台以转速 $n=300\text{r/min}$ 绕铅垂对称轴 Oz 转动，并在两杆间用连线使两杆处于铅垂位置。后来连线断开，两杆分别绕 O_1、O_2 转下，试求当两杆转到水平位置时转台的转速。

测验题 5-5　匀质细杆 AB 的质量 $m=2\text{kg}$，长 $l=0.5\text{m}$，其上端借小滚轮支承在光滑水平导槽内，若杆在它与水平线呈 60°角的附图 A-25 所示位置从静止释放，不计滚轮质量，求该瞬时杆的角加速度、质心的加速度和 A 处的约束反力。

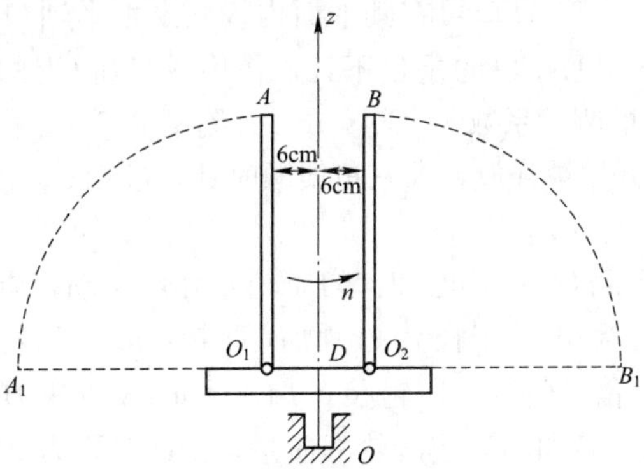

附图 A-24　测验题 5-4 图

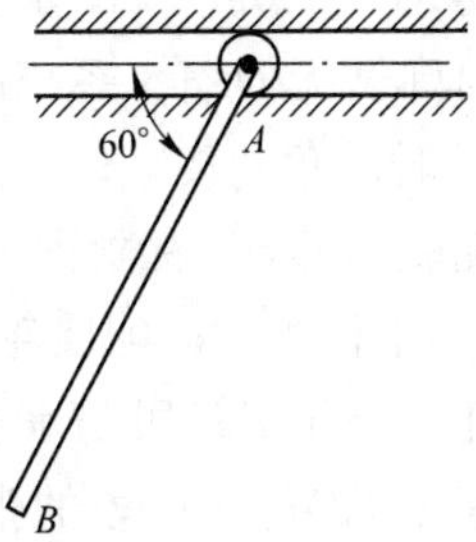

附图 A-25　测验题 5-5 图

A6 第六阶段测验题(动能定理、动力学三定理综合应用)

测验题 6-1 如附图 A-26 所示，重 $\boldsymbol{P}$ 的小球 M，用一弹簧系数为 k，原长为 r 的弹簧系住，并可在半径为 r 的固定圆槽内运动。当球 M 由位置 M_1 运动到 M_2 的过程中弹性力所做的功为__________________________。

测验题 6-2 如附图 A-27 所示，半径为 r 的均质圆盘，质量为 m_1，固接在长 $4r$，质量为 m_2 的均质直杆上。系统绕水平轴 O 转动，图示瞬时有角速度 ω，则系统对 O 点的动量矩的大小为________________；动能为________________。

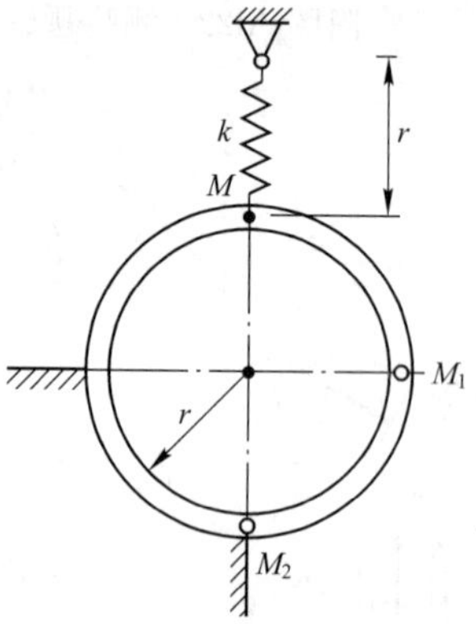

附图 A-26 测验题 6-1 图

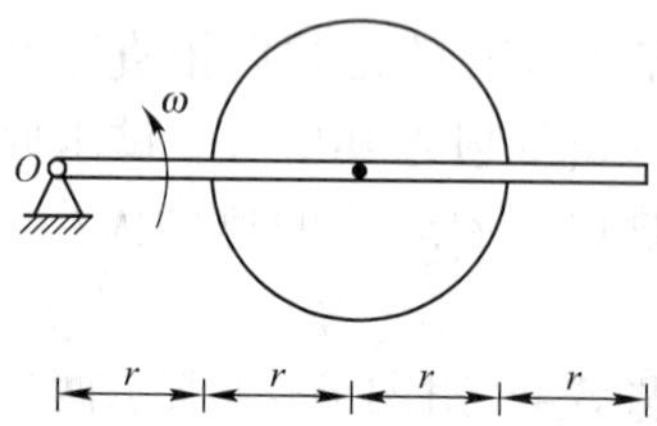

附图 A-27 测验题 6-2 图

测验题 6-3 如附图 A-28 所示系统中，轮 A 和轮 B 可视为均质圆盘，半径都为 R，重量皆为 G。绕在两轮上的绳索中间连着重为 $\boldsymbol{P}$ 的物块 C，物块放在粗糙的水平面上，其动摩擦系数为 f_d。今在 A 轮上作用一不变的力矩 M，求轮 A 的角加速度。绳子的重量不计。

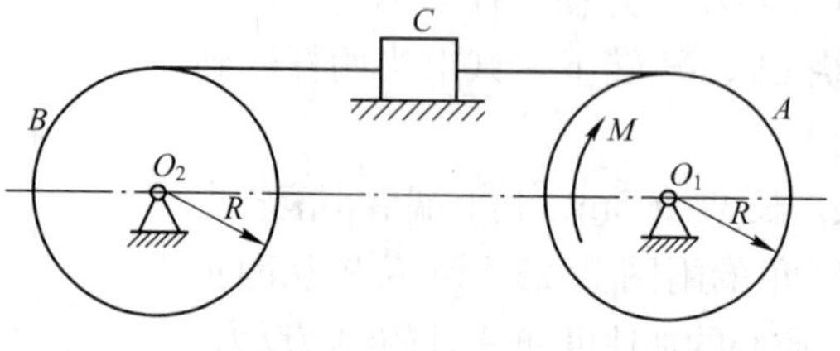

附图 A-28 测验题 6-3 图

测验题 6-4 如附图 A-29 所示，三角架 ABO 可在其平面内绕固定水平轴 O 转动，AB 为均质杆，重 200N，杆 AO、BO 的重量不计，作用在 ABO 上的力偶的矩 $M=650\text{N}\cdot\text{m}$，弹簧 AD 的刚性系数 $k=30\text{N/m}$。在附图 A-29(a)所示位置时弹簧无伸缩。系统由静止开始被释放，求三角架顺时针转过 180°(附图 A-29b)时的角速度。

测验题 6-5 在附图 A-30 所示机构中，已知：匀质轮 C 作纯滚动，质量为 m_1，半径为 R；匀质轮 O 质量为 m_2，半径为 r；物 B 质量为 m_3。系统初始静止，绳子 AE 段与水平面平行。试求：(1)轮心 C 加速度 $\boldsymbol{a}_C$ 及物块 B 加速度 $\boldsymbol{a}_B$；(2)绳 BD 段的张力 $\boldsymbol{F}$；(3)如不计定滑轮的质量，则此时张力 $\boldsymbol{F}$ 为多少。

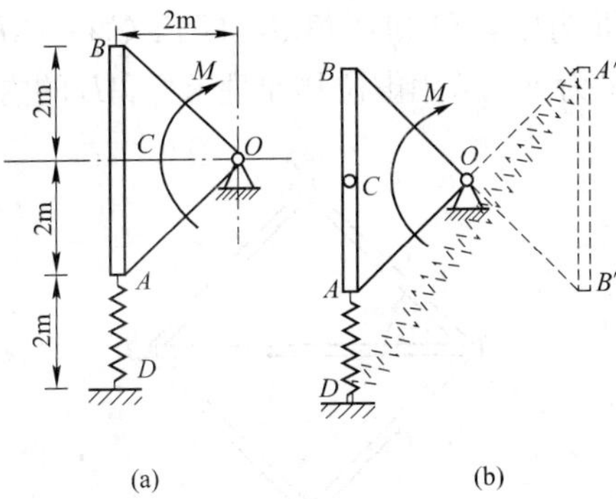

附图 A-29　测验题 6-4 图

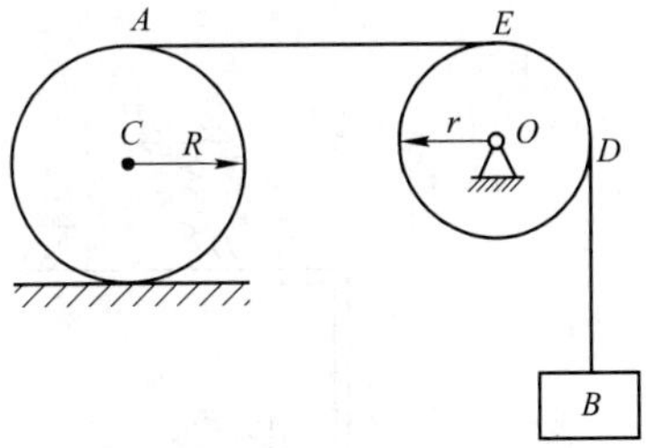

附图 A-30　测验题 6-5 图

A7　第七阶段测验题(达朗伯原理、虚位移原理)

测验题 7-1　如附图 A-31 所示，质量为 m 的物块 A 相对于三棱柱以加速度 $\boldsymbol{a}_1$ 沿斜面向上运动，三棱柱又以加速度 $\boldsymbol{a}_2$ 相对地面向右运动，已知角 θ，则物块 A 的惯性力的大小为________。

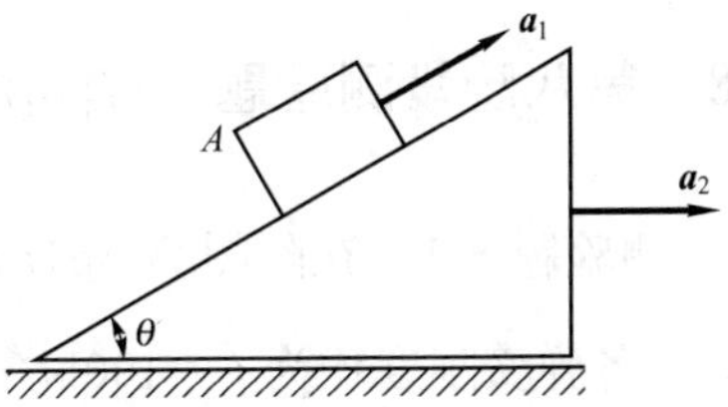

附图 A-31　测验题 7-1 图

测验题 7-2　如附图 A-32 所示，$ABCD$ 组成一平行四边形，$FE//AB$，且 $AB=EF=L$，E 为 BC 中点，B，C，E 处为铰接。设 B 点虚位移为 $\delta \boldsymbol{r}_B$，则：C 点虚位移 $\delta r_C=$________，E 点虚位移 $\delta r_E=$________，F 点虚位移 $\delta r_F=$________(应在图上画出各虚位移方向)。

测验题 7-3　如附图 A-33 所示系统由两杆铰接组成。已知：两细杆均长 l，匀质杆 AB 的质量为 m。当 OA 杆水平，AB 杆铅直瞬时，杆 OA 的角速度为 ω、角加速度为零，且杆 AB 的角速度也为 ω，B 点的加速度 a_B 铅直向上。试求此瞬时，杆 AB 惯性力系的简化结果。

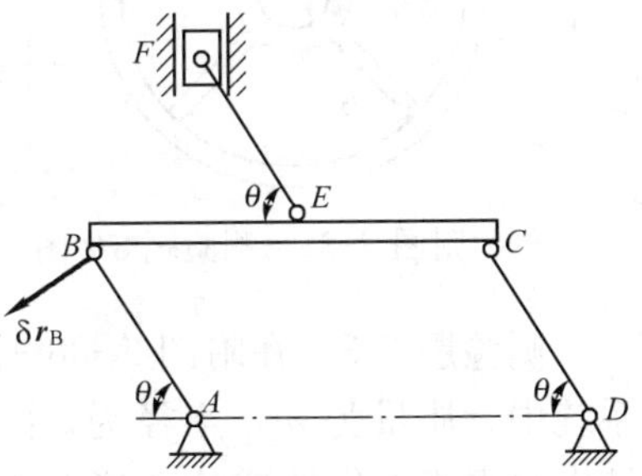

附图 A-32　测验题 7-2 图

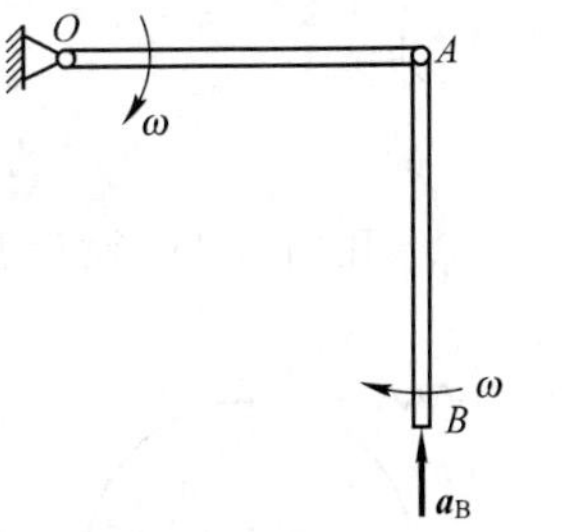

附图 A-33　测验题 7-3 图

测验题 7-4　在附图 A-34 所示机构中，已知：尺寸 $AD=DO=OB=20\text{cm}$，$\varphi=30°$，$AB \perp AC$，$F_1=150\text{N}$，弹簧的弹性系数 $k=150\text{N/cm}$，在图示位置已压缩变形 $\lambda_S=2\text{cm}$。试用虚位移原理求机构在图示位置平衡时，F_2 力的大小。

测验题 7-5 在附图 A-35 所示机构中，已知：角 θ，杆长 $CA=AD=DB=BC=L$，各杆重不计，重物的重量为 $\boldsymbol{F}$。试用虚位移原理求杆 AB 的内力。

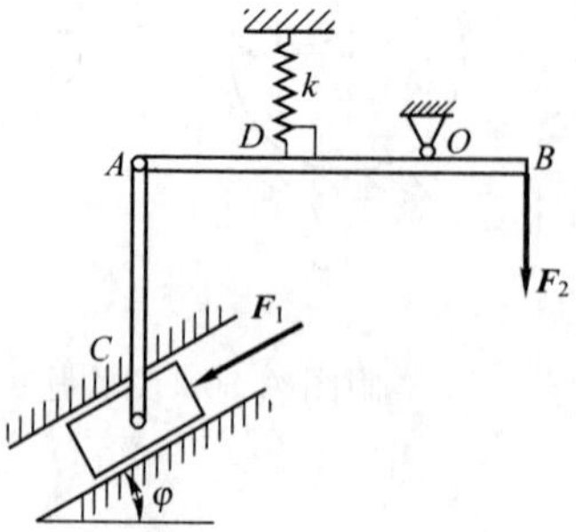

附图 A-34 测验题 7-4 图

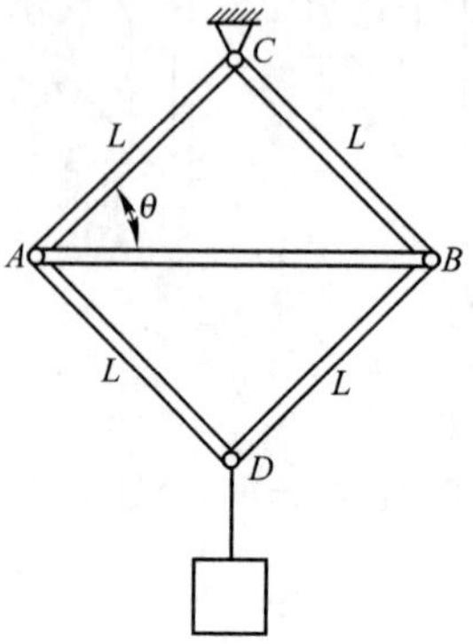

附图 A-35 测验题 7-5 图

A8 第八阶段测验题(单自由度的振动)

测验题 8-1 在附图 A-36(a)、(b)所示质量弹簧系统中，质量均为 $m=3\text{kg}$，各弹簧刚度均为 $k=100\text{N/m}$，周期干扰力 $F=0.2\sin\left(5\sqrt{2}t+\dfrac{\pi}{3}\right)\text{N}$。则图________系统的振幅较大，因为(简单说明理由)____________________。

测验题 8-2 在附图 A-37 所示系统中，一飞轮搁在摩擦力很小的刀刃上。已知：轮的质量为 m，绕支点微小摆动的周期为 T。试求轮绕重心轴 O 的转动惯量。

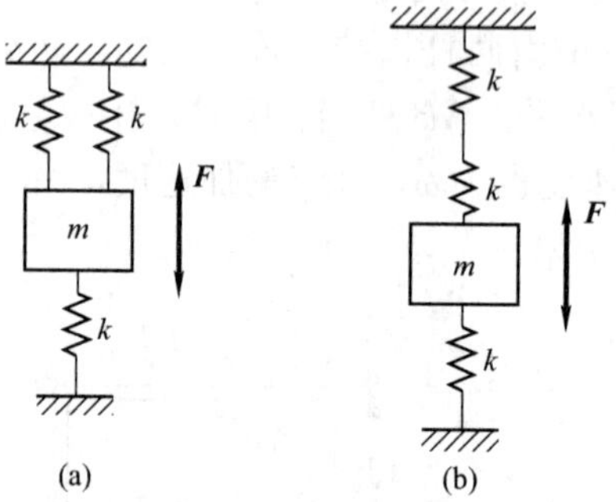

附图 A-36 测验题 8-1 图

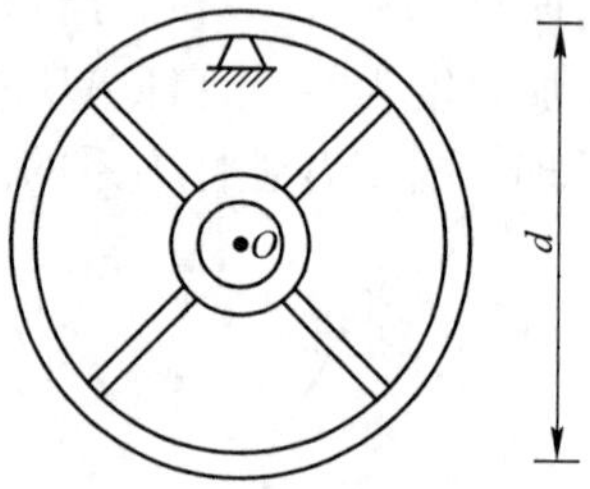

附图 A-37 测验题 8-2 图

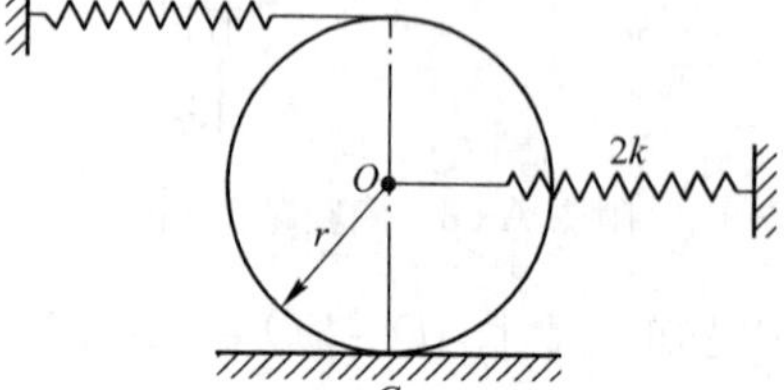

附图 A-38 测验题 8-3 图

测验题 8-3 在附图 A-38 所示振动系统中，质量为 m，半径为 r 的匀质圆柱在水平面上作纯滚动。其中心 O 处铰接一刚度系数为 $2k$ 的弹簧，外缘则缠绕一刚度系数为 k 的弹簧，并将这两根弹簧分别固定在水平位置上。设图示位置为静平衡位置，且弹簧均为原长。试用能量法求该系统微振动的周期。

测验题 8-4 如附图 A-39 所示，质量为 m_1 木块 A 在光滑水平面上与一刚度系数为 k 的弹簧相连，木块在弹簧原长处静止。今有一质量为 m_2 的子弹 B 以速度 v_0 射入木块内，则木块与子弹一起沿水平面作振动。试求：(1)系统的运动方程；(2)振动的周期与振幅。

测验题 8-5 在附图 A-40 所示振动系统中，已知：重物 M 的质量 $m=1.5\text{kg}$，阻尼器的阻力系数 $c=20\text{N}\cdot\text{s/cm}$，弹簧的刚度系数 $k=100\text{N/cm}$，$L_1=25\text{cm}$，$L_2=50\text{cm}$，$L_3=12\text{cm}$，不计 L 形刚杆的质量，试求系统微幅自由振动的频率 f_0 和衰减振动的频率 f_d。

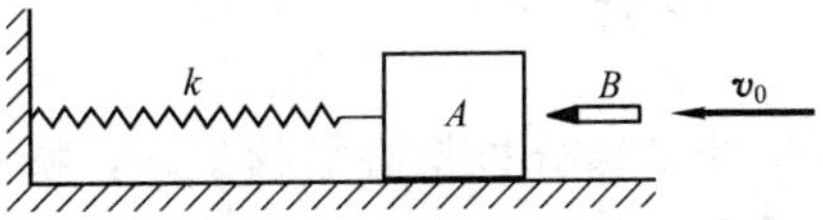

附图 A-39 测验题 8-4 图

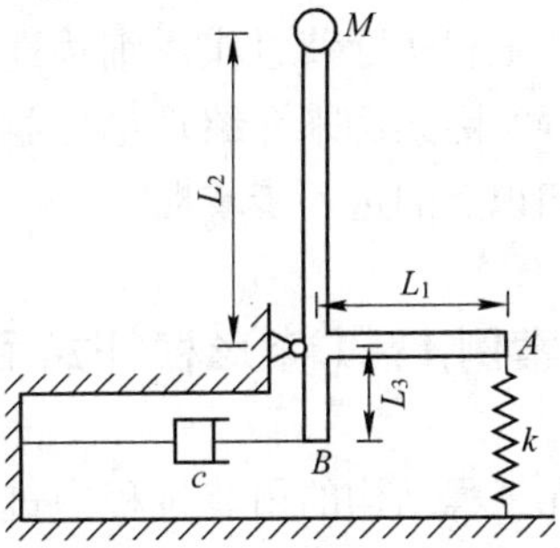

附图 A-40 测验题 8-5 图

附录B 工程实际案例

理论力学所研究的机械运动规律，可以用来解释很多自然现象，更重要的它还为解决一系列工程技术问题提供了必要的基础。前面各章所述的例题与习题几乎都是工程实际问题的简化实例，只是限于篇幅原因，无法对每道题目中工程实际背景作详细描述和解释，在本附录中我们将结合若干个具体的工程实际案例来介绍理论力学知识在工程实践中的应用，便于读者对理论力学知识点的进一步掌握。

B1 案例 1：T 字形杠杆式吊装中的力学问题

在工程结构的吊装过程中进行力学的平衡分析是必需的步骤，特别是大型结构的吊装方案制定中常常会对若干个吊装方案进行力学计算和优化性能比较，以选出最简便、最可行的起吊方案，尽可能地保证施工的安全性。确定一个可靠的吊装方案对安全施工是至关重要的。确定方案时考虑不周，或吊装时的受力分析错误而酿成重大工程事故的例子也不少。现代工程的施工，往往都有大型的起重设备，如塔吊、汽车吊或坦克吊等来完成吊装任务。但是在某些施工场地狭小，或是缺乏起重设备的情况下，利用一些简单工具的人工起重方法也是有效的。这里介绍我们曾经历过的一个工程吊装实例。

前几年上海有一幢濒临黄浦江的高层大厦在即将完工时，业主突然向施工总包方提出要求，希望在高层大厦已是 96m 高的楼顶上再安置一架 12m 高的通信钢塔，将建筑高度提升到 108m。这钢塔必须是整体安装的不锈钢塔。由于该大厦临近完工，现场已不具备竖立钢塔的完善吊装条件，所以施工方带着这个技术难题来请教我们。为解决这个问题，我们首先研究设计图纸与勘察施工现场。从图纸中可查到在这个楼宇的顶端有一个约 $10m^2$ 左右、标高为 96m 的瞭望平台。按常规的吊装方案现场必须有高于 108m 的吊装设备，才可能将 12m 高度的钢塔吊立到瞭望平台上。但现场只有一台附属高层建筑物临将拆除的塔吊装置，根据相同习题 2-20 的计算要求，我们可通过平面静力平衡方程求解到，这台起吊装置的最大能力是将 16kN 的重物吊到 100m 高度的瞭望平台上。考虑到尽可能减轻塔架自重，在与业主商量后，将钢塔设计成一座 12m 高、1.5m 宽、12kN 自重的三管不锈钢塔架(见附图 B-4 所示)，这样就解决了吊重的限度问题。现在仅剩下的问题是如何将钢塔架竖立在瞭望平台上。通过分析我们确定了如下 T 字形扛杆式吊装钢塔架方案。

现场塔吊装置可将三管塔架水平吊到 96m 的瞭望平台上，并要求将塔身搁置在平台沿口墙上，使塔身呈30°斜角，见附图B-1(a)和附图B-4(a)。接着实施吊装步骤如下：

1. 在三管塔下侧的两个塔脚做成两个钢的固定铰链支座，并务必与楼层牢固连接，见附图B-1(b)所示；

2. 在三管塔重心上侧用两根钢管立起高度4m的钢架，两根钢管成人字形与钢塔支撑点紧密箍接，从侧平面看成为倒T字形，见附图B-1(b)所示；

3. 在倒T字形的端部连接可承受20kN的钢丝绳与抽拉吊装葫芦，并将钢丝绳的另一端绑扎在瞭望平台的另一侧并固定，见附图B-1(b)所示；

4. 在三管塔顶绑4根稳定缆绳，各分90°斜拉；

5. 在统一指挥下，逐步抽拉吊装葫芦，拉紧钢丝绳，吊起三管塔，并随时调整4根稳定缆绳的张力，见附图B-1(c)所示；

6. 在三管塔垂直后，校整垂直度，焊接塔脚与楼面钢板的连接，见附图B-1(d)所示。

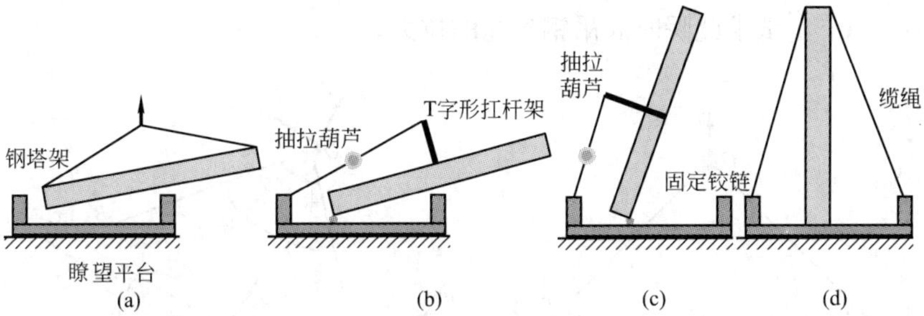

附图 B-1

这个T字形扛杆式吊装钢塔架方案从理论上分析是可行的，可真正实施中考虑到在百米高空上的吊装过程必须是绝对安全的，所以一定要做好尽可能的安全措施与仔细的力学计算，而这个力学计算实际可简化为理论力学中平面力系的平衡计算例题。

【案例题1-1】 已知：三管塔自重 $\boldsymbol{P}=12\text{kN}$（忽略人字形钢管重量），$AB=12\text{m}$，$CD=4\text{m}$，夹角如附图B-2(a)所示，求拉抬塔架时的 $\boldsymbol{F}_T$ 张力值。

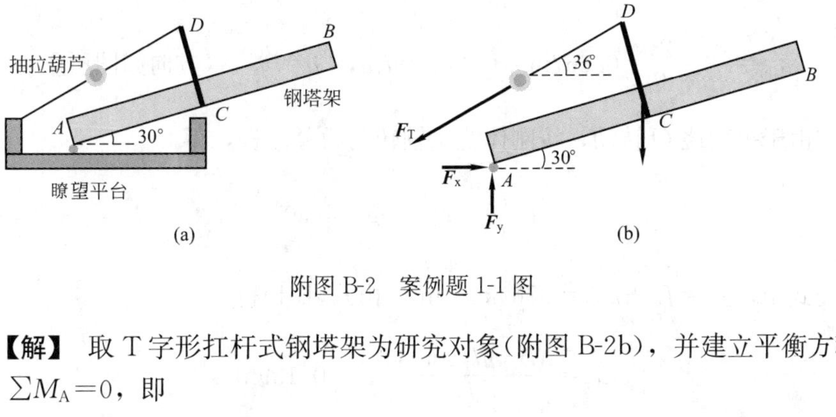

附图 B-2 案例题1-1图

【解】 取T字形扛杆式钢塔架为研究对象（附图B-2b），并建立平衡方程 $\sum M_A=0$，即

$$-6P\cos30^\circ + 4F_T\cos(36^\circ-30^\circ)-6F_T\sin(36^\circ-30^\circ)=0$$

解得

$$F_T=\frac{6P\cos30^\circ}{4\cos6^\circ-6\sin6^\circ}=18.7\text{kN}$$

由于配制的钢丝绳与抽拉吊装葫芦可承受 20kN 的力，所以求得 $\boldsymbol{F}_T$ 小于 20kN 的钢丝绳的允许拉力与抽拉吊装葫芦承载力，则满足安全条件。

由于研究的对象是濒临黄浦江的起吊施工，所以从安全角度考虑还需要验证有风作用情况下的起吊受力问题。

【案例题 1-2】 一个高 l=12m，宽 h=1.5m，质量为 m=120kg 的匀质钢架，被两根不可伸长的钢丝绳 OA 及 OD 悬挂在静止吊车的 O 点上，而 θ=45°(附图 B-3a)，显然在静止情况下吊装的荷载是塔架自重。假设在吊装过程中钢架被阵风吹动产生驱动力偶矩 M=4400N·m，使塔架产生速度 v_C=2m/s，并偏转 30°，位置如附图 B-3(b) 图所示。若钢架对于质心轴的转动惯量 J=1440kg·m²，试求此瞬时起吊钢丝绳的拉力。

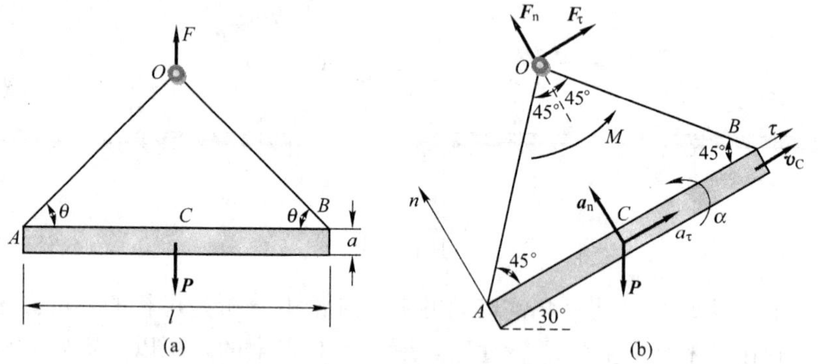

附图 B-3 案例题 1-2 图

【解】 取钢架为研究对象，受力如附图 B-3(b)所示。重力值 $P=mg$，起吊绳子张力的分力 $\boldsymbol{F}_\tau$、$\boldsymbol{F}_n$。图中 $\boldsymbol{P}$ 与 OC 夹角为 30°，OB，OA 与 OC 夹角为 θ=45°，$l_1=OC$=6m。

由运动学得：

$$a_{Cn}=\frac{v_C^2}{l_1}=\frac{2^2}{6}=0.667\text{m/s}^2,\quad a_{C\tau}=l_1\alpha,\quad \alpha=\frac{a_{C\tau}}{l_1}\quad \text{(方向如图所示)}$$

由于钢架绕 O 转动，按刚体绕定轴转动微分方程，得

$$J_0\frac{a_{C\tau}}{l_1}=M-mgl_1\sin30^\circ \tag{B-1}$$

式中，$J_0=J_C+ml_1^2$=5760kg·m²，由式(B-1)得

$$a_{C\tau}=\frac{M-ml_1g\sin30^\circ}{J_0}l_1=0.139\text{m/s}^2$$

又按质心运动定理得：(投影轴如图所示)

$$ma_{Cn}=F_n-mg\cos30° \tag{B-2}$$

$$ma_{C\tau}=F_\tau-mg\sin30° \tag{B-3}$$

将 a_{Cn}、$a_{C\tau}$ 代入式(B-2)、式(B-3)即解得：

$F_n=1119N$，$F_\tau=616.7N$，则起吊绳子张力的合力：

$$F_R=\sqrt{F_n^2+F_\tau^2}=\sqrt{1119^2+616.7^2}=1278N$$

显然在这样风速作用下吊装的载荷增加了：

$$\eta=\frac{1278-1200}{1200}=6.5\%$$

但仍满足最大的起吊载荷 $[F]=16kN$ 的安全条件，并具有一定的安全储备。

满足安全条件：$1278kN<[F]=1600kN$，安全储备系数：

$$n=\frac{1600}{1380}=1.16$$

当然在阵风作用下，吊装重物受力是比较复杂的，当阵风减弱后，重物还会下摆，这时最大吊装荷载需重新计算，这在习题 8-7 已有类似的计算要求，这里不再赘述。

虽然通过前述两个案例题平面力系的平衡方程分析与刚体平面动力学方程计算起吊方案是满足的，但考虑到为确保高空吊装安全安置钢塔的要求，我们选择一个无风的晴天，仅用约 1 个小时的时间就完成整个钢塔立置的吊装过程，这个棘手的工程技术难题就这样被一个简单的力学方程解决。附图 B-4(a)为钢塔吊到瞭望平台的照片，附图 B-4(b)为钢塔立置在瞭望平台的照片。

(a)

(b)

附图 B-4

从上述工程实例可以体会到，在解决许多工程中的技术难题时，并不一定需要高深的专业知识与复杂的运算方程，只要通过合理的简化分析与施工技巧的运用，应用理论力学中基本力学知识也可以有效地解决工程中的技术难题，并且往往会取得事半功倍的效果。

B2 案例2：汽车是如何被提升到楼层

在我们的教学中经常会讲授自己曾使用理论力学知识解决的一些工程中的实例，其中一例将汽车提升到各楼层中就是很有意思的工程例子。

我们曾参与上海某幢商务高楼的建设，该楼的裙房为八层，按建设的需求这裙房必须具有汽车展览与销售的功能，显然楼内应有一台运输汽车到裙房各楼层的电梯。但设计师忽视了这个功能的设计，随后设计师曾希望在裙房的外侧增加一台提升汽车的构件来解决这个难题，但由于牵涉到楼宇周边的消防安全通道原因，这个愿望又被有关规划部门否定。如何将汽车提升到裙房的各楼层这个棘手的难题直到整个高楼结构封顶仍未解决，这样将面临工程停工的窘迫状况，现在让我们应用理论力学基本知识来考虑这个难题的解决方案。

首先在这个楼宇裙房内有一个通透到八层裙房顶部的采光厅，这采光厅靠楼层长边侧面有二根100mm×100mm的混凝土立柱，每层楼层高为4.8m。现在设法利用采光厅内的条件来创造性的设计一台汽车提升机构解决这个难题。根据托起汽车的要求先来设计一个L形的托架见附图B-5(a)所示，并按照理论力学课程中一个基本的力学概念："力偶矩值仅取决于力和力偶臂的乘积"，在L形的托架设计中应尽量加长力偶臂来减小作用力的值，按楼层的装饰吊顶的高度取这个L形的托架长度为4m，根据提升轿车到各楼层的最大重量取为20kN，整个汽车托架可通过安装在裙房顶部的卷扬机垂直拖动，拖动的力为$\boldsymbol{F}$值，其中重量$\boldsymbol{P}$与$\boldsymbol{F}$组成一个主动力偶矩。这就是一个典型平面力偶的例题，在教材中例题2-7就是类同的例子。

【案例题2-1】 附图B-5(a)所示为导轨式汽车提升机构，已知提升的汽车为$P=20$kN(提升机构自重不计)，求导轨对A、B轮的约束反力。

【解】 取托架为研究对象，由于钢索拉力$\boldsymbol{F}$与车重$\boldsymbol{P}$组成一个主动力偶，则"力偶矩仅能被力偶矩平衡"，在光滑导轮A、B处的约束反力也组成一个约束力偶，作受力图为附图B-5(b)所示，建立平面力偶系的平衡方程：

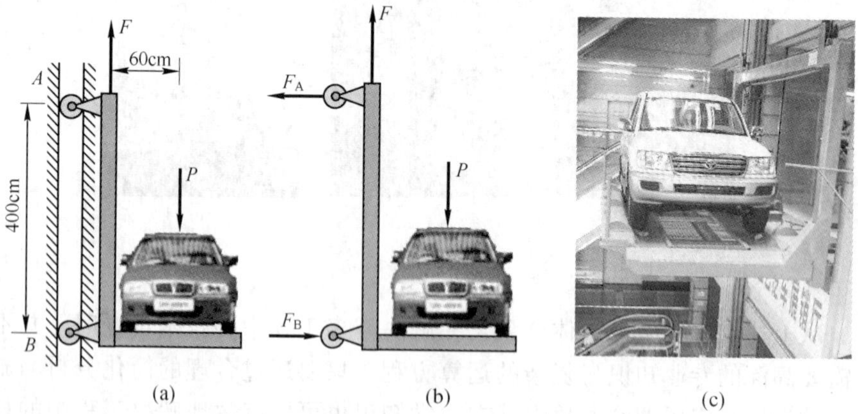

附图B-5 案例题2-1图

$$\sum m_i=0;\quad F_A\times 400-P\times 60=0;$$

得

$$F_A=3\text{kN},\quad F_B=F_A$$

在工程实际构架中L形的托架具有前后二榀，如附图B-5(c)所示，所以每个导轮的受力仅为 $\boldsymbol{F}_A$ 值的一半，为了约束导轮运动又在靠采光厅的长边两侧的两根混凝土立柱上平行固接着两条槽钢作为导轨，现在通过启动卷扬机就可将汽车提升到各个楼层。

这个棘手的工程难题就这样被一个简单的力学概念基本解决，当然接着我们还要完成汽车提升架的所有设计，如汽车是如何走上托架的，托架上的汽车又如何进入各层楼面，以及托架到各层楼面时定位装置、卷扬机的刹车与操作控制系统，其中还必须包括各种安全装置，政府的安全质监部门只有确信这部L形汽车提升机在使用中是极其安全的才会让其验收通过，在这些安全装置中我们再次应用理论力学达朗伯尔原理的基本知识设计了一个防托架下坠的刹车装置，这个应用的例题可见案例题2-2。

【案例题2-2】 附图B-6(a)所示为离心摩擦刹车装置，该装置安装在汽车提升平台托架上，当平台上下正常行驶时，A、B 惯性刹车块随转轴绕 O 慢速旋转，在弹簧作用下惯性刹车块并不接触鼓轮内侧，如平台托架装载汽车突然失控下坠时，运行转轴会随同高速旋转，受惯性力作用与转轴连接的两块惯性刹车块向外扩张后顶在与平台同时平动的鼓轮内侧，当转速越快，向外顶力越大，止动刹车力也就越大，从而减弱平台下坠速度。设每个刹车块质量 $m=0.3\text{kg}$，转轴 O 到鼓轮内侧的半径 $R=10\text{cm}$，刹车块与鼓轮内侧的摩擦因数 $f_s=0.25$，试求当转轴的转速达到 $n=1500\text{r/min}$，压缩弹簧的压力为 $F_K=200\text{N}$ 时转轴的最大摩擦力矩。

【解】 取惯性刹车块受力图表示为附图B-6(b)，其中水平方向的作用力有：惯性力 $\boldsymbol{F}_I$、弹性力 $\boldsymbol{F}_K$、正压力 $\boldsymbol{F}_N$。其中惯性力 $\boldsymbol{F}_I$ 的大小：

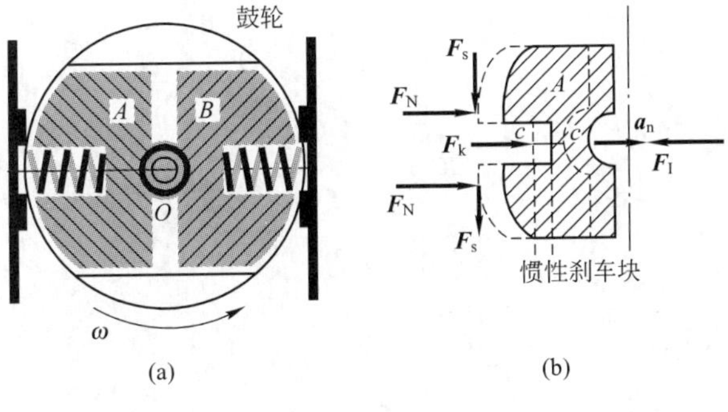

附图B-6 案例题2-2图

$$F_I=ma_n=mR\omega^2=0.3\times 0.1\times\left(1500\times\frac{\pi}{30}\right)^2=739\text{N}$$

其方向与 a_n 的方向相反，列出平衡方程

$$\sum F_x=0,\quad F_K+2F_N-F_I=0$$

可求得 $F_N=270\text{N}$，则每块刹车块上的最大静摩擦力 $F_{max}=2\times 270\times 0.25=$

135N，因结构及受力均对称，这样 A、B 惯性刹车块传给转轴的最大摩擦力矩为：

$$M_f = 2F_{max}R = 2\times135\times0.1 = 27\text{N}\cdot\text{m}$$

在这个摩擦力矩制动作用下可减弱平台下坠速度，从而保证汽车提升平台托架的使用安全。当然即使减弱平台下坠的速度，但仍会对地面产生冲击作用，由于这个汽车提升架是在整个楼宇结构完成后才新加装的，所以没有通常电梯的防冲撞基坑，因此必须设计防冲撞的缓冲装置，这个缓冲装置又可应用理论力学中单自由度振动理论设计(见案例题 2-3)。

【案例题 2-3】 提升平台与汽车的质量 m_1 以 u 速度落下，撞到质量 m 橡胶垫后产生塑性碰撞，取橡胶垫的弹性因数为 k 值(附图 B-7)，求此时楼面的反力。

【解】 使用动量定理：$m_2u=(m_1+m)u_0$，求得冲击橡胶垫的初速度 $u_0=\dfrac{m_1u}{m_1+m}$，建立单自由度振动方程 $(m_1+m)\ddot{x}+kx=0$，令：$\omega_0^2=\dfrac{k}{m_1+m}$，则振幅 $A=\sqrt{x_0^2+\left(\dfrac{u_0}{\omega_0}\right)^2}$，因 $x_0=0$（碰撞时位移、重力不计），所以此时楼面的反力 $F_R=kA^2=km_1\sqrt{\dfrac{u}{m_1+m}}$，显然只要取得提升汽车平台下坠的最大速度就可求楼面的最大反力，从而对楼层面板做强度校核。

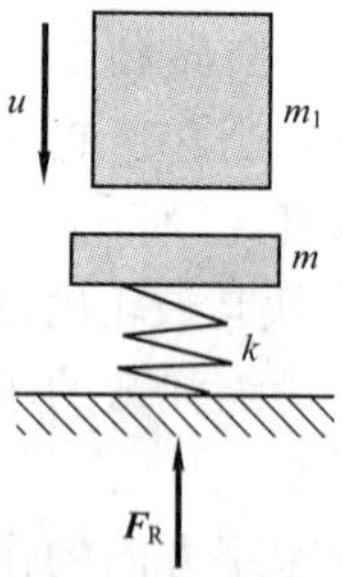

附图题 B-7 案例题 2-3 图

从上述汽车提升架的创新设计中应用了若干个理论力学中基础的力学知识实例可以体会到，只要我们触类旁通的应用基本力学知识来解决工程中的难题，往往就会取得惊喜的收获。

参 考 文 献

[1] 韦林，周松鹤，唐小弟. 理论力学. 上海：同济大学出版社，2007.
[2] 韦林. 理论力学学习辅导. 上海：同济大学出版社，2009.